U0181669

北京学术丛书

塑造日常生活

近代北京的公共浴堂与市民沐浴实践 1900/1952

宋子昕 著

北京燕山出版社

目录

绪论

第一章 城市空间与浴堂生态

第二章 浴堂的经营与管理

第四章
公共卫生、卫生行政与北京浴堂业

第五章
浴堂中的社会问题

第六章
浴堂与日常生活

绪 论

一、选题缘起和旨趣

本文以“20 世纪上半叶北京浴堂研究”为题，力图分析 20 世纪上半叶北京市浴堂及浴堂行业在现代化的进程中，在国家权力渗透至公共空间时所产生的一系列变革。同时希冀以浴堂中的沐浴清洁行为作为研究对象，对国家、政府规训与管控人们生活领域的尝试进行探讨，并在此二者的基础上，考量浴堂的使用者、从业者、沐浴行为的主体——人，在社会变革中的能动性。

选择浴堂为研究对象，主要出于以下三个方面的考虑：

首先，浴堂虽然有着自身内部运作规律，但无时无刻不受到外界经济因素的制约。北京浴堂行业的发展得益于现代化的进程，电灯、自来水、电话等新生事物的出现和普及使得浴堂得以迅速发展，但在经济萧条、社会动荡、政治局势不稳定的时期，这些现代化设施也会给浴堂增加成本上的压力。因此浴堂经营的状况可以看作是社会经济环境的晴雨表，其波动往往能映射出社会环境的起伏。

其次，浴堂并非单纯是商业的产物，其存在还与政治密切相关。随着农业社会到工业社会的迭代，人们身体的生产功能逐步受到国家及政府的重视，身体应当健康与强壮逐渐成为社会的普遍共识，对卫生清洁的重视因此而兴起，这也直接促进了浴堂行业的繁荣。在将人们的身体改造成为劳动力的过程中，无不体现着国家权力对身体的支配和干预。浴堂即国家对人们身体改良的实践场所，其不止是单纯的经济空间，还蕴含着大量政治因素。20世纪上半叶，北京市历届政府都试图将浴堂纳入到系统的制度体系中，其间出台诸多关于浴堂卫生标准、开设条件、价格控制、行为规范的规定和条例。同时浴堂也从公共空间泛化为家庭、学校、工厂、监狱中的浴室，因为在国家与政府看来，浴堂与浴室内在的逻辑是一致的，都是对个人的身体进行管理、规训的场所。

最后，浴堂还是一个为不同社会阶层、群体提供文化表达的平台。[1]社会中的各种文化现象在这里展演，同时赋予浴堂以意义。不同群体会根据自身需求及经验对浴堂及沐浴概念进行建构及意义上的扩充，国家与政府将澡堂作为批量生产文明公民的场所；商人阶层将浴堂视为彰显身份地位的场域，他们在这里消费、构建自己的身份认同；社会进步人士则将浴堂看作自由平等、洗涤心灵的场所，人们在这里有着平等使用公共空间的权利，而脱去象征地位阶层的衣物后，不同身份的人们在浴堂中的互动，本身就是一出绝妙的社会戏剧；在战争年代，民族主义者认为浴堂腐蚀了民族气节；浴堂也是男人躲避家中嚎啕的妻子，以及债务缠身的人度过年关、遁世的良乡。[2]因此浴堂是观察近代社会人们思想表达、交流互动及行为方式的绝佳场所。

由是，浴堂是社会、经济、文化的交叉点，通过对浴堂及浴堂行业的研究，可以发现政治、经济、文化等宏观概念在浴堂中的影响，亦可获知在微观层面三者之间相互渗透、抵牾的过程。按照这一逻辑，浴堂可以视为一种光学透镜，透镜的一头是纷杂繁复的微观世界，这里包罗

1 Mike Crang, *Cultural Geography*, New York: Routledge, 1999.2.

2 有时家庭中的浴室也会成为人们社会交往中防涉入盾牌（Involvement shield），欧文·戈夫曼称之为用最体面、最符合当下场景的终止交流的方式。具体定义参见欧文·戈夫曼（Erving Goffman）：《公共场所的行为》，何道宽译，北京大学出版社，2017年10月。

万象，充斥着人们琐碎的日常生活、行为习惯以及生存逻辑，另一头则是社会、经济、政治、文化等一系列宏观概念。通过浴堂这一光学透镜的成像原理，挖掘城市公共生活点滴，追问历史中的细枝末节，反思日常生活中的琐事，并对浴堂中不同群体的多重互动进行审慎缜密的分析，可以在更大层面上透析浴堂背后所彰显的社会结构以及权力支配模式，对浴堂中涉及到的如传统、社会、国家、市民、权力、现代性、再生产等宏大叙事进行更具穿透力地解读。

之所以选取北京为本文浴堂研究的主要区域，是因为这个城市的气质暗合于浴堂的特质。20 世纪伊始，北京开始了城市现代化进程，现代化市政管理体系的建设、交通的改良、卫生清洁的推广、多种公共设施的设置，改变着北京这一传统城市中居民的生活体验，也将北京在城市功能以及市容市貌上区别于传统意义上的城市和乡村。现代化的城市建设使得北京看似正在进入与那些开埠城市相同的并行轨道，大量移民来这里讨生活，莘莘学子在此地求学，新生的商人群体时来运转，但传统文化与习俗如同没落的贵族一样仍放不下自己的身段。与天津、上海等早起开埠的“现代城市”相比，北京仍然属于一座“传统城市”，缺乏工业基础及经济资源使得城市发展缓慢。在 1927 年国都南迁之后，北京成了“故都”。“故都”一词正恰恰说明迁都后人们对北京的集体记忆依旧是一座传统的古城。因此在 20 世纪上半叶，北京是一座逐渐开放又传统，清晰可见又含混不清，充斥着过去又向往未来的极富魅力的城市。可以说，北京是传统社会与现代都市之间的中继站。

浴堂亦然。虽然北京的浴堂发展迅速，现代设施普及于此，但浴堂仍不失为一种传统行业。相较于百货公司、游乐场等场所，浴堂显然是不入时的。如在近代上海，为了给以百货公司为代表的新兴产业让步，小食店、客栈、浴堂等传统产业逐渐从主要商业街区中退出。[1]而与茶馆、酒肆、落子馆相比，却又少了几许市侩，这正如同北京城传统与现代并存的气质。北京浴堂兼具传统与现代的两种特征，其兴旺也是城市现代化和传统文化共同演绎的结果，从这一点来看，对于北京浴堂的研究相较于其他城市更加富有弹性和张力。

布罗代尔（Fernand Braudel）在谈论历史的单一性与多样性时将历史比喻为河流，在“一平如镜的，可得舟楫之力的辽阔水面，河水……缓慢流逝，但又势不可挡地带动一切前进”。但正如河水中的急水暗流一样，“历史在缓慢行进中，势必存在着连续、持久和反复”。[2]因此虽然乍看之下在中国的近现代历史进程之中，由西方所主导的现代性观念一以贯之，社会发展的绵延随着现代化的意图亦步亦趋，但社会是一个复杂的体系。社会发展的导向尽管有着整体趋向性，但其中暗流涌动，也存在着诸多支流。在现代化作用于中国社会的过程中，产生了很多非政府、社会进步人士本意的情形，这些情形改变着执政者们的政策，调节着社会资源的分配，形塑着人们对社会的体验和认知。因此中国的现代性并非是单方面受西方经验的影响，其自身亦有腾挪的空间。

这种歧义性自然也会体现在浴堂中。浴堂并非总是

1 连玲玲：《打造消费天堂：百货公司与近代上海城市文化》，北京：社会科学文献出版社，2018年，第28页。

2［法］布罗代尔（Fernand Braudel）：《法兰西的特性（第二册）》，顾良、张泽乾译，北京：商务印书馆，1995年，第405页。

一个清洁干净的卫生场所，一个积极"生产"文明公民的场域，其中承载着传统与现代、奢侈与节俭、富人与贫民、经营者与工人伙计、道德规范与经济理性、国家政策与民众生存逻辑等多种对立的概念丛，各种争议与对抗纷呈。这些分歧与浴堂外部的经济环境在反复的博弈之下达成一定程度上的平衡，形成了独特的北京浴堂文化图式。从另一个维度考量，当北京浴堂文化图式由上述所有因素综合而成，那么在本文的研究中，若只单纯地强调任何一个因素均不能够对北京浴堂进行客观的解释。因此本文虽然试图将北京的浴堂置于现代性中进行考量，但现代性中的歧义也被赋予与现代性同等的重视。

事实上，无论是现代性还是现代性中的歧义，其主体皆为人。人是现代性、沐浴行为的践行及实施者，是浴堂的从业者、使用者，也是浴堂中冲突矛盾的制造者。因此如何回答"长久以来社会史研究悬而未决的根本问题，即如何理解个体经验与总体结构之间的关系"[1]，是本文的主要议题。本文关于北京浴堂的研究希望以个体行为与总体结构的关系为着眼点，讨论不同群体如何利用、改变浴堂这一公共空间；探究国家对文明卫生公民的塑造在多大程度上改变了人们在浴堂中的沐浴经验，而浴堂经营者及顾客又在哪些方面抵制政府的尝试；考察在现代化进程下浴堂中预期观念与非预期行为之间的碰撞，以及冲突背后个人经验与社会结构的关系。历史自为而不自知，如何以浴堂这一社会基层单位为切入点，通过微观层面的逻辑来理解20世纪上半叶的北京社会，即本文对北京浴堂研究的主要目的。

1 连玲玲:《典范抑或危机——"日常生活"在中国近代史研究的应用及其问题》，中国台北《新史学》，2006年第17卷第4期。

二、学术回顾

诚如韩书瑞（Susan Naquin）所言："有关清代澡堂，我们所知甚少，它们是重要的吗？"1 不止是清史研究领域，近现代史范畴内，国内对浴堂及浴堂业的研究较少且成碎片状，浴堂及浴堂业研究方面的专著几乎没有，也极少有以浴堂为研究对象的论文。大多数论文是将与浴堂相关的文献作为研究问题的佐证来提及浴堂的。但在这些只言片语中，这些碎片式的研究有着共同的趋势与特征，主要分为现代化进程下的浴堂、浴堂中的群体及个体经验、公共卫生与卫生行政三个方面。

（一）现代化进程下的浴堂

城市现代化是国家现代化首先需要落实的目标，近代浴堂的发展也是随着国家现代化进程的推进而逐步发展的。城市史研究兴起于20世纪80年代，学者们在城市史的研究中主要讨论城市的规划与建设，以及传统到现代的社会变革对人们的社会行为、社会观念以及日常生活施加的影响。2

从研究的时序上看，最早涉及浴堂的是对南京国民政府时期所推行的新生活运动研究。目前，学界对新生活运动的研究成果较为丰富，温波在对南昌新生活运动的研究中，重点考察了这一运动的动机及理论构建，在南昌推行新生活运动的具体人员、事项、预期及方法。新生活运动是以"四维""三化"为中心思想和理论基础的综合性运动，在改良国人精神与生活习惯的同时，伴随着对城市空间的改造。由于浴堂是与市民日常生活密切相关的公共

1［美］韩书瑞（Susan Naquin）：《北京：公共空间和城市生活（1400—1900）》，孔祥文译，北京：中国人民大学出版社，2019年，第906页。

2 参见何一民：《中国城市史纲》，成都：四川大学出版社，1994年；史明正：《走向近代的北京城——城市建设与社会变革》，北京：北京大学出版社，1995年；董玥：《民国北京城：历史与怀旧》，上海：三联书店，2014年；袁熹：《近代北京的市民生活》，北京：北京出版社，2000年；王笛：《街头文化：成都公共空间、下层民众与地方政治（1870—1930）》，李德英等译，北京：中国人民大学出版社，2006年；王笛：《茶馆：成都的公共生活和微观世界，1900—1950》，北京：社会科学文献出版社，2010年；王敏等：《近代上海城市公共空间研究》，上海：上海辞书出版社，2011；忻平：《从上海发现历史—现代化进程中的上海人及其社会生活（1927—1937）》，上海：上海人民出版社，1996年；［美］李欧梵：《上海摩登：一种都市文化在中国（1930—1945）》，毛尖译，北京：北京大学出版社，2001；罗苏文：《近代上海都市社会与生活》，北京：中华书局，2006年；张仲礼主编：《近代上海城市研究》，上海：上海人民出版社，1990年；罗澍伟主编：《近代天津城市史》，北京：中国社会科学出版社，1993年。

场所，因此成为新生活运动促进总会先行实施改造的对象。关于浴堂的整顿与管制，作者认为其重点工作可以分为清洁与规矩两个方面。清洁主要包括对茶楼酒馆、旅栈公寓、澡堂浴室、公共厕所、理发店、娱乐场所的卫生整顿；规矩则是对最基本的生活常识的规范，比如浴堂中的一些行为准则。[1] 宋青红则从女性主义的角度着重考察新生活运动促进总会中的妇女指导委员会，试图在“抗日战争史”这样一个男性话语权占绝对优势的领域，以新运妇指会这样一个妇女自己组织、自己运作的妇女组织做具体的个案分析。作者在文中提到了妇女在战时担任伤员的救济、灭虱、烧水、沐浴等工作，并开办宿舍、浴室、公共食堂等设施。[2]

浴堂在城市的改造中，处于城市规划建设、城市功能变化、社会问题治理的交汇点。在城市规划方面，主要体现在对浴堂行业制定相应管理规则，包括浴堂的营业登记、卫生巡检、取缔不良风气以及建立新式公共浴堂等。张瑾在《“新都”抑或“旧城”：抗战时期重庆的城市形象》一文中，讨论了在重庆成为战时陪都时，国民政府的城市改造活动如何使重庆从一个自我调节的地方性城市被推进到一个现代的世界，并着重描述了基于现代化的城市改造与四川防区体制下的社会生态之间的矛盾，及由此产生的摩擦与冲突。国民政府为了实现战争期间严肃的政治任务，严禁浴堂中存在懒散的生活方式。同时，“市卫生局对公共娱乐场所、旅馆、客栈、澡堂浴室等行业制定了若干管理规则，并派卫生稽查员随时检查取缔，指导改良”。[3] 刘炜在对南京夫子庙地区改造的研究中指出，国民

1 温波:《南昌市新生活运动研究（1934—1935）》，复旦大学，博士学位论文，2003。

2 宋青红:《新生活运动促进总会妇女指导委员会研究（1938—1946年）》，复旦大学，博士学位论文，2012。

3 张瑾:《“新都”抑或“旧城”：抗战时期重庆的城市形象》，《四川师范大学学报（社会科学版）》，2015年第6期，第146—160页。

政府对南京的建设，其“象征意义大于实际效用”，因此，整治夫子庙地区不仅是单纯的环境治理，同时具有社会改造的含义。夫子庙是南京的娱乐和商业中心，多数浴堂集中于此。在政府对该地区的改造中，夫子庙展现的独特地方文化被国民政府视为异类，政府颁布了一系列法规，对浴堂、理发、娱乐行业进行规范，同时在秦淮公园一角建设了公共浴堂，收费低廉，设有女浴室、淋浴喷头，挂有时钟，取缔了茶座和擦背、修脚等服务，但浴室生意不佳，三日即告停业整顿。[1]

在推进现代化进程中，警察起到了关键性的作用。丁芮在其书作《管理北京：北洋政府时期京师警察厅研究》中，认为“近代警察机构的建立是近代北京城市管理和社会控制最重要的变化之一”，早期的警察职责范围远远超出了维护公共安全和社会秩序的范畴，“北京警察管理着几乎所有涉及到城市的公共事务，从社会秩序、公共卫生、交通、防火到贫困救助等”。丁芮还认为，警察的权力是由国家赋予的，警察权力范围扩大也说明了国家权力深入社会内部的意图。北京的警察还引导人们注意个人卫生，掌握正确的清洁卫生方法，监督浴堂中的卫生条件，改变人们沐浴、更衣等卫生习惯。[2]在论文《民国北京社会风化问题及其管控研究（1912—1949）》中，作者陈娜娜讨论了警察在技术层面上对社会风化问题的治理，如警察局保安股对浴堂男女风化问题的抽查，日伪政府设立风俗警察，负责取缔妨害社会风俗的现象等。[3]除警察外，宗教组织通过开设青年会会所，创办带有浴堂的学校和医院等方式，也在一定程度上培养了人们的文

1 刘炜：《国民政府对南京夫子庙地区的改造（1927—1937）——空间治理中的国家与社会》，《近代中国》，2010第20辑，第96—113页。

2 丁芮：《管理北京：北洋政府时期京师警察厅研究》，太原：山西人民出版社，2013年。

3 陈娜娜：《民国北京社会风化问题及其管控研究（1912—1949）》，河北大学，博士学位论文，2018。

明意识。1

浴堂作为一种现代化的必要设施，被普及到社会的各个角落。首先，浴堂是近代企业中企业管理制度、企业文化形成的重要实例。2 其次，在学校、医院及社会救济场所中，沐浴是对国民在身体及精神上进行改造的关键步骤。3 在救济院、孤儿院、老人院、收容院中，沐浴是入院时的必须环节。由沐浴所连接的院内与院外不同的境遇，颇具象征含义。

在对现代化进程的讨论中，越来越多的研究者开始从传统与现代，权力关系角度来反思这一进程中的动力与阻力因素。卢汉超称，人们将当时中国的与西化的倾向联系在一起时，往往忽视了对中国传统主义因素和对普通百姓日常生活的关注。他认为，上海的南京路和外滩在中国极具西方殖民主义色彩，这些地方也恰恰是外国人实施其政治经济权力和享受特权的地方。但是南京路和上海普通百姓生活的街巷里弄相距甚远。4 卢汉超在其著作《霓虹灯外：20 世纪初日常生活中的上海》中对老虎灶、熟水铺生动的描写，便旨在说明西方影响和现代政治权力与普通百姓日常生活几乎是毫无关系的。5 在《国民政府对南京夫子庙地区的改造（1927—1937）——空间治理中的国家与社会》一文中，作者刘炜认为，在近代国家施展权力的过程中，社会和大众文化体现出强大的生命力，普罗大众并不是被动地接受国家的改造。他运用列斐伏尔空间再生产理论，试图说明在新旧交替的时代背景下，新旧空间杂糅、重构等现象。比如前文提到，南京市政府在秦淮公园中建设了为平民服务的公共浴堂，但该浴堂在开业三天

1 参见姬朦朦：《美以美会女布道会华北事工研究（1872—1939）》，山东大学，硕士学位论文，2018；赵严骏：《基督教青年会与上海体育研究（1900—1922）》，上海师范大学，硕士学位论文，2018。

2 参见李玉梅：《民国时期北京电车公司研究》，河北大学，博士学位论文，2012 年；王文君：《华商电灯公司研究（1905—1938）》，河北大学，硕士学位论文 2016 等。

3 刘荣臻：《国民政府时期的北京社会救助研究》，首都师范大学，博士学位论文，2011。

4 卢汉超，罗玲，任云兰：《远离南京路：近代上海的小店铺和里弄生活》，《城市史研究》，2005 年，第 238—266 页。

5［美］卢汉超：《霓虹灯外：20 世纪初日常生活中的上海》，上海：上海古籍出版社，2004 年 12 月。

后被迫停业整顿。整顿后，拆去淋浴喷头、添置雅座、雇佣茶役、并提供擦背、修脚服务，生意重复兴隆。这也说明了城市现代化运动并非人们所想象的那样具有强制性，在现代化试图改变人们生活习惯的同时，其自身也会被顽强的日常生活改变。1

（二）浴堂中的群体及个体经验

人既是独立的个体，又分属不同的人群，因此才能形成复杂的社会关系和生活关系网络。2 也就是说，浴堂是一个考察个人、群体与国家互动关系的场域，同时不同群体也通过浴堂这个场域或建构身份认同，或构建自己所认同的某种社会意识与社会秩序。下文试图梳理前人对浴堂从业者及浴堂行业组织的相关研究，并对学生、知识分子、妇女、儿童、犯人、工人等群体如何使用浴堂浴室的相关研究进行总结。

涉及到浴堂同业公会的研究主要与行业利益与政府管控之间的互动与分歧相关。3 魏文享认为："在天津市的价格管制体系中，同业公会受政府委托，承担着议价与限价的重要职责。"抗战胜利后，物价上涨，同业公会频繁提出涨价呈请，让政府应接不暇，"同业公会与地方政府之间的'讨价还价'，实际上体现着政府管制与市场供需之间的内在矛盾"。魏文享在《"讨价还价"：天津同业公会与日用商品之价格管制（1946—1949）》一文中，对天津鞋业、理发业、澡堂业、旅店业、洗染业、百货业等关系民众日常生活的行业进行考察，说明同业公会维护行业利益的涨价行为与政府的价格控制体系之间的矛盾。4 关于在浴堂内的从业者，如堂倌、理发师、修脚匠的研究

1 刘炜：《国民政府对南京夫子庙地区的改造（1927—1937）——空间治理中的国家与社会》，《近代中国》，2010年，96—113页。

2 李金铮：《众生相：民国日常生活史研究》，《安徽史学》，2015 年第3期。

3 参见魏文享：《"讨价还价"：天津同业公会与日用商品之价格管制（1946—1949）》，《武汉大学学报（人文科学版）》，2015第6期，第86—97页；姚帆：《近代天津澡堂业研究》，华中师范大学，硕士学位论文，2018年；彭南生：《行会制度的近代命运》，北京：人民出版社，2003年；[美]顾德曼（Bryna Goodman）：《家乡、城市和国家：上海的地缘网络与认可（1853—1937）》，宋钻友译，上海：上海古籍出版社，2004年。

4 魏文享：《"讨价还价"：天津同业公会与日用商品之价格管制（1946—1949）》，《武汉大学学报（人文科学版）》，2015年第6期。

5 万飞：《民国时期上海理发师群体研究（1911—1949）》，上海师范大学，硕士学位论文，2013。

也层出不穷。[1]巴杰的《民国时期的店员群体研究（1920—1945）》一书，总结了店员群体的身份归属问题，商店之工役及茶房是否属于店员之列在民国时期有着广泛的讨论。作者通过解读国共两党之于店员的身份认定及店员工会的功能与作用，寻找“社会与国家的理论框架在基层社会群体研究中的适用范式。”[2]

关于学生群体使用浴堂的研究，主要集中在国家如何应用技术手段将学生塑造为合格的公民。[2]何芳在其博士论文《清末学堂中的身体规训》中，认为学堂对身体改造的合理性建立在“身体是国家的”这一观念变革上。其来源在于西方殖民者对中国人体质羸弱、不卫生、缺乏效率的形象构建。学堂的身体改造主要围绕讲究卫生、强调纪律、统一服饰和去性别化四个方面展开。在改造中历经了私人化到国家化的转变，身体被赋予了公共特质、划定了政治归属、赋予了国民义务。因此浴堂成为学校中的重要建置。学校浴堂颁布的诸项规定、对学生沐浴时间的安排以及对学生卫生情况的定期检查，无不体现着国家对学生的身体规训。[3]留学生群体的相关研究也有涉及到浴堂的内容，在严安生《灵台无计逃神矢：近代中国人留日精神史》一书中，作者剖析了清末留日学生对日本现代文明的自愧与反省。其中通过对沐浴这一行为的考察，分析了文化和文明程度的差异是如何造成留学生日常生活中的摩擦与龃龉。[4]

知识分子在提倡强健体魄、讲究卫生等现代观念方面，起到了重要作用。胡悦晗考察了近代上海知识分子群体的日常生活、社会关系及生活方式。旨在从上海知识分

1 巴杰:《民国时期的店员群体研究(1920—1945)》,华中师范大学,博士学位论文,2012。

2 参见郭昭昭:《南京大屠杀前后南京市民生活秩序变迁研究(1937.7—1938.4)》,南京大学,博士学位论文,2011;何芳:《清末学堂中的身体规训》,华东师范大学,博士学位论文,2009;张杰:《南京国民政府时期高校学生管理研究》,苏州大学,博士学位论文,2017。

3 何芳:《清末学堂中的身体规训》,华东师范大学,博士学位论文,2009。

4 严安生:《灵台无计逃神矢:近代中国人留日精神史》,上海:生活·读书·新知三联书店,2018年。

子的职业分层、居住分层与消费分层三个方面探究此群体是否形成了一个特定的阶层。胡悦晗通过服饰、饮食、身体、病痛等方面对知识分子特有生活方式进行考察，而沐浴则是他们日常生活中重要的内容。[1]欧阳哲生通过爬梳胡适在北京生活十八年所留下的日记、书信、回忆录等材料，试图构建一个新文化人在北京的生活史。他认为民国时期北京的娱乐可以一分为二，传统的娱乐方式有听戏、逛妓院、宴饮茶叙等，新式的娱乐则包括看电影、逛公园、泡澡堂等。胡适属于新式的一派，胡适日记中大量关于泡澡堂的记载，也说明了洗浴已然成为新式知识分子的惯常行为。[2]同时，由于战时缺乏现代的沐浴条件，知识分子在大后方的生活总是面临没有公共浴室沐浴洁身的烦恼，这也从一个侧面说明清洁卫生已成为他们日常生活的一部分。[3]

随着社会史的发展，研究视野出现了眼光向下的趋势，一些对边缘群体和弱势群体的研究逐渐被人们关注，出现了针对工人、妇女、儿童、囚犯等不同群体大量的研究成果，这些研究主要集中在对边缘人群的群体特质、社会角色和地位、生存生活状况以及社会功能的讨论上。在浴堂与这些群体关系的论述中，研究者们主要从浴堂中的社会分层、国家对边缘群体的改造、弱势群体借沐浴争取自身权利等角度进行考量。梁晨以清华大学为例，考察民国大学校工群体的阶层结构与流动情况，试图说明在民国时期大学中，“不同职业群体生活水平差异显著，形成了阶层分化严重的职业与社会阶层体系”。他将民国清华校内人口分为教师、行政管理人员、学生、校工校役、教职

1 胡悦晗：《日常生活与阶层的形成》，华东师范大学，博士学位论文，2012，另见胡悦晗：《生活的逻辑：城市日常世界中的民国知识人（1927—1937）》，北京：社会科学文献出版社，2018年。

2 欧阳哲生：《胡适的北京情缘——一个新文化人在北京的生活史》，《中国文化》，第45期。

3 参见徐珊《战时大后方知识分子的日常生活》，华东师范大学，硕士学位论文，2011；郭川：《抗战大后方公教人员日常生活及心态嬗变研究》，西南大学，博士学位论文，2017。

员工家属五类。在日常生活上，教职员、学生与校工之间界限分明，而浴堂正是这种区隔的重要指征。校工按规定需要注意个人卫生、衣着得体，但是不能使用抽水马桶，连浴室也与教职员和学生分开使用。[1]

20世纪上半叶，儿童与妇女逐渐为时人重视，人们对二者相关认知在此时期有所变化，社会进步人士力图将儿童当作能够对国家未来发展有所作为的合格公民来培育。在培养儿童的卫生健康、独立自主以及责任意识的过程中，妇女作为儿童的生育者理应承担更多责任。浴堂、浴室是在母亲从胎教至儿童成长期间培养良好的卫生习惯的重要设施。对妇女儿童的慈善救济事业也在这一时期如火如荼地开展起来，浴堂成为妇女济良所、习艺工厂，儿童教养所、慈幼院的必要设备。[2] 除妇女儿童外，史学界对囚犯、精神病人等其他社会边缘群体也有一定关注。冯客（Frank Dikotter）基于米歇尔·福柯（Michel Foucault）的理论，认为近代中国监狱的职能逐渐从传统的侮辱、惩罚向规训、改造转型，监狱是维持社会安全稳定、良性运转，维护劳动力再生的重要保障。这一认知最直观的体现便是监狱中的理发室和浴室。[3] 对战犯的人道主义关怀也成为对囚犯群体研究的重要议题，而从洗澡和理发的频率可以看出战犯管理所对他们的尊重与改造。[4]

个人或群体也会通过浴堂和沐浴行为构建自身形象。在《"光复五年"间的上海影刊研究》一文中，作者以民国时期电影明星白光为例，讨论了影视公司和白光自己对"女人"这个身份的建构。白光通过使用假睫毛、喜爱沐浴等个人生活的花边新闻使自己保持着极高的媒体曝光度

1 梁晨：《民国大学教职员工生活水平与社会结构研究：以清华为中心的考察》，北京：科学出版社，2020年。

2 孙高杰：《1902—1937年北京的妇女救济：以官方善业为研究中心》，厦门：厦门大学出版社，2014年；刘媛：《上海儿童日常生活中的历史（1927—1937）》，华东师范大学，博士学位论文，2010年。

3 [荷]冯客（Frank Dikotter）：《近代中国的犯罪、惩罚与监狱》，南京：江苏人民出版社，2008年。

4 齐雪：《新中国政府改造日本战犯研究》，中共中央党校，博士学位论文，2016；袁灿兴：《国际人道法在华传播与实践研究（1874—1949）》，苏州大学，博士学位论文，2014。

和关注度。[1]近代中国，随着社会风气的日渐开放，女性的独立形象逐渐显露。沐浴可以清洁身体污垢、促进血液循环、提升睡眠质量，浴粉和爽身粉的使用也可以使女性获得健康的皮肤。女性健美的体格使女性身体具有了独立性，成为不再依附于男性的存在。另外女性的消费行为也使得女性变得社会化，具有了选择权和自我意识。[2]

浴堂中的沐浴体验在日常生活或社会运动中也存在符号化的现象，人为地被赋予了象征含义。张瑞的博士论文《疾病、治疗与疾痛叙事》在对晚清文人的私人日记考察中，揭示了中上层文人生活中医巫并进的现象。沐浴作为民间仪式的一个环节，使病患对沐浴寄予了与医学同样的期望。[3]杨绛小说《洗澡》描写了建国初期的政治运动，留洋硕士杜丽琳经过“洗澡”后，抛弃了资产阶级的气息，成为“艰苦奋斗”“勤俭持家”，身着灰布制服的人民群众的一员。[4]

（三）公共卫生与卫生行政

随着社会史发展的深入，涉及社会人口、社会治理、社会救济的研究开始增多，这些研究必然会包含对卫生、医疗、防疫等问题的探讨。进入21世纪，卫生史研究取得了突破性进展。由于SARS及新型冠状病毒的暴发，使得人们谈疫色变，在疫情暴发时科学的防疫方法、合理的生活方式、卫生防疫体系的构建、政府充当的角色成了追求稳定、和谐、发展的社会热点问题。这一社会思潮也被带入到历史学的研究中，进入更多历史学者的研究视野，作为城市卫生设施重要内容的公共浴室因此被历史学者多有提及。

1 陈新阳：《“光复五年”间的上海影刊研究》，吉林大学，博士学位论文，2018。

2 参见何楠：《〈玲珑〉杂志中的30年代都市女性生活》，吉林大学，博士学位论文，2010；王云：《社会性别视域中的近代中国女子体育（1843—1937）》，南京大学，博士学位论文，2011。

3 张瑞：《疾病、治疗与疾痛叙事》，南开大学，博士学位论文，2014。

4 杨绛：《洗澡》，北京：人民文学出版社，2004年。

在近代中国卫生领域的研究中，越来越多的学者把目光集中在城市公共卫生上，并将其视为社会系统的一个剖面，在其中可以发现社会的纹理。杜丽红所著《制度与日常生活：近代北京的公共卫生》一书，从卫生制度的变革、国家与社会的关系、日常生活的理性化及同一化趋势，来解读近代北京公共卫生背后的社会转型。从日常生活角度来阐述卫生制度的社会实践，在实践中分析国家权力对日常生活的影响。[1]何江丽的专著《民国北京的公共卫生》从知识谱系的角度，阐释了民国北京的城市卫生化过程。她提到："在20世纪的前三十多年中，近代北京的城市面貌、社会观念以及民众的身心状态都出现了明显改观，虽然促成这种变化的因素很多，但卫生知识无疑是其中的一个重要力量。"随着政府卫生视野的不断拓展，引入了西方公共卫生制度，颁布了诸多卫生规则，建立了完整的卫生行政体系，大力宣传普及卫生知识，在教育中培养个人的卫生意识，卫生逐渐内化于人们的日常生活中。体现在浴堂行业中的是，卫生意识的普及使得越来越多的人重视身体清洁与健康，讲求卫生的浴堂往往能吸引更多的顾客，于是浴堂开始改进自身的卫生设备、提高员工的整洁程度。[2]可见浴堂的兴起与发展是伴随着卫生社会化这一过程的。

政府处理疫情的策略可以透视出社会变迁的趋势。在疫情的起源与社会背景，疫病的传播与社会影响，疫情的防治与社会应对方面，不少学者对此皆有所论述。[3]饭岛涉的《鼠疫与近代中国：卫生的制度化和社会变迁》一书试图对频繁发生的瘟疫灾害及其对当时的社会公共卫生

1 杜丽红:《制度与日常生活: 近代北京的公共卫生》, 北京: 中国社会科学出版社, 2015年。

2 何江丽:《民国北京的公共卫生》, 北京: 北京师范大学出版社, 2016年。

3 余新忠:《清代江南的瘟疫与社会: 一项医疗社会史的研究》, 北京: 中国人民大学出版社, 2003年; 余新忠:《瘟疫下的社会拯救: 中国近世重大疫情与社会反应研究》, 北京: 中国书店出版社, 2004年; 余新忠:《清以来的疾病、医疗和卫生: 以社会文化史为视角的探索》, 上海: 三联书店, 2009年; 曹树基、李玉尚:《鼠疫: 战争与和平——中国的环境与社会变迁(1230—1960)》, 济南: 山东画报出版社, 2006年; 张大庆:《中国近代疾病社会史(1912—1937)》, 济南: 山东教育出版社, 2006年; 张泰山:《民国时期的传染病与社会——以传染病防治与公共卫生建设为中心》, 北京: 社会科学文献出版社, 2008年。

防疫系统的冲击进行分析，寻找近代公共卫生体系与疫情间的关系，这一关系既增益于卫生制度的建设，对浴堂、饭店、理发店等公共场所也产生了一定程度上的影响。[1]李忠萍在《民国时期安徽卫生防疫事业的萌生与困顿》一文中认为，就安徽卫生体系而论，卫生制度性建构远远不足、法规建设的持续性不强、城乡发展极不平衡、防疫工作内容简单粗糙、程式化现象较为严重，在防疫工作的实际操作上，局限性很大。具体到浴堂层面，沐浴虽可以洁净身体，但浴堂作为公共空间，又是疾病传播扩散的介质。对浴堂中卫生的强调贯穿于整个20世纪上半叶。但将浴堂卫生纳入到行政管理体系中时，会存在诸多变数，这些变数和卫生制度的确立一样，都反映着当时社会的意涵。[2]

本节通过以上三个方面对浴堂相关研究的发展趋势、所涉及研究领域、理论方法、探讨问题做了较为清晰的梳理。由于缺乏对浴堂行业系统性的研究，前人多将浴堂作为自身研究的注脚，若以浴堂为中心重新审视上述研究，将相关浴堂之内容叠加求和，以求面面俱到，则必然会流于琐碎的窠臼。因此，尽管本文强调历史的多样性与个别性，意图深入浴堂的肌理，对其中活动群体所面临的纷繁复杂情景进行感同身受的描述，但亦须注意历史变迁的动力机制、历史语境之下的社会文化内涵，以及个体实践与社会结构之间的联结。对先行研究的综述拓展了本文的理论视野，增强了问题意识，也提供了警示，在吸收经验、弥补不足之后，对浴堂的研究才能变得更加审慎、明晰、立体化。

1 [日]饭岛涉:《鼠疫与近代中国：卫生的制度化和社会变迁》，朴彦、余新忠、姜滨译，北京：社会科学文献出版社，2019年。

2 李忠萍:《民国时期安徽卫生防疫事业的萌生与困顿》，《安徽史学》，2014年第4期，第147—156页。

三、概念界定与文献来源

（一）概念界定

本文的研究对象是20世纪上半叶北京市的公共浴堂及其行业组织和活动群体，以及由其延伸出来的学校、工厂、家庭中的浴室设备。浴堂在本文中被视为以公共浴堂为介质，由政府、从业者、消费者共同塑造出来的公共空间，经济、政治、社会、文化等因素并存于其中。所谓浴堂指的是洗澡的地方，古时寺院和皇宫中常备之。在宋代，由于庶民文化的兴起，公共浴堂得以繁荣，并在市井中大量出现。到清末民初时，北京浴堂发生了重大变化，现代设备在其中出现，经营模式因时代而改变，行业组织亦逐步完善，浴堂在响应政府清洁卫生的呼吁之时，也逐渐成为人们生活中娱乐消遣之重要场所。不似天津将浴堂统称为澡塘，北京对浴堂的称呼有多种，如澡堂、浴池、浴堂、浴所等。由于北京浴堂同业公会使用的是浴堂一词，为避免混淆与歧义，文中将澡堂、浴池统称为浴堂，同时将女浴堂称为浴所，以示区别。

本文研究的地理范围以北京城区及城厢地区为主。北京城区分为内城与外城，内城为明永乐十九年（1421年）建成，分为九门，分别是丽正门（正阳门）、文明门（崇文门）、顺承门（宣武门）、平则门（阜成门）、西直门、东直门、齐化门（朝阳门）、安定门、德胜门。明嘉靖三十二年（1544年）筑建外城，外城为七门，分别为永定门、左安门、右安门、广渠门、广宁门（广安门）、东便门、西便门。由于紫禁城的存在，内城只被允许临时性的商业活动，满人入京后内城的汉人一并迁往外城居住，这使得外城成为居民的商业中心。外城北起正阳门，南至永定门，东西各达广渠门和广安门，这里有中轴线上宽阔笔直的正阳门大街，也有观音寺一带错综蜿蜒的胡同街巷，各种大小商铺、会馆、饭店、旅馆、浴堂聚集于此。

从清末到国民政府执政期间，北京市的行政区域划分及命名规则曾数次变动，由于本文中多次提到北京城内不同的区界，为了避免引起混淆，在此须详细说明。为了满足市政建设、工商业的发展需求，以商业流通、城市管理为核心的城市区划规则取代了以皇权为主旨内外城分居的隔离制度。光绪末年北京市行政区划分为 22 个，原外城以正阳门大街为界，以东分 5 区，以左命名，如外左一区，以右亦分为 5 区，以右命名，如外右一区。原内城以地安门大街为界限，东西各 5 个区域，同样以左右命名，如内右一区、内左一区。此外还有中央区划，中一区及中二区。辛亥革命后，北京政府仍然沿袭这一区划。

1928 年迁都后，北京成为了北平，原有 22 个区域缩减为 11 个，其中外城 5 个行政区域，外一区由崇文门大街、正阳门大街、东河沿及东珠市口大街围合而成。外二区由宣武门大街，骡马市大街、正阳门大街、西河沿围合。外三区为花市广渠门一带，外四区的主要街区有菜市口、南横街、牛街。珠市口至永定门，磁器口至果子巷，构成了外五区，庶民文化的代表天桥正位于此。内城有区划 6 个，崇文门、东单、王府井、东交民巷一带为内一区；宣武门内、西单牌楼一带为内二区；东四牌楼、朝阳门大街，隆福寺一带为内三区；西四牌楼、护国寺、新街口、西直门一带为内四区；地安门外、鼓楼、交道口为内五区；地安门内至中华门，东安门至西安门构成了内六区的区界。

除地理范围之外，浴堂所涉及的文化范围也是需要界定的因素。文化范围是指具有文化共通性的区域，正如西美尔（Georg Simmel）所言："城市最显著的特征是在其自然疆界外功能的扩展，而内部的生活波浪式地溢出融入广阔的民族与国际的区域，这是都市具有决定性的特质。"[1] 20世纪上半叶，国家、政府在全国范围普及文明观念，灌输强国强民的思想、推行现代化施政方针，使得各个地方文化具有了国家层面上的文化同一性。就浴堂而言，全国各地的浴堂在现代化的进程中是有同质性与共趋性的，全国各大城市都一直强调浴堂中的卫生清洁，致力取缔其中的不文明行为。虽然北京城中的浴堂存在规模上的差异，全国范围内的浴堂也有地方文化上的差别，但整个行业的经营模式是基本一致的。全国范围内的浴堂都有着官堂、盆堂、男宾、女宾多种功能区域划分；一年里有淡季旺季，甚至在一天的时间里也有繁忙与闲适的固定时间；浴堂的营业随着社会经济环境变动而起伏，这皆是全国各地浴堂中的同质特征。因此尽管存在由地理、生态、生活方式区隔而形成的地方文化，但是不应该把区域仅仅理解为地理上的范围。

本文研究的区域以北京市为主，所用材料也以北京市浴堂为基本内容，但亦会在此基础上涉及天津、上海或其他未注明具体城市的内容。因为在浴堂中，这些地区有着相同的时代背景，秉承着相似的运营逻辑，也具有类似

1 [德] 齐奥尔格·西美尔(Georg Simmel):《时尚的哲学》，费勇译，北京文化艺术出版社，2001年，第195页。

的社会功能，在全国性的政治运动之下，各个城市的差异性明显缩小的同时，不同城市浴堂之间的共通关联也会显著增多。

在时间的界定上，本文所研究的时间段并非是按照政府的更迭变化划分，而是根据北京浴堂行业本身的发展逻辑来圈定。1900 年的庚子之变可以看作北京城市现代化进程的开始，现代意义上的浴堂也因此产生并逐渐兴盛。区别于旧时的浴堂，这种新式浴堂为时人称作“南堂”，其浴堂的经营理念、经营方式、组织结构、消费内涵、象征意义无不体现着现代社会的特征。新中国成立之后的最初几年，北京浴堂在很大程度上依然沿袭了之前的经营模式和组织结构，直到 1952 年前后北京市人民政府在浴堂行业拉开了公私合营的序幕，浴堂业才发生结构性、功能性的变化，这标志着北京浴堂进入到一个全新的时代。因此，本文将研究的时间范围定为 1900 年至 1952 年。

（二）文献来源

关于什么是社会史研究可以使用的资料，行龙认为：“什么都可以成为区域社会史研究的史料，关键在于我们能对这些资料提出什么问题。”[1] 也就是说，所用历史资料只是问题研究的工具与手段，而非对研究对象、研究内容、研究方式的限制。只要是从历史学研究的角度去思考问题，如文学、社会学、民俗学、心理学等相邻学科的材料，都可以当作史料看待。当然这些材料并非能够拿来即用，还需结合当时的社会情境，结合不同相关史料去反复比较对照。本文所搜集的材料除档案、政府公报等官方文

1 行龙:《从社会史到区域社会史——20年学术经历之检讨》,《山西大学学报(哲学社会科学版)》, 2008年第31卷第4期。

本，报纸期刊等大众传媒，社会调查统计等科研成果，以及日记、游记等私人记录外，还有包括旅行手册、诗歌、对联、传统相声、漫画、小说、广告等多种形式的材料。

1. 档案、方志、政府公报

本论文的核心材料主要来自于北京市档案馆。在市政府、社会局、卫生局、工务局、警察局、工商税务档案（1949 年后）、社会福利局（1949 年后）、同业公会档案（1949 年后）、诉讼档案等多个全宗下，搜集到浴堂相关档案，共 631 卷。除此之外，第一历史档案馆中的相关档案在本文中亦有使用。据笔者了解，到目前为止，中外历史学者几乎从未系统地利用过这些珍贵的档案资源。

档案材料给本研究提供了关于浴堂的资产、定价、纳税、认捐、煤水电等信息。从中可以了解到浴堂的数量、规模、所使用设备、城区街道分布、债务等重要信息。在一些浴堂修建、整改等档案中，可获知经营浴堂的前期投入，同时在这些档案中，也会有详细的施工图，施工图纸信息提供了浴堂的供暖与给排水情况，能够更精确地理解浴堂的运行模式。[1] 虽然档案中并没有发现任何浴堂的账本，但是一些相关行业的账本记录也能从一个侧面提供浴堂之间竞争的情况，如北京市档案馆馆藏的洪裕茂茶庄全宗档案，给本研究提供了 1944 年到 1952 年间各号的花账和誊清账。浴堂是茶庄的大宗客户，从不同浴堂在茶庄中进货频次、茶品数额可以变相了解到浴堂的竞争和盈利模式。[2]

在对浴堂同业公会档案的爬梳中，[3] 不仅可以知晓浴堂

1《北平市德山木厂关于修理前外五广福斜街32号卫生池、澡堂做法说明书、计算书、施工图》，北平市工务局档案，北京市档案馆馆藏，档案号：J017-001-01514。

2《民国三十四年各号澡堂饭庄誊清帐 》，洪裕茂茶庄档案，北京市档案馆馆藏，档案号：J102-001-00004。

3 这些档案分布在北平市社会局（全宗号J2）、伪北京特别市筹募劳工委员会（全宗号J14）、北平市商会（全宗号J71）、北平市警察局（全宗号J181）以及北京市同业公会（全宗号87）等多个全宗下。

同业公会的兴起、发展和变迁过程，还可以理解浴堂同业公会的职能，包括制定行业规范、调节无序市场、缓和劳资纠纷、补充和缓冲国家控制等。除此之外，一些档案也可以反映出浴堂行业劳动者、经营者、政府、同业公会与职工会各方利益之间的错综复杂关系。[1] 有些档案还提供了关于浴堂行业仪式的信息，此类材料可以通过两种方式进行解读，在深描浴堂同业公会进行行业仪式的同时，也反映了国家对于同业公会的监视与严加管控。[2]

档案也提供了国家与浴堂之间互动的原始材料。如关于浴堂的各项规章制度、行为规则，劳资纠纷处理的办法，以及政府关于公共卫生事业的市政规划与财政支持等。通过这些档案，可以看到国家、政府试图培养个人公共卫生观念，加强卫生防疫的具体措施以及提升社会文明程度的决心。

社会的乱象与政府的管理并存，北京警察局档案中记载了大量的关于窃水窃电、暗娼、男女混浴、盗窃、自杀、建筑安全等社会问题。其中不乏具有代表性的档案，如《北京特别市警察局关于同心澡堂容留张齐氏等卖淫一案的批示》，通过完整记载的笔录，说明了浴堂暗娼滋生的原因与其相应的社会心态。[3]《自来水局关于惩罚窃水者的呈文及公用局关于华兴池澡堂、华安饭店窃水一事给北平地方法院的函件》则提供了浴堂窃水的详细手法，以及对涉嫌浴堂的处罚条例。[4]《京师警察厅外左五区区署关于戚佩材身着军服行窃澡堂手巾的呈》以及《京师警察厅内左三区区署关于久乐天澡堂不戒于火一案的呈》，两则档案涉及到在浴堂中频发的偷窃行为以及公共安全等问题。[5]

1《关于澡堂业、中央印制厂北平厂以及鸿大制粉厂、北洋造纸厂等工人罢工风潮与劳资纠纷的公函、文件》，北平市警察局档案，洪裕茂茶庄档案，北京市档案馆馆藏，档案号：J181-014-00456。

2《北京特别市警察局外五分局关于浴堂业公会开会及在精忠庙捐香的报告》，伪北京特别市警察局档案，北京市档案馆馆藏，档案号：J184-002-21902；《北京特别市警察局外五分局关于监视浴堂业公会开会、举办斋事、监视闫月亭情形的呈》，伪北京特别市警察局档案，北京市档案馆馆藏，档案号：J184-002-21969 北平市警察局外城各分局档案。

3《北京特别市警察局关于同心澡堂容留张齐氏等卖淫一案的批示》，伪北京特别市警察局档案，北京市档案馆馆藏，档案号：J181-023-09552、J181-023-09553、J181-023-09554。

4《自来水局关于惩罚窃水者的呈文及公用局关于华兴池澡堂、华安饭店窃水一事给北平地方法院的函件》，伪北平特别市自来水局档案，北京市档案馆馆藏，档案号：J013-001-01349。

5《京师警察厅外左五区区署关于戚佩材身着军服行窃澡堂手巾的呈》，京师警察厅档案，北京市档案馆馆藏，档案号：J181-019-22478；《京师警察厅内左三区区署关于久乐天澡堂不戒于火一案的呈》，京师警察厅，北京市档案馆馆藏，档案号：J181-019-29835。

警察局大量的档案为本文提供了足够多的研究样本。

已刊档案也是本研究另一大资料来源。在已刊档案中，主要有《中华民国商业档案资料汇编》《民国时期北平市工商税收》《北京自来水公司档案史料（1908年—1949年）》，北京市档案馆出版的《北京档案史料》也为本研究提供了充足的资料，如1986—1987合订本中刊载的《北平工商业概况》，1988—1989年合订本刊载的《1919年京师总商会众号一览表》《建设北平意见书》，1992—1993合订本中刊载的《北平特别市卫生局1929年度施政大纲》《北平特别市公用局1929年度施政大纲》《北平特别市社会局1929年度施政大纲》《北平特别市公务局1929年度施政大纲》《北京市的下水道》《北京的清洁工作》，1997—1998年合订本刊载的《1948年北平各类商号一览》。

方志是本文的另外一类资料来源。陶希圣提议，历史研究者们应该“从地方志里搜集经济的、社会的材料。”[1]本文所采用的方志资料主要有《京都风俗志》《清末北京志资料》《北京市志稿》《北京志》等，北京各区县方志也是本文所选用的重要材料，如《北京市海淀区志》《北京市崇文区志》等，一些浴堂集中地区的街道志中也有浴堂的相关材料，如《大栅栏街道志》《北京东城街道志》等。按方志的功能划分，主要有《北京志·政法卷·检察志》《北京志·人民团体卷·工人组织志》《北京志·综合经济管理卷·统计志》《北京志·商业卷·饮食服务志》等，此外，本文还利用到风物志、学校校志以及各公司、工厂志等等。

1 陶希圣:《搜读地方志的提议》,《食货》,1934年 第1卷 第2期,26—29页。

政府公报、年鉴、计划书等材料主要涉及浴堂的法规、指令、条例、行政措施、施政方针等。这里就不再一一列举。

2. 报刊、调查资料、旅行手册

报刊和调查资料在一定程度上弥补了档案和方志资料中对日常生活细节的忽视。报纸内容包罗万象，对北京居民日常生活的报道极其丰富。这些报道涉及到政府卫生事业的开展、清洁意识的普及、沐浴常识的介绍，浴堂劳资争议，行业经济走势评估，对浴堂中不文明现象的揭露、浴堂内部社会众生相的描写等等。虽然报刊资料提供了关于居民日常生活点滴的珍贵文字，还需注意的是，报刊中关于浴堂的报道大多是以社会改良为预设前提的，其报道内容和目的往往是站在政府或社会进步人士的角度对日常行为、习惯、传统风俗进行矫正和规范，因此在利用这些材料时亦需考虑文章作者的真实意图。本文参考了《京报》《晨钟报》《晨报》《新民报》《顺天时报》《益世报》《大公报》《华北日报》《申报》《民国日报》等报纸中关于北京浴堂的文献。

民国时期，社会进步人士试图从社会学中寻找基本原理，为提高国民素质、摆脱贫困、解决社会问题提供依据。同时，近代中国极具特色的社会形态也吸引了中外研究者在此开展田野调查。[1] 在此期间涌现出大量的社会调查报告、论文、书籍。如在《社会问题》《社会学》《社会学界》《社会学刊》《中国社会》等多种民国时期社会学期刊中刊登的调查报告，在本文所搜集的材料中占有一定的比重，尽管这些调查报告没有直接关于浴堂调查的研究，

1 在国外社会调查研究中，主要有[美]西德尼·甘博(Sidney. Gamble):《北京社会调查》，北京：中国书店出版社，2010年；[美]步济时(John·Burgess)，《北京的行会》，赵晓阳译，清华大学出版社，2011；[日]塚本正巳:《北京商工名鉴》，北京：日本商工会议所，昭和十四年(1939)；罗信耀著:《北京の市民》、《續北京の市民》，式场隆三郎译，东京：文艺春秋社出版，1941，1943年；Sidney D.Gamble, *How Chinese Families Live in Peiping*, *Funk&Wagnalls* Co.1933; Ellen N. La Motte, Peking Dust, The Century Co.1919; Robert Moore Duncan, Peiping Municipality and the Diplomatic Quarter 北洋印字馆 1933;Georges Auguste Morache, Pekin et ses Habitants: Etuded' Hygiène, J. B.Bailliere et Fils 1869; Jean Bouchot, Scènes de la Vie des Hutungs: Croquis desmoeurs Pékinoises, Imprimerie Na-Che-Pao 1922; H.Y.Lowe, The Adventures of Wu: the Life Cycle of a Peking Man ,University of Princeton Press 1983; Robert Willia Swallow, Sidelights on Peking Life, 北平法文图书馆，1930。

但是其中涉及到的如犯罪统计、娼妓问题、劳资纠纷、公共卫生普及、工厂惠工措施等，都或多或少地谈到了浴堂的功用及其社会功能。除此之外，学校、工厂、公司等社会机构概览，以及燕京大学社会学系诸多基于社会调查的学位论文也是本文所参照的重要文献资料。

近代中国，随着公路铁路的建设，飞行、海运航线的开辟以及新式旅馆、饭店的兴起，旅游业得到了长足的发展。前往中国旅行的中外旅客逐渐增多，北京因其独特重要的历史文化地位而成为最受游客欢迎的目的地之一，从而流传下来诸多的旅行手册，这也是本文所参考的重要文献之一。[1] 浴堂在旅行手册中被视为是与茶馆同等地位的场所。[2] 这些材料对北京浴堂有着内容翔实的介绍，包括浴堂地理位置、盆池信息、工役人数、收费标准、清洁程度、有无理发业务，由此可以了解到人们对于浴堂舒适程度的评定标准，以及浴堂的服务态度、顾客的消费水平等重要信息。将旅行手册作为参考文献是对传统史料的一种补充。

3. 日记、笔记、回忆录、文学作品

浴堂中的行动者或行动主体并非是国家、政府，而是实实在在的人。浴堂经营者、从业者、顾客共同塑造了浴堂的文化。但是这些关于浴堂行动者的材料相对稀少且呈零散状。只能在期刊、游记、笔记、日记、回忆录中寻找蛛丝马迹。由于卫生清洁在近代的普及与发展，沐浴这种行为逐渐内化在人们的行为中，成为一种只管去做而无需明言的习惯，在日记中关于浴堂、沐浴的记载往往是只言片语或语焉不详，因此对这些材料的使用需要格外仔细

1 主要包括，马芷庠：《老北京旅行指南》，长春：吉林出版集团有限公司，2007年；撷华编辑社编《新北京指南（第2编下）》，北京：撷华书局，1914年；姚祝萱：《北京便览》，上海：文明书局，1923年；徐珂：《实用北京指南（增订本）》：上海：商务印书馆，1926年9月；北平民社编：《北平指南》，北平：北平民社出版，1929年；金文华：《简明北平游览指南》，上海：中华书局，1932年；田蕴瑾：《最新北平指南》，北京：自强书局，1935年；*Peking Utility Book*，1921-1922，The *Peking Friday Study Club*，1921，［日］安藤更生：《北京案内记》，北平：新民印书馆，昭和十六年（1941）；［日］高木健夫：《北京百景》，北平：新民印书馆，昭和十八年（1943）；［日］高木健夫：《北京横丁》，东京：大阪屋号书店，昭和十八年（1943）；［日］斋藤清卫著：《北京の窗：民族の对立と融和》，东京：黄河书店，昭和十六年（1941）等。

2 马芷庠在《北平旅行指南》中，计划从上海到北平的个人经济旅行线路时，描写道："午饭后稍事休憩，即可往访亲友。无亲友者可至澡堂沐浴，或赴青云阁、玉壶春品茗，听票友清唱消遣。"马芷庠：《老北京旅行指南：〈北平旅行指南〉重排版》，北京：北京燕山出版社，1997年，第286页。

并加以规范化。本文参考的日记有《北平日记》《胡适日记》《吴宓日记》《周作人日记》等。

随着新文化史的兴起，文学作品、谚语俗语、曲艺、民间传说、漫画等更多形式的材料被纳入到历史研究者的视野内。关于文学材料在史学领域的应用，娜塔莉·戴维斯（Natalie Zemon Davis）给出了明确的肯定性答复："对于过去发生的事情，历史学家如何才能发现呢？我们要去看书信，自传，回忆录，还有家庭史。我们还要看文学材料——剧本、韵诗与故事，不管他们与特定人物的真实生活的关系如何，它们向我们显示出作者认为在一个特定时期里合乎情理的那些感情与反应。"[1] 尽管文学作品经过了作者的再创造，但从广义上讲，作者的创作意图是符合当时社会特征的，且能反映一定的社会现实。

如有学者在对张恨水作品进行历史文化分析时指出："张恨水写出了真实的北京。那不全是老北京，而是慢慢在变化的新北京；不是怀旧的、有距离的北京，而是实实在在的当下。城市是会成长的。城市也会有新的转变，但多数人却不愿接受城市的转变。他如此写实呈现，一是为真实展列社会面貌，二则对于北京文化之发展表示隐忧。"[2] 在王笛的《街头文化：成都公共空间、下层民众与地方政治（1870—1930）》以及《茶馆：成都的公共生活与微观世界（1900—1950）》两本著作中，引用了大量的文学作品，王笛本人也如是说道："即使我们有充足理由相信这些描述是基于历史事实，然而都经过了作者的加工，注入了他们的感情、意识、价值观和想象力。不过，这些因素并不能使我们放弃从文学作品中去发现过去

1 [美]娜塔莉·泽蒙·戴维斯（Natalie Zemon Davis）《马丁·盖尔归来》，刘永华译，北京：北京大学出版社，2009年，第11页。

2 赵孝萱：《雅人趋俗，俗人却雅——张恨水北京小说雅俗错位的文化意涵》，陈平原《北京：都市想像与文化记忆》，北京：北京大学出版社，2005年，第194页。

的一种生活方式、一种文化和一种历史存在，去发现“失语”（ voiceless ）的普通民众声音。当研究政治事件时，我们追求准确的资料；但研究大众文化则不同，模糊的文字常常提供一些独特的、深层的和意想不到的信息。”[1] 本文所参考的小说包括老舍、张恨水、郁达夫、王度庐、庐隐、萧艾、高深、耿小的等多位作家的多部作品。[2] 除小说外还有竹枝词、对联、传统相声、鼓词等多种形式的文学作品。

四、研究方法与文章框架

马克思指出：“人们自己创造自己的历史，但是他们并不是随心所欲地创造，并不是在他们自己选定的条件下创造，而是在直接碰到的、既定的、从过去承继下来的条件下创造。”[3] 也就是说，历史既不是个体行动者的经验建构，也不是任何形式的社会主导，而是二者兼得。在中国现代化的进程中，国家试图将“文明”“现代”等概念一般化、普及化，借此指导人们的生活方式，体现在浴堂中是对浴堂店家进行行政监视、卫生管理、规范店员及顾客行为，并将自身推崇的意识形态附加在浴堂之上。但是在近代中国社会中，人们的生活习惯、方式是长期沉淀积累而形成的，具有历史性、地方性及繁复性，这使得现代化并不会成为塑造民众生活方式的唯一路径。事实上由于人们的实践活动，人们的观念意识、生活方式、行为习惯的形成及变革并不是一种从无到有，由此及彼的离散过程，而是一种连续性的过程，这一过程是动态的而非静止的，

1 王笛:《街头文化:成都公共空间、下层民众与地方政治(1870—1930)》，李德英等译，北京:中国人民大学出版社，2006年;第13页。

2 这些作品包括老舍:《浴奴》《离婚》《骆驼祥子》《文博士》《牺牲》《赵子曰》;张恨水《啼笑因缘》《春明外史》《春明新史》《斯人记》;王度庐:《落絮飘香》《古城新月》等，其他作家作品多连载于《国民杂志》《新轮》《中国公论》等期刊中。

3 中共中央马克思恩格斯列宁斯大林著作编译局编译:《马克思恩格斯选集(第一卷)》，人民出版社，1995年6月，第585页。

亦必然会有历史参与其中。正如赵汀阳所言："历史感与其说是一种结局感还不如说是一种中间感。历史相当于一个不合格的游戏：虽然好像有些规则，但是规则却永远确定不下来，于是这个游戏中的一个重要活动就是在改造规则，因此这个游戏是没有结局的。"1

国家在试图改善民众的精神、物质、文化生活时，其结果并非总能如愿，人们的传统意识会与现代化过程进行对抗，其实践活动会不断产生出现代性之外的结果，这些意外的结果也会形成人们行动的条件。以人们在浴堂中的沐浴活动为例，沐浴行为的前提条件并非完全由现代性主导，也并非完全根据个人经验，而是在实践中由二者相互协调、磨合而成，且处于持续性地变化之中。正应英国社会学家安东尼·吉登斯（Anthony Giddens）的论证："人类的历史是由人的有意图的活动创造的，但它并不是某种合乎意图的筹划。"2 在此理论基础上，本文试图通过六个章节对浴堂系统内部的秩序、规则、发展模式、资源分配情况，以及浴堂外部的政治、经济、社会、文化趋势加以考察，来说明个体实践与社会进程的相互作用。

第一章通过北京市浴堂业的发展历程、时代背景、城区浴堂的地理分布以及由沐浴行为透视出人们在身体认知、卫生观念上的变化，来说明20世纪上半叶北京浴堂业的繁荣是在城市现代化改良、商品经济发展、社会卫生意识进步、人们生活习惯改善等多个方面的合力下共同促成的。

第二章试图阐明浴堂的资本组织形式，产权结构及开销流水，并借此考察浴堂背后所彰显的社会进程，以及

1 赵汀阳：《历史知识是否能够从地方的变成普遍的》，杨念群、黄兴涛、毛丹主编：《新史学：多学科对话的图景》，北京：中国人民大学出版社，2003年，第136页。

2 [英] 安东尼·吉登斯（Anthony Giddens），《社会的构成：结构化理论纲要》，李康、李猛译，北京：中国人民大学出版社，2016年，第25页。

依据浴堂的经营状况与管理手段来分析该行业与国家、政府间的关系。20世纪以来，自来水、电气设备、日化产品等现代化产物在北京的浴堂中普及开来，现代化技术改变了浴堂的生产与经营方式，同时也成为浴堂店家的营业抉择。在浴堂广泛使用现代设施的时候，其运营成本也会相应提高，因此各浴堂不得不开源节流，甚至无视政府颁布的诸项规定。浴堂与政府之间的相互羁绊在社会经济困难时期体现得尤为明显，二者不断地协调又常发生冲突，这正是现代性在浴堂行业中的具体体现。

第三章分为两个部分，第一部分通过考察浴堂从业者的身份来源、收入水平、工作方式、生活条件、社会形象等方面，来探究他们的生存逻辑，并依此来讨论群体经验与社会环境的互动关系。北京现代意义上浴堂兴起于20世纪初期，这与北京城市改良、社会体制革新的现代化进程相吻合。值此社会遽变之时，浴堂伙计的生存状态、社会阶层、工作方式有其特定的时代特征。社会结构的调整，雇佣制度的变化、顾客消费核心需求的转移，社会价值观念的变革、国家权力机制对人们劳动观念的形塑，皆影响了浴堂伙计的生存实践。在这些因素的约束下，浴堂伙计调整、适应，并自我改造，形成了这一时期特有的服务方式、工作态度与营生技巧，他们的生存实践也在一定程度上改变了浴堂的行业体制。第二部分主要讨论浴堂同业公会与浴堂职业工会的成立始末、组织结构、经费来源及行业功能，由于二者代表了不同的浴堂从业者群体，因此时常发生摩擦与龃龉。此外，浴堂中的地下活动也是本章的重要内容之一。浴堂是城市改良的试验田，也是社会信息传播的集散地。人们在浴堂中不只是沐浴，还会在这里饮茶、聊天、商谈事情。浴堂中的盆池设置使其聚集了不同阶级的人们，蕴含了大量的社会资源，这使得不同的政治团体、势力在浴堂中博弈，不同的社会组织利用浴堂开展自己的活动，试图控制浴堂以实现自己的政治目的。

第四章通过考察浴堂中的卫生管理方式、卫生制度的制定和落实程度、女浴所及平民浴室的开设，来分析国家权力是如何通过城市改良、卫生行政介入到城市的基层事务中的。在此过程中国家的政策、规定和意图并非顺水推舟，浴堂经营者、从业者及顾客常会对其施加巨大的阻力，北京市浴堂的公共卫生体系正是在现代性与人们思维惯性之间的一次次拉扯中达到某种平衡而确立的。

第五章主要讨论浴堂在现代化进程中发生的一系列社会问题，以及这些问题的成因、治理方式和整改效果。随着城市的发展，移民人口不断增加，从而导致城市居民成分复杂，城市中肮脏、拥挤、充斥着犯罪及多种不良行为，这些现象也出现在浴堂中。浴堂不像国家、政府及社会进步人士想象的那样，能够“批量生产”干净整洁、遵纪守法的市民，其中也出现暗娼、偷窃、赌博、毒品等诸多社会问题。这些社会问题也是传统与现代对抗的主要领域，时人意图通过现代化来移风易俗，改良人们的生活习惯时，人们传统的生活习惯在某种程度上会引起社会中的不良现象。随着浴堂中社会问题滋生，政府与社会进步人士会对其进行治理与反思，解决社会问题即被加入到再生产“文明人”的条件之中。20 世纪上半叶北京浴堂中的社会问题正是传统习俗与现代化的相互对峙、交织、融合的直观反映。

第六章意图说明国家、政府及社会进步人士是如何将澡堂、浴室赋予现代意义，并为世人所接受，且如何将沐浴行为通过国家机器纳入到人们的日常生活之中的。诚如杜威（John Dewey）所言："人类是一种消费性、运动性的动物，同时也是政治性的。"[1] 消费在国家、政府通过沐浴构建人们的日常生活时起到了关键性作用，消费使得人们将"不要"沐浴变为"想要"，然后将"想要"转变为"需要"，最后由"需要"成为"习惯"，人们没有特定的清洁需求时也会来浴堂，这无形中促进了公共卫生的知识化、惯习化[2]，也在一定程度上改良了人们的习俗。但消费也带来一些如"炫耀性消费""有闲阶级"等不被时人称道的问题，这些问题使得消费饱受诟责。从消费的两面性可以看出，现代性并非是浴堂或沐浴的唯一面相，其中个人或群体的实践也在通过消费形塑浴堂的文化意涵。

五、创新之处

材料挖掘。本文是以大量第一手资料为主要依据的。这些资料繁复庞杂、整理困难，迄今学界利用较少，包括原始档案、已刊档案、报刊、杂志、调查资料、政府公报、方志和文史资料以及散存于民间的文献资料等。本文对这些材料进行仔细爬梳、细致分类，从中整理出北京浴堂的相关数据，并试图依此揭橥20世纪上半叶北京浴堂的整体特征，窥探北京浴堂的发展轨迹及与社会环境的

1 约翰·杜威（John Dewey）：《公众及其问题》，魏晓慧译，北京：新华出版社，2018年，第116页。

2 "惯习化"指这样一种过程，这一过程中，个人通过社会化而实现社会结构的内化，同时个人的实践也再生产着社会结构。如布迪厄（Pierre Bourdieu）所言，惯习是"一种外在的内在性以及内在的外在性之间的辩证法"。［英］迈克尔·格伦菲尔（Michael Grenfel），《布迪厄：关键概念》。

关联。

研究视角创新。本文力图全面梳理20世纪上半叶北京浴堂的发展历程，探索浴堂内部的运转方式，及其与国家、政府、顾客之间的关联互动。这种互动关系因行业发展和社会变迁而生，亦促使了行业和社会的变革。作为小商业的浴堂，其与社会的互动关系能为当今市场经济建构提供可资参考的理论和方法。

方法创新。本文主要以实证的方法、跨学科的方法和对比分析法展开研究。首先，充分运用了历史学重史料、重实证的办法，坚持从第一手资料出发，做到如实直书、论从史出、史论结合，力图真实地反映20世纪上半叶北京市浴堂的状况。其次，与一般的史学论著相对照，本文具有社会学、人类学的更广阔的研究视野，将20世纪上半叶北京浴堂置于历史的、经济的、政治的、社会的、文化的以及世界的多维体系中，进行跨学科、多视角的剖析。

第一章

城市空间与浴堂生态

第一节 北京浴堂的发展概述

沐浴在现代社会的日常生活中是一件极为普遍又理所当然的事情，但在古人的日常生活里，沐浴并非一种必要活动。按照《说文解字》的解释，“沐”“浴”“澡”三字分别为濯发、洒身、洗手之意。现代字意上的澡身沐浴被拆解为清洁身体的不同部位，可见古人对沐浴的理解与现代观念有所偏差。[1]春秋时期人们在祭祀或有重要事务时，往往会斋戒沐浴、洁身清心，以示虔敬。如孔子见鲁哀公“沐浴而朝”[2]，“斋戒沐浴，则可以祀上帝”是古人在重大活动前的必要仪式。[3]洗澡在礼仪上的功用随着儒学的拓展，逐步成为人们所应遵循的经典法则。洗澡不仅具有礼仪上的功用，还包含道德层面上的意义。“儒有澡身而浴德”将澡身喻为浴德，在澡洁其身不染浊垢的同时，还能身而浴德，以德自清。[4]

直至帝制时代末期，沐浴也并不是人们日复一日、每日必行，以清洁身体为目的的卫生习惯，而仍是一种祭祀朝拜，改善德行的活动。儒释道均强调沐浴，三者皆要求人们在祭祀祖先或神佛时行礼如仪，洗澡净身，以表明庄重虔诚。沐浴活动中还隐藏了诸多的社会功能，家中需要在婴儿出生后三日为其举办“洗三”仪式，以洗除“前世前因”带来的污垢，并宣告婴儿正式成为家庭成员之一。在给小孩消灾解厄时则会采用“跳墙”仪式，令家中小儿拜一僧道为师，成龄后，从庙里“跳墙”出来，在遇到的第一个浴堂中洁身沐浴，以示灾厄消除。犯人从监狱

1 段玉裁注:《说文解字注·第十一卷·水部》，上海：上海古籍出版社，1981年，第563—564页。

2《论语·宪问》，《十三经注疏·论语注疏》，北京：北京大学出版社，1999年，第194页。

3《孟子·离娄》，《十三经注疏·孟子注疏》，北京：北京大学出版社，1999年，第230页。

4《礼记·儒行》，《十三经注疏·礼记正义》，北京：北京大学出版社，1999年，第1587页。

出来，也要先去浴堂净身，以示洗去既往罪业。[1]

古时的浴室称为“湢”，《礼记·内则》写到“外内不共井，不共湢浴，不通寝席，不通乞假，男女不通衣裳，内言不出，外言不入。”[2]浴室内的木质浴盆称为“杅”，如“浴用二巾，上絺下绤，出杅，履蒯席，连用汤，履蒲席，衣布晞身，乃屦进饮。”[3]《后汉书·吕强传》引云：“君如杅，民如水，杅方则水方，杅圆则水圆。”[4]关于古时浴室、沐浴用品及沐浴方式，考古学界亦有所关注，孙机曾整理出汉代所使用的盥洗用具。[5]在咸阳一号宫殿建筑遗址、汉长安城桂宫二号建筑遗址、秦汉碣石宫遗址、河南省永城市柿园汉墓及江苏省徐州市狮子山西汉楚王墓等处皆发现浴室设施，这些浴室的形制和设施的配置不一，反映了当时存在不同的洗浴方式。[6]

商业性质的公共浴堂出现于宋代。随着社会经济的繁荣和市民生活方式的进步，宋代社会分工也趋向复杂，出现了诸多不同种类的“作分”者，如碾玉作、腰带作、金银打作、砖瓦作、泥水作、石作、竹作、漆作、箍桶作、裱糊作、裁缝作等。这些手工业者聚合成为不同行业，如“买卖七宝者谓之骨董行、钻珠子者名曰散儿行、做靴鞋者名双线行、开浴堂者名香水行。”[7]具有经营性质的商业公共浴堂由此开始出现。在万物所聚，拥有诸行百市的都城开封及临安城，商业浴室颇具规模，除此之外，家庭、学校、书院、宗教场所、官舍与救助机构皆配备沐浴设备，足见宋人的沐浴嗜好。[8]

1 常人春：《老北京的民俗行业》，北京：学苑出版社，2008年，第68—70、345页。

2《礼记·内则第十二》，《十三经注疏·礼记正义》，北京：北京大学出版社，1999年，第836页。

3《礼记·玉藻第十三》，《十三经注疏·礼记正义》，北京：北京大学出版社，1999年，第884页。

4《后汉书》卷七十八《宦者列传第六十八·吕强传》，北京：中华书局，2008年。

5 孙机：《汉代物质文化资料图说》，北京：文物出版社，1991年，第259页。

6 张建锋：《秦汉时期沐浴方式考》，《考古与文物》，2015年第6期，第42页。

7［宋］吴自牧：《梦粱录·卷13·团行》，北京：中国商业出版社，1982年，第167页。

8 参阅刘盈慧：《宋代沐浴研究》，硕士学位论文，河南大学历史系，2016年。

一、元明清时期的北京浴堂

北京浴堂大致出现于元代，起先多设于寺庙之中，为斋戒所设。1934 年，北平市政府在东晓市天庆寺东南跨院内发现古代浴室一座，据考为元代所建，与武英殿后浴德堂之建筑颇相似。1 该浴室当时为市卫生局清洁队所居住，由于不知其为历史古迹，清洁队在数年前将浴堂东西两面各拆一门形之洞，从中堆积污秽，顶部亦已毁坏。2 浴室内地面低洼，较室外相差二尺有余，材质为砖制，并无木石柱梁，建筑结构下为方式，上则圆形，中有天窗，作古钱状，内部建筑设有火道，砖土皆作红色，浴池为汉白玉石所造。3

图 1-1 天庆寺浴堂旧照

明清时期北京城市的发展使得浴堂从寺庙内的非盈利附属设施转变为以盈利为目的的服务性场所。根据 1943 年北京社会局的统计，全市浴堂中营业最久的为珠市口玉尘轩，始建于嘉庆六年。4 玉尘轩浴堂只是 1943 年时现存浴堂中历史最悠久的，若考虑到已经歇业的浴堂，

图片来源：

《保护天庆寺古代浴室之始末》，古物保管委员会编：《古物保管委员会工作汇报》，大学出版社，1935年，第83页。

1 该浴室于1934年12月动工修葺，第二年4月14日修竣完工，恢复旧观。《动工修葺古代浴室》，《京　报》，1934 年 12 月 18日，第2版；《古代澡堂：崇外天庆寺，由市府修竣已恢复旧观》，《京报》，1935 年 4 月 14 日，第2版。

2《保护天庆寺古代浴室之始末》，古物保管委员会编：《古物保管委员会工作汇报》，大学出版社，1935年，第81—83页；瞿宣颖纂辑，戴维校点：《中国社会史料丛钞（甲编）》，长沙：湖南教育出版社，2009，第187—188页。

3《保护天庆寺内古代澡堂》，《京报》，1934年10月20日，第6版。

4《北平浴堂同业公会各号设备调查》，伪北京特别市社会局档案，北京市档案馆馆藏，档案号：J002-007-00362。

北京浴堂的始建时间也会大大提前。[1]从清末开始，由于城市规模的扩大以及卫生观念的普及，浴堂行业逐渐兴旺，在城市的主要商业区域中，浴堂是重要的娱乐场所，在天桥、西直门城门内外、朝阳门外等劳动群众集中的区域，浴堂也是不可或缺的服务场所。

20世纪之前，北京浴堂设备极为简陋，其最大之家不过灰棚数间，房屋窗糊油纸，壁置油灯，池中常昏暗无光，甚至看不见对面之人。浴室当中有方形砖砌池一个，池沿上敷以石块，池中架以三五木板，浴池直径大概有一丈许。[2]浴室内隘窄肮脏不堪，蚊虫虱蚤乱爬，蛛网灰尘倒挂，屋内潮湿令人欲呕。室内有为单独沐浴需求的顾客备置的浴盆，这种所谓盆堂也只不过在浴堂之狭窄一隅，放置一二极小木盆。到了冬季，浴室还会设置砖炉，炉中之煤火似灭不灭，潮湿气兼煤气充塞满屋，极易发生危险。

浴池之水仅每晨换一次，因此一到晚上便秽水拥积，水面之上飘浮污泥秽垢，呈黑、黄、灰，蓝，各色具备，气味腥臭，甚至在浴池边上还设置有便池，虽说是便池，只不过是在池边地上钻以小孔，下通沟渠，尿孔外尿碱积存颇厚，兼以热气熏蒸，令人窒息。来此沐浴的顾客患传染性皮肤病者不占少数，虽然浴堂店门悬有对联曰“体疮恶疥休来洗，酒醉年高莫入堂”，但有疥疮者来浴颇多，从未闻有浴堂人阻拦。客人入池洗澡时，浴堂店家通常在屋角摆放若干旧鞋，以备顾客入浴时作为拖鞋着用。这些鞋子式样众多，有云履，有皂鞋，有破毛窝，旧而且臭，皆破烂不堪，甚至没有一双鞋是成对的，因此当时北京流

1 北京最早浴堂开设时间并无定论，如1934年《益世报》中提到：“浴堂老买卖很多，百年左右的浴堂，约占半数以上，以万聚，万庆，至兴，万福，玉庆轩等家为最老。”即是说清嘉庆、咸丰年间是北京浴堂业发展的一个重要时期。《北平的浴堂业》，《益世报(北平)》，1934年7月21日，第8版。1935年《华北日报》中《北平全市澡堂调查记》一文将北京商业浴堂开始时间推至更早的雍正、乾隆时期，文称：“北平澡堂亦为一百二十行之一，据熟悉澡堂行业者谈云，北平有澡堂据今二百年前，最初系一修脚匠创始营业。”《北平全市澡堂调查记》，《华北日报》，1935年8月3日，第6版。也有论者称北京最早的浴堂为西四附近涌泉堂，该浴堂开业于顺治六年前后。常人春：《老北京的民俗行业》，北京：学苑出版社，2008年，第346页。

2 池泽汇：《北平市工商业概况》，北平：北平市社会局出版，1932年，第618页。

传着歇后语有谓“澡堂的鞋——无对”。[1]在浴堂更衣室内，靠墙周围安置木柜，柜子分为若干方形隔断，隔断深及三尺，设有木盖，作为客人存放衣裤鞋袜的储物空间，柜盖如半立于柜口上，表示并无顾客占用此箱。木柜前置有长板凳，供洗浴者坐于其上脱衣入箱，然后将箱盖盖妥，再将两只鞋放于箱盖之上，即表示此箱业已有人占据。[2]更衣室同样空气恶浊，一有顾客更衣，便秽气四溢，臭恶难当。[3]

当时多数浴堂对服务并不看重，除了提供湿干手巾各一条，碱皂一块外，对顾客毫无招待之意，堂内不预备茶水，亦不设饮茶设备，顾客入门后将衣袜脱下装入柜中，洗毕可坐长凳上休息，自行着衣而去，无可流连。所以彼时浴堂的工役也是极简单的，除去掌柜外，只有烧水的及伙计两三人照应一切。

由于北京旧时浴堂设备简陋腐败，秽气蒸熏，常光顾于此的顾客多为贩夫走卒等一般下层劳动者，社会地位较高者为了保持尊严，向无外出沐浴之例。[4]德龄曾回忆在宫中侍候慈禧洗澡的场景，最先是由太监将木盆盛入大半盆热水，捧来洁白的毛巾数条，慈禧坐在一张矮几上，四位宫女分蹲立慈禧四面，将毛巾浸入浴盆中，用力绞干到滴水全无程度，将宫内自制的香皂涂抹上去。擦好肥皂之后，四人分别用毛巾擦拭慈禧身上不同的部位，之后用新毛巾沾湿温水，将身上的的肥皂和污垢揩擦干净，最后再用干毛巾干擦一遍，在身上涂上花露水之后，沐浴才算完毕。[5]同皇室一样，直到20世纪初期，北京多数上流阶层人士的家中普遍不设置浴室，甚至用澡盆泡澡也不多

1 建人：《北京四十年前澡堂业》，《立言画刊》，1943年，第253期，第16页。

2《本市工商业调查（五十）浴堂商概况》，《新中华报》，1929年10月3日，第6版。

3 建人：《北京四十年前澡堂业》，《立言画刊》，1943年，第253期，第16页。

4 孙健主编，刘娟、李建平、毕惠芳选编：《北京经济史资料（近代北京商业部分）》，北京：北京燕山出版社，1990年，第326—327页。

5 德龄著，秦瘦鸥译述：《御香缥缈录：慈禧后私生活实录》，上海：申报馆，1936年，第341—343页。

见，这些人洁净身体的方式主要是用热水沾湿布帕来擦拭身体。[1]

二、新式浴堂的发展及繁荣（1900—1926）

进入20世纪，作为首都，北京城市人口逐渐增加，聚集了大量的消费群体，使得北京在当时俨然成为一座消费型城市，其商业发展远远领先于工业。在北京，无论达官贵人、文人雅士抑或平头百姓，皆有着自身的消费需求，这些丰富繁多、延绵不断且极其旺盛的需求，使得店家的经营范围和商品种类不断扩大。因此，与市民生活紧密相关的娱乐服务行业开始繁荣，饭店、旅店、商场、浴堂等均有着不同程度的扩大和发展。1935年全市从事服务业的商铺共6467家，资本额1576万元。[2]

娱乐业及服务业的发展为浴堂行业的进步提供了坚实基础，卫生观念的普及使人们有了走出家庭进入公共浴堂的意愿，因此浴堂在20世纪的发展极为迅速，兼具卫生与娱乐功能的浴堂在社会经济环境普遍不振之时，常能逆向而行。1913年《顺天时报》发文称："京城近年来虽云市面萧条商务减色，然在旧有之营业中惟有浴堂一项比较从前大有可观，缘于改良上不遗余力，且兼社会上于洗澡一事尚知于卫生上有关系，故此项营业价格既较从前加倍不止，而生涯却日见发达。兹又闻有资本家以煤市街集云楼商场商务不振、十室九空，故拟在该楼开一最新式浴堂，并另隔断一隅以备女客浴所，若此则北京女浴所竟由该处创有矣。"[3]浴堂发展与繁荣的同时，人们的沐浴习

1 [日]服部宇之吉等编:《清末北京志资料》,张宗平、吕永和译,吕永和、汤重南校,北京:北京燕山出版社,1994年,第374—375页。

2 北平冀察政务委员会秘书处第三组第三科:《冀察调查统计丛刊》,第1卷 第1期,1936年,转引自曹子西主编,习五一,邓亦兵撰:《北京通史(第9卷)》,北京:中国书店,1994年,第202页。

3《澡堂发达》,《顺天时报》,1913年12月18日,第6版。

惯也随之变化，1940 年代时，根据北平市警察局的调查，北平居民除极少数有家庭洗澡设备者外，普通人士差不多全到浴堂去洗澡，在闹市街区总有数家浴堂在此营业。1

浴堂中的设备改良是该行业兴盛的主要原因之一。《益世报》中《北平之澡堂业》一文指出，自宣统年后，浴堂之设立渐次增多，成为社会中时髦繁侈的营业，浴堂行业一日千里进步的趋势，其根本原因在于“市民虚荣心理日深”。2 顺应市民对电灯、自来水、洋瓷浴缸等现代设备的追求，浴堂逐渐改良，模仿由南方传来的南式浴堂，开始大规模的改建。3 北京的浴堂由此出现“南堂”“北堂”之分。北京旧式简陋之浴堂称为北式浴池，简称北堂。“南堂”即南式浴堂，多为仿造上海式样而建造。南堂中池广水深，每天须换水一二次，同时装配有现代化的冷热水管道，4 也有部分浴堂安装淋浴设备。5 电气化是北京浴堂在 20 世纪上半叶的主要发展趋势，早在 1903 年大栅栏一带的浴堂便开始使用电力机器从水井中取水，电灯、电话也开始在浴堂中大规模出现。6 如在“南堂”中有向顾客提供带有休息室的浴室套间，房间用蒸汽供暖，地板上铺有油毡，还有舒适的躺椅和电灯，并且装有供私人使用的电话。7

东升平园浴堂可谓北京浴堂藉改良设备扩展营业的典型范例。1907 年回族商人穆紫光将生意由天津转至北京，在杨梅竹斜街东口路南，仿照上海浴堂的样式建筑三层楼房，开设东升平园浴堂。东升平园浴堂一改旧日浴堂设备简陋、空气污浊、杂乱无章之状，整个楼宇宽敞干净，秩序井然，在使用现代设备的同时，还备有茶点、香

1《北平市警察局关于调整旅店、浴室两业价格呈》，北平市警察局档案，北京市档案馆馆藏，档案号：J181-016-03244。

2《北平之澡堂业》，《益世报（北平）》，1929年3月10日，第8版。

3 池泽汇：《北平市工商业概况》，北平：北平市社会局出版，1932年，第618页。

4 孙健主编，刘娟等选编：《北京经济史资料（近代北京商业部分）》，北京：北京燕山出版社，1990年7月，第315页；《北京澡堂今昔观》，《电影报》，1940年1月21日，第2版。

5《北平的澡堂业》，《新民报》，1947年2月28日，第5版；燕尘社编辑部编：《现代支那之记录》，北京：燕尘社，1928年，第125页。

6《浴堂特色》，《大公报（天津）》，1903年12月28日，第3版。

7［美］西德尼·甘博（Sidney Gamble）：《北京社会调查》，北京：中国书店出版社，2010年1月，第241—242页。

皂、化妆品等物供顾客使用，其他商人见此商机，纷纷效仿，西升平、清华池、一品香等浴堂相继而起，这一行业渐渐发达起来。1 但与此同时，由此引发的行业内部竞争也随即出现，逐利与竞争使得各店家不得不加大在现代设备上的投入，促成整个行业的快速发展。2

图 1-2 东升平园浴堂现址

图片来源：

作者拍摄。

1《本市工商业调查（五十）浴堂商概况》，《新中华报》，1929年10月3日，第6版。

2《澡堂子》，《晨报》，1926年8月23日，第6版；《澡堂比较》，《顺天时报》，1913年1月17日，第4版。

浴堂添置现代化设备的同时，也对原有设备进行人性化改良，借此提高服务质量，改良后的设备改变了人们对浴堂的使用方式，也增加了店铺的营收。以床铺的改良为例，虽然在偏僻之处的下等浴堂，仍沿用在长凳上歇息，脱筐更衣入浴的传统方式，但部分繁华区域的新式浴堂已将此前供人歇息的长凳改为厢式的床榻，每个厢内有两个可供躺卧的床铺，床上铺着白单子，中立小桌，上有花瓶茶盘，烟碟帽架之设备。1 改造后的休息间，以过道为中心，数十个床榻整齐排列在过道两侧，人们可在此更衣、喝茶、聊天、睡觉。2 每个床位上方都设有衣钩，顾客脱下的长衫、大衣，由伙计负责用幌叉挑起高高挂在每个厢的衣钩上，待顾客洗完澡临走时再取下交还。3 这样改造的好处是，添设的床榻可以让顾客在入浴前后在此躺卧，稍作休整再去享受浴堂附设的理发、修脚等其他服务。悬挂起来的衣服既可以保障顾客衣物、财务的安全，也能够减少床铺上的占地，让顾客有更好的休闲体验。换句话说，顾客在浴堂停留时间越长，其开销也会相应增多。

除床铺的整改外，新式浴堂对堂内其他服务设施也有相应的改良。旧式通用之浴盆，均系椭圆形，洗浴者入盆之后伸不直腿，无法体会到全身放松的感觉。4 针对此点，浴堂店家对澡盆加以改进，用一种长约 44 寸，宽 30 寸的方形盆代替。方盆中深浅不一，半步深 24 寸，半步深 15 寸，落差处可用为座位，如此则大人用时，加水稍多，孩童用时则储水可较少，坐定后亦不致没顶。5 此外浴堂还常备有肥皂、擦脚石，入浴池的顾客皆足塌木质或竹质拖鞋，堂中的工役也一改旧日的服务态度，对待顾客殷勤周到，有些浴堂专雇佣十多岁的少年，粉面油头，举止活泼，善事者得主顾欢心。6

由此可见，除了实用性的清洁功能外，浴堂还兼带吃、喝、抽、社交应酬等娱乐功能。《立言画刊》曾这样描写北京的新式浴堂："现在之浴堂，设备堂皇富丽，汤水清澈，堂二三友好共一浴室，非但能以涤除尘垢，使人

1《北平之澡堂业》,《益世报(北平)》, 1929年3月10日, 第8版。

2 禹三:《北平澡堂之卫生学的调查》,《益世报(北平)》, 1931年7月2日, 第11版。

3 孙兴亚、陈湘生:《菜市口迤东沿街店铺》, 北京市宣武区委员会文史资料委员会:《宣武文史集萃》, 北京: 中国文史出版社, 2000年, 第401页。

4 王学泰:《王学泰自选集: 岁月留声》, 北京: 中国华侨出版社, 2012年, 第181页。

5《新式之澡盆》,《晨报》, 1924年3月23日, 第6版。

6《北平之澡堂业》,《益世报(北平)》, 1929年3月10日, 第8版。

心旷神怡，且饮食自如，优逾家庭，酷暑蒸人，一场沐浴，凉风习习，或聚谈品茗，或引吭高歌，或小睡片刻，真神仙不如也，是故近年以来，澡堂业极为发达。”[1] 浴堂从一个以清洁身体为目的的场所转变为供人们休闲娱乐的空间，已经成为北京居民的共识。《北平之澡堂业》与《立言画刊》有着相似的表达，文中写道：“浴室内设浴盆床榻及各种陈设点缀之品，讲究非常，年年社交日繁，入浴室者除为卫生需要之外，以此间为交际场所甚多。”[2] 可以说在新式浴堂里，沐浴显然早已不是唯一活动，如何最大化人们来这里消费的乐趣，为宾客提供一个安适惬意的消遣场地，成为浴堂关注的重点。

三、北京浴堂行业的由盛及衰（1926—1952）

北京浴堂行业在20世纪20年代时到达极盛时期，其数量最多时有150余家，工役有4000人之多。[3] 其中著名者有一品香，东、西升平园，清华园，清华池，怡和园等，这些高档浴堂皆为南式浴堂或由旧式参照南式改造而成，最奢华者为王府井八面槽清华园浴堂。20年代后期，因为战事频繁，政治局势动荡，浴堂的经营状况急转直下。

1 建人：《北京四十年前澡堂业》，《立言画刊》，1943年，第253期卷，第16页。

2《北平之澡堂业》，《益世报（北平）》，1929年3月10日，第8版。

3《首都南还声中之北平市况》，《益世报（天津）》，1928年7月26日，第13版。

图 1-3 清华园浴堂旧照

图片来源：
徐凤文著：《民国风物志》，石家庄：花山文艺出版社，2016年，第288页。

1926 年奉直联军进入北京，因铜圆缺乏加之滥用军用票等问题，北京城内各商家相继停业，各繁华街市，顿现清冷气象，北京主要的商业区前门地区各钱铺、绸缎店、洋货铺、鲜果局均告歇业，廊房头条各金店一律未开，观音寺青云阁各商场亦皆闭市。从珠市口到广安门、宣武门至西单、哈德门至东四、东四至齐化门及王府井大街等城区主要街市商家十停七八，大街上除电车往来外，人力车亦少，一片萧条之状。1 值此市面萎靡之际，浴堂之营业亦大受影响。据当时一品香浴堂铺长称，1926 年 6 月之后，北京浴堂停业者已有三成，勉强营业者也大半将客盆取消，每日仅备两池热水，敷衍主顾而已。2 到了 1928 年 3 月，北京大小浴堂仅存 97 家，数量较行业鼎盛时期减少了近乎四成。3 国民政府执政后，北平浴堂的生意并未见明显好转，赔钱的店家众多。时任浴堂同业公会会长杨书田云：“当下浴堂盈利者约占十分之三，赔钱

1《昨日各商铺尚多停业，繁华街市忽冷静之象》，《晨报》，1926 年 4 月 24 日，第 6 版。

2《澡堂亦大萧条》，《晨报》，1926 年 6 月 20 日，第 6 版。

3《四项营业之调查，饭庄生意已渐回春，浴室戏园终形冷落》，《晨报》，1928 年 3 月 7 日，第 7 版。

者亦在十分之三，其余四成，不过敷衍而已。”[1]

总结下来，1920年代后期浴堂行业由盛及衰的原因主要有三点：首先，因物价上涨导致浴堂的运营成本提高，如必需之水费、电费、房租，甚至肥皂手巾等种种零费无不日见价昂，每日所入不敷所出的浴堂不占少数。[2]其次，受浴堂间营业竞争之影响，修建新式浴堂逐渐成为趋势，规模小的旧式浴堂为了生存不得不急起改建，甚至不惜贷款增加资本，规模较大的新式浴堂须时加修理门面屋宇，添加堂内设施。[3]最后，因迁都后市民生活愈趋枯窘，昔日恒常沐浴的市民或减少光顾浴堂的次数，或从大浴堂转至小型浴堂。[4]

针对行业长期赔累萎靡，营业日见衰败，北平各浴堂在1928年联合起来组织成立了浴堂行商会，并在1930年依法改为北平市浴堂同业公会。浴堂同业公会通过限制同一区域浴堂店家的数量，规定行业统一价格来规避恶性竞争，同时联合全市浴堂共同抵制对抗政府所制定的诸项规定，及征收的各项影响营业的捐税。随着浴堂同业公会的组建，加之经济回暖，1930年代北平浴堂的经营情况有所反弹。据1935年北平市当局的社会设施调查统计，当时有125家浴堂，相较于1920年代后期的数量略有增加，但仍远未及其巅峰时期的水准。[5]繁盛区域内的浴堂营业尚称发达，其余大多数仅足维持现状。若遇天气激变，便有入不敷出之感。[6]

七七事变后北平沦陷，浴堂行业虽在日伪政府统治的第一年仍保持营业的相对稳定，但随着战事的扩大，北平[7]开始出现物资紧缺、货币贬值、物价飞涨的情形，各

1《本市工商业调查（五十）浴堂商概况》，《新中华报》，1929年10月3日，第6版。

2《四项营业之调查，饭庄生意已渐回春，浴室戏园终形冷落》，《晨报》，1928年3月7日，第7版。

3《本市工商业调查（五十）浴堂商概况》，《新中华报》，1929年10月3日，第6版。

4《浴堂受影响，沐浴者减少 仅余百余家》，《华北日报》，1932年4月15日，第6版。

5 常人春：《老北京的民俗行业》，北京：学苑出版社，2008年，第68—70、345页。

6 池泽汇：《北平市工商业概况》，北平：北平市社会局出版，1932年，第618页。

7 1937年12月—1945年8月日军占领北京期间，日伪政权改北平为北京，但国、共两党均称北京为北平，为了避免混淆，下文将这一时期的伪北京市统称北平，市属各行政机关仍以当时名称为准。

店铺皆受此困扰，生意萧条，经营不断亏损。1938年10月到年末，共有1616家店铺申报歇业，其中10月有1086家，11月有418家，12月有112家。[1]北平浴堂行业同样受此影响，店家数量明显下降。1941年12月太平洋战争爆发后，北平的经济形势进一步恶化，日用必需品价格的高昂使得各家浴堂皆惨淡经营。

经历抗战结束短暂的平稳期后，北平物价又开始大幅上涨，1946年至1948年是北平市物价变动最为激烈的时期。各家浴堂饱尝物价飞速上涨之苦，因此通过同业公会要求提高浴价，而北平市政府则对浴价严加控制，浴价在二者的张力下不断升高。1948年因物价持续上涨，商议划定好的澡价不到数日便又迅速被浴堂运营成本超过。各家澡价不随行就市便无力维持经营，政府逐渐放开对浴价的控制，将制定价格的权力转交给浴堂同业公会。但在货币严重超发的经济环境下，无论是北平市政府，还是浴堂同业公会，均无力抑制因通胀造成的成本压力，这一状态一直持续到新中国成立。北平解放前夕，浴堂同业公会会员数量明显下降，由1934年的117家缩减至96家，从业人员仅有2642人。[2]解放伊始，北京浴堂的营业状况并未明朗化，大部分店家不能正常营业，工人轮班回家，形成半失业状态。1949年全市有浴堂94户，到1951年只剩64户。直到1952年社会经济稳定之后，浴堂的营业压力才得以彻底缓解，营业额逐年上升，1954年，北京市浴堂行业已无赔钱商户。[3]

1《三个月歇业店铺》，《晨报》，1939年1月15日，第6版。

2 孙树宏选编：《北平工商业概况（四）》，《北京档案史料》，1987年第3期，第39页。

3《北京市工商管理局有关单位于本市私营理发浴室等业的管理暂行办法情况调查报告及有关文件材料》，北京市工商行政管理局档案，北京市档案馆馆藏，档案号：022-010-00717。

第二节
20世纪上半叶北京浴堂行业兴起的社会条件

一、沐浴的文明化

近代以降，中国在军事、外交上的屡次受挫使得国人逐渐意识到自身与西方文明之间的差异。西方的科学技术、政治体制、生活习俗、文化观念皆成为中国模仿的对象，西方文明也顺理成章地被时人认为是比中国更高等的文明。作为文明的衍生物，卫生成为通往文明进化道路上必须经历的节点，以及现代化进程中的必要环节。《中国卫生刍议》一文便将卫生作为国家文明程度的重要指标：

> 一国之文明程度可以其卫生之程度测之，斯语也，骤闻之极觉空洞，细按之，则确有不可易之理在。即如吾国号为文化最早之国，然一察其现时国内卫生事业之不振大足惊心怵目，因谓其文明未为健全亦无不可。兹先述其实在状况并举其改进之方以与国人留心卫生事业者以商榷焉。[1]

当卫生被认为是达成文明的条件时，其必然被当作文明与野蛮之间的界限。余协中在讨论北平的公共卫生时这样写道："北平的灰尘（Peking dust）是全世界最著名的东西，我们知道人家在笑我们，视我们为退化民族。对于这么令人注意的一个大城的卫生，尚不加讲求，未免有点太难为情。"[2] 糟糕的城市或个人卫生状况被视为逆向

1 黄子方：《中国卫生刍议》，《社会学界》，1927年第1期，第187页。

2 余协中：《北平的公共卫生》，《社会学界》，1929年第3期，第64页。

于时代潮流的，甚至是一种在民族层面上的退化，由此卫生与国家、民族紧密连结起来，并成为近代社会进步人士的普遍共识。在《东方杂志》刊载的《卫生论》一文将国家、民族、卫生、文明联系在一起，该文指出："卫生之学，创自欧洲，西士恒言，其国度愈文明，民族贵重，则卫生之发益精密；反是之，国必弱，民必劣……小之一身一家，受疾疫呻吟之苦；大之全国全种，滔天演销减之惨……"1 1934年，北平市长袁良在北平新生活促进会成立大会上发言，试图梳理由国民卫生到国家强盛的逻辑关系："有健强的人民，才有健强的社会，有健强的社会，而后才能建设健强的国家，所以国家的强盛或衰替，可以卫生事业上体察。"2 卫生健康与国家兴旺之间的必然联系被各大报刊杂志反复强调，北平《国医卫生半月刊》杂志便发文写道："世界上的每个国家，必须要有健康的国民，而后始能够站到世界上最优越的地位，因为国家是以人民为本源的。如果要使全国人民完全得到健康的身体，活跃的精神，惟有提倡普遍的卫生，展开生气的卫生运动，方能使国家蒸蒸日上，人民各个安居乐业了。"3

在近代处于困窘之境地的中国，卫生不仅仅是一种个人的清洁行为，还是国家、民族由野蛮、落后提升到现代、文明的标志。沐浴作为卫生的重要内容，顺理成章被赋予了国族层面的意义。《医务月刊》将洗澡、清洁被褥、健康饮食等最细微的卫生行为与国家联系起来。文中称："每天所用的饮料是否清洁？所吃食品是否新鲜？所穿的衣服与所盖被褥是否很洁净？身体是否常时洗澡？"皆关乎于公共卫生，公共卫生能够使人获得"健康的身体"与

1《卫生论》，《东方杂志》，1905年第2卷第8期，第156页。

2 北平市政府卫生处：《北平市政府卫生处业务报告》，北平：北平市政府卫生处编印，第155页。

3 佚名：《个人卫生与国际之关系》，《国医卫生半月刊》，1940年第1卷第9期，第3页。

"绝大的精神"，只有这样才能顺利完成一切个人的工作事务以及建设国家的需要。1 文章《洗澡进化史》则在此基础上将沐浴方式的演变转义为国家的进化，该文指出，国人的沐浴观念经历了两个时期，第一个时期是反对期，当外国人勤于洗澡，将沐浴作为重要的卫生活动时，中国人基于传统的中医认知常说沐浴会伤人元气，使得身体容易遭受风寒入侵，这使得沐浴和健康之间缺乏必然联系；第二个时期是接纳期，这一时期人们虽然逐渐意识到沐浴的必要性，但浴堂不是太贵就是太脏，除了奢华高档的俱乐部，便是散布微菌的大本营。该文章的要义在于，尽管在接纳期浴堂卫生状况并不理想，但在某种意义上，浴堂从无到有亦算是一种进化。2

将沐浴习惯的有无置于国家文明程度差异的表征，此观点在日本智识阶层中影响甚广。竹内逸在文章《浴室趣话》中对日本国民沐浴之习无比自傲，并将其视为日本强盛的根本原因。当作者在早春阴郁寒冽的天气里看到成群的小学生欢欣鼓舞地从浴堂蜂拥出来，感慨道"这样的国家，除日本外是没有的"。在夏日的晚上，作者经过一家浴堂时，看见蒸汽笼罩下的浴室中人头攒动，又不禁感触"这样的国度，除日本外找不出第二个了"。3 丸山昏迷在《北京》一书中，也认为中日文明程度的差距体现在卫生习惯上，"世界上没有像日本人这样爱洗澡的国民，相反，大概也没有像中国人这样不爱洗澡的"，公共浴堂的数量"少之又少，户均数量还不足日本的十分之一"。4

中国与日本几乎同时学习西方，但中国的国力发展速度却远逊于日本，国人因此决心复制日本的成功途径，

1 郭复元：《论公共卫生与个人卫生的关系》，《医务月刊》，1931年第2期，第70—73页。

2 王孔嘉：《洗澡进化史》，《实报半月刊》，1936年第11期，第71—73页。

3［日］竹内逸著：《浴室趣话》，萨佚译，《华北日报》，1934年12月11日，第8版。

4［日］丸山昏迷著：《北京》，卢茂君译，北京：北京联合出版公司，2016年第182页。

同日人一样径直将国家萎靡的缘由归结于国民的卫生习惯，因此在20世纪上半叶介绍并盛赞日人沐浴习惯及浴堂遍布的文章屡见不鲜，下文即为此种文章的代表范例：

> 日本人无论贫富，普通每天总要洗澡一次，在富有的家庭，都备着很好的家庭浴室，在普通和贫困的人家，那都到附近的浴室去，浴堂几乎每条街总有一两处，从初夏到初秋的时光，常常可以看到住屋门前洗澡的事，就是十七八岁的姑娘也是不大回避的，其他在山间的汤泉浴，海滨的海水浴，河川的河水浴，以至现代化的日光浴，都很流行着，他们身体得以强健，民族得以兴盛，好浴恐怕也是一个重要的原因。[1]

《华北日报》在其系列文章《北平特别市卫生事业设计》中提到，日人嗜浴习惯能够广泛普及是因其国内公共浴堂众多，平均每一町村，即有一浴室，价格低廉，使得人人皆有沐浴之机会，北平市浴堂应当向日本浴堂学习，注重卫生并扩充营业，市民的身体健康状况才能有所改善。[2]

除日本外，中国近代报刊杂志等媒体对世界各国的浴堂亦有介绍，其目的在于希冀中国也能够建设自己的公立平民浴堂，并将其普及至全国各城镇及村落。对国外浴堂的推介重点主要集中在由政府出资设置的公立浴堂上，如英国从1846年开始，便由其国会制定地方公立浴堂法例，遵循此法例，20世纪初期时英国各大城镇市邑，无不有公立浴场，且多附设泳池及洗濯场。[3] 法国于1851

1 徐德：《各地风物：日本人好浴的风气》，《红绿》，1936年第1卷第5期，第111页。

2《北平特别市卫生事业设计》（第三十一节市营浴堂）》，《华北日报》，1929年9月4日，第6版。

3 宋介：《市卫生论》，上海：商务印书馆，1935年，第47页。

年经议决通过，决定从国库调用60万法郎用于各城市创办都市公营浴堂的辅助经费。德国同样如此，1900年全国共有浴堂2980所之多，平均每1万8千人使用一所浴堂，在55座大城市中有42座设有公立浴堂。[1]对欧洲诸国公立浴堂的宣传最早述于访欧的中国使节。欧洲公立浴堂产生后不久，便吸引到前往欧洲出访考察的中国使团的注意，使团成员张德彝曾记录下欧洲各国公立浴堂的建筑结构、运营方式、应用器具及沐浴方法，并希望能够将公立浴堂引入国内，提高国人的卫生水准。[2]随着派往日本、欧洲学习的官员、学者、留学生不断增多，现代西方卫生观念逐渐被国人认知，公立浴堂的概念也逐渐被国人认可。

1934年董渭川被派往欧洲十国考察民众教育，在巴黎考察时特意去当地的公立浴堂。巴黎浴堂进门先买票，每人可领一块干的粗布手巾，肥皂需单独花钱购买。浴堂里面是一个个单独的隔间浴室，浴室里有淋浴设备，按一下按钮，水便从喷头喷出，为了防止浪费，喷头出水一次只持续两分钟，再按可以再喷，但仍以两分钟为限。喷出的水温度刚合适。浴室地板是斜面的并不存水，且洗且往低地下流，因而屋子里毫无气味。进入浴堂的每个人会被管理员记录进入时间，每人限半小时不得超时。董渭川看到此景，不禁感叹中国浴堂的懒散及脏乱。[3]只有将中国的浴堂卫生加以改善，让更多的国人拥有便利的沐浴设施后，人们才能获得强健的身体及坚实的筋肉，从而抵抗外来的疾病，向文明迈进，在竞争的世界中生存下来。[4]

1《论公共浴场》，北京市公所编：《市政通告》，北京：北京市公所出版，1914年，第26页。

2［清］张德彝《航海述奇（75卷）》，《五述奇（卷五）》。

3 董渭川、孙文振：《巴黎的公共澡堂》，《欧游印象记》，济南：慈济印刷所，1936年，第142—143页。

4［德］Schlussel著：《电气浴室设备》，董枢译，《电业季刊》，1935年第5卷第3期，第9页。

二、沐浴的知识化

19世纪后半叶开始，积极追求西方的科学技术便成为增进国力的根本。洋务运动期间，从西方医学角度阐述沐浴有利于身体健康这一观念便由傅兰雅、嘉约翰等一众传教士引入中国，如傅兰雅口译的《儒门医学》提出水在隔绝疾病上发挥了重要作用，书中写道："论培养精神，以绝病源。有六要理：曰光，曰热，曰空气，曰水，曰饮食，曰运动。人有不违此六要论而犹不能免病者，知病非咎由自取也。"[1] 傅兰雅主编的《格致汇编》中，也提出"洁净亦保身之要事"，人们应当每日或两三日沐浴一次，若非如此，"则身常有弊病，如瘟疫等症，易于染之"。[2] 19世纪末，因甲午战争的惨败，愤懑、恐惧、羞耻的中国社会进步人士开始反思何为真正改变国家命运的方式，并将改革的目标由学习西方技术、提高武备转向学习西方的社会制度与风俗观念上，卫生一跃成为复兴国家的显学，作为重要卫生活动之一的沐浴也被时人普遍提倡。

为了普及国民卫生知识，培养国民卫生习惯，使个人卫生观念趋于西方的主流认知，令卫生行为科学化、合理化，沐浴在医理上对身体的益处得到了广泛宣传。沐浴有利身体健康的依据来源于西医的理论体系，当西医关于身体循环系统、免疫系统、神经系统、内分泌系统的理论逐渐被国人认可后，人们对皮肤的功能相应有了重新的认识。皮肤首先被认为是人体中负责新陈代谢的重要器官，有医者向民众介绍皮肤功能时将皮肤喻为植物的枝叶，一面吸收氧气一面排除废物："我们的皮肤上面，都有无数

1 [英]海得兰著,《儒门医学(3卷)》,傅兰雅口译,赵元益笔述,沈善蒸校字,江南制造总局锓版,1867年,自序第1页。

2 傅兰雅主编:《格致略论·论人类性情与源流》,《格致汇编》,1876年第1卷,第5页。

的汗管，由这汗管里，排出汗来，汗就是身体中腐败的废物，经吸进去氧气的作用，在身体内燃烧，变成碳酸化合物，和血液中析出的水分，一同排出皮外。”1 亦有论者强调皮肤控制体温的功能：“皮肤内有知觉神经末梢，所以有感觉作用……外界温度升高的时候，皮肤的血管，就扩张起来，汗腺的分泌和呼吸运动，也都盛旺，使呼吸量随着增加，并且使全身的肌肉松弛，皮肤这样来应付外界的寒暑，也保持固定的体温，便是他调节体温的作用。”2

当皮肤被认为是人体的重要器官后，沐浴便成为维持身体正常运转的必要活动。沐浴有利于汗腺排泄，其可以清理身体脱落的皮屑及皮肤表面的汗液或尘埃，不至于让这些污秽堵塞毛孔，“以致体内积蓄之废物，不能随时输出，而易感疾病矣。”3 时常洗澡也可以促进血液循环，当垢落而毛孔打开，血液流通便会顺畅，“身体感觉温热，精神也觉兴奋，做事却自然地兴头十倍。”4 除上述益处之外，沐浴还能保持皮肤清洁，避免滋生皮肤疾病。5 有人将皮肤比作一国的边疆，“边疆不固难免外患，皮肤不强易招疾病”，皮肤如同边疆，不能没有严密的防护，防护的办法，“不外清洁，清洁的方法，不外沐浴。”6 从 20 世纪开始，有关沐浴能够促进人体内部新陈代谢，使疲弱的器官变得强壮，提高抵抗力和强健体魄的宣传如雨后春笋，这些宣传意图使更多的人了解皮肤的功能，建立起沐浴与个人卫生的联系，从而取代长期以来对卫生观念的误解与忽视。与此同时也希望通过令更多人了解沐浴的本质，来杜绝在浴堂中三五成群，消磨光阴的应酬消遣行为，改变人们的沐浴目的。7

1 明夫：《怎样讲究洗澡》，《晨报》，1922年9月30日，第4版。

2 钧：《关于沐浴应有的常识》，《晨报》，1938年10月5日，第6版。

3《沐浴之种种》，《益世报（北平）》，1922年9月13日，第8版。

4《沐浴须知》，《晨钟报》，1917年8月17日，第3版。

5 钧：《关于沐浴应有的常识》，《晨报》，1938年10月5日，第6版。

6 袁弘毅：《沐浴》，《通俗医事月刊》，1920年第6期，第25页。

7 章铭鸿：《勤洗澡与多喝水的意义》，《大众卫生》，1935年第1卷第6期，第5页。

沐浴的益处繁多，方法也愈发细化，如温泉浴、日光浴、热水浴、冷水浴、牛奶浴、蒸汽浴、海水浴等方式在当时皆有不同程度的介绍及提倡。热水浴为最寻常普遍的沐浴方式，其通常被时人宣传为有安神的功用，因可以使血管宽松，热水浴被认为可以缓和身体的疲乏及精神上的烦恼。[1]但让民众顺利接受用热水沐浴并非是顺理成章的事情，按照中国传统的养生之道，常洗澡会伤人元气，尤其是用热水沐浴更无益处，当入热水沐浴时，身体“以热投冷，以湿犯燥”而“忽遇澎湃奔腾之势”，因此常“元神冲散，耗除精气”。[2]即是说在热水浴时，皮肤上的毛孔会因此张开，皮下血管会因此扩张，人体易患伤风。[3]

相比于热水浴，冷水浴在当时被更多地提倡。冷水浴的方式由西方传到中国，其原理是让浸泡在刺骨冷水中的身体产生极度的刺激，从而让知觉变得兴奋和敏锐，令身体适应冷水的同时强化肌肉从而克服寒冷。[4]在中国，对冷水浴的宣传更多的是一种对传统养生观念的妥协，冷水浴在清洁皮肤之时，不会完全让皮表的毛孔彻底打开，以至元神散去甚至致命的汽雾侵入体内。因此沐浴的水温“宜浴冷抑宜于热”，洗冷水浴时，先以海绵揩拭全身，待适应水温后，再全身浸入水中，当身体不再感觉到寒冷时，各内脏的血脉“因而大为流通”，长期如此“终日精神必充足，肌肉亦健壮，且不易侵寒伤风”。[5]还有人建议在热水浴涤去垢腻之后再进行冷水浴，使皮肤排泄机能通畅的同时还能让精神愉悦，“对于精神身体两有裨益”。[6]

培养民众卫生习惯的同时，社会进步人士亦将沐浴的方法、应遵循的规则与注意事项灌输于民众，使其成为

1 林爻:《洗澡》,《科学生活》,1939年第1卷第6期,第195页。

2 沈启无编选:《沐浴》,《近代散文抄(下卷)》,北平:北平人文书店,1932年,第15页。

3 周森友:《个人卫生》,《医药杂志》,1920年第2卷第4期,第52页。

4 林爻:《洗澡》,《科学生活》,1939年第1卷第6期,第195页。

5 周森友:《个人卫生》,《医药杂志》,1920年第2卷第4期,第52页。

6 郭清时:《夏日公共卫生应注意的几点》,《益世报(天津)》,1930年8月7日,第14版。

人们对沐浴认知的一部分。在对沐浴的宣传文章中，常会提及沐浴的频次、洗浴的时间以及适宜的水温。常人至少每周沐浴一次，有条件者可以增至每隔两三日沐浴一次，每星期沐浴三次，这样可保持身体清洁，不染污垢。1 沐浴的时限以 10 分钟至 20 分钟为限，时间不宜过长。2 不同的沐浴方式也会应时适用，如冷水浴具精神兴奋的功能，故早起宜用冷浴，而温热之水有安神之作用，因此临睡前宜用温浴。3 沐浴用水的温度应避免过热，以摄氏 38 度至 40 度为限，随着体质的增强，可以从 37 度开始，逐渐降低温度，由温水浴向冷水浴过度。4 冷水浴的温度在摄氏 12 度至 25 度之间，浴后应注意防寒，须用干毛巾用力擦至皮肤红热。5

中国旧时社会中，妇女并没有沐浴的习惯。对此旧习产生的原因，有人认为主要是受经济因素影响："吾国人秋冬春三季不浴者甚多，而以妇女为尤甚，或为寻常人家，冬令不用活路，无浴室之设备，设备即须费钱，故妇女不浴，皆为经济问题所阻。6 经济因素固然重要，但社会文化层面的影响也占到很大比重。女性在旧时社会关系的组织模式中地位低下，对女性制定的一系列的清规戒律，让女性成为男性的附属品，女性极少出现在公共场所，当家中不设浴室时，虽然街市中有公共浴堂，但大多数女性从来不会光顾于此，甚至连见都没见过。按照传统惯例，妇女有相夫教子之责，她们不爱清洁的卫生习惯常会影响到下一代，明恩溥用一个鲜活的例子说明了中国妇女贫瘠的卫生观念及其对下一代的危害：

有一回，一个好奇的外国妇人看见一位中

1 梅笙:《个人卫生法》,《三六九画报》,1941年第7卷第10期,第16页。

2 华章:《肺病患者之沐浴运动与其当否》,《益世报(天津)》,1936年1月29日,第11版。

3《洗澡者之常识》,《中国卫生杂志》,1931年二年全集,第258页。

4 成平:《沐浴的方法》,《沙漠画报》,1941年第4卷第38期,第12页。

5 润:《关于沐浴的》,《新社会报》,1921年11月11日,第6版。

6 杨晴康:《沐浴之习惯》,《益世报(北平)》,1921年5月19日,第8版。

国母亲拿着一把旧笤帚给浑身是土的孩子掸灰，就问道："你每天都给孩子洗澡吗?""天天给他洗澡?"那个中国母亲愤愤不平地回答，"他自打生下来还从没洗过澡哩!"1

近代社会风气日渐开放，女性的身体作为社会开放的符号而被社会着重强调，沐浴正是彰显其身体的主要途径。除了向女性说明沐浴的清洁功用，普及沐浴相关的卫生知识之外，人们也利用女性对青春美貌、皮肤光洁的追求，赋予沐浴美容、护理、保健的效果，从而培养女性的洁身习惯。沐浴被塑造为女性美容的方法之一，应与化妆一样，日日行之。每日沐浴会滑泽颜面，使身体温润、皮肤柔软，为女性的皮肤增添光辉。也有人建议使用牛乳来洗浴颜面，在浴水中加入一份牛奶可以使干燥的肌肤变得细致。此外，沐浴也被宣传为能够活跃肠胃运动，增进食欲，贫血而肌肤色泽恶劣之人因之也会获得美丽的光泽。2

为了鼓励女性时常沐浴，有时人将沐浴过程中的所有环节事无巨细地与美容相关联，因此沐浴也被称为"时代的美容术"。如洗澡前，如是干性肤质的女性，应用润肤油擦拭身体易干燥的部位，这样在入浴时润肤的油脂便能浸入粗糙的皮肤中。浴水中应当洒一些浴用香料，气味可以任意选用。香料应以油质者为最佳，油质香料在去除秽气之余，还能起到润肤的作用。在浴中擦身时，应备有不同长度及柔软度的刷子，刷子可以避免伤害到沐浴时扩张的毛孔。长柄刷子可以擦洗后背肩部，手肘部位则使用短柄刷子，对于敏感地带的皮肤可用更柔软的刷子，待用刷子将身体刷至微红、发光、洁净，用水洗清后便可以出

1［美］明恩溥（Smith A.H.）著:《中国人的气质》，刘文飞、刘晓旸译，北京：译林出版社，2016年，第8页。

2 李仲琅:《实行美容法之沐浴与水治法》，《京报》，1930年6月16日，第5版。

浴。沐浴最后的环节是用粉扑在全身拍涂爽身粉，爽身粉可以滑爽皮肤，吸收浴后排出的汗液，给人以舒适芳香的感觉。[1]

同妇女一样，儿童也逐渐跳脱出封建家庭的束缚，被认为除有对家庭的义务外，还应承担社会责任。一个告别面黄肌瘦、精神不振、发育不良，且经历社会规训的儿童，成年后必然能够承担起社会改良、国家发展、民族进步的责任。近代社会进步人士多有培养健全国民应从儿童开始的呼吁，《大公报》曾发文疾呼："要有强健的国，须有健全的民，健全的国民须从儿童时代就培养起来。"对于国家衰弱亡羊补牢的办法"非从学童入手不可"，民族复兴的重大责任"须由今日的父母和师长共同分担"。[2]健康的身体是健全的国民之基础，儿童良好的卫生习惯更是国民身体健康的根本，因此建议卫生开展应提前至婴儿阶段的论调层见叠出。

初生的婴儿被要求应当在出生后三月间每日入浴一次，三个月以后改为每隔二日一次，沐浴的目的应以清洁婴儿皮肤污垢，疏通血液循环，助长其身体，活泼其生活为目的，而不再是如"洗三"一般将沐浴作为家庭接纳新生儿的仪式。[3]给婴儿洗澡的步骤和流程也逐渐规范化，如初生儿洗澡时必须将窗户房门关严，不使空气流通。洗澡水的温度在第一次沐浴时可取用摄氏38度至39度之温浴，以后渐渐降低，最后减至摄氏36度上下。在室内洗澡时，为防止洗澡水渐渐冷却，还需时时新添热水，因此家庭中最好设置浴用温度计随时检查水温。[4]洗澡前必须预先将衣服、尿布、清水、纱布、毛巾、胰子、扑粉等

1 袁弘毅：《沐浴》，《通俗医事月刊》，1920年第6期，第25页。

2《贡献给学童的师长和家长》，《大公报（天津）》，1932年10月12日，第8版。

3 秋心：《育儿常识》，《京报》，1929年4月1日，第6版。

4 沈其震：《初生儿洗澡》，《大公报（天津）》，1936年2月6日，第10版。

物件预备齐全，洗澡时将孩子抱住轻放入盆，身体浸入水后，用手托住头部并拿一块清洁毛巾细细地洗拭全身。清洁面部时，要避免使用刺激性的肥皂，并注意耳目口鼻都不能进水，使用备好的脱脂棉花球，蘸硼酸水洗小儿眼部，洗涤眼部积垢时，由内睫向外睫擦拭，以免生炎，鼻孔亦应用棉棒蘸硼酸水轻拭。[1] 婴儿出浴后，可用柔软质地的毛巾包裹身体，将水分拭尽，保持全身干燥。这时候，头颈、腋下、股间等部位如果发现皮肤发红，必须即时使用扑粉令其干燥。[2]

关于婴儿的沐浴知识科普的对象主要是孩子的父母及医院的护理人员，当婴儿成长为有认知能力的幼儿时，如何引导他们主动接受沐浴，并使之成为伴随一生的习惯，成为卫生教育的重点。在当时大多数的媒体上，对儿童沐浴习惯的倡导文字屡见不鲜，这些文章或刊载儿童的投稿或以儿童的口吻写成。如《益世报》曾刊登文章，以儿童的口吻声明洗澡能够使精神活泼、身体放松，对“我们”有许多益处。[3]《大公报》也有相似文章，如某学校学生曾在该报发表《小朋友切记的八件事》一文，该文将时常热水沐浴与早起不贪睡、常吃蔬菜水果、夜里不生炉火并列为儿童生活中须注意的要事，并称儿童在冬天出汗的机会少，肌肤里的污秽不能随汗排泄，应用热水沐浴可以洗净泥垢，通畅毛孔，免除此患。[4]

儿歌也是幼儿卫生教育的主要方式，用朗朗上口的歌谣向幼儿推介科学的卫生常识，可以使枯燥的卫生知识成为幼儿心中鲜活的记忆，儿歌形式如下文所示：

1 亚隐：《摩登母亲育婴法》，《大公报（天津）》，1933年9月17日，第11版。

2 沈其震：《初生儿洗澡》，《大公报（天津）》，1936年2月6日，第10版。

3 戴恩锡：《洗澡的益处》，《益世报（天津）》，1931年7月26日，第11版。

4 韩嘉枢：《小朋友切记的八件事》《大公报（天津）》，1929 年1月13日，第15版。

图片来源：

《我每星期至少洗澡一次》，《妇女新生活月刊》，1937年第5期，第13页。

1 仇重：《洗澡好》，《儿童知识》，1948年第25期，第24页。

图 1–4《卫生习惯》儿童卫生歌曲

洗澡好，

洗澡好，

洗去了身上的肮脏，

洗去了心里的烦恼。

洗澡好，

洗澡好，

人洗了一次澡，

好比虫脱了一次皮，

洗好了澡，

我们仿佛长大了。1

这首儿歌抒发了儿童期待没有烦恼，早日成长的真实情感，于此同时，也将沐浴与成长联系起来。沐浴成为儿童成长道路上的必要条件，儿童在洗完澡之后，自己“仿佛长大了”，更加印证了这一点。沐浴使得儿童获得的体验，在其成长的过程中会化作具体的经验以及长期的记忆，这些经验及记忆即是卫生习惯形成的条件。

沐浴的知识化将沐浴行为纳入到科学的阐释下，并作为一种实用性的知识普及至全国民众。在此过程中，科学话语为其提供了合法性，于是沐浴多被塑造成为一种经过科学验证、判定的进步知识；文明化的沐浴则将其置入国族存亡的语境下，利用世界各国在发展实践中的相似经验赋予其正当性，沐浴成为顺应时代发展趋势的进步活动。沐浴的知识化与文明化在一定程度上改变了国人的卫生观念。

在国人的卫生观念中，发红的皮肤和张开的毛孔逐渐被认为不再是致病的表象，用皮肤上的污垢堵住毛孔不让“寒气”或“湿气”进入体内，也逐渐被越来越多的民众认为是谬误的见地。当一系列的障碍被扫除之后，长期被视为病患之源的沐浴逐渐转变为个人达到现代社会标准生活习惯的必要行为，以及预防疾病的必要卫生要求。沐浴后，人们常年积攒的垢腻，散发出来的恶臭气味消散不见，身体上成片的红斑、感染的疖子，难耐的瘙痒等沉疴也得以缓解。虽然与西方卫生制度形成的时间有别，但同西方一样，中国公共卫生体系也是诞生于封建制度日渐式微，资产阶级崛起的时代。[1]资产阶级强调的干净整洁、节俭刻苦的价值观影响了人们的生活方式，其与富国强民的愿望一道促成了沐浴习惯的形成。沐浴可以去除不洁的标志，也可以脱去落后的标签，因此，通过沐浴以证明进步性的社会进步人士不占少数。

随着社会卫生、健康观念的改变，以沐浴为生活习惯的人愈发增多。甚至有人虽瘫痪在床，但因热衷清洁，习惯沐浴而“每星期或两星期擦身一次，使积垢尽去而后已”。[2]因此沐浴成为人们日常生活的一部分而非可有可无

1 梁其姿：《医疗史与中国“现代性”问题》，余新忠主编：《医疗社会与文化读本》，北京：北京大学出版社，2013年，第115页。

2 杨晴康：《沐浴之习惯》，《益世报（北平）》，1921年5月19日，第8版。

的消遣行为。由于大多数家庭缺乏安设家庭浴室的条件，为了满足人们对沐浴的需求，公共浴堂得以迅速发展。正如马芷庠在《北平旅行指南》中所写的那样："盖因人类进化，咸知清洁，操斯业者亦知因时制宜，随时改良。池塘已多改温热五池，且用白瓷砖砌成，池广水深，实驾乎沪汉南京各埠。澡盆亦改木盆为洋瓷，清洁美观胜前多多。"[1] 针对顾客对卫生的要求，浴堂也将内部设施做出相应改良。如新建浴堂多配备不同水温的浴池，有热者有温者，也有较凉者，水温在不同的浴池中阶次升高。[2] 这样既呼应了冷水浴与热水浴相配合的科学沐浴方法，还能消除人们因怕损伤元气而对沐浴产生的顾虑。

市民卫生观念的进步为北京浴堂行业的繁荣提供了有力的支撑，这使得更多的人被吸引至浴堂消费，其顾客群体也由最开始的下级社会阶层扩展到上级社会，在上级阶层的消费带动下，社会中更多的群体开始迷恋公共浴堂。《华北日报》有言："因沐浴为卫生之道，无论其为上级社会，抑为下级社会，苟有余资者，莫不沐浴，在昔社会经济状况，较为丰富时，沐浴之价亦较廉，一般平民，恒常沐浴。"[3]

第三节
浴堂与北京城区商业格局

与西方城市以市场为中心的布局形态不同，中国城市大多以官府为中心向周围扩散发展，明清时期作为帝国

1 马芷庠：《老北京旅行指南：〈北平旅行指南〉重排版》，北京：北京燕山出版社，1997年，第273—274页。

2 邓云乡：《增补燕京乡土记（上）》，北京：中华书局，1998年，第182页。

3《浴堂受影响，沐浴者减少仅余百余家》，《华北日报》，1932年4月15日，第6版。

首都的北京便是这一布局形态的典范。从以紫禁城为中心，左祖右社，前朝后市的城市形制可以看出，北京城市的早期规划以政治、文化、军事的意义为重。清初期，为了确保紫禁城的安全及确立紫禁城的象征性政治地位，北京内城形成八旗环绕、拱卫皇居的格局。在此格局下，满人与汉人分隔而居，内城为满人居处，明令禁止一切商业活动、开设任何娱乐场所，汉人则搬至外城，城市的商业空间也因此而向南迁移。内城不能经商的规定并非铁板一块，护国寺、隆福寺、白塔寺等处，每届庙会时期，游人聚集，热闹非凡，但与外城的商情相比则相形见绌。正阳门外地区商铺云集，市场、餐饮、百货、银号、戏园、会馆蚁合于此，无论汉人抑或满人皆来此购物消费。

清代以皇权为中心兼顾种族隔离目的的城市规划形成了北京独特的城市布局，这一以外城为商业中心的规划方式在帝制时代末期开始动摇。商品经济的发展使得社会分工更加精细，人口流动增强，旧时满汉分居的格局已经不能适应城市的发展以及城市居民的消费需求，商业设施开始在全城范围大量出现。内城的诸多地段出现了不同规模的商业街区，这些商业区或为奢华的购物中心，或为摊贩商铺的集散地，给市民提供廉价日用商品。

据日人所作《清末北京志资料》一书介绍，北京商业市街在内城有西单牌楼、西四牌楼、新街口、东安门外、东单牌楼、北小街闹市口（齐化门内）、北新桥（东四牌楼北）、交道口（安定门内）、后门大街（地安门外大街）；外城有正阳门大街、大栅栏、煤市街、打磨厂、鲜鱼口、琉璃厂、骡马市、菜市口、崇文门大街；城外关厢地区有西直门外高梁桥、安定门外、齐化门外等处。1 民国时期，王府井成为北京首屈一指的商业街区。由于近邻东交民巷及崇文门内一带的使馆区，一些外国投资者在王府井一带陆续兴建了大小店铺，加之东安市场的修建，越来越多的投资者被吸引至此。在外城也有新起的商业市街，由于庙市的衰落，位于前门正南方位的天桥聚集了大批的流动摊贩在这里售卖旧货、杂物、食品，天桥在民国初年发展成为一个常设性质的市场，这里从日用百货到饮食娱乐一应俱全，是城市中的贫民乐园。可见城市商业的发展在原有城区规划的基础上，改变了北京的城市布局。北京的商业区域最终形成以紫禁城为中心，有规律地分布于城市各主要干道的形制。

北京市的浴堂分布大多与城市的商业区域重合，下表对 1934 年北平市浴堂同业公会的会员名录，1943 年北平市浴堂设备调查档案及 1950 年北京浴堂同业公会筹备委员会登记表进行了梳理归纳，将浴堂的地址与其所属行政区对应并统计数量，浴堂高度依赖商业街区从其分布密度上亦可见一斑：

表 1–1 北京市各行政区浴堂分布统计表

	1934 年浴堂统计		1943 年浴堂统计		1950 年浴堂统计	
	数量	百分比	数量	百分比	数量	百分比
内一区	14	12.0%	14	12.7%	4	5.2%
内二区	9	7.7%	8	7.3%	5	6.5%
内三区	7	6.0%	10	9.1%	6	7.8%
内四区	11	9.4%	12	10.9%	9	11.6%
内五区	5	4.3%	3	2.7%	4	5.2%
内六区	4	3.4%	3	2.7%	3	3.9%
外一区	13	11.1%	15	13.6%	8	10.4%

1［日］服部宇之吉等编：《清末北京志资料》，张宗平、吕永和译，吕永和、汤重南校，北京：北京燕山出版社，1994 年，第 347 页。

续表

	1934 年浴堂统计		1943 年浴堂统计		1950 年浴堂统计	
	数量	百分比	数量	百分比	数量	百分比
外二区	19	16.2%	19	17.2%	16	20.8%
外三区	12	10.3%	6	5.5%	6	7.8%
外四区	5	4.3%	6	5.5%	3	3.9%
外五区	8	6.8%	8	7.3%	8	10.4%
城郊	10	8.5%	6	5.5%	5	6.5%
总数	117	100%	110	100%	77	100%

资料来源：《北京浴堂同业公会各号设备调查》，伪北京特别市社会局档案，北京市档案馆馆藏，档案号：J002-007-00362；北平市商会秘书处调查科编：《北平市商会会员录》，北平：北平市商会秘书处发行，1934 年，第 340—348 页；《北京浴堂同业公会筹备委员会登记表》，北京市同业公会档案，北京市档案馆馆藏，档案号：087-044-00018。1949 年中共政府接管北平后，将行政区重新调整。为了便于比较，本表格仍按照民国时期的行政区划对 1950 年的浴堂分布进行统计。

不难看出，这三个时期中浴堂密度最大的区域皆为外一区与外二区，这两个区属于外城传统商业区域，其中包括鲜鱼口、打磨厂、西河沿、煤市街、八大胡同、大栅栏、观音寺、琉璃厂等多个商业街区，全市浴堂近乎三成聚集于此。当经济遇冷，浴堂数量不断减少时，这里的浴堂店家还能基本维持原有数量，甚至在占比上有所上升。与这两个区相似，外五区的浴堂数量也维持相对稳定。天桥是该区的主要商业区域，由于地处外城较偏僻地区，社会中下阶层是天桥商业区的主要服务对象，这里的浴堂也以简陋龌龊者居多，浴堂开设及运营低廉的成本使得这些浴堂能够灵活应对多变的经济形势。正因于此，从 1930 年代开始的 20 多年间，该区域浴堂数量并未减少。

从广渠门到广安门这一东西向干道将外三区的花市、外一区的珠市口、外二区的骡马市大街及虎坊桥、外五区的留学路和天桥、外四区的牛街同广安门内等商业区域贯穿起来，外城浴堂基本沿此道路林立。内城中两条主干道连接了诸多商业中心，浴堂多分布在两条对称的南北向主干道旁。西侧街道由宣武门往北至西单牌楼，再到西四牌楼，沿路经护国寺、新街口向西出西直门。这一街道主要商业区域有西单及西四等，浴堂也多集中于此。从西单北大街到新街口南大街这一道路上，浴堂众多，不乏如华宾园此类北京数一数二的浴堂，华宾园甚至在沿途相距不远处开设三家分号，其中还有一座女浴所。

东侧干道由崇文门（哈德门）向北经过东单牌楼、东四牌楼，向东从朝阳门出城，或往北至北新桥出东直门及安定门。该道路途径以东单牌楼、王府井以及东四南大街为主要商圈的内一区，是高档浴堂的聚集地。1943 年，该区共 14 家浴堂，其中特等浴堂 4 家，甲等 5 家，乙等 4 家，另外一家裕兴堂，虽未注明等级，但从其设备情况来看，该浴堂拥有官堂 4 间，雅座 61 个，配备电话，设置理发、修脚服务，每月流水 1000 余元，可以判定该浴堂等级在甲等和乙等之间。[1] 到 1950 年时，由于浴堂收支不匹，区域内店铺数量大幅减少。东四牌楼往北，北新桥、交道口、安定门内一带的内三区，以及在主干道之外以地安门外大街、鼓楼为核心区域的内五区也有一定数量的浴堂。

1 老舍的短篇小说《裕兴池里》描写的情景与《北平浴堂同业公会各号设备调查表》中裕兴池的设备统计极为相似，小说中该浴堂配备电话、雅座，还提供有理发、修脚等服务，浴堂伙计勤快势力，顾客也多为社会中上层阶级。老舍《裕兴池里》，《东方杂志》，1935 年第 32 卷第 1 期，第 1—4 页。

表 1-2 1937 年北平特别市城内商店分类统计表

业别	数量	业别	数量
西药	961	娱乐业	97
镶牙	796	物品货代业	225
兽医	2	广告介绍业务	282
理发	540	典当业	83
浴堂	118	交易所	1
洗衣局	180	土药业	242
银钱业	105	其他	556

资料来源：伪北京特别市公署社会局第二科调查统计股编制：《北京特别市工商业统计一览》，北平：伪北京特别市公署社会局出版，1938 年，第 6 页。

根据上表所列出的北平部分行业店铺数量，可以看出浴堂业的店铺数量与其他行业相比并不占优势，在北平全市的商铺数量中，浴堂占有的比例亦不算高。但在繁华的闹市街区中，浴堂的密度则骤然提升。商业区域中的浴堂网点密集，几乎每半里地就有一家浴堂，且皆颇具规模。如地安门外大街，从鼓楼到地安门，仅一里半地，就有烟袋斜街的鑫园浴堂，地安门外桥北兴隆池浴堂，桥南德颐园浴堂。又如王府井大街一里多地内有孔繁会开的卫生池浴堂，刘俊臣开的广浴池浴堂，薛鑫甫开的海泉池浴堂，还有由东兴园浴堂扩建而成的清华园浴堂。西单牌楼附近有万聚园浴堂和义新园浴堂（后合并为清泉池浴堂），东侧武功卫胡同口的大华园浴堂，西单商场对面还有裕华园浴堂。1

浴堂的分布与北京城市商业区域重合的原因，主要受其行业性质的影响。浴堂是将物质资料的生产、分配、

1 北京市地方志编纂委员会编：《北京志·商业卷·饮食服务志》，北京出版社，2008年，第263页。

交换、消费过程整合在一个场景下完成的行业，即是说浴堂可以完全不需要顾及生产到交换这一过程产生的交通成本，但这也使得浴堂更加注重其服务的范围。所谓服务范围是指消费者来此消费所愿意承担的地理上的界限，超过一定的距离，消费者便有可能选择另外一家浴堂。

以前门地区为例，前门地区兴起于明中期而发达于清代。进入20世纪，京奉、京汉、环城铁路的通车使前门成为全市的交通枢纽，前门商业中心因而变得更加繁荣。[1]该地区的大小胡同中，开设有各式各类的店铺，金银珠宝、古玩玉器、绸缎估衣、钟表玩物、饭庄饭馆、烟馆戏园，无不集中于此，形成了密集的商业网络。从清晨至深夜，这里常年车水马龙、摩肩接踵。据统计，北京19个主要市场有7个位于前门地区，分别是银钱市、珠宝市、玉器市、估衣市、皮衣市、米市以及鱼市。[2]

赴前门地区的顾客并不是只为沐浴而来，沐浴只是人们来此购物、娱乐、消遣的环节之一。如鲁迅常去琉璃厂的直隶书局、立本堂、有正书局等书店买书，买书的最后一站通常是位于琉璃厂东侧杨梅竹斜街的富晋书庄，该书店正位于商场青云阁内。按照鲁迅的习惯，购书之余会在青云阁内采购一番，并在该处茶室喝茶，吃些春卷、虾仁面填饱肚子。从青云阁出来，鲁迅会到附近升平园浴堂洗个澡，最后返家。[3]吴宓于1911年来京参加清华大学入学考试时，住在南横街潘家胡同，由于距离前门不远，吴宓与友人常去前门商业区观戏，购买文具书籍、生活用品。在这一时期的日记中，吴宓常提及同友人光顾王广福斜街一品香浴堂，沐浴在吴宓及其友人看来是购物娱乐活

1 徐珂：《实用北京指南》，上海：商务印书馆，1923年，第6页。

2 [美]韩书瑞（Susan Naquin）：《北京公共空间和城市生活：1400—1900（上册）》，孔祥文译，孙昉审校，北京：中国人民大学出版社，2019年，第344—345页。

3 萧振鸣：《鲁迅与他的北京》，北京：北京燕山出版社，2015年，第124页。

动中的一项重要内容。1 胡适也热衷赴前门沐浴，在其日记中常会提及“出城沐浴”等事宜。1918 年胡适在给其母的家书中写道：“今天第一天上课……下课后办了一些杂事，到一家照相馆去看我在家时所照的相片洗出来了不曾……从照相馆出来，便出城洗浴。吃了一大盘虾仁炒面当夜饭。又到绩溪会馆去坐了一刻，便回来睡了。”2 绩溪会馆距八大胡同一带仅一条马路之隔，如此可推测胡适沐浴之所应在前门商业街区。

图 1-5 一品香澡堂现址

图片来源：

作者拍摄。

1 吴宓：《吴宓日记（第一册）：1910—1915》，上海：三联书店，1998 年，第 25—37 页。

2 胡适：《胡适全集（第 29 册）：日记 1919—1922》，合肥：安徽教育出版社，2003 年，第 357 页。

1940 年代末，人们“出了茶馆进澡堂，出了澡堂进戏园”的娱乐方式依然存在。据王学泰回忆，1947 年至 1949 年三年中，常随父亲去前门观音寺沂园浴堂洗澡。该浴堂对面是紫竹林舞厅，虽然名为舞厅，但其实是一个小型的戏园，表演相声、大鼓等曲艺，有时也会演出变戏法儿、腰叉等杂技。到了沂园浴堂，王与父亲二人洗完澡后，王父便去到紫竹林看杂耍，有时会照顾其他娱乐场所的生意，或去找友人打麻将，一走就是半天。此时王便被托付给浴堂茶房照顾。这半天中王在浴堂里睡觉、看小人书打发时间，中午饿了便让茶房去附近饭馆叫些包子、饺子等食物。[1]

当前门地区的商业地位有所变化时，浴堂的营业也会受到影响。如坐落于北京前门外西柳树井大街33号的西柳树井浴堂，原名为恒庆浴堂，成立于1904年，是一个规模较大的甲等浴堂。由于临近前门外八大胡同，该浴堂营业一直颇佳，浴堂的合伙投资人曾多次出资对其进行翻修，扩建楼房、购买后院、增设厢座盆堂。北京解放后，由于八大胡同中的妓院娼寮被强制取缔，该浴堂的生意一落千丈，最终无法维持营业，于1952年底将全部财产售与市商业局，改名为西柳树井浴堂，成为工商局的职工浴堂，并停止一切对外营业事宜。[2]

通过对前门地区的考察不难发现，浴堂的经营与发展高度依赖所在地区的商业环境。浴堂并非是走街串巷之剃头修脚匠人的流动摊位，而是有着一定的资本投入，相对复杂的商业账目以及较大数额固定资产的工商企业，浴堂的产业结构决定其需要在固定区域向顾客集中提供沐浴服务。至少在20世纪上半叶时，北京大多数浴堂并非是一种生活服务类的场所，而是一个供人娱乐消遣的公共空间。因此城中浴堂扎堆于商业区而非居民区，饭店、茶馆、戏院、商场、娼寮皆与浴堂的营业水平联系紧密，这些商铺与浴堂一并形成商业上的叠加效应。商业街区在满

1 王学泰：《王学泰自选集：岁月留声》，北京：中国华侨出版社，2012年，第179页。

2《我局关于东四、西四西柳树井浴池等行业的简单介绍》，北京市服务事业管理局档案，北京档案馆馆藏，档案号：085-001-00057。

足人们对布匹、丝绸、靴帽、首饰、休闲娱乐等不同方面需求的同时，开设于此的浴堂对人们的吸引力也会随之提高。人们因自己卫生清洁需要来浴堂沐浴，浴堂周边的商铺也会受到顾客重点关照。因此将浴堂开设在商业区域是最实际而又经济的。

前门地区并非个例，在另一北京主要商业区西四商圈中，浴堂与周边商家的分布关系同样遵照上述模式。沿西四牌楼向南，道路西侧是涌泉浴堂，其周边店家有域珍斋清真饽饽铺、同和居饭庄、德兴居饭馆、隆景和干果铺、协昌烟铺、半亩园奶茶铺。道路东侧为著名的华宾园浴堂，浴堂周围设开泰茶庄、万兴魁干果铺、正明斋糕点铺、昌厚绸布店。在西四丁字路口的东南拐角处，还有一座三层红砖楼房，房内是一家台球社。每当黄昏降临，一些制售夜宵的小商贩就在丁字街西侧便道上摆出摊位，摊贩常持一辆载有炉灶、碗筷盘碟等食具及食物的半成品的双轮手推车。经营品种均系北京风味小吃，如包子、馅饼、锅贴、馄饨、爆羊肉、炒饼、爆肚、汤面等。来西四洗澡的客人，到了饭点常会指使茶役为其采购临近摊铺的风味小吃，伙计茶役也可以帮忙代买同和居的烩乌鱼蛋、糟熘鱼片、锅塌豆腐等知名菜肴。当值冬日时节，大雪纷飞，澡堂内温暖如春，顾客浴后身体轻松，饮着香茶，吃着干果、蜜饯以及香甜软糯的糕点，这正是沐浴最大的乐趣。有些客人来浴堂会自带茶叶烟丝，浴堂附近烟铺、茶庄也会因此获利。顾客离开浴堂后，常在附近台球社娱乐或去商区内其他店铺采购一番，满载而归。[1]

商业环境与浴堂之间的关系不仅体现在前门、西四

1《西四南大街谈往》，董宝光：《京华忆往》，北京：北京出版社，2009年，第66—79页。

等中高级商业区，在提供的商品和服务档次较低且多为居民日常生活相关特定品类的低级商业区中，二者之间的逻辑亦有展现。如属于城市关厢地区的朝阳门外大街，该街道日用百货类商铺共39家，大致有售卖针线、凉席、煤油、五金、农具、电料、戥秤、套包、香蜡、玻璃瓷器等物品的百货杂货店19家，以及麻铺6家、箩圈铺4家、碱店4家、纸店4家、染坊2家；经营衣饰的商店15家，其中布店8家，首饰、成衣、鞋店共7家；在食品商铺中，粮店、饽饽糕点铺、面食铺、肉铺、油盐店各7家，水果店2家，共计37家；此外该街道还有饭店4家、茶叶店6家、药铺5家、铁铺5家、烟铺3家、煤铺3家、茶馆3家、理发馆2家、浴堂2家，以及大车店、自行车铺、棺材铺等19家。

朝外大街两家浴堂分别为路北的四美堂及路南的义泉堂，四美堂近邻店铺西侧分别是销售烟叶烟卷，有时还贩卖自炒花生的永聚烟铺，出售清真糕点的祥和斋饽饽铺，制作并经营黄酱、酱油、酱菜的公顺油盐店。东侧依次为庆升和布店、泉成涌纸店，再往东是和义轩饭馆，该饭店经济实惠，提供各种面食，饭店再往东还有德记百货店以及杨记切糕铺。路南侧的义泉堂浴池，其临近店铺有理发店、饭店及肉店等商家。尽管朝外大街不如前门、西四般繁华，店铺规模、经营商品档次也远不及其他商圈，但在其区域内的浴堂附近，饭店、糕点铺、烟铺、茶叶店仍然是必不可少的商铺，这些商铺与浴堂互惠互利，一同开拓客户需求，共享客户资源。1

尽管不同地区的浴堂周围店铺种类相似，但这并不

1 孟英玺：《朝外大街旧貌》，北京市政协文史资料委员会编：《北京文史资料精选（朝阳卷）》，北京：北京出版社，2006年，第53—62页。根据花市以及灯市口富贵大院地区的店铺统计数据，也能发现浴堂选址上的逻辑，这里不再赘述。张亚伟：《花市店名录》，北京市崇文区政协文史资料委员会编：《花市一条街》，北京：北京出版社，1990年12月，第148页；［美］甘博（Sidney D.Gamble）著：《北京社会调查（下册）》，邢文军译，北京：中国书店，2010年，第590页。

代表浴堂之间不存在等级差异。随着清末以来城市商业的发展，在什么地方洗澡，选择什么等级的浴堂，浴堂的服务和设施情况如何，逐渐成为划分人们社会身份地位的重要标志，浴堂中分层现象也因之愈发明显。

表 1-3 北平市不同等级浴堂区域分布数量统计表

	特等	甲等	乙等	丙等	丁等	总数
内一	4	5	4			13
内二	2	3	3			8
内三	1	2	5	1		9
内四	4	1	4	1	2	12
内五	1	1	1			3
内六		2	1			3
外一	1	7	5	2		15
外二	5	5	5	1	1	17
外三		3	1	2		6
外四		4	1		1	6
外五		1	4	1	1	8
城郊关厢		3	2	1		6
总数	18	37	36	9	5	105

资料来源：《北京浴堂同业公会各号设备调查》，伪北京特别市社会档案，北京市档案馆馆藏，档案号：J002-007-00362。该档案中内一区裕兴池，内三区义新园，外二区宝泉堂、瑞滨园，外五区天新园没有等级记录，因此与表1-1《北京市各行政区浴堂分布统计表》数据有所出入。

如上表所示，从不同等级浴堂在各行政区域的分布情况观测，特等浴堂主要集中在前门（外一、外二区）、西单（内二区）、王府井（内一区）、西四（内四区）四个商业区域；就各区域中浴堂的数量统计来看，内一、内二区域没有丙、丁等级的低档浴堂，而外三、四、五三个区没有特等浴堂，尤其是外五区，几乎所有浴堂均在乙等之下。由此可知，浴堂中按其商业设施、装饰风格、营业规模、服务质量而产生的分层现象会体现在浴堂的地理分布中。不同店铺之间的商业叠加效应使得物以类聚，于是高档与低档商铺逐渐分离并按地理划分，当多数商铺按照此逻辑选址，整个城市的空间秩序即自发形成。

综上，无论从浴堂的行业性质、顾客的消费体验，抑或从城市空间的布局逻辑方面来进行考察，浴堂将其地址设置在商业区域皆不失为这一时期内最合理的选择。德国城市地理学家克里斯塔勒（W. Christaller）曾提出商品销售的上限和下限的概念，销售下限即能够保本的销售距离，而上限则为不赔本的最远距离。[1] 众所周知，一家浴堂在一定单位时间内客人消费金额与其成本开支持平才能够保本，在此基础上来此消费的客人越多则盈利越多，能够覆盖保本客人数量的地理范围便是浴堂能够盈利的下限。位于商业区的浴堂，其盈利下限会与商业区的影响范围重合，自然会比处于居民区的浴堂有更高的盈利下限。[2]

按照克里斯塔勒的理论，交通产生的成本与商品销售的距离成正比，距离越远交通成本越高。当销售范围超过一定限度就会赔本，在不赔本的前提下尽可能扩展自己的销售范围，正是大多数行业盈利的前提。浴堂运营并不涉及运输费用，但顾客光顾浴堂会产生交通费用，因此顾客对交通费用的估量成为决定浴堂盈利上限的主要因素。北京的商业区或为铁路、电车的运行枢纽，或处于由郊区

1 参阅［德］克里斯塔勒（W. Christaller）著：《德国南部中心地原理》，常正文、王兴中等译，北京：商务印书馆，1998年。

2 女性浴所需要单独说明，由于当时社会女性的普遍社会地位与生活习惯，其活动范围并不如男性一般，对于浴所的选择更是局限于居所周边，或临近的商业街区，因此每一家女浴所各自都拥有熟稔的主顾。尽管北京大多数女浴所是在男浴堂的基础上添设而成，其地址也多位于商业街区，但其销售下限及服务范围相较于男浴堂则大幅减少。就连城内最负盛名的清华园及华宾园两家浴堂，在东城住的太太小姐们有几乎完全不晓得华宾园的，而西城住的人也很少跑到清华园去。练离：《北平女浴室风景线》，《大众生活（南京）》，1942年第1卷第2期，第15页。

进出内外城的孔道，浴堂选址于此可以减少顾客的交通费用。也就是说，若将浴堂设置在商业中心，人们花费一次往返该处的费用，可以同时采购多种商品，光临多处服务场所，商业区域中不同的消费内容及服务类别又分摊了这一费用。在这种情况下，距离商业区较远的顾客对交通费用的心理预期便会相应提高，这无形中增加了浴堂的销售范围。因此，浴堂合理的选址能够有效提高顾客来此的消费意愿，实现店家的盈利目的。

小　结

尽管浴堂自古有之，但直到晚近时期，北京的浴堂才成为一种提供清洁服务的公共卫生设施，为社会所有群体使用。新式浴堂的出现及行业繁荣，首先得益于城市的现代化改良以及公共卫生事业的开展，在二者的合力之下，以往浴堂中肮脏简陋的状况大有改观，各种新式设备得到应用，诸多人性化服务开始出现。由此，浴堂所面向的顾客群体被极大地拓展，越来越多的社会中上阶层被吸引至此，成为浴堂的忠实顾客。此外，从 19 世纪末开始的“卫生知识化”“卫生文明化”过程，使得民众将健康与沐浴相联系，获得了沐浴裨益于健康的广泛认知，在此认知下，更多的民众养成勤加沐浴的习惯，这为浴堂行业的繁荣提供了坚实的基础。最后，北京城市格局的变迁也间接促进了浴堂业的发展，内城禁商的规定废除后，先后出现了西单、西四、王府井等商业街区，浴堂的选址逻辑多以毗邻商业街区为要，因此，可以说是商业的繁荣带动了浴堂行业的进步。上述三个方面构成了 20 世纪上半叶北京浴堂快速发展的原因。

第二章

浴堂的经营与管理

本章意图从20世纪上半叶北京浴堂的经营实践层面，以浴堂的经营、管理为观测视角，通过对浴堂中的资本模式、前期投入、运营成本、日常开销及主要收入来源进行分析，考察各家浴堂制定服务价格的依据、增加收入的方式，讨论现代化进程与北京浴堂营业模式之间的关系，探究以现代观念为导向的国家权力对近代北京浴堂的渗透、支配手段，以及浴堂对此的回应方略。

第一节
浴堂的资本与流水

语云：商通有无。浴堂的兴起在很大程度上得益于近代商业的发展，商业的繁荣促使人们的生活方式更加繁复细密，同时在无形中增加了人们的欲望。[1] 为满足不同阶层的消费需求，北京市浴堂的资本模式趋于两极分化，财大气粗的资方持续加强对浴堂的投资，改良、维护浴堂设备，而一些小型浴堂亦有自己的生存策略。依托于商业发展而繁荣的浴堂，其营生也高度依赖于社会经济环境，经济环境的变化从浴堂营业状况中能够充分地体现出来。本节试图考察社会经济环境的变化与北京浴堂资本模式的

1《北平市商业家数及资本数分类统计》，载孙健主编，刘娟等选编：《北京经济史资料(近代北京商业部分)》，北京：北京燕山出版社，1990年7月，第443页。

转折及营业流水升沉之间的关联，以及浴堂在社会经济环境遇冷时的应对策略。

一、浴堂的资本模式

资本的两极分化是20世纪上半叶北京市浴堂行业的主要特征。1930年代时，北平浴堂“资本最大者，约万余元，中等约七八千元，小者，约千元上下，惟关于房屋，有新建者，有租用者，情形极不一致，新建之楼房、有至数万元者，清华园即其一也。”[1] 北平清华园浴堂于1929年仿照天津南式浴堂全兴池进行改造、扩建。改建后的清华园成为城中最奢华之浴堂。该浴堂全部为砖木结构，建筑豪华，装饰典雅。以天井为中心，环绕着60余间镶嵌彩色玻璃的单间，房间中铺以彩瓷花砖地板，电灯、电话、自来水一应俱全，甚至全部浴盆都是从德国进口的。而那些小型浴堂则大多开设在偏僻的街巷，设备简陋，毫无卫生可言，甚至缺乏应有的肥皂、毛巾等浴具。[2]

从浴堂的资本体量言之，由于缺乏1937年以前翔实的浴堂资本调查数据，因此对于估算开设一家浴堂所需资金时，只得从1943年伪北京市社会局对各号浴堂设备的清查记录中探知一二。此调查包含了1943年北平市110家浴堂的开业时间，办理营业执照时的注册资本，以及该年确实的资本等信息，从中可以看出北平市各浴堂在不同时期所需要的资本数额。在1943年，一间浴堂的平均资本为25784.5元（1938年至1945年间，北平法定货币单位为联合准备银行货币，以下简称伪联币），其中资本

1 池泽汇等编:《北平市工商业概况》，北平：北平市社会局出版，1932年，第620页。

2 北京市地方志编纂委员会编:《北京志·商业卷·饮食服务志》，北京：北京出版社，2008年，第531页。

额最高的是清华园浴堂，为 262000 元，这一数字是资本额最低的天有堂浴池的 524 倍。

在这 110 家浴堂中，注明了浴堂资本额的有 90 家。[1] 其中，特等 17 家，资本额平均为 64879 元，甲等 29 家，平均资本额为 30711.7 元，乙等有 33 家，平均资本额为 11844.8 元，丙等和丁等合计 11 家，平均资本额分别为 2385.7 元及 1387.5 元。不难看出，特等浴堂的平均资本甚至比其他四个等级的浴堂平均资本额之和还要多，而其数量只占到总数的 18.9%。特等和甲等浴堂的资本占总资本额的 82.8%，但数量最多的乙等浴堂的资本只占总资本额的 16.2%。如下表所示，从浴堂数量方面观察，在 20 世纪上半叶，北京浴堂所呈现的结构是“干”字形，或说“伞”形结构。从平均资本额或资本总额上反观，这种“干”字形则变为了“丁”字形，由此可以看出浴堂行业中资本分布的严重分化。

表 2–1 1943 年北平 90 家浴堂资本分布统计表　　单位：元（日伪联币）

等级	数量	资本平均额	资本总额
特等	17 家	64879	1103250
甲等	29 家	30711.7	890640
乙等	33 家	11844.8	390880
丙等	7 家	2385.7	16700
丁等	4 家	1387.5	5500

资料来源：《北京浴堂同业公会各号设备调查》，伪北京特别市社会局档案，北京市档案馆馆藏，档案号：J002-007-00362。

1951 年起，北京市工商局对私营企业的财产进行重新估定，针对以往店铺的资产统计中将营业资本混淆于现

1 见附录一《1943年北平市浴堂资本调查表》，资料来源：《北京浴堂同业公会各号设备调查》，伪北京特别市社会局档案，北京市档案馆馆藏，档案号：J002-007-00362。

实资产的现象[1]，此次对私营企业的资产重估，将流动资产之外的土地、房屋、设备、家具等固定资产纳入到计算中，并按照使用时长进行折旧。[2]在这次全国范围的资产重估中，北京市工商局对本市多数私营浴堂进行了调查、重估与核算，经调查的60家浴堂重估后资产最高的为兴华园浴堂，约12亿元（1949年至1955年间，北京法定货币单位为第一套人民币，1955年人民新币替代旧币，新币1元=旧币1万元），而最低的文庆园浴堂只有290万元，二者相差约414倍。这相较于1943年的差距略低一些。60家浴堂资本重估后的平均值约为1.39亿元，资本超过平均值的浴堂数量有18家，占总数的30%。在1943年的统计中，90家浴堂有31家超过了平均资本，约占总数的34%。[3]由此，虽然1943年与1951年两个时期浴堂数量不同，资产计量方式有别，货币单位亦不一，但二者殊途同归地指出北京浴堂资本分布呈两极分化的形态。

值得注意的是，浴堂的资本注入并非“一锤子买卖”，浴堂的资产也是经过多年积累而来，浴堂东家持续注资的过程无形中增加了浴堂行业分化的斥力。以一品香浴堂为例，该浴堂开设于光绪三十三年（1907年），为特等浴堂，股东有冯余轩、马瑞川、马墨麟、马少泉四人。从开办起至1924年间，共计花费银元22350元。在1920年，因扩充营业，四位股东出资将浴堂东、西房共六间翻盖，西房三间向前接出7尺，东房三间均加盖回廊。其他房间增加玻璃天窗，安装暖气、电灯、电话及卫生设备等，重修澡池水道，安装自来水管，购买新式水

1《北京浴堂同业公会筹备委员会登记表》，北京市同业公会档案，北京市档案馆馆藏，档案号：087-044-00018。

2 石毓符撰：《私营企业重估财产调整资本办法的实践》，北京：十月出版社，1951年3月，第24—31页。

3 附录二《北京市浴堂业资产重估统计表1950年12月31日》，资料来源：北京市工商局档案，北京市档案馆馆藏，档案号：022-009-00001至022-009-00221。

井轧水机，一年之内耗银1万有余。在该年《顺天时报》上一品香重张广告中写道："单间官盆最新制度，各有电话便利非常，冬用暖气夏备电扇，理发刮脸沪汉技师，普通客室池盆两种，池塘较前别开生面，玻璃房顶瓷砖墙壁，光线空气别有洞天。"[1]1930年，股东冯余轩、马墨麟等因年老无力经营退出，一品香浴堂加入了原佳堂、生香馆、燕愚民、候明记、掷庐五家新股东，虽仍沿用一品香字号，但加添"鸿记"二字以示区分。新股东将浴堂内外油饰，池塘天井扩大加高，浴池重新改造加大，全部房屋修补见新，翻修地沟、水管、暖气管、炉片、锅炉，共计用银12000余元。1932年又在原有基础上将全部房屋修补并油漆见新，重修暖气并全部改用水管，官堂安装花瓷砖，墙围花砖墁地，重建厕所，更换全部电灯、电线，购置电话交换设备及西门子电话机11具，临街添避风阁，共计用银2370元。1942年，一品香浴堂再经股权变更，新股东复将全部房屋翻修，新添门道罩棚及烧水锅炉，院内墁洋灰砖屋内外重新粉饰，池堂改造加大，天井加高以调和空气，客堂座位床位重新布置，盆堂及理发室内皆用瓷砖铺设墙围，共计耗资伪联币20余万元。由于浴堂营业的特殊性，经营者们既要维新商业，增添新式设备，装修新潮式样以吸引顾客，还须注重清洁卫生以满足市民及政府要求，所以"自创设40余年，共计投资数目相当巨大"。从一品香浴堂的持续投资不难看出，浴堂各种设备必须"每年逐加修理，每隔4至5年或6至7年必须大加修理。"[2]这种频繁往复而又花费颇多的投资，并不是小型浴堂能够承担起的。

1《一品香澡堂重张广告》，《顺天时报》，1920年11月1日，第1版。

2《一品香澡堂铺底证件》，民国时期零散档案汇集，北京市档案馆馆藏，档案号：J220-001-00054。

小型浴堂亦有其生存之道，多为租房，且地处偏僻，租金低廉，设备及消耗品一切从简。小型浴堂有着固定的服务群体，吸引了众多穷苦艺人、小商小贩、车夫、扛夫、手工业作坊的匠人以及城市贫民，因此澡价虽然低贱，但生存不成问题，甚至营收颇丰。1 经济枯竭时期，受各行连带浴堂营业成本升高，各大浴堂营业皆受影响，但小型浴堂则反而因之获利。如 1928 年 3 月 7 日《晨报》所言："洗澡人以每入浴室即须大洋一、二角，故三日一次浴者，率多改为五日一次。且更有大澡堂而趋于小澡堂者。"2 根据浴堂的总资产与收入，可以计算出浴堂的投资回报率 3，小型浴堂的生命力能够通过这一数据量化分析。其变化趋势如下图所示：

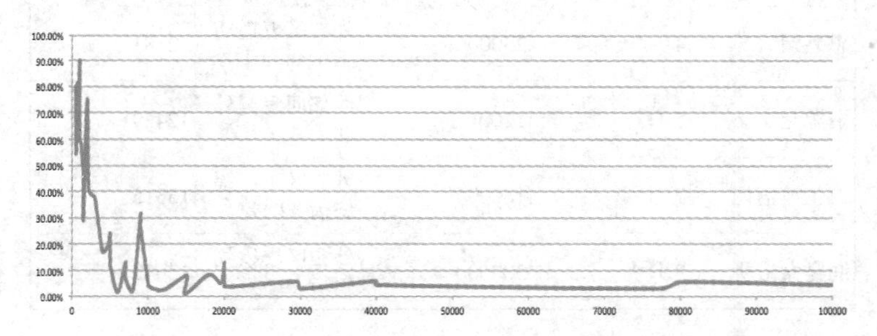

图 2-1 偏差值在十位数的月投资回报率走势

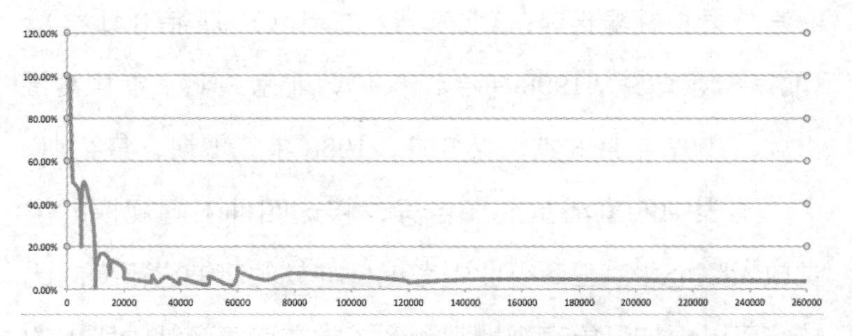

图 2-2 偏差值在百位数的月投资回报率走势

图中的横坐标为资本总额。图 2-1、图 2-2 两种不

1 北京市地方志编纂委员会编：《北京志·商业卷·饮食服务志》，北京：北京出版社，2008 年，第 270 页。

2《四项营业之调查：饭庄生意已渐回春，浴室戏园终形冷落》，《晨报》，1928 年 3 月 7 日，第 7 版。

3 见附录三《1943 年北平市浴堂业月收入与投资回报率统计表》，资料来源：《北京浴堂同业公会各号设备调查》，伪北京特别市社会局档案，北京档案馆馆藏，档案号：J002-007-00362。由于 J002-007-00362 档案中，浴堂月收入的统计并不精确，例如常有店家在收入一项填写 100 余元、1000 余元、10000 余元，这必然会造成统计的偏差。当"100 余元"与"1000 余元"一起统计，"1000 余元"的偏差值有较大概率超过 100 元，所以在计算投资回报率时，将偏差值在百位数的情形与偏差值在十位数时分别统计。还需说明的是，为了让统计更为精确，在统计时如遇填有"100 余元"时，按 100 元计，"1000 余元"按 1000 元计，若写有"500—600 元"则按 550 元计算，依此类推。

同的计算方法均得出相同的曲线走势。由此可以很清晰的看到，1943 年，北平浴堂的投资回报率随着投入资金的增多而逐渐减少。在投资额超过 1 万元之后，若投资额上升，则回报率变化并不明显。在 1943 年北平市物价普遍上涨，市场相对萧条的时期，相较于高档浴堂，小型浴堂的生命力会更强一些。在某种程度上，这也是各个等级浴堂可以共存的原因之一。

《1948 年北平各类商号一览》记录了该年 1 月至 8 月间，北平市社会局曾登记、备案不同行业代表商号店铺的相关信息。其中记录浴堂四家，兹列于下：

表 2–2 1948 年四家浴堂资本总额表　　单位：万元（法币）

商铺名	记录月份	资本总额	地址	登记证号码
忠兴园	4 月	25000	外二区五道庙堂子胡同 1 号	12181
浴源堂	5 月	1200	西郊西直门外北关	12429
卫生池信记	7 月	18000	外二区王广福斜街 32 号	13315
润身女浴所	8 月	300000	外二区李铁拐斜街 19 号	13642

资料来源：于彤、何玲：《1948 年北平各类商号一览》，北京档案史料编辑部：《北京档案史料（1997 年合订本）》《北京档案史料（1998 年合订本）》，北京：北京市档案馆出版，1997 年第 3 期、第 5 期，1998 年第 1 期、第 2 期。

上表中四家浴堂规模各异，将这四种不同规模的浴堂放入整个北京工商行业中考量，与其他店铺进行横向比较，可以更加具象直观地观测到浴堂在诸多商铺中所占的位置，以及北京浴堂中两极分化的现象。[1] 由于 1948 年北平市物价变动剧烈，这一考察以月份为时间单位，按照

1 见附录四《1948 年北平市部分行业资本额统计表》，资料来源：《1948 年北平各类商号一览》，载北京档案史料编辑部：《北京档案史料（1997 年合订本）》、《北京档案史料（1998 年合订本）》，北京市档案馆出版，1997 年第 3 期、第 5 期，1998 年第 1 期、第 2 期。由于 1948 年各月间物价差异较大，所以在对《1948 年北平各类商号一览》这一统计中各商号的资本额进行考察时，以月份为时间单位，不去进行月份间的比较。行业分类标准以《商号一览》中所描述的为准。由于《商号一览》所列的行业诸多，在附录五中，只选择在同一分类中有商铺三家或三家以上的行业，并对这一行业中所有店铺的资本额求平均值，以估算该行业的平均资本。

同一个月内不同行业的资本数额进行比较。如在 1948 年 4 月的统计中，忠兴园浴堂几乎超过了所有行业的资本平均值，只有军装厂与贸易行这两业较忠兴园资本为多。润身女浴所亦如此，在该年 8 月份的统计中，该浴所的资本超过了当月登记的所有行业的均值。在 4 月和 8 月统计的 229 家及 288 家店铺中，有 16 家商铺资本超过忠兴园，对于润身女浴所，这个数字只有 2 家。浴源堂资本总额为法币 1200 万元（1936 年至 1937 年，1945 年至 1948 年，北平法定货币为法币），这个数字甚至比一些如茶馆、理发店、馒首铺等小本商店还要低。

浴堂的经营者们可以用极为低廉的资金开办一家浴堂，且回报颇丰，资金回笼也相对较快，同时亦有耗费重金以求高投入高回报者。二者此消彼长的状况主要取决于经济形式。在经济较好的时期，高级浴堂更具优势，一旦社会经济陷入萧条或因外力遇冷，小资本的浴堂比高级浴堂在运营上更具灵活性。

二、浴堂的产权结构

北京浴堂的资本组织形式可分为独资与集股两种。独资顾名思义即浴堂资本由一人独占，浴堂的所有权掌握在一人手中；集股指欲经营商业的个人因资本不足而募集股份兴办事业的行为。多人集资入股时须先拟就合同宗旨书，写明欲兴办的事业、募集的资本总数、股份数、各股东所占股份、利率等。如在福澄园浴堂的股东合伙契约中，明确注明了商号名称为福澄园浴堂，主营浴池业务，地址设于崇外东柳树 42 号。商号由六位股东共同出资，总资产为第一套人民币 7512 万元。该浴堂由出资人之一李文浩担任经理，处理浴堂业务。年终结算时由负责人李文浩向全体合伙人报告年度营业情况，并提出决算报表及次年度的业务计划。年度决算后有盈余时，会将盈余的 10% 作为执行业务人的酬劳金，盈余的 55% 作为合伙人的红利。[1]

北京工商行业中独资的方式在清末时通常存在于小成本商业形式中，合资集股的方式往往被大型商铺采用。[2] 这一惯例延续至民国时期并有所发展。20 世纪上半叶，北京浴堂行业独资者占大多数，除特等和丁等之外，其他等级浴堂中独资的个数远超合股的数量。在特等浴堂中，合股浴堂占比较大，与独资者各占一半。近代北京最大的浴堂清华园正是股份制商铺，其前身是东兴园浴池，东兴园于 1916 年遭遇火灾，于是转让给曹锟政府的众议员董慕堂，董邀请北京浴堂业首富祖升庭参与经营，二人共同成为清华园的大股东。除两家大股东外，清华园浴堂又邀李乡蒲等 14 人作为小股东，集资建成北京当时规模最大、最为奢华的清华园浴堂。[3] 股份制不仅在特级浴堂中有着较高的占比，在丁等浴堂占比亦颇高。如西四砖塔胡同文香园浴堂，虽然只有客座 12 间，池塘两间，但股东共计 17 人，大多为曾在浴堂从业的伙计，也有农村来京务工人员。[4] 由于丁等浴堂的规模不大，略有积蓄的劳动阶级经过多人集资后还是可以开办的。资金是浴堂营业的重要推动力，集中稳定的资金来源对浴堂的经营和发展是至关重要的。合股制可以将资金有效集中起来，这种集资

1《北京人民政府工商局私营企业设立登记申请书（福澄澡堂）》，北京市工商管理局档案，北京市档案馆馆藏，档案号：022-009-00013。

2［日］服部宇之吉等编：《清末北京志资料》，张宗平、吕永和译，吕永和、汤重南校，北京：北京燕山出版社，1994年，第326页。

3 北京市地方志编纂委员会编：《北京志·商业卷·饮食服务志》，北京：北京出版社，2008年，第274页。

4 见附录十二《文香园浴堂出资人登记表》，资料来源，《北京人民政府工商局私营企业设立登记申请书（文香园澡堂）》，北京市工商管理局档案，北京市档案馆馆藏，档案号：022-009-00157。

1《北京人民政府工商局私营企业设立登记申请书(新华园澡堂)》,北京市工商管理局档案,北京市档案馆馆藏,档案号:022-009-00001。

方式常见于劳动阶级开办的小型浴堂及需要大量启动资金的高档浴堂。

表 2-3 1943 年北平浴堂资本组织形式统计表

等级	总数	独资数量	独资占比	集股数量	集股占比
特等	18	9	50%	9	50%
甲等	32	20	62.5%	12	37.5%
乙等	31	21	68%	10	32%
丙等	7	7	100%	0	0%
丁等	5	2	40%	3	60%
总数	93	59	63.4%	34	36.6%

资料来源:《北京浴堂同业公会各号设备调查》,伪北京特别市社会局档案,北京市档案馆馆藏,档案号:J002-007-00362。

合资与集股的方式是可以相互转化的。在浴堂经营不善时,股东会选择撤股而规避亏损。如新华园浴堂在1939 年开设时,初由四股东合资创办。1940 年代末浴堂经营困难时,各股东纷纷退股,由张国治一人经营,转为独资营业。1 再如三益池浴堂,因经营惨淡,原股东孙志远、郭乃和、谢弼臣纷纷选择退股,转交田春博一人经营。从退股字据中,可以看出这三人退股的根本原因是无力承担因浴堂亏损而产生的债务。字据中明确写明,三益池浴堂原有债务及退股人长支短欠,由田春博负全责,退股人免于补还。此外还注明嗣后浴堂中所有盈余,均归田春博,退股人无权过问,反之,若遇亏损亦由田春博负担全责,与退股人无干。值得注意的是,有些股东在退股后往往会选择作为浴堂从业者继续在浴堂工作。比如田春博就同意孙志远在退股后,以伙计待遇听经理指挥,且无故不准解雇。1 可见，退股的股东并非是为了转投他业，往往只是出于单纯经济上的考量。因此在浴堂经营困难时期，独资浴堂的数量必然会大于合资者。

北平市浴堂業各項收入調查表

每日收入		
	澡錢	壹万肆仟壹百伍拾陆元
	理髮	贰仟捌百壹拾元
	下活	叁仟玖百拾元
	洗衣	壹仟贰百陆拾元
	總計	贰万贰仟壹百叁拾陆元

北平市浴堂業需要人數調查表

[illegible]	三十一人
上活	十人
下活	十一人
[illegible]	六人
燒火	三人
經理	一人
[illegible]	七人
洗衣	四人
[illegible]	七人
備考	總捌拾人 [illegible]

北平市浴堂業各項支出調查表

收支須由六月一日至十五日平均計算須照實填寫

伙食	每人每日需糧[illegible]	合價六仟四百元
[illegible]	每日消費[illegible]	合價壹万元
[illegible]	每日 [illegible]	
租賃	每日租金	合價
電燈費	每日	合價壹仟贰百[illegible]元
電力費	每日	合價玖百伍拾元
自來水	每日	合價叁百叁拾元
電話費	每日	合價肆百元

[illegible]	每日	合價壹仟壹百元
肥皂	每日	合價壹仟元
小毛巾	每日	合價陆百元
[illegible]		贰仟七百元
臨時開支		叁百元
總計		贰万陆仟伍百七拾元
備考		[illegible]

图 2-3 浴池会员情况调查和等级调整表

股东退股需按照行业规定，必须经全体合伙人同意后方能退伙，在出让自己股份时，非经合伙人同意，不得擅自转让于他人。同时退股人所退股份的决算需要将店铺所欠债务一并核算在内。一品香股权变更一案可以管窥北京浴堂行业股权转移时的行规与习惯。该浴堂初由马墨麟、冯余轩、马瑞川、马少泉四人合资开设，每人各出资本银 4300 元，各占股 1/4。股东之一马瑞川独立经营着天兴银号。因银号亏损严重，马瑞川亏欠市政公所公款数额巨大，将其所有财产变卖后仍不敷债务。因马瑞川持有一品香浴堂股份银 4300 元，理应变现以抵偿债务。经其他三家股东商议后，决定共同出资留买、归并马瑞川股

图片来源：

《浴池会员情况调查和等级调整表》，北京市同业公会档案，北京档案馆馆藏，档案号 087-044-00019。

1《北京人民政府工商局私营企业设立登记申请书(三益池澡堂)，北京市工商管理局档案，北京市档案馆馆藏，档案号：022-009-00003。

份，将留买之钱清偿所欠市政公所之债务。三家股东清算一品香欠内外债款银 3800 元，马瑞川应担欠外银 950 元，从股款内扣还。[1] 马瑞川将其股份变卖合银 3350 元，与三位股东订立协议，同时还登报备案。报载：

敬启者：

本堂原为马瑞川附入资本四分之一，现已商明各股东同意伊将应有之股本结算清楚，如数撤出，呈交警厅抵偿官款。除立退股字据外，业经呈京师警察厅核准备案，如有对于马瑞川个人有债权关系尚未了结或有其他纠葛未清等事，应向马瑞川直接处理均与本堂无涉。用特登报声明，俾资周知此启。

一品香股东，冯余轩，马墨麟，马仲宝同启。[2]

三、浴堂的营业流水

对浴堂收入与支出的分析可以知晓浴堂的盈利模式。在浴堂的收支流水统计上，记录详细数据的材料主要集中在 1945 年之后，但是在 20 世纪上半叶，北京市浴堂的经营模式并没有发生本质上的变化。在收入来源方面，除 1940 年代后期加入了洗衣服务外，未曾有过颠覆性变化。在开支方面，随着浴堂的新旧迭代，浴堂中用煤、伙食、房租、水电费、毛巾、胰皂等开支均为必要支出，只不过有些小型浴堂为了节约开支，使用土布代替毛巾、井水代替自来水、碱代替胰皂，这种现象贯穿整个 20 世纪上半叶。所以，虽然收支数据受限于材料的不均，但其依然可

1《马墨麟等关于请将马瑞川原有一品香合同立退股字据、交商等具领收执的呈》，京师警察厅档案，北京市档案馆馆藏，档案号：J181-018-18000；《一品香澡堂铺底证件》，民国时期零散档案汇集，北京市档案馆馆藏，档案号：J220-001-00054。

2《一品香澡堂股东紧要声明》，《顺天时报》，1925年2月1日，第4版。

以用来分析近代北京浴堂的一般运营状况。

一家浴堂的主要收入来源，可以分为洗澡、上活、下活、洗衣等四种，其中上活包括理发、搓澡等服务，下活则多为捏脚、修脚服务。在1947年的一份材料中，调查了清华园（特等）、吉园（甲等）、东明园（乙等）三家不同等级的浴堂。其中澡钱自然是浴堂中收入的主要来源，理发收入居次，洗衣收入最低，特等的理发收入在总收入中的占比，比其他等级略高。[1]

北京档案馆工商局档案《浴池会员情况调查和等级调整表》提供了更多样本，以核算每项收入的占比。[2] 在1950年6月1日到同年6月15日间，被统计的79家浴堂日均澡钱5488.7元，占总数的65%，下活次之，日均1562.8元，占比18.3%。理发和洗衣不相伯仲，分列后二位，分占总数的10.8%及6.6%。[3] 在1952年11月的统计中，各项收入占比与1950年差别不大，特等至丁等五个等级8家浴堂中，各项收入比差别亦不大。上活收入平均占比9.69%，下活收入占比12.3%，乙等之下的浴堂不提供洗衣服务，特、甲、乙三等级洗衣收入平均占比2.5%，澡价占比76.45%。[4] 如下表所示：

表2-4 1950年—1952年北京市浴堂各项收入与总数比例

年份	澡价	上活	下活	洗衣
1950	65%	10.8%	18.3%	6.6%
1952	76.45%	9.69%	12.3%	2.5%

资料来源：北京市同业公会：《1950年北京市浴堂业收支统计表》，资料来源：《浴池会员情况调查和等级调整表》，北京档案馆馆藏，档案号：087-044-00019；北京市工商

[1] 见附录五《1947年三家浴堂营业收入、支出一览表》，资料来源：《浴堂等业会员名册入会调查表名单异动（1947）》，北京市同业公会档案，北京档案馆馆藏，档案号：087-044-00012。

[2] 见附录七《1950年北京市浴堂收支统计表》，资料来源：《浴池会员情况调查和等级调整表》，北京市同业公会档案，北京档案馆馆藏，档案号：087-044-00019。有些浴堂将下活及洗衣的收入附加在澡钱内统一计算，如长乐园浴堂等。为了提高统计的精确度，在统计时，并没有将这类浴堂一并计算。

[3] 这四项收入之和并非100%，因为并不是每家浴堂都提供洗衣服务，也并不是每家浴堂都有下活，如润身女浴所只提供洗澡和上活服务。

[4] 见附录六《北京市浴堂1952年11月份营业情况调查表》，资料来源：《处理人民来信要求取消澡堂饭店旅店等行业收小费问题本局于浴堂工会等有关单位的来往文书》，北京市工商行政管理局档案，北京档案馆馆藏，档案号：022-010-00435。

行政管理局：《处理人民来信要求取消澡堂饭店旅店等行业收小费问题本局于浴堂工会等有关单位的来往文书》，北京档案馆馆藏，档案号：022-010-00435。需要说明的是，在档案《浴堂等业会员名册入会调查表名单异动》中，虽然记录了1947年北平市浴堂的收入与支出，但该档案只统计洗澡、理发、洗衣三项服务的收入，并未将搓澡、修脚等服务的收入一并计算在内，故其收入占比并不准确，在本表中未予填制。

浴堂的主要开支有煤、自来水、电气、电话等运行经费，也有工资、伙食等人工费用，还有毛巾、胰皂等消耗品产生的费用。这些费用往往受到经济形势的支配，影响浴堂的利润。

下表显示，燃料、房租、人工费用为浴堂最大的三笔开销。燃料在1947年的开销几乎与其他开销相加之和相近，占总数四成有余。随着时间的推移，燃料支出不断减少，到了1952年，其占比较5年前减少近七成。相比而言，1947年人工费用（包括工资、补助、伙食费）只有燃料费用的一半，这一数字在1952年飙升至总数的56%，其原因是新中国成立后，工人待遇提高、职工补助增加，此外还有股权结构的变化，有些浴堂的资方也参与劳动，享有工资和提成，在工资计算方式上，有些浴堂将小费的分成算进工资中，这些因素导致人工费用占比增加。伙食也是人工费用中的重要开销。浴堂一般为其伙计提供饭食，在粮食价格骤升的时期，伙食费的开销随之增涨。其余诸如自来水、电气、香皂、毛巾等现代新式浴堂特有的开销，按年份不同占总支出的10%至20%不等。

表 2-5 1947 年—1952 年浴堂支出占比表

	1947 年 7 月	1950 年 6 月	1952 年 5 月—7 月
房租	13.40%	7.36%	4.33%
煤	42.68%	29.19%	13.46%
毛巾	3.84%	3.37%	0.93%
胰皂	4.61%	4.07%	6.47%
电力	1.36%	7.14%	
电话	0.17%	2.77%	3.68%
自来水	0.73%	2.17%	
伙食费	20.44%	24.00%	18.16%
官衣费	0.30%		
捐税	3.61%	4.26%	4.97%
工资，补助	4.29%	6.45%	37.81%
其他	5.92%	6.82%	11.20%
临时开支		5.27%	
物品消耗			2.75%

资料来源：《浴堂等业会员名册入会调查表名单异动（1947）》，北京市同业公会档案，北京档案馆馆藏，档案号：087-044-00012；《1950 年北京市浴堂业收支统计表》，资料来源：《浴池会员情况调查和等级调整表》，北京市同业公会档案，北京档案馆馆藏，档案号：087-044-00019；《处理人民来信要求取消澡堂饭店旅店等行业收小费问题本局于浴堂工会等有关单位的来往文书》，北京市工商行政管理局档案，北京档案馆馆藏，档案号：022-010-00435。详见附录五、八。

现代化进程使电灯、电话、自来水在北京得以普及，铁路的铺设使房山、门头沟甚至远至井陉的煤碳能够源源不断地运入北京，纺织业、化学工业的兴起则使大量的香皂、毛巾、化妆品投入市场，这一切改变着人们的社会意识与生活习惯。现代化的衍生品在人们现代意识的引导下，以消费为手段，囫囵涌进了浴堂，提升了浴堂的运营压力。随着人们生活方式的变化，浴堂需安装电灯、电话、自来水等设备；人们对于卫生的要求，使浴堂需配备香皂、常消毒毛巾、勤换池水；消费观念的变化使得浴堂需不断整修、改良房屋、增设服务内容。

在经济形势不好的时期，这些开销则使浴堂店家苦不堪言。战争对浴堂营业影响尤其严重。受到国共内战的影响，货币贬值，物价暴涨，经济不景气，浴堂的生存异常艰难。1947 年清华园浴堂"每日用煤两吨，合法币 140 万元，用粮食 140 斤，合 40 余万元，加上菜钱、房钱、水电费等杂项，每日开销 250 余万元。所用毛巾、浴衣、浴皂、浴鞋、手纸及修缮费等项尚未计算在内。"[1]如下表所示，如果将全部开支费用一并计算，则每周净亏 197 万 3935 元。

表 2-6 1947 年 7 月清华园浴堂周营业收入数目一览表　　单位：元（法币）

名称	一星期共收数目	备考
澡钱	1116 万 8545 元	官盆池包括在内
洗衣	118 万 5550 元	
理发	119 万 1970 元	
合计	1434 万 6065 元	

1947 年 7 月清华园浴堂周营业支出数目一览表　　单位：元（法币）

类别	一星期共支数目	备考
房租	153 万 6000 元	每日房租 21 万 9500 元 7 月共交如上述
煤	819 万元	每日实用煤一吨八成每吨照时价 65 万 0000 元
毛巾	100 万元	大小毛巾澡衣床单等项包括在内按照实际消耗合计七日共支上数

1 北京市政协文史资料委员会选编:《商海沉浮》, 北京: 北京出版社, 2000 年1月, 第 305 页。发

续表

类别	一星期共支数目	备考
胰皂	80 万元	条皂方皂碱等项七日共支上数
电力电灯	42 万元	查六月份每日电灯电力费 6 万元，七日共支上数
电话	1 万 4000 元	依照上月总平均合计，七日共支上数
自来水	25 万元	依照上三个月总平均合计，七日共支上数
伙食费	24 万元	此项米面菜总计在内，七日共支上数
官衣费	7 万元	本园官衣 90 身，一年一换按时值价计，七日共支上数
捐税	10 万元	此项各种杂税正税按照账内实际情形合计，七日共支上数
工资	44 万元	工资按照上月开支数平均，七日共支上数
其他	110 万元	此项除别有专项规定不在外外由于各种杂支查照账内实际情形核计，七日共支上数
总计	1632 万元	
查本园由 7 月 13 日至 19 日止共收入洋 1434 万 6065 元，实际日用消费 7 日共 1632 万元，统计一星期除支净亏币 197 万 3935 元		

资料来源：《浴堂等业会员名册入会调查表名单异动（1947）》，北京市同业公会档案，北京档案馆馆藏，档案号：087-044-00012。

浴堂的开支项繁多，而每项支出的起伏都关乎着浴堂的利润，牵一发而动全身。可以说，浴堂的营生极度依赖于外部经济环境。新中国成立后，北京尚处于经济恢复期，浴堂的生存状况仍不容乐观。据 1950 年统计，84 家浴堂同业公会会员，赚钱者只有儒芳园、同华园、德诚园、新华园合记、南柳园、瑞品香、新园浴堂、汇泉浴堂等 11 家。[1] 甚至到了 1952 年，亦有支出大于收入者，如下表所示：

1 见附录七《1950 年北京市浴堂收支统计表》，资料来源：《浴池会员情况调查和等级调整表》，北京档案馆馆藏，档案号：087-044-00019。

表 2–7 1952 年 5—7 月浴堂收支情况表　　　　单位：元（第一套人民币）

		总收入	总支出	盈亏状况	利润
福澄园	5 月	8 084 400	8 686 930	亏损	–602 530
	6 月	7 047 000	9 410 930	亏损	–2 363 930
	7 月	6 672 100	8 151 140	亏损	–1 479 040
长乐园	5 月	5 428 900	5 939 600	亏损	–510 700
	6 月	5 902 000	5 5317 00	盈利	370 300
	7 月	5 183 800	5 258 000	亏损	–74 200
新明池	5 月	4 800 900	4 808 995	亏损	–8 095
	6 月	4 488 700	4 362 995	盈利	125 705
	7 月	3 730 000	3 771 760	亏损	–41 760
宝泉堂	5 月	58 633 660	62 283 750	亏损	–3 650 090
	6 月	46 992 570	40 278 080	盈利	6 714 490
	7 月	46 192 800	42 293 850	盈利	3 898 950
忠兴园	5 月	11 622 900	12 392 700	亏损	–769 800
	6 月	8 101 600	9 890 200	亏损	–1 788 600
	7 月	6 441 300	8 422 100	亏损	–1 980 800
华宾园	5 月	38 528 800	41 648 280	亏损	–3 119 480
	6 月	41 723 300	37 956 500	盈利	3 766 800
	7 月	38 975 400	37 716 700	盈利	1 258 700

详见附录八《1952 年 5—7 月浴堂收支情况表》，资料来源：北京市工商行政管理局：《浴堂同业公会关于滥发澡票调整澡价等问题的呈文》，北京档案馆馆藏，档案号：022-012-00910。

由于开支项目过多，浴堂盈利的变数也会相应增加，因此尽管沐浴体现了卫生、文明、进步，受到了政府及社会进步人士的青睐与推崇，但浴堂的营业状况却总是时好时坏。当时有人在调查北平市浴堂行业时发表过如此感叹："浴价如此之昂。浴室如此进步，其营业亟应蒸蒸日上，然细加调查，仍有许多赔钱者。"这位调查者将浴堂亏损原因归于社会环境，认为浴堂不赚钱的原因在于开支过多，究其开支过多的原因，是潮流所至，当市民“生活日高”，浴堂开支必会相应增加。社会风气的改变使得各浴堂“营业竞争之门面时加修理，屋宇随时改良，电灯电话缺一不成，不照此，相形见绌，照此行之，入不敷出矣。”加之营业淡季旺季的周期性等问题，浴堂“每日所入不敷所出者常有”。1 可知，浴堂的开支款项来源于社会环境，而其开支数目则取决于经济形势。

需要说明的是，这些关于浴堂收支信息的数据存在一些问题。稍微注意一下浴堂的收支盈亏就会发现，几乎每家浴堂都处于亏损状态。在统计中，收入大于支出者寥寥。虽然在 1937 年之后，浴堂行业不景气，但是这些统计数据透露出来的信息并不足以说明实际情况。原因有三：首先，本文引用的几份档案均是记录的浴堂夏天的营业情况，而夏天是浴堂行业的相对淡季。2 淡季惨淡经营，旺季车水马龙，本是浴堂经营的行业特质。其次，有些店铺疏忽统计，将其月支出误作为其日均收入上报。最后，不排除这是浴堂与政府之间博弈的结果，为了避免以营业额为基准的各项税款，以及对抗政府颁布的各项有碍营业的政策，浴堂经营者一方面给政府施压要求降低税额及修改相关不利政策，另一方面会刻意瞒报少报实际收入数目以偷税避税，因此浴堂的支出被有意篡改的现象屡见不鲜。3

档案《浴堂同业会员名册入会调查表名单异动（1947）》便是如此，档案中清华园、吉园、东明园三家浴堂看似入不敷出，但事实上三家浴堂皆没有将下活收

1《本市工商业调查（五一）：浴堂商概况》，《新中华报》，1929年10月4日，第6版。

2《浴堂等业会员名册入会调查表名单异动（1947）》（档案号87-044-00012）记录的是清华园等三家浴堂在1947年7月份的收支，《浴池会员情况调查和等级调整表》（档案号087-044-00019）是以北京各浴堂在1950年6月1日至15日的总数据和核算日均收支数目。至于《浴堂同业公会关于滥发澡票调整澡价等问题的呈文》中，同样也是统计的1952年5月至7月的数据。

3 王笛在《茶馆：成都的公共生活和微观世界》一书中，反复强调了茶馆故意高报支出低报收入的可能性。王笛著：《茶馆：成都的公共生活和微观世界，1900—1950》，北京：社会科学文献出版社，2010年，第201—209页。

入计算在总收入内，若按照下活收入占总收入的12%至18%计算，虽东明园浴堂亏损依旧，但清华园浴堂及吉园浴堂的收入基本能达到平衡甚至小有盈余。[1]在档案《浴池会员情况调查和等级调整表》中，很多营业者有意模糊或多报伙计的伙食支出，如三乐园营业者称其有伙计40人，每日伙食费共计法币4120元，这一数字占其总收入近乎一半，是该浴堂燃料支出的2倍有余，显然是值得怀疑的。此外更有甚者，直接修改总支出数额，并上报政府，如宝泉堂，其支出款项之和远小于其上报的总支出数目。[2]

虽然这些数字问题诸多，但仍为观测近代浴堂营业模式提供了一个绝佳视角。从这个角度切入，可以大致了解浴堂收支的款项和明细，以及这些款项的占比。通过对浴堂流水数据进行分析，可以获知浴堂经营者如何扩大服务范围，偏爱于何种创收方式，以及浴堂主要的收入来源。以上种种，共同构成了20世纪上半叶北京浴堂的经营策略。

第二节 浴堂的日常开支

浴堂是近代北京重要的公共空间，是城市现代化改造的重要实践场域，同时也是20世纪上半叶北京为数不多的闲暇娱乐场所之一。浴堂的现代性特质在其日常开支上主要体现在以下三个层面：首先，20世纪以来，胰皂、

1 见附录五，资料来源：《浴堂等业会员名册入会调查表名单异动（1947）》，北京市同业公会档案，北京档案馆馆藏，档案号：087-044-00012

2 北京市同业公会：《浴池会员情况调查和等级调整表》，北京档案馆馆藏，档案号：087-044-00019。上文的浴堂收支统计中，并未将这些问题数据作为样本。

毛巾、电气、自来水、新式锅炉等设施设备的广泛应用是与当时社会发展趋势所贴合的，这些设施在给浴堂带来便利的同时，也为顾客提供了更好的沐浴体验，浴堂用这些设备吸引顾客，也应顾客需求添置现代化设施。其次，购买、安装、使用这些设备所生成的费用，始终与浴堂所处的经济环境密切相关。一年中，浴堂的营业有淡季旺季之分，肥皂、毛巾等现代浴堂中的日常消耗品亦随之价格相异，使得不同时节浴堂的支出差别很大。最后，开源节流是当时每家浴堂甚至每家商铺的经营要义。浴堂的营业者们看似对现代化照单全收，然而在实际经营过程中，他们则竭力从各方面缩减开支，甚至不惜对抗法律。宏观的社会进程在微观层面上的落实，往往存在这样那样的分歧，这些分歧本身也是近代北京浴堂行业的一部分。

本节试图通过分析浴堂各项开销支出，来考察浴堂背后所彰显的经济局势及社会进程，并希冀通过查考在社会、经济背景下浴堂的个体实践，来观测宏大叙事之下的历史细节，因为二者共同构成了近代北京浴堂的历史。

一、电力与通讯

浴堂起初只是为人们提供沐浴服务的场所，行业的演变使得浴堂的服务范围逐渐扩大。以电话为例，浴堂茶房为客人采购食品、置办饭菜、烟茶时，均需要使用电话。由于近代浴堂中官堂、盆堂数量有限，营业旺季或每逢年节时，常应接不暇，也需通过电话预定。再由于女浴所内皆为官堂单间，容纳客人的数量有限，为了使不便出现在公共空间的女性顾客不虚此行，浴所便开通了电话预定房间的渠道。如润身女浴所安装电话为女性顾客提供预定服务，其广告载："如有大家闺秀金屋娇娃或预定头号房间，可先电话传达通知本所。本所电话线四通八达，凡全国二十一行省，无论何地均有本所电话箱安设。"[1]此外，在浴堂的高档房间中，常有久居于此的熟客，应这类群体的社交通讯需要，浴堂亦会在头等官堂内备有电话。

在此可以大致估算一下不同历史时期电话在浴堂中的普及程度。1923年，徐珂编纂的《实用北京指南》关于浴堂的介绍内容翔实，其中包括浴堂价格、地理位置、盆池信息、清洁程度等。在该手册列出的59家浴堂中，有30家安装有电话。[2]1938年，田蕴瑾编的《最新北京指南》，列出了70家浴堂的电话号码，考虑到当时北平市浴堂数量大概为100家左右，电话在浴堂的普及率在70%上下。[3]在1950年对浴堂同业公会会员的调查报告中，共统计了91家浴堂，按规定正确填写支出款项的有80家，其中有66家缴纳电话费用，如将14家没有缴纳电话费的浴堂认为是没有安装电话，则电话普及率为82.5%。[4]由此可见，电话在浴堂中逐渐普及并成为必要设备。

浴堂中关于电话费用的支出，可以通过下述方式大致计算出来。1936年北平市电话局将用户按性质分为甲、乙、丙、丁四种，其中浴堂与银行、旅社、餐馆、茶房、球房、游艺场等同归为丙种。[5]丙种用户电话使用价目表如下：

1《广告：北京润身女浴所新广告》，《余兴》，1915年第7期，第67页。

2 徐珂编纂：《实用北京指南》，上海：商务印书馆，1923年，第18—20页。

3 田蕴瑾编：《最新北京指南》，上海：自强书局，1938年，第46—47页。

4《浴池会员情况调查和等级调整表》，北京市同业公会档案，北京档案馆馆藏，档案号：087-044-00019。

5 北平电话局编：《北平电话号簿》，北平：北平电话局出版，1937年，第5页。

表 2-8 1936 年 1 月北平市内电话营业价目（丙种）　　单位：元（法币）

<table>
<tr><td colspan="3">种类</td><td>保证金</td><td>安装费</td><td>月租费</td></tr>
<tr><td rowspan="2">普通电话</td><td colspan="2">墙机</td><td rowspan="2">30.00</td><td rowspan="2">10.00</td><td>9.00</td></tr>
<tr><td colspan="2">桌机</td><td>10.00</td></tr>
<tr><td rowspan="2">电话副机</td><td colspan="2">墙机</td><td rowspan="2">免收</td><td rowspan="2">5.00</td><td>2.00</td></tr>
<tr><td colspan="2">桌机</td><td>2.50</td></tr>
<tr><td rowspan="2">电话配件</td><td colspan="2">听筒</td><td rowspan="2">免收</td><td rowspan="2">2.00</td><td>1.00</td></tr>
<tr><td colspan="2">分铃</td><td>0.50</td></tr>
<tr><td rowspan="5">小交换机</td><td colspan="2">中继线</td><td>60.00</td><td>10.00</td><td>9.00</td></tr>
<tr><td rowspan="2">总机</td><td>局机</td><td rowspan="2">免收</td><td rowspan="2">5.00</td><td>3.00</td></tr>
<tr><td>自备机</td><td>免收</td></tr>
<tr><td rowspan="2">分机</td><td>局机</td><td rowspan="2">免收</td><td rowspan="2">5.00</td><td>2.00</td></tr>
<tr><td>自备机</td><td>1.00</td></tr>
</table>

资料来源：北平电话局编：《北平电话号簿》，北平：北平电话局出版，1937 年。

用户装设电话设备需要缴纳安装费、保证金及相应租费。保证金可以一次性缴清，也可于一年内分期缴纳。半年内分期缴清者，加收 5%，一年以内分期缴清者则加收 10%。租费如预先缴纳一个季度或一年的租金，其租费便可以降低。如预缴一季者减低 1%，预缴一年者减低 4%。因此可以估算，在 1936 年时，一家浴堂安装一部电话使用一年需要花费金额大致为 142 元至 163 元，这笔钱并不包括话机、交换机、电池充电费用以及电话机件损坏赔偿费用。

有些高档浴堂安装不止一部电话，这种情况就需要加装交换设备，通过交换机连接多部电话。一品香、清华园、华宾园浴堂均安装不止一部电话。[1] 使用交换设备后，租金比单用一部电话高，加之使用多部电话，这笔费用并

1 北平电话局编：《北平电话号簿》，北平：北平电话局出版，1937年，第38页。

非小数。就当时通讯技术而言，由于缺乏有效的电话设备准入管理手段，浴堂经营者们经常勾结电话局职员私装话机。华宾园浴堂原本只在电话局申请两部话机，在买通电话局职员办理安装手续后，私装电话分机17具。电话局获知后当即将华宾园浴堂分机全部没收。[1]按照当年的电话营业价目来算，17部私装分机至少能节省费用280元。

电力在浴堂中和电话一样，被广泛使用，除了能够用作信号传输的媒介外，电还可以作为动力能源。北京城市电力事业始于1888年，起先是用电力来提供照明，以宫廷为起点，逐渐扩展至政府衙门、军政机关、官吏住宅。相比煤油照明，电力照明更加清洁、宜用、经济，其使用范围最终普及至商业店铺及市民用户。到了1929年，全市电缆线程有242300米，供给户数为21116户，占全市总户的7.8%。[2]1945年，北平电灯用户发展到11.48万户，市民的住房通电率为30%。[3]

与市民通电率增长缓慢不同，北京的商业区电力普及程度相对较高。20世纪初，前门一带便已"楼阁连云，电灯明似昼"。[4]由于北京市的浴堂大多分布于前门、西单、王府井、香厂等主要商业区，因此几乎每家都安装有电灯。1950年底，电费分为电灯照明产生的费用及其他用电费用二种，当时几乎全部浴堂都要缴纳电灯照明费用。[5]除了电灯外，有些浴堂中备有电力给水设备（从水井中取水）。如1931年7月，清华园浴堂在锡拉胡同4号开设女部，女部设施紧跟潮流，暖棚、官堂、理发部一应俱全，并配有汽炉与电动抽水机等新式设备。[6]1940年代初期，在北平110家浴堂中有22家安装电动水泵[7]，更有甚

1《华宾园澡塘私装电话》，《益世报（天津）》，1936年5月9日，第4版。

2 林颂河：《数字统计下的北平》，《社会科学杂志》，第2卷第3期，第376—419页。

3 北京工业志编纂委员会：《北京志·工业卷·电力工业志》，北京：北京出版社，2003年，第213页。

4 兰陵忧患生：《京华百二竹枝词》，《清代北京竹枝词》，北京：北京古籍出版社，1982年，第129页。

5《浴池会员情况调查和等级调整表》，北京市同业公会档案，北京档案馆馆藏，档案号：087-044-00019。

6 北京市政协文史资料委员会选编：《商海沉浮》，北京：北京出版社，2000年1月，第301页。

7《北京浴堂同业公会各号设备调查》，伪北京特别市社会局档案，北京市档案馆馆藏，档案号：J002-007-00362。

者一家浴堂中安装多座水泵。1 除此之外，为了使顾客获得更好的消费体验，浴堂还设有电风扇等电器。1915 年，北京第一家女浴所润身女浴所就以此招揽生意，有广告云：“最为本浴所特色者，夏则电气风扇习习生凉，冬则无烟火炉融融向暖。”2

在北京电力事业刚起步之时，各项制度不甚完善，且电灯公司无力顾及每家用户，窃电现象时有发生，导致北京电灯公司损失巨大。《北平晨报》报载：“北平电灯公司，因各处用户，多有沟通电料行商人，窃取电流情事，因此年来电灯公司之损失极巨。”3 虽然电费在浴堂总支出中所占比重并不算多，但浴堂营业者们精于算计，窃电现象频发。西单北甘石桥玉华园浴堂因私接电线绕过电表，被查出后缴纳了 10 倍于电费的罚款。4 北京电灯公司对此类行为深恶痛绝，曾派工人多名，每日黄昏后分赴各区踏访抽查。仅西单一带便有十余家偷电商铺，其中布店、浴堂偷电者居多。5 西单南大街路东万聚园浴堂因在门前和屋内安装有电灯数十盏，但每月用字过少而被抽查。电灯公司发现该浴堂在其地窖内有“旧电线两条，直通另一店门，系为偷电之用”。6 万聚园浴堂被处于自装灯日起，至截断日止应缴电费金额的三倍罚款。因该浴堂两条私接火线年代久远，罚金高达 500 元。7 在当时，开办一家乙等浴堂的启动资金也不过这个数目。

万聚园浴堂为甲等浴堂，自然可以承担这笔巨额罚金，但由于罚金数额过大，绝大多数浴堂“不但用户无法承认，且事实上亦难做到”。8 罚款失去执行力，也就毫无约束力可言。以至有“刁狡之户”虽承认其窃电证据，但

1 北京市地方志编纂委员会编：《北京志·商业卷·饮食服务志》，北京：北京出版社，2008年，第273页。宝泉堂浴堂位于东四南大街路东。民国三十一年（1942 年）时有资金法币46530元，房屋81间，暖棚24间，官堂12间，普通雅座73床，容纳146人，盆堂4个，池堂4个，火炉2座，水井2眼，水泵2座，理发两部分，总计员工174人，是甲等浴池。

2《广告：北京润身女浴所新广告》，《余兴》，1915，第7期，第67页。

3《窃电者依刑法严惩》，《北平晨报》，1929年12月14日，第4版。

4《澡堂窃电受罚》，《顺天时报》，1922年1月3日，第7版。

5《澡堂偷电被查获——万聚园贪便宜》，《顺天时报》，1925 年11月4日，第7版。

6《万聚园澡堂偷电被获》，《晨报》，1925年11月3日，第6版。

7《京师警察厅、电灯公司关于万聚园澡堂补缴电费的指令、函全内右三区警察署》，京师警察厅档案，北京市档案馆馆藏，档案号：J181-033-01797。

8《北平特别市公安局关于电灯用户窃电的训令》，北平特别市公安局档案，北京市档案馆馆藏，档案号：J181-020-04449。

拒不缴费，电灯公司只得疲于应付。针对此种情形，北平特别市公安局发函，承认“窃盗电气行为，以窃盗他人原有物论”，并指出这一行为应受法律制裁。窃电者如“窃电属实，证据确鉴，而犹饰辞推诿，不肯承认或抗具甘结者，即由稽查队会同当地巡警，特将该用户主人转送公安局，由公司补具正式手续以凭依法惩罚”。[1] 此训令发布不到一个月，润身女浴所便被查出存在窃电行为。电灯公司稽查员将该浴所总电门关闭后，发现浴堂内电灯仍亮。[2] 由于没有执法权力，稽查员只对其进行警告并绞断偷电电缆，不料稽查人员走后，该浴堂又将偷电盗线重新连接。经再三劝告无果，电灯公司函至公安局后，会同该区警察去润身女浴所拆除了盗线。公安局为以儆效尤，对润身女浴所强制执行罚款，要求补缴电费及违约金。于此，该浴所负责人才承诺不会复犯。[3]

尽管如此，浴堂及其他商铺的营业者们还是心存侥幸，窃电之风并无好转。1932 年北平市“每月发电量数约为 200 万千瓦时，而售出电量每月平均为 90 万千瓦时，公司自用电约为 20 万千瓦时，其余则为损失，约占半数”。[4] 直到 1948 年北京解放前夕，供电线路的损失率仍高达 42%。在 20 世纪电力装置已成为浴堂内不可或缺的重要设备之时，浴堂经营者一方面需要使用电力等现代化产物吸引顾客，为他们提供便利服务，另一方面又需要精打细算过活以谋求更多利润。虽然有时会因违法缴纳罚金，但还是会铤而走险。浴堂之所以能够在近代北京如此诡谲多变的局势下生存下来，其生命力正来源于此。

1《北平特别市公安局关于电灯用户窃电的训令》，北平特别市公安局档案，北京市档案馆馆藏，档案号：J181-020-04449。

2《润身女澡堂》，《华北日报》，1930年2月14日，第6版。

3《北平特别市公安局关于润身女浴所窃电的函》，北平特别市公安局档案，北京市档案馆馆藏，档案号：J181-020-04452。

4 北京工业志编纂委员会：《北京志·工业卷·电力工业志》，北京：北京出版社，2003年，第255页。

二、毛巾与肥皂

北京毛巾业发展起步于民国初期。起初行销在北京的毛巾多为日货，自五四运动之后，津沪等地国货毛巾在北京市场上逐步替代舶来品。在此时期，北京本地工厂、作坊也开始自产一些日用产品，其中就包括毛巾。1928年之后，北京毛巾业进入繁荣期，其时大小毛巾厂、作坊有百余家之多。[1] 北京产毛巾以结实、耐用、便宜著称。在北京毛巾市场上，本地自产毛巾压倒了进口货，甚至基本代替了津沪等地区的产品。[2]

浴堂是北京毛巾业主要的行销市场。在毛巾进入浴堂之前，浴堂中人们擦拭身体的浴巾主要由土布所制。[3] 土布即荡布，是用“细小而黄”的“晚开棉花”摇纱织成。“粗而软，入水又极爽。最便濯垢……”[4] 毛巾被引入后，因其质地丰厚、手感柔软、吸水性强而迅速取代了土布，顾客也因使用毛巾而获得更佳的沐浴体验。顾客在出浴后，看池伙计会马上给顾客后背披上一条大毛巾，再给一条大毛巾围在中腰。同时，浴堂还备有热毛巾供顾客擦脸及擦拭后背上的水珠。顾客洗完澡在床榻上睡觉的时候，也会用多条大毛巾盖身体，预防着凉。[5] 除少数小型浴堂因节省成本仍然使用土布外，毛巾已成为大多数浴堂的必需品。

毛巾的销售渠道分批购和零售两种。零售多由洋广杂货铺、布庄、绒线店、煤油铺、卷烟铺等代销，国货售品所、中原公司等百货公司也是毛巾的主要销售场所。除此之外，也有走街串巷的商贩向家庭、个体户兜售毛巾。[6]

1《北平毛巾工人生活概况》，《劳动月刊》，1932年，第1卷第1期。

2《北平市毛巾工厂调查记（上）》，《京报》，1932年3月18日，第6版。

3 北京工业志编纂委员会：《北京志·商业卷·日用工业品商业志》，北京：北京出版社，2006年，第159—160页。

4 李家瑞编：《北平风俗类征（下）》，北京：北京出版社，2010年9月，第408页。

5 北京市崇文区政协文史资料委员会编：《花市一条街》，北京：北京出版社，1990年，第141—142页。

6 北京工业志编纂委员会：《北京志·商业卷·日用工业品商业志》，北京：北京出版社，2006年，第159—160页。

浴堂对毛巾需求量大，主要通过批购的方式购买。因毛巾工厂、作坊集中在药王庙南小市一带，于是南小市大街便成了批购毛巾的聚集地。浴堂、饭馆、剧场等商家多于每日清晨来此采购。[1]浴堂还会直接通过厂商拿货，这样价格更为低廉，还可以将浴堂名称缝制在毛巾上来防止盗窃。浴堂的订单数量多、时间紧、技术要求高，深受毛巾厂的重视，毛巾厂的员工也会借由浴堂订单多向厂主要求提高工资、改善伙食。[2]

毛巾在浴堂中属于消耗品，损坏及被盗等事多发，浴堂平均每日补充毛巾一条。[3]由于卫生观念的普及，顾客对浴堂毛巾卫生的要求也越来越严格。有顾客就对浴堂毛巾的卫生问题表达自己的疑虑：

> 每当举起手巾欲将擦面之时，嗅觉一定感到象征的香味——花露水，或者是肥皂——使你毫不犹豫的——也可以说极其愿意的向面部摩擦。回想到从前曾经发现过他用手巾私揩下身的话，当然于现在这条手巾，要发生怀疑，甚而至于宁可牺牲了擦面权利而不敢轻于牺牲上下之分！但仍总是忘了澡堂手巾的危险，足以代表其他公众场所的手巾。即此，很能表示那微微的香味的魔力。[4]

作者怀疑浴堂经常将花露水撒于毛巾上，是对毛巾消毒不够而掩人耳目的手法。除卫生问题外，作者也表达了对浴堂经营者在毛巾上偷工减料的不满。

> 因为资本和营业价格的限制，浴衣之设备，势必要受影响。浴后抵御寒气，只好仰仗一条

1 北京工业志编纂委员会：《北京志·商业卷·日用工业品商业志》，北京：北京出版社，2006年，第159—160页。

2 边建、李革主编：《茶余饭后话北京》，北京：学苑出版社，2011年，第148页。

3《浴池会员情况调查和等级调整表》，北京市同业公会档案，北京档案馆馆藏，档案号：087-044-00019。

4 红杏：《澡堂里》，《大公报（天津）》，1928年12月2日，第11版。

斑驳质薄而硬的浴巾了，无论怎样，蒙在身上看，巾色总比肤色白！倘若嫌狭小而不敷应用，未尝不可招呼加增些。1

市场萧条的时候，浴堂毛巾的卫生问题便显露出来。浴堂的毛巾以宽3尺长6尺全白的居多，“因为资本和营业价格的限制”，浴堂无力更换此类尺寸的毛巾，浴巾的状态虽已经“斑驳质薄而硬”却仍在反复使用。同时，浴堂为了节省成本，也会用更小尺寸的毛巾来代替，但这一做法势必会损害顾客的体验。不过，当沐浴已经成为一种生活方式时，顾客们抱怨的是对于这种生活方式的破坏行为，而并非是在抱怨这种生活方式本身。也就是说，毛巾从有到无的过程是引起人们不满的原因，在一些偏僻小巷的浴堂，浴客洗完澡原本就连条土布浴巾都没有，任身上水滴自行晾干，这里的浴客就不存在抱怨了。2

清末，西方的商品大量涌入中国，除毛巾外，还包括肥皂这一日用商品。肥皂、毛巾不仅淘汰了如澡豆、皂荚和土布等中国传统的沐浴用品，也在一定程度上改变了人们的生活方式，促进了现代意义上清洁观念的形成及北京浴堂行业的发展。在引入现代肥皂制造方法之前，最简单的清洁用品称之为胰子土。北京城外土地多含碳酸钠（碱），冬季气候干燥时，地面上总结一层白霜，剃头匠、旧式浴堂通常将其用作清洁用品。3 除此之外，传统的洗涤用品还有草木灰、皂荚、澡豆等物品。由于这些物品去污能力有限，且价格不菲，同时不便于批量生产，在肥皂进入北京市场之后便被逐渐取代了。

高档浴堂会将肥皂作为化妆品提供给顾客。如润身

1 红杏:《澡堂里》,《大公报(天津)》, 1928年12月2日, 第11版。

2 北京市地方志编纂委员会编:《北京志·商业卷·饮食服务志》, 北京: 北京出版社, 2008年, 第261页。

3 [日]服部宇之吉等编:《清末北京志资料》, 张宗平、吕永和译, 吕永和、汤重南校, 北京: 北京燕山出版社, 1994年, 第374—375页。

女浴所在各房间内均布设肥皂、花露水等梳沐用品。[1] 清华园浴堂也将肥皂与香粉、雪花膏、发油等一同作为官堂的标准配置。[2] 浴堂还会根据顾客身份及营业规模选择使用不同的肥皂。大型浴池“设备条件好，供应顾客用的浴用棉织品及肥皂比较高档，服务对象大都为商人及官方各阶层人士。小浴池成本低，屋子、设备简陋，只有普通床位、衣箱和大板凳，供给顾客的浴用品是土造的塘布和碱块，服务对象是车夫、摊贩和小作坊的工人等劳动人民”。[3] 也有浴堂肥皂和碱块并用。丰台汇泉浴堂由于地处关厢地区，营业规模不大，为了节约成本，浴堂在备置猪胰球（肥皂）的同时，还设有碱块以供客人使用。[4]

规模不同的浴堂对于肥皂的消耗量差别很大。1947年，特级浴堂清华园每日肥皂的支出约为法币 11.4 万元，甲等浴堂吉园约法币 2.1 万元每日，乙等浴堂东明堂不到吉园的一半，每日肥皂支出法币 1 万元。[5] 以该年肥皂价格法币 1226 元为例计算，三个等级的浴堂每日消耗肥皂量大致为 93 块、17 块及 8 块[6]。1950 年，北京市浴堂平均肥皂支出约为第一套人民币 469 元，其中消耗量最高的浴堂是消耗量最低者的 60 倍之多。[7]

近代北京出产的肥皂品类极多，知名者有手牌皂、蓝花鹰牌皂、蓝花皂及蓝色条皂等。[8] 其中尤以蓝花皂行销最广。蓝花皂仅用极简单之轧机便可制造。该肥皂之制法，“是用牛油十分之二，驼油十分之一，石灰十分之一五，口碱十分之四，皂荚十分之一五，捣烂蒸熟再捣再蒸，放入木模稍晒切条断块，即可售卖，有道胜造胰公司，在捣胰之时，洒以靛蓝面，胰成之后，上现蓝色花

1《广告：北京润身女浴所新广告》，《余兴》，1915年第7期，第67页。

2 北京市政协文史资料委员会选编：《商海沉浮》，北京：北京出版社，2000年，第302页。

3 北京市崇文区政协文史资料委员会编：《花市一条街》，北京：北京出版社，1990年，第142页。

4 王永斌：《北京的关厢乡镇老字号》，北京：东方出版社，2003年，第323—326页。

5《浴堂等业会员名册入会调查表名单异动(1947)》，北京市同业公会档案，北京档案馆馆藏，档案号：087-044-00012。

6 北京市地方志编纂委员会编：《北京志·商业卷·物价志》，北京：北京出版社，2008年，第124页。

7《浴池会员情况调查和等级调整表》，北京市同业公会档案，北京档案馆馆藏，档案号087-044-00019。

8《惠民肥皂畅销》，《晨报》，1927年1月17日，第7版。

纹，未切时，颇似大理石之样，故取名此胰为蓝花皂”。[1]虽然该胰皂为火制[2]，但因油碱混合得当，并不会腐蚀皮肤或损伤衣物。[3]由于蓝花皂价廉物美，易于制造，浴堂洗衣房等处也多用此皂。[4]

华北地区造胰工业是一种季节性工业，春夏秋为旺季。[5]由于冬季气候干燥寒冷，造胰业汽制设备无法普及，大多数造胰厂仍使用火煮加水熬制的制法，所以冬季很难生产肥皂。[6]这与北京浴堂的营业周期恰好相反。浴堂生意最为兴隆的时期恰是在冬季，此时由于肥皂供应减少，价格会有所上扬。进入春天，浴堂营业的旺季过后，肥皂的销售却活跃起来，价格大幅回落。[7]到了夏天，因天气炎热，胰皂需要量骤增又导致价格升高，[8]但由于浴堂在夏季依然处于淡季，这无形中增加了营业压力。有些北方浴堂为了解决营业周期与胰皂供应周期的错置问题，会自己生产肥皂以供营业使用。如天津玉清池浴堂，该浴堂开设于1924年，共计四层2000平方米，在其四楼及地下室设有浴巾厂、肥皂厂，自产自用。[9]

战争时期肥皂的价格亦会升高。如日伪统治时期，日本为了支援太平洋战场，工业转向生产军需品。[10]在其统治区全境内对肥皂严加配给，学校学生“每月每三人合一块，到理发店理发时，要自己带肥皂，男学生拿了三分之一块肥皂还不够刮胡子，于是大家只有买洗头粉来充数”。甚至日人洗澡也没有肥皂，“洗澡事实上只是泡水而已”。[11]从1937年7月到1945年8月，北平市的肥皂价格增长了3000倍之多。[12]和其他地区一样，北平也对肥皂实行管制措施。价格的上涨加之政府的管控，使得肥皂

1《胰皂》，《晨报》，1927年4月18日，第6版。

2 制造胰皂的方法有火制，汽制，冷制之分。火制用铁制大锅一口烧煤，内置各种原料加水熬之，用大木棍搅拌至六小时，出锅灌桶，俟凉透，切块压印商标，成品。汽制用铁制锅炉，自炉安接汽管入锅，以蒸汽溶化各种原料，至三小时出锅，灌桶，俟凉透切块压印商标，成品。冷制之法，多用以制香皂，先制成肥皂坯子，晒干切片，再用机器滚子压匀，最后用除条机器切块压印商标，成品。北京大多数肥皂厂使用火制。池泽汇等编：《北平市工商业概况》，北平：北平市社会局出版，1932年，第286页。

3《胰皂：对敏公胰皂调查查之正误》，《晨报》，1927年4月25日，第6版。

4《胰皂》，《晨报》，1927年4月18日，第6版。

5 沈树基编：《天津造胰工业状况》，天津：河北省立工业学院图书馆，1935年，第44页。

6 中国人民大学工业经济系编：《北京工业史料》，北京：北京出版社，1960年，第442页。

7《胰皂销路活跃》，《蒙疆新报》，1941年3月21日，第4版。

8《京胰皂市价微涨》，《蒙疆新报》，1941月5月27日，第4版。

9 孔令仁、李德征、苏位智主编：《中国老字号(捌)饮食服务卷(下册)》，北京：高等教育出版社，1998年，第416页。

10 北平市人民政府工商局编，《北平市工业调查》，载《华北史地文献(第11卷)》，北京：学苑出版社，2011年，第42页。

11《洗澡没有肥皂》，《中央日报》，1944年2月14日。

12《北平市物价查报表》，北平市政府档案，北京市档案馆馆藏，档案号：J001-002-00209。

在市面上几乎绝迹。[1] 1943年3月，浴堂中原本常设的肥皂被明令禁止使用。[2] 浴堂营业者只得转用碱块，这自然会引起顾客抱怨，在《北平日记》中，作者董毅对这一现象抱怨道：

> 午后三时许冒风出去沐浴，因肥皂缺乏且奇贵，澡堂本月一日起皆不备肥皂，只用碱，不好用。没有洗好，洗了头发，又无粘油压住。现在是凡士林油、甘油皆无处买……[3]

这种情形必然会影响浴堂的生意，好在碱块的售价较肥皂低廉许多，浴堂的营业能够勉强维持下去。

近代北京政治、经济环境是复杂多变的，当前文反复强调浴堂行业能够在此环境中生存下来所具有的顽强生命力时，其实也在强调给予浴堂支撑下去希望的现代生活方式。在此之下，人们将沐浴与体面、摩登联系起来，对肥皂的广泛使用既是这种生活方式形成的原因又是结果。当这种生活方式逐渐成为一种习惯时，短时间内虽然肥皂的价格、质量、供应量的变动会对浴堂造成影响，但浴堂还可以咬牙坚持，甚至有利可图。换言之，这就是浴堂业能够在艰难环境中生存下去的底气。

三、燃料

近代北京浴堂使用的燃料主要是煤炭，市民燃煤具有悠久的历史。京西门头沟、房山储煤量丰富，全市所使用的煤炭有“南末北块”之分。南山为房山县辖界内，有坨里、周口店等处，位于北京市西南65公里处，北山

1《北平日记》载“下班一人到东城去转转，买了一点东西。前些日子少见的皮鞋、毛布、肥皂等现又稍稍出现。肥皂仍极少，几家有货亦无多好的，且售价甚贵。”董毅著：《北平日记（第五册）》，王金昌整理，北京：人民出版社，2016年，第1546页。

2《澡堂搓澡胰皂本月起暂停使用》，《新民报》，1943年3月4日，第4页。

3 董毅著，王金昌整理：《北平日记（（第五册）：1943年3月15日》，北京：人民出版社，2016年，第1546页。

为京西宛平县辖界内，即门头沟、三家店等处，距北京约20公里。[1] 二者皆为黑煤，“属于南山者，色黑润，易燃，多末，为制煤球之极品。属于北山者，色灰黑，较不易燃，多块，耐烧，末亦为制煤球之用”。[2] 由于黑煤燃烧无烟，北京城区居民、店铺燃用的煤炭多为此两山所产。在1930年代初期，南山与北山到北京城区路程所差悬殊，运费以每车20吨计，由南山坨里至前门，须用运费39元6角；由周口店至前门，须用运费46元余。而门头沟到前门，只须用运费14元。运输费用的差别使得南山的煤价为北山的一倍。[3] 即便如此，南山所产之煤仍是粮店、浴堂、饭馆中之必需品。这是由于早年间北山所产者皆为“青煤”，又名“歪煤”，常向南山煤内作掺兑，很少单独生灶燃用。北山不能产好煤主要由于山中多水，煤窑开采至十丈可出煤，再深一丈即为水，且为极大之山水，水过之后始有好煤，因此门头沟窑矿虽多，但始终只出青煤。1916年，外商开始在门头沟开办洋窑，洋窑一面用电力机吸水，一面用人工及机器出煤，所出之煤始较南山者优。北山之煤质量上乘，价格便宜，但由于夏季多雨，山洪频发，煤炭产量始终无法达到预期。雨水不多时，或有煤商囤货居奇，或有铁路交通连年内讧，故浴堂等店铺所用之煤依然多为房山所产。[4]

北京市的煤炭价格在民国的头十年尚能保持稳定。[5] 1920年代中后期军阀战事频繁，铁路上所有车皮一律拨归军用，同时各方军阀管辖区域及驻军地点不同，为防止沿路扣车，运煤货车常不敢轻易开驶。[6] 北京城市煤炭运输主要仰仗京汉、京绥两条铁路，周口店、坨里之黑煤由

1《煤斤跌价空前不景气》，《晨报》，1932年12月20、22日，第6版。

2 池泽汇等编：《北平市工商业概况》，北平：北平市社会局出版，1932年，第281页。

3 池泽汇等编：《北平市工商业概况》，北平：北平市社会局出版，1932年，第648页。

4《煤斤跌价空前不景气》，《晨报》，1932年12月20、22日，第6版。

5 甘博、孟天培：《二十五年来北京之物价工资及生活程度》，北京：北京大学出版部，1926年，第46—54页。

6 池泽汇等编：《北平市工商业概况》，北平：北平市社会局出版，1932年，第645—652页。

京汉铁路良乡支路、窦店支路负责运输，外省的红煤亦由京汉铁路石家庄转正太铁路贩运。遇铁路不通时，北京城煤炭即告枯竭。如1926年4月，国奉战争导致京绥、京汉两路停运，至8月间，奉晋战事突起，京绥、京汉又相继停运，北京市陷入空前煤荒之中。只有京绥路煤车两列，往返门头沟、西直门及环城各站，且每昼夜仅开两次。这导致北京市煤价较之前提高两至三倍。[1]此时宣武门一带煤厂，存煤不及往年一成，西便门、广安门等处的煤厂也十有九空。[2]1928年以后，煤价有所回落并趋于稳定。但是到了日伪统治时期，黑煤价格又从1937年7月的每吨伪联币9.8元增至1945年8月每吨伪联币2.94万元，涨幅高达3000倍。[3]1946年起，煤价开始了新一轮涨价，至1948年8月中旬，煤价增长了1400多倍。[4]在黑市中，这一数字还要再多6至7倍。[5]

燃料费用是浴堂中的主要开支，煤炭价格的高低决定了浴堂的收益，甚至关乎其存亡。因此在煤炭价格高涨的时候，浴堂便用尽一切方法降低成本。为了降低附加在煤价中的运输成本，浴堂往往直接去煤市采购燃料。广安门外养圈煤市所售之煤皆由一般村民及养车户自门头沟各小煤窑购来，以兽力拉运进城贩售。浴堂及各商铺经常从该地购煤。[6]也有浴堂自行雇佣农民用大车或骆驼从门头沟直接将煤送来。[7]除交通成本外，浴堂也在竭力避免煤炭使用过程中产生的损失。每个浴堂都想雇佣一个好的锅炉工，因为锅炉工的技术高低、态度好坏、勤懒与否于浴堂的利益有密切关系。锅炉中的煤烧透了会增加燃烧的时长，这样才会减少开支。反之，烧不透则开支必然提高。[8]

1《联翩歇业中之各商实地调查》，《晨报》，1939年1月15日，第4版。

2《物价调查——煤》，《晨报》，1926年10月8日，第6版。

3《北平市物价查报表》，北平市政府档案，北京市档案馆馆藏，档案号：J001-002-00209。

4《北平市趸售国货及外国货价格指数》，《北平市物价与生活费指数月报》，1948年，第10期，第6页。

5 北京市总工会工人运动史研究组编：《北京工运史料（第2期）》，北京：工人出版社，1982年，第171页。

6《煤炭市场》，《北平市政统计》，1947年，市场物价与生活费：指数专辑卷，第21页。

7 北京市崇文区政协文史资料委员会编：《花市一条街》，北京：北京出版社，1990年，第142页。

8 北京市崇文区政协文史资料委员会编：《花市一条街》，北京：北京出版社，1990年，第145页。

煤价高涨煤火紧缺时，浴堂同业公会往往会与煤炭业公会协商，请求配给煤炭，以维持营业。1 浴堂同业公会也会向银行申请贷款，用贷款购买块煤，分配各会员商铺以避免浴堂大规模倒闭现象发生。2 为了抵消燃料费用的上涨，浴堂则会在澡价中附加煤火补助费用，以资维持营业。男浴堂中煤火补助费约占各服务项目的 20%，随着浴堂等级降低，这一比例会略有降低；浴堂女部的煤火补助费比男部要高 5 个百分点，平均在 25% 左右。如下表所示：

1《京浴堂业公会请石炭组合配给煤炭》，《蒙疆新报》，1941 年 11 月 7 日，第 3 版。

2《北平市浴堂业公会请与人民银行联络贷款以维持营业的函》，北平市商会档案，北京市档案馆馆藏，档案号：J071-081-00782。

表 2–9 1944 年男女浴堂煤火费补助价格表　　单位：元（伪联币）

男性浴堂	特级		甲级		乙级		丙级		丁级	
	核定价	煤费	核定价	煤费	核定价	煤费	核定价	煤费	核定价	煤费
官堂	30.00	6.00	26.00	5.00	21.00		16.00		16.00	
池堂	12.00	3.00	10.00	2.50	8.00	2.00	6.00	1.50	6.00	1.50
搓澡	12.00	2.50	12.00	2.50	10.00	2.00	8.00	1.50	8.00	1.50
修脚	12.00	2.50	12.00	2.50	10.00	2.00	8.00	1.50	8.00	1.50
捏脚	12.00	2.50	12.00	2.50	10.00	2.00	8.00	1.50	8.00	1.50
刮脚	13.00	3.00	13.00	3.00	11.00	2.50	9.00	2.00	9.00	2.00
理发	16.00	3.00	16.00	3.00	14.00	2.50	13.00	2.00	13.00	2.00
刮脸	10.00	2.50	10.00	2.50	10.00	2.00	7.00	1.50	7.00	1.50
刮脸分发	15.00	3.00	15.00	3.00	13.00	2.50	11.00	2.00	11.00	2.00
捶背	18.00	3.00	18.00	3.00	16.00	2.50	14.00	2.00	14.00	2.00

女性浴堂	特级		甲级		乙级	
	核定价	煤费	核定价	煤费	核定价	煤费
官堂	30.00	6.00	26.00	5.00	21.00	4.00
搓澡	12.00	3.00	12.00	2.50	10.00	2.00
绞脸	18.00	5.00	18.00	5.00	16.00	4.00
梳头	18.00	2.50	18.00	2.50	16.00	2.00
理发	16.00	3.00	16.00	2.50	14.00	2.00
刮脸	11.00	2.50	11.00	2.00	9.00	2.00
洗头	18.00	4.00	18.00	3.50	16.00	3.00

续表

女性浴堂	特级		甲级		乙级	
	核定价	煤费	核定价	煤费	核定价	煤费
烫发	18.00	8.00	18.00	7.00	16.00	6.00

资料来源:《浴堂公会请准予酌收煤火补助费的呈整理》,北平市商会档案,北京市档案馆馆藏,档案号:J071-001-00223。

随着近代北京城市的发展,对能源的消费也急剧增长。铁路的修建促使京西的煤炭源源不断地运入北京,以供城市各业运转。浴堂利用取用便利的燃料,增设暖房、优化锅炉,吸引更多顾客,提高了收入。然而现代化同样带给浴堂诸多问题,社会对能源消费的需求提高,使得军阀、外国侵略者等各方势力试图将煤炭纳入到其管辖范围。时局不清时,煤炭燃料首先是为战事服务的,对其的管制、禁运、配给必然会造成浴堂的能源短缺。正是在此情形下,浴堂形成了使用煤炭燃料独特的策略及运营技巧,一方面享受现代化带来的红利,另一方面极力缩减燃料方面的支出成本。

四、自来水

史明正认为:“西方技术虽然促进了北京结构性变革的进程,但北京未能充分利用这种技术所提供给它的全部优势。[1]”诚如此言,虽然北京于1908年成立了自来水公司,但是自来水并没有立刻代替井水,在很长一段时间里,北京的浴堂用水方式基本是自来水与井水混用。

1 史明正:《走向近代的北京城:城市建设与社会变革》,北京:北京大学出版社,1995年,第7页。

在使用自来水之前，井水一直以来都是浴堂用水的主要源泉。浴堂要大量用水，向水商买水并不划算，自己有水井才能降低成本。[1]因此在每家浴堂院中，几乎都备有一眼水井。浴堂通常在夜间从井里取水并烧热，为第二天营业所用。老舍曾回忆儿时家中南墙外浴堂的辘轳把儿连夜的响声：

> 院子的南墙外，是一家香烛店的后院，极大……过了这个香厂子，便是一家澡堂。这更神秘。我那时候，就是欠起脚也看不见澡堂子的天棚，可是昼夜不绝地听到打辘轳的声音。晚上听得特别的真，呱嗒，呱……没声了，忽然哗——哗——哗啦哗啦啦……像追赶什么东西似的。而后，又翻回头来呱嗒，呱嗒。这样响过半天，忽然尖声的一人喊了句什么，我心里知道辘轳要停住了，感到非常的寂寞与不安。好多晚上的好梦，都是随着这呱嗒的声音而来到的！好多清早的阳光，是与这呱嗒呱嗒一同颤动到我的脑中。
>
> 赶到快过年，辘轳的声音便与吃点好东西的希望一起加紧起来！每到除夕，炮声与辘轱是彻夜不断的……[2]

浴堂这种用辘轳人力舀水的方式因费时费力，无法做到一天内多次换水，便逐渐被机器取代。在经济条件允许的情况下，部分浴堂选择用取水机代替人力。如前门外观音寺附近的洪庆浴堂，有大楼十间，官堂布置豪华，在开业时着重强调全部房间均用机器上水。[3]因北京城内的

1 王永斌：《北京的关厢乡镇老字号》，北京：东方出版社，2003年，第324页。

2 老舍：《老舍讲北京》，北京：北京出版社，2005年，第110—111页。

3《浴堂特色》，《大公报（天津）》，1903年12月28日，第3版。

井水“无论是否洋井，均系天水”，通过井水取水的方式受天气影响甚巨，当遭遇水荒井水不旺时，浴堂的利益会因此受损。有报刊曾提及水荒对于浴堂的冲击：

> 交道口南广清园澡堂，因无水之故，已将盆堂及楼上官堂停止。交道口北朝阳胡同润泉澡堂，亦因井水枯竭之故，每日有四个伙计，专管由外边洋井，往澡堂内挑水，终日不断，因此盆堂等尚未停止。据澡堂人云，次月内若再不下雨，井水当此涸竭。将来澡堂，势必因此而歇业，上为记者所知者，其余东四牌楼地安门等处，较安定门人烟稠密，澡堂井水涸竭之事，亦在所难免矣。1

为了避免此种情况，从 1910 年起，陆续有浴堂开始使用自来水。但是到了 1940 年代，浴堂中自来水普及程度仍不高。1943 年，北平市的 110 家浴堂中，只有 56 家使用自来水，使用率仅有 50.9%。2 大部分为井水与自来水混用，仅清华园女浴所和德义升浴堂只用自来水营业，使用井水的浴堂达 108 家之多。规模较大的浴堂甚至有不止一眼井，如西单华宾园浴堂，院中有水井三眼，为北平市各浴堂之最。3 进言之，自来水只占浴堂营业用水中的一少部分。

从另一方面观察，亦能发现浴堂中自来水的使用情况。下表列出了 1928 年至 1945 年北平市每人每日平均自来水使用量 4，其间人均用水量差别不大，总体在 13 升上下，但是用水人数却逐年上升。史明正认为这是因为人们生活水平及沐浴次数没有显著提高，他的逻辑基点是

1《水价飞涨不已，澡堂势将歇闭》，《京报》，1922 年 06 月 22 日，第 5 版。

2 这一数字比该年全市自来用普及率 34.3% 要高。北京市档案馆编：《北京市自来水公司档案》，北京：北京燕山出版社，1986 年，第 296 页。

3《北京浴堂同业公会各号设备调查》，伪北京特别市社会局档案，北京市档案馆馆藏，档案号：J002-007-00362。

4 北京市档案馆编：《北京市自来水公司档案》，北京：北京燕山出版社，1986 年，第 253 页。

公共浴堂固然可以拉动人均用水量1，但因收费较高，普通城市居民每月至多不过光顾一两次。2需注意的是，此处的人均用水量是指自来水的用水量，而非总用水量。3也就是说，在浴堂中的人均自来水使用量在近20年间几乎未变。

表2-10 1928年—1945年北平每日人均水消费量与总消费量

年代	用水人数	每日水消费量总量		人均每日水消费量	
		升	加仑	升	加仑
1928	78200	4341096	1142394	55.5	14.6
1929	82400	4143562	1090411	50.3	13.2
1930	83500	3967123	1043980	47.1	12.4
1931	89400	4209315	1107714	47.3	12.4
1932	95200	4494795	1182841	42.5	11.2
1933	97000	4345753	1143619	49.9	13.1
1934	100800	5305205	1396107	56.4	14.8
1935	102500	5955216	1567162	55.3	14.6
1936	105500	5833425	1535112	51.1	13.4
1937	103000	5260274	1384283	51.4	13.5
1938	121300	5802740	1527037	54.2	14.3
1939	245000	12567123	3307138	51.2	13.5
1940	323000	16883561	4443042	52.3	13.8
1941	399000	19542191	5142682	48.9	12.9
1942	431000	22162465	5832228	51.4	13.5
1943	464000	24319452	6399856	52.4	13.8
1944	501000	25981917	6837347	51.8	13.6
1945	520000	26405479	6948810	50.8	13.4

资料来源：北京市档案馆编：《北京市自来水公司档案》，北京：北京燕山出版社，1986年10月，第253页。

从浴堂用水量的数据看，根据1947年1月至6月的统计，浴堂平均每日用水量为5.8吨4，其中清华园浴堂日

1 曾有人计算顾客在浴堂中的平均用水量，其中，盆浴约为350升，淋浴40至80升，池浴大约在500升上下。王寿宝编；徐昌权，王养吾校《给水工程学》，上海：商务印书馆，1949年，第10—16页。

2 史明正：《走向近代的北京城：城市建设与社会变革》，北京：北京大学出版社，1995年，第209页。

3 1930年人均总用水量为55升。北京市档案馆编：《北京市自来水公司档案》，北京：北京燕山出版社，1986年，第295页。

4 见附录九《1947年北平浴堂用水量统计表》，资料来源：《浴堂等业会员名册入会调查表名单异动(1947)》，北京市同业公会档案，北京档案馆馆藏，档案号：087-044-00012。

均用水 34 吨。1947 年 7 月，清华园浴堂自来水费为日均法币 3.6 万元[1]，按照当月水价法币 880 元每吨[2]，为 41 吨。可见该浴堂在营业中大量使用自来水。而吉园及东明园浴堂自来水用水量在日均法币 1 千元上下，用水在 1 吨左右。[3]1943 年时，东明园浴堂便有盆堂八个，池堂一处，到了 1947 年其盆池数量不会有明显减少；吉园作为甲等浴堂，其盆池数量不会比乙等东明园少，池堂容积一般在 2 至 3 立方米，考虑到盆堂及每日池水的更换，其总用水量远超 1 吨，因此可以推测这两家浴堂并未完全使用自来水充作浴水。对此问题，有后人回忆称："洗澡水用地下水，各浴池后边都有一眼井，用人工往上绞水，沏茶则用自来水。"[4] 虽然在 20 世纪上半叶也有些浴堂确实使用自来水作为洗澡用水，但上述说法并非言过其实。

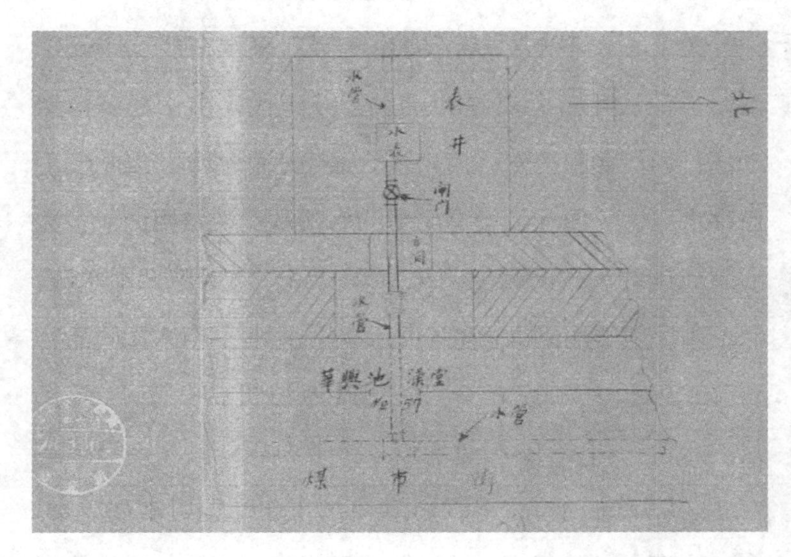

图 2-4 华兴池浴堂窃水示意图

图片来源：

《自来水局关于惩罚窃水者的呈文及公用局关于华兴池澡堂华安饭店窃水事给北平地方法院函件》，伪北京特别市公用局档案，北京市档案馆馆藏，档案号：J013-001-01349。

1 见附录五《浴堂等业会员名册入会调查表名单异动（1947）》，北京市同业公会档案，北京档案馆馆藏，档案号：087-044-00012。

2《平自来水增价格》，《益世报（天津版）》，1947年5月24日，第4版。

3 见附录五《浴堂等业会员名册入会调查表名单异动（1947）》，北京市同业公会档案，北京档案馆馆藏，档案号：087-044-00012。

4 北京市崇文区政协文史资料委员会编：《花市一条街》，北京：北京出版社，1990年，第142页。

自来水在浴堂普及程度不高的原因主要有两点：

第一，自来水设备安装费用过高，以至于某些浴堂无力承担。近代北京城市自来水供水网络有四个主要节点，分别是平安里、宣武门、崇文门、北新桥。由这四个节点围成的环状网络再加之新街口、东直门等地区，构成了北京自来水地下管道的干路。这些干路基本做到了覆盖城区主要街道。但是位于离干路较远或支管覆盖不到的区域的浴堂，安装自来水设备就需要从附近街道干管或胡同中已有支管引入户内。当距离超过 100 米，管线材料费用须自己承担，“因此之故，每装设一户，工料价常在百元以上。”[1] 可以发现，没有使用自来水的浴堂主要位于广渠门至广安门沿线，如花市、三里河、西草市、珠市口、骡马市大街、南横街、广安门大街一带，以及阜成门、西直门等距离自来水管线干路较远的地区。[2]

第二，动荡的经济环境也使得自来水在浴堂中无法得以广泛应用。尤其是 20 世纪 40 年代，由于经济形势动荡，通货膨胀严重，自来水价格也水涨船高。虽然使用自来水卫生、便利，但是昂贵的水费及安装费用让大多数浴堂业主对其敬而远之。北京解放后，为了扩大用水户，保证市民能够用到廉价清洁的自来水，北京市人民政府一再降低水价。1949 年 2 月，每吨水价折合 2 斤小米，5 月的水价只折合 1.5 斤小米。[3] 新中国成立后决定自当年 12 月起再降低水价，以期改善环境卫生，促进市民健康。在本次降价中，住户、机关、部队、学校用水每公吨只折合小米 1 斤，而公共用水如浴堂用水，每吨只收水价折合 0.75 斤小米。同时，12 月份水价按上月底米价每市

1 北京市档案馆编：《北京市自来水公司档案》，北京：北京燕山出版社，1986 年，第 163 页。

2 《北京浴堂同业公会各号设备调查》，伪北京特别市社会局档案，北京市档案馆馆藏，档案号：J002-007-00362。

3 《解放一年来北京市的市政建设——张友渔副市长广播演讲词》，《人民日报》，1950 年 1 月 31 日，第 2 版；另见《自来水公司水价折米减收》，《人民日报》，1950 年 2 月 22 日，第 4 版。

斤计算折合小米为第一套人民币900元，为减轻市民负担，暂按第一套人民币800元折收。除工商户外，一般用户用水价较前减低了1/3，浴堂用水及零售水则减低了1/2。1 由此，自来水在浴堂中的普及率开始缓步提高。

浴堂中频发的窃水事件便是水价过高的明证。窃水问题在北京由来已久，1923年，丹麦工程师贺乐伯在调查北京自来水公司的报告书中论及，每日送水260万加仑，仅能收到130万加仑的水价，除去可能设法禁止之损失及如水表淋漏等不易设法禁止之损失共计50万加仑外，尚有80万加仑的水无从收价。2 在1934年的北平市自来水公司报告书中，实际售水量降至送水量的36%，除意料消耗之外，损失的水量高达5300立方公尺（约合140万加仑），占日均送水量的34%，与售水量数字几乎平齐。窃水是造成这一现象的主要原因之一。3

1939年2月，北平市自来水局查知煤市街50号华兴池浴堂有窃水行为。经自来水稽查员调查，该浴堂窃水手段大致如下：

> （该浴堂）将护表绳两端折段，再用宽一分三寸余长的薄铜片一根插入水表出水口内，阻止胶木轮盘转动。表井内东边有一小洞，用毛巾堵塞。
>
> 将毛巾取出后发现闸门一个，遂沿闸门所在地挖出水管一道，装在进水管与水表之间，但现在已用卡子堵住不用此管道之水。
>
> 稽查员推测此种情形以前系用此法窃水，最近改为阻止轮盘方法，毫无疑义。4

1《北京自来水公司减低水价》,《人民日报》,1949年12月9日,第2版。

2 北京市档案馆编:《北京市自来水公司档案》,北京: 北京燕山出版社,1986年,第119页。

3 北京市档案馆编:《北京市自来水公司档案》,北京: 北京燕山出版社,1986年,第159页。

4《自来水局关于惩罚窃水者的呈文及公用局关于华兴池澡堂华安饭店窃水事给北平地方法院函件》,伪北京特别市公用局档案,北京市档案馆馆藏,档案号: J013-001-01349。

华兴池浴堂每月用水最多伪联币 9 元，最少伪联币 3 元 4 角。该浴堂有浴盆 12 个，便桶 3 具，锅炉 1 具，水池容量约能蓄水两吨左右，其用水量远不止平均伪联币 3 至 4 元，假使这些设备全部用井水，不使用自来水，以该浴堂客流量每日平均 24 人计算，饮用水每日也不止伪联币 3 至 4 元。

表 2-11 华兴池浴堂 1936 年至 1939 年 2 月用水量统计　单位：元（法币 / 伪联币）

年份	1936 年	1937 年	1938 年	1939 年
1 月	4.10	3.00	4.40	4.24
2 月	6.00	4.00	4.84	3.80
3 月	4.60	4.60	4.40	
4 月	5.00	3.70	4.84	
5 月	3.40	4.20	5.56	
6 月	3.40	6.80	4.90	
7 月	4.00	9.00	6.00	
8 月	3.70	7.92	5.56	
9 月	5.10	7.92	6.44	
10 月	4.60	5.50	6.88	
11 月	5.80	5.50	6.00	
12 月	4.10	7.70	4.70	

资料来源：《自来水局关于惩罚窃水者的呈文及公用局关于华兴池澡堂华安饭店窃水事给北平地方法院函件》，伪北京特别市公用局档案，北京市档案馆馆藏，档案号：J013-001-01349。

华兴池窃水并非个例。前门外延寿寺街和园浴堂为了缩减自来水开支，在水表外私自安装水管窃用自来水，被法庭判处盗窃罪，处以罚金法币 60 元。责令该户赔偿水费，按照用水最多月份追偿水费一年。和园浴堂于1936年3月用水法币19元4角，以此月计算则应赔偿自来水公司损失法币232元8角。[1]窃水之风盛行，自来水公司虽施行了多种手段以杜绝店家此种行为，但收效并不明显，到1948年，自来水供水的损失率仍高达39%。[2]

自来水是城市现代化的重要内容，从20世纪开始，北京市历届政府对城市自来水普及不可谓不重视，政府借自来水改善个人卫生、促进市民健康、提高城市清洁程度。然而，自来水在浴堂中的应用过程并非一帆风顺。尽管自来水能给浴堂带来一些便利，帮助浴堂避免水荒时期的窘境，也能借自来水这一现代化设施吸引顾客，但浴堂更多时候还是优先考虑自身盈利，高昂的管线铺装费和持续上涨的水价，让多数浴堂继续选择使用更为经济的井水。使用自来水的浴堂也是能省则省，窃水现象仍然频繁多发。

浴堂中的自来水应用可以作为一则实例，在大多时候，现代化的进程在微观层面的实践并非一呼百应，浴堂为了自己的生存，周旋于现代化进程之中。至少从自来水的普及率来看，北京浴堂在整个20世纪前半叶并没有完全遵循现代化这一看似必然的历史进程，浴堂的生命力也正体现于此。

1《自来水局关于惩罚窃水者的呈文及公用局关于华兴池澡堂华安饭店窃水事给北平地方法院函件》，伪北京特别市公用局档案，北京市档案馆馆藏，档案号：J013-001-01349。

2《北平市自来水公司水费收入》，《北平市政统计》，第一季公务季报卷，1948年，第99页。

五、铺底与房租

“铺底权者，支付租金，永久使用他人铺房之物权也。”[1] 铺底权始于清乾隆年间，是在铺房的租赁过程中由房屋所有权分化而成。简言之，修建、装潢房屋由承租者承担，由于房主并未出资，因此对承租人的行为持默许态度。于是，当承租人停止营业时，因为其曾在此铺房中投入过资本，为了取得一定的补偿，可以将该铺面转让给新承租人。由此，房主成了房东，承租人成了铺东，铺底也从铺房中分离出来。

在铺主出资添盖房屋、装修铺面、置办家具，而房主并未过问时，或房产因火灾烧毁而房主无力修缮时，由铺主代劳起建的情况便会产生铺底权。1900 年庚子之变，数千家店铺或毁于大火，或被洗劫一空。近代多数铺底皆始于此，浴堂亦然。以一品香浴堂为例，庚子之变，前门观音寺一带店铺多被匪徒抢掠焚烧，王广福斜街某典当行被抢掠一空无法营业，将店铺出倒于一冯姓商人开设元兴堂饭庄。光绪三十三年间，冯氏分家将元兴堂后院分予冯余轩为业，由冯余轩召集其他三位马姓合伙人，继续承租创设了一品香浴堂。该房因年久失修不敷所用，四位合伙人添盖翻新房屋，置办家具、安装设备，十余年间共计花费银元数万两。此房产虽谓房主姜振邦所有，但冯家在废墟的基础上出资开办饭庄，享有铺底权。分家后铺底权由冯余轩继承，冯余轩与其合伙人在后院整修加盖房屋，开设一品香浴堂，是该浴堂的铺主。[2]

铺底种类繁多，共有倒价铺底、建筑铺底、家具铺

1 倪宝森:《铺底权要论》，上海：倪宝森律师事务所，1942年，第6页。

2《一品香澡堂铺底证件》，民国时期零散档案汇集，北京市档案馆馆藏，档案号：J220-001-00054。

底等12种。[1]营业权、店铺、家具、货物、字号等均可以作为铺底转倒给新铺主。比如一品香浴堂1930年倒卖店铺时，将该铺字号、家具、建筑等一并倒给新股东。其倒铺底字据如下：

立出倒字号铺底家具人冯余轩、马仲贤、马墨麟，今将北平外二区，王广福斜街元兴堂夹道门牌一号，自开一品香澡堂铺底家具及字号，今凭中人说和，情愿倒与鸿记名下生理，永远为业。三面言明倒价现大洋陆仟柒佰元整，笔下交清并不欠少，自倒之后倘有旧业主亲族人等争竞与该堂内外债务并一切纠葛不清之处，均由旧业完全负担，空口无凭，立此倒铺底字据。

附代铺底执照一张

旧股东合同三张

马瑞川退股合同一张

家具账一本

建筑执照二张

建筑工程账一本

商会凭单一张

立倒字号铺底家具：冯余轩、马仲贤、马墨麟

中人：刘杰臣、甘霖甫、颉栾秀[2]

此铺底契约包含买卖铺面铺底双方及保人名称，以及铺面位置、买卖金额、责任归属等内容。此外，铺底还可以作为股份进行交易，在此次转让铺底的交易中，包括

1 倪宝森:《铺底权要论》，倪宝森律师事务所，1942年，第68—72页。

2《一品香澡堂铺底证件》，民国时期零散档案汇集，北京市档案馆馆藏，档案号：J220-001-00054。

旧股东股票及转股退股合同等文件。

北京浴堂中，大概有 3/4 是拥有铺底的，其余 1/4 从他人手中转租铺房。[1] 拥有铺底的好处很多。铺底权的产生本身就是为了保护承租者的利益，有铺底者房租较轻，且基本固定不能任意增租，房主也不能无故不租。[2] 1916 年内右四区洪泉浴堂有房屋 18 间，紧邻传染病医院北隅。因传染病医院扩充病房，耗银 2500 元将该浴堂的全部房屋收买扩用。此交易是在传染病医院与洪泉浴堂房主董桂秀之间进行的，交易金额由董桂秀所领。这引起了浴堂承租人马学礼与铺掌胡寿三的强烈不满。洪泉浴堂到腾房期限后，拒不交房。但因马学礼无押租又无倒价，只得勒令该浴堂即日歇业，强制执行交房。[3] 由此可知铺底对于浴堂经营者的重要性，拥有铺底之后，经营者的投资才能有所保障，也能防止房东提高房租，收回铺房。铺底权能够保证“营业于久长，而房主与铺东间之斗争，亦可豁免”。[4] 仍以一品香浴堂为例，在一品香三次店铺转让中，均将铺底倒与新经营者，使得新经营者安心营业，放心投资。在每一次更换股东后，一品香浴堂均得到大笔资金用来改良设备，修缮装潢房屋。[5]

铺底可以出租、转让，也可以用来抵押偿债。浴堂债台高筑时，还往往被用来偿还债务。如惠泉浴堂因营业需要向煤铺预支煤约银 130 余两，数月未还，煤铺主薛毓齐将惠泉浴堂业主樊世惠告上法庭，法庭判决樊世惠将欠银及诉讼费如数缴还，但樊世惠迟未履行，于是只好照章将惠泉浴堂铺底查封，拍卖抵债。[6] 铺底之于商人，正如土地之于农民，浴堂不到万不得已时，不会轻易放弃

1《浴池会员情况调查和等级调整表》，北京市同业公会，北京档案馆馆藏，档案号：087-044-00019。

2 黄右昌：《民法诠解—物权编（上册）》，上海：商务印书馆，1947年，第52页。

3《京师警察厅内右四区区署关于洪泉澡堂铺代东马学礼等抗不交房的详报》，京师警察厅档案，北京档案馆馆藏，档案号：J181-019-13664。

4 倪宝森：《铺底权要论》，倪宝森律师事务所，1942年，第3页。

5《一品香澡堂铺底证件》，民国时期零散档案汇集，北京市档案馆馆藏，档案号：J220-001-00054。

6《京师警察厅内左四区区署关于协助地方审判厅查封樊世惠所开惠泉澡堂情形的详报》，京师警察厅，北京市档案馆馆藏，档案号：J181-018-02991。

自己的铺底权。铺底于1951年4月由北京市人民政府禁止，从此退出历史舞台。

北京的浴堂中，租房者占大多数。1943年的浴堂设备调查资料中，登记有110家浴堂，其中填写租赁一栏选项的浴堂有58家。其中有45家是租房的。[1]1950年，调查的83家浴堂中，租房者有55家。[2]就商铺的经营来讲，租房是一个经济实惠的选择。加之有铺底权的店铺房租较为低廉，房东也不可随意增价。这样，浴堂便可以用原本用于购置房产省下的钱添置设备、加盖房屋，也能有更多的周转资金，提高店铺运营的灵活性。

在此，可以试计算一下如购买房产浴堂需投入的资金。1929年12月13日，北平特别市政府公布了《北平特别市土地房屋评价规则》，对于市区和城郊房宅地按位置之繁僻、工程之精粗、地质之肥瘠进行评价，将城区宅地分为11等28级。其房屋价目等级表按住房建筑分为10类，每类又分若干等级，如下表所示：

表2-12 1929年北平城区宅地房屋评价规则： 单位：元（银元）

等级		价格（元）	等级		价格（元）
特等	一级	2000	戊等	一级	550
	二级	1750		二级	500
	三级	1500		三级	450
甲等	一级	1250	己等	一级	400
	二级	1150		二级	350
	三级	1050	庚等	一级	300
乙等	一级	1000		二级	250
	二级	950	辛等	一级	200
	三级	900		二级	175

1《北京浴堂同业公会各号设备调查》，伪北京特别市社会局档案，北京市档案馆馆藏，档案号：J002-007-00362。

2《浴池会员情况调查和等级调整表》，北京市同业公会档案，北京档案馆馆藏，档案号：087-044-00019。

续表

等级		价格（元）	等级		价格（元）
丙等	一级	850	壬等	一级	150
	二级	800		二级	125
	三级	750	癸等	一级	100
丁等	一级	700		二级	75
	二级	650			
	三级	600			

资料来源：白淑兰、赵家乃：《北平特别市土地房屋评价规则》，北京市档案馆编：《北京档案史料》，北京：新华出版社，1999 年第 3 期。

由于缺乏各家浴堂房间、宅地等级评价的具体资料，只能通过评价规则来估定购置房屋的价格范围。下面以特、甲、乙、丙、丁五种等级 5 家浴堂为例，估算购置房产价格如下：

表 2-13 1943 年五家浴堂房产购置价格估算表　　单位：元（伪联币）

字号	地址	等级	楼房	平房	暖房	总计	水井	价格估算区间
清华园	八面槽街	特等	60 间	0 间	4 间	64 间	2 眼	8210 至 52800，平均 30505
万聚园	宣内大街	甲等	31 间	17 间	0 间	48 间	1 眼	4775 至 30600，平均 17688
福澄园	东柳树井	乙等	12 间	11 间	0 间	23 间	1 眼	2315 至 13900，平均 8108
天有堂	西草市	丙等	0 间	33 间	0 间	33 间	1 眼	1480 至 9550，平均 5515
新明池	西直门大街	丁等	0 间	8 间	0 间	8 间	1 眼	505 至 2850，平均 1677.5

资料来源：《北京浴堂同业公会各号设备调查》，伪北京特别市社会局档案，北京市档案馆馆藏，档案号：J002-007-00362；白淑兰、赵家乃：《北平特别市土地房屋评价规则》，北京市档案馆编：《北京档案史料》，北京：新华

出版社，1999 年第 3 期，第 13—16 页。需要说明的是，由于缺乏 1929 年北平浴堂的房屋、水井数量材料，只能用 1943 年的房间数量代替，因此价格估算与实际情况会有所出入。根据浴堂的营业特质，房间数量的变化并不会过于迅速，对估算价格产生的影响并不大。

市内宅地按照区域位置不同，价格也不同。如清华园地处王府井八面槽为乙等宅地，占地面积按五分至一亩算（城区宅地不足一亩者，五分以下按前项价目五折计算，五分以上依其分数比例折之），价格大约在 450 银元至 1000 银元之间，属于宅地上的水井两眼，价值约 80 银元至 600 银元之间。1 清华园浴堂共计楼房 64 间，按房屋评价等级，从普通楼房丙等三级到洋式楼房特等一级，每间 120 银元至 800 银元不等，合计 7680 银元至 51200 银元。土地、水井、房屋三者总计 8210 银元至 52800 银元，平均 30505 银元。丁等浴堂新明池，位于西直门大街，为戊等宅地，地价在 225 银元至 550 银元之间；水井一眼在 40 银元至 300 银元；平房 8 间在 240 银元至 2000 银元，合计 505 银元至 2130 银元，平均 1317 银元。2 在 1929 年至 1937 年开设的浴堂开办资本大多不过银元或法币 1000 元。3 由此可知房价之昂，购房经营浴堂并不划算。

李家瑞在《北平风俗类征》中写道，地价房产年年升高，到 1921 年，北京的房价从清末几百两涨到大约几千块。房租也随之上涨，1912 年至 1924 年为租房的黄金时代，房租按照两年涨幅 100 银元的速度逐年增加。4 有些浴堂的营业曾受此影响，精忠庙街天域浴堂开设于

1 铁筒洋井分为三等，城厢每眼从100至300元。砖井分为三等，城厢地区每眼从40至60元。白淑兰、赵家乃：《北平特别市土地房屋评价规则》，北京市档案馆编：《北京档案史料》，北京：新华出版社，1999年第3期，第16页。

2 白淑兰、赵家乃：《北平特别市土地房屋评价规则》，北京市档案馆编：《北京档案史料》，北京：新华出版社，1999年第3期，第13—16页。

3 见附录一，资料来源：《北京浴堂同业公会各号设备调查》，伪北京特别市社会局档案，北京市档案馆馆藏，档案号：J002-007-00362。

4 李家瑞编：《北平风俗类征（下）》，北京：北京出版社，2010年9月，第252页。

1909 年，浴堂使用的房产属于恒利银号，每月支付月租铜钱 90 吊。因房租上涨，加之浴堂自壬子年兵变后生意欠佳，欠房租铜钱 2610 吊无力付给，只得被迫交房，关闭浴堂。[1] 尽管会有因房租而影响浴堂营业的情况，但大多数浴堂还是会选择租房。租房比购房在初期投资上更具有性价比和灵活性，收回初始投资的周期也会缩短。

六、纳税与认捐

新中国成立前，北京历来是一座消费型城市。首都的政治地位使北京能够消费来自全国各地的物品。城市的消费能力带动了商业及手工业的发展，由于北京缺乏成规模的工业，税务的负担自然落在相对繁荣的商业上。北京市的税收中，绝大部分来自向商铺征收的财产税及营业税。这些税收被用于市政建设、社会服务以及治安管理等多个方面。

北京商业中浴堂业负担的税捐并不轻松。在每家浴堂开始营业时，必须向警察局或社会局呈报立案（不同的历史时期归属的机构不同），报告业主和雇员的姓名、住址、经营种类、资本额等事项。接到报告后，由警察局或社会局派人对将要开业店铺的资本多寡进行调查。经核实后发放营业执照，并征收营业执照税。浴堂从此开始缴纳不同的税捐。[2] 这些捐税主要由财政局、警察局负责征收。赋税收据及纳税证明需要张贴在店铺门口醒目位置以资证明。[3] 在 1930 年代，平均每家浴堂每月负担捐项约银 30 余元不等。[4]

1《京师警察厅外左五区区署关于送天域澡堂铺掌刘寿延弃铺潜逃详报》，京师警察厅档案，北京市档案馆馆藏，档案号：J181-019-10003。

2《浴堂调查记》，《益世报（北平）》，1933年11月25日，第6版。

3［美］西德尼·甘博（Sidney.David.Gamble）：《北京社会调查》，北京：中国书店出版社，2010年1月，第558—561页。

4《北平的浴堂》，《上海周报（上海1932）》，1934年，第3卷第11期卷。

但在实践层面，浴堂对于纳税与认捐并未能贯彻始终。增加税种或增加税额往往会引来浴堂行业的抵制。如1926年北京开始对饭店、浴堂、剧院等场所新课四项加一捐时，这些商铺的经营者联合总商会强烈反对该项税捐。最终，在10个月后，北京市政府取消了这一新税。此外，在税额上，虽有颁布相应的征收规则，但是在执行上没有一定的标准，如果一些有势力的商家和收税机关暗中交易，税额就可以定得很低，甚至延迟付款，等货币贬值后再去缴纳。在这种情形之下，利益受损的自然是一些弱小商家店铺。1947年北平市税收中，清华池浴堂秋冬季税额分别为法币26.7元及53.4元，这一数字小于中等商家东顺兴面食店的法币48元及200元，甚至远小于小商家马斯拉理发店及会仙堂饭庄。下表中可以明晰地看到，税额随着商家规模的升高而反比例缩小。

表2-14 1947年秋冬季节税额比较表　　单位：元（法币）

商家级别	商家名称	秋季税额	冬季税额
大商家	盛锡福帽庄	60.23	120.46
	中原百货公司	157.95	316.00
	清华池澡堂	26.70	53.40
	同升和帽庄		108.72
	华安饭店		18.10
	东来顺饭庄		302.00
中等商家	东顺兴面食	48.00	200.00
	云声无线电	120.00	1120.00
小商家	冀友玉器	90.00	1200.00
	大通汽油	24.00	400.00
	五龙饰物	90.00	500.00
	马斯拉理发店		500.00
	会仙堂饭庄		550.00

资料来源：费孝通：《论北京的税收》，《费孝通全集（第6卷）》，内蒙古人民出版社，2009年，第473页。

20世纪上半叶北京市浴堂承担的主要税捐大致可以分为三类，一为流转税类，如营业税，二为财产行为税类，如房捐、契税、印花税、铺底转移税、营业牌照税等，三为特定捐税，如四项加一捐等。每一项税种都有自己的征收规则，亦有在实践层面上商家与政府、规则与实施间的互动。

（一）营业税

国都南迁后，社会中上阶层的流失导致北平城的消费能力大为下降，整个城市的纳税水平也随之下降。由于市政经费来源主要来自税费，税收不足使得市政建设、公共服务等方面的发展停滞，自废除崇文门税关后，北平市急需创办新的税种以充经费。1931年7月，北平市政府试创办营业税，由总商会代征，并于此后几年时间内将营业税章程制度逐步完善。[1]

营业税征税对象是在市内以营利为目的的事业。征收营业税的行业包括银钱庄业、货栈业、交通业、理发浴室业、旅馆业、娱乐业等。营业税的征收标准分为两种，一种为以营业额为标准课税，另一种为以资本额为标准课税。以营业额为标准者，税率分为1‰、2‰、5‰、10‰这四个级别。按各业营业税课税占比比较，1‰税率占比7.5%，2‰的行业最多为54.5%，5‰、10‰各占15.7%和22.3%。[2] 1931年，北平理发、浴堂二业营业税率按营业额的2‰征收。1930年代初，北平市共有浴堂一百零几家，营业税每月共纳银60余元。[3]

1 林颂河：《数字统计下的北平》，《社会科学杂志》，第2卷第3期，第376—419页。

2《北平市营业税按营业额课税各业百分比较表》，北平市营业税征收处编：《北平市营业税特刊》，北平：北平市营业税征收处出版，1931年8月。

3 文彬：《北平的浴堂业》，《益世报（天津）》，1934年7月21日，第8版。

1942 年，浴堂营业税率增长至 8‰。1946 年 8 月公布的《营业税法施行细则》对营业税的计算做了调整，每月按营业额征收 1.5%。1948 年 3 月上调为 3%。[1]1949 年北京解放后，北京市人民政府根据上一年各业营业情况评估分数，重新计算营业税税率，其中浴堂户数 94 家，利润率 15%，评定分数 7.31 分。[2]新税率实行后，浴堂税率为 2.5%，在整体 1% 至 3% 的税率中高于平均值。[3]

(二) 财产行为类税种

浴堂缴纳的财产行为类税种，主要包含契税、房捐、铺捐、印花税、铺底转移税、营业牌照税等。

契税是公证土地房屋买卖时的一种手续费或登记税，其始于元代。[4]在帝制时代，北京城内不对居民住房收税，直到 1914 年，政府开始对所有土地房屋的出售转让征税。前文提到，北京浴堂购置房屋者极少，一般为租用房屋或取得铺底权后，对原房屋进行改造添盖装饰。1923 年 1 月颁布的《修正京师契税施行细则》中，将新盖改建或添盖房屋行为也纳入到契税征收的范围。该细则规定，新盖房屋及承租官地自盖房屋者，应于竣工后三个月内赴警厅报明建筑费额及工料价单，按照契税税率纳税领契。税费按建筑费用的 6% 由房主缴纳。[5]

在添盖装修房屋收取契税的规定出台的同一时间，北京市也开始对城乡内外各商号收取铺底转移税。铺底转移税规定，商业经营的房屋发生产权转移时，新业主须于铺底契约生效一个月内，会同房东到左右翼税务公署铺底转移税处呈验铺底字据并遵章报税，税率按房屋价值的 2% 征税。[6]同时旧有铺底（1921 年之前）之商号须持铺

1《北京税收史》，中国财政经济出版社，2007 年 3 月，第 254—263 页。

2《北平市卅七年下半年营利事业所得税推进委员会公告》，《人民日报》，1949 年 8 月 15 日，第 4 版。

3《商业税暂行条例》，《人民日报》，1950 年 12 月 22 日，第 2 版。

4［日］服部宇之吉等编：《清末北京志资料》，张宗平、吕永和译，吕永和、汤重南校，北京：北京燕山出版社，1994 年。第 322 页。

5《京师承租官地建筑房屋契税简章》，北京市档案馆编：《民国时期北平市工商税收》，北京：中国档案出版社，1998 年，第 696—698 页。

6《京师铺底转移税修正章程及铺底验照章程》，北京市档案馆编：《民国时期北平市工商税收》，北京：档案出版社，1998 年， 第 914—918 页。

底字据，会同房东赴左右翼税务公署内铺底转移税处，遵章验领铺底执照。[1] 验照费用基本为倒价的1‰，超过银1万元也以10元为度。如一品香浴堂，其旧倒价银1万元有余，按规定只缴纳验照费10元。[2]

铺底转移费的征收使得铺底权合法化，缴纳铺底税后，铺主的权益得到保障，不用再担心因修饰门面招致房东加租，就算房间全部拆改，房屋租金增涨也不得超过四成。在这种情况下，铺主可以安心添盖、整改房屋，政府也能因此收入更多的契税。且装修添置房屋的出资者、受益者均是铺主而非房东。在限制房租增加的情况下，让房东缴纳这笔费用有待商榷，因此房东经常因为铺主有铺底权而拒绝缴纳契税。虽然政府规定，"房产税契以契据为凭，不能谓有铺底而阻其税房契，铺房因建筑发生铺底者，照章铺东得税铺底，房东仍需税房契"。在浴堂铺主与房东契税的纠纷中，获胜的往往是浴堂的经营者。[3] 但事实上，当房东逾期拒不缴费时，契税还是由铺户完纳。如西单头条洗清池浴堂改建楼房，添盖房屋，两年未缴纳契税，查洗清池浴堂房产归石驸马大街松宅所有，警察局限松宅于五日内来署投税，如届期不到，则由洗清池浴堂铺东任树荣代税。[4]

在契税的缴纳上，房东与铺东的纠纷颇多，主要原因来自于政府对于契税责任方的划分模糊。之所以将契税中加入添盖房屋一项，与铺底转移税在同一时间实施，是因为这样可以使铺主能够不受房东限制的投资资金，从而扩充营业。政府的目的则是收到更多的税费，至于这笔税费应由谁来支付，则无关紧要。也就是说，虽然规定税费

1《北京工商税收铺底验照章程》，北京市档案馆编：《民国时期北平市工商税收》，北京：档案出版社，1998年，第914—918页。

2《一品香澡堂铺底证件》，民国时期零散档案汇集，北京市档案馆馆藏，档案号：J220-001-00054。

3《武瑞呈华春园澡堂有铺底请勿准房东偷税房契扣留契纸一节未便照准》，《京师税务月刊》，1926年第34期，第12页；《批邓芝泉呈孝顺胡同房屋租与杨书田开设文华园澡堂有建筑铺底仰即照章投税文》，《京师税务月刊》，1926年第26期，第34页。

4《通知石驸马大街松宅在西单头条洗清池澡堂添盖房屋、补税房契文》，《京师税务月刊》，1924年第9期，第193页。

由房东支付，但在房东强硬拒不缴款时，为了顺利收取税费，规则是可以协调的。浴堂只是近代北京房东与铺东间纠纷的一个缩影，以此为透视点，可以看出近代北京城解决商铺纠纷的基本逻辑。

再谈及房捐，房捐又被称为警捐，开设于1898年，所征的税款作为警饷，由警察局支配。1927年，警捐正式更名为房捐。北京市内各房屋均需缴纳房捐，如学校、会馆及其他公产出租而有收益者，亦缴纳房捐。崇关税废止后，房捐成为北京市税收中最重要的税种，房捐收入占到总税收的三成。[1] 有铺底者，房捐归房客承担，无铺底者，房捐归房主担任，为了方便收缴，亦统由房客缴纳。代缴之费用在房客付租金时，从租价内扣除。

房捐的收缴原则是以各户房屋数目，按楼房、瓦房、灰房三种划分，在三种不同类型房屋中，按区域之繁简、工程之精粗、资产之多寡又分三等。以1942年为例，楼房每间每月捐税伪联币一等5角，二等4角，三等3角；瓦房伪联币一等3角4分，二等2角5分，三等1角5分；灰房伪联币一等2角5分，二等1角5分，三等1角。[2] 按此算法，一些高档浴堂如清华园、华宾园，房捐大概在伪联币20至30元之间，小型浴堂如新明池，房捐大概为伪联币2元左右。[3] 虽房捐规定按房屋品类收缴，但是在实际征收时却问题繁多。如1928年时，外右二区与内右一区各摊房捐银9000元，外右二区住铺户多而殷实，定额易收，房屋多列为二等；内右一区住铺户较少，定额不易凑齐乃多列为一等。因为评定等级标准暧昧不清，又将税款定额摊与各区署，时常引起捐户不平之声。[4]

1 魏树东编：《北平市之地价地租房租与税收》，出版者不详，1938年，第40602—40610页。

2《修正北京特别市房捐征收章程》，北京市档案馆编：《民国时期北平市工商税收》，北京：档案出版社，1998年，第1049页。

3《北京浴堂同业公会各号设备调查》，伪北京特别市社会局档案，北京市档案馆馆藏，档案号：J002-007-00362。

4《苛捐重叠之北京》，《申报》，1928年4月6日，第9版。

这一问题在抗战结束后才得以改善。1946 年，北平市政府发布《北平市房捐征收细则》，对房捐的捐率做了调整，将房捐分为营业用房和居住用房两类，按房屋租金比例征收房捐。1 此后，房捐逐渐从以房屋建筑种类材料优劣作为税率税额之根据，变为以房屋租价或房价为标准进行征收。1946 年，营业用房的房捐为全年租金的 20%。到了 1947 年，这一数字有所下调，降为 10%。2 按此比例计算，1947 年 7 月，特等清华园浴堂应纳房捐法币 800.9 万元，甲等吉园浴堂房捐约为法币 146 万，乙等东明园浴堂房捐约为法币 255.5 万元。3

印花税也是民国实际重要税种之一。印花税始创于荷兰，中华民国成立后，北洋政府于 1912 年 10 月 21 日颁布了《印花税法》，从此，印花税成为民国时期各届政权的重要财源。4 浴堂同样需要缴纳印花税，首先，浴堂中关于营业所立之各种总分薄册，需按照每本每年贴印花 2 角的形式缴纳税费；其次，集资营业互相订立之合同，每件按金额每百元贴印花 2 分；最后，浴堂中房屋租赁字据也需要缴纳印花税，税率按照每 10 元贴印花 2 分计算。5 由于浴堂中账簿等物向来由店铺自己管理，因此部分店家总怀有能躲过抽查账簿的侥幸心理而偷税避税。虎坊桥澄华池浴堂因记载客人沐浴专费账簿从未贴过印花票，被京兆印花税分处委员抽查查见，照税章处以印花票 2 角之 50 倍之罚金，计 10 元整。6

浴堂若要正常营业还需缴纳营业牌照税，以 1945 年 11 月制定的征收细则为例，营业牌照税按年征收，税额以店家资本数额按等级划分，超过法币 1 千万者，收取

1《北平市房捐征收细则》，北京市档案馆编：《民国时期北平市工商税收》，北京：档案出版社，1998年，第1059页。

2《修正北平市房捐征收细则草案》，北京市档案馆编：《民国时期北平市工商税收》，北京：档案出版社，1998年1月，第1082页。

3 此数字根据附录五所列数据计算得来。《浴堂等业会员名册入会调查表名单异动（1947）》，北京同业公会档案，北京档案馆馆藏，档案号：087-044-00012。

4《北京税收史》，北京：中国财政经济出版社，2007年，第273—275页。

5 王孝通：《中国商业史》，上海：上海书店，1984年1月，第290—347页；《大总统公布印花税法令》，北京市档案馆编：《民国时期北平市工商税收》，北京：档案出版社，1998年，第714—720页。

6《澡堂偷税被罚》，《顺天时报》，1917年2月6日，第7版。

税额5万元，未满法币1万元者，征收税额10元。1948年7月，税率调整为按资本额1百万以上征收15‰，1百万以下者10‰。除上述税种外，浴堂需缴纳的财产行为税种还有铺税（按月收入分为14等收取税费）等，在此就不再一一列举。1

（三）四项加一捐

1926年，政局杌陧，财政枯窘，警饷六个月之内仅发放三次，每次也只有此前五成。因警饷筹借无术，社会服务与公共安全出现不能维持之势，针对此种情形，四项加一捐应运而生。2 该税捐系征收戏院（包括电影院、杂耍场、落子馆）、旅馆（包括客店、公寓）、浴堂、饭庄（酒店、饭庄）四项营业收入之捐，按收入钱款加一成征收。3 所收之款按照警察经费与宪兵饷项比例分配。四项加一捐于1926年10月7日起征，至1927年7月2日停征，9个月共收银37万6千元，平均月收银4万余元，如下表所示：

表2-15 北京四项加一捐总收数表　　单位：元（银元）

	1926年	1927年
一月		56499545
二月		34132138
三月		39705419
四月		40410961
五月		45542832
六月		53924121
七月		
八月		
九月		
十月	36605843	

1 北京市地方志编纂委员会编：《北京志·综合管理卷·财政志》，北京：北京出版社，2000年11月，第159页；《北平市营业牌照税等级税率表》，北京市档案馆编：《民国时期北平市工商税收》，北京：档案出版社，1998年，第1138—1161页。

2 雷辑辉：《北平税捐考略》，北京：社会调查所，1932年，第77页。

3《加一捐展缓三日实行》，《晨报》，1926年10月8日，第6版；其征税规则具体为："每入款百元，抽捐九元，其入款至百一十元，抽捐十元"。《四项加一捐实行征收以后——四项商铺纳捐办法》，《晨报》，1926年10月14日，第6版。

续表

	1926 年	1927 年
十一月	37789148	
十二月	37358356	
总计	105753347	270215016

资料来源:《北京四项加一捐总收数表》,雷辑辉:《北平税捐考略》,北京:社会调查所,1932 年,第 77—80 页。

该捐税实行伊始,旅馆、饭店、剧场、浴堂四业以无力承担为由,请愿减免或缓行。[1] 各浴堂以卫生事业为由联合呈请,请求政府免除捐税,有浴堂称:“沐浴一事虽限于个人,若个人皆不讲求卫生,倘集成多数,则公共之卫生何从施之?”又列出数条免捐理由,陈述如下:

一、我国民朴陋旧习相因,谈及卫生之事,则充耳弗闻,何能对于个人之卫生,不促其请求,应于免报者一也。

二、京都虽为首善之区,实以中下流社会及劳动者占全城之大半,彼辈居长饮食起居本无卫生之可言,终日劳动汗液横流,对于沐浴本惜吝费用,若再征求其娱乐捐更为裹足不前。

三、京都清道之事日渐退化,街市尘垢飞扬,虽一日二浴,尤有时污垢未去,促其沐浴唯恐无效,何能再征其娱乐捐。

…………

以上所述不过管见所及,当否请付诸社会公论。[2]

虽然浴堂行业在 1926 年时还没有得到政府批准正式成立同业公会,但有着起同业公会作用的组织。该组织

1《军政杂报》,《申报》,1926年10月9日,第6版。

2《澡堂捐税》,《顺天时报》,1926年10月29日,第7版。

经内部商议，决定将该捐税增加进澡价内，甚至借此机会，加倍增价，其澡价因此较之前提高了两成。据报载："浴堂中普通旧十枚余者，皆加二枚，售价二角五者，改售三角。"浴堂在一边做投机生意的同时也一边推卸责任，如王广福斜街明华园浴堂门前贴一报单，上书："本堂情愿认捐，洗澡概不加价。"[1] 将洗澡加价的责任推诿于政府部门。

四项加一捐于 1927 年 7 月停征。但其取消并非完全是应当时政府的说法，出于因市面捐税重复，各行业不堪重负，而体恤民情为之。1928 年，四项加一捐又变相为警饷附加捐，从原来娱乐场、酒席、旅馆、浴堂四项改为娱乐场、车行、保险公司、证券交易所四项，依然抽捐一成。[2] 由浴堂换为收入更多的证券、保险行业，警饷收入实则不降反增。另外，该税种也并非完全是由于这四个行业从业者的极力反对而被迫取消。事实上，四行业将原本一成的捐款加二至三倍于收取价格之中而获利颇丰，以至于在捐税取消后，部分店家仍迟迟不愿取消附加款项。[3]

由此可知，税款的缴纳和征收并非可以用上行下效，或者抗争恶捐而一言以蔽之。在新税种实施的过程中，纳税人出于自身的利益，势必会有所抗争，无论抗争者成功与否，执政者是否妥协，均不能说明这一斗争的合法性，因其结果是在双方不同目的的博弈下达成的某种共识。双方在各自不同目标驱使下的实践中充斥着协调、互动与矛盾，这赋予了社会复杂性与诸多变量。就捐税而论，并不能用一成不变的"发布—反抗—妥协"结构概论，而是应该"移情"（empathy）至历史语境中，将视域置于研究

1《加一捐展缓三日实行》，《晨报》，1926年10月8日，第6版

2《苛捐重叠之北京》，《申报》，1928年4月6日，第9版。

3《四项加一捐经命令取消后之各商店》，《顺天时报》，1927年7月6日，第4版。

对象的主体性之下，对历史事件和人物持“了解之同情”的态度。

第三节
收费标准与价格起伏

本节以浴堂中的价格为研究对象，试图通过对澡价的差异、变化，影响价格的因素等问题进行分析，来说明近代北京浴堂的生存环境，通过解读政府对澡价的限制措施，来探析浴堂行业在面临困境时腾挪的手段，及其与政府之间的关系，此关系既包括协调互助，也存在冲突与龃龉。

一、价格的分化与浮动

20世纪初期，北京的浴堂正值革故鼎新之际。社会资源的重新分配导致了社会阶层的重定位，不同阶层间的差异必然会体现在浴堂之中。为了更好地为社会各个阶层服务，在这一时期，浴堂根据顾客的差别开始分化，新式与旧式、豪华与简陋的浴堂并存，浴堂服务也出现了池堂散座与官堂雅座之别。价格正是这一分化的最直观反映。质言之，浴堂中沐浴价格的分化既是工商业对于社会阶级变化的一种“应激反应”，同时也是浴堂行业对于社会阶级结构的一种“制度化”实践。

《实用北京指南》将北京的浴堂分为四个类别。其中最高档者有澄华园、清华池、东升平园等。这些浴堂多备有洋盆及浴缸，其澡价因屋宇大小及设备优劣情况而定，从银元1角至1元2角不等，擦背、理发、修脚的价格为每人1角至3角，这些服务价格与澡价成正比。第二档浴堂有一品香、文雅园、裕华园等，设备多为洋灰盆缸，兼有洋瓷盆，浴价为银元1角至4角不等，擦背、理发等费用为银元1角或2角。第三档为旧式改良之浴堂，瑞宾园、魁泉等浴堂属于此级，澡价为铜元8枚至30枚，理发则为铜元15枚或20枚不等。最后一个等级为旧式浴堂，该《指南》称此等浴堂城内外有百余家，大致价格为官堂铜元8枚或10枚，盆堂铜元3枚或4枚，池堂则为铜元2枚或3枚。擦背、修脚为铜元5枚或6枚，理发约15枚。[1]

按《实用北京指南》的分类，从第三等级开始，澡价收取铜元而非银元。收取银元与铜元之分，正是浴堂等级差别的具体体现。上等浴堂之价格皆以银元为本位，除澡价外，茶资小费亦必为大洋，且更需从丰。顾客在下等浴堂中的消费一般不会超过银元1角，故在此多用铜元。有些下等浴堂也设有盆堂与雅座，消费一次大概铜元40枚，同时雅座规定须消费茶水，每壶约合铜元20枚，连同小费一并计算，约合洋1角8分，但并不付银元。[2]由此可见，银元与铜元变成了一种消费符号，成为浴堂等级的象征以及社会分化的证明，花费银元成了展示现代生活方式，彰显社会地位的符号。如在头品香浴堂的广告中，称浴堂屋内外均仿洋式建筑修建装潢，由巴黎购办澡盆，安设电话、灯具、风扇等电器，并附价目表称该浴堂中四

1 徐珂编纂:《实用北京指南》,上海:商务印书馆,1923年,第18页。

2《北平之澡堂业》,《益世报(北平)》,1929年3月10日,第8版。

个等级的房间均由银元支付。1 花费银元的浴堂让一般平民裹足不前，有浴堂便借此通过花费铜元来吸引平民顾客。南城香厂澄华园浴堂直接在广告中的价目表中特别注明澡价为“特等10吊，最优等6吊，优等3吊5百文，头等2吊，俱收铜元”。2 在此意义上，无论花费银元还是铜元，两者支付的并非澡价，而是支付澡价中包含的象征意义，此意义将社会认同、社会等级、社会差异等内容一并包含在内。

不同的浴堂有等级之分，浴堂内部的服务内容亦有品级之别。为了吸引更多的顾客，浴堂会根据不同的顾客群体提供内容不同的服务。北京浴堂的内部设置，分为官堂、盆堂、池堂三种，官堂通常是带套间的“对盆儿”。沐浴之余还可以在此打牌谈生意，让茶房置办茶点酒席，甚至眠花宿柳、吸食大烟。官堂浴客多为官僚及富商，这些人常居于此，一掷千金。盆堂又称客盆，顾客在澡盆中沐浴，与官堂相区别的是盆堂不设单间，客人同在一处，人各一盆。池堂顾名思义，客人在大池子里洗澡，池子又分为温、暖、热三池。由于盆堂和池堂没有单间，休息区域在池子外间的休息厅。厅中设有散座和雅座，二者皆是以木板相隔而成的床榻，床上放有寝具及浴具，之间有桌，桌上有茶具、镜子等物品，散座明显较雅座简陋。3 盆堂的服务对象是中等收入者，以职员、教师、公务员这一层次居多，池堂的服务对象多为平民百姓。浴堂中内部服务的等级划分，使自己扩充消费群体，增加营收的同时，也为不同阶层的顾客群体提供了便利，满足了他们不同的沐浴需求。虽然官堂中“沐浴一次，多有耗费一、二

1《头品香澡堂新建三层洋楼广告》,《顺天时报》,1916年8月18日,第1版。

2《香厂澄华园西式澡堂广告》,《顺天时报》,1917年12月12日,第5版。

3 北京市地方志编纂委员会编:《北京志·商业卷·饮食服务志》,北京:北京出版社,2008年,第261页。

元不等”，但“下级社会人民，每次仅须一角即可除去满身污秽”。1 在同一家浴堂的官堂、盆堂、池堂等不同的服务中，也有银、铜本位的区别，如东升平园浴堂，“优等每位1元，官盆每位铜元15枚，客盆铜元7枚，茶酒资随意。”2

1929年，北平《新中华报》上曾连载北平市工商业调查，在对浴堂业概况叙述中，该报记者认为，浴堂的资本较之前高十余倍之多，而浴堂的营业内容也比之从前阔绰多倍。

> 记得二十年前洗浴之价，所谓池汤者，不过每位三枚，盆堂每位六枚为官价，即早年之官堂，每座仅大钱一吊二百，目下客盆由一角起码，多者竟致每位三四角，普通池堂，每位售洋六分或八分，茶资手巾把零费等，每位须铜元四五十枚，高等客盆，加以搓澡修脚理发等费，每人即须大洋一元，甚至若西升平最优等房间每人浴价，即须一元二角，故一人之费，一人约须三元，人之奢侈性，诚可畏也。洗浴虽与卫生有益，而此种奢侈消耗，亦是与人民生活日进也。3

该报认为随着生活条件的进步，生活内容的丰富，澡价也会随之升高，但沐浴本身为清洁行为，由此带来的奢侈消费实属不应该。这种说法有其时代特征，若只论澡价，文中所列出的价格变动还是有待商榷的。文中称西升平浴堂官堂房间澡价为银元1元2角，事实上，浴堂中最优等的官堂价格在20世纪初期到20年代末变化并

1《浴堂调查记》，《益世报（北平）》，1933年11月25日，第6版。

2《升平园新式澡堂开张广告》，《顺天时报》，1908年2月20日，第3版。

3《本市工商业调查：浴堂商概况》，《新中华报》，1929年10月4日，第6版。

不大，均为银元1元左右。[1]文中所称澡价上升数倍，指的是中下等浴堂中用铜元支付的洗澡价格。20世纪初年，池堂的澡价大致在铜元4枚左右，[2]20年代后期，这一价格上升到铜元20枚左右。[3]

20世纪30年代是北平浴堂沐浴价格相对稳定的时期，在30年代初期，洗澡价格大致为“官堂三角至一元，客盆一角至二角，大屋子洗池者一角，或铜元二三十枚”。[4]《北平旅行指南》曾列出1935年北平城区部分浴堂的价目，其中盆堂大概银元1角至6角，池堂5到8分不等。[5]1935年末至1941年末太平洋战争爆发前，由于物价较稳定，洗澡价格在相当长的时间内没有变动。其价格如下表所示：

表2-16 1935年—1941年澡价变化表

	1935—1937	单位：元（法币）		
	特级	甲级	乙级	丙级
盆浴	0.60	0.40		
池浴	0.12	0.10	0.06	0.04
	1938—1941	单位元（日伪联币）		
	特级	甲级	乙级	丙级
盆浴	0.60	0.40	0.30	
池浴	0.20	0.12	0.08	0.06

资料来源：《我局第二福利公司关于理发、浴池业1935—1955年历年价格的调查材料》，北京市服务事业管理局档案，北京市档案馆藏，档案号：085-001-00084。

同一时期田蕴瑾所编撰的《最新北京指南》所给出的价目与之相仿，亦可以作为佐证。

男浴堂如清华园、华宾园、东升平、西升

1 优等房间澡价每位一元；老北京的民俗行业中称，民国初年，头等盆塘，带套间的“对盆儿”，每位三角至一元不等，见《升平园新式澡堂开张广告》，《顺天时报》，1908年2月20日，第3版；头品香澡堂开业时，其最优房间澡价等一元，《头品香澡堂新建三层洋楼广告》，《顺天时报》，1916年8月18日，第1版。这一价格到20年代末时，上等澡堂官盆均价依然为一元，见《北平之澡堂业》，《益世报（北平）》，1929年3月15日，第11版。

2《升平园新式澡堂开张广告》，《顺天时报》，1908年2月20日，第3版；北京市地方志编纂委员会编：《北京志·商业卷·饮食服务志》，北京：北京出版社，2008年，第260页。

3《北平之澡堂业》，《益世报（北平）》，1929年3月15日，第11版。

4 池泽汇：《北平市工商业概况》，北平：北平市社会局出版，1932年，第618—619页。其他同时期的材料也表明与此数目相差无几。《浴堂调查记》一文中曾提到，“官堂每人收费一角五至三角，盆堂每人收费一角至二角，池堂每人收费六分至一角。”《浴堂调查记》，《益世报（北平）》，1933年11月25日，第6版。另见《北平的浴堂》，《上海周报（上海1932）》，1934年，第3卷第11期，第216—217页。

5 见附录十《1935年北平市部分澡堂价目表》，资料来源，马芷庠编；张恨水审定：《北平旅行指南》，北平：经济新闻社，1937年，第255—256页。

平、义新园、怡和园等，普通座约可八九分至一角五不等，雅座由一角五至二角不等，客堂（即盆堂）约可二三角足矣！并且浴池极为清洁。普通澡堂如瑞宾园，汇泉，恒庆等，普通座由十六枚至卅枚不等，雅座由卅枚至一角余足以！此外尚有极平民化之澡堂，大板凳座位每位由三大枚至十二枚足矣！盖此种澡堂专供劳动界之设也。1

1942年至1949年，由于经济起伏，浴堂营业所需要的煤炭、毛巾、胰皂、吃食、工资无不涨价，澡价也不断调整升高。尽管政府为了给市民提供卫生上的便利，试图对澡价进行控制，但是限定的价格不出几个月就需重新调整，否则浴堂的营业便无法维持下去。日伪统治后期，北平浴堂澡价翻了两到三倍。澡价经过1945年下半年小幅回落之后，从1946年开始不断上涨，到1948年时，足翻了70余倍。1948年发行金圆券后，澡价还在继续上升，这一趋势甚至到了北平解放初期仍未缓解。建国后由于奸商操纵，存积居奇，物价依然上涨，受物价上涨影响，澡价亦不断增加。直到1950年物价逐渐稳定，澡价的涨势才终告一段落。这一趋势如下表所示：

表2-17 1946年5月—1955年2月澡价变化表

	1946年5月一同年底 单位：元（法币）			
	特级	甲级	乙级	丙丁
盆浴	800—3500	600—2900		
池浴	200—900	170—700	150—600	100—400
	1947年 单位：元（法币）			
	特级	甲级	乙级	丙丁

1 田蕴瑾编：《最新北京指南》，上海：自强书局，1938年，第46—47页。

续表

盆浴	5500	4500			
池浴	1400	1200	1000	800	
	1948 年 3 月 单位：元（法币）				
	特级	甲级	乙级	丙丁	
盆浴	60000	50000			
池浴	25000	20000	15000	10000	
	1948 年 10 月 单位：元（金元券）				
	特级	甲级	乙级	丙丁	
盆浴	1.32	1.20			
池浴	0.52	0.48	0.44	0.40	
	1949 年 2 月—12 月 单位：元（第一套人民币）				
	特级	甲级	乙级	丙丁	
盆浴	60—4000	56—3000			
池浴	32—2000	30—1500	25—1000	20—800	
	1950 年 4 月—1955 年 2 月 单位：元（第一套人民币）				
	特级	甲级	乙级	丙	丁
盆浴	6000	5500	4500		
池浴	2800	2600	2300	2000	1600

资料来源：《我局第二福利公司关于理发、浴池业 1935—1955 年历年价格的调查材料》，北京市服务事业管理局档案，北京市档案馆藏，档案号：085-001-00084。

1955 年第二套人民币发行后，北京市确定了各等级浴堂的收费标准，即特级户池塘 0.28 元、盆塘 0.60 元；甲级户池塘 0.26 元、盆塘 0.55 元；乙级户池塘 0.23 元、盆塘 0.45 元；丙级户池塘 0.20 元、盆塘 0.35 元；丁级户池塘 0.16 元。[1] 如按第二套人民币和第一套人民币折合比率核算，澡价并未有所变化。

需要注意的是，虽然 20 世纪上半叶沐浴价格的总体趋势不断升高，但若将观察视角聚焦，从每家浴堂具体的

1 霍益民主编：《北京市丰台区商业志 1948—1990》，北京：北京市丰台区商业志编纂委员会编，2000 年，第 210 页。

经营层面考量，事实并非总是如此。润身女浴所刚开业时，因其是北京城第一家女浴所，面向的顾客不是官贾家眷便为小班女子，收费极为昂贵，最好的房间每位需要大洋2元，这比特等男浴堂中的官堂还要贵一倍。尽管该浴所会为相携而来的顾客提供额外优惠，如“有客两位加一元五角，合三元五角，有客三位各加一元，合四元”。[1]但优惠之后的价格亦比其他浴堂要昂贵许多。不过，这种炫耀性消费模式并未持续很久，澡价便开始回落。1923年，润身女浴所的最优等房间价格只需要银元6角，比之前减少了三倍之多。[2]再如头品香浴堂1916年重新装修后，将价格定为头等一元，二等六角，三等三角，依次递减。[3]十年后，沐浴价格减少至“头等六角，二位一元整，二等四角，二位六角”。[4]

此类现象屡见不鲜的原因在于，新式浴堂的兴起是现代化进程的一部分。清洁、卫生是现代性的要素之一。个人卫生，衣装体面与否，代表着个人的社会地位。浴堂的主要功能是为人们提供沐浴的场所，但人们在沐浴之余，同时彰显个人身份地位，因此在浴堂的沐浴行为往往超出了其实际效用。此过程通常伴随着奢侈行为，炫耀性消费也因此而生。所谓炫耀性消费，是指人们支付更多的钱财，去购买超出物品功能的那一部分。高昂的澡价不仅代表着能承担起这一费用的顾客之身份及社会地位，也能带给他们相应的声誉和名望。经过时间的沉淀后，清洁卫生的社会意识及沐浴行为逐渐内化于人们的认知体系之中，澡价自然会大幅减少。简言之，当清洁卫生根植于人们的日常生活中时，沐浴带来的群体间差异性也会随之缩

1《广告：北京润身女浴所新广告》，《余兴》，1915年第7期，第67页。

2 徐珂编纂：《实用北京指南》，上海：商务印书馆，1923年，第18页。

3《头品香澡堂新建三层洋楼广告》，《顺天时报》，1916年8月18日，第1版。

4《头品香男女澡堂大减价》，《顺天时报》，1928年9月2日，第1版。

小，浴堂中沐浴的功能逐渐占据了上风，澡价即趋向于沐浴这一行为本身应有的价值。

二、影响价格的因素

影响沐浴价格的因素诸多，大致可分为六类：

其一是燃料、水电、毛巾、胰碱等日常开销及家具房屋等资产。这些浴堂必需品的行市较之前上涨时，浴堂的营业便变得艰难。比如德颐园浴堂因新中国成立初期物价上涨，导致成本支出过大，其中每日花费“水费 1500 元，毛巾肥皂 3000 元，其他杂项开支 5000 元，总计开支 81500 元”。但该浴堂收入仅为每日 35000 元，和收入比较，每日亏损 45500 元，一个月来共计亏累 150 万元，因“煤末皆无，赊借无处，无法继续维持”，只得无奈停业。[1]

单独的浴堂是没有权力自行调整价格的，如要调整价格，维持营业及全体同业生活，需要联合向浴堂同业公会申请，再经由浴堂同业公会与政府相关部门交涉。在经济环境不好的时期，政府会对澡价进行严格的控制，每逢此时，澡价的官定价格调整速度无法匹配物价的上涨幅度，浴堂往往会忍痛维持，甚至出现大面积停业的局面。浴堂同业公会与警察局就调整澡价问题进行交涉时曾这样写道：

> 在事变前北平市有一百三十二家，自敌人统制后，物价一天比一天高涨，惟对于洗澡的价格，特别限制，但是煤、水、电全都不能

1《浴池洗濯会员名册和会员登记申请表（民国三十八年三月）》，北京市同业公会档案，北京市档案馆馆藏，档案号：087-044-00014。

禁止涨价，所以有许多家赔累不堪，结果关门大吉。

该函称浴堂在七七事变前，因物价稳定，煤、水、电费、米粮等价格合理，每天能净入七八十元，浴堂生意也是当时最好的生意之一。1 该申请提交在 1946 年 10 月，正值浴堂多次与政府反复协商价格的时期，故其看似在说日伪时期浴堂的惨淡经营，实则借前政府的暴政来催促现政府快速落实价格调整。

其二，浴堂工人的伙食、提成、工资等人工费用也是影响浴堂价格的主要因素。米面等价格的上涨通常会导致人工费用的增加。2 此外，工人斗争意识的觉醒使其不断要求资方提高待遇，改善伙食，生意亏累之浴堂，“雇工不易，能够维持营业之浴堂，亦每因工作饭食发生劳资争议”。在此形势之下，资方往往会妥协，从而提高工人待遇，以防怠工。3 工人福利的提高增加了浴堂的负担，如裕华园浴堂，因工会教育不及时，工人逢年过节要求大吃大喝，仅 1950 年春节一个年节的伙食费就开支第一套人民币 2000 多万元。4 有些浴堂为了盈利，往往把这些支出附加在澡价之中。

其三，由于北京浴堂多建于清末及民国初期，到新中国成立后，浴堂建筑已然变得陈旧，需要经常零修碎补，有的还属于危险建筑。早在 1940 年代的时候，浴堂建筑老化问题就已经开始凸显。浴堂也依此反复向政府要求提高澡价。

浴堂同业之设备于岁修工程，均非普通商业可比，例如锅炉水管油饰所用工料均极昂贵，

1《北平市警察局关于调整旅店、浴室两业价格呈》，北平市警察局档案，北京市档案馆馆藏，档案号：J181-016-03244。

2《四项营业之调查》，《晨报》，1928年3月7日，第7版。

3 北平市警察局：《北平警察关于重新调整浴室、理发、影业价格的训令》，北京市档案馆馆藏，档案号J181-016-03239。

4 北京市档案馆编《北京档案史料》，2010年第2期，北京：新华出版社，2010年，第54页。

在生意稍好之家，即便略有盈利，尚感觉所赚不敷所出，其平日仅能维持之户，无法修建，长此以往，势必渐趋破损，停闭之途，于公共卫生于市面繁荣均不误顾患。1

在1950年代初期关于北京浴堂行业整改的意见书中，曾提出北京浴堂建筑老旧因而需要整改的建议。该意见书中抽样调查了29家浴堂，其房屋已使用20年以上者10户，30年以上者7户，40年以上者2户。调查认为，29家浴堂中，能再使用5年者有5户，余者估计能使用10至15年，但须经常修理。2 浴堂修理费用非常高昂，如一品香浴堂，解放后资方投资达第一套人民币9000万元，完全用于修顶棚，换锅炉、管线等设备，仅仅分红650万元。如不提高澡价，则浴堂的盈利“有利可图，无利可得”。3

其四，浴堂的价格始终处于市场规律与政府的调控之间的张力中，受二者的合力影响。政府为了提倡卫生使沐浴行为变得大众化，不断要求浴堂降低价格，给予民众适当优惠以普及清洁观念，但是浴堂仍然以营收为第一位。1938年，浴堂同业公会以“交通不表，煤炭运输不易，各浴堂均感事实困难”为由，通令各浴堂将应要求减价后的澡价恢复原价。4 卫生的提倡也导致了毛巾、肥皂等消耗品价格的增加，需要提高澡价各浴堂方能维持。5 当卫生意识如愿根植于人们的认知体系中，沐浴成为人们的生活习惯时，一旦浴堂要求提高澡价，便会遭受政府与市民的百般阻拦。为此，浴堂经营者叫苦不迭，却百口莫辩。

1《北平警察关于重新调整浴室、理发、影业价格的训令》，北平市警察局档案，北京市档案馆馆藏，档案号：J181-016-03239。

2 北京市档案馆编《北京档案史料》，2010年第2期，北京：新华出版社，2010年，第52页。

3《北京市工商管理局有关单位于本市私营理发浴室等业的管理暂行办法情况调查报告及有关文件材料》，北京市工商管理局档案，北京市档案馆馆藏，档案号：J022-010-00717。

4《本市各澡塘恢复原价格》，《国风日报》，1938年1月25日，第2版。

5《北平警察关于重新调整浴室、理发、影业价格的训令》，北平市警察局档案，北京市档案馆馆藏，档案号：J181-016-03239。

> 现在我们走进每家澡塘，外面看来和从前没什么两样，只觉价格比从前贵些，洗次澡总要一千多块，一般公教人员真有点吃不消，但是澡塘业的主人勉强维持，一再请求当局提高价格，在一般人想像中，认为这又是奸商暴利，但是我们拿现在的物价来看，煤快到十六万元一吨，面三万多一袋，手巾一千元一条，肥皂七八万一箱，总之凡是澡塘所需要的各种物价不均长到一万多倍，而洗澡的价格比一万倍还相差甚多，同时还因营业和别的不同，只要开门，不管有多少客人总得要照样的开销，现在这行生意营业和停业全不好办，营业吧，每天在赔本，停业吧，经营了数十年一旦关门，尚觉可惜，总想会有一天能赚钱，况且一种生活必须的营业，一旦停了，市民立刻感到莫大的不便。[1]

上文表述了在困难时期浴堂行业的尴尬情状。维持澡价，浴堂的经营者将有停业倒闭的危险；提高澡价，市民因其给生活增加负担，称浴堂主是牟取暴利的奸商，同时政府也担忧过高的澡价会影响人们刚刚形成的卫生习惯。[2]纵观整个近代时期，北京浴堂的澡价虽然整体上一直在提高，但这并非单方面受到市场规律或社会风气的影响，而是在经济与文化角力的缝隙中上升。

其五，浴堂的经营有淡季旺季之分，澡价也会随之而变动，其变动幅度尤以春节前为甚。我国春节自古就有涤尘去垢之风，每届农历新年，无论贫富贵贱，所有人必欲整容浴体，刮垢磨光，以求焕然一新，毫无延宕。除夕

1《北平市警察局关于调整旅店、浴室两业价格呈》，北平市警察局档案，北京市档案馆馆藏，档案号：J181-016-03244。

2《澡堂同盟涨价》，《顺天时报》，1922年，7月28日，第7版。

前后，大多数店铺均关铺歇业，唯有典当业及浴堂二业生意兴隆。1 足见人们对农历新年沐浴习俗的重视程度。从腊八节起，澡价便开始飞速上涨，甚至有按日增加之势。2 即便这样，浴堂的顾客仍旧熙来攘往，春节前夕的营业额往往占浴堂全年总收入之最大份额。

浴堂行业新年任意加价的行为，在当时被认为是一种陋习，因这种习俗有悖于由国家所倡导的清洁卫生之意识，清洁身体本是作为近代国民应有之习惯，新年沐浴涨价完全与这种现代观念相左。3 此外，新年浴堂加价的行为是遵从于旧历的习俗，这种行为本身也不利于国家对于“国历”的推行。4 北平市政府从 1930 年代起，对浴堂新年加价的行为予以取缔，并由浴堂同业公会负责具体实施。浴堂同业公会在 1931 年新年前夕，曾组织行业内 90 余家浴堂共同召开临时会议，规定该年旧历年终不得增价。5 从 20 世纪 30 年代初开始直至 50 年代，浴堂同业公会几乎每年都会在旧历年终时召开会议，反复强调年节加价的问题。6 但无论是统一规定新年时期沐浴价格 7，还是增加处罚力度，对加价者处以罚金及停业的处分，该项取缔措施成效并不明显。8 也曾有人提出浴堂对于新年涨价趋之若鹜之风，形成时日久远，至今根深蒂固，屡禁不止，一时决难取消，应改变取缔规则，在“每年旧历十月一日冬季时，可以稍涨些钱，但到春节后，即应减价，每年春夏秋三季，均应减价，以便普通民众均有浴身的机会”。9 不过，这种建议也只是停留在建议层面。

浴堂新年加价屡禁不止的原因，可以归结为旧时商业的经营习惯与现代行为规则在相互渗透的过程中所产生

1 金受申:《老北京的春节》,《国民杂志(北京)》1942年,第2卷,第3期。

2《理发馆澡堂仍有加价者》,《华北日报》,1932年1月30日,第6版。

3《北平的浴堂业》,《益世报(天津)》,1934年,7月21日,第8版。

4《浴堂打破积习,公会昨日召开同业会议》,《京报》,1931年1月20日,第6版。

5《浴堂打破积习,公会昨日召开同业会议》,《京报》,1931年1月20日,第6版。

6《浴堂新年不增价》,《华北日报》,1931年12月16日,第6版;《浴堂公会议决不准增加浴资》,《蒙疆新报》,1944年1月9日,第3版;《北平市警察局关于取缔理发馆、澡塘春节加价的旧习及准许市立剧院演合作戏六场的指令》,北平市警察局档案,北京市档案馆馆藏,档案号:J181-016-03286;《北平市警察局关于取缔旧历年浴堂等增价、发行类似奖券一律禁止办理的训令》,北平市警察局档案,北京市档案馆馆藏,档案号:J183-002-26617。

7《北平特别市警察局关于规定浴堂、理发馆、成交价格,发北京物资查定委员会规定原案》,北平特别市警察局档案,北京市档案馆馆藏,档案号:J184-002-21269

8《北平市警察局关于取缔理发馆、澡塘春节加价的旧习及准许市立剧院演合作戏六场的指令》,北平市警察局档案,北京市档案馆馆藏,档案号:J181-016-03286。

9《北平的浴堂业》,《益世报》,1934年,7月21日,第8版。

的抵牾。浴堂多年来因人们年节沐浴的生活习惯，日复一日所形成的稳定盈利模式，并不会经一纸条文或规定就能立刻改变，大多数浴堂经营者还是乐于接受他们所熟悉的盈利方式。新中国成立后，在北京市工商局与浴堂同业公会的协同督办下，浴堂春节加价的商业习惯才有所改观。1951 年 1 月，北京市浴堂业公会筹备委员会发布通告，通知市内各家浴堂春节营业期间不得擅自加价，委员会各小组长也会随时检查超出公议现价的浴堂，也要求顾客及同业公会成员相互检举。如有违者，第一次须向同业公会全体会员大会作深刻检讨，承认错误，并据售出澡票价钱加倍罚款，作为捐款；第二次违犯者，在按第一项处罚外，还须登报道歉，并加以三倍处罚作为捐款；第三次违犯者，除按第二项处罚外，勒令停业处理。通知发布后，计有兴隆池、华盛池、英华园、瑞滨园、长乐园五家浴堂私自增价，共计超额第一套人民币 331900 元，这些钱全部缴会充作浴堂业慰劳抗美援朝人民志愿部队的资金，此外违规浴堂也被强制登报书面坦白过错，保证绝不再犯。[1]

最后，如铜元与银元的汇率变化等一些其他因素，也会影响到浴堂的沐浴价格。1922 年，银价上涨，那些收入铜元的浴堂需要将其收入折合为银元，购买燃料、米面等物，颇为吃亏。因此浴堂业统一涨价，澡价“凡洗澡客人每位加增铜元一枚”。[2]

三、恶性通胀时代的澡价调控

上述因素可以归为社会环境、政治策略、经济势态

1《商业局与澡堂同业公会关于浴堂业管理的各项文件》，北京市工商管理局档案，北京市档案馆馆藏，档案号：022-012-00191。

2《澡堂同盟涨价》，《顺天时报》，1922年，7月28日，第7版。

三类，三者对澡价施加的影响在通货膨胀时期体现的尤为明显。经过抗战胜利后短暂的物价回落，北平的物价从1946年年初开始增长，人们的生活指数从一月起到十月翻了七倍之多。1 沐浴的价格也随着人们的生活指数持续上涨。因为沐浴是人们现代生活之所需，北平市政府、警察局、社会局对浴堂的浴价严加控制。从1946年起一直持续到北平解放，出于营业需要，浴堂经营者们通过同业公会与政府不断周旋，浴价在此期间经历多次调整，每一次的价格浮动都是浴堂与政府部门相互协调的产物。浴价始终处于店家的盈利目的与政府的调控之间的张力中，受二者的合力影响而变化。

1946年至1948年可分为三个时期。第一时期，从1946年2月第一次调整澡价开始，到1947年2月，一共调整了七次。按服务项目不同，平均涨幅达30至60倍。这一时期，政府与浴堂同业公会间开始角力。政府将澡价纳入到自己的监控体系中的同时，也允许浴堂根据自身的营业状况通过公会提交涨价请求。二者间的互动构成了这一阶段的主题。此期间浴堂价格变动如下表所示：

表 2-18 1946—1947 年澡价调整明细表

第一次调整浴堂价格　1946年2月19日　单位：元（法币）								
	官盆	池塘	搓澡	修脚	刮脚	理发	刮脸	分发刮脸
特级	120	40	40	40	60	60	30	50
甲级	100	32	35	35	55	55	26	45
乙级		26	30	30	40	40	24	30
第二次调整浴堂价格　1946年3月12日　单位：元（法币）								
	官盆	池塘	搓澡	修脚	刮脚	理发	刮脸	分发刮脸
特级	500	110	110	110	140	250	100	150
甲级	400	100	100	100	120	180	80	130

1《北平市公务员生活必需品价格(民国三十五年一月至十月)》,《北平市政统计》, 1946年创刊号卷, 第124—125页。

续表

乙级		90	90	90	110	120	70	110
第三次调整浴堂价格 1946年5月21日 单位：元（法币）								
	官盆	池塘	搓澡	修脚	刮脚	理发	刮脸	分发刮脸
特级	800	200	200	200	240	400	160	250
甲级	600	170	170	170	200	300	130	200
乙级		150	150	150	180	200	120	150
第四次调整浴堂价格 1946年6月25日 单位：元（法币）								
	官盆	池塘	搓澡	修脚	刮脚	理发	刮脸	分发刮脸
特级	1400	340	340	340	420	650	250	450
甲级	1100	280	280	280	350	540	220	380
乙级		240	240	240	200	450	200	280
第五次调整浴堂价格 1946年10月15日 单位：元（法币）								
	官盆	池塘	搓澡	修脚	刮脚	理发	刮脸	分发刮脸
特级	1820	440	440	440	550	520	210	330
甲级	1430	360	360	360	470	390	170	260
乙级		310	310	310	390	260	160	220
第六次调整浴堂价格 1946年12月11日 单位：元（法币）								
	官盆	池塘	搓澡	修脚	刮脚	理发	刮脸	分发刮脸
特级	3600	900	900	900	1100	1700	600	1200
甲级	2900	700	700	700	900	1400	600	900
乙级		600	600	600	800	1200	500	700
第七次调整浴堂价格 1947年2月25日 单位：元（法币）								
	官盆	池塘	搓澡	修脚	刮脚	理发	刮脸	分发刮脸
特级	5800	1400	1600	1600	2000	3100	1100	2200
甲级	4600	1100	1300	1300	1600	2500	1100	1600
乙级		1000	1100	1100	1400	2200	900	1300

资料来源：《北平市警察局内三分局关于办理影剧院价格及调整公定价格、注意人抽查、理发、浴堂各业调整规定价格的呈》，北平市警察局档案，北京市档案馆馆藏，档案号：J183-002-17520；《北平市社会局、警察局奉市府令核定人力车、剧影、旅店、理发、浴堂、粮食各业价格

的训令（附：价格表）及市商会整理委员会给各公会的函等》，北平市商会档案，北京市档案馆馆藏，档案号：J071-001-00448；《北平市商会关于旅店、纸烟等价格事宜的呈和函及警察局、社会局关于粮食、浴堂、车业等价格的训令和批》等，北平市商会档案，北京市档案馆馆藏，档案号：J071-001-00589；《北平市警察局关于调整理发业、浴堂工人工资等价格的训令》，北平市警察局档案，北京市档案馆馆藏，档案号：J183-002-30464。

第二时期，由于物价的持续上涨，浴堂与政府议定浴价的速度已经跟不上物价上升的速度。这一状况打破了浴堂的供需关系，人们逐渐承担不起沐浴的消费而选择不去浴堂，浴堂出于利润考虑而提高价格，但价格超过人们承受的阈值后，反而影响到盈利。这一时期浴堂澡价变动如下：

表 2-19 1947—1948 年澡价调整明细表

实行时间：1947 年 3 月 18 日 单位：元（法币）								
	官盆	池塘	搓澡	修脚	刮脚	理发	刮脸	分发刮脸
特级	5400	1400	1400	1400	1700	2600	900	1800
甲级	4400	1100	1100	1100	1400	2100	900	1400
乙级		900	900	900	1200	1800	800	1100
实行时间：1947 年 6 月 1 日 单位：元（法币）								
	官盆	池塘	搓澡	修脚	刮脚	理发	刮脸	分发刮脸
特级	8000	2500	2500	2500	3000	4700	1600	3200
甲级	6600	2000	2000	2000	2500	3800	1600	2500
乙级		1600	1600	1600	2200	3200	1500	2000
实行时间：1947 年 9 月 22 日 单位：元（法币）								
	官盆	池塘	搓澡	修脚	刮脚	理发	刮脸	分发刮脸
特级	12000	3800	3800	3800	4500	7000	2400	4800
甲级	9900	3000	3000	3000	3000	5700	2400	3800
乙级		2400	2400	2400	3300	4800	2300	3000

续表

实行时间：1947年11月5日 单位：元（法币）								
	官盆	池塘	搓澡	修脚	刮脚	理发	刮脸	分发刮脸
特级	18000	5700	5700	5700	6800	10700	3600	7200
甲级	15000	4500	4500	4500	5700	8600	3600	5700
乙级		3600	3600	3600	5000	7200	3500	4500
实行时间：1947年12月22日 单位：元（法币）								
	官盆	池塘	搓澡	修脚	刮脚	理发	刮脸	分发刮脸
特级	30600	9690	9690	9690	11560	18190	6120	14240
甲级	25500	7650	7650	7650	9690	14620	6120	9690
乙级		6120	6120	6120	8500	12240	5950	7650

资料来源：《北平市浴堂业同业公会关于呈请澡价调整的呈文及市政府的指令整理》，北平市社会局档案，北京市档案馆馆藏，档案号：J002-007-00856。

第三时期，国共内战进行到白热化阶段，北平通货膨胀更加严重，在无法抑制浴堂成本飞涨的情况下，单方面抑制浴价的做法过于一厢情愿。出于这点，浴堂开始要求逐渐放开政府对浴价的控制，将浴价交由市场调节。

（一）政府与浴堂同业公会间的角力（1946年2月至1947年2月）

1946年2月，因物价高涨异常，北平市警察局派员调查影剧院、理发店、浴堂等三业价格，并会同社会局召集三业公会会长开会，经议定价格后，于该月20日开始施行。[1] 然而不到一个月，该议定价格就不敷开支。3月12日，浴价复重新调整。调整后，浴堂中的理发价格增长最多，较第一次调整价增长了近乎四倍，官堂、刮脸价格增长三倍有余，其他如池堂、搓浴、修脚等服务上涨二倍之多。[2] 3月调整幅度如此巨大，却仍赶不上物价的涨幅。5月初，浴堂同业公会向北平市警察局、社会局递交

1《北平市警察局内三分局关于办理影剧院价格及调整公定价格、注意人抽查、理发、浴堂各业调整规定价格的呈》，北平市警察局档案，北京市档案馆馆藏，档案号：J183-002-17520。

2《北平市社会局、警察局奉市府令核定人力车、剧影、旅店、理发、浴堂、粮食各业价格的训令（附：价格表）及市商会整理委员会给各公会的函等》，北平市商会档案，北京市档案馆馆藏，档案号：J071-001-00448。

呈请，以食粮、燃料、水电、毛巾、胰碱以及一切应用家具售价均各增涨一倍以上，且物价颇不稳定，几有一日数涨之势为由，请求将浴价提高一倍以上。经审核后，北平市社会局认为浴堂行业的请求“究属较多”，在详加审核后，应“按六成左右或七成加价为合宜”。1 在5月21日时，第三次调整后的价格在全市施行。2

同年6月，浴堂同业公会主席祖鸿逵向北平市社会局呈请变更浴价以维持浴堂营业。祖鸿逵称，虽上次调价在案不久，本无庸再请，但无奈煤、毛巾、胰碱各项消耗较上月又有所增长，浴堂同业公会各会员纷纷到会，请求公会转呈北平市警察局以提高浴价。祖鸿逵专门附上一个月来浴堂用具物价涨幅统计，其中硬煤由每吨法币26000元涨至50000元，烟煤由法币35000元增至60000元，胰皂5月份每箱法币12000元，6月中旬则增长一倍之多，达到法币25000元每箱，毛巾也从法币4000元一打变为9800元。北平市警察局召集各具呈人等“分别询核”，认为浴堂同业公会的呈请“尚系实情”，但“各价目略高”，经与浴堂公会理事会商议后，将浴价在浴堂公会请求价格的基础上微调略减，并于该月25日开始施行。3

表2-20 浴堂行业请求价格与核改价格比较表　　单位：元（法币）

		官盆	池堂	搓澡	修脚	刮脚	理发	刮脸	分发刮脸
特等	请求价格	1500	350	350	350	450	700	300	600
	核改价格	1400	340	340	340	420	650	250	450
	减少	100	10	10	10	30	50	50	150
甲等	请求价格	1300	300	300	300	400	600	250	500
	核改价格	1100	280	280	280	350	540	220	380
	减少	200	20	20	20	50	60	30	120

1《北平警察关于重新调整浴室、理发、影业价格的训令》，北平市警察局档案，北京市档案馆馆藏，档案号：J181-016-03239。

2《北平市警察局内三分局关于办理影剧院价格及调整公定价格、注意人抽查、理发、浴堂各业调整规定价格的呈》，北平市警察局档案，北京市档案馆馆藏，档案号：J183-002-17520。

3 缩减价格根据浴堂等级，服务项目而定，一般是在呈请价格的基础上减少2%到30%不等。《北平市商会关于旅店、纸烟等价格事宜的呈和函及警察局、社会局关于粮食、浴堂、车业等价格的训令和批等》，北平市商会档案，北京市档案馆馆藏，档案号：J071-001-00589；《北平市警察局关于调整理发业、浴堂工人工资等价格的训令》，北平市警察局档案，北京市档案馆馆藏，档案号J183-002-30464；《北平市警察局关于调整浴堂开业价格的训令、公函、呈等》，北平市警察局档案，北京市档案馆馆藏，档案号：J181-016-03241。

1《北平市警察局关于调整旅店、浴室两业价格呈》，北京市档案馆馆藏，北平市警察局档案，档案号：J181-016-03244。

2《北平市商会关于旅店、纸烟等价格事宜的呈和函及警察局、社会局关于粮食、浴堂、车业等价格的训令和批等》，北平市商会档案，北京市档案馆馆藏，档案号：J071-001-00589。

续表

		官盆	池堂	搓澡	修脚	刮脚	理发	刮脸	分发刮脸
乙等	请求价格		250	250	250	350	500	200	400
	核改价格		240	240	240	300	450	200	280
	减少		10	10	10	50	50	0	120

资料来源：《北平市警察局关于调整浴堂开业价格的训令、公函、呈等》，北平市警察局档案，北京市档案馆馆藏，档案号：J181-016-03241。

从前四次的浴价调整来看，浴堂与政府间的交涉还算顺利，但随着物价的急遽飙升，浴堂请求调整价格的次数也愈发频繁，这令政府不胜其扰，常拖延甚至驳回浴堂方的呈请。1946年9月6日，浴堂同业公会与北平市社会局、警察局一同开会，商议将浴价在第四次调整的基础上增加50%，以维持浴堂营业。1 尽管浴堂同业公会要求在9月24日起实行，但拖到10月12日才获批准（10月15日执行）。社会局虽拟同意增价50%，但报经市府时却核减为30%。2 因此在调价施行几天后，浴堂公会便继续向社会局申请调价，欲再增价一倍，且理由充分：

> 呈为请求变更澡价以维同业事，窃敝会在九月六日曾以卖价不能维持呈请变更澡价，直至十月十四日始奉令批准，自当遵照。无如原呈请时距离现在几近四十天之久，其间物价波动甚大，虽准加价百分之三十但与物价指数相较，仍然不敷开销，且以冬令在即，势必燃生暖气，消耗剧增。物价上涨实在无法维持，昨曾召集同业会议斟酌现在情势至低须加价一倍，并恳于呈到短期之内召集评议速行，不致因物

价波动无法遵照，临呈情迫伏乞。1

浴堂调整之价格自10月15日实施，历时仅五日又欲上升，这次申请自然未被批准。北平市社会局称浴堂这种行为蔑视办理限价之政府，无视民生政策，只顾少数人阶级利益而置市民之消费与生活之负担于不顾。浴堂的请求甚至没有得到专呈核实就被驳回。2

政府相关部门与浴堂同业公会间的议价，实则双方根据市场情形、物价指数、各自进行判断，提出自认为合理的价格。"社会局考虑的是物价的涨幅、民众的承受和市场供需情况，因此希望尽量压低价格。同业公会考虑的是成本额度、市场行情和利润情况，需要尽量维持公司、商号的再生产能力，因此多希望涨价。"3 从前五次澡价调整来看，大多数时候政府的决定对调解结果是起主导作用的，但浴堂方也会为自己争取更多利益，从而影响政府的调价决定。1946年年终时第六、七次调价，皆属于此种情形。

1946年12月初，因煤价高涨，又值冬季，用煤将比上一季度增加一倍，按10月份规定的浴价每日所入只敷煤用，浴堂行业濒临大面积倒闭和工人失业的情形。为此，浴堂同业公会申请在第五次调价的基础上提高浴价六成左右。4 为此北平市市长面谕旅栈、浴堂、理发等三业，经会同社会局召集该公会负责人到局详加研讨后，依据目前物价指数及各业营业状况，在浴价第五次调整的基础上提高了一倍。5

从1947年2月澡价的第七次调整，能看出政府与浴堂间的磨合与协调。浴堂公会原本在上一年12月就申请

1《北平市警察局关于调整旅店、浴室两业价格呈》，北平市警察局档案，北京市档案馆馆藏，档案号：J181-016-03244。

2《北平市警察局关于调整旅店、浴室两业价格呈》，北平市警察局档案，北京市档案馆馆藏，档案号：J181-016-03244。

3 魏文享：《"讨价还价"：天津同业公会与日用商品之价格管制（1946—1949）》，《武汉大学学报（人文科学版）》，2015年11月第6期，第86—97页。

4《北平市政府、社会局、警察局关于煤、旅店、理发、浴堂调整价格的训令、指令及市商会的呈以及北平市物价评议会议纪录等》，北平市警察局档案，北京市档案馆馆藏，档案号：J181-001-00590。

5《北平市警察局关于调整旅栈、浴室理发三业呈训令》，北平市警察局档案，北京市档案馆馆藏，档案号：J181-016-03247；《北平市警察局关于调整理发业、浴堂工人工资等价格的训令》，北平市警察局档案，北京市档案馆馆藏，档案号：J183-002-30464。

在第六次调整价格的基础上，将澡价增长一倍。但这一请求并未得获准。[1]1947 年 2 月，浴堂同业公会通过北平市商会转呈北平市政府，请求按生活必需品指数比例调整价格，以维商艰。呈文中称：

> 曾于去岁十二月奉令调整，迄今两月有余，价格骤递。去岁十二月中旬小米每斤 220 元，现在 700 余元；煤块每吨十一二万元，现在二十三四万；人工及其他必需品，莫不飞涨。若仍按第六次调整价格。赔累过巨无法营业。自拟具价格表并附成本计算表，请予迅转主管机关请求调整，以资救济……
>
> 煤粮人工及一切应用物品莫不较年前骤增一倍以上，若仍按去岁价格，自属赔累，为维持以上三业计予以适当调整，以免因赔累而影响营业……[2]

虽然物价上涨一倍有余，但浴堂公会为了能让拟定价格顺利批准，相比上一次增价一倍申请，这次只提出增价六成。该月 20 日上午 10 时，旅店、浴堂、理发三业公会会长与社会局商会股、警察局一并在行政科开会商议，会上决议同意浴价增加 60% 的请求，同时还将伙计收入增加 80%，调整日期定于 2 月 25 日起实行。[3] 此次调整价格，政府与浴堂公会反复磋商，在第二次申请的基础上，按照浴堂内不同服务的成本逐项核对，每项服务均做细微调整。如下表所示：

1《北平市警察局关于调整旅店、浴堂、理发三业价格的呈及各业价格表》，北平市警察局档案，北京市档案馆馆藏，档案号：J181-016-03300。

2《北平市浴堂业同业公会关于呈请澡价调整的呈文及市政府的指令（附呈请调整价格表）》，北平市社会局档案，北京市档案馆馆藏，档案号：J002-007-00856。

3《北平市浴堂业同业公会关于呈请澡价调整的呈文及市政府的指令（附呈请调整价格表）》，北平市社会局档案，北京市档案馆馆藏，档案号：J002-007-00856。

表 2-21 1947 年 2—3 月澡价调整表　　单位：元（法币）

等级	价格调整	官盆	池堂	搓澡	修脚	刮脚	理发	刮脸	分发刮脸
特等	第一次请求价格	7200	1800	2200	2200	2700	4200	1500	3000
	第二次请求价格	5500	1400	1700	1700	2000	3000	1000	2000
	最终价格	5800	1400	1600	1600	2000	3100	1100	2200
甲等	第一次请求价格	6000	1400	1700	1700	2200	3500	1400	2200
	第二次请求价格	4500	1200	1500	1500	1700	2500	900	1800
	最终价格	4600	1100	1300	1300	1600	2500	1100	1600
乙等	第一次请求价格		1500	1500	1500	2000	3000	1200	1700
	第二次请求价格		1000	1200	1200	1400	2000	700	1500
	最终价格		1000	1100	1100	1400	2200	900	1300

资料来源：《北平市警察局关于调整旅店、浴堂、理发三业价格的呈及各业价格表》，北平市警察局档案，北京市档案馆馆藏，档案号：J181-016-03300；《北平市浴堂业同业公会关于呈请澡价调整的呈文及市政府的指令（附呈请调整价格表）》，北平市社会局档案，北京市档案馆馆藏，档案号：J002-007-00856。

（二）价格调整与市场规律的抵牾（1947 年 2 月至 1947 年 12 月）

第七次调整价格计划于 1947 年 2 月 25 日实行，增加价格的申请在 2 月 23 日呈报市政府等候核准后便杳无音讯。[1]《华北日报》曾登报澄清，虽然浴堂业价格调整实施方案已经公布，警察局亦许可，但市政府尚未批准，各业加价须经市政会议通过，始可实行。为此警察局派员调查，禁止北平各家浴堂按照调整价格加价。[2] 实际上，浴

1《北平市浴堂业同业公会关于呈请澡价调整的呈文及市政府的指令》，北平市社会局档案，北京市档案馆馆藏，档案号：J002-007-00856。

2《理发浴堂业，市府未批准加价，决派员调查制止》，《华北日报》，1947年2月25日，第4版。

堂因为营业的需要，还是按照第七次调整之价格自行加价。有顾客曾记录下这一状况：

算来已有一百八十多天没有进过澡塘的大门。然而对于这个生活无关大节的需要，似乎也没有多大的遗憾。

…………

我到澡塘的时间是上午八点，我是有意避免人多杂乱。

所以在这时澡塘内是异常的静谧，好像整个的澡塘只有我是统治的权威者。而一般茶役供我颐指气使。但是他们于生意清闲之余，全都相互谈论着他们本身的业务问题。

…………

我本来想搓一搓澡，使周身的肌肤轻松轻松，但是我想搓澡也定必加价无疑。我试探地问着茶役。

“搓澡加价多少呢？”

“搓澡一千三，要是再捏脚就是两千六。”

“比原来的价目加了多少？”

“原来澡资是七百，搓澡也是七百，现在连洗带搓就是三千九……”

我摇了一摇头。

洗澡的人越来越多，我赶快穿好衣裳付了钱给别人腾出地盘。当我一步一步向外走的时候……我想：现在各种物价疯了似的向上狂奔，恐怕将来洗一次澡为了免去携带现款的累赘，说不定也需要开支票哩。[1]

上文写于1947年2月28日，于调价政策拟生效日只过三天。由此可见浴堂中的澡价确实已经按照第七次调价的内容向顾客收取。除此之外，也可获知顾客的心态。对浴价的不断上升，来沐浴的顾客大为不满，笑称洗一次澡恐怕也需开支票了。浴价的提升，使得沐浴成为生活中“无关大节的需要”，即使舍弃了“似乎也没有多大的遗憾”。[2]

一位在北城经营浴堂的营业者在《新民报》上发文，希望政府能够收回提价成命，让浴堂能够维持生计。该经营者称其开设浴堂已十数载，今年是浴价最贵的一年。池浴每位1400元（特等池堂），理发、修脚亦随加价，若一人来洗澡，这些钱加上茶资小费，没有7000元不能完全出门，若同几位朋友来洗澡，没几万元不成。价格的上涨使浴堂的营业大受影响，该营业者写道：

> 洗澡不能与食粮相比，食粮虽贵，每天不吃不成，洗澡贵了，两个月不洗无关系，因此，营业日渐萧条，最近每天自上午七时开门至下午十一时关门，一天才有洗澡主十几位。而且洗澡算账一听澡钱一千四百元，洗主连小费都不给，我们伙计甘受其苦，洗澡主顾都不来，洗不起澡了，小商若私自落价，便会受罚。[3]

浴堂沐浴价格增加后，引起了各方的不满。浴堂方面，因涨价导致上座率骤减，经营情况还不如不涨之时，不涨价尚可维持开销。加价因物价升高而起，但上座率的减少导致收入反而不敷煤火等费用之开支。顾客方面，由

1 胡越：《洗澡记》，《益世报（天津）》，1947年2月28日，第6版。

2 胡越：《洗澡记》，《益世报（天津）》，1947年2月28日，第6版。

3《小澡堂顾客如星辰，加价结果害了自己》，《新民报》，1947年3月5日，第6版。

于浴价昂贵，一般顾客能省则省，甚至裹足不前。1 尽管不去浴堂沐浴并不影响人们的生活，但是要改变多年来养成的习惯亦非易事，这必然会招致市民的不满。有鉴于此，北平市社会局同警察局于 1947 年 3 月 1 日召集浴堂等三业公会，决议准予沐浴价格由第七次调整加价 60% 缓减为 50%。同时擅自加价者由公会负责人具报，如有违者当予惩处。2 该决议经北平市政府核准后，于 3 月 18 日开始在全市推行。3 调整后，官盆特级法币 5400 元，甲级法币 4400 元，池塘特级法币 1400 元，甲级法币 1100 元，乙级法币 900 元。4 此后，浴堂门市营业状况略为缓解。

浴堂同业公会与政府交涉时审批手续繁多。首先浴堂公会需要向社会局报备，社会局再召集警察局商议、调查、审核，与浴堂公会反复协商后确定最终调整价格，再将此价格上报至市政府，获批后方能生效。这一流程周期大致在一个月至四十天，如此漫长的审批过程使得浴价调整长期滞后于物价变化，造成浴堂营业艰难。5 针对这一点，在 1947 年下半年，审批的流程明显缩短。1947 年 4 月 29 日，浴堂同业公会申请，欲将官盆按原价增 50%，其他按原价增 80%，这一申请过了一个多月，于 6 月 1 日起才得以实施。6 不过，在该年下半年的几次调价中，审批的周期明显缩短。9 月 4 日，浴堂同业公会呈北平社会局请求在 6 月调价的基础上增价 5 成。并称自 6 月调价后不久，煤、米面价格开始暴涨，涨幅超过一倍，考虑到价格已调整多次，不便再请增加，虽赔累不堪但仍勉强支撑四个月，现行业内各号已至万难维持之际。社会局考

1《盛况已随加价去，三业门前顾客稀》，《新民报》，1947 年 3 月 10 日，第 4 版。

2《北平市警察局关于为准旅店、浴堂、理发三业价格调整解除煤禁运令、禁止外币流通买卖况换及绥靖区非法组织遗留盐等训令》，北平市警察局档案，北京市档案馆馆藏，档案号：J184-002-18828。

3《北平市浴堂业同业公会关于呈请澡价调整的呈文及市政府的指令（附呈请调整价格表）》，北平市社会局档案，北京市档案馆馆藏，档案号：J002-007-00856。

4《不堪门前冷落 理发浴堂减价》，《新民报》，1947年3月18日，第4版。

5《北平市浴堂业同业公会关于呈请澡价调整的呈文及市政府的指令整理》，北平市社会局档案，北京市档案馆馆藏，档案号：J002-007-00856。

6《旅店浴堂等六业今起增价》，《华北日报》，1947年6月1日，第5版。

虑到浴堂业的难处及恳切企祷之情，不日便开会议决，并急速呈请主管官署核准调整价格。从9月4日浴堂同业工会发函到9月22日新价格落地，前后用时不到三周。10月23日提价50%的请求也于11月5日获批照办，用时不过半个月。[1]但这几乎于事无补，此时市场上的通胀早已到了不是限价能够控制的程度。

从2月开始计算，1947年全年浴价涨幅大致为官堂6倍、池堂7倍。由于基数过大，这一数字不比1946年的30倍涨幅。但是若按实际增长数字计算，实则全年增长的总价是1946年的5至6倍。这是由于在物资短缺，物价飞涨的时期，米面价格的高涨提高了浴堂的人工成本，以及燃料、胰皂等价格的提升，增加了浴堂的运营成本。而当浴堂服务取价超过普通民众的承受能力时，人们自然会选择从自己的生活开支中去掉沐浴选项，将这笔不菲的开销节省下来以济其他生活费用。物价的上涨导致了人们沐浴需求的下降，当供需平衡被打破时，无论政府怎么管控，受损害的都是浴堂行业的从业者们。当调控价格过高，顾客和浴堂二者皆受损失。当政府将调控价格压低，虽然顾及到顾客的生活所需，但是浴堂的价格水平落后于物价指数及生活指数，行业的生存与发展便会受到影响。可以说，浴价原本是由顾客的需求以及浴堂营业收益二者间的协调互动决定。政府不仅无力整顿市场上的通货膨胀，反而盲目介入控制浴价，将问题变得复杂化的同时，也使得调价措施跋胡疐尾，左支右绌。

（三）价格控制的权力转移（1948年1月至1949年2月）

两年来，频繁限价造成了北平各浴堂的强烈不满，

1 北平市警察局：《北平市社会局关于调整浴堂、理发业价格的呈》，北京市档案馆馆藏，档案号J181-016-03296；北平市社会局：《北平市浴堂业同业公会关于呈请澡价调整的呈文及市政府的指令整理》，北京市档案馆馆藏，档案号：J002-007-00856。

因影剧业已经采用自由定价的方式，浴堂同业公会会员纷纷向公会请求，要求取消限价。

1948 年 1 月 24 日，理发业、浴堂业、旅馆业同时向北平市社会局请求取消限价以维持商事。1 在三业公会申请呈文中，出具的理由有三点：首先，政府对于商号限制价格，本来是敌伪时期一种压迫手段。当抗战结束后，全国各阶层、全市各行业均能自由发展，未有束缚与限制，唯独浴堂等三业遭受限价的待遇。其次，对于两年来持续的限价政策，三业本以为是胜利伊始，是民生亟待复苏而施行的权宜之计。于是“尽一切力量牺牲小我之见，一直容忍”。但距离抗战胜利已经过了近二年半时间，三业并未尝到胜利之实惠，反而仍受限价之苦。最后，以实际情况论，由于时局波动，物价一日而数变，朝夕价不同。其他各业可以随物价指数随时提高价格，但浴堂业不得不多次请准调价，一再与政府讨价还价。就算政府考虑浴堂业营业情形而酌量增加浴价，但呈批手续繁杂，周转延隔时日颇久，及批准施行之日方到，而一般物价已复上升。浴堂方反复向政府申请的结果就是商业惮其频繁，而政府不胜其扰。若不如此，因粮、煤、水、电、人工等成本涨幅过巨，经营势难维持。根据以上三点理由，浴堂方认为现在的困难情形皆由限价造成。2

经多次与社会局、警察局联席交涉，社会局以体恤商难、坚固市民福利为由，同意浴堂取消限价的要求，按物价比例行业内自由定价。但规定公会需要每次将议决价格向社会局、警察局备案，再报之市政府。3 当官方认为浴堂定价过高时，保留加以限制的权力。事实上，官方根

1《取消限价——理发，浴堂，旅馆业经市政会议照准》，《华北日报》，1948年1月24日，第4版。

2《社会局、浴堂等业同业公会关于取消限价问题的呈文及市政府的指令》，北平市社会局档案，北京市档案馆馆藏，档案号：J002-004-00605。

3《社会局、浴堂等业同业公会关于取消限价问题的呈文及市政府的指令》，北平市社会局档案，北京市档案馆馆藏，档案号：J002-004-00605。

本不必担心浴价过高，因为市面上充斥多项与营收所得成比例的税捐，浴价必定不致过高。[1] 1948年2月6日，经过北平市政府批准，对于浴堂价格的限制逐渐开放，限制价格的权利交由浴堂业自己完成。[2]

然而，不过半年之久，到1948年8月中旬，由于国民政府要求使用新发行的金圆券来代替法币，作为统一货币使用，北平全市的商品、服务价格以8月19日的价格为基准，不得私自涨价。[3] 然而这一对价格限制的规定随着金圆券价值的缩水而迅速被打破。就浴堂而言，9月28日，浴堂业重新规定限制价格，特级浴堂官堂金圆券3角3分，池堂为金圆券1角3分。[4] 不到一个月，浴价涨了近乎五倍，特等官堂金圆券1元5角，池堂5角。[5] 与前两年比较，在政府放开了对浴价的限制后，1948年成为浴价涨幅最大的一年。从2月起到1949年1月底，增长高达150倍。这一时期，虽然调整统一浴价的权力交由浴堂同业公会实施，浴堂公会也按照浴堂开销成本规定浴价，但由于浴价过于昂贵，来浴堂的顾客越来越少，使浴堂行业损失惨重，大批浴堂在这一时期歇业。[6] 持续的通货膨胀直到1949年2月北平和平解放后才略有缓解，于1950年年末稳定下来。

（四）价格限制的监察与惩罚

早在抗战后期，国民政府就曾颁布《取缔违反限价议价条例》，该条例中规定，民生必需品的价格应由当地政府与同业公会或其他团体组织一同评议，并经当地主管机关核定，方能实施。尽管该条例并没有说明浴价是在此办法适用范围中，但是浴堂价格的调整确是按照这种方式

1《取消限价——理发，浴堂，旅馆 业经市政会议照准》，《华北日报》，1948年1月24日，第4版。

2《社会局、浴堂等业同业公会关于取消限价问题的呈文及市政府的指令》，北平市社会局档案，北京市档案馆馆藏，档案号J002-004-00605。

3 大东书局编：《经济紧急措施法令汇编》，上海：大东书局，1947年，第174页。

4《浴堂、理发、剧院、电影、旅店五种营业限价公布》，《华北日报》，1948年9月28日，第4版。

5《旅店、电影、西餐、浴堂、理发、戏剧今起调整价格》，《华北日报》，1948年10月22日，第4版。

6《浴堂同业公会筹备委员会会员名册及歇业请示》，北京同业公会档案，北京市档案馆馆藏，档案号：087-044-00014。

实行。该条例明确规定，不遵照限价议价规定以及物品交易价格超过限价议价，都属于违反限价议价的行为。针对此种行为，课以法币 1000 元以下罚款，若一年内再犯者，处罚加倍并予以三个月以下之停业处分。取缔的主管机关为社会局，监督调查的责任则归于警察机关负责。[1]

在 1946 年至 1948 年期间，北平市政府为了在全市推行限价政策，对于价格的监管十分重视。浴价调整后，限制价格的督查工作交由北平市警察局完成。为了严禁浴堂私自抬价的行为，北平市警察局统辖各区分局下的各段驻所，随时派员监督辖区内各家浴堂，督促浴堂切实遵照限制的价格营业，不得阳奉阴违，暗自涨价，并将浴堂内限价情形照实呈报上级部门。[2] 除此之外，还规定各浴堂将调整价格制定表格，用玻璃框悬挂在明显之处，以示顾客。[3]

对于违反价格规定的浴堂，北平市警察局的惩戒方式有拘留及罚款两种。比如儒芳园、长乐园、浴清园等三家浴堂，因擅自抬高物价违反限价条例，将该三所浴堂负责人依法拘留五日以示惩戒。[4] 再如打磨厂兴华池，按兴华池为甲等浴堂算，在 1946 年 3 月，按规定池堂及搓澡价格均为法币 100 元。该浴堂不按核定价格收费，私自定价为池堂法币 120 元，搓澡法币 140 元，经警察局人员查知后，处以兴华池浴堂法币 600 元罚金。[5] 受到惩罚的还有鲜鱼口浴德堂浴堂，该浴堂池堂价格法币 120 元，修脚、捏脚、搓澡法币 160 元，刮脚法币 200 元，刮脸法币 160 元，理发法币 260 元。浴德堂为特等浴堂，这一价格较规定限价按服务项目不同，提高了法币 10 元至

1《取缔违反限价议价条例(1945年2月15)》，国家工商行政管理小组:《中华民国时期的工商行政管理》，北京：工商出版社，1987年，第172—174页。

2《北平市警察局关于调整浴堂开业价格的训令、公函、呈等》，北平市警察档案，北京市档案馆馆藏，档案号：J181-016-03241;《北平市警察局内五分局关于浴堂旅店已按规定价格实行等呈》，北平市警察档案，北京市档案馆馆藏，档案号：J183-002-36304;《北平市警察局关于调整理发业、浴堂等价格表的训令》，北平市警察档案，北京市档案馆馆藏，档案号：J183-002-30463。

3《北平市警察局关于旅客登记簿式样、浴堂等擅自抬高价格依法处罚、电影、理发、浴室各业核定价格表、全国军公教人员率先倡导购物、付钱时索取发票等的训令》，北平市警察档案，北京市档案馆馆藏，档案号：J184-002-00179。

4《北平市警察局内三区关于抽查浴堂价格旅店价格浴堂业工人觅组联合会未住前取缔其活动等的训令》，北平市警察档案，北京市档案馆馆藏，档案号：J183-002-15419。

5《北平市警察局关于旅客登记簿式样、浴堂等擅自抬高价格依法处罚、电影、理发、浴室各业核定价格表、全国军公教人员率先倡导购物、付钱时索取发票等的训令》，北平市警察档案，北京市档案馆馆藏，档案号：J184-002-00179。

60元不等。[1]因违反规定的行为，外二区警察局将该浴堂司账刘凤明传案教育，并判处罚金法币500元。[2]然而若一个人在浴德堂中洗澡，再选择理发、刮脚、搓澡等服务，所支付的费用中超过限价额度的部分，已经接近其500元罚金。[3]当时北平执政机构一方面严格督查私自涨价的行为，另一方面，对于违反规定者的处罚力度并不能与其杜绝私自涨价的决心相匹配，造成了管理上抓而不紧，限价政策落而不实的现象。

制度的漏洞使得浴堂营业者宁愿缴纳罚金也不愿意降低浴价。虽然政府多次强调，价格的限制是站在广大市民立场而言，是减轻广大贫苦市民之负担的做法。斥责浴堂商人，因不明此种国家意义的物价政策，辄报以怨言，甚至私自涨价。但这种呼吁几乎无济于事。实行浴价限制规定后数月，受处罚者达35家，约占浴堂总数的1/3。[4]

1947年2月25日，全国范围内开始实施《评议物价实施办法》，实施地区涉及北平、南京、上海、青岛、天津等32个城市。该办法确定除民生日用必需品外，与人民日常生活有关之营业，如水、电、煤气、旅馆、浴堂、理发、电影戏院等也属于其适用范围。规定的主要目的在于评议主要民生日用必需品之售价以及协助检举违反议价之行为，同时规定物品成本发生剧烈变动，有评定新价之必要时，得重新议价。未经议定核定前，不得加价。违反核定之议价者，依法取缔违反限价议价条例惩处之。[5]最具讽刺意义的是，在该条例颁布后的第二天，理发、浴堂、旅店三业，擅自加价80%。对此问题，从公会到监管机关互相推诿。理发业称，会员加价并非奉公会指令，

1《北平市浴堂业同业公会关于呈请澡价调整的呈文及市政府的指令（附呈请调整价格表）》，北平市社会局档案，北京市档案馆馆藏，档案号：J002-007-00856。

2《北平市警察局关于旅客登记簿式样、浴堂等擅自抬高价格依法处罚、电影、理发、浴室各业核定价格表、全国军公教人员率先倡导购物、付钱时索取发票等的训令》，北平市警察档案，北京市档案馆馆藏，档案号：J184-002-00179。

3 北平市政府对浴堂私自提价的处罚过于宽松，以至于有些浴堂甚至情愿缴纳罚金，甚至不惜拘留几日而牟取暴利。如西润堂、涌泉堂等。详见附录十一：《第二次调价期间北平澡堂违规情况统计》，资料来源《北平市警察局关于装路灯、查舞场、传罚抬价浴池堂、密查广播电台的训令》，北平市警察局档案，北京市档案馆馆藏，档案号：J183-002-32485；《北平市警察局关于浴室违反规定价格依法处罚的训令》，北平市警察局档案，北京市档案馆馆藏，档案号：J181-016-03249。

4 北平市临时参议会秘书处编：《北平市临时参议会第一届第一次大会会刊》，北平：北平市临时参议会秘书处，1946年，第74页。

5 大东书局编：《经济紧急措施法令汇编》，上海：大东书局，1947年，第39—41页。

而系自行增加，故公会不负责任；浴堂公会谓，本业加价纯系受浴堂职工会捣乱之影响，非公会所为。[1]甚至警察局也推脱道，“公会递呈文后不予批准即行涨价，警察局负责办理迄无此类事情发生，最近市府为执行经济紧急措施，特授权社会局酌情办理，本局对此已无责任。”[2]最终，市政府只得声明，此次擅自加价实属违法，但不予以追究，下不为例。[3]由此可见，政府的限价政策由于缺乏有效的管理手段，几近一纸空文。

综上，从1946年至1948年的三年间，以1947年2月为转折点，前一阶段政府是把浴价掌握在自身的管辖范围中的。尽管在价格的调控中，申请方是浴堂行业，浴堂业也曾多次和政府商议价格，但是其主导权始终在政府手中。那么，1947年2月的集体涨价事件便可以称之为象征着对这种体制的抗争。浴堂的生存需要迫使浴堂经营者铤而走险，情愿被拘留或缴纳罚金，也不肯遵照政府的限价安排，经济利益促使各商家更偏向于同业公会，政府由此失去了贯彻自己规定的强制力。在此之后，由于政府仍未有更有效的管理措施出台，虽然缩减了议价审核的周期，提升了办事效率，但结果还是只理不治，只管不惩，最终市场上通货膨胀的程度已经无法通过提升浴价、转移成本的方式来应对，价格管制于1948年不得不放开。

无论是政府对价格的管控，还是浴堂行业对涨价的执念，其根本动因是获得某种平衡。政府寻求的是人们的卫生习惯与生活水准之间的平衡，而浴堂更侧重于成本与收益、供给与需求之间的平衡。换句话说，政府对沐浴价格的管控，更多的是强调浴堂中的卫生功能，这关乎到清

1《三业加价实属违犯，这次算了下次不可》，《新民报》，1947年2月28日，第4版。

2《三业擅自加价怒恼的汤局长》，《新民报》，1947年2月27日，第4版。

3《三业加价实属违犯，这次算了下次不可》，《新民报》，1947年2月28日，第4版。

洁观念在全社会的普及问题，而浴堂店家则更注重浴堂中的经济功能，只有这样浴堂才能获得更多利润。当政府控制沐浴价格，单方面强调浴堂的卫生功能时，必然会招来浴堂行业的强烈反抗，因其改变了浴堂所熟悉的盈利方式，影响了浴堂的营业利润。政府与浴堂间矛盾的本质由来于此。沐浴价格本来就是受到供需关系、营业利润影响，是浴堂中服务价值的直接表现，政府试图通过调控价格打破这一规律，以寻求社会意识形态上的平衡，却未能维持很长时间即宣告失败。而浴堂通过自身的实践，对浴价分斤掰两，锱铢必较，在某种程度上，促使政府改变了限价政策。但在当时，因国共战事激烈，货币超发严重，市场上通货膨胀的程度已经不是通过限制物价能够改变的，虽然浴堂争取到自行定价的权力，但却对营业收益的帮助已并不明显，仍无力挽救行业的逐步崩溃。

第四节
浴堂经营与管理策略

20 世纪上半叶北京浴堂行业的起伏与城市、社会的发展有着莫大的关联。在帝制时代末期及北洋政府执政期间，由于北京行政首都的地位，社会财富多聚集于此，商人阶层的崛起提升了整个城市的消费水平，外来人口的增多为北京城带来了廉价劳动力，使得普通市民获得更多“闲暇”，清洁卫生等现代观念让人们逐渐将洗澡视为一种体面的行为。值此期间，人们沐浴习惯开始形成，去浴堂洗澡成了一种彰显自身财力及进步思想的娱乐活动。[1]浴堂的经营者们也因此竭力营造、维护这样一种氛围，让顾客在此体验浴堂的现代性。浴堂花费较大财力购置先进设备、装修陈设奢华，事实上皆出于满足时代变迁带来的顾客需求。迁都后，北京城的经济形势大幅下滑，市面萧条冷清，1940年代的通货膨胀使得浴堂经营者不得不更改经营策略，将针对的服务阶层下移，扩大服务群体，同时开源节流，增添多项服务来创收。

本节试图通过讨论浴堂的管理体制及经营手段，来分析近代北京浴堂的经营方略，并在此基础上进一步阐述浴堂的经营手段与社会发展趋势之间的关系。概言之，这种关系往往是缠绕交织而非非此即彼。在考虑到现代化技术改变了浴堂传统的经营方式之时，也不能忽视现代化技术是浴堂经营者们根据顾客需求，同时为了营业获利而做出的选择。若把浴堂的经营比作随着社会、经济、政治环境而变动的一叶孤舟，这叶孤舟亦可得舟楫之力。

一、浴堂的管理体制

在近代北京浴堂的经营管理中，资方往往会雇佣浴堂的从业者出任经理或掌柜，负责浴堂中各项业务的执行，既是资方又是经营者的情况不多。其原因大致有二：首先，北京的店铺多由官绅或富豪投资，这些官绅或身居官位而不宜投入商贾之群追逐微利，或因自己缺乏经商经验而将资本交与可靠商人，令其经营。[2]其二，由于近代北京浴堂业由定兴、易县、涞水等三县人垄断，雇佣一位

1 关于习惯与闲暇的辩证关系，列斐伏尔认为这是一种事物中两个对立面，当一种行为成为日常生活中的习惯时，人们不会将其列为闲暇时间应享受的事物。同理，当一种事物是人们闲暇时间的娱乐活动，这种事物必然还未沉淀在人们日常生活的习惯之中。[法]亨利·列斐伏尔(Henri Lefebvre)著:《日常生活批判(第一册)》，北京：社会科学文献出版社，2017年，第28—52页。

2 [日]服部宇之吉等编:《清末北京志资料》，张宗平、吕永和译，吕永和、汤重南校，北京：北京燕山出版社，1994年，第326页。

有浴堂从业经历又出自于这三县的人来负责店铺的管理事宜，是有利于该浴堂与浴堂行业间之联络的。

这种经营管理体制并不健全，资方与其雇佣的经营者间往往仅靠信任维持。虽然这种信任可能给予店铺掌柜最大化的自由自主经营权力，使其不受资本方干涉而发挥全部本领，资方也能因此取得更大利益。但是一旦此信任关系被打破，资方的利益几乎无法保证。如福海阳浴堂原资方为马信夫，1950 年代初因夫妻感情不合经法院判决离婚。法院将福海阳浴堂作为女方的生活费，判给马信夫的前妻马秀贞。[1] 由于该浴堂是全权委托给与马信夫共事多年、私交甚好的经理崔锡钧管理，马秀贞担心更换东家后二人会合伙在营业额上算计自己，亦顾虑自己因不熟悉浴堂业务而吃暗亏，起初并不愿意接受这一判决。在资方与掌柜间缺乏相互信任，旧时政府又缺乏有效的监督体制时，马秀贞的担忧并非空穴来风。这一顾虑在经工会相关同志开导，详尽说明工会和党组织的监督作用后，终获消解。[2]

浴堂的资方经常秘隐其名不令世间知晓，另派掌柜统管，因此常常只有店内的掌柜或经理知晓店主身份。资方的不透明会给浴堂的营业带来麻烦，如珠市口清华池浴堂，社会中皆传是西北军阀马鸿逵之产。在日伪统治时期，外二区警察署办事员与巡官也将清华池浴堂视为马鸿逵的产业，因马属于敌对势力，故欲清算其名下资产，对其产业清华池浴堂施行保管手续。浴堂经理马步云赶忙出示财务局契底和营业登记底案为证，据理力争，声明此浴堂为马伏威之产业，马伏威多年营商皮毛生意，因年老回

1《北京人民政府工商局私营企业设立登记申请书（福海阳澡堂）》，北京市工商管理局档案，北京市档案馆馆藏，档案号：022-009-00032。

2 暮鼓编：《老北京人的陈年往事》，北京：文化艺术出版社，2012年，第406页。

图片来源：
作者拍摄。
1《北平市警察局关于清华池澡堂产权一案的函、批》，北平市警察局档案，北京市档案馆馆藏，档案号：J181-023-00884。
2《北平市警察局内二区区署送孙富兴代韩人由法院拍买文雅园澡堂铺底铺房》，北平市警察局档案，北京市档案馆馆藏，档案号J181-021-51398；《北平市警察局关于文雅园占住房、现已移出原办嘉奖、上年冬防期内应行奖励区队人员业经考核设事抄发单转饬知照训令》，北平市警察局档案，北京市档案馆馆藏，档案号：J184-002-12931；《北平市警察署关于查获信函中有杀人嫌疑及振声饭店拍卖情形、文雅园有人要强行安电灯等的函》，北平市警察局档案，北京市档案馆馆藏，档案号：J181-031-04337。

籍，就不再过问浴堂事务。马伏威与马鸿逵二人为同乡但并非亲族，浴堂也绝非后者财产。此案经该段警长详细调查后，不再对浴堂进行清算。1

图 2-5 清华池浴堂现址

由于浴堂营业获利较丰厚，因此也引来了外国人的觊觎，资方信息不透明给这些人以可乘之机。西单北大街文雅园浴堂于 1936 年 12 月倒闭，铺底由法院拍卖，有名孙富兴者出价法币 10039 元拍得。在缴纳法币 500 元保证金后，赴法院缴纳余款时，孙富兴被法院人员扣留。经查明，孙富兴乃前门西河沿振声饭店店伙，该饭店经理栗晓峰是其好友，饭店店主为韩国人金振声。金振声与栗晓峰两人商议，由孙富兴代栗晓峰出面将文雅园浴堂置买下来，再依外国人租房手续转让由金振声营业，这样既符合法律程序又能替韩国人节省资金，但不料事发被法院查知。该案最后判决孙福兴因朦卖中国人铺产供外国人驱使，妨碍中国产权被交发感化所，取消孙富兴、栗晓峰文雅园浴堂的铺底权，原收保证金如数发还，铺底另行拍卖。2

尽管北京浴堂发展迅速，但管理体制依然问题重重。首先，资本方想隐姓埋名，闷声发财，却又担心自身利益受损而不能完全信任其雇佣的经营者。其次，资方不想透露自己身份这种心理也常会使自己的资产平添繁难，譬如资方的财产可能被误识为他人资产而造成不必要的损失。最后，浴堂不透明的管理体制也给政府的管控带来困难。

二、浴堂的营业方式

(一) 浴堂的营销手段

浴堂的收益由顾客周转率及顾客在浴堂消费的金额两方面决定。从技术层面讲，浴堂能够通过控制顾客的逗留时间来提高店铺收益。提高顾客的周转率意味着缩减他们在浴堂的逗留时间，此举多为小型及旧式浴堂所采用；提高消费金额则多用于高档之新式浴堂，具体手段为竭力延长顾客在浴堂的停留时间，停留的时间越长意味着消费的金额越多。这看似截然相反的两种营销手段构成了近代北京浴堂的主要经营方式。

小型浴堂从客人进入的那一刻开始，就在尽一切所能减少他们的沐浴时间。如极力压缩客人在入浴前的整备时间，浴堂经常不备休憩区域，只设有竹编的衣筐供客人存衣使用。衣筐系有竹牌，标明号码。浴客洗澡前将衣物鞋帽一并放入筐内，出浴后认号穿衣，即刻离去。[1] 即便这样，浴堂的伙计仍会时常喊唱：“先脱上身，后脱下身，好脱又好穿。”[2] 以求缩短顾客的更衣时间。顾客即使沐浴中也无暇享受热水澡带来的片刻惬意，在浴池中浸泡时间

1 北京市地方志编纂委员会编：《北京志·商业卷·饮食服务志》，北京：北京出版社，2008年，第258—260页。

2《本市工商业调查——浴堂商概况》，《新中华报》，1929年10月3日，第6版。

稍长，伙计就会催促：“洗的洗，晾的晾，不洗不晾穿衣裳，洗澡别打盹儿。”1 如果洗完澡后浴客不及时离去，伙计也会高喊：“诸位，穿着，穿着，腾个箱儿，前起让后起儿。”让顾客赶紧穿衣走人。2

北京浴堂还有一种独特的洗法，名曰“搬蹭”，该洗法可以称为北京浴堂提高顾客周转率这一营销手段的极致。“搬蹭”即客人在沐浴时只脱去外衣，而不脱裤、袜、鞋，在池边洗脸后，脱落裤子，背向池边，坐在池沿上，然后身躯徐徐下垂，将臀部置于池水内，擦洗腰部、臀部以及膝上两腿。3 “搬蹭”只需要支付铜钱两枚，既极度压缩了客人的停留时间，又只比正常洗澡少铜钱一枚，为旧式小型浴堂广为接受。4 小型浴堂的这种营销手段自然顾及不到清洁问题。为了节约成本，一日或多日才换水一次，满身泥垢者、遍体脏疮者汇聚一池，且均在池内搓洗肥皂，池水一到午后便由“汤”变“粥”，水中皆是浮秽。5

北京的浴堂在19世纪末时，几乎只供劳动阶级使用。民国以降，人们清洁意识日胜，社会中上层阶级人士开始成为浴堂的服务对象。出于这些人在沐浴时与他人隔离的要求，官堂与盆堂便兴盛起来。官堂在清时已然出现，初时只是浴堂中“一余狭之地”，有一二木盆，供人单独沐浴。冬天煤火似灭不灭，既不保暖，也不安全。6 新式浴堂中的官堂则是另一番景色。北京城中有钱人士尤其是官僚商贾、遗老遗少、文士骚客在浴堂肆意消磨时光，享受优质服务。7 这些人们进了浴堂并不急于宽衣沐浴，先在雅座或单间沏茶一壶，二三人闲聊一阵后，方宽

1 张金起著：《百年大栅栏》，重庆：重庆出版社，2008年，第133页。

2 北京市地方志编纂委员会编：《北京志·商业卷·饮食服务志》，北京：北京出版社，2008年，第258—260页。

3 北京市地方志编纂委员会编：《北京志·商业卷·饮食服务志》，北京：北京出版社，2008年，第258—260页。

4《北平的浴堂业》，《益世报（北平）》，1934年7月21日，第8版。

5《本市工商业调查——浴堂商概况》，《新中华报》，1929年10月3日，第6版。

6 北京市地方志编纂委员会编：《北京志·商业卷·饮食服务志》，北京：北京出版社，2008年，第258—260页。

7《北京工商业概况》，《北京档案史料》，1987年第2期，第31页。

衣解带走进各自盆中。洗濯后再叫伙计搓澡、理发、修脚，一切完毕又重回池中再泡二回。就这样泡了歇，歇了泡，直到天黑才算洗痛快了。[1]官堂中备有床榻可以躺卧，设置电铃可以唤伙计服务，甚至还备有烟袋等。[2]经常有客人在此逗留多日，他们在浴堂逗留时间越长，开销就越不菲，浴堂的获益也因此变多。

为了让顾客长时间留在浴堂，浴堂店家可谓煞费苦心。顾客一进门便有成群的伙计侍候着，为了取悦顾客，浴堂在雇佣擦背、修脚的伙计时，会特意挑选年龄小、容貌佳者，顾客甚至会和逛窑子、打茶围一样同伙计分出生熟恩客种种关系来。年纪稍大、容貌较差的有时甚至一天接不到一个主顾。下文描写了客人选择年轻伙计擦背，一掷千金打赏小费的场景：

> 胡直诚在座子里靠了一会，看看呼着的一支香烟快完了，便也立起来，脱了衣服，披上毛巾，拖着拖鞋，踢里拖落地下池子去了。刚走到池子间门口，迎面走上一个小孩子，胡直诚识得他是擦背小九儿，倒也生的眉清目秀，一点不讨人厌。便从小九儿接过一块手巾，分明是租房子似的先下了定钱，然后把两肩一扬，泻落了披着的毛巾，脱了拖鞋，小九儿已把池子门开的直挺挺的等着了。
>
> …………
>
> 小九儿十三四年纪，白白的皮色，弯弯的双眉，在胡直诚都看了可爱，因此六个子儿的擦背钱在胡直诚起码要加上十倍。所谓钱能通

1 张金起著:《百年大栅栏》，重庆：重庆出版社，2008年，第133页。

2《本市工商业调查——浴堂商概况》，《新中华报》，1929年10月3日，第6版。

神，小九儿替胡直诚擦背也格外周到，几乎无孔不入。1

提升顾客的周转率及增加顾客在浴堂消费的金额这两种看似水火不容的手段有时可以在同一家浴堂中并存，具体体现在浴堂中共存的官堂与池堂。20世纪上半叶，北京规模大、营收丰的浴堂几乎都同时设有官堂与池堂，两者的结合可以最大限度地提升浴堂收益。比如东升平浴堂在开业伊始生意就十分红火。该浴堂并设有官、盆、池三等服务。池堂内履舄交错，客人济济一堂，官堂内宾客如云，车马盈门。2

（二）浴堂的多元化经营

关于浴堂所属的行业类型，曾有人这样评论："浴堂商为生意抑为买卖？在下答云，批买售卖者谓之买卖，生出意思卖钱者谓之生意，制造物件出售者谓之工艺，经营业务卖发者谓之营业，浴堂中既无买卖，又不生意，更无须乎手艺……"3认为浴堂业既非生意又非买卖，亦不是制造业。浴堂的营业来源于服务，因此理发、修脚等业务自然也成为浴堂的经营内容。浴堂通过增加搓澡、理发、修脚、刮脸、洗衣等服务创收，这些服务收入占浴堂总收入的三至四成。

修脚是浴堂的传统服务项目，也是浴堂为数不多技术性较强的服务，主要有四种疗法——视、问、摸、触。修脚师需要手指有力、手腕灵活、用刀讲究，即腕稳、指活、力匀、刀快、心细。4具体刀术有抢、断、劈、择（择毛刺）、挖（挖疔瘊）、起、撕、片等。用刀过程中，还要灵活掌握推拨、拱、捻、挑等技术，并要在修脚之后做到

1 沈家骧：《澡堂里的人生观》，《红玫瑰》，1925年第1卷第36期，第6页。

2 张金起著：《百年大栅栏》，重庆：重庆出版社，2008年，第133页。

3《本市工商业调查——浴堂商概况》，《新中华报》，1929年10月3日，第6版。

4 徐凤文著：《民国风物志》，石家庄：花山文艺出版社，2016年，第289—290页。

短、平、齐、光、薄。1 修脚师手艺精湛，会像外科医生做手术一样，将客人的趾甲尽可能的剪短打薄，却不会弄伤客人的脚趾。2

随着新式浴堂的出现，修脚匠由原来的走街串巷转为依附于浴堂营生。浴堂开业时，首先须约请雇佣修脚匠，修脚匠住于浴堂之内，随浴堂伙计同食，所有收入之工费与浴堂分账。若浴堂中有好的修脚、刮脚技师，对生意的帮助是巨大的。如刮脚师小魏，客人脚气之苦一经小魏修刮则如释重负，甚至还有慕名而来治疗脚气的南方人。小魏在北京浴堂业久负盛名，以至于各浴堂争相雇用。3 患有脚气的客人在浴堂多有刮脚和捏脚的需求。由于冬季鞋袜焐脚，患脚气者常去浴堂捏脚止痒。浴堂伙计的捏脚手法通常是在客人的脚上盖一小块毛巾，用手指尖揉脚趾，发痒的部分被这样揉一揉就会变得舒服了。有脚气的脚趾皮肤会腐烂，这些腐烂的皮肤如果不取掉的话，会感染到其他健康肌肤。想要根治，只靠揉是不够的，浴堂提供的刮脚服务会用细长的小刀将腐烂的皮肤削掉。4 曾有日人描述在浴堂中的修脚、刮脚经历，对北京浴堂完备的足部服务艳羡不已：

> 洗完澡后，坐在炕上，躺着抽十分钟十五分钟烟，喊一声“修脚”，修脚师就会应声而来。修脚师用镊子一样的刀子剪脚指甲，技术真是精湛。经过修理的脚指甲不仅变成完美的半圆形，足底也被处理得很漂亮。原本笨拙的脚变成这样真是令人惊叹不已，这确实是脚的美容……在没有这些修脚服务的日本，如在

1 北京市崇文区政协文史资料委员会编:《花市一条街》，北京：北京出版社，1990年，第143—144页。

2 柯政和著:《中国人の生活风景》，东京：皇国青年教育协会出版，1941年，第235页。

3 马芷庠著:《老北京旅行指南》，北京：北京燕山出版社，1997年，第274页。

4 柯政和著:《中国人の生活风景》，东京：皇国青年教育协会出版，1941年，第235页。

东京大阪为女性开设这样的美容院，一定可以成功。

…………

因为喉咙太干，点了一杯啤酒一气喝光。真是好喝。一只手拿着玻璃杯，漫无目的地看着一个伙计拿着铁丝一样细细的金色的棒，仔细地摩擦着客人的脚趾缝。这个客人则悠闲地躺在桌子旁，一副享受的样子。这叫作刮脚。在澡堂，脚气患者可以享受到这样的服务。用此方法缓解瘙痒别提有多舒服了。得过一次脚气的我，也会十分认同这种好的舒服的感觉。因此，不管是修脚还是刮脚，这些都是多么完备的设施啊。1

浴堂的主要服务还有搓澡，京津一带搓澡分南派和北派。南派以扬州为主，手法细腻，讲究手轻力匀，搓完澡还会按摩头部；北派以定兴、易县、涞水三县人为主。2 浴堂中沐浴区域的一角通常摆有几把藤椅，有专职伙计在这里为客人搓澡。搓澡的毛巾称为“堂布”，专门用来去除污垢。伙计将堂布缠在手上，用力摩擦客人手臂、脖子、后背。3 藤椅的边上还设有板子，搓完后背后，客人会站在一块细长的板子上，再把腿搭上旁边另一块板子，浴堂伙计用同样的方法从肚子到脚趾头再次摩擦。完毕后，用肥皂及清水洗净全身污垢。搓澡属体力活，工作量很大，一个搓澡伙计一天平均能接到三十多个活儿。4 搓澡的技术也有讲究，搓澡伙计的腰要挺、身要斜，两腿叉开要站得稳，同时要手平、把稳、劲头匀，客人搓完浑身

1《北京の支那风吕》，[日]安藤更生著:「北京案内记」，北京：新民印书馆，1941年，第249—258页。

2 徐凤文著:《民国风物志》，石家庄：花山文艺出版社，2016年，第289—290页。

3《北京の支那风吕》，[日]安藤更生著:《北京案内记》，北京：新民印书馆，1941年，第249—258页。

4 柯政和著:《中国人の生活风景》，东京：皇国青年教育协会出版，1941年，第235页。

呈通红为最佳。搓澡分为一百零八式，大致为“先搓肩，后搓背，搓完胳膊搓两肋，搓前胸，搓肚子，然后搓大腿”。不同体质及肤质者需分别对待，如“黑皮肤重，白皮肤轻，瘦人防止搓露红”。1 搓澡可以去除污垢，促进血液循环，缓解顾客疲劳，是浴堂中的必备服务项目。

有些浴堂还设有理发部门。在此不仅可以理发，还可以剃胡子、洗头，甚至还会提供推拿、按摩与捶背服务。由于洗完澡后头发湿润，理发甚为便利，这一业务深受顾客及经营者的欢迎。北京的浴客对服务是非常挑剔的，谁理发手艺好，便点名非找其服务不可。如偏赶上这位理发师正在工作或有事不在，浴客便会在浴堂的床座中睡上两三个钟头专候其来。2 其间若产生其他消费行为，浴堂的收益便会增加。浴堂内理发部门的营业额会与浴堂按比例分账，理发师赚得越多，浴堂获利越丰厚。

洗衣也是浴堂的副业之一。客人在洗衣店洗衣可能会花费几天时间，浴堂的经营者们非常精明，保障能够在短时间内将客人送洗的衣物洗濯并熨烫完成，借此吸引顾客。3 浴堂在收取客人衣物时，会仔细检查有无破损及不能洗净的污迹，在与顾客交涉完成后，按件计价收费。一般在两小时内就可以把洗好的衣服送到顾客床位上。4 浴堂的快速洗衣服务深受浴客们的欢迎，在等待衣服洗好的时间内，客人还可以进行更多的消费。

浴堂除扩充服务内容来提高收益外，贩售茶水饮料赚取其中差价也是收入来源之一。中国人向来有喝茶的习惯，茶是人们日常生活中的必需品，俗话说“开门七件事——柴、米、油、盐、酱、醋、茶”。当沐浴逐渐成为

1 暮鼓编：《老北京人的陈年往事》，北京：文化艺术出版社，2012年，第375页。

2 北京市政协文史资料委员会选编：《商海沉浮》，北京：北京出版社，2000年，第299—302页。

3 柯政和著：《中国人の生活风景》，东京：皇国青年教育协会出版，1941年，第235页。

4 北京市崇文区政协文史资料委员会编：《花市一条街》，北京：北京出版社，1990年，第143—144页。

人们的生活习惯时，浴堂中茶水的消费自然会相应提高。《天咫偶闻》云：“京师士夫无知茶者，故茶肆亦鲜措意于此。而都中茶皆以茉莉杂之，茶复极恶。南中龙井，绝不至京，亦无嗜之者。”1 旧时北京人喝茶偏爱“香片”，即茉莉花茶，浴堂进货也以“香片”或“雨前香片”居多。浴堂为了节约成本，采购茶叶时，通常按当日顾客数量及对茶叶的需求量分批次从茶铺进货。繁忙时节一日可以进货茶叶五至六次之多。2 茶铺提供的茶叶会像中药铺包药一样，按小包分装包好，每一两茶叶可以包五包，这种方式深受浴堂欢迎。3 茶叶的计价方式也是按包计算，每包按茶叶类别钱数不等。浴堂对顾客的服务周到之至，顾客自己携带茶叶非但不禁止，伙计还主动帮忙沏水。想在浴堂喝茶同时又想节省开销的客人会事先在附近茶叶店花费极少的价格购买按小包分装好的茶叶带入浴堂，洗澡前先让伙计沏一半，剩下的一半打算在洗完澡之后喝掉。4

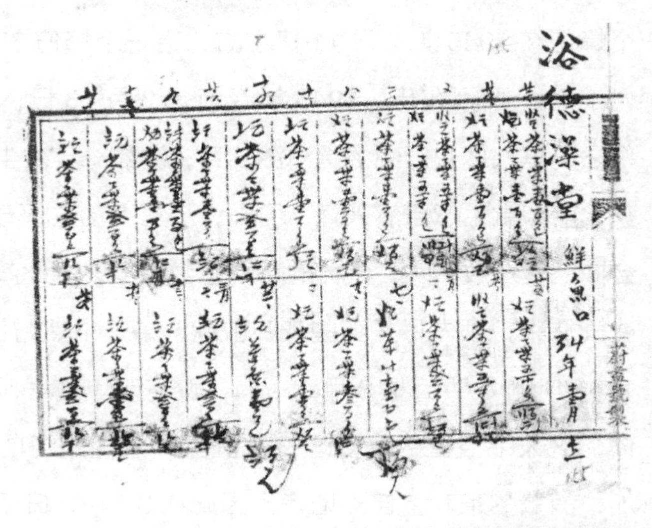
浴德澡堂
鲜鱼口

图 2-6　浴德堂茶叶誊清账单

图片来源：

《民国三十四年各号澡堂饭庄誊清帐》，洪裕茂茶庄档案，北京市档案馆馆藏，档案号：J102-001-00004。

1 震钧著：《天咫偶闻》，沈云龙主编《近代中国史料丛刊（第22辑）》，中国台湾：文海出版社，1973年，第561页。

2 洪裕茂茶庄：《民国三十四年各号澡堂饭庄誊清帐》，北京档案馆馆藏，档案号：J102-001-00004。民国三十四年各号澡堂饭庄誊清帐为我们提供了多家浴堂1945年全年向洪裕茂茶庄茶铺进货的茶叶数量、价格、次数等。由于1945年上半年正值抗日战争后期，物价起伏较大，每月的茶价均不一样。所以无法通过账单的数额来判定浴堂消费茶叶的趋势。在档案《中华民国三十四年度物价调查表1—12月》中，我们可以找到1945年每月的茶叶价格。如将浴堂每月进货茶叶总价，以1945年1月为基准进行换算，其趋势是从一月起逐月增高，这显然于事实相悖。由于决定茶叶价格的因素繁多，控制变量难度较大，这里为了能够较清晰直观地看出浴堂消费茶叶的趋势，选取每日进货次数作为统计标准。

3 邓云乡著：《云乡话食》，石家庄：河北教育出版社，2004年，第23页。

4 [日]安藤更生著：《北京の支那风吕》，载于《北京案内记》，北京：新民印书馆，1941年，第249—258页。

由于浴堂的营业分淡季旺季，茶叶的进货量亦随此起伏，其趋势如下图所示：

表 2-22 1945 年 1 月至 8 月浴堂茶叶进货次数趋势图

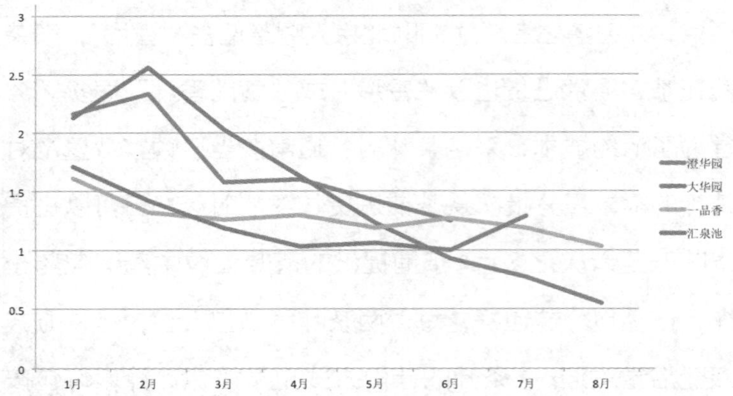

资料来源：《民国三十四年各号澡堂饭庄誊清帐》，洪裕茂茶庄档案，北京市档案馆馆藏，档案号：J102-001-00004。

由此可以看出，浴堂消费茶叶以 1 月、2 月为峰值，2 月之后消费量逐月下降。如从浴堂当日进货量来看，一个峰值在 1945 年 2 月 11 日左右，另一个峰值在 3 月 17 日前后。原因在于，1945 年春节是 2 月 13 日，春节习俗之一是人们必须到浴堂沐浴洁身，洗涤一年之尘垢，除夕之前浴堂生意自然兴隆。另外，浴堂中熟主顾春节时都会向浴堂发放节赏，伙计的小费也会增多，因此茶房也会礼尚往来，预先尽多买些茶叶敬献，茶资自然增加。[1] 而 1945 年的龙头节是 3 月 15 日，龙头节有剪发剃头之习俗，这天来浴堂中享受理发、洗澡一条龙服务的客人增加，消费的茶叶量自然增多。因此在 3 月 15 日后的第一个周末，即 3 月 17、18 日两天，茶叶消费量剧增。

浴堂同时也会扩大服务群体，有些经营者在运营男

1 墨农：《种种的奢侈习俗，娱乐场所多须开发节赏，理发馆与澡塘同时"起行"》，《益世报（天津）》，1934 年 2 月 9 日，第 14 版。

浴堂的同时也创设女浴所。但由于女性难以克服自身心理障碍，又因价目昂贵，女浴之习迟迟未能普及。有关女浴所的情况会在本文第四章展开论述。

（三）避免亏本的方法

同其他行业一样，浴堂在困难时期防止亏损的方法通常是降低成本和提高价格。在市场普遍萧条、浴堂营业大受影响之时，多数浴堂会将盆堂取消，每日仅备一池热水，同时将澡价提高，以度过萧条时期。[1]然而提高价格在浴堂的经营实践中并非屡试不爽，当清洁沐浴的习惯正在成形阶段，沐浴还未内化于人们的日常行为时，盲目增加澡价往往令人们刚形成的沐浴习惯有所反复，甚至影响营业。正如下文所言：

> 该业（浴堂业）最发达时曾至二百余家，因沐浴为卫生之道，无论其为上级社会，抑为下级社会，苟有余资者，莫不沐浴，在昔社会经济状况，较为丰富时，沐浴之价亦较廉，一般平民，恒常沐浴，该业逐因之发达，乃近二年来，社会经济状况，愈趋枯窘，一般平民，岌岌于衣食，加以沐浴之价增加，虽仍沐浴，但沐浴之次数，则较前减少矣，例如以前每星期沐浴一次，而今则或减为每二星期沐浴一次，该业逐不能不受影响矣。[2]

澡价的提升大多是经济形势下行的结果。在此经济形势之下，人们大可以选择在家沐浴或干脆省去沐浴，将生活开销中沐浴的份额分给如饮食、住房等生存开销。提高价格给浴堂行业带来的收益远小于其产生的流弊。除提

1《澡堂亦大萧条》，《晨报》，1926年6月20日，第6版。

2《浴堂受影响，沐浴者减少，仅余百余家》，《华北日报》，1932年4月15日，第6版。

高澡价外，降低成本亦是浴堂在困难时期避免亏损的另一重要方式。

如何在一年中的营业旺盛时期增加收入，在生意冷清时节降低成本，是每家浴堂的经营法则。年中是浴堂营业的淡季，这一时期，浴堂往往将工人轮流遣散回乡，或临时减低工资而维持营业。档案《浴堂等业会员名册入会调查表名单异动》提供了1947年浴堂将工人遣散回乡人数占总人数的比例数据。该年6月上旬，大多数浴堂仅维持总工人数量的六成，以节约人工成本。1 浴堂的营业不仅在一年之内分淡旺季，在一周之内的营业也有高峰与低谷。有浴堂曾计算过一周中的盈亏情况，其营业额如下：

表2-23 北平社会服务处浴堂预算表　　单位：元（法币）

开放时间	用煤数量（斤）	价格	用水价格	合计数	预计人数	售票收入	盈亏数
每星期日一次	410	451	40	491	60	480	–11
每星期六及星期日开放	720	792	80	872	120	960	+80
每日开放以一星期计	2170	2387	280	2667	254	1960	–707
煤每吨以2200元计算，澡价8元							

资料来源：《社会部北平社会服务处调整业务价格一览表及食堂、理发室、浴室等调价报告》，北平社会服务处档案，北京档案馆馆藏，档案号：J147-001-00034。

由上表可知，如周六、周日两日开业，盈利法币80元，其他时段均有不同程度的亏损。其根源在于用煤数不是等比例上升，而是第一天需用煤较多，第二天用煤量比首日用煤量减少二成有余。浴堂一周中顾客数量也并非均

1《浴堂等业会员名册入会调查表名单异动（1947）》，北京市同业公会档案，北京档案馆馆藏，档案号：087-044-00012。

质，周六和周日人数最多，其他时日人数较之有较大缩减。浴堂的营业策略自然会根据这一规律有所变化。如上表中的浴堂，为了盈利只选择在每周六、日、一开放三天。虽该浴堂为社会服务处内部职工使用，但亦能说明人们对沐浴活动的时间安排。

发放代价澡票也是助浴堂度过难关的手段之一。使用代价澡票的浴堂不在少数。如东四牌楼兴记怡和园浴堂，曾向顾客发放洗澡代价券，代价券每本 15 张售价伪联币 1 元，可沐浴 15 次。[1] 这样做的好处在于可以留住固定客源，客人预支澡费也能够加快店内资金流转。

1940 年代末期，因货币贬值物价飞涨，市面不景气，北平最奢华的浴堂清华园每日开销高达法币 250 余万元。为了维持浴堂的经营和店内一百多号人的生计，经营者不得不对经营方式进行了多项改革。“赠送优待半价券”即是其中之一。清华园浴堂曾向人们发放自家印制的信笺，信笺印有一段用花边图案圈起来的隶书广告词：

> 本园开幕历有年所，颇蒙各界赞许。近因时代变迁，诸须改良。本园有鉴及此，不惜重资从新计划，彻底翻修，建筑新式楼房，创设典雅官塘，改良安适雅座，嵌砌花砖浴池，以及楼上楼下诸处设备无不迎合现代潮流，举凡空气流通、光线充足、卫生洗衣、何应周到，诸多要素，莫不独出心裁，尽善尽美。本园并特备优待半价券多张，分邮寄送，如蒙赐顾，无任欢迎。

1《兴记怡和园澡堂，夏季扩充营业》，《晨报》，1938 年 7 月 11 日，第 5 版。

信笺中还印有清华园浴堂的地址和电话号码。因这种信笺美观大方、质地上乘，深受人们欢迎。收到该信笺的人还会用来记事、发函，无形中替清华园浴堂进行了宣传。信笺还着重强调浴堂内有半价券可发放给来此沐浴的客人。用信笺打广告、用半价券吸引顾客的方法经济实惠且高效，这种薄利多销的做法维持了清华园浴堂的营业。[1]有浴堂还用澡票作为等价物来缴纳房租、铺租或职工补助，用服务来代替现金，减少了开支，使店铺的运营更加灵活。[2]

浴堂定级也能体现出店家的生存策略，浴堂会根据经济形势状况灵活利用划分等级这一规定，为自己谋求利益，讨得生存。1930年代，为了避免行业内竞争，北平市浴堂同业公会按照设备的优劣、建筑的外观、区块之繁荣和浴堂位置等因素，将市内浴堂分为特、甲、乙、丙、丁五等，分别对每一等级规定价格。1940年代末期，为应对因通货膨胀各浴堂私自提高澡价而影响人们生活的问题，北平市政府、社会局等机关对全市洗澡价格进行严格管制，澡价根据浴堂的不同等级限定不同价格。为了能够合法提高澡价以提高收益，许多浴堂在这一时期经常要求提升自己的等级。1946年起，多家浴堂以物价上涨、成本开支增加、商事艰难为由，多次通过北平市浴堂同业公会联合具呈北平市警察局要求提升等级，如下表所示：

1 北京市政协文史资料委员会选编：《商海沉浮》，北京：北京出版社，2000年，第299—302页。

2《浴堂等业会员名册入会调查表名单异动（1947）》，北京市同业公会档案，北京档案馆馆藏，档案号：087-044-00012。

表 2-24 1946 年—1947 年北平市浴堂同业公会申请提升等级表

1946 年 5 月				
字号	经理姓名	地址	原等级	申请提升等级
大香园	张云峰	外一弘福寺 2 号	甲级	特级
汇生池	杨明爽	外三花市堂子胡同	甲级	特级
义丰堂	马守信	外一瓜子店 7 号	甲级	特级
德诚园	张诚	内四新街口北大街 132 号	乙级	甲级
天新园	杨瑞林	外五天桥西沟旁 12 号	乙级	甲级
玉兴池	程佐臣	外五留学路 45 号	乙级	甲级
北天佑堂	娄开元	内一东安门南湾子 2 号	乙级	甲级
1946 年 8 月				
玉尘轩	刘振泉	外一东珠市口大街 2 号	甲级	特级
隆福泗	娄玉清	外三花市大街	乙级	甲级
南柳园	耿寿山	外二南柳巷	乙级	甲级
裕兴堂	娄恒元	内三隆福寺街	乙级	甲级
1947 年				
三益池	娄宗德	外二府聚园 1 号	甲级	特级
南柳园	丁振吾	外二南柳巷 48 号	乙级	甲级
聚兴园	郑玉琢	锣鼓巷东大街 87 号	乙级	甲级

资料来源：1946 年 5 月、8 月提升等级的呈请参见《北平市警察局关于批准大香园等七家浴室提升等级的批示》，北平市警察局档案，北京市档案馆馆藏，档案号：J181-016-03240；1947 年提升等级的呈请参见《北平市警察局关于提升三益池等三家等级的训令及社会局关于调整旅店、浴堂、理发三业价格的函》，北平市警察局档案，北京档案馆馆藏，档案号：J181-016-03298。

北平市警察局会同分局警员逐一前往各欲提升等级浴堂查视时发现，1946 年 8 月提交申请的 4 家浴堂无一符合要求。玉尘轩因未设澡盆，不符合特级浴堂的条件，其他三家或房间狭小、或室内不洁、或设备欠缺简陋，皆较甲级标准相差甚远。北平市警察局最终以浴堂条件不合所请为由拒绝了 4 家浴堂的呈请。[1] 但这并不能阻止浴堂坚持不懈提升等级的要求，物价越上涨申请提升等级的浴堂也就越多。

到了经济形势回暖时，浴堂又要求回调等级，以求用价格优势吸引更多顾客。1950 年 11 月，北京市工商局对市内浴堂等级进行重新调整，所有要求等级变更的浴堂，大多为由高向低等级调整。见下表：

表 2–25 1950 年浴堂等级调整表

字号	自愿等级	评议等级	核定等级	原来等级
兴华池	甲	甲	甲下	乙
润身女浴所	乙	甲	甲下	甲
义泉堂	丙		乙上	乙
新华园合记	丙		乙上	乙
大香园	丙		乙上	乙
卫生池	丙		乙上	甲
英华园	丙		乙上	乙
荣宾园	丙		乙下	乙
忠福堂	乙	乙	乙下	甲
瑞滨园	乙	乙	乙下	丙
长乐园	丙	丙	丙	乙
兴隆池	丁	丙	丙	乙
聚兴园	丙		丙	乙
福澄园	丙		丙	乙
同华园	丙		丙	乙
永庆园	丙		丙	丙
文庆园	丁		丁	丙
南柳园	丁		丁	丙
浴源堂	丁		丁	丙
四美堂	丁		丁	丙
新明池	丁		丁	丙

1《北平市警察局关于批准大香园等七家浴室提升等级的批示》，北平市警察局档案，北京市档案馆馆藏，档案号：J181-016-03240。

资料来源：《北京浴堂同业公会筹备委员会调整会员等级表》，北京市同业公会档案，北京市档案馆馆藏，档案号：087-044-00019。

如何经营得当，避免亏损，是浴堂营业首先要做的基本功课。1952年，在一份前门地区浴堂经营情况的调查报告中，曾总结了浴堂盈利的基本要素。在被调查的22家浴堂中，有12家是赔钱的，10家是赚钱的。赚钱的浴堂当中，每月盈余的有6家，其共同特点可以总结为四点：首先，要有固定的客源，同时设备服务较好，能吸引新的顾客；其次，澡价低廉，薄利多销；再次，能够做到节约开支，有效节省人工成本及浴堂运营成本；最后，劳资关系正常，工人劳动纪律较好。[1]上述四点也是众多浴堂在困难时期或营业淡季能够维持收支平衡的主要手段。

三、浴堂的经营之道

清末，随讲求个人卫生及公共卫生之习日盛一日。人们对于沐浴的需求也逐渐增高，早先不爱清洁、隔数月一洗澡的习惯大为改善，这无形中增加了浴堂的顾客，促使浴堂在北京城中逐渐普及。[2]凭借赚钱快、生意兴隆的优势，投机开办浴堂的生意人也越来越多，浴堂营业方式、消费模式因此发生改变，逐渐向卫生、奢华的方向发展。二者为北京浴堂带来了商业契机的同时，也带来了诸多困扰，高额投资拉长了资金回笼周期，带来了新的商业纠纷。

1《处理人民来信要求取消澡堂饭店旅店等行业收小费问题本局于浴堂工会等有关单位的来往文书》，北京市工商管理局档案，北京档案馆馆藏，档案号：022-010-00435。

2 北京市地方志编纂委员会编：《北京志·商业卷·饮食服务志》，北京：北京出版社，2008年，第260页。

浴堂的投入力度不断加大使得其在经营上丧失了灵活性，一旦经济转冷，前期投资往往得不到相应回报而使浴堂债台高筑。珠市口西华严路西天有浴堂，因市场萧条营业艰难，将营业执照及铺底抵押给王某借款银800余元，以维持浴堂正常运行，不料仍然无力挽救，只得谎称营业执照丢失呈报歇业，因此与债主王某产生商业纠纷。[1]有浴堂为了顺应社会潮流而盲目扩充店面，最终经营不善，连当初装修的工料钱都无力偿还，只落得被勒令停业的后果。[2]可见浴堂增加投资、扩充营业、追求奢华是一把双刃剑，如何平衡顾客需求与店面规模之间的关系，寻求社会经济趋势与营业实践的结合点，需任何一个浴堂管理者把控拿捏得当。但并不是每家浴堂的经营者都具备这样的特质。通过对以兴华园、华宾园及福海阳这三家浴堂为个案的分析，可以看出近代北京浴堂几个较有代表性的经营方式。

兴华园浴堂始建于1922年[3]，位于前门地区鲜鱼口19号，建筑面积3200平方米，营业面积2700平方米，职工120人。该浴堂为典型的南式浴堂，是一座中西合璧的现代建筑，汉白玉的仿西式罗马柱，雕有花卉、丹炉纹饰，整个建筑以白色为主，辉煌壮观。[4]兴花园浴堂位于前门闹市区，临近天乐园戏院，便宜坊烤鸭店，马聚源帽店，天兴居、会仙居炒肝儿店。主要服务对象是达官贵人及有闲的有钱人。这些人在听戏、购物之余，顺便来浴堂享受沐浴之乐，浴堂正是这些人娱乐链中的重要一环。兴华园浴堂竭力扩充自身的服务，力图使其顾客在浴堂内消费更多服务项目，除经营洗澡外，还提供搓澡、捶背、按

1《京师警察厅外右五区分局表送武瑞以西天有澡堂营业照抵押借债捏称丢失蒙报歇业一案卷》，京师警察厅档案，北京市档案馆馆藏，档案号：J181-019-49207。

2《京师警察厅外左五区区署关于地方审判厅查封万福澡堂情形的详报》，京师警察厅档案，北京市档案馆馆藏，档案号：J181-018-04815。

3 在很多回忆旧时北京的书籍中，认为兴华园浴堂建于1942年左右，是由一位张姓军官出资。陈溥，陈晴编著：《崇宣旧迹》，北京：中国社会出版社，2010年，第42—43页；梁金生主编：《城南老字号》，北京：奥林匹克出版社，2000年，第207页。这一说法有待商榷，在《北京浴堂同业公会筹备委员会登记表》中，登记兴华园浴堂开业于民国十一年，即1922年，这与兴华园浴堂1940年代开业的传闻有所区别。兴华园浴堂铺掌为张华堂，张华堂与冯玉祥部军官张华棠同音，但二者籍贯不一，一为北京一为天津，就是年龄也相差很多，张华堂生于1872年，而张华棠生于1900年。张华堂是否为张华棠的误读，有待考证，本文不再细究。

4 梁金生主编：《城南老字号》，北京：奥林匹克出版社，2000年，第207页。

图片来源：
作者拍摄。

1 陈溥，陈晴编著：《崇宣旧迹》，北京：中国社会出版社，2010年，第42—43页。

2 北京市西城区政协文史资料委员会：《西城名店》，北京：西城区政协文史资料委员会出版，1995年，第177—178页。

摩等服务。浴堂内备有茶水、香烟，还能向隔壁便宜坊代订酒菜供浴客享用。1 因北京浴堂营业的季节性很强，像兴华园这种以奢华著称，通过提供多种优质服务吸引社会中上阶级顾客来此消费的经营模式，其运营成本很难节约，以至于在淡季浴客减少时常有亏损。

图 2–7 兴华园浴堂现址

华宾园是近代北京新式浴堂的集大成者，位于西安门大街西口的“天福大院”内，它的前身和润浴堂创办于民国初年，是在一个茶馆的旧址上改造而成。华宾园接手和润浴堂的经营权后，经蚕食周围店铺，营业不断扩大。1938 年，因经营有方，又在新街口大街 38 号开设分店华宾园北号。华宾园浴堂同东城八面槽清华园浴堂是北京最为著名的两家浴堂，坊间流传两句话云：“东有清华园，西有华宾园。”2 不同于清华园浴堂，华宾园的顾客群体更为广泛。尽管华宾园以现代化设施齐全、环境卫生清洁著称，但仍设有散座、池堂以获取更多客源。此外，华宾园同样重视女性顾客，1933 年在其本号天福大院内开设女部，在分号华宾园北号开业时，女性浴池亦是营业内容之一。[1] 华宾园浴堂深知顾客的重要性，同时熟谙招揽顾客的手段。开业伊始，就令手持白毛巾的伙计在门口招揽生意，专事“为客拉门”并“奉送小孩捏脚”的服务。该浴堂还注重服务质量，堂内设有传统项目“放血”，“放血”即将顾客放血之腿架于操作师的左腿之上，技师用快刀在顾客小拇趾指甲内侧，离趾端约 1 厘米处刮去老皮，从右上部向下部推送，仗着“挤劲儿”挤出“黏稠发黑”之血，将置于患足下的四张豆纸挤满为止。[2] 华宾园放血技师祖风仪闻名全城，慕名来华宾园洗澡的顾客也因此络绎不绝。该浴堂因其能顾及不同群体顾客的需求，保证服务质量并扩大营业范围，故成为 20 世纪上半叶北京浴堂行业中的翘楚。

能够审时度势见微知著，随时根据社会变化而调整经营方略是浴堂经营者的基本素质，福海阳浴堂正是其中典范。福海阳出资者名为马信夫，家乡位于河北涞水，1900 年生人，于 1942 年在东安门大街 35 号开设福海阳浴堂。[3] 开业后马信夫将浴堂的经营权交予崔锡钧（又称崔老八）负责，后者为河北定兴人，在清华园浴堂出任柜台大伙计时二人相识，一拍即合。后由马信夫出资，崔锡钧经营共同开设福海阳浴堂。马信夫曾经营古董生意，因北平解放后社会风气的变化，早年间附庸风雅、穷奢极侈的风气日渐消失，古玩生意不景气，收利越来越少，其经

1 孔令仁、李德征、苏位智主编：《中国老字号（捌）饮食服务卷（下册）》，北京：高等教育出版社，1998 年，第 438—439 页。

2 北京市西城区政协文史资料委员会：《西城名店》，北京：西城区政协文史资料委员会出版，1995 年，第 177—178 页。

3《北京人民政府工商局私营企业设立登记申请书（福海阳澡堂）》，北京市工商管理局档案，北京市档案馆馆藏，档案号：022-009-00032。

营重心便逐渐转为浴堂生意。预料到解放后有钱又有闲的人会越来越少，之前重金投建的浴堂将会过时，福海阳浴堂决定对内部设施进行重新装修。马信夫认为社会的变化使浴堂的服务对象也发生了变化，浴堂的盈利不在于澡价高低，而在于客人多少，客人数量直接关乎收入，谁买卖兴旺，谁才能站住脚。当时盆堂的价格是池堂的十倍，福海阳却毅然撤销盆堂，足见浴堂经营审时度势的重要性。

为了呼应马信夫追求便捷舒适，专靠大众化薄利多销盈利的目的，在这次改造中，福海阳浴堂把雅座也全部拆除。进门就是主通道，门边是柜台，对着大门便是池堂，池子分烫、热、温三种，还新装有十个淋浴喷头，为顾客提供更加卫生便捷的沐浴服务。浴堂内地面采用防滑瓷砖，池子和墙面使用简洁大方的白瓷砖，该浴堂开张后，一连几天都宾客盈门。福海阳浴堂这种做法深受当局赞许，没几年的工夫，当市人民政府要求各单位把发洗澡票当成福利时，首选店铺便是简单便捷之浴堂，福海阳浴堂因此获益匪浅。福海阳并非个例，当时北京大多数浴堂都取消了雅座，改为大众浴池。[1] 由此可见有些浴堂经营者对时局的把握和对利润敏锐的嗅觉确有独到之处。

1 暮鼓编:《老北京人的陈年往事》，北京：文化艺术出版社，2012年10月，第364—375页。该书为马信夫妻子马秀贞的回忆录，书中马信夫名为马昂夫，福海阳称为福海洋，本文以档案资料的名称为准。

小　结

近代北京浴堂的兴起得益于城市现代化进程的推进，以及诸如毛巾、肥皂、电力、自来水等设施设备得以广泛使用。工商业成为现代化的先行者，而浴堂业作为当时工商业的重要行业之一，必然会跟随这一社会发展趋势。自来水、电力、新式锅炉等现代化设施，为顾客提供了更优质的服务，同时也提高了浴堂的运行效率。但添置现代化设施的开销不菲，后续因设备老化、故障带来的维护费用更是高昂。1920 年代末，北京成为故都后经济开始下滑，直至 1950 年代初期，北京浴堂的经营相较于之前的繁荣，陷入惨淡经营、挣扎的困境。盲目加大投入、改建店面、加装设备并不能获得相应的收益，反而会平添额外的运营成本，给经营者带来麻烦。因此，精明的浴堂经营者们不得不改变经营策略、开源节流、扩大服务内容及范围来创收，同时精打细算、量入为出以节约成本。

在浴堂经营的实践层面上，现代化进程在浴堂中的推行并非径行直遂，浴堂为了生存，竭力从各方面缩减开支，甚至不惜对抗法律。现代化进程与北京浴堂经营实践的关系，亦是部分与整体的关系，如果说北京浴堂的经营实践是一个整体，现代化就是其中的一个重要环节。当现代化成为人们的一种生活方式后，清洁卫生与体面、摩登联系起来，使沐浴成为人们的一种需求。现代化虽然是一种看似必然的历史进程，实则并不是浴堂的全部内容。浴堂会根据所处的经济环境而选择不同的经营方略，而非囿于现代化这一点。正因此，浴堂才能够在近代北京诡谲多变的政治、经济局势下生存下来。可以说，现代化赋予了浴堂生存的底气，而浴堂成功与否还需看其具体的经营实践。

政府与浴堂店家关于浴堂中清洁与休闲功能孰轻孰重的角力，是现代化进程与浴堂营业实践分歧的具体体现。政府多强调浴堂中的沐浴功能，而浴堂经营者更注重其休闲功能，只有这样才能获得更多利润。当浴堂的着力点完全偏向于休闲功能时，这里只会变成“有钱有闲”阶级的私人浴室，清洁观念也难以在全社会得以普及，同时也不利于行业发展。在 1940 年代末澡价飞速上升的时期，大多数顾客选择放弃光顾浴堂，这使浴堂损失惨重。

当浴堂作为一个提供洁身净体服务的场所兼具休闲享乐的功能时，北京浴堂两级分化现象便开始凸显，从浴堂投资、沐浴价格、服务类别等方面皆可见端倪。浴堂中清洁与休闲二种功能间的抵牾亦在此分化。社会的发展在浴堂的基本功能上附着了其他意义。“有闲”和“有钱”构成了北京浴堂盈利的物质基础，在此，浴堂沐浴的行为往往超出了沐浴的实际效用。在 20 世纪的大部分时间里，浴堂还不完全属于人们生活中的必需品，也未完全脱离奢侈品的范畴，这证明政府推行现代化、普及卫生习惯的意图事实上并未能有效地落实。

为了给大多数市民提供沐浴的条件，让沐浴不再是少数有钱人的专享服务，政府会对沐浴价格进行管控。北平市政府从 1930 年代起加强对沐浴价格的调整力度，起初是对新年增价行为的取缔，后因通货膨胀严重，为了让人们能够时常沐浴而对澡价实行管控。管控的出发点侧重于浴堂的沐浴功能，因影响了浴堂的营业利润，而遭到浴堂行业的强烈反抗。如此往复，每一次对价格的限制都未能持续很久即宣告失败。乍看之下，浴堂行业需要清洁与休闲两种功能并重，只有这两种功能相互理解、磨合，浴堂行业才能够良性发展。但事实上，这二者不可兼得。浴堂因清洁卫生观念的发展而兴盛，因此逐渐成为娱乐场所，但是当清洁卫生成为人们的日常生活时，浴堂包含的休闲功能则会随之减弱，沐浴功能逐渐占据上风。

综上，清洁身体与闲暇娱乐可以视为一个连续过程中的两端。当人们认为沐浴是一种休闲娱乐的活动时，代价便是高昂的消费。在人们无数次的沐浴实践之后，沐浴这一活动逐渐向日常生活下渗，并内化于人们的意识之中，成为一种普遍的卫生观念与生活习惯。此时，浴堂的休闲功能便自然会消退，转变为单纯的沐浴功能。沐浴也就不再是象牙塔里少数人才能拥有的生活方式。以历史的视角回溯，这种转变是一个长期而完整的过程，新中国成立后，家庭浴室的普及和国家政策一以贯之的落实，使得人们能够一次又一次、反复循环地进行沐浴实践。当这一行为经时间积累沉淀而具有足够的韧性时，人们的卫生清洁习惯才算形成。与之相比，短期内政府制定的一些制度、规则、条例便显得苍白无力，并不能得到预想的效果。

第三章

浴堂的从业者及社会团体

本章讨论的聚焦点主要是20世纪上半叶北京浴堂中的从业者及其从属的社会团体，如浴堂业同业公会（以下简称“浴堂公会”）及浴堂业职业工会（以下简称“浴堂工会”）。北京浴堂中的从业者大致可分为经营者及伙计两种群体，经营者包括资东、掌柜、经理，而搓背、理发、修脚、洗衣、司炉等工师，茶房、杂役等，以及司账、工头等中层管理者皆属于伙计。1 笔者试图通过考察这些从业者的身份来源、社会关系、收入水平、工作方式、生活条件、社会形象、劳资纠纷等方面，来找寻浴堂从业者与近代社会结构变迁的关系，其中既有从业者在历史进程中的消极沉浮，亦有在当时历史环境下的积极实践。

1 浴堂业职工处于工人群体与店员群体的交汇之处，为了更加准确表达这一群体，在泛指澡堂职工时，将其统称之为“伙计”。1931年，国民政府司法院将旅馆、茶馆、浴堂之属于直接服务者的工役、茶房认定为店员。《司法院解释》，《法律评论（北平）》，1931年第9卷第3期，第37—38页。1933年，上述工役亦被认定为工人，可以根据工会法施行法第六条之规定获准其加入工会。《司法院解释》，《法律评论（北平）》，1933年第11卷第16—17期，第98—99页。

第一节
浴堂从业者的工作与生活

近代中国正值社会转型时期，这一时期为浴堂从业者的日常生活及职场文化的形成提供了历史依托。浴堂从

1《三业加价实属违犯，这次算了下次不可》，《新民报》，1947年2月28日，第5版。

业者的个体经验和这一时期的地域、阶层、社会文化等诸因素紧密结合并环环相扣，他们的服务方式、工作态度、营生技巧均与社会的经济环境、从业者的阶级属性及顾客的消费需求息息相关。浴堂从业者在这些因素的约束下调整、适应并自我改造，亦会通过实践改造浴堂中的文化图式。考察从业者的身份地位、工作环境、收入水平、生活方式，正是研究这一群体的绝佳突破口。

一、浴堂从业者的工作职责

旧式浴堂从业者的构成是极简单的，除去掌柜外，只需要烧水工及伙计两三人便可以照应一切。[1]新式浴堂出现后，分工趋于细密，出现经理、司账、工头等职位。近代北京浴堂营业的扩展，使得浴堂中增加了修脚、理发、洗衣等副业，浴堂从业者的种类也因此增加。由此，北京浴堂的从业者主要为铺东、经理人、伙计、学徒四种身份。其中经理人有铺掌与经理，伙计分为司账、头目、工师、茶房、杂役等职位。下面一段文字描写了在浴堂内分工不同的各种从业者彼此相互配合、协调，有条不紊工作的场景。

> 汇泉澡堂除掌柜的外，共有伙计、学徒十七八个人。一个写账的先生，两个人摇辘轳从井里往出打水，两个人烧水，两个人给客人搓澡，两个人为客人修脚，五六个人在厅堂里招待洗澡的客人，替客人找床位，把客人穿的长大衣裳挂起来。因为每个床位放衣物的箱子并

不大，只能放一套棉衣裤，所以客人的长大外衣只能挂起。给客人沏茶、送热堂布是在厅堂里招待客人的五六个伙计的责任。浴池里还有两个人负责将浴池里的脏水用盆取出，往浴池里放新水，保持浴池里的水干净清洁。

汇泉澡堂里要手艺的活儿一个是烧水的活儿，当时还没有用锅炉烧水而是用大铁锅烧水。这种澡堂烧水不仅累而且还得会掌握火候，会省煤。第二个是搓澡的活儿。看起搓澡的活儿很简单，实际不简单，既要将客人身上搓得干干净净，而且还要使客人皮肤不受损伤，舒舒服服……第三个是修脚的，这种活儿在汇泉澡堂里是最要手艺的……北京城内土路多，而且坑洼不平。人们出门走路多，脚上不是长厚茧，就是长鸡眼等病……去汇泉澡堂洗完澡，有脚病的人都要修修脚。[1]

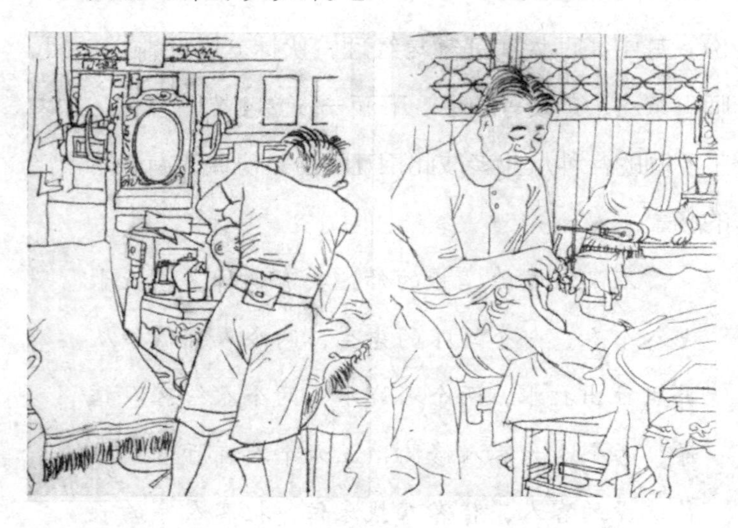

图 3-1 浴堂伙计工作场景

图片来源：

《浴室小景》，《时代》，1935年第8卷第6期，第20页。

1 王永斌：《北京的关厢乡镇老字号》，北京：东方出版社，2003年，第324页。

铺东即浴堂的投资人，又称资东或店主。北京浴堂中，有些铺东自己投入资本自己负责店内的业务，既是资本主人也是掌柜，有些则是交由掌柜或经理代理，掌柜或经理可以支配铺东资本，对店铺进行经营、管理，东家坐享其成。掌柜及经理除盈利之责外，还对内负责执行职工考核、检查全体伙计之工作态度、安排伙友值班休息之分配、管理浴堂设备、检查房屋内外之清洁等多项事务；对外负责与同业公会、警察局、社会局、卫生局等政府相关机构交涉，[1]应付政府指定的如价格、税务、卫生等诸多政策规定。

司账和工头这两种职位在近代北京浴堂中的作用不可忽视，二者上承掌柜与经理，下启各茶房伙计，是浴堂中的中层职位。司账有总分之别，总司账受经理之领导，负责执掌收支总账簿、管理库房一切物品、检查除总账外其他账目、编造年报告书、分配红利、核对单据等多种事项；分司账除负责店内营业账簿外，还承担监督伙友之勤惰、注意顾客之招待、保持堂内清洁、收存顾客寄存之财物、协助分配值班休息等工作。工头同样受经理直接管理，专司领导伙友，监督伙友的服务态度、个人卫生等事宜，同时还负责处理关于顾客出入照料之事项。当司账、工头等人员有失职或营私舞弊时，可由经理撤换之。[2]

工师负责浴堂内各项业务的具体实施。按业务可划分为下活工师、理发师、洗衣师等。下活工师专门应候顾客修脚、搓澡、刮脚等需求，受工头领导。他们多为附设在浴堂内的技师，与浴堂按利分成。搓澡和修脚是浴堂的传统服务项目，修脚工是浴堂中最具技术含量的工种，用

1《店员工人工作委员会关于国药业油盐粮业、理发业、浴室签订的劳资集体合同、协议书等规章及有关的请示、报告》，北京市总工会档案，北京市档案馆馆藏，档案号：101-001-00241。

2《店员工人工作委员会关于国药业油盐粮业、理发业、浴室签订的劳资集体合同、协议书等规章及有关的请示、报告》，北京市总工会档案，北京市档案馆馆藏，档案号：101-001-00241。

刀讲究腕稳、指活、力匀、刀快、心细。此类工人并不是一年到头专靠做修脚工作挣饭吃，有些工人只选择浴堂营业旺季来京务工，几个月的功夫能把一年的用钱挣出来。1 由于修脚技术要求高，修脚工人在浴堂中往往受到经营者重视，在堂中占有主导地位。浴堂的经理就多为修脚工出身。搓澡又名“垫板”，2 是一种力气活，讲究手法稳、劲头匀，搓完要浑身通红。除去身上的污垢，止痒，给人以舒服轻松之感。搓澡工工作强度大，当结束一天工作后往往精疲力竭，经常累得胳膊都抬不起来。3

理发师负责理发、刮脸等事项，浴堂中的理发副业可以看作变相的理发店。通常浴堂会在店内单独备一间房屋作为理发室，室中设大镜、座椅，聘用理发师三至四名以应酬主顾。设有理发部的浴堂会在堂中张贴有“特请名师担任理发”之字样以为号召。浴堂理发部之营业类别分为刮脸、推光、剃光、理发等项目，有些浴堂还会提供取耳及清眼服务。4 理发师与浴堂的关系约分二种，各浴堂办法不一：一为收入统归浴堂，浴堂按月向理发师开付工资；一为按“份”劈账，理发师将自己收入的一部分以“借地”“吃饭”的名义交予浴堂。5 需要注意的是，并不是每家浴堂都有理发副业。洗衣师专司代客洗熨衣服，除受其工头之领导外，还受掌柜经理的指导。洗衣师收取衣服和浴堂间有议定手续，需快速且不能违误约定时间，按浴堂规定，当有损坏顾客衣物时，需要自负赔偿之责。6

除下活、理发、洗衣等副业外，还有一些从事浴堂日常工作的伙计，如茶房、厨师、锅炉工、看杂役等。茶房负招待顾客之责，如茶水之应候，衣帽之安置，财物之

1《修脚工人状况(北京)》,《民国日报》，1920年7月29日，第8版。

2《澡堂子》,《晨报》，1926年8月23日，第6版。

3 徐凤文:《民国风物志》，石家庄：花山文艺出版社，2016年，第289—291页。

4《北平之澡堂业(续)》,《益世报(北平)》，1929年03月14日，第8版。

5《澡堂子》,《晨报》，1926年8月23日，第6版。

6《店员工人工作委员会关于国药业油盐粮业、理发业、浴室签订的劳资集体合同、协议书等规章及有关的请示、报告》，北京市总工会档案，北京市档案馆馆藏，档案号：101-001-00241。

存放，洗澡用物之侍候等，其招待范围以浴堂内的不同区域划分，如有茶房专门招待雅座、官堂的主顾，有茶房则负责池堂的客人。锅炉工也称“老伙计”，负责添烧锅炉为堂内提供热水。锅炉工的技术好坏能够决定浴堂的利润水平，一个合格的锅炉工应在节约煤火费的前提下，同时注意池水之冷热、温度之高低。浴堂中还设有看车打杂的职务，看车者专为顾客保存车辆，顾客一时不离去，看车人亦不能离开。客人车辆如有遗失，看车人须自己承担客人的损失。打杂者常应顾客要求“跑腿”去购买零星物品，代客购物须实报实支，不得遗漏或从中赚钱。这些浴堂的职位均直接受浴堂工头管理，如有失职或违误顾客等不正当行为时，其惩戒权由掌柜及经理行使。[1] 浴堂中的一些辅助性事务通常交由学徒负责，学徒一般负责帮助锅炉工打水、砸煤，然后慢慢地学习修脚、搓澡等基本功。由于浴堂只需要给学徒提供伙食，不需要付与其工钱，出于营业考虑，学徒制度在浴堂得以广泛使用。

二、浴堂从业者的身份与社会来源

近代北京的行业几乎都是以地域同乡关系为核心，一个行当通常对应一个地区的人。如北京的老妈店以京东三河县人居多，浴堂的从业者则大多来自河北定兴城西、涞水城南、易县城东方圆五十里之地，其中尤以定兴人居多。[2] 当顾客进入北京的浴堂后，听到的大多是定兴方言，“你齿儿饭咧？”“修脚不？”“这有个蜡头——儿！”[3]

昔日在定兴县流行一句民谣：“定兴县，三种宝：摇

1《店员工人工作委员会关于国药业油盐粮业、理发业、浴室签订的劳资集体合同、协议书等规章及有关的请示、报告》，北京市总工会档案，北京市档案馆馆藏，档案号：101-001-00241。

2《北平全市澡堂调查记》，《华北日报》，1935年8月3日，第6版。

3 陈鸿年：《故都风物》，北京：北京出版社，2017年，第446版。

煤、浴堂子带修脚。”摇煤球和经营浴堂是定兴两个主要的行业。定兴县城以铁路为界，分为路东路西两个区域，煤球业与浴堂业的从业者也以此为界限，路东以摇煤球的人居多，家家都有摇煤球的工具，当地人在秋收以后，成群结队地拥入京津及其他城市摇煤球，俗称“吃煤铺”；铁路以西则以“吃澡堂子”著称。[1] 定兴城西的大小村庄几乎村村家家都有浴堂从业者，就是铁路以东地区的个别村庄也有不少浴堂从业者。[2] 定兴的浴堂从业者不只分布在华北地区，甚至全国各地的城市及县城的浴堂中都有定兴人从业于此。

北京浴堂从业者以定兴等三县人为主，其原因可以归结为两点：首先，早年北京的旧式浴堂开设者皆为定兴等县之人，因此后来在北京投资浴堂营业者仍沿用此处之人为掌柜，以资熟手，同时浴堂伙计由掌柜招引，亦自然以掌柜同籍同乡者为多。[3] 新式浴堂出现后，这三县的从业者顺理成章地延续在北京浴堂中的主导地位。这一以同乡关系为纽带的营业团体极为坚固，以至于即使是北京本地人出资开设浴堂，大到经营管理，小至汲水烧火，若无此三县人参与，则生意普遍不能持久。[4] 其次，由于定兴等三县人对北京浴堂行业的长期垄断，形成了一套自成体系且深得顾客认可的服务技术，修脚与搓澡的技术更是定兴人开设浴堂的看家本领。二者属于特殊技术，几乎是密而不传的，外县人根本无法掌握，就是本县人，一般也只传给自己的亲近之人。[5] 除修脚、搓澡外，他们还具备保证浴堂持续供热的特殊本领。北京的浴堂及其砖地供热系统都是由三县的石匠们建造，同搓澡、修脚的技术一样，

1 徐凤文著：《民国风物志》，石家庄：花山文艺出版社，2016年，第289-291页。

2 白庚胜总主编：《中国民间故事全书·河北·定兴卷》，北京：知识产权出版社，2013年，第238页。

3 池泽汇等编：《北平市工商业概况》，北平：北平市社会局出版，1932年，第620页。

4《四项营业之调查：饭庄生意已渐回春，浴室戏园终形冷落》，《晨报》，1928年3月7日，第7版。

5 白庚胜总主编：《中国民间故事全书·河北·定兴卷》，北京：知识产权出版社，2013年，第238页。

这些石匠都很小心地保守着这一祖传的秘密。[1]技术上的优势在同乡范围内流传下来，是三县人垄断行业的立命之本。有句顺口溜说："澡堂子，再漂亮，没有定兴人难开张；澡堂子，别看脏，有了定兴人准兴旺。"[2]

北京浴堂行业的从业者几乎都是以浴堂为一生的职业，他们亲朋相帮，邻里相助，父子相传，祖孙授受，从而形成了这个行业人员的地域性。[3]这种由邻里、亲属构成的同乡地域关系，使得北京浴堂行业从管理层的掌柜、经理，至搓澡、修脚、看池的工人都来自同一地区之人，从而形成了稳定的管理控制体系。以地域性关系为主导，可以为同乡人士来京务工就业提供便利，也能解决浴堂从业者间的纠纷，排解因劳务、人事等因素造成的争议。在近代社会，以地域血缘为纽带的家长制管理体系随着浴堂行业的资本化而逐渐式微，具体表现在浴堂雇佣模式及劳资双方的冲突中，这一转变会在后文中详细说明。

（一）北京浴堂的经营者

北京市档案馆馆藏档案提供了翔实的关于浴堂从业者的身份信息，其中，档案《北京浴堂同业公会各号设备调查表》记载了1943年1月110家浴堂铺掌及经理的年龄、籍贯以及学历等信息。[4]《北京浴堂同业公会筹备委员会登记表》将1943年的数据延伸至1950年。[5]《北京人民政府工商局私营企业设立登记申请书》中则更为翔实、细致地记录了浴堂经营者的履历，包括早年的求学、就业经历，何时加入浴堂行业工作及工龄、担任浴堂内管理职务的时间等。[6]

下表列出了1943年及1950年两个时期中，浴堂营

1［美］萨莫尔·维克多·康斯坦(Samuel Victor Constant)：《京都叫卖图》，北京：北京图书馆出版社，2004年，第57页。

2 徐凤文著：《民国风物志》，石家庄：花山文艺出版社，2016年，第289—291页。

3 北京市地方志编纂委员会编：《北京志·商业卷·饮食服务志》，北京：北京出版社，2008年，第267—270页；《北平全市澡堂调查记》，《华北日报》，1935年8月3日，第6版。

4 参见附录十三《1943年北平市浴堂业经营者身份信息统计表》。资料来源：《北京浴堂同业公会各号设备调查》，伪北京特别市社会局档案，北京档案馆馆藏，档案号：J002-007-00362。

5《北京浴堂同业公会筹备委员会登记表》，北京市同业公会档案，北京市档案馆馆藏，档案号：087-044-00018。

6 参见附录十四《北京市1950年代初期浴堂业经营者身份信息统计表》，资料来源：《北京浴堂同业公会筹备委员会登记表》，北京市同业公会档案，北京市档案馆馆藏，档案号：087-044-00018；北京市工商局档案，北京市档案馆馆藏，档案号：022-009-00001至022-009-00221。

业者的籍贯信息：

表 3-1 1943 年、1950 年浴堂经营者籍贯统计

1943 年浴堂经营者籍贯统计（110 家浴堂）										
	定兴		北京		易县		涞水		其他	
	人数	占比	人数	占比	人数	占比	人数	占比	人数	占比
掌柜	64	58%	22	20%	2	2%	3	3%	19	17%
经理	77	70%	9	8%	3	3%	6	5%	15	14%
1950 年浴堂经营者籍贯统计（共 80 家浴堂，登记经理信息的 74 家，登记业务负责人信息的 65 家）										
掌柜	45	56%	9	11%	7	9%	7	9%	12	15%
经理	45	61%	7	9%	6	8%	7	9%	9	13%
业务负责人	37	57%	5	8%	10	15%	8	12%	5	8%

资料来源：参见附录十三《1943 年北平市浴堂业经营者身份信息统计表》，《北京浴堂同业公会各号设备调查》，伪北京特别市社会局档案，北京档案馆馆藏，档案号：J002-007-00362；附录十四《北京市 1950 年代初期浴堂业经营者身份信息统计表》，《北京浴堂同业公会筹备委员会登记表》，北京市同业公会档案，北京市档案馆馆藏，档案号：087-044-00018。

1943 年，全市 110 家浴堂中，掌柜以定兴县人居多，有 64 人，占总数的 58%，北平本地人为次，有 22 人，占比 20%。其他如涞水、易县、宝坻、大兴、三河等籍的掌柜各不过 3 人，占比均不超过 3%。经理的籍贯与掌柜相似，定兴县者 77 人，占总数七成，北平籍虽居次，但相比北平籍掌柜的人数大幅下降，仅为 9 人，占总数 8%，涞水易县籍分居三、四位，二者人数相加为 9 人，和北平籍经理人数持平。1950 年统计的 80 家浴堂中，仍以定兴人居多，掌柜定兴籍者 45 人，占总数

56%，北京籍掌柜有9人，涞水、易县掌柜同为7人。这80家浴堂中登记经理信息的有74家，定兴籍经理人数45人，占总数约六成，北京、易县、涞水三地籍贯的经理人数大致一样，为6至7人不等，三者占总数约有24%。由于掌柜与经理常同为一人，相比较1943年的数据，1950年的从业者统计中，还增加了业务负责人的信息以示区别。有65家浴堂填写业务负责人信息，其中定兴人37人，占总数57%，易县10人，涞水8人，北京籍的业务负责人大幅减少，仅有5人。由此可知，无论在什么时期，北京本地人都可能会投资浴堂，或出任浴堂的资东、掌柜，但是到了实际业务执行的层面，还是由定兴、易县、涞水人负责。如将这三个地区相比较，定兴籍者无论在掌柜、经理，抑或业务执行人等多种经营岗位上均占绝大多数。

通过浴堂掌柜与经理二者籍贯信息间的联系，能够看出地域性对浴堂的影响。在1943年的统计中，掌柜与经理为同一籍贯者，有86人，占比78%。1950年末，只有三家浴堂铺掌与经理非同一籍贯，考虑在1950年统计表中铺掌与经理常同为一人，如从业务负责人的籍贯看，其于经理籍贯相同者有52人，占总数八成之多。也就是说，至少到了20世纪50年代初期，北京浴堂中仍采用以同乡关系为主导的管理体制。

浴堂经营者中，铺掌年龄区间在28岁至73岁之间，平均年龄为49岁；经理年龄区间与铺掌相似，但平均年龄较铺掌小了4岁，在45岁左右。就年龄层次而言，1943年和1950年这两个时期的数据相差无几。浴堂经营者的文化普及程度相对较高，在曾经登记过学历信息的72个浴堂经营者中，绝大多数是私塾及小学文化程度，二者相加有46人；在此之上，中学及大学毕业者有17人；文化程度相对较低者，如务农及店铺学徒出身者，只有9人。可知欲成为浴堂的管理者须具备一定的文化水平，能够做到粗通文字是最低限度的要求。1

从1940年代初期持续经营至1950年代的浴堂有65家，其中只有28家没有更换铺掌。2 浴堂经营权易主的情况十分频繁，但大多数浴堂经营者都有本行业的从业经历，一般从15岁就离开家乡来京务工，从浴堂学徒干起，学徒期满后继续在该行业从事工作，如精熟业务又八面玲珑，则有可能升任经理。如德诚园浴堂经理张诚，17岁时就到西苑义亚浴堂担任学徒，学徒三年期满后，赴西城德义声浴堂当伙友，后经辗转，任德馨园浴堂副经理，从业18年后，任德诚园浴堂经理直至1950年代初期。3 有相似经历的浴堂经营者很多，德义声浴堂经理卢仲麟19岁来京，学徒期满五年后在涌泉浴堂担任锅炉工，七年后在德义声浴堂做事，在1940年代初期时，成为德义声浴堂的经理。4

一些长期在浴堂行业谋生的从业者，在有一定的积蓄后，如遇浴堂资方无力营业的情形，可以通过承租或转倒铺底的方式，获得浴堂的经营权与产权。德颐园浴堂铺掌张献琛1921年来北京，在浴堂从业五年后，承租德颐园浴堂，于1949年获得该浴堂的铺底。5 又如天祐浴堂郭富有着20余年的浴堂从业经验，先后从事伙计、司账、工头等岗位。1949年2月，郭富与其堂弟郭棠合伙出资

1 参见附录十三《1943年北平市浴堂业经营者身份信息统计表》；附录十四《北京市1950年代初期浴堂业经营者身份信息统计表》。

2 参见附录十三《1943年北平市浴堂业经营者身份信息统计表》；附录十四《北京市1950年代初期浴堂业经营者身份信息统计表》。

3《北京人民政府工商局私营企业设立登记申请书（德成园澡堂）》，北京市工商管理局档案，北京市档案馆馆藏，档案号：022-009-00116。

4《北京人民政府工商局私营企业设立登记申请书（德义声澡堂）》，北京市工商管理局档案，北京市档案馆馆藏，档案号：022-009-00068。

5《北京人民政府工商局私营企业设立登记申请书（德颐园男女澡堂）》，北京市工商管理局档案，北京市档案馆馆藏，档案号：022-009-00116。

倒得天祐浴堂，当时有工人 20 人左右。因资金紧缺，所用煤炭、粮食及业务所需的棉织品、肥皂等都是靠熟人和朋友的关系赊欠、借贷维持经营。郭富丰富的浴堂运营管理经验，使得天祐浴堂还清了债务并开始盈利。次年花市地区的另一家浴堂畅怡园也一并被郭富租赁过去。1

同一个经营者同时掌管多家浴堂的现象，在近代北京浴堂行业并不罕见，甚至有人专以经理浴堂为业。如洗清池铺掌梁树森，除洗清池外，还经营永来堂、华清池等三家浴堂。北京浴堂业经营浴堂最多者当数马义斋，马初为修脚工人，最开始只是经营洪善浴堂一家，后又与其他人合股陆续开办了聚义丰等八家浴堂，号称“马字号”，“马字号”各家浴堂的掌柜皆由马义斋的徒弟担任。马义斋去世后，其产业由长子马守信继承。1940 年代马守信最多时拥有中华园、聚庆堂、日新园、聚义丰、义丰堂、英华园等六家浴堂，除此之外，还同时替其他资方经营裕华园、洪善堂、洪生堂等浴堂。2 马家祖孙三代均从事浴堂业，1951 年马守信去世后，产业由其子马新民继承，不过马新民并非浴堂的从业人员，而是在铁道部材料科任会计一职。3

兄弟相授、子承父业是北京浴堂行业经营者试图长期维系自家经营规模的基本做法。除马字号的浴堂外，董岐山所经营的产业亦具有代表性。董曾先后担任清华园、清香园、义新园、鑫园等浴堂的经理一职，并在这几家浴堂中均有股份。1949 年解放后董岐山回到原籍，产业由其亲人董桢、董祥、董福等人继任。4

1 北京市崇文区政协文史资料委员会编:《花市一条街》，北京：北京出版社，1990年，第141页；北京市工商管理局:《北京人民政府工商局私营企业设立登记申请书（畅怡园裕记澡堂）》，北京市档案馆馆藏，档案号：022-009-00080。

2 北京市崇文区政协文史资料委员会编:《花市一条街》，北京：北京出版社，1990年，第140页；《柏铭堂关于洪生澡堂经理马义斋担保债务恐其避匿请监视的呈》，京师警察厅档案，北京市档案馆馆藏，档案号：J181-018-16697；《北京浴堂同业公会各号设备调查》，伪北京特别市社会局档案，北京档案馆馆藏，档案号：J002-007-00362。

3《北京人民政府工商局私营企业设立登记申请书（裕华园浴堂）》，北京市工商管理局档案，北京市档案馆馆藏，档案号：022-009-00102。

4《北京人民政府工商局私营企业设立登记申请书（义新园澡堂）》，北京市工商管理局档案，北京市档案馆馆藏，档案号：022-009-00154。

(二)北京浴堂的伙计

根据国民政府实业部统计,1933 年,北平市浴堂伙计有 1 万人,[1]但这一数字是存疑的。如下表所示,1950 年,北京市所有浴堂内伙计只有 2021 人。1943 年浴堂生意较 1950 年略为兴旺,店铺数量多了 1/3,伙计数量却不过 3075 人。从 1943 年与 1950 年每家浴堂的平均伙计人数看,二者惊人的相似,在 27 人左右。也就是说,按照这一平均数,若以浴堂行业全体伙计总数 1 万人计算,需要 370 家浴堂。而在 1934 年北平市商会的统计中,全市加入同业公会的浴堂只有 117 家,[2]1933 年至 1934 年北平市浴堂行业并无重大变动,且浴堂同业公会是由市内绝大多数浴堂联合组织而成,[3]因此可以估计 1933 年时浴堂伙计 1 万人的数字并不可靠。纵观帝制时代末期至新中国成立,北京市浴堂数量最多时不过 157 家,[4]总伙计人数不过 4000 余人。

表 3-2 北京浴堂业伙计数量统计表

1943 年					
伙计类别	司账	工师	理发	茶役	总数
总数	348	379	439	1909	3075
平均数	3	3	4	18	28
1950 年 11 月					
总数	230	258	201	1251	2021
平均数	3	4	3	17	27

1950 年 6 月										
伙计类别	茶房	上活	下活	看池	烧火	经理	司账	洗衣	杂役	做饭	共计
总数	560	202	242	190	93	99	190	75	153	45	1859

资料来源:《北京浴堂同业公会筹备委员会登记表》,北京

1 实业部中国经济年鉴编纂委员会:《中国经济年鉴(下册)》,上海:商务印书馆,1934年,第144页。

2 北平市商会秘书处调查科:《北平市商会会员录》,北平:北平市商会秘书处出版,1934年,第340—348页。

3《本市工商业调查(四九):浴堂商概况》,《新中华报》,1929年10月2日,第6版。

4《北平市况》,《益世报(天津)》,1928年7月26日,第13版。

市同业公会档案，北京市档案馆馆藏，档案号：087-044-00018；《北京浴堂同业公会各号设备调查》，北京特别市社会局档案，北京档案馆馆藏，档案号：J002-007-00362；《浴池会员情况调查和等级调整表》，北京市同业公会档案，北京档案馆馆藏，档案号：087-044-00019。

如上表所示，北京浴堂中伙计类别以茶役为最多，其他从事司账、工师职位的伙计人数相差不多。按1950年6月伙计类别细分，同样以茶役人数为最多。浴堂中伙计人数多与其店铺规模、经济环境之枯荣相关，最简陋之浴堂雇佣4至5人即可营业，最多者如清华园、东升平园等高档浴堂则高达百余人。[1] 当浴堂业市场萧条冷落时，全市浴堂伙计人数会普遍下降，此时伙计最多的浴堂也不过80人。[2]

同经营者一样，浴堂的伙计也大多来自定兴、涞水和易县。在1949年3月一份北京市浴堂业调查报告中，抽样调查了城区43家浴堂的伙计籍贯信息。其中定兴人最多，为645人，易县、涞水籍分别为306人和273人。与浴堂经营者中北京籍者人数较多的情况不同，北京籍伙计大幅减少，只有61人。[3] 其中多为司账及女浴堂招待，如铺东是北京本地人时，司账也多属本地籍贯，这样铺东可以用其同乡以监视掌柜，女浴堂用人多系从老妈店雇佣而来，北京籍者亦居多。[4] 通过各号浴堂伙计籍贯的分布情况，不难看出定兴人在北京浴堂行业的垄断地位。若一家浴堂定兴籍贯者占主导地位，则其他籍贯的人数极少，非定兴籍贯者在此几乎没有生存的空间；若某浴堂并非以定兴藉人士为主导，则该浴堂中各籍贯伙计数量比例相差

1《北京浴堂同业公会各号设备调查》，伪北京特别市社会局档案，北京档案馆馆藏，档案号：J002-007-00362。

2《北京浴堂同业公会筹备委员会登记表》，北京市同业公会档案，北京市档案馆馆藏，档案号：087-044-00018。

3 参见附录十五《1949年北京市浴堂业伙计籍贯信息表》，资料来源：北平市社会局：《北平市纺织染业同业公会、浴堂职业工会登记会员名册》，北京市档案馆馆藏，档案号：J002-004-00840。

4《北平的澡堂》，《大公报》，1933 10月23日，第6版。

不多。1

相比浴堂的经营者平均年龄在49岁上下，浴堂伙计的平均年龄要小很多：

表3-3 1949年北京市浴堂业伙计年龄分布表　　单位（岁）

年龄段	15—19	22—29	30—39	40—49	50—60
人数	203	715	373	162	61

资料来源：《北平市纺织染业同业公会、浴堂职业工会登记会员名册》，北平市社会局档案，北京市档案馆馆藏，档案号：J002-004-00840。

由上表可知，15岁至19岁的伙计一般在浴堂中充当学徒，浴堂的主要劳动力大部分处于22岁至29岁之间。过了40岁的浴堂伙计数量急转直下，由于浴堂中无论是修脚、捏脚、搓背，还是汲水、烧火等工作，均需要较强的体力，因此伙计50岁以后，因年老力衰还会被店内辞退，仍在浴堂工作者凤毛麟角。2

由于北京浴堂营业季节性较强，浴堂伙计的工作时间也较为弹性。在生意最兴隆的年末时，每日工作最长达18个小时；生意清淡之时，工时只有6个小时，甚至有些浴堂在营业淡季将部分伙计遣返回乡，轮流上岗。正出于此，浴堂伙计几乎是独身来京务工，携带家眷者只占全部人数的3%。前文曾提到，浴堂经营者文化程度普遍较高，伙计同样需要一定的文化水平。相比较其他行业，如粪夫中识字者只有4%，浴堂伙计识字者能够占到总人数的45%。3

1 参见附录十五《1949年北京市浴堂业伙计籍贯信息表》，资料来源：《北平市纺织染业同业公会、浴堂职业工会登记会员名册》，北平市社会局档案，北京市档案馆馆藏，档案号：J002-004-00840。

2 相较于有大量翔实的资料可以对浴堂业经营者的身份信息进行分析，浴堂业伙计相关材料并不多见，在新中国成立之前，浴堂伙计的个人信息不是行业调查关注的重点，大多数涉及浴堂伙计身份的材料仅为工种类别的人数统计。在笔者所掌握的材料中，对浴堂伙计的年龄计量只能建立在1949年一年的数据之上，严格而言不能经典地反映整个20世纪上半叶普遍的浴堂状态。但这一数据并非孤例，根据民国时期浴堂修脚工郑立人经历写成的小说《郑师傅的遭迁》，主人公十八岁便从老家定兴来北京浴堂任学徒，并拜师学习修脚，学徒期满四年之后，开始成为正式修脚师，而师傅则因年过半百气力衰退被店家辞退。参见崔雁荡：《郑师傅的遭迁》，北京：中国少年儿童出版社，1963年。

3 实业部劳动年鉴编纂委员会：《民国二十一年中国劳动年鉴》，上海：神州国光社，1933年，第239页。

三、北京浴堂伙计的工作日常

（一）北京浴堂的雇佣制度

北京浴堂的雇佣员工方式同近代北京大多数工商行业一样，可以分为两种：一种是从外部聘请，如掌柜可由资东聘请任命，掌柜也有推荐和聘用司账和伙计的权力；另一种则是由浴堂中的学徒晋升，学徒在实习期满后可以晋升为帐房先生或伙计等职位，有些时候掌柜一职也会从这些职工中选拔。浴堂从业者大多从学徒干起，因为这涉及到职工的实际利益。年底分红时，会按照店内人员持股数量进行分配，有股份者只限于由徒弟晋升之人，掌柜从外部聘用之管账先生及伙计不持股份，不得参与分红。[1]

北京各行业商铺学徒进店时要由行业中有名望者介绍，以担保学徒品性良好。学徒进店亦须经东家认可后，由掌柜选用，因此店铺中学徒多为东家或掌柜的亲戚好友之子弟。[2] 浴堂也不例外，如在根据浴堂修脚工郑立人经历写成的小说《郑师傅的遭迁》中，主人公郑师傅从定兴来北京务工时，曾托其父亲友人孙某帮忙在浴堂中找个事做。当求人不成后，巧遇在裕澄浴堂干活的同乡岳大叔，经浴堂东家收下岳大叔送的礼物后，郑师傅正式成为浴堂中的学徒。[3] 浴堂中的学徒一般没有工资，店内只供应其伙食，或在年节时分发一点节赏。学徒必须听店内掌柜、工头、伙计的教导，负责汲水、沏茶、开门等杂活。有些学徒最初进店时因年幼只能勉强扶住水井上的辘轳把，但仍要拼命工作。[4]

学徒的期限一般是三年零一节，这里的节是指五月

1 [日]服部宇之吉等编:《清末北京志资料》，张宗平、吕永和译，吕永和、汤重南校，北京：北京燕山出版社，1994年，第337页。

2 张其泮主编:《中国商业百科全书》，北京：经济管理出版社，1991年，第83页。

3 崔雁荡:《郑师傅的遭迁》，北京：中国少年儿童出版社，1963年，第32—44页。

4 崔雁荡:《郑师傅的遭迁》，北京：中国少年儿童出版社，1963年，第45页。

端午节、八月中秋节及正月春节。[1]尽管这是北京工商行业学徒期限的惯例，但不同行业的具体期限是不一样的，如棚匠行业学徒期长达7年。[2]浴堂行业中学徒期限并没有明确规定，通常只要掌柜应允，学徒就可以正式入行。由于学徒期间是没有工资的，分成所得也寥寥无几，浴堂基本只需提供伙食便可以获得学徒低廉的劳动力，因此延长学徒出师的时间就意味着减少浴堂的人工成本。按照北京商铺的习惯"东辞伙一笔抹"，掌柜辞退伙计，无论伙计欠店铺多少钱都不用还了。学徒这种廉价劳动力，若非发生严重的违纪情况通常是不会被轻易开除的。反之"伙辞东一笔清"，如果是伙计不干了，欠柜上的钱必须还清。当学徒擅自离去或私自终止学徒过程时，店家有权向学徒索赔，要求赔偿学徒期间花费的全部饭钱，若学徒无力偿还，这笔钱由其担保人承担。[3]赔偿饭费按每月3元计算，若有工作近三年选择告退者，赔偿金将十分巨大。[4]因此工龄长的学徒自然也不会主动向店家提出解约。在小说《郑师傅的遭迁》中，郑师傅在学徒期间因修脚手艺高明，给浴堂拉来不少客人。但是到了第四年还未能转正。几次向掌柜理论均未有结果后，郑师傅提出离开店铺寻找下家时，尽管反复强调自己在学徒期给店家带来的收益远超店家提供的伙食费，却还是被掌柜以索要食宿费用为名驳回离店请求，只得忍气吞声，继续在浴堂工作。[5]

同招募伙计一样，浴堂解雇伙计时也须经东家同意后，由掌柜决定。每年端午、中秋、春节是学徒入行的三个时节，同时也是浴堂解雇伙计的节期。浴堂会解雇伙计中愚钝不堪用或品行不良而不可救药者。在节期之外，若

1 王永斌：《商贾北京》，北京：旅游教育出版社，2005年，第7—9页。

2［美］步济时（John S.Burgess）：《北京的行会》，赵晓阳译，北京：清华大学出版社，2011年，第137页。

3 王永斌：《商贾北京》，北京：旅游教育出版社，2005年，第7—9页。

4《公会简章、办事细则和委员会名册》，北京市同业公会档案，北京市档案馆馆藏，档案号：087-044-00001。

5 崔雁荡：《郑师傅的遭迁》，北京：中国少年儿童出版社，1963年，第45页。

非本人自愿辞去或有与顾客顶撞、吵架、伤害顾客、有损店铺营业的行为，浴堂一般不会解雇伙计。即使在三次节期中，通情达理之店铺亦不会在端午、中秋时解雇伙计，而是至年末时才会执行解雇。[1]因为店铺掌柜按照惯例会在农历年三十或次年正月初一时单独找每个伙计、学徒谈话，肯定他们长处的同时，批评他们的不足或错误，向伙计分配红利的时候，也会找机会辞退伙计。这种规定称为“说官话”。关于此情形有如下描写：

> 不久，就是旧历年了。年根底下，连续下了七八天大雪。虽然天寒地冻，大雪飘飘，因为快要过年了，洗澡、修脚的客人还是比平常多。我们当伙友的，一直忙到夜里十二点，可是还有不少客人，赶来洗澡、理发、修脚。
>
> 除夕那天夜里，韩师傅比平日高兴，做完了活，借了把剃头刀，自己刮了刮胡子……和大家辞岁告别，便向柜台走去，想去拿他的份钱，不想大掌柜的突然绷着他那张驴脸。冷冰冰地说：
>
> “老韩头，带着铺盖走罢，咱这小地方容不下你啦！你还欠几十块钱，咱们是老东家和老伙计，柜上给你一笔勾了，你的份钱也扣在里头了。”
>
> 韩师傅大吃一惊，忙问：“怎么？我在你们这儿干了四十来年，就这样散了我？”
>
> 大掌柜冷笑说：“不是散你，是这儿店小用不开你！你的本事大，请到别处高就罢。”

1［美］步济时（John S.Burgess）：《北京的行会》，赵晓阳译，北京：清华大学出版社，2011年，第168页。

> 韩师傅怔住了一会，猛然一跺脚，二话没说，跑到存铺盖的小屋里，抽出自己的被窝卷，便往外走。[1]

在北京浴堂的发展历程中，通常是铺东或掌柜居支配地位，掌柜对伙计从招收学徒到学徒入行，再到解雇遣散，有着绝对的权威。在绝对家长制的控制和管理下，掌柜解雇伙计甚至不需要任何理由。对这种权力仅有的制约也只是按照惯例“东辞伙一笔抹”，但工作多年的伙计为店铺创造的价值远远超过其欠店铺的款项。甚至东家完全有能力将其反转为“伙辞东一笔清”。虽然在1940年代后期曾有过多次因浴堂辞退伙计引起的劳资纠纷，但这种雇佣方式并未发生根本性转变，一直持续到新中国成立后才有所好转。

（二）浴堂伙计的工作内容

“金鸡未叫汤先热，玉板轻敲客早来。”北京泡浴堂的习惯讲究泡“头汤”，因此顾客通常很早便会光顾。浴堂伙计们每天天不亮就得开始忙碌，将“地火”烧热，只有这样才能保证“红日东升客满堂”。在浴堂池水烧热后，铺掌会来到柜上，查看各岗位出勤，检查卫生状况。除做开店前的准备工作外，铺掌还会脱衣洗澡，检查三池水温是否不同且适度，检查合格之后，浴堂才可以开门营业。[2]营业前，除搓澡工、看池工等需要裸身干活的伙计外，所有涉及服务顾客的伙计，包括修脚匠和理发师，均需整齐衣容配着漂白市布的中式裤褂、白线袜子、青布鞋。因为浴堂本身便是讲究卫生的公共场所，伙计清洁干净的穿戴合辙于顾客来此的消费动机。同时北京有些浴堂备有洗衣

1 崔雁荡：《郑师傅的遭迁》，北京：中国少年儿童出版社，1963年，第99—100页。

2 北京市崇文区政协文史资料委员会编：《花市一条街》，北京：北京出版社，1990年，第144—147页。

房和烘干设备，向顾客提供洗衣服务，店内伙计的衣物也因此有便利的条件可时常换洗穿戴。[1]

浴堂伙计的服务工作从顾客还未进门时便已经开始。旧时北京店铺有为客人开关店门的习惯，店门口站个小学徒，当有顾客光顾时，要边开门边笑脸相迎，招呼顾客进店。[2]浴堂行业也是如此，如华宾园浴堂就在营业时安置新招收的小学徒于店门口侍候接待来客，从顾客迈入浴堂的那一步起，就要彰显自己的待客之道。[3]顾客进门后，门口服务台的观堂员会主动上前打招呼，对年轻的称"三爷"，称中年人"二爷"，对年长的称"老爷"，以示亲热欢迎。[4]当问明来者人数后，观堂员随即招呼店内的服务员为客人引路。引路看座时，如是第一次来洗澡的生客，茶房一般会向顾客推荐雅座，这时顾客必提出个人要求，或落座于雅座或落座于普通座，或洗池堂或选单间，伙计再按其需求为之引路。[5]

客人落座后，柜台先生会在其身后悬挂的标有床位号码的木板上，挂上一个写有"洗澡"的竹牌。此后负责招待的浴堂伙计会向顾客询问是否需要茶水，以及除洗澡外是否还需要其他服务。如有搓澡、修脚、理发等要求，伙计会招呼柜台把相应服务的竹牌挂上，如顾客临时起意增减服务，伙计也会告知柜台增减竹牌。顾客临走结账时在柜台前按牌付款，很少有差错。[6]伙计一边和落座后的顾客聊天，一边帮顾客解扣脱衣，客人脱下衣服后，伙计用一根长约2.5米的挑竿将客人衣物挑起，挂在衣箱上方的横梁上，等客人离去时，再给挑下来。这样可以防止客人之间有意无意地穿错或绺窃摸兜，同时也避免个别顾

1 华梅，李劲松主编：《服饰与阶层》，北京：中国时代经济出版社，2010年，第218页。

2 王永斌：《商贾北京》，北京：旅游教育出版社，2005年，第7—9页。

3 孔令仁、李德征、苏位智主编：《中国老字号（捌）饮食服务卷（下册）》，北京：高等教育出版社，1998年，第439页。

4 常人春：《老北京的民俗行业》，北京：学苑出版社，2002年，第350—353页。

5 常人春：《老北京的民俗行业》，北京：学苑出版社，2002年，第350—353页。

6 孙兴亚、陈湘生：《菜市口迤东沿街店铺》，北京市宣武区委员会文史资料委员会编：《宣武文史集萃》，北京：中国文史出版社，2000年，第401页。

客穿衣后不付账款即悄悄溜走的行为发生。[1] 通常情况下，顾客进入浴堂后不会着急泡澡，这时候，伙计会在挂完衣服后帮助顾客把枕头整理好，伺候顾客先歇息，静候顾客吩咐。[2] 准备入浴时，伙计会主动送来浴巾给顾客披上，并指引池堂的方向。客人进入池堂泡澡时，伙计会将床位上的床单浴巾铺好，表示此座已经有人占去。[3]

客人沐浴时，周围还有一众伙计提供服务。有的负责池内卫生，调剂池水温度，关照浴堂内有无人晕堂或摔倒，如顾客要求在后背打打肥皂也会乐意效劳。[4] 搓澡、擦背、放睡等服务则是有偿的。这些服务既是体力活，又有技巧在其中。擦背时，擦背工师用毛巾或定兴制的土布在客人身上均匀擦遍，先搓背部，接着是胳膊大腿，直至身上搓出浅灰色的一条条污垢来，然后用肥皂和水洗冲。[5] 放睡就是伙计替顾客敲打身体，敲打的时候声音要清脆又不能让顾客感到疼痛，甚至还会感到舒适。[6]

顾客洗完澡回座时，店内伙计通常会用热毛巾替顾客擦拭后背上的水珠，并再递上两条大毛巾，一条帮顾客披在后背上，另一条围在中腰。[7] 当伙计将顾客请到床位上时，会马上倒杯茶水，送上一条热面巾用来揩面。顾客休息时，头上必出汗，因此伙计要三番五次送热毛巾来。[8] 如果顾客在床上睡着了，伙计需及时为其加盖浴巾，预防着凉。[9] 客人在浴后休整时，可以进行聊天、看报、下棋等娱乐活动。如有听戏的要求，伙计也会将逛街儿卖唱的瞎子叫来，点个唱段。如《照花台》、《尼姑下山》、《叹清水河》等。[10] 一些浴堂为了盈利，还会为来洗澡的瘾君子专门添设大烟榻、烟灯、烟枪等用具，因此在带烟榻的浴

1 孔令仁、李德征、苏位智主编:《中国老字号(捌)饮食服务卷(下册)》,北京:高等教育出版社,1998年,第259页。

2 徐凤文著:《民国风物志》,石家庄:花山文艺出版社,2016年,第289—291页。

3 常人春:《老北京的民俗行业》,北京:学苑出版社,2002年,第350—353页。

4 孙兴亚、陈湘生:《菜市口迤东沿街店铺》,北京市宣武区委员会文史资料委员会编:《宣武文史集萃》,北京:中国文史出版社,2000年,第401页。

5 印永清、万杰编:《三教九流探源》,上海:上海教育出版社,1996年,第313—314页。

6 徐凤文著:《民国风物志》,石家庄:花山文艺出版社,2016年,第289—291页。

7 北京市崇文区政协文史资料委员会编:《花市一条街》,北京:北京出版社,1990年,第144—147页。

8 北京市崇文区政协文史资料委员会编:《花市一条街》,北京:北京出版社,1990年,第144—147页。

9 孙兴亚、陈湘生:《菜市口迤东沿街店铺》,北京市宣武区委员会文史资料委员会编:《宣武文史集萃》,北京:中国文史出版社,2000年,第401页。

10 常人春:《老北京的民俗行业》,北京:学苑出版社,2002年,第350—353页。

堂，伙计必须会烧烟泡、清烟斗，伺候烟客。[1] 有些客人也会要求修脚、捏脚的下活服务，当伙计提供捏脚服务时，会照例熟练地把客人的脚趾仔细打量一番，依此判定捏脚的力度。捏脚时，伙计会边捏边观察顾客的表情，以此作为自己捏脚手劲儿上轻重徐疾的标准。同时在捏脚时，还需要配合表情，需要缄默不语、凝神壹志，才能获得顾客认可。[2]

到了用餐时间，饥肠辘辘的浴客会招呼伙计去附近饭店订饭。伙计记下客人的餐菜要求后，应即刻去餐馆替客人代买，如有耽搁或不在顾客所指定的店铺购买，必受到顾客指责。如位于王府井八面槽的清华园浴堂因近邻东安市场，顾客常会指使伙计采购附近知名字号的美食，如吉士林的清酥鸡面盘、丰盛公的奶卷、东来顺的炸羊尾、便宜坊的盒子菜等。如果伙计从中作伪，没买来正宗字号的食品，客人口味极刁，一闻一品便能知晓。[3] 顾客在柜上按牌子结账后，伙计们都要照例向客人笑脸道谢，并恭恭敬敬地将顾客送至店门口道别。浴堂中伙计的工作就是对来此沐浴的每一位顾客循环反复地提供以上的服务。

女浴堂中伙计的工作内容也大致如此。会有专门在门口守候的女招待，见客进门就会向里面高喊“看座”，其他女招待们便会相应而至。女招待们年纪都不大，最长者不过三十岁上下。一律穿着短衣白长裤，并不施朱抹粉。殷勤体贴是她们的服务态度，“您来啦。”“外面冷吧！”“您宽宽衣。”“您看这间房子怎么样？”“给您沏什么茶？”“您用点什么点心不？”“您这就洗吧？”“您的衣裳洗不洗？”是她们的常用语。女性顾客头发披在两肩洗起来

1 北京市地方志编纂委员会编:《北京志·商业卷·饮食服务志》,北京:北京出版社,2008年,第259页。

2 唐官:《捏脚的艺术》,《一周间》,1946年第14期,第6页。

3 北京市政协文史资料委员会选编:《商海沉浮》,北京:北京出版社,2000年，第299—302页。

不方便时，女招待会提供头绳帮顾客扎起头发。女浴堂皆为单间，如顾客有其他需求，通常会按铃，女招待会应铃声而至。

如顾客需要擦背时，便可在单间内按下电铃招呼女擦背工，如有擦惯的熟手，也可以点名指定。女擦背工工作时，会脱掉白色上衣，露出绣着花的小马甲或抹胸，并将澡板上与浴盆边沿铺上湿毛巾，擦好顾客左半身，再调过来擦右半身。全身擦完后，让顾客起身坐好，替顾客打上浓厚的肥皂，冲净后，换上一盆清水，把两个澡板架并在一处垫好，毛巾放在洋盆的一头，这样顾客就可以继续泡澡了。

洗完澡女客还要化妆梳头，这时女招待会为顾客梳齐头发，整理仪容。顾客结账离店时，她们还会给顾客穿上大衣，送至门口。女顾客在浴堂里吃东西较少，不会像男顾客那样大快朵颐。在夏天，女性顾客会让女招待代买冰激凌，冬天时女招待会将泡好的热茶送到顾客身边。1

（三）浴堂伙计的工作方式

服务业是将生产、分配、消费整合在一个场景下完成的行业。浴堂业作为服务业之一，生产与消费在此同步进行，生产服务的质量取决于消费的需求，服务质量的高低也能决定消费金额的多寡。要言之，有顾客来浴堂消费，浴堂伙计就会为其提供相应的服务，服务质量越高，顾客也会相应增多，在浴堂中的消费也会越多。反之，若浴堂无法保证其伙计的服务水准，则会有歇业风险。1920 年《顺天时报》曾刊登专文批评东四牌楼北的

1《北平女浴室风景线》,《大众生活(南京)》, 1942年, 第1卷第2期, 第15—16页。

中华园浴堂不洁的沐浴用品以及欠佳的服务水准。作者称该浴堂用品不洁，服务更是恶劣，日前去该处修脚，不料被严重割伤，鲜血淋漓疼痛难忍，七日未能举步，其友人去该浴堂理发时亦颇为狼狈。作者认为照中华园此种服务质量，若不予整顿，长此以往必然会遭“天然淘汰”。[1]

浴堂伙计的服务质量不仅决定着顾客的数量，同时也与其个人收入息息相关。当伙计服务周到，让客人满意时，常会得到小费，数目非常可观，通常是工资数的五至十倍。[2]因此，在保证服务质量的前提下，干活越多，收到小费的概率就越大，薪金报酬也就越多。勤于工作、热情招待每一位顾客、关心店内营业，是浴堂伙计的工作方式，也是他们的生存法则。

因服务质量与浴堂的营业、伙计的收入关系密切，浴堂对其服务质量的监督与管理有着完善的制度。如专设一位“瞭高”的掌柜站在店堂，一是为迎送客人，二是监督伙计的服务态度，三是监视伙计，防止作弊，四是观察顾客情况，如有惹恼顾客的事情发生，瞭高掌柜会立即上前调解。[3]同时浴堂不断将其服务量化、标准化与制度化，在不同时期都曾颁布行业内伙计行为准则，不准违忤顾客是其中重要内容之一。在营业房床铺内躺卧、睡觉，于营业时间内三三两两聚集闲谈，招待顾客不够恭谨和蔼，因言语失敬或态度傲慢致顾客指责，以庸言烂语激刺顾客或勒索钱财等行为均被明令禁止。[4]

与此同时，伙计也以提供优质服务为准则，小心处理与顾客的关系，避免店家及自身利益受到损失。有些流氓无赖会故意赤脚来浴堂沐浴，待洗完澡后谎称自己丢失

1《警告中华园澡堂主人》，《顺天时报》，1920年9月23日，第7版。

2 何其英：《北平的浴堂》，《上海周报（上海1932）》，1934年 第3卷第11期，第15—16页。

3 北京市崇文区政协文史资料委员会编：《花市一条街》，北京：北京出版社，1990年，第144页。

4《店员工人工作委员会关于国药业油盐粮业、理发业、浴室签订的劳资集体合同、协议书等规章及有关的请示、报告》，北京市总工会档案，北京市档案馆馆藏，档案号：101-001-00241。

鞋物，要求店家赔偿。为此，在顾客进门时，伙计需照例喊一声“瞧！”这句“瞧！”一语双关，招呼为顾客看座引路伙计的同时提醒其他伙计对该顾客穿戴心中有数。对于赤脚、赤背来洗澡的顾客，一律事前言明：“您没有穿上身？”“您没有穿鞋？”才算尽到责任。1 对于年事较高的顾客，浴堂一般将其安排在离浴池距离较近的床位，避免其因走路腿脚不便而摔倒跌伤之风险。2 浴堂中几乎每家皆贴有“年高酒醉莫入堂”的标语敬告顾客，以减少晕堂事故的发生，当有体弱或年长者在浴堂中晕堂身亡，其家属通常会要求浴堂给予一定的物质补偿，若拒不赔偿，会形成诉讼官司，影响生意。3 为了避免造成不必要的麻烦，浴堂伙计需要知悉晕堂的急救方法。4

是否手脚勤快、服务热情周到，是否善于观察堂内各种现象并随机应变地应酬答对，是评定浴堂伙计工作能力高低的标准。概括之，一个优秀的浴堂从业者需要有掌握服务关系中主动权的能力。为了让顾客感知自己的服务态度，伙计的行为总是准确又敏捷，并在此基础上利用顾客的消费心理主导服务关系，并借此获利。他们会过于殷勤地向顾客打招呼，如遇熟客登门时，必称“某先生”“某位爷”以表示热情。如熟客带着三两个朋友来，更要热情接待，显示熟主顾的脸面。5 当为生客时，则通过衣饰判断身份，如衣冠整齐，则茶房多呼雅座，衣冠不扬者多呼散座。6 客人结账时，要高声报喊小费的数目，这种规矩一来可以替客人拉面子，表示其出手阔绰；二来可以向其他喜攀比、要面子的客人请更多赏；最后还能让其他伙计知道自己没有揩油。7

1 北京市地方志编纂委员会编：《北京志·商业卷·饮食服务志》，北京：北京出版社，2008年，第268页。

2 北京市崇文区政协文史资料委员会编：《花市一条街》，北京：北京出版社，1990年12月，第144—145页。

3《澡堂内之新鬼》，《顺天时报》，1922年6月5日，第11版。

4《浴客晕塘救治方法，卫生局令各澡堂遵照实行》，《华北日报》，1936年1月10日，第6版。

5 北京市崇文区政协文史资料委员会编：《花市一条街》，北京：北京出版社，1990年12月，第144页。

6 何其英：《北平的浴堂》，《上海周报（上海1932）》，1934年 第3卷第11期，第15—16页。

7 李麟：《国人性格文化常识》，太原：北岳文艺出版社，2010年，第115页。

长期的制度化服务使得浴堂伙计形成一种固定的工作方式，同时也使光临浴堂的顾客心中出现一种刻板的期待，期待伙计能够保证服务质量，二者构成了伙计工作的前提条件。在此前提之下，浴堂伙计无论是维持行业泛用的工作方式，还是为了生存赚取更多小费，二者都必须要完成。当浴堂为伙计制造出一种成天忙忙碌碌的形象的同时，也设计出让他们在工作中能够暂时回避顾客，获得短暂放松的机制。毕竟如让顾客看见伙计在营业时间游手好闲，本身就是一种冒犯。在浴堂中，共设计有72个旮旯，皆为秘密之地，有些可供浴堂伙计休息之用。浴堂伙计学徒入堂后，首先由掌柜将此72个旮旯传授清楚，始能在堂内服务。[1]

伙计总有无法在空间上回避顾客的时候，于是便产生了隐语。工作中，为了维护行业形象及利益，有些涉及金钱或关于浴堂服务、评论顾客的对话不便令顾客知晓时，通常会使用行业隐语。如在近代北京浴堂中，掌柜名曰"业上的"，大伙计（看火者）名曰"红上的"，浴堂别名"宣窑"，理发人名曰"筒子上的"，修脚名曰"点着"、"迎头儿"，又名"搅上点儿"，搓澡名曰"垫板"，又名"轮头儿"，理发名曰"剪尖儿"，剃光名曰"擦光儿"，刮脸名曰"赶盘儿"，袜子名曰"信筒"，鞋名"踢土儿"，手巾名曰"大小条子"，从前箱子名曰"斗子"，现在床亦名"斗子"，零钱名曰"来龙"，茶叶名曰"枝子"，沏茶名曰"搬上一个"。此外尚有一种数目暗语，如十毛、十吊、十枚名曰"居干"，二十毛、二十吊、二十枚、名曰"周干"，三十则曰"王干"，四十则曰"翟干"，五十则曰

1 612《北平全市澡堂调查记》，《华北日报》，1935年8月3日，第6版。

"中干"，六十则曰"生干"七十则曰"兴干"，八十则曰"张干"，九十则曰"爱干"。[1] 这些隐语在浴堂伙计群体内得到普遍认同，并约定俗成地遵循使用。当浴堂伙计间使用的隐语被顾客得知后，经常会酿成纠纷。如西单牌楼武功卫胡同内某浴堂，修脚伙计用侮人隐语"筒泡儿"揶揄来此洗澡的顾客，被顾客听出后，二人产生口角。浴堂掌柜和伙计皆包庇该修脚匠，以至演变为聚众群殴事件，所有浴堂伙计一拥而上，将该顾客和随同前来的二位友人扭倒于地并拳打脚踢，经其他客人劝解后方才平息。[2]

在浴堂从业者使用隐语来调和顾客和伙计关系的同时，也用隐语维护群体的利益。换句话说，顾客群体与浴堂从业者群体间的关系是对立的。对于伙计行为的制度化管理在试图规范浴堂从业者行为的同时，也将暗含其中的顾客与浴堂伙计间对立的关系展露无疑。如浴堂规定茶房因怠慢而造成顾客财物损失，洗衣工失职损坏顾客衣物时，应自负赔偿责任。再如，看车的伙计如有遗失客人车辆，打杂的伙计代客买物时偷漏赚钱，也应自负赔偿责任。[3] 这种用惩罚的方式来约束伙计的行为同时将伙计从店铺中孤立出来，作为顾客的对立面存在。在这种管理体制下，浴堂伙计既需要用殷勤、体贴、周到的服务来求赏于客人，维持自己的生活，也需要时刻提防小心这些客人，因为他们还能给自己带来损失。

通过浴堂伙计在浴堂日常运行中的行为表达，可以看出他们在工作中的一致性，即对服务质量的要求。浴堂中生产的产品是伙计们提供的服务，服务质量直接决定浴堂的经营状况。因此，浴堂的经营者希望通过制度化管理

1《北平全市澡堂调查记》,《华北日报》, 1935年8月3日, 第6版。

2《澡堂聚众殴人》,《顺天时报》, 1922年1月11日, 第4版。

3《店员工人工作委员会关于国药业油盐粮业、理发业、浴室签订的劳资集体合同、协议书等规章及有关的请示、报告》, 北京市总工会档案, 北京市档案馆馆藏, 档案号: 101-001-00241。

来规范伙计的各项工作，将伙计逐渐改造为严格服从浴堂营业规则的群体。同时还通过利润分配方式，让能保证服务质量的伙计收入更多，让在服务中失职、有损店家声誉的伙计受到惩戒。在这种情况下，浴堂伙计无论是出于主动维护行业形象，还是被动地担心因自身过错而被追责，他们只有勤奋耐劳、机敏圆滑，使自己的服务达到顾客的要求，才能在行业中生存下去。

四、北京浴堂伙计的收入与生活状况

（一）浴堂伙计的收入

浴堂伙计艰难的生存状况源于社会资源配置的不均衡，具体体现为其薪水的分配机制。该机制同时也是一种高效的管理手段，利用伙计的生存韧性，浴堂只需要提供满足温饱的待遇，便能产出优质的服务。北京浴堂伙计收入方式主要有工资、分红、提成及小费四种。其中工资是指租赁劳动所必须支付的费用。浴堂中的工资通常是由资方根据伙计从事的不同职位进行差额分配。[1] 按照北京浴堂业的惯例，浴堂伙计均为日工，在每日晚 12 时结清当日工资。[2] 浴堂伙计的工资平均为 15 枚铜元，最高有 20 枚铜元以上者，[3] 其中修脚、刮脸、擦背等工师，每人每日可赚取铜元 20 枚，茶房、厨夫、杂役等每日工资以年限深浅为差，为铜元 10 枚至 16 枚不等。[4] 以西长安街华园浴堂为例，该浴堂成立于民国二年，洗澡部工头每日工资铜元 20 枚，修脚、擦背工师每日工资为铜元 18 枚。茶房、厨役、打杂的伙计每日工资均为铜元 15 枚，学徒则

1《店员工人工作委员会关于国药业油盐粮业、理发业、浴室签订的劳资集体合同、协议书等规章及有关的请示、报告》，北京市总工会档案，北京市档案馆馆藏，档案号：101-001-00241。

2 文彬：《北平的浴堂业》，《益世报（天津）》，1934年7月21日，第8版。

3 实业部中国经济年鉴编纂委员会：《中国经济年鉴（下册）》，上海：商务印书馆，1934年，第147页。

4 池泽汇等编：《北平市工商业概况》，北平：北平市社会局出版，1932年，第618—619页。

没有工资。[1] 相比浴堂中的伙计，掌柜与司账的工资要高一些，其中司账工资比工师要高半倍，而掌柜的工资则是工师的一倍，有些铺东也领工资，钱数与掌柜相同。[2] 浴堂中的工资是极其微薄的，即使掌柜的日工资也不过相当于平均一个客人来浴堂单次消费的数额。浴堂会向员工提供免费食宿，饭费每人每日约合50枚铜元，比工资要高很多。[3] 一日三餐中，两顿粗粮，一顿细粮，每逢农历初一和十五，端午及中秋，浴堂还会为员工改善伙食，这几天通常吃白面，同时还备有酒肉。[4]

浴堂伙计的收入除基本工资外，还有年底结算的红利收入分成。按照北京工商业惯例，一年或三年结算盈亏一次，掌柜以下的员工持有股份者均可得到分红。[5] 浴堂中亦如此，红利按照"钱七人三"的比例分配，出资人得七成，其余三成由掌柜、司账、伙计及学徒分得。[6] 浴堂掌柜的收入大部分来自年底持股分红，在与司账、伙计的分红中，掌柜占很大份额，一个掌柜分红所得比全体员工的分红总和还要多好几倍。[7]

浴堂伙计还会从店铺收益中提成。即浴堂要求伙计将每日客人在此消费的洗澡费、修脚钱、茶叶钱、搓背钱、洗衣钱、理发钱等牌子钱全数上交，再由店铺统一分配。[8] 提成的比例不一，浴堂中不同工种提成所得也有所不同。通常理发工最多，每次理发收入中，理发工人能最多提四到五成之多。[9] 洗衣工一般按三七提成，伙计三、店家七。搓澡工和修脚工提成就更少了，只有二成左右。[10] 20世纪40年代末，由于物价极不稳定，之前的分账办法无法维系浴堂伙计的生活。1947年8月，经市党

1 陈达：《中国劳工问题》，上海：商务印书馆，1929年，第69页。

2 池泽汇等编：《北平市工商业概况》，北平市社会局出版，1932年，第618—619页。

3 陈达：《中国劳工问题》，上海：商务印书馆，1929年，第69页。

4 王永斌：《北京的关厢乡镇老字号》，北京：东方出版社，2003年，第325页。

5［日］服部宇之吉等编：《清末北京志资料》，张宗平、吕永和译，吕永和、汤重南校，北京：北京燕山出版社，1994年，第337页。

6《北平的澡堂》，《大公报》，1933年10月23日，第6版。

7［日］服部宇之吉等编：《清末北京志资料》，张宗平、吕永和译，吕永和、汤重南校，北京：北京燕山出版社，1994年，第337页。

8 北京市政协文史资料委员会选编：《商海沉浮》，北京：北京出版社，2000年，第307页。

9 陈达：《中国劳工问题》，上海：商务印书馆，1929年， 第69页；《澡堂提出条件》，《新中华报》，1929年3月21日，第6版。

10 北京市崇文区政协文史资料委员会编：《花市一条街》，北京：北京出版社，1990年12月，第146版。

部、社会局、浴堂同业公会和浴堂职业工会四方面协商后，将浴堂工人、伙计收入提成比例全面上调。其中，理发工人提成由三成五改为四成，洗衣工人提成从三成提高到三成五，修脚、搓澡工人提成上调到三成，洗澡伙计由一成改为一成五提取，茶房杂役也有不同程度的提高。[1]这个协议使浴堂伙计的待遇有所改善，并一直执行到解放后的1957年夏季，在浴堂改为固定工资后才告废除。[2]

小费也是浴堂伙计收入的主要来源。小费又称小账，是指服务行业中顾客感谢服务人员的一种报酬形式，如顾客对伙计的服务满意时，会自愿在付澡钱之外给伙计额外的赏钱。北京浴堂行业中，小费一般是洗澡钱的10%。[3]1930年代时，旺季一个伙计一个月小费有银20余元，普通时节亦有银5至6元不等，比其工资数要高出数倍。[4]农历除夕前后是北京浴堂最繁忙的时节，也是伙计、学徒赚取小费的最佳时间。每遇年节，浴堂中客人多、生意忙，小费随着洗澡钱成倍增长，就连平日不给小费的客人到了年节无论多少也都给一些。[5]在经济困难的时期，客人来浴堂洗澡则很少会支付小费，为了保障伙计的服务质量与生活水平，各浴堂常联合起来通过同业公会向政府当局申请在澡价上附加一成作为小费，强制收取。[6]

如前文所述，客人给浴堂伙计的小费需要如数交到柜上，统一分配，违者会受到处罚，甚者有被解雇的风险。为了避免伙计私藏小费，店铺柜台上会放置一个大竹筒，客人支付的小费并不直接交予伙计，而是放入竹筒中。小费每日一分，当晚店铺歇业顾客走净时，掌柜开始分小费。小费的分配是公开透明的，掌柜将铺内每人所得

1《北平市政府、社会局、警察局关于煤、旅店、理发、浴堂调整价格的训令、指令及市商会的呈以及北平市物价评议会议纪录等》，北平市商会档案，北京市档案馆馆藏，档案号：J071-001-00590。

2 北京市崇文区政协文史资料委员会编：《花市一条街》，北京：北京出版社，1990年12月，第147页。

3 柯政和：《中国人の生活风景》，东京：皇国青年教育协会出版，1941年，第244页。

4《浴堂调查记》，《益世报（北平）》，1933年11月25日，第6版。

5 王永斌：《北京的关厢乡镇老字号》，北京：东方出版社，2003年，第326页。

6《北平市浴堂业同业公会关于呈请澡价调整的呈文及市政府的指令（附呈请调整价格表）》，北平市社会局档案，北京市档案馆馆藏，档案号：J002-007-00856。

小费放在贴有各自姓名的木质钱板上，一人一格，一目了然。鉴于伙计所收小费要全部交到柜上，个人所得无几，有些知情的熟客为表达对伙计细致体贴服务的满意，会将小费放在茶盘或枕头底下等处，临走时悄悄告知伙计，有些顾客则在茶役递送擦脸手巾时，将小费暗递其手中。1 偷偷给伙计小费后，顾客还会在柜台再给一次小费，这一部分小费是要分成的。2 私自得到小费的伙计会在这些浴客再来沐浴时加倍殷勤周到地提供服务。

小费的分配并非按人头均分，而是会以人数相除取其整，通常掌柜分两整份，司账分一整份半，工师分一整份，余则按一整份中之七八成或三四成分之。3 这样使得有些伙计分不到一人份的小费，掌柜、经理、司账这些浴堂的管理者则可以拿几人份的钱数，他们拿到的小费能占到总数的三成左右。有些浴堂掌柜会直接扣取全部小费的三成半，余下的部分全体人员再按不同工龄和工种进行分配。全体人员，包括浴堂的全体伙计以及掌柜家中的佣人、当差、拉包月车的，甚至掌柜的儿女，都要参与分成。一个 60 人的浴堂，参与分成的能达 100 多人，因此伙计能分到的钱寥寥无几。浴堂中还有“送干份”一说，“干份”就是浴堂为了保证营业不受外部影响，会给警察局巡长、社会局科长、慈善会会董，外加地痞流氓等各色人物送上一份钱。如钱没有打点到位，这些人会干扰浴堂的正常营业。“干份”并不影响掌柜收入，只从浴堂伙计那部分里面取用。一个 60 人左右的浴堂，一天的小费能有 100 元，层层盘剥后，落到普通伙计手里，每人最多不过 4 角钱。4

1 北京市政协文史资料委员会选编：《商海沉浮》，北京：北京出版社，2000年，第304页。

2 柯政和：《中国人の生活风景》，东京：皇国青年教育协会出版，1941年，第243—244页。

3 池泽汇等编：《北平市工商业概况》，北平：北平市社会局出版，1932年，第618页；《北平的澡堂》，《大公报》，1933年10月23日，第6版。

4 张辛欣、桑晔：《北京人：100个普通人的自述》，上海：上海文艺出版社，1986年，第40页。

伙计的收入可以看作是浴堂经营者管理员工的手段之一。首先，基本工资较低且均为日结，这令浴堂伙计在店内做事不甚安心。其次，微薄的基本工资让浴堂伙计无法维持家庭或自身基本生活，使得他们不得不卖力工作，通过赚取更多的提成及小费来弥补基本工资的不足，当浴堂伙计获得更多小费提成时，店家便赚得盆满钵满。浴堂向其伙计提供的免费食宿等便利作为福利工资发放，看起来福利工资比基本工资要高很多，但其本身就是从伙计基本工资中扣除下来的，变相的福利工资使浴堂伙计对店家的“仁慈大度”心存感激，稳定了他们的情绪。从技术层面讲，浴堂通过对伙计收入的操控，在刺激职工的积极性、提高劳动效率的同时，还能够安抚伙计情绪，减少劳资纠纷事件的发生。

新中国成立后，浴堂工人的收入来源没有发生根本变化，仍以上述四种为主。建国初期，北京市浴堂业曾提议改变浴堂伙计的红利分配比例及提成分配方式，并曾拟定统一分配法和计件提成法两种方案，二者都试图做出对劳方有利的改变。统一分配法内容如下：

北京市浴堂业劳资双方统一分配法

1. 双方在实施合同前一日清查各号资产、物资及欠内欠外债务，清册以现值折实物为资本，前亏应由资方负责。

2. 资东预支生活费按人口计，每人每日以小米二斤为标准，另有生产力者例外。

3. 房租营业租作正常开支，资东之房产不论大小，每间每月小米五斤，以房间数为标准，房租由柜上负担，其他关于产权捐税，由业主负担。

4. 上下活、茶房、看池所得小费，与柜上小费得利，各项收入汇总在一起，每月按规定等级，自经理以下以责任轻重技术高低分配，其等级分配由各家劳资双方协议。下活每人以十个活为标准数，如每日做十一个活至十五个提一成，十六个至二十个提一成五，二十个活以上提二成；理发每人以大活七个为标准数，如八个至十二个提一成，十三个至十七个提一成五，十八个以上提二成；洗衣以每人每日得活价十五斤小米为标准数，如超过以上提一成；茶房茶资小费、上下活、烟资在内，以每日总得数提二成。各店根据每日各部所有人数及作活数分配提成，做足标准数始可提成，不足数额不提。

5. 红利分配以一个月结账清算一次，如营业有余利，每十日劳资双方预支总余利数额百分之六十，其余在月底结账后分清。资东应得利润百分之二十，提取修建基金百分之二十（修建基金包括改造房屋、粉刷油饰、更换锅炉、增添设备、大批添置大毛巾及床单澡衣），关于修建基金，由柜上保存，任何人不准分配与动用，如因故歇业，该项余金及购置物，劳方不得争分，其中被解雇者亦不得争，余利数额百分之六十作为全体职工及在本柜服务经理之工资，按零钱分配等级分配之。1

统一分配法在红利分配方面，将年底结算改为按月结账清算，改变了旧时“钱七人三”的规定，在保障劳者多得的同时，将利润提成作为浴堂工资向伙计分发。计件提成与统一分配法类似，相较于统一分配法着力于红利分配，该方案更着重于提成的收入。如下所示：

北京市浴堂业劳资双方计件提成分配法

1. 资东、掌柜、业务经理、司账、老伙计、烧火助手、锅炉房、拧水、看池、厨房、杂役等工资

（1）资东、业务经理、掌柜每日小米四斤，司账三斤，老伙计三斤，烧火助手二斤，锅炉房二斤，拧水二斤、厨子二斤。

（2）澡牌提一成五，茶资小费按份分配计，资东、业务经理三份，司账分二份半，老伙计分二份半，拧水二份，烧火助手二份，锅炉房二份，厨子二份半，杂役半份，看池半份。

2. 理发

（1）每人十四个理发牌为基本数，不提成，超过一个至五个提四成，六个以上提五成，以理发牌为标准数。

（2）自备家具者以三个理发牌为基本数，不提成，超过一个至五个提五成，超过六个至十个提六成，十一个以上提七成，以理发牌为标准数。

1《店员工人工作委员会关于国药业油盐粮业、理发业、浴室签订的劳资集体合同、协议书等规章及有关的请示、报告》，北京市总工会档案，北京市档案馆馆藏，档案号：101-001-00241。

3. 下活

以六个活为基本数，不提成，超过一个至五个提四成，六个以上提五成。

4. 洗衣

洗衣以收入数，按每人每天足小米十斤为基本数，不提成，超过者工人提五成。

5. 茶房

每日所得茶资小费按照每日柜上所卖澡牌总数提一成。

6. 红利

在每日结账后，若有余利，按照资东提利润三成五，修建费提三成五，执行业务经理与协助业务人提一成，职工等提二成，合理分配。1

由于政府对浴堂业改造的重心在于将小费、提成、红利等转变为固定工资，以上两种方案并未获准。

将浴堂员工的提成、红利、小费等收入以固定工资的形式发放，是建国后北京市浴堂业社会主义改造工作的重要内容，其中取缔小费是该项工作实施中面临的难题。早在国民政府推行的“新生活运动”中，就将小费归为陋习的一种，认为小费习俗造就了一批纨绔子弟，且影响商店营业，危及市容，有损国体，应彻底肃清改良。1936年，南京市曾一度废除市内浴堂的小费制度。由于当时该市浴堂店家不管店内伙计食宿，且有押柜制度，取消小费后，浴堂工人收入大为减少，甚者还会倒贴店铺，造成了南京市浴堂伙计的恐慌，伙计们曾与资方几度交涉，表示

1《店员工人工作委员会关于国药业油盐粮业、理发业、浴室签订的劳资集体合同、协议书等规章及有关的请示、报告》，北京市总工会档案，北京市档案馆馆藏，档案号：101-001-00241。

唯有固定薪金否则决难废除小账。[1]

北京市浴堂业在取缔小费的过程中也纠纷矛盾诸多。解放初期，小费被新生政府的官员干部们认为是有钱人对穷人的施舍，是社会不平等的体现。在1952年北京市第四届第一次各界人民代表会议上，议决浴堂不应索取小费，应当废除小费这一陋规。[2] 由于浴堂中收取小费的习惯已相沿成风，一般工人早习以为常，视小费为正当工资收入的一部分，而资方也以小费代替工资开支等多种收入，取消小费绝非易事。此外北京浴堂的澡价是不包含小费的，如盲目取消小费而不增加澡价，势必会减少浴堂店家及伙计的收入，若提高固定工资，又间接抬高了浴堂的经营成本，必然会引起资方的不满。若提高澡价，顾客方面亦会因价格激增而选择不去公共浴堂消费，从而影响浴堂营业，同时不利于公共卫生事业的发展。

北京市工商局在1952年年末时，曾派专人调查前门地区的浴堂，根据对该地区浴堂当年7月—10月的流水、开支、纯利、损益提成、小费等项的调查结果，最终得出在当时不宜取消小费的结论。在调查的前门地区22家浴堂中，员工50人以上的4家，30人以上的5家，10人以上12家，6个人的1家，全体职工660人，其中女工13人。[3] 在此22家浴堂中，小费超过提成100%以上的有4家，占提成50%以上的有7家，占30%以上的有4家，占30%以下的有2家，其他5家没有填写无法计算。小费超过店铺利润500%以上的有1家，逾300%的有1家，200%以上的1家，100%以上的有4家，小费占利润50%以上的有1家，30%以上的1家。[4] 提成

1《取缔小账：首都扦脚擦背大起恐慌》,《星华》,1936年第1卷第22期,第8页。

2 何季民:《1952年北京浴堂业取消"小费"的纷争》,《当代北京研究》,2012年第2期,第47—50页。

3《处理人民来信要求取消澡堂饭店旅店等行业收小费问题本局于浴堂工会等有关单位的来往文书》,北京市工商管理局档案,北京市档案馆馆藏,档案号:022-010-00435。

4 参见附录十六《1952年前门地区澡堂工人收取小费情况调查表》,资料来源:《处理人民来信要求取消澡堂饭店旅店等行业收小费问题本局于浴堂工会等有关单位的来往文书》,北京市工商管理局档案,北京市档案馆馆藏,档案号:022-010-00435。

是浴堂伙计的最主要收入来源，小费收入只是略低于提成收入，甚至在部分浴堂小费是伙计最重要的收入来源。这说明，若强制取消小费，浴堂伙计的生活水平必然会大幅降低。在前门地区的浴堂中，有超过半数的浴堂小费收入超过其利润额，这意味着如将小费转变为固定工资，按照现阶段大多数浴堂的利润额是无法支持正常营业的。当时宣武区有6家浴堂主动取消小费制度，改为固定工资，因缺乏取消小费后如何提高利润的计划，这6家浴堂营业收入均出现下降，只得以拖欠工资来支撑。[1]

取消小费这一提议在浴堂曾引发轩然大波，有些浴堂为了表明自身的阶级立场，私自取消小费，改为实行固定工资。1952年10月22日大清早，位于北京前门的沂园浴堂门口悄悄地挂出一块号牌：从即日起取消“小费”，称其在该年5月就曾提出取消小费的申请，但浴堂公会并未批准，为了响应政府相关部门号召，同时应浴堂工人要求，才决意挂牌取消小费。沂园浴堂这一举动因违反行规，受到同行的强烈抵制。针对此事，浴堂公会开会表明态度，特地强调小费虽然是多年来的陋习，但是不能“不顾私营，否则同业垮台，工人必致失业”。取消小费必然会减少浴堂收入，若不减少工人收入（取消小费的同时将原先小费全额转为工资发放），则浴堂是在减少收入的同时增加开支，如此全市浴堂生意必有垮台的危险。在多数同行的抗议下，沂园浴堂被迫暂时恢复小费制度。[2]

北京市工商局认为取消小费是一个长期的过程，需要随着浴堂行业的稳定发展，人民收入的适当提高，才能逐渐将澡价提高，以彻底取消小费。针对取消小费的纠

1 北京市档案馆编：《北京档案史料》，北京：新华出版社，2010年第2期，第50页。

2 何季民：《1952年北京浴堂业取消“小费”的纷争》，《当代北京研究》，2012年第2期，第47—50页。

纷，北京市工商局暂时采取折中的办法，在取消小费的同时兼顾职工收入与资方营业收入及人工成本。该办法主要内容有三项：其一，在解放初期，浴堂对于机关团体优待较大，最高可达七折，为此，允许市内各浴堂减少对机关团体的折扣，以适量减少浴堂运营的成本开支。其二，将小费以“水费”的形式收取，并附加于澡价中，向每位来浴堂沐浴的顾客多收水费第一套人民币 500 元，通过变相收取“水费”弥补取消小费后的收入损失。最后，如顾客有搓澡、修脚的需求，可额外附加 500 元在服务费用中，无需此服务者不收该项费用。[1] 通过实施这三项措施，取消小费的规定平稳落地。1955 年 3 月，北京市浴堂行业全面完成对小费制度的取缔工作。[2]

（二）浴堂伙计生存状况

如上所述，浴堂的伙计大多来自河北定兴、易县、涞水三角地带，他们通常在冬季农闲时期来京务工。他们在浴堂中的工作并不轻松，在营业旺季常常需要工作 16 个小时以上，在通货膨胀时，他们一方面面临失业的危险，另一方面因为工资微薄，又会遭遇生存的压力。

表 3-4 1945 年北平浴堂伙计生活费收入表　　单位：元（日伪联币 / 法币）

时间	每月小费	每月开支		每月净得	每斗米价	能买米数（斗）	伙食	
		鞋袜	菜				早	晚
1945 年 7 月—8 月	800	60	60	680	300	2.3	面条	小米面
1945 年 8 月—9 月	1500	200	250	1050	500	2	面条	小米面
1945 年 9 月—10 月	5000	600	400	4000	2000	2	面条	小米面
1945 年 10 月—11 月	4000	5000	300	3200	2000	1.5	面条	小米面
1945 年 12 月—1946 年 1 月	5000	1000	400	3600	2000	1.8	面条	小米面
1946 年 2 月—3 月	30000	10000		20000	60000	3.3	面条	小米面

1《市工商管理局有关单位于本市私营理发浴室等业的管理暂行办法情况调查报告及有关文件材料》，北京市工商管理局档案，北京市档案馆馆藏，档案号：022-010-00717。

2 何季民：《1952 年北京浴堂业取消“小费”的纷争》，《当代北京研究》，2012 年第 2 期，第 47—50 页。

资料来源：刘明逵，唐玉良主编，刘星星，席新册编著：《中国近代工人阶级和工人运动（第13册）》，北京：中共中央党校出版社，2002年，第235页。

如上表所示，近代浴堂伙计每月的收入，除去基本开支外，平均只能购买粮食2斗左右。即浴堂伙计一个月的全部收入仅能勉强供给一个成年人每月的主食需要，根本无力支付其他如蔬菜、肉食、衣物、燃料费等维持生活所必须的费用。[1]当其家人无额外收入时，即使在浴堂提供食宿的前提下，浴堂伙计的收入仍无法维持正常三口之家的最低生活标准。因此，从农村来北京务工的浴堂伙计基本都是单身汉。除了收入微薄，工作条件更是极为恶劣。这样艰苦的工作环境不只北京浴堂行业独有，在全国范围皆是如此。有人曾戏称："世上三行苦，撑船、打铁、磨豆腐"，但浴堂里的工作比这三行有过之而无不及。[2]还曾有人将浴堂称为"水狱"，浴堂伙计因生存需要，每日在这水狱中饱受煎熬：

> 我们每一次走入浴堂，总要看见几个被水浸得白茫茫的擦背者，皮肤连一点血色都没有，他们每天皆是从上午十时起，到第二天上午二时止，这中间十六小时，他们总是被浸在水狱里，一天两天，一年二年，都是这样生活着，即或有一点变动，也不过是由这一处水狱，转移到另一处水狱罢了，他们终年因为受水的浸润，热气的蒸淘，皮肤便转变成纸样的白，全身的血液，也就被水与热气融成稀薄了。
>
> 这还不算，他们除了受水与气的浸蚀以外，

1 李景汉：《北平最低限度的生活程度的讨论》，《社会学界》，1929年第3期，第3—10页。

2 擦背者的生活：《国际劳工通讯》，1937年第4卷第7期，第44页。

> 还要做工作，每一个浴客，自顶至踵，总要从他们手中经过，擦背呀，去垢呀，替每一个人洗浴之后，他们便要出一身汗，汗本来是人人应当出的，但是他们的汗出得太多了，以致形成一个白茫茫的人，这样的生活着，无论是怎样一个强健的人，也要一天一天的衰弱下去，他们自己也知道，这种工作，是对于身体的戕贼，但是已经做了这种职业，为生活驱使着，明知是入地狱，然已无可挽救了。[1]

浴堂中的工作是没有固定时间的。旺季时，伙计收工往往已至午夜，由于浴堂没有公假，携有家眷的伙计每隔几日就会连夜把工钱送回家中以敷家用。每到冬天，回家送钱的伙计会借条破旧不用的大毛巾裹在身上，一路小跑回家。到家后不敢停留，借身上汗还未干，身体还有热气，立马折返。如家住离浴堂较远，伙计回店时已近次日开业时间。[2]一天中浴堂伙计的工作也是无定时的，有时一天没有事情做，有时到开饭时候忽然来活，一顿饭要分两三次或三五次吃完。夏天时，没吃完的饭总因被苍蝇叮过而无从下咽；在冬天，热饭几乎吃不了几口便去干活，回来时饭菜早已凉透。多数时候，浴堂伙计只能吃个半饱，生活极度不合理。[3]

近代北京浴堂业流传一句歌谣唱道："什么人留下干这行，吃饭没有桌子，睡觉没有床，有病无人管，生活没保障。"[4]浴堂内伙计能享受到的福利是极为有限的。虽然店铺会给伙计提供食宿，但是平日伙食基本只有小米咸菜等粗淡饭食，提供的住所往往也只是简陋的棚子，上下连

1 德孚：《水狱》，《申报》，1935年4月19日，第14版。

2 暮鼓编：《老北京人的陈年往事》，北京：文化艺术出版社，2012年，第407页。

3 郭聚福：《浴堂中的修脚生活》，《读书生活》，1936年第3卷第10期，第39页。

4 北京市地方志编纂委员会编：《北京志·商业卷·饮食服务志》，北京：北京出版社，2008年，第268页。

铺，只能坐不能站，夜间睡觉人挤人，几乎没有翻身的空间。铺上臭虫长了尾巴也无人过问，伙计受不了臭虫叮咬时，会搬到店堂睡觉，浴堂里虽有床位但不准给伙计使用，伙计只能睡在地下。[1] 浴堂伙计因所处的工作环境恶劣，加上工作强度高，不少人患有皮肤病或肺结核。店家一发现此等情况，并不过问伙计的病情，而是担心带病的员工会影响浴堂的生意，为无法工作的员工提供伙食会增加浴堂的成本。因此，生病的伙计或被遣回原籍或被解雇，解雇伙计一般是在每日结算或年终说官话时，因为店家怕工人砸坏锅炉或破坏其他设备，所以都是在晚上结束营业后进行，被解雇的伙计必须马上离开，当晚不允许留宿。深更半夜，他们只好流落街头。[2]

浴堂伙计社会地位低下，工作中如招待不周，经常受到警察、地痞流氓等欺凌，若无意中得罪了当权者，轻则打骂，重则无法在行业内生存。为了保住自己的饭碗，伙计在挨打后不得有怨言，还得陪着笑脸继续忍气服务。小说《郑师傅的遭迁》中，郑师傅在修脚时因无意将日伪外五区警署署长左脚刮破，被警官殴打一顿不说，还被开除出浴堂行业。如下文所示：

> 我进了头等官堂的单间里，床上躺着一个胖得象肥猪似的汉子，他斜看了我一眼，不高兴地说："嗬，好难请啊！给我捏捏脚！"
>
> 我只好压着心里的火，给他捏脚。一直捏到十二点，他还不叫走，我真腻歪透了，但是无法脱身。他还嫌捏得不解痒痒，又叫我给他刮刮脚趾头缝，我用刮刀。正给他打皮，他忽

1 北京市地方志编纂委员会编：《北京志·商业卷·饮食服务志》，北京：北京出版社，2008年，第269页。

2 北京市崇文区政协文史资料委员会编：《花市一条街》，北京：北京出版社，1990年，第146-147页。

然说："记住，你们这行业就是伺候人的，不叫老爷们舒坦高兴，还有饭吃？"

我心里实在憋气，不留神手下一用猛劲，把他的左脚缝割了一个口子；他嗷地怪叫一声，右脚一下踹在我的脸上，我被踹倒在地上，碰碎了痰盂，后脑勺破了一道大口子，血立刻流了一脖子。他还不解气，抄起鸡毛掸子来，狠狠地抽了我一顿，我连修脚的家伙都没拿，就挺身走出了官堂。他大声嚷着、骂着，把大掌柜喊了去，抽了他个嘴巴，砸了茶壶茶碗，还要马上赶我走，不许我在外五区耍手艺。

这个阎署长，是个死心塌地孝顺鬼子的大汉奸！外号活阎王。在外五区，他要是咳嗽一声，那些胆小的买卖人都吓得直不起腰来。如今我"得罪"了他，他发下话叫赶我，大掌柜的哪还敢留。当天夜里，也是除夕的下一点，我又和师傅一样，挟着被窝卷，顶着风雪，出了华芳澡堂的大门。

…………

我得罪活阎王的事一传开，外五区一带的澡堂，哪一家也不敢再收用我；手艺好，不顶事；愿意少挣钱，也没用。活阎王一句话，不只是把我从华芳赶了出来，而且简直把我从澡堂这一行里开除了。[1]

浴堂伙计赚着微不足道的薪水，每日提心吊胆怕丢掉工作；在艰苦的工作环境中饱受煎熬，生活毫无保障；

1 崔雁荡：《郑师傅的遭迁》，北京：中国少年儿童出版社，1963年，第106—108页。

强颜欢笑侍候客人，有时却遭受无缘由地殴打。但他们还是会前仆后踣一般，不惜托人送礼，以求得浴堂中的一份工作。可以说，是生存的需要赋予浴堂伙计十足的韧性，决定了他们的服务水平，也间接让浴堂因此获利。于是，待遇问题成了浴堂经营者有效控制浴堂伙计的技术手段，收入来源的分配机制（如设置小费、提成等收入方式）可以有效提高工人的服务态度和积极性，从而提高浴堂的生产效率。浴堂为伙计提供的食宿虽然是粗菜淡饭、茅屋采椽，但还是满足了浴堂伙计生存的基本需求，这也是浴堂吸引人们来此务工的资本。

第二节 北京浴堂伙计的价值观念及社会形象

阶层结构的变化是近代社会结构转型最显著的表征。20 世纪上半叶，北京浴堂伙计的价值观念是由社会分层所决定的。[1] 晚近现代社会雇佣制度的出现，使得社会中阶级分布情况逐渐发生变化，以雇佣关系为基础的职业分层成为社会分层的法则。职业地位的高低决定着人们的社会地位，社会地位的高低也能通过职业地位表现出来。20 世纪以来，职业分层和阶级分层渐趋于同步，“职业地位不仅仅反映了经济、财产、收入地位，而且也反映了人们在权力结构和社会声望分层中的位置”。[2] 职业地位虽与经济收入关系密切，有其客观性在内，但主观的社会评价亦能够对其施加影响。浴堂伙计的社会形象不仅取决于北

1 社会分层（social stratification）是指因社会群体占有的资源不同，在群体间会产生若干差异，这些呈层状的差异，是由于社会经济、社会制度体系、社会文化而形成的。

2 李强：《当代中国社会分层》，上海：三联书店，2019年，第65—67页。

京社会结构的演变，还受到雇佣制度的变化，以及国家权力机制对于人们劳动观念的形塑等方面的影响。另言之，职业地位是可塑的。本节试图通过考察他者眼中浴堂伙计的社会形象，以及浴堂从业者价值观念的形成，来寻找浴堂伙计在社会分层中的坐标，归纳浴堂体制同伙计社会形象间的关系，以及观察社会舆论与他们生存实践的互动。

北京浴堂业是在中国现代化进程下转型并发展起来的，其盈利方式也正来源于此。[1]新式浴堂善于用特定的服务方式表现出顾客与服务人员在身份与阶级上的差异，并将其纳入到浴堂运营的规范及制度体系中。浴堂首先要求伙计通过自己的行为来体现出低人一等的身份，伙计若想在行业中立足，只有用过度的热忱，抢着给客人脱衣服、穿袜子、低头哈腰、毕恭毕敬地出卖劳役以供客人享受。除沐浴的需求之外，专以购买这种片刻的恭顺和奴役而选择到浴堂中消费的顾客不在少数。有人曾经发文质疑，为何浴堂伙计在人格上与他服务的顾客没有差别，但他们却是“从来就被轻视的人”，为何他们正正当当地做自己的职业，并不躲躲闪闪，但“仍被人看作一种不可告人的下等手艺”。[2]另一篇文章针对此问题给出答案，该文切中要害，称浴堂伙计社会地位低下的根源在于浴堂中的惯用盈利方式，顾客可以通过钱来购买自己的身份，伙计也能通过降低自己身份来换钱。[3]

浴堂中顾客与伙计的身份差异被人戏虐地称为猪的阶级（顾客）和牛的阶级（伙计），伙计为顾客服务的情景正是近距离观测这两种阶级的绝佳位置。下面一段文字描写了对于这二者的细致观察：

1 清末时旧式浴堂多为社会底层或劳动人士提供服务，社会中上阶层几乎很少光顾浴堂。新式浴堂出现后，才出现消费社会身份差异的服务方式。《北京四十年前澡堂业》，《立言画刊》，1943年 第253期，第16页。

2《水蒸气里的人们》，《新华日报》，1943年2月8日，第4版。

3 姚颖：《洗澡谈》，《健康家庭》，1941年，第2卷第11期，第26—27页。

老李一个人孤零零地在热池之中还洗的兴致勃勃的，我真爱看他洗澡，洗了又洗，烫了又烫，烫洗完毕，又躺在搓澡的凳子上，闭上了眼睛，好像一匹肥猪！那搓澡的堂倌呢？手里边拿了一块“搓澡布”，用尽了平生的气力，给他搓腿，搓背，搓手足，屠户宰猪似的搓出了一种刮猪毛的声音来！搓完了澡之后，又叫了一个修脚，替他修指盖，看的我几乎笑了出来！

…………

而这时的老李呢？早已鼾声大作，入了睡乡了！1

浴堂里搓澡捏脚修脚的服务，伙计一定会服务到位。顾客只需要在盆池中泡一会儿，慵懒地一动不动，其他事情均可以由伙计代劳。“擦腿，腿翘高，擦脚，脚不动，擦背，背挺起，擦手，手伸直”，当看到从身体上擦下的污泥，以及旁边喘息不已，汗流满身的伙计，顾客的满足感便油然而起。浴堂中的服务方式被时人认为是受当时社会风气的影响，是社会分层具象化的表现。如牛一般的是“每天在烈火的太阳高挂在天空的时候，马路上跑来跑去的，喘息不已，汗流满身”的劳动者，而那“高楼大厦中的一间房里，困着的鼻息如雷，四肢不动，死一般的肥肉堆”正是猪一般的有产阶级。2 浴堂主要目标顾客群体正是那些“有产阶级”，社会中的阶层关系投射在浴堂中，是浴堂广受欢迎的主要原因之一。在其作用下，浴堂也逐渐从旧时社会底层劳动阶级洁身的空间，一跃成为社会中

1《澡塘子里的一项记录，搓背修脚还想睡觉》，《益世报（天津）》，1934年1月16日，第14版。

2 刘熏宇：《苦笑》，上海：开明书店，1929年，第67页。

有产阶级时常光顾的娱乐场所。

有顾客曾坦言自己闲暇之余习惯来浴堂的原因是因为浴堂消除了顾客间身份的差异，提供了一个平等交往的空间：

> 在澡堂里，人为的尊卑阶级是很不容易划分的，因为平日我们在澡堂以外的地方也只能靠衣冠服饰来表白自己的身份，如果你不穿衣裳，会有人尊敬你吗?
>
> 一进澡堂，他们四人的全部依仗都被解除了，脱下礼帽，脱去西服，脱去垂地之法兰绒长裤，脱去绸子之衬衣，脱去美国皮鞋与羊毛袜，即使是最后一点蔽体的内衣，也不能保留，于是，你失去了表演你体态的大小道具……
>
> 因此我们可以看见自命清高的教授先生，正与妓院老板平身而卧。而作奸犯科者的脚下，正躺着威严丧尽的法官，警察先生则因为和摊贩有关沐浴之谈，两人也就成为萍水之交，交换了纸烟和洋火。
>
> 许多在社会上绝不可能妥协的人物，都在这里平等友好地相处，尽欢而散之后，也许他们对于这场雅叙还有点依依恋眷之情。原因只是他们都没有穿上衣服。[1]

通过消费行为，来浴堂的顾客能够自动归属为同一群体，在这个群体内，所有客人皆可以暂时填平与他人在社会阶层上的差异。但浴堂所提供的平等是有条件的，这种平等只限于来此消费的顾客，而浴堂中的伙计是无权享

1《雾伦敦》，《大公报》，1947年2月8日，第7版。

受的。浴堂可以消除由衣饰带来的身份差异，也可以通过伙计的服务让顾客感受由身份差异带来的优越感，二者皆为浴堂吸引顾客的重要因素。

浴堂的运营管理机制可以将伙计的生存与其服务水准有效联系起来，利用生存的压力，迫使他们心甘情愿地为顾客服务。每家浴堂经营者皆会极度压缩伙计的基本薪俸，同时提高小费、提成等弹性收入的比例，这些弹性收入往往和伙计的服务质量与数量相关联。在生存的压力之下，浴堂伙计不得不低声下气地去伺候客人，满足顾客通过金钱去买得格外舒服的要求。他们毫无怨尤地为各色客人服务，甚至有些"猥琐和自卑"。正是生存的本能使得他们长期忍受浴堂中种种非人待遇，因为这才是他们的生财之道或说是生存之道。[1]

这种状况使得客伙间的关系处于比较紧张的状态。一些社会进步人士开始质疑起浴堂中通过阶级差异而盈利的方式。比如有人曾引用苏轼的词句"寄语揩背人，尽日劳君挥肘。轻手，轻手，居士本来无垢"发问，为何"居士本来无垢"却自己不肯劳力，还要劳烦擦背人？既然"但洗，但洗，俯为人间一切"，为何要让擦背人遭受苦难呢？[2]以生存为条件的管理手段并不能抑制浴堂中阶级关系的紧张状态。因此，这一时期也是浴堂中劳资纠纷、阶级矛盾频发的时期。浴堂由此可以作为整个社会的缩影，投射出社会中不同阶级间的对立状态。

在此情形下，一些如职业化、社会有机论等理论开始为时人反复强调，目的在于稳固社会结构，让劳动阶级安于现状。由于浴堂的特殊性，这些理论的宣传者们通常

1《雾伦敦》,《大公报》,1947年2月8日,第7版。

2 陈子展:《擦背哲学》,《新中华》,1936年,第4卷第10期,第83—85页。

会选择浴堂中伙计的职业或阶级为论据，展开论述。胡适在其文章《不朽》中写道：“冠绝古今的道德功业固可以不朽，那极平常的‘庸言庸行’，油盐柴米的琐屑，愚夫愚妇的细事，一言一笑的微细，也都永远不朽……社会是有机的组织，英雄伟人可以不朽，那挑水的烧饭的甚至于浴堂里替你擦背的，甚至于每天替你家掏粪倒马桶的。也都永远不朽。”1 胡适试图借浴堂伙计来说明社会是一个有机的组织，每一个个体都是组织中必要成分，因此职业无分贵贱，都是为整个社会服务的，任何职业都有其相应的价值。也有时人将社会有机论与时局国情相结合，指出人们不应轻视抱怨自己的职业。在《申报》的一篇文章中，作者强调，现在是中国民族最危机的时候，在这时代中大家都应学习艰苦、脚踏实地。职业没有高低贵贱，无论是去作苦力、充茶役、拉包车、卖小报及浴堂中去替人擦背等等，只要是能够维持最低限度的生活且对社会有作为，那么职业便没有差别。2

职业化是维系与稳固阶级关系的另一方式。陈独秀在讨论职业化时，认为“现实之世界，即经济之世界也……今日之社会，植产兴业之社会也，分工合力之社会也。”3 职业化强调工作的分工、秩序、效率及个体间的有机协调与配合。在职业化的概念里，人们在社会中的分层、相互关系是确定的，因此只需要按照规程办事，服从运行机制的安排。梁启超曾借朱子所言“主一无适便是敬”来对照于如今的社会情境，试图将人的情感从职业中抽离出来。4 因为情感是世俗的这一观念，将职业区分好坏优劣，并等同于人格的高低，不利于职业化的发展。

1 胡适:《不朽》，欧阳哲生编:《胡适文集(卷2)》，北京：北京大学出版社，1998年，第525—533页。

2《对于职业的态度(续)》，《申报》，1934年9月19日，第4版。

3 陈独秀:《今日之教育方针》，《新青年》，1915年，第1卷 第2期，第10—15页。

4 梁启超:《敬业与乐业》，《晨报副刊》，1922年8月23日，第1—2页。

下面一首诗文可以代表在职业化的观念中，浴堂伙计与顾客之间最理想的关系：

兀！剔脚！

一会见，

剔脚的提着纸灯，

拿着小凳，

应声而到。

躺着的少年，

嘴里抽着烟，

手里拿着报，

随把脚儿伸出。

喂！擦背！

擦背的提着木条板，

拿着丝瓜络，

赶忙着来了。

擦背的忙了半天，

继把全身擦好，

少年还说，

擦得不太好。1

在这种理想关系之下，浴客看擦背人，可以不当作人看待，只当他是自动的毛巾、肥皂等物品，伙计看客人亦可不当作人看，替客人洗拭，好像洗一件盘皿、一件木器一样，只要能够完成自己的工作，无论客人是博士、富翁、贵人达官，在他的眼中统统一样，只是具有四肢百骸的物体而已。2

1 三和：《澡堂中所见》，《民国日报》，1921年2月3日，第4版。

2 岂凡：《洗澡》，《小说月报》，1929年，第20卷第10期，第119—121页。

20世纪上半叶，社会有机论与职业化中所包含利他主义的因素常为时人提起。在宣扬利他主义时，人们将职业视为一种既可利己又可利人的活动，此观念来自于杜威之言："职业并不是别的东西，不过是生活活动的一方面，这种活动得到的结果，对于个人是有实际的意义，对于他的同类也是有益的。"[1] 在利他主义的理论中，职业是不分等级的，"只要能够利己，并且能够利人，就都是职业，都在职业范围的里头。"[2] 浴堂中的服务方式成了利他主义的最好例证，譬如浴堂中的理发和擦背，都是帮助顾客完成顾客靠一己之力做不了的事，并取得相应报酬的工作。理发工替顾客理发，在获取金钱的同时，顾客得到了整洁，因此理发是一种职业；擦背伙计将顾客身体的垢腻擦洗干净而取得报酬的同时，客人亦得到了舒适，因此擦背也是一种职业。[3]

一篇微型小说描写了一位新派哲学家在浴堂领悟到由擦背带来的社会意义，并彻底觉悟的经历。小说主人公是一位自认为高尚精粹而行为有些疯癫的学者，平素不喜洁净，偶然来浴堂后，堂倌看见他污浊不堪，向他推荐擦背服务：

> 他有些不懂。掉转头来问道，什么叫擦背的。那堂倌答道，擦背的是我们浴堂里一种工人专伺候客人，替客人擦洗身上油泥的。他诧异起来道，各人自己的背，归各人自己去擦洗就完了，为什么要役使人咧，这未免有些不人道，而又蔑视擦背者的人格吧。那堂倌因为要巴结生意，又不惮唇舌解释与他听道，擦背的

1 潘文安：《职业的意义》，《职业指导》，上海：中华书局，1934年，第2页。

2 潘文安：《职业的意义》，《职业指导》，上海：中华书局，1934年，第2页。

3 孟惕：《搓澡与修脚》，《新中华报》，1929年11月12日，第8版；陈子展：《擦背哲学》，《新中华》，1936年，第4卷第10期，第83—85页。

工人也是凭本事赚钱，并不见得怎样下贱，况且一个人眼睛未曾长在后脑上，两只手也不能向后伸，随便那个都不能看得见自身后背，洗得着自身背脊的。这原是上天造人的时候，特地替人留下这个缺点，教人不能不有求助于人的地方。擦背工人为帮着人弥平这种缺陷起见，替人把背脊洗得干干净净，净做一个完全清洁的人，实是一种很有益于人的事，谁都要用他。

洗完澡，该学者回家后思绪万千：

这擦背的事，却与跑腿大不相同。跑腿是人人所能，擦背是人人所不能。替人擦背，是因为他自己万分办不到，才去帮助于他，这不是人类的互助吗。又况现今的人类，太龌龊太污秽了，擦背工人的能力，能改造出许多清洁的人类出来，浅些从卫生上讲，深些从道德上说，又是一件有益于生意的事。一个人就职业做工作卖劳动，已经是有些神圣意味了，若是再干上这擦背的职业，做上这擦背的工作，加上这擦背的劳动，除了自己的职业工作劳动责任以外，又可间接互助人类，裨益社会，这简直神圣得和行洗礼的牧师一样了，我丢着这事不干，那里有什么高尚生活可寻咧。

考虑到浴堂中的工作既可以维持最低限度的生活，还可以为他人的身体清洁服务，该哲学家最终决定毛遂自荐来浴堂做事，自愿做一个擦背工人。[1] 小说作者融合了职业化、社会有机论、利他主义等概念，借浴堂中的服务

1 何海鸣：《擦背的工作》，《侨务》，1923年第72期，第9—21页。

方式表达职业的神圣平等，同时亦说明不恋虚荣、不求富贵、服务他人，不嫌菲薄的工资，不贪图物质上的享受，是这个社会应当遵循的法则。由此可见，无论是社会有机论、利他主义抑或职业化进程，这些理论的共通点就是将自我意识从工作中剥离出去，换句话讲，即令人们在工作、生活中反馈的信息服从于舆论导向的信条。

因此，社会进步人士对店铺伙计收取小费的行为普遍持反对态度，由他们所主导的主流舆论认为小费并不是用金钱购买的额外服务，而是吃肥丢瘦、见风使舵的市侩作风，以及攀附权贵、趋炎附势的行为。梁实秋曾谈论到小费的习俗，认为中国的小费制度与国外相比过于周密、认真与麻烦，是一种应当取缔的陋俗。梁实秋对店伙茶房根据小费数额决定自己服务态度的描写惟妙惟肖：

> 小账加一，甚至加二加三加四加五，堂倌便笑容可掬，鞠躬如也，你才迈出门槛，就听见堂倌直着脖子大叫："送座，小账 × 元 × 角！声音来得雄壮，调门来得高亢，气势来得威武，并且一呼百诺，一阵欢声把你直送出大门口，门口旁边还站着个肥头胖耳的大块头，满面春风地弯腰打躬。小账之功效，有如此者。
>
> 假如你的小账给得太少，那你就准备着看一张丧气的脸吧！他会怪声怪气地大吼一声："小账二……门外还有人应声："啊！ 二分！谢谢！"你只好臊不搭地溜之乎也。听说有一个人吃完饭放了二分钱在桌上，堂倌性急了一点儿，大叫"小账二分"。那个人恼羞成怒，把那两分

钱拿起来放进衣袋去，堂倌接着又叫“又收回去了”。1

浴堂伙计也会根据顾客的反馈来调整自己的服务态度与工作方式。如一般来浴堂的顾客，一进门便有伙计为其服务，浴堂伙计各司其职，用传电一般的喊声相互招呼，以免怠慢顾客。顾客入座后，帮忙接帽子，挂大褂，送浴巾，如此殷勤的服务直到顾客出门。但有些顾客来浴堂的目的只是单纯为了清洁身体，并无心享受浴堂中的其他服务。甚至浴堂中周到的服务反而会让他们产生苦恼，因为要支付给自己不愿偿付的服务小费，这里面多少含有些强买强卖的意味。2 浴堂伙计的收入来源并非只有小费一种，还包括有提成、分红等项目。为了避免给不愿付小费的客人造成困扰，防止因此而造成的客户流失，从而影响其他收入，浴堂伙计会根据顾客的言谈举止来决定自己的服务态度。体面者意味着具有较高的消费水平，给小费的概率也会相应增加，浴堂伙计对这些人便会迎之笑脸，加倍周到服务。浴堂吸引顾客的特质就是消除顾客之间身份的差异，为顾客提供了一个平等交往的空间，而浴堂伙计通过揣度顾客的身份提供差异化的服务，这必然会引起顾客的不满。伙计们厚此薄彼的态度常为人诟病，被人称为缺乏商业知识，或以势利眼光取人。3

近代的报刊杂志中，对浴堂伙计的描写也多以避凉附炎为主，多以伙计因识错人而造成的尴尬为笑料，去嘲弄他们并不牢靠的工作经验。如在一则笑话中，浴客老曲嫌擦背伙计力道不够，擦不干净身上的老垢，这使得已是满身大汗的擦背伙计不由地不耐烦起来，称老曲是泥菩

1 梁实秋：《雅舍遗珠》，南京：江苏人民出版社，2015年，第11—12页。

2 四应：《洗澡》，《大公报》，1928年8月15日，第6版。

3《澡堂势力眼光》，《顺天时报》，1925年2月17日，第4版。

萨，怨不得别人不出力。本已十分不满的老曲怒从心起，抬手便是一记耳光，伙计挨打后跑到休憩区，寻到了老曲的座位，发现老曲脱下的衣服是一件外国货的花呢袍子，立马心平气和转变态度，回到浴池继续为老曲服务，并一直询问老曲毛货袍子的来路和价格。[1] 在另一侧趣文中，作者通过浴堂伙计对两个客人截然不同的服务态度来讽刺伙计势利的眼光。文中一位貂帽狐裘的浴客有五、六位伙计同时服务于他，却冷落一旁身着蓝布小棉袄的客人，貂帽浴客结账时只给了几枚铜元的小费，而那受尽冷眼的浴客却出手大方阔绰。文章作者特意用一众伙计“先白后粉，由粉而红，由红而紫”的脸色，以及“大眼瞪小眼，呆如木鸡”的尴尬状，来表现浴堂伙计面对超出自己经验之状况时流露的窘境，并借此讽刺伙计们的工作方式。[2]

若浴堂工人有不安于自己的职业的想法或是在与顾客的谈话中有不尊重自己职业的言论时，必然会受到舆论的指责。《中央日报》曾刊载过一篇文章讲述该报记者在浴堂中的遭遇。记者在浴堂中洗澡时，遇到一位眼小眉细而满脸堆笑的搓澡伙计，该人一直打听记者的身份，并强调自己曾为张宗昌服务过，还有一段军旅生涯，见记者不愿搭话后，开始抱怨浴堂中的工作劳累且赚钱少，乞求记者帮忙务份勤务兵的工作。记者对这个搓澡工印象不佳，认为他那种不满现状和期待意外钱财的嘴脸，“令人不安，更令人厌恶”。[3]

有人曾作《东方擦背小人传》来表明浴堂伙计或服务业从业者应具有的职业素质：

宣南东方饭店有伺浴之仆，不详其姓氏，

1 王恩光：《浴室趣闻》，《波涛》，1946年第1卷第1期，第39—40页。

2 箸公：《洗澡志趣》，《大公报》，1923年1月5日，第11版。

3 影：《在浴堂里》，《中央日报》，1930年10月5日，第9版。

群以擦背人呼之。客有入浴者，辄召之使擦背，其入也，偻而声诺，所以致敬也。役毕，客有赏，则屈一膝，口称谢某大人。

民国九年，擦背人见赏于某将军，挈之南下，入江右，厚其给，而使其供役于行营。未几，将军败，擦背人则复其役于东方。越四载，某将军以战功获应疆圻，来京述职，复浴于东方。擦背人复偻而进，将军顾而笑曰："若能复随我往乎？"擦背人则跽而对曰："唯唯，谢将军见爱，小人未能往也。"将军诧曰："我未尝薄若，若何为而不我听也？"擦背人对曰："唯唯，将军之待小人，恩重矣，惠多矣，他客之赏小人每次一二圆耳，将军或什百之，小人匪不知感，顾小人操贱役以事诸客，取足温饱而已，非有奢求也，若弃所役，以专役于将军，将军或将喜，而思有以使小人富且贵，斯小人之所惧也，是以不愿往耳。"将军复诧而笑曰："痴哉，世乃有以富贵为惧者耶？"曰："然，小人非惧夫富贵，亦非夫富贵之可惧，昔吾同业有太白后裔者，因事贵人而富且贵，然其卒也，乃不免于彷掠备至，枪决于市曹，小人以是知富贵非贱役所堪幸承，妄系希而得者，终必构奇祸，故宁安于贱役，而不顾更随将军往也。"将军傲然曰："以我之权力，犹虑不能若庇耶？"曰："唯唯，向之庇彼太白后裔者，其势位权力，或且十百倍于将军，故卒莫能庇之者，盖势位权力有时而或转移也，将军宁未之思乎。”将军闻言爽然，思有顷，曰：“若言殊有理，可谓能安于命者，我不若强也，因命从者犒以番蚨二百云。”1

文中借北京宣南东方饭店浴堂擦背人的言行经历，意图表达社会对浴堂伙计或整个服务行业从业者的普遍要求。首先，能够安于现状，工作如能满足温饱，便没有抱怨的理由，因为职业无论贵贱，在社会层面上都是有其价值的；其次，不攀附权贵，攀附权贵意味着冷落一些普通客人，更进一步讲是意图为自己谋利以跳脱出现在的阶层；最后，应有服务于社会的认知，为他人服务时应不卑不亢，不能以是否支付小费或小费数额多寡来决定服务标准。

从社会舆论的角度看，浴堂伙计低下的社会地位导致他们的自我表达总是“失语”状的，社会中精英分子常对浴堂伙计行事方法予以诘责，并将自己的价值观念凌驾于他们之上。但在另一个维度上，浴堂伙计的生存实践却与社会舆论有诸多龃龉与抵牾。在工作环境和生活环境的双重压力下，浴堂伙计逐渐形成了顽强的生命力，他们的生活目的只有一个，即是生存。生存的逻辑是浴堂伙计面对周遭现实的真实反应，是对所处环境的理解和判断，而生存的实践则是他们与所处社会环境互动的结果。从这一角度分析，事实上每一笔小费都关乎伙计与其家庭的生存。如果将店伙茶役在收到较多小费时笑容可掬、鞠躬如也的态度看作是对顾客的感激，将高声报账为顾客挣取面子视为对顾客的回报，那么在收到较少数目的小费时，伙

1 知白:《东方擦背人小传》,《社会日报》,1925年6月12日,第2版。文中标点为笔者补加。

计茶役的白眼又何尝不是因顾客对自己劳动价值的低估而产生的怨言呢。

20世纪上半叶中国社会结构的变化使得浴堂的服务模式与管理体制发生了本质上的转变。在此变革下，浴堂对其服务质量有着更高标准，并尝试不断将其制度化，因此工资制度成为维持浴堂生产体系的主要手段。工资制度用收入来钳制浴堂伙计，让他们为了生存而安心做事。在此制度下，伙计的服务水准直接关乎其收入水平，只有服务到位才有经济来源。一旦伙计表现出偷懒，或发生顶撞顾客等行为，无论是克扣工资抑或解雇，均会给自己的生活造成极大影响。此外，近代社会所提倡的价值理念，也要求浴堂伙计按照社会普遍的规则来调整和重构自己的日常行为。社会有机论、分工论、职业化无不令伙计明确自己在社会中的位置，让伙计的生存需求服从于社会价值。

尽管浴堂伙计的生存实践产生于此生产体系，但凭借其能动性，又在一定程度上改造了该体系。具体言之，浴堂伙计在工作中逐渐获得了把握服务关系中主动权的能力，如通过自己的经验判断顾客的身份，依此决定服务态度，或利用顾客的消费心理，要求客人打赏更多小费。伙计通过自己的实践改变了生产体系，形成了独特的浴堂文化，但这也招致经营者、顾客以及社会舆论的非议。经营者认为伙计区别对待不同身份的顾客，消除了浴堂吸引顾客的特质，这有悖于浴堂的经营模式，影响了生意；顾客认为伙计总是紧盯他们的荷包，逼迫他们支付小费等规定开销之外的支出，让他们在浴堂中的消费体验大打折扣；社会舆论认为伙计收取小费的行为与社会价值观念并不相符，是缺乏职业素质的表现。

浴堂伙计的生存实践是劳动阶层在资本主义社会体制中谋生的一个典型例证。资本主义社会中，资方常凭借金钱与资本的力量控制其伙计，正如北京浴堂通过工资制度构建管理体制，用仅能满足温饱的薪水使其伙计在最大程度上保证自己的服务质量。浴堂资方利用伙计的生存本能为自己牟利，但伙计的生存实践却被视为大逆不道的事情，伙计为自己生存所做的任何努力，在他们眼里都是对现行体制的僭越。在社会舆论大肆抨击浴堂伙计的生存实践之时，他们恰恰忘了，伙计的挣扎正是由资本主义社会体制造成的。建立在宏观尺度上的社会体制一味地忽视微观层次上的生存实践，会产生一种悖论：浴堂伙计生活越艰苦，越会卖力工作；工作越是卖力，越会遭致社会舆论的负面评价；但若按照社会舆论的论调来工作，自身的生存则难以保障，且浴堂的生意也会大受影响。在这种悖论之下，纵观整个 20 世纪上半叶，便可发现，浴堂行业与其伙计间的矛盾始终不可调和。

第三节 北京浴堂同业公会

同业公会的出现是商品经济发展的必然产物。企业商铺作为经济活动的主体之一，需要应对多种关系，如与顾客间的买卖关系，与伙计间的主雇关系，与房主、铺主间的租赁关系，与同行间的竞争关系，以及与国家、地方政府间的协调、合作、对抗等关系。有些问题是单独的商铺无法应对的，为此，不同商铺为了维护各自的营业利益联合起来组成团体，以更好地求得自我利益的保护和自我发展的空间。自愿组织结成同业公会是行业内部各商家谋取生存环境的自然反应。同业公会可以改善行业内的无序竞争，协调与其他行业的关系，并代表整个行业与政府讨价还价，就价格、成本、工作环境的问题与政府所制定的诸多规则进行周旋。同时同业公会的发展亦是商人组织有序化的过程。传统的以同乡地缘为核心地位的行会，逐渐转变为以相同经济利益、经济活动、经济目的为基础的业缘群体，即同业公会。在这个转变的过程中，以家族同乡为纽带的家长制逐渐式微，取而代之的是以经济职能为主体的管理范式。北京浴堂同业公会的产生、沿革及其组织功能、团体结构的变化，亦秉承这一发展脉络。本节以北京市浴堂同业公会为个案进行研究，试图探寻由浴堂从业者组成的群体在社会经济维度上的实践。

一、北京浴堂同业公会的成立始末及历史沿革

关于北京浴堂同业公会的成立时间说法不一。[1] 大多数材料显示其成立于1928年，事实上，早在1923年北京浴堂公会即宣告成立，虽未得到官方认可，但其一直在浴堂业中行使同业公会的职能，发挥同业公会的作用。1920年代之前，北京市浴堂业虽没有同业公会，但存在种种团体，如浴堂内老伙计（负责汲水烧火者），与修脚、

1 有些材料认为该业公会成立于清末光绪年间，原名“澡堂子商会”，参加者有七八十家，文彬：《北平的浴堂业》，《益世报（天津）》，1934年7月21日，第8版。也有认为浴堂业同业公会成立于民初时的论断，《益世报》专门撰文调查北京浴堂业的状况，调查中曾明确说明于民国元年8月成立浴堂同业公会，并于1920年代末改名为浴堂同业公会，《浴堂调查记》，《益世报（北平）》，1934年11月25日，第6版。北京浴堂公会成立于清末民初时这一说法有待商榷，首先并没有在民国成立的前十年中关于北京市浴堂公会的任何资料记载。除了上述两则材料之外，关于该同业公会最早的材料是在1920年代初浴堂业筹备组织同业公会的消息。其次，在1918年4月27日公布《工商同业公会规则》中申称：“本规则施行前，原有关于工商业之团体，不论用公所、行会或会馆等名称，均照旧办理”。在1923年4月14日公布《修正工商同业公会规则》中，除了重申前述规定外，并加了如下补充：“前项公所、行会或会馆存在时，于该区域内不得另设该项同业组织”。彭泽益主编：《中国工商行会史料集（上册）》，北京：中华书局，1995年1月，第23页。正是在1923年，浴堂业筹备组织同业公会的申请被政府驳回，但其驳回理由并非是因为打破了在同一地区同业公会以一会为限的规定。因此，将浴堂公会成立时间前推至清末民初时期的做法并不可靠。

理发诸工师皆有自己所属的行会。[1]浴堂公会成立之前，行业发展的内部协调通常是由一些有共同利益的浴堂组成的小团体各自为战。这种以小团体形式结合的同盟，也可以决定整个行业的价格。如 1922 年，因银价米价走高，而部分浴堂收入纯为铜元，浴堂从业者若用铜元折合银价购买米则吃亏不贷，生活大受影响。因此各浴堂约定一律涨价，洗澡客人每位增加铜元 1 枚，以期抵销铜元兑换银元时造成的损失。[2]

随着浴堂营业逐渐发达，其店铺数量在民国成立后的 10 年间增长了六成有余，但与此同时面临的问题也日益增多。为了能够在外部应对政治、经济环境的变化，在内部维持营业秩序、协调劳资关系，将浴堂行业化以提高经营者的身份地位，1923 年 3 月，西城畅怡园浴堂铺掌常虎臣联合北京城内外多家浴堂欲设立同业公会，经多家浴堂联合决议，拟定公会简章若干条，并将会址定为畅怡园浴堂内。常虎臣以浴堂行业关系到改良卫生事业为由，将开设浴堂公会的呈请交予官厅立案。[3]经警察厅函询农商部后，该申请并未获准。按照昔日北京的商业规则，将整批买货零星卖货称为“买卖”，收买劣货加以制造而卖者为“生意”，用原料炮制成物件而售卖者为“工艺”，不制不造不买不卖为“营业”。[4]农商部认为浴堂业“不制不造不买不卖”，属于“备场屋以客来集为目的之营业”，其营业性质与其他工商行业不同，因此成立浴堂公会的申请并不合乎工商同业公会成立规则。[5]警察厅在饬各区署调查浴堂公会的组织情况之后，认为会址选在畅怡园浴堂内“不堪相宜”，且“一切组织，亦未完备”批驳了浴堂的联

1《四项营业之调查：饭庄生意已渐回春，浴室戏园终形冷落》，《晨报》，1928年3月7日，第7版。

2《澡堂同盟涨价》，《顺天时报》，1922年7月28日，第7版。

3《澡堂组织商会》，《顺天时报》，1923年3月15日，第7版；《澡堂组设商会 尚有疑问》，《京报》，1923年4月15日，第5版。

4 严凝：《旧京浴堂业的起源》，《北京工人》，1994年第5期，第48页。

5《浴堂公会立案之批驳》，《益世报（北京）》，1923年4月15日，第7版；《澡堂设立工会续志》，《顺天时报》，1923年3月25日，第7版。

合申请。1

虽然警察厅与农商部合议不准开设浴堂公会，但浴堂从业者并未理会，甚至公然设立会所，以公会名义向同业人士征收会费。后公会内部因管理层内斗，私吞会费等问题引起剧烈风波惊动了警厅，私自开设公会的行为终被警厅查知。警察厅以无视厅令为由，下令解散浴堂公会。告诫招摇不法之公会首事人的同时，令各区警署调查界内浴堂，如有钉挂“浴堂同业公会”字样之铜牌者，强制令其撤销。2 虽警察厅三番五次取缔浴堂公会，但效果并不显著，浴堂公会名义上被勒令解散，但各浴堂仍遵奉该会指导。3 浴堂公会的韧性让警察厅无可奈何，从 1924 年末开始，警察厅对浴堂公会的存在也就不再过问。直到 1928 年浴堂同业公会正式成立，这一时期浴堂同业公会虽无公会之名但有公会之实。临时浴堂公会成立后，为了使各浴堂的营收能够跟上经济环境的变化，曾多次修改澡价，每次公会内部开会决定修改澡价后，会将会议经过及增加价目呈报警厅备案，警厅也会按照等同于正式同业公会的流程办理浴堂公会的呈请。4

1928 年，国民政府建都南京，失去了政治地位的北平城人口骤降，市面一片萧条，商铺频频倒闭。由于市场不景气，为了避免同业公会对价格的控制，以及无力担负会费的开支，很多商铺并不愿加入公会。在此时期，北平有近 3 万家商户，但加入本业公会者尚不足 1/3。5 于是警察挨户督促入会，同时也放宽了申请设立同业公会的标准，浴堂公会正是在此期间正式成立。1928 年 5 月，经政府当局批准，浴堂业终于有了名正言顺的公会组织。起

1《浴堂公会立案之批驳》，《益世报（北京）》，1923年4月15日，第7版。

2《解散浴堂公会》，《顺天时报》，1924年2月28日，第7版。

3《浴堂本无公会，警厅禁止挂牌》，《顺天时报》，1924年3月15日，第7版。

4《澡堂齐行增价》，《益世报（北京）》，1926年1月31日，第7版；《澡堂子齐行增价》，《益世报（北京）》，1927年1月23日，第7版。

5 中国民主建国会北京市委员会：《北京工商史话（第一辑）》，北京：中国商业出版社，1985年10月，第12页。

先浴堂同业公会定名为北平特别市总商会分会浴堂行商会，有103家浴堂加入该会。[1]会内设主席委员2人，一为孝顺胡同文华园之杨书田，一为打磨厂兴华池之张际辰，常务委员四人，分别为东珠市口玉尘轩的乐文涛，八面槽清华园的祖升廷，船板胡同万庆楼的娄阔轩，花市畅怡园的常虎臣。[2]1929年浴堂业商会改组，由会员选定执行委员30人，再由执委互选常务委员5人，5人公推杨书田为主席。此后一年间，陆续有更多浴堂加入公会，会员达140余人。商会会址设在前门外晓市大街临襄会馆内。[3]到1930年，浴堂商会正式改名为北平市浴堂同业公会。[4]

浴堂同业公会成立后的20年内，其名称、组织结构、行会宗旨均无重大变动。新中国成立后，北京市政府对全市多个行业的同业公会实行整顿，为日后私营企业的社会主义改造进行铺垫。在对北京浴堂公会的改造中，首先取消之前的同业公会，并将其改组为浴堂业同业公会筹备委员会，由筹备委员会负责处理本会一切工作，并代行同业公会之职责。筹备委员会设有委员17人，当选委员需要报请工商业联合筹备委员会核验，再由商业管理局批准，对委员的政治审查也较为严格，受群众拥护，办事能力强，能够热心为群众服务，且无反动政治背景是基本要求。常务委员设有7人，从委员中推选，在常务委员中设置主任委员、副主任委员、秘书处主任等职位。浴堂业筹备委员会还下设整理、财务、业务研究、宣教、调解等五个分会。其中整理委员会负责办理会员等级、建立地区小组、健全组织、拟定业务等工作；财务筹备委员会主要

1 北平总商会编：《北平总商会行名录》，北平：北平总商会出版，1928年，第241—244页。

2《本市工商业调查（四九）：浴堂商概况》，《新中华报》，1929年10月2日，第6版。

3《浴堂行概况》北平特别市社会局编：《社会调查汇刊（第1集）》，北平：北平特别市社会局出版，1930年，第11页；在1928年浴堂公会正式成立之前，曾临时将畅怡园浴堂以及梅竹斜街东鸿泰茶社等地作为自己的集会地点。之后应警察厅要求改临襄会馆为固定会址。临襄会馆一直为北京油盐粮醋公会所使用，作为襄汾商帮在北京的集聚地。1928年浴堂公会借此处作为自己的会址。《澡堂齐行增价》，《益世报（北京）》，1926年1月31日，第7版；《浴堂公会立案之批驳》，《益世报（北京）》，1923年4月15日，第7版；李宝臣编：《北京风俗史》，北京：人民出版社，2008年，第258页。

4 池泽汇等编：《北平市工商业概况》，北平：北平市社会局出版，1932年，第618页。

负责处理统一会计制度，审核本会财务收支，协助政府办理税收及研究有关财经之各项问题；业务研究委员会专职研讨改进业务及营业方式，帮助会员解决在发展上遭遇之困难，以及与政府的联络工作；宣教委员会的主要工作是领导会员加强学习，提高政治认识，贯彻政府政策法令；调解委员会负责倡导组织劳资协商会议及订立劳资群体合同，调解劳资纠纷及会员间一切之纠纷。[1] 两年后，新的北京市浴堂同业公会正式挂牌成立，与筹备委员会不同，正式的浴堂公会采用理事会制度，设理事长一人，由一品香负责人刘寿畲担任，此外还设有理事 4 人及监事 3 人。[2]

从北京浴堂公会的发展历程看，早期浴堂公会的出现只是为了应经济环境变化而产生的一种应对对策，此时浴堂公会的组织结构并不完善，选举纠纷及私吞公会财产的风波时有发生。在该行业公会的发展中，组织制度由最早浴堂老伙计组成的小团体的直接民主制转变为委员会制或理事会制的间接民主制度。伴随着这种转变，公会内部的组织分工愈发细密，职能定位越发精确，直到新中国成立后，成为在工商联领导下的专业组织。此外，浴堂同业公会在 1928 年成立时的宗旨，是以维持浴堂同业者间的公共利益以及矫正营业弊害为目的，可知浴堂公会在成立伊始即承担该行业合法利益维护者的角色。到 1950 年设立浴堂同业公会筹委会时，立会宗旨对比 1928 年有了较大程度的修改，改为旨在依照新民主主义的经济政策，领导各会员加强学习提高政治认识，改善经营方针，建立健全组织，发展生产繁荣的经济。[3] 由此可见，浴堂公会在

1《浴堂同业公会筹备委员会组织简章和劳资合同》，北京市同业公会档案，北京市档案馆馆藏，档案号：087-044-00013。

2《浴堂公会筹委会员清册》，北京市同业公会档案，北京市档案馆馆藏，档案号：087-044-00021。

3《浴堂同业公会筹备委员会组织简章和劳资合同》，北京市同业公会档案，北京市档案馆馆藏，档案号：087-044-00013。

组织角色上经历了巨大变化，与政府的关系逐步紧密，最终成为政府职能在行业中的延伸。

二、北京浴堂同业公会的组织情况

步济时在《北京的行会》一书中，发现在大多数手工业行会中，入会的经营者和一般工人都有对店铺的管理权，而在商业行会中，只有商店经营者才能代表商店。[1]北京的浴堂并非以工人手艺为基础，而是以商业经营、销售服务为核心。浴堂中技术的传承性以及专业的垄断性相对手工业并不强，因此北京浴堂业更偏向于商业行会。经营者在店铺中占主导地位，可以作为店铺代表参加同业公会的活动。浴堂公会的构成也是以店铺或其中经营者为基本单位，而非浴堂伙计。这点在浴堂经营者的入会呈请中可见端倪。

浴堂公会章程规定，新设浴堂或旧有浴堂欲入会者，在缴纳相应手续费后，除由两家铺保出具介绍书外，还须提交入会志愿书。[2]

为出具保证志愿书

敝号开设九区晓市街六十三号，东明园字号，经理李富文。经福澄园、瑞品香西记保证，情愿加入贵会为会员，一切均愿遵守规定章程办理，如有违反规章，保证人连同负责，今填具保证志愿书，查照注册备案。此致。

规章如左

1 [美]步济时(John S.Burgess)：《北京的行会》，赵晓阳译，北京：清华大学出版社，2011年，第106页。

2《公会简章、办事细则和委员会名册》，北京市同业公会档案，北京市档案馆馆藏，档案号：087-044-00001。

一、享有同业公会应得之共同利益

二、遵守会内一切应尽之义务

三、有接收会内分配工作之义务

四、绝对服从会内决议案

五、每月必须按月缴纳会费及临时办公费不得籍故拖欠

会员字号：东明园　　经理名章 李富文

保证商号：福澄园　　经理名章

保证商号：瑞品香西记　经理名章

上文是1950年东明园浴堂申请加入浴堂同业公会筹备委员会的请愿书。[1]其中包含有铺保证明、店铺名称、经理姓名、责任归属等信息，这是从浴堂公会成立伊始一以贯之的。从请愿书中可以看出，因为经理拥有店铺的管理权，在浴堂加入同业公会时默认将经理等同于店铺，如“遵守会内一切应尽之义务”，“服从会内决议案”等制度，名义上是对店铺的规章，实则为对铺掌的要求。在某种程度上，浴堂的实质经营者与商铺字号在同业公会中的功能和地位是重合的。

浴堂公会的官员从各会员店铺的经营者中选出。一般来说行会官员资格主要取决于竞选人的工作能力。在一份关于行会官员应具备素质的调查中，多数行会认为业务能力是最应具备的条件。此外，年龄和经济水平也是当选公会官员的重要评判标准。[2]北京浴堂业同业公会对其主席、常务委员等官员的选拔也大致参照上述三种标准。浴堂公会刚成立时，其决策层主要由文华园、兴华池、玉尘轩、畅怡园、清华园等六家浴堂的经营者担任。这些人均

1《会员入会志愿书》，北京市同业公会档案，北京市档案馆馆藏，档案号：087-044-00020。

2［美］步济时（John S.Burgess）：《北京的行会》，赵晓阳译，北京：清华大学出版社，2011年，第118页。

年过半百，在业内有较高声誉。其中玉尘轩开设于嘉庆年间，为北京开设最早的几家浴堂之一；畅怡园浴堂为浴堂公会的设立躬体力行，付出颇多，且自身也是北京为数不多几家清真浴堂之一；清华园在当时虽成立时间较短，但资方投入极大，是北京最高档的新式浴堂，在行业内有着较高的经济地位。在同业公会的发展中，经济地位逐渐占据上风，成为公会选举的基本条件。经济地位高的浴堂经营者往往有雄厚的资本及先进的经营理念，同时社交面广，其充足的社会资源能为整个行业谋利。可以说经济地位是可以等同于经营者能力及声誉的。与之相比，公会官员的年龄条件越来越宽松，浴堂同业公会成立时曾明确说明只有 30 岁以上的浴堂经营者才具有被选举权。[1] 在 1930 年代后期，24 岁的祖鸿逵开始担任北平市浴堂业公会常务委员，祖鸿逵是浴堂业名宿祖升亭的后人，当时他除开办特等华宾园浴堂外，还担任清华园浴堂的经理，其在行业内的地位足以打破公会章程中对年龄的限制。浴堂公会官员的任职期限一般以两年为任期，届期可连任，但以一次为限，也就是说一个公会官员最多只能任职四年。事实上，浴堂公会官员的任职期限均超过这一年限。以公会会长为例，新中国成立前历任会长有文华园浴堂杨书田、汇泉池浴堂何云楼、华宾园浴堂祖鸿逵等 3 人，3 人任职年限均在 10 年左右。[2]

浴堂公会的运行经费主要来自于会费。浴堂公会规定，会员必须按月缴纳会费，不得藉故拖欠。会费按照特、甲、乙、丙、丁五个等级收款，这五个等级对照于浴堂的五个等级。浴堂公会在每年阴历五月时召开全体集

1《公会简章、办事细则和委员会名册》，北京市同业公会档案，北京市档案馆馆藏，档案号：087-044-00001。

2 祖鸿逵1938年担任公会职务，抗战结束后担任会长，1951年因信奉传播一贯道被依法处理，若从其担任公会常务委员算起，其任职时间超过十年。《中国人民解放军、北京市军事管制委员会军法处布告》，《人民日报》，1951年8月25日，第5版。

会，公布上一年的收支报表，以资征信，同时会向各会员昭示本年度的经费预算，根据预算决定该年会费的收缴方案。1 会费按不同等级一般在每月 3 到 5 元不等。2 为了避免因会费不透明而产生的流弊，浴堂公会允许会员到会调查账目，以昭公允。浴堂公会还设有监察员负责按月轮流查账，如有未按期缴纳会费者，将经全体大会公决决定对滞纳者处分。3

会费的用途主要是保障工友的基本福利以及充当会议庆典等活动经费。其中的一项是公会的祭祀活动。浴堂业的行业神为智公，因浴堂最初为修脚匠创设，修脚匠所用器具前宽后细，仿效智公所用月牙铲，故浴堂行业皆奉智公为祖师。供奉智公禅师的庙宇全市只有一处，在什刹海后门桥西盛堂后院内。每年阴历三月，全市浴堂业同行皆要去该处公祭一次，这也是多年的行规。4 旧时行会中的宗教活动意义非凡，行会能够通过宗教活动的教化功能保持业内的宗法稳定。行会从业者也借神自重，通过祭祀行为来提高自己的社会地位。由于浴堂公会并非旧式家长制行会，而是因经济需求而起，加之近代商人社会地位的提升，宗教事务在浴堂公会中的优先级明显低于其经济事务。相比祭祀活动，浴堂公会的例行会议及临时会议所需经费，成为会费的主要开支。

浴堂公会会议分为定期会议、特别会议及临时会议三种，定期会议于每年五月初九举行，浴堂业全体会员均须到席；特别会议定于阴历每月初九及二十三日召开两次，参会人限于浴堂公会官员；临时会议不定期召开，在行业动荡时期甚至一月内能召开数次。5 这一规定从 1928

1《会员入会志愿书》，北京市同业公会档案，北京市档案馆馆藏，档案号：087-044-00020；北京市同业公会：《公会简章、办事细则和委员会名册》，北京市档案馆馆藏，档案号：087-044-00001。

2《浴堂调查记》，《益世报（北平）》，1934年11月25日，第6版。

3《公会简章、办事细则和委员会名册》，北京市同业公会档案，北京市档案馆馆藏，档案号：087-044-00001。

4 汤用彬：《旧都文物略》，北京：北京古籍出版社，2000年1月，第283页；《北平全市澡堂调查记》，《华北日报》，1935年8月3日，第6版。

5《公会简章、办事细则和委员会名册》，北京市同业公会档案，北京市档案馆馆藏，档案号：087-044-00001。

年写入公会章程一直持续到1950年浴堂同业公会筹备委员会成立仍在使用。筹备委员会规定，全体员工会议每月举行一次，常务委员会议每月举行两次，必要时经筹备委员会1/3以上之提议呈常务委员会之决议以召开临时会议。[1]

浴堂公会会议内容主要包括行会人事组成、工人工资福利等劳资事项、行会的慈善性捐献、公会经费的收支问题，以及与官府及其他行会的关系处理、对违规人员的处罚、浴堂内的卫生清洁的监督等会务。公会中每个会员都有提出议案及决议的权利，公会官员二人以上或有五位会员同时提及的议案，即可以开会讨论。议案如经出席全体人员的2/3通过，或由全体会员半数以上认可即可实施。[2] 从下文的公会会议纪要中可以看到浴堂公会开会内容及其基本流程：

北京市浴堂业同业公会三十年七月十日全体会议记录

时间：民国三十年七月十日下午三时临襄会馆

地点：外五区前外晓市大街百三十八号

出席人员：浴堂公会会员及外五分局署警

会议内容

一、振铃开会。

二、会员到四十七人 华宾园祖鸿逵等。

三、何云楼报告数月会务，经费及办事经过。

卫生局令各浴堂夏季应改善卫生，池水要

1《浴堂同业公会筹备委员会组织简章和劳资合同》，北京市同业公会档案，北京市档案馆馆藏，档案号：087-044-00013。

2《公会简章、办事细则和委员会名册》，北京市同业公会档案，北京市档案馆馆藏，档案号：087-044-00001。

每日换水数次，各项毛巾毛衣等要消毒，蒸热后再用，理发器具要用一次消一次毒，各工友要戴口罩否则查处各家负责，本会全不能管。

四、报告会员每年所交经费不敷应用，公议将每年收两次改为四季均收取。

五、报告对于工友基金应每人每月收集一分，现存基金有五千元之数应当为理对各工友有益之事，如就医治病故等援助。或在多存时日置于会馆。[1]

三、浴堂同业公会的功能

浴堂公会的出现主要是出于维护本业商人的正常经营活动以及维持公会成员垄断行业两种目的。因此，公会的功能主要体现在其经济效用上，一般包括阻止行业内部竞争，议定澡价和工人工资，与政府及其他行业公会交涉这几个方面。

20 世纪 20 年代，北京市的浴堂数量达到巅峰，除少数几个高档浴堂外，大多数浴堂竞争力相当，为浴客提供的服务大同小异，体现不出差异性。同时，由于多数浴堂集中在前门、王府井、西四等几个商业中心，对同一地区市场份额的竞争也愈发激烈。这一时期浴堂业市场杂乱无章，新开业浴堂或营业萧条之小浴堂会恶意压低价格，以期招揽主顾。比如北城交道口土儿胡同新开浴堂广德堂，因开业伊始为招徕生意，定价洗澡每位铜元 1 枚，这比行业均价低了数倍。广德堂这一压价行为严重影响了不远

1《北京特别市警察局外五分局关于检视浴堂业公会开会，举办斋事情，检视闫月亭情形的呈》，伪北京特别市警察局档案，北京市档案馆馆藏，档案号：J184-002-21969。

处寿比胡同肃宁府口某浴堂的生意，该浴堂亦效仿广德堂的做法，两家各走极端，闹了许多笑话，后经同行调停，此恶意竞争事件才得以平息。再如南城草市东天庆浴堂，在农历新年时，屋内粘贴广告，大书每逢初一、十五减价一半。其附近铺陈市胡同某浴堂得此消息后，也在店内贴报书明，每到周末减价一半。[1]浴堂业市场乱象的产生原因在于，浴堂商家为了经济利益，盲目开设浴堂，导致店铺规模雷同，且多集中在繁华区域，这使得浴堂提供的服务产品过剩，想要盈利就意味着削价竞销。

浴堂公会正是在这一市场环境下诞生的。通过划分浴堂的等级并按等级划一价格、限制浴堂开设的规模和地点等措施来限制行业内的过度竞争，浴堂公会自成立伊始就强制统一澡价，借物价上涨但各浴堂须维持营业之由，开会提倡齐行增价，池堂由铜元3枚起，一年内连增价五次，增至每位铜元8枚，除池堂外其各项服务价格亦随增加。[2]公会规定，对于价格的调整，各浴堂应当一致，无论何人，不得从中破坏。[3]

与传统行会不同，浴堂公会主要通过为其会员提供一定经济利益，来使自身合法化，故其对行业内的生产经营施加的约束往往缺乏强制力。在限制浴堂店铺数量时，浴堂公会曾登报声明："浴堂竞争……万不可不管附近商铺住户的多少，随便就设浴堂，若一个胡同内，浴堂林立，势必家家营业萧条，无利可赚，设备自难讲求卫生，浴费也应划一，大家平均发展。凡此诸般改革，要促其实现，各浴堂必须先完全加入同业公会，全市只有一百三十余家，实应全体加入同业公会，受公会的领导，谋同业公

1《澡堂公会解散》，《晨报》，1923年8月24日，第6版。

2《澡堂增价之大会议》，《益世报（北京）》，1924年12月30日，第7版。

3《澡堂齐行增价》，《益世报（北京）》，1926年1月31日，第7版。

会与社会的利益。”1 可见，浴堂公会维持自身权威的主要方法是满足各浴堂的经济需求，其自身并没有采取任何强制手段来让会员服从。比如一些偏僻的小浴堂，其盈利方式就是靠取价低廉吸引顾客，统一价格对它们的影响极大，在生意受到影响的基础上，加入公会不仅需要缴纳注册费及入会手续费，还要每月缴纳会费，这更增添了它们的经济负担。于是多数小型浴堂并不愿意加入同业公会。

加入同业公会的浴堂也常无视行规，不予执行公会制定的与自己利益相悖的规定。1929 年 10 月，浴堂公会成立后不久，虎坊桥南新华园浴堂因重修门面开张迎客，门首招贴布告洗澡每位 8 枚铜元，这一价格相较市场均价大幅降低，导致其附近浴堂骡马市大街三兴堂，西柳树井瑞滨园、石头胡同南口恒庆堂均恐受其影响而相继跌价至每位 8 枚。菜市口汇泉浴堂甚至将价格降低至每位铜元 6 枚。2 根据浴堂公会章程，除新年期间允许一定范围内的浴堂涨价之外，一年中其余时间的澡价皆以 10 枚为标准，只许增长不准低减，有破坏公议者一经查知，将由公会公决从严罚办，严重者取消其会员资格。3 但这次竞价风波最终得以平息的原因并非浴堂公会的介入，而是 5 家浴堂的持续降价使得原有主顾觉得光顾这类低价浴堂有失身分、脸面无光，皆裹足不前，才使得价格恢复原状。4 自始至终浴堂公会并未对这 5 家违规浴堂采取任何惩戒措施，更未取消其公会会员资格，在 1934 年浴堂公会会员名录中，5 家浴堂仍位列其中。5

浴堂公会确缺乏有效的维护其行规的手段，以及惩办违规浴堂的权力，对此类事情无奈常姑息纵容。为此，

1 文彬:《北平的浴堂业》,《益世报(天津)》,1934年7月21日,第8版。

2《本市工商业调查(五十): 浴堂商概况》,《新中华报》,1929年10月3日,第6版。

3《公会简章、办事细则和委员会名册》,北京市同业公会档案,北京市档案馆馆藏,档案号:087-044-00001。

4《本市工商业调查(五十): 浴堂商概况》,《新中华报》,1929年10月3日,第6版。

5 北平总商会编:《北平总商会行名录》,北平:北平总商会出版,1928年,第241—244页;北平市商会秘书处调查科编:《北平总商会行名录》,北平:北平市商会秘书处,1934年,第340—348页。

浴堂公会往往借助于政府的力量执行其规定。公会将自己的议案呈请政府相关部门批准，由政府代为实施，对违反规定的店家的惩戒也由政府执行。如公会要求全市浴堂全体加入公会，1929 年，应同业公会呼吁，国民政府颁布《工商同业公会法》，把加入同业公会变为强制性规定，不入会者将受到惩罚，甚至勒令其关闭店铺。但在实际操作层面，由于国民政府的执行力度不够，这一规定几成一纸空文。1928 年北平浴堂同业公会正式成立以后，全市新开业的浴堂极少有开业即加入公会的情况，到 1940 年代初日伪政府统治时期，全市所有浴堂才陆续加入公会。[1] 当一个公会甚至连强制本行业店铺入会的能力都没有的话，其他政策的实施必然阻碍重重。

纵观浴堂公会的发展历程，其内聚力始终较为薄弱，其根结在于公会与其会员的关系上。传统的行会通常是以家族地域关系为纽带，通过道德秩序联结其会员。如前文所述，浴堂公会与店铺的关系以经济利益为核心，在经济利益的分配不能面面俱到时，店家必然会有不满情绪和破坏规则的行为。虽然浴堂公会用经济利益代替了传统道德秩序，但却无力按照纯粹的经济理性，将自己与会员的关系降低到单纯的掌管与服从的程度。从另一个角度来说，浴堂公会缺乏对成员的控制力，公会成员缺乏对公会的认同感。

浴堂公会常借政府的力量加强公会内部的管理，也会在政府和浴堂之间维持平衡关系。浴堂公会还常在澡价问题上与政府交涉。前文曾讨论过，在 1946 至 1948 年间北平市澡价的多次波动中，浴堂公会充当了重要角色。

1 新成立浴堂因需要靠价格优势吸引顾客，形成固定客户群体，因此不愿意成立当即便加入同业公会，将洗澡价格交由其管制。此外不愿加入浴堂公会的浴堂多为乙等以下之小型浴堂。《北京浴堂同业公会各号设备调查》，伪北京特别市社会局档案，北京档案馆馆藏，档案号：J002-007-00362。

此时期，浴堂公会一方面以集体议价的方式向政府提出自己认为合适的价格，一方面需就政府批示的价格与各浴堂进行协商。最常见的情况是浴堂公会呈交修改价格的请求，但政府办事效率低下，无法及时批示，浴堂公会又没有自行定价的权力，但物价却一日数涨，往往批示后的价格早已不能适应现时的市场环境。在议价之外，浴堂公会还有协助政府限制价格的义务，对违反规定的商家，浴堂公会会在行业中通报，并告知相应的区段警署，将违规者交由政府处理。

赋税是浴堂与政府间交涉的另一主要问题。如国民政府从 1938 年起因战事需要，对公司、商号、行栈、工厂或个人资本在 2000 元以上的营利加征战时利得税。该税种规定，对超过商铺资本额 20% 以上的纯利进行征收，1943 年又增加按利润率累进增加税收的条例。抗战胜利后，利得税未进行裁减，国民政府仍然倚重利得税作为内战时的财政来源。1947 年，北平税务局借口各业资本额及账据不全，去年所得税、利得税额无法精准计算，为缴纳迅速方便计，故将去年所缴之所得税、利得税二税合并，乘以指数 4.12 作为当年之缴税额。高额的利得税让各行商铺叫苦不迭。同年 6 月，北平市浴堂、理发、裱糊、球社、旅店等 24 业公会负责人在市商会礼堂举会共同研讨利得税免征问题，并联合请求北平直接税分局依法免除 1946 年度的过分利得税。会上通过决议三项：第一，各公会收到税务局通知书后，应详细审查内容，如有将利得税加入所得税内者，应发函税务局请求解释。第二，收到税收通知后，如仍有关于利得税之款项，各公会可退回税务局，请予更正。第三，已缴利得税税款者，应持税单请求税务局退还。税务局知悉各业公会的抗议后并未买账，称合并利得税、所得税二税乃权宜之举，中央法令关于免除娱乐等业之利得税尚无详细解释，在请示中央直接税署指示前，各业之税款仍须照交。1

在赋税问题上，浴堂公会除与政府交涉之外，还会借政府的权力为行会谋利。如在营业税创立之初，全市营业税的收缴由市商会执行，商会组织将负责具体实施的环节交予各业公会负责，如浴堂业营业税由浴堂公会代为收缴。自商会收缴营业税以来，各公会均截留一节作为浮收充当自己的会费。政府曾多次函达商会及通告各公会，令其开具纳税细目，但各公会多未遵办。浴堂公会从市营业税开创起，15 个月一直拖欠营业税未予缴齐。经税务部门调查，浴堂公会每月从所收营业税款中截扣 10 元为己用，全行业每月税额按 70 元计，截留数目相当可观。浴堂公会的侵占舞弊行为被查出后，政府为了阻止此类情况相习成风肆无忌惮，决定予以严惩。在限令浴堂公会按时将所收税款寻按清解外，收回浴堂公会代缴各户营业税的权利，如有逾期或违反者，按蔑视法令罪严惩。2

与其他行业交涉以维护本行业的利益，也是浴堂公会的主要职能。来浴堂沐浴的顾客多有理发需求，为此有些浴堂的营业内容包括理发项目，所以与浴堂公会接触、交涉、纠纷最多的公会是理发业同业公会。浴堂附设的理发馆与浴堂的关系以“借地”居多，“借地”的理发工人不属于浴堂业从业者，他们只是借用部分店面，其收入与浴堂按协议分成。这类理发工人不领取浴堂的工资，其理

1《请依法免征利得税，平浴堂等二十四业，开会决议应付办法》，《华北日报》，1947年6月28日，第5版。

2《北平特别市警察局关于规定浴堂、理发馆、成交价格，发北京物资查定委员会规定原案》，伪北平特别市警察局档案，北京市档案馆馆藏，档案号：184-002-21269。

发收入的一半或六成交柜，其余作为提成发放，每家浴堂与理发工人可自行商议具体款项，小费收入亦须与店家分账。虽然理发所得与店家平分，但理发工人的实际所得远不及收入的五成，欲在浴堂谋生的理发工人需由工头担保，给东家送礼，才能顺利营业。有些时候连理发工具也是由工头购备的，因此工头还会抽走二成。此外，理发工人在浴堂中的伙食并不是完全免费，每人每日需向店铺补交饭费铜元30枚。当理发馆的家具、理发师所用的工具由浴堂提供时，浴堂方所分的比例会相应增多，可以达到六至七成。[1]按此算来，一般浴堂中理发馆有工师四至五人，每人分到的钱数甚至不到半成。

1928年年底，因浴堂对理发工人的不平等待遇，后者联合理发同业公会，要求将提成比例从对半分成改为三七分成（店家提三，理发工提七），并在此基础上向浴堂提出了七项要求：

一、取消理发工人饭钱；

二、理发价目表外，工人所挣小费，完全归理发工友，不交浴堂主人；

三、理发工人不供他种役使；

四、取消柜上向理发工人提出十分之五之衣服油水家具等费用；

五、理发工人每日轮休息三小时，每星期晚休息一宿，歇工半日；

六、理发工人上工时，由公会二人介绍之；

七、浴堂理发室每月缴理发公会会费三角。[2]

1 陈达:《中国劳工问题》，商务印书馆，1929年，第69—70页。

2《浴堂理发工人，七项的要求将向浴堂主人提出》，《京报》，1928年10月25日，第6版。

浴堂公会在召集会员开会讨论后，断然拒绝了理发公会的要求，两公会遂发生争执，到了第二年3月，双方矛盾继续激化，形成风潮，百余家浴堂的理发工人集体罢工，持续数日。1 浴堂、理发两业各走极端，互不相让，以致事态无法调节，需要政府介入。浴堂公会为此曾致函警局，向警局表明苦衷以求有利的解决办法。浴堂公会称管理浴业多年，从未滋生事端，浴堂与理发两业，本各自经营，只不过理发工人认为在浴堂营业既能节约成本，同时获利较易才再三托人恳请，要求进驻浴堂。理发工人与浴堂绝非雇佣关系，浴堂除与附设在其中的理发馆固定分成之外，理发工人收入的再分配与浴堂并无关系，其生活状况也与浴堂无关。但浴堂理发工人误信理发公会之唆使，借业主压迫的名义，平地生波，聚众要挟。各浴堂为了避免冲突，百般含忍，但理发工人却固守成见，坚不让步，一有机会便向店家借故寻隙，扰害业务，甚至变本加厉，声言捣毁各浴堂的锅炉，游街侮辱浴堂经理和浴堂公会负责人。浴堂公会一面据理力争，一面以歇业为挟称若政府再无妥善办法，本市各浴堂为维持生命财产避免冲突，将被迫暂行歇业。2 此次风波最终在两家同业公会的协商下得以平息，双方各让一步，浴堂公会允许理发工人可以小费自得，理发公会也对提成做出让步，同意继续采用此前五五分账的措施，不再坚持提成收入三七分成的要求。3

浴堂公会与理发公会的矛盾除劳资分歧外，还涉及来自浴堂内理发工人的归属问题。后者受理发公会会章约束，但在工作场所的收入来源又是浴堂提供的，当浴堂内

1 吴半农《十六年一月至十八年六月河北省及平津两市劳资争议底分析》，《国立北京大学社会科学季刊》，1929年，第4卷 第3—4期；《澡堂提出条件》，《新中华报》，1929年3月21日，第6版。

2《卫生局注重浴堂卫生：有传染病者不许入浴，一切用具须讲求洁净》，《顺天时报》1929年3月18日，第4版。

3《北平的澡堂》，《大公报》，1933年10月23日，第6版。

理发工人遵循理发公会的规定而影响浴堂营业时，便会发生矛盾。1940年代初期，因理发公会举行演戏祭神的行业仪式，强制浴堂内理发工人参加纳费，引起了浴堂公会的不满。浴堂公会会长何云楼声称："各浴堂商铺向来雇用理发技师在铺服务……忽理发职业公会散放传单内云，八月二十七日该行全体罢工，祭祖一日，并是日所有同行人一律登记否则必受相当严罚等语，查此项传单实与各浴堂商号生意攸关，一旦同时罢工，无法补救。"针对此次纠纷，伪首都指导部召集两公会协商，明确所有浴堂内理发工人因职业关系均为理发公会会员，同时具有浴堂伙计资格，因此他们须遵守理发公会会章，亦应遵守浴堂店铺的各项规定，以免妨碍浴堂正常营业。在政府划分浴堂中理发工人的责任归属之后，两公会的分歧才得以消除。[1]

四、政府在浴堂同业公会中的权力渗透

同业公会与政府之间的关系从帝制时代末期开始发生颠覆性的变动，两者关系经历了对立、互利、从属的变化过程。

近代西方学者对中国行会的研究，普遍认为明清时期传统的行会并不依靠国家授予的权力，而是完全由民主产生的。旧式行会常被认为是与官方对立的组织，在双方的利益冲突中，行会以其权威强迫商民罢工，使得政府修改或撤回对行会不利的命令。[2]清末民初，随着政府权力的不断下沉，旧式行会的势力开始衰弱。1906年，京师商务总会的成立标志着政府开始着力提高对北京诸多工商

1《北京特别市警察局关于查报浴堂业与理发业纠纷情形取缔理发馆业办法展限实行并增加各条等训令》，伪北平特别市警察局档案，北京市档案馆馆藏，档案号：J184-002-20254。

2［美］步济时（John S.Burgess）：《北京的行会》，赵晓阳译，北京：清华大学出版社，2011年，第33—37页。

企业的控制与管理效率。1916年，京师商务总会更名为京师总商会，并制定具体章程。其中明确商会的宗旨为发展工商企业、调节控制市场、调解商人与工人间纠纷等，这与行会的职能基本重合。此外，该章程明确了政府在商会中的作用，首先，商会应当就有关商业治理的法规的制定、修改、增删，就有关工商企业的重要问题向中央政府最高行政官员或地方官员提供建议，就有关工商业利益问题答复中央行政官员或地方官员的询问，向其提供信息。其次，当发生经济风波引起恐慌时，商会应当同地方官员一起负责维护秩序。最后，商会应同政府合作，处理中央政府最高行政官员或地方行政官员安排的事情。在同年公布的《商会组织管理条例补充细则》中，政府规定商会的会长、副会长及理事，需要将姓名、年龄、出身和双亲、地址、所从事的职业以及所代表的商家名称等事项在农商部备案，并通告地方最高行政官员。[1]由此可见，政府试图以建立商会为契机，逐步提升其在各工商行业中的影响力。

国民政府执政后，颁布了《新商会法》及《工商同业公会法》，试图通过这两个法令建立起一套以商会为中介、以同业公会为基层组织的体系，将政府与基层工商行业有机地联结起来。这两部法令明确各店铺均必须加入该业公会，各同业公会也需加入到总商会中。同时，还规定同业公会的职能，有贯彻总商会的决议、操纵本行业的价格并代替官方征收税款和包税等。以法律的形式将同业公会划为总商会下属的基层组织的同时，亦凭借法律将行会与政府间的关系从对立变为合作。包括浴堂公会在内的多

1［美］西德尼·甘博（SidneyD·Gamble）:《北京社会调查》，北京：中国书店出版社，2010年，第537—540页。

数公会正是在这一时期正式成立的。据统计，1911 年京师商务总会的同业公会有 16 个，1933 年增加到 109 个，1942 年发展到 122 个。[1] 日伪时期，伪市政府对同业公会管控的重视程度显著提高，政府的经济、政治政策需要借助同业公会的力量才能够在工商业中顺利推行，同业公会的一举一动均在政府的监控管制之下。新中国成立后，国家正式将同业公会改造为能够在工商行业延伸政府职能的机构。

从帝制时代末期到新中国成立，国家一直在加强对行会组织的控制，以使得自己的权力能够深入社会基层。国家控制工商行业的重要方式之一就是监视，通过监视，同业公会的大小事务事无巨细地纳入到国家与政府的管辖范围中。浴堂业是近代重要的服务业之一，每日客流量较大，是国家政府重点监视、弹压的对象。日伪时期受战事影响，无论是采购燃料、解释税费还是议定价格，浴堂公会的大小会议均有警察出席弹压，监督公会会议内容及进行状况。浴堂公会如计划开会，会将会议议题、开会时间提前告知该段警署，获批后方能开会。届开会之期，路段巡官会同该段警长到场监临，记录下开会闭会时间、到会人数、公会官员到会情况等内容。[2]

政府如要顺利推行自己的政策，控制同业公会、以同业公会为中介将政策推及至各商家，要比直接应付诸多的商业店铺有效率的多。通过浴堂公会，政府的一些如治安、卫生等政策很快就能传达到各家浴堂中。浴堂中的卫生情况直接影响市民健康状况，因此当政府在浴堂中推行公共卫生政策时，常会召集公会的浴堂代表召开清洁健康

1 曹子西主编:《北京通史(第9卷)》，北京：北京燕山出版社，2012年，第206页。

2《北京特别市警察局关于查报浴堂业开会查明届时弹压具报并转日宪队查报各种水井等训令、呈复》，伪北京特别市警察局档案，北京市档案馆馆藏，档案号:J184-002-20262;《北京特别市警察局关于浴堂业拟召集会员会议汽车业每届会期拟派员监视等训令、报告》，伪北京特别市警察局档案，北京市档案馆馆藏，档案号:J184-002-21262;《北京特别市警察局外五分局关于浴堂业公会在东晓市开会、皮革联会召集临时会、正阳门大街举行教堂落成典礼等情形的报告》，伪北京特别市警察局档案，北京市档案馆馆藏，档案号:J184-002-21971;《北京特别市警察局外五区关于监视油、酒醋酱业公召集同业讨论所得税、口语班毕业考试、事业联合办事处举行成立及浴堂业工会开会情形等呈》，伪北京特别市警察局档案，北京市档案馆馆藏，档案号:J184-002-21278。

会议，部署卫生注意事项及清洁工作。[1] 在日伪时期的5次强化治安运动中，政府曾多次召集饭庄、浴堂、理发、旅店等公会一同训话，向各行业传达强化治安的要义，部署治安运动精神。[2] 为响应强化治安运动中献金献铁的要求，曾专门举行献金会，纠合68家浴堂共献金300余元。[3]

通过浴堂公会的组织结构、功能及与政府间的关系可以看出，其是有着相同经济利益的浴堂店家联合组成的群体，它的出现能够将行业的利益合法化，将纷杂的市场有序化。由于浴堂公会成立时间较晚，其功能主要体现在经济效用上，因此该公会内聚力必然相较其他传统行会要弱。除经济利益外，浴堂公会亦缺少有效的统筹、整合各会员的手段，也缺乏让会员贯彻会章的强制力。因此浴堂公会常与政府联络，其行政职能多交由政府代为执行。但浴堂公会的根本目的终究是出于各浴堂间的经济合作，从这一方面讲，浴堂公会又是站在政府的对立面的，其必然会为行业的经济利益上下奔走，与政府周旋。从政府方面观察，政府会借同业公会来实现在社会基层的权力渗透，存在多年却成立受阻的浴堂公会在国民政府执政伊始即获批创立，这与国民政府构建的政治、经济结构不谋而合。政府在帮助公会加强管理的强制力、协调各公会间的关系时，对公会这一自治组织的控制也逐渐加强。

1《谢振平召浴堂人训话》,《益世报(天津)》,1936年12月2日，第8版;《卫生局将召开清洁健康会议,召集浴堂业代表有所指示》,《电影报》,1941年6月13日,第2版。

2 侯毓汶:《为第二次强化治安运动期间特召各公会举行训话》,《市政公报》,1941年,第130期,第79页。

3《北京特别市警察局外五分局关于浴堂业公会开会及在精忠庙捐香的报告》,伪北京特别市警察局档案,北京市档案馆馆藏,档案号:J184-002-21902。

第四节
北京浴堂职业工会

近代同业公会经历了两次重大的变革，第一次变革使得同业公会取代了传统的行会，第二次变革则将职业工会从同业公会中分离出来。浴堂同业公会产生于第一次变革中，这一时期，商品经济的发展使得商人更加注重维护共同的经济利益。仅靠亲缘和地缘关系已经难以调和行业内部的利益分配，于是新式的同业公会逐渐突破亲缘与地缘的束缚，成为建立在以经济利益为基础的业缘关系上的商业同盟。同业公会逐渐分离于同乡、同族组织，加速了商人与工人的分流，亦加深了二者之间的矛盾。

近代浴堂中的经营者极为注重效率，这使得行业内部出现细化的分工，一个浴堂伙计无需掌握行业中全部流程，只需要完成工作流程中的某个环节即可。浴堂学徒无需花费数年时间学习浴堂中的全部工作，有些简单的活可以速成，就连最复杂的修脚技术，只需数月就能粗通。行业中的技术垄断逐渐给商业运营让步。这也让越来越多的人进入到行业之中，造成了浴堂业亲缘关系的不断衰弱及地缘关系的逐渐扩大。浴堂业虽然定兴籍人士仍占多数，但已有越来越多的他籍从业者进入行业。

亲缘地缘关系的减弱意味着家长制的式微，当经营者的共同利益取代了行业内的宗法联结、传统伦理规则及行业道德秩序时，经营者与其伙计的矛盾便因此凸显出来，经营者从提供庇护的家长转变成剥削血汗的资本家。经济理性驱使他们尽可能地压低工人、伙计、学徒的工资，延长其工作时间，这引起了伙计们的反抗，发生劳资纠纷。除经济功能外，浴堂公会的另一大职能是协调劳资双方的关系，在政府介入劳资纠纷时，公会在很长时间内是劳资双方与政府沟通的唯一渠道。事实上，虽然经营者与伙计在名义上都是公会的成员，但是浴堂公会始终是由浴堂经营者所组成，是为浴堂的经济利益服务的团体，浴堂伙计无法通过浴堂公会为自己争取更好的待遇。由此看来，同业公会不仅没有起到调解劳资纠纷的作用，反而使行会内部掌柜与伙计间的矛盾变得更加尖锐。

公会利用与政府间的关系在劳资纠纷中为自己谋利，伙计也开始加强相互联系，共同抵抗资方的压迫，并呼吁建立职业工会，以保障自身利益。两者逐渐从家长制的体系中脱离，并组成界限分明的社会集团。这一分离的过程正如阶级形成的过程，阶级团结代替了传统行会式的聚合。步济时在对中国行会的研究中曾预言道："也许最后现存形式的手工业行会将完全消失或被重组成工会……同时，与此行会相关的老板等会组成老板式的协会。"[1] 同业公会的历史正如步氏预测的那样，在工人的强烈要求下，职业工会从中析出。北京市浴堂业职业工会初成立时，有从事经济工作的相关人士曾论断："最近浴堂业工人工会方组成，劳资双方纠纷即告发生，素以同乡关系维系的关系亦不能存在矣。"[2] 职业工会成立标志着传统行会结构的彻底消亡。

浴堂业从业者群体中有经营者与伙计之分，浴堂同业公会与浴堂职业工会正代表了这两种不同群体的利益，因此经营者与伙计之间的劳资矛盾也存在于这两个团体之

1 [美]步济时（John S.Burgess）:《北京的行会》，赵晓阳译，北京：清华大学出版社，2011年，第203页。

2 联合征信所平津分所北平办事处编:《北平市经济金融交通概况》，北平：联合征信所平津分所北平办事处出版，1947年，第15页。

中。在经济形势下行时期，这种矛盾会格外凸显并以冲突的形式爆发出来。两种不同的团体组织都会借助各种方法保障各自所代表群体的利益，工会呼吁浴堂资方应在保障工人生活所需的前提下，享受与劳动付出相匹配的经济收入与工作福利，同业公会则更偏重维护资方的利益。

一、浴堂职业工会产生的社会要素

浴堂工会的设立是社会变革的产物。在近代中国，激荡的社会变革使人们的意识观念发生剧烈的变动，人们对新事物、新观念的认知、理解和实践，是浴堂工会能够产生的必要因素。

浴堂伙计阶级意识的产生是浴堂工会成立的重要的因素之一。20 世纪上半叶，浴堂伙计逐渐脱离旧式店铺的家长制体系，转而为由资方所塑造的生产体系所控制。资方的薪资分配方式、社会舆论的导向、同业公会的设立，均属于该生产体系控制链条中的一环。虽然浴堂伙计受制于这一生产体系，但这并不意味着他们会因此失去对社会环境的判断力，浴堂工人的阶级意识产生于其生存本能与浴堂生产体系的对抗之中，浴堂资方以伙计的生存为条件对他们进行控制的时候，浴堂伙计的生存实践亦赋予了他们抗争性。

刘博在其书作《中国浴工：城市服务者的生活世界》中，将现代城市社会中服务者的具体生存状态比喻为“水母”。水母的比喻同时也适用于近代的浴堂伙计。

首先，水母作为一种浮游生物，暗示了服

> 务者日常生活的流动性，这种漂浮的生活状态决定了他们城市社会的“无根性”；其次，水母是一种没有明显器官的生物，一种完全透明化的生物，而服务者的生活情境即是如此，他们具备的只有一个“躯干形式”的身体，所有的感觉器官完全被生产体系、阶层权力所控制，因为在权力的面前，服务者不需要具有自我感觉，他们只要完成自身所匹配的生产环节即可；最后，水母是一种看起来柔软无力的生物，但是，水母是有剧毒的，毒素的释放取决于它们对于环境的判断。同样，服务者以他们实际的生活方式与行动显示，尽管一直处于弱势的、受到权力压制的地位与处境，然而，他们是有抗争性的，这种抗争借助多样化的身体暴力形式彰显了主体的意识。[1]

浴堂伙计阶级意识的出现使他们有了组建工会的强烈渴望。工会在他们心中是对抗资方组织同业公会的最好武器。浴堂中的劳资纠纷从浴堂公会设立之后便开始大量出现。虽然浴堂公会声称协调劳资关系为立会宗旨，也将部分会费充当伙计福利，但一涉及到利益分配时，因其设立宗旨是维护资方利益，因而往往无视劳方的利益。浴堂工会成立后，劳方对于拥有能够代表自己利益组织的愿望愈发迫切。

1920 年代浴堂同业公会成立后，应资方的要求组织全市各浴堂一同提高澡价，一年内澡价翻了一番。在澡价提高后，工人虽然提成收入较之前有所提高，但其固定工

1 刘博:《中国浴工：城市服务者的生活世界》，上海：三联书店，2018年，第219—220页。

资收入并未相应增多，这引起了浴堂伙计的不满。各浴堂掌柜以嚼用太大，买卖赔钱，拒绝了浴堂伙计增加固定工资的要求。浴堂伙计推举郭得旺、李凤九等声望较高的工人为代表，向浴堂公会及各浴堂店家以罢工相迫，要求增加工资四成。在工人的强硬态度下，浴堂公会终于妥协，将澡价再次提高，用提高的价格作为伙计加薪的资金来源。[1] 这是在浴堂公会成立后第一次劳资纠纷，这次工人运动也让浴堂伙计意识到同资方组织公会一样，组织工人团体能够为自己争取利益。

组建代表工人利益组织的意愿是全体劳动阶层在工作实践中对周遭环境产生的自然反应，是全社会的劳动者的一种普遍态度，而非浴堂伙计独有。1930 年，《社会学界》杂志发表了《对无产阶级社会态度的一个测试》一文，文中抽样了 100 个北平人力车夫，作者从什么是工会，工会的目的是什么，工人是否应当团结等几个问题提问，调查社会劳动阶层对于工运的态度。在什么是工会的问题上，只有 2% 的人认为工会是工人利益的代表机关，其他如“工人机关”“工人团体”“工人开会地”等答案，虽然未了解工会的本意，但均有工会是工人团体组织的模糊概念。在工会的目的是什么的问题上，以“开会游行”“办交涉”“实现三民主义”等答案居多，这些答案虽然将工会的行为或标语等同于其目的，但亦表达了工人的抗争意识及掌握话语权的愿望。在你认为工人应当团结么的问题上，有将近 80% 的工人认为应当结为团体。不难看出，尽管大多数工人对工会的本质及目的不甚了解，但他们的阶级意识正在形成和发展，工人的个体经验使他们

1《澡堂增价之大会议》，《益世报（北京）》，1924 年 12 月 30 日，第 7 版。

认识到自身痛苦的同时，也令他们因之获得一种觉悟。从这三个问题的答案中可以获知多数工人希望能够集合组织工人团体，并知道依靠团体活动可以在某种程度上改良自己的生活。[1]

国民政府的一些法律规定在法理上为浴堂伙计组建工会提供了依据。在1930年代，国民政府承认旅馆、酒馆、浴堂之茶房，在商店业务上属直接服务者，自应认为是店员，同时浴堂是正当营业，其中的工役、堂倌亦是职业工人之一种，应当依法组织职业工会。[2]尽管早有法律上的依据，但北平浴堂工会直到1940年代后期才宣告设立。抗战结束后，国民党在第六次全国代表大会颁布《劳工政策纲领》，试图加强自己在基层劳动阶层的权力延伸，其主要手段便是设立中介性质的工会。通过有效地控制工会，再由工会统一领导工人，政府对基层劳动者的控制才能得以顺利实现。《劳工政策纲领》要求在全国没有成立工会组织的地区尽快建立工会。已经成立工会，但组织松懈者，要选3—15名国民党员组织党团，指导、健全工会组织。[3]在此背景下，由国民政府全面控制的北平市总工会宣告成立，初成立时有20余个行业或基层单位加入，其中有邮务工会、电信工会、自来水工会、电车工会、机织工会、浴堂工会等。[4]浴堂工会是这一时期北平服务业中最早建立的工会之一。

北平浴堂工会的设立与中共地下党员的策划组织也有着莫大关系。抗战结束后，工人普遍社会地位低下，生活条件很差，求生存、改变生活现状是当时北平广大工人群体的迫切愿望。1946年春，平委（晋察冀中央局城工

1 黄公度:《对无产阶级社会态度的一个小测试》,《社会学界》,1930年6月,第4期,第157—180页。

2 中央民众训练部编:《人民团体法规释例汇编》,南京:中央民众训练部出版,1937年,第357页。

3 刘明逵、唐玉良:《中国工人运动史(第6册)》,广州:广东人民出版社,1998年,第120—122页。

4 北京市东城区委员会文史委员会编:《北京市东城区文史资料选编(第5辑)》,北京:东城区文史资料委员会出版,1994年,第102页。

部北平平民工作委员会，简称平委）针对浴堂业的状况决定组织工会。以东升平、卫生池、兴华园等浴堂为首，在全市90余家浴堂中，有80多家的浴堂工人、伙计被调动起来，他们互相联络，决定筹备组建浴堂业职业工会。这次成立浴堂工会的活动由平委中共党员暗中组织，并未向社会局、警察局备案，不久即被当局获悉，以非法活动论予以取缔。中共地下活动者闻讯后迅速撤离，筹备活动被迫停止。

不久之后，中共地下工作者卷土重来，重新帮助浴堂伙计组织工会，这次他们吸取了上次失败的教训，在工作策略上更为灵活。首先在工会组织的工作中，不由地下党员出面，而是推举在浴堂中工作热情、斗争积极性较强的工人组织工会，担任工会中的各项职务，这样可以让工会及其组织者顺利通过当局的政审，不会因有共产党员的介入而使工会设立受到阻拦。各家浴堂的地下党组织均推选出各自的人选，东升平浴堂举荐修脚工人李祥亭任工会的理事长，浴德堂推举工人李春辉任工会理事，同时推荐出来的人选还有于海明、杨森林等人，这些人在当时都是决心争取工人的利益，愿意成立工会的进步工人。1946年5月，23个浴堂的25位代表在春华饭店举行浴堂业工人代表会，通过了成立浴堂业工会筹备会的决议。这些进步工人通过找亲戚、拉关系送礼等办法同当局联系，向市党部和社会局递交了成立工会的申请书。经过与资方及国民政府的反复斗争，浴堂工会终于在一年之后宣告成立。[1]中共地下工作者在浴堂工会的建立中起到了催化的作用，他们的工作将浴堂伙计萌发的阶级意识赋予行动，为工会

1 何书休、张秋生：《解放战争时期北平浴池业工会成立前后的斗争》，中共上海市委党史研究室编：《解放战争时期第二条战线：工人运动和市民斗争卷（上册）》，北京：中共党史出版社，1999年，第294—305；北京市地方志编纂委员会编：《北京志·人民团体卷·工人组织志》，北京：北京出版社，2005年，第247—250页；中共北京市委党史研究室：《中国共产党北京历史（第1卷）》，北京：北京出版社，2019年，第363页；王宗华、李福海、王汝贤：《"东升平"不平静，解放前浴池业工人斗争的一个侧面》，北京市文史资料委员会编：《北京文史资料（第5辑）》，北京：北京出版社，1979年，第142—152页。

争取到合法地位。

二、浴堂职业工会成立风波

1946年，浴堂工会筹备会成立伊始便积极开展改善工人待遇的活动，制定出相应工会会章，其主要内容有增加工人工资提成、团结教育广大工人、缴纳会费（由资方补助一部分）、缩短工时等，同时还规定解雇工人需要通过工会执行。[1] 这些内容触动了资方的利益，同时共产党在工会中的作用也引起了政府及资方的恐慌。

北平市政府因浴堂伙计人数较多，担心由其组织的工会任意发展会难以控制，亦怀疑工会成员中有"共产党分子"在暗中操纵，因此要求在政府核准之前，暂停浴堂工会筹备会的一切活动。[2] 对此问题，浴堂伙计早有准备，为了达到成立浴堂工会的目的，有些职工参加了国民党，有些职工参加了三青团。[3] 同时浴堂伙计也不断呈请警察局，强调浴堂工会的作用是贯彻工人团结、促进劳资合作，工会内部没有共产党员且时刻警惕防范共党的煽惑伎俩，浴堂工会发起人多为国民党员，只是有些人刚获准入党，还未收到党证，因此希望警察局复查，允许浴堂工会成立。[4] 尽管如此，政府对成立工会还是万分警惕，这其中不能忽视浴堂资方的阻扰。

浴堂资方惧怕工会成立后围绕经济纠纷开展政治斗争，因此采用解雇工人代表及工会成员的手段阻止工人组织工会。只要是听闻有员工参与组织工会的消息，资方会找各种理由将其解雇。工会理事长李祥亭首先被东升平浴

1 王宗华、李福海、王汝贤：《"东升平"不平静，解放前浴池业工人斗争的一个侧面》，北京市文史资料委员会编：《北京文史资料（第5辑）》，北京：北京出版社，1979年，第142—152页。

2《公安局关于澡堂业联合会应取缔、取缔无票观看戏剧、访缉盗匪办法、不得任意发行政话刊物、治安事协助到平青年军复员、伐寺内枯树、在平募补新兵、制止装署电磨、随从携带枪办法、司令部名册、国军指挥要则等问题的训令》，北平市警察局档案，北京市档案馆馆藏，档案号：J184-002-08373。

3 北京市崇文区政协文史资料委员会编：《花市一条街》，北京：北京出版社，1990年，第147页。

4《北平市警察局和社会局关于取缔浴堂业职工联合会及制止旅平琉球归复中华民国促进会活动的来往公函（三十五年十月二十一日）》，北平市警察局档案，北京市档案馆馆藏，档案号：J181-014-00599。

堂解雇。李祥亭被解雇后由各个浴堂伙计凑钱维持生活，继续从事组织工会的工作。[1] 对浴堂资方随意解雇工会工人的做法，浴堂伙计深恶痛绝。1946 年 12 月，国民党市党部、社会局和工人代表在撷英番菜馆举行劳资双方谈判。席上资方提议“工会”应由劳资双方共同组成。工人代表则坚持先恢复被解雇工人工作，之后再讨论成立工会问题。经市党部调解后，资方允许被解雇工人复业，但要求伙计承诺不再筹备工会。这一提议同样遭到工人代表的坚决反对。工人代表表示，如果不让成立工会，就无谈判必要。会议因此形成僵局，劳资双方就成立工会问题的第一次谈判遂告破裂。[2]

到了 1947 年 1 月，工会成立仍没有任何进展，在政府与资方的双重压力下，浴堂伙计曾登报控诉资方的压迫及阻扰工会成立的卑劣手段，坦诚成立工会是为了自己的生存，也向政府表明自己的政治立场。

编者先生：

我们十分之九都是定兴、涞水、易县的小民，老早就来到平市在各浴堂当伙计或搓澡之类的工人，因为近几年来遭了最大的不幸，家乡被共军解放了，我们有家难归，只可把浴堂的工作，当做了我们惟一的终身职业，浴堂就是我们的家，北平就是我们的第二故乡，换句话说我们这一千三百多人，完全把劳力贡献给您们，来伺候您们。不料大难临头了，我们走投无路，惟有恳求您援助我们，代为呼吁，将我们的痛苦，公布社会，以求公平合理的解决，

1 王宗华、李福海、王汝贤：《“东升平”不平静，解放前浴池业工人斗争的一个侧面》，北京市文史资料委员会编：《北京文史资料（第5辑）》，北京：北京出版社，1979年，第142—152页。

2 何书休、张秋生：《解放战争时期北平浴池业工会成立前后的斗争》，中共上海市委党史研究室编：《解放战争时期第二条战线：工人运动和市民斗争卷（上册）》，北京：中共党史出版社，1999年，第294—305页。

如蒙慨许，我们一千多工人，真要感激涕零了，现在把我们的痛苦写在下面：

以前我们这些人在各浴堂工作，倒是毫无问题，自家乡被共军解放之后，我们回不去家，还成不了多大问题，最可怕者，就是由家乡进来许多乡民，到本市来谋职，我们服务的浴堂经理老板，为要私人位置，就想把我们这些人撵出去，用尽种种方法和非理的手段来压迫我们，他能随便减低我们的工资，并借端苛敛，还有我们应得顾客的赏钱（小费）往往按而不发，稍加争论，即以解雇威胁，使我们这些可怜虫，如同一群绵羊，任人宰割，叫我们有冤何处诉呢？您想若长此下去，我们不是束手待毙吗？幸而闻说国家实行民主政治，准许职工组织工会，以为工人谋求一点保障，所以我们联合工人根据法规法令，来进行组织浴堂职工会，好达成我们最低的要求，不意资方知道了我们组会的消息后，即施行种种手段暗中破坏，必欲阻挠我们的组织，以贯彻其永久操纵的野心，虽经我们极力挣扎，但是他们有的是金钱，可以买得鬼推磨，恐怕我们终究要失败的，我们感觉前途上非常暗淡，我们大多数人都灰心了，想不出好的办法来，我们只有求求您，给我们想办法，使社会上同情我们……

平全市浴堂工会同启三十六年一月二日[1]

在工会成立问题上，因劳资双方的矛盾太深无法调

1《浴堂工人要求组工会，以免资方压迫非理剥削》，《游艺报》，1947年1月4日，第3版。

节，浴堂资方与其伙计经过半年多的对峙，终于在 1947 年春节前后爆发大规模的冲突。根据浴堂业的习惯，各号浴堂一般会在春节期间做人事调整，那些工作不力或有不良举动影响浴堂正常营业的伙计会被店家裁汰。新华池浴堂伙计张山等 8 人被店家以在营业期间经常擅离职守、夜间进行秘密会议、私自结合小团体及在店内粗横跋扈为由辞退。辞退后不过三日，张山等 8 人又相集来园，以维修锅炉为名逐出堂内客人，拦阻客人入浴。封闭浴堂后，该 8 人又将店内的股东软禁，宣布解雇工头将其逐出浴堂。浴堂工会代表于海明、杨森林等人前来店内调停，要求店家将解雇的 8 人复工。因值春节这一生意旺季，工人的闹事给新华池浴堂造成不小的经济损失，为了及时止损，店家只好被迫答应工人的要求，被解雇的 8 人自行复工。[1]

1947 年春节期间，德丰园、兴华池、东升平、万聚园等多家浴堂迭次发生罢工情形。万聚园浴堂罢工情形与新华池相似，该铺伙计胡某被店家以违反铺规为由解雇，工会代表来店内调解未果后，铺上伙计为解雇胡某一事连夜召集秘密会议，并于第二日早晨在该浴堂门前张贴修理炉灶布告，宣告罢工，店门前安置三人把守不准出入，有前来调查巡警的记录如下：

> 本月二十九日八时赴宣武门调查事件，行至宣武门大街，闻及该街万聚园澡堂有因辞散工友罢工冲突之举，事关治安且恐有不法分子别有企图，乃即前往调查，见有便衣人二名在该浴堂门外把门，并见浴客纷纷走出，当经以

1《北平市社会局关于工人事宜的训令及市商会关于缓办店员劳工组织工会的呈以及市党部关于解决浴堂、机织两业劳资争议办法的函》，北平市商会档案，北京市档案馆馆藏，档案号：J071-001-00563。

洗澡为名，以便进入调查真相，讵该二人竟拒称本日锅炉坏了，暂不营业等语，进入该澡堂之内见室内紊乱，伙友气势汹涌，人声嘈杂，即询问伙友，有何事故，该伙友代表何姓等自称，我是团体的头，本号掌铺无故解雇我团体代表、破坏团体，以致我们全体罢工等语，说罢派伙友密报浴堂业职工会（未经官方批准），至十时，该工会负责人于姓等赶到，予以调解，本局督察员及内二区分局警员先后赶到，将该铺掌高建增及被解雇之伙友何姓等二人一并带至内二区分局问话，后饬双方具报，作合理之解决等情。[1]

万聚园罢工事件经过工会代表于海明及该段分局警察署的调解后，被解雇工人得以复工，工会也做出让步，由捣乱工人包赔一天损失，并声明道歉了事。[2]经过春节期间的罢工风潮，浴堂铺东及经理均感不安，虽然他们在明处答应工会将解雇工人复工，提高伙计工资，但却在暗中采取怀柔手段破坏工会的设立。[3]浴堂伙计与资方在短暂爆发冲突后转向于长期的拉锯战。

浴堂资方在浴堂公会会长祖鸿逵的带领下，利用工会筹备会的申请未获正式批准的时机，要求在浴堂公会的主导下成立职业工会，由此改变工会的阶级性质。资方开始通过贿买司账、工头等方式筹备组织工会。市党部和社会局在收到浴堂业职工成立工会的呈请之外，还接到了三份呈请函，分别由清华园董慕堂、华宾园祖鸿逵及裕华园马守信发出，这三人是当时浴堂业势力最大的三位经营

1《北平市工务局关于德颐园、兴隆池澡堂等公共场所建筑设备应行改善各点的通知及关于北洋电影院应速添砌砖垛与社会局的来往函等》，北平市工务局档案，北京市档案馆馆藏，档案号：J017-001-03214。

2《北平市社会局关于工人事宜的训令及市商会关于缓办店员劳工组织工会的呈以及市党部关于解决浴堂、机织两业劳资争议办法的函》，北平市商会档案，北京市档案馆馆藏，档案号：J071-001-00563。

3 答应提高工人工资是有条件的，浴堂公会以提高工人工资为借口，呈请社会局及警察局批准其提高澡价的要求，结果工人工资提高两成，澡价却上涨了一倍。《不堪老板虐待榨取，浴堂职工团结奋斗》，《新民报》，1947年2月1日，第4版。

者。三人拟定的工会筹备委员会 30 人名单，其中资方势力占到了八成。这时北平市浴堂业出现了两个筹备工会的组织，一是早已成立的由工会积极分子组成的筹备会，另一个则是由资方代理人拼凑起来的。1

除自组工会外，浴堂资方对由工人组建的筹备会设下了重重障碍。从 1947 年 3 月起，工人组织的工会开始依法定手续对全市各浴堂伙计分期进行登记，参与登记者超过 2000 人。3 月 13 日，北平市社会局忽叫停登记。2《新民报》记者曾就此事跟踪调查，发现浴堂资方从中作梗。清华园股东董慕堂呈文控告浴堂工会在向登记者每位伙计征收会费法币 10000 元，共征集法币 2 千万元，工会负责人拐款潜逃。社会局因此暂停工会登记，对此事进行调查。3 调查后得知征纳的 10000 元经费与工会无关，而是清华园浴堂职工的个人行为。至于工会负责人携款潜逃也属于谣传。对浴堂工会被勒令停止登记事件，《新民报》继续跟进报道，该报记者采访北平市社会局主管科科长时获知，浴堂工会不过是暂时停止登记而已，这次叫停是因有人举报工会筹备人选于海明等三人长期包订春明饭店房间，终日花天酒地并印制精美之入会券，此外还有举报称该三人并非从事该业之职工，有共产党分子混入的可能。4

除了造谣生非，阻拦浴堂工会成立外，浴堂资方亦对工会成员暗中监视，不准他们集会，甚至连请假休息、相互交谈也一并禁止，如有违反者一律开除，不稍姑息。5东珠市口玉尘轩浴堂经理刘新泉便无故遣散参加工会之职工刘振明等 4 人，并加以驱逐，之后刘某反向法院控告

1《不堪老板虐待榨取，浴堂职工团结奋斗》，《新民报》，1947年2月1日，第4版；何书休、张秋生：《解放战争时期北平浴池业工会成立前后的斗争》，中共上海市委党史研究室编：《解放战争时期第二条战线：工人运动和市民斗争卷（上册）》，北京：中共党史出版社，1999年，第294—305页。

2《资方百般阻挠，浴堂工会流产》，《新民报》，1947年3月14日，第4版。

3《清华园老板告状，职工会命运多舛》，《新民报》，1947年3月15日，第4版。

4《浴堂会暂停登记，据说为人的问题》，《新民报》，1947年3月16日，第4版。

5《监视浴堂工会，权限岂在浴堂》，《新民报》，1947年3月20日，第4版。

4人犯伤害罪，虽法院认为原告证据不足，未予受理，但《新民报》记者认为社会局叫停组织工会活动与该事不无关系。[1]浴堂公会还通过发送传单的方式为自己阻挠工会成立、无故开除工会成员的行为开脱。这些传单贴在澡堂的各个房间中，上书：

> 本公会奉社会局令略以天津警局函，浴堂职工会有不法之徒潜赴北平活动，煽动职工。本市为防止发生同样事件，饬即密为注意等因，嗣即对职工组织拟取旁观地位，但竟有人攻击本会阻挠工会组织。为避嫌疑改取协助态度，不料少数职工不加谅解，流言吓骂，登报诋毁。本会始终忍让不加辩驳，少数商号不得已而辞人，公会也会竭力调停，使不失业，并对当局指定之筹备员予以种种便利，扶助维恐不利，何能故事阻挠，不肖分子籍以谩骂挑拨是非，必使劳资纠纷不已，可恨亦且可惧。[2]

政府成立工会的目的在于通过设立工会这一基层单位，从而更有效地控制劳动者，因此浴堂资方通过各种手段阻挠职业工会成立的做法是与政府的施政方针相违背的。浴堂工人从数量到势力均是诸行业中的翘楚，当时已成立的22个工会会员总数大约有25000余人，而北平市浴堂工人数量就有3000余人之多。由是北平市总工会介入到劳资双方的纠纷中。[3]为了早日能让浴堂工会恢复登记，北平市总工会召开各业工会理监事联席会议，席间对于浴堂公会摧残工运、污蔑舆论之行为表示愤慨，认为其违反行宪之基本精神。会上决定为了保障工运的顺利进

1《清华园老板告状，职工会命运多舛》，《新民报》，1947年3月15日，第4版。

2《以征服者姿态出现，姿态老板嘴脸令职工俯首否则开除，污蔑舆论遍处贴传单》，《新民报》，1947年3月19日，第4版。

3 何书休、张秋生：《解放战争时期北平浴池业工会成立前后的斗争》，中共上海市委党史研究室编：《解放战争时期第二条战线：工人运动和市民斗争卷（上册）》，北京：中共党史出版社，1999年，第294—305页。

行，由总工会出面具呈当局，恢复浴堂工会的活动。1 在总工会的奔走之下，北平市社会局召集浴堂工会筹委会委员 5 人到局谈话，对于工会成立之困难诸点一一加以询问甚表关切，在指示今后该组织履行之步骤外，也向浴堂工会保证，政府是绝对协助工会组织的，资方阻挠的问题以后再不可能。2

通过浴堂资方与工人伙计的斗争，政府方面意识到资方与工人的矛盾已不可调和，拉拢控制由工人组织的职业工会，比自己直接出面或通过资方进行破坏更为有效。虽然政府允许由浴堂工人自组工会，但对成立条件的要求十分苛刻，工会委员需要经过市党部、社会局及警察局等相关机构共同审查检视挑选，确认可靠的成员才能充任。3 经审查后，工会委员人数大为缩减，从之前 30 人缩减为 25 人，并最终确定为 9 人。4 这 9 人中没有一个是中共地下党员，在筹备期间做了大量工作的群众骨干于海明和杨森林等人也在这次审查之下落选，之前与共产党联系密切的李祥亭、李春辉等人或与地下党员交恶或患得患失掣肘于当局，由此国民党在一定程度上实现了控制浴堂业工会的目的。5 1947 年 5 月 28 日，在当局严密控制之下，浴堂业职业工会终获成立。全市 90 多家浴堂中，加入工会的有 41 家，共有会员两千多人，约占全行业职工的 2/3。6

三、浴堂职业工会成立后的劳资纠纷

浴堂职业工会在浴堂资方的一片反对声音中正式成

1《浴堂摧残工运，市总工会怒了》，《新民报》，1947年3月24日，第4版；《总工会关切工运，为浴堂公会奔走》，《新民报》，1947年3月27日，第4版。

2《社会局欲协助浴职工会复活》，《新民报》，1947年4月4日，第4版；《当局指摘一番后，浴堂工会复活可期》，《新民报》，1947年4月8日，第4版。

3 何书休、张秋生：《解放战争时期北平浴池业工会成立前后的斗争》，中共上海市委党史研究室编：《解放战争时期第二条战线：工人运动和市民斗争卷（上册）》，北京：中共党史出版社，1999年，第294—305页。

4《新民报》中华民国三十六年二月二十三日 第四版《不堪老板压迫 浴堂业职工说话》，《新民报》，1947年2月23日，第4版；《筹委缩减为九人，今开首次筹备会》，《新民报》，1947年4月10日，第4版。

5 北京市地方志编纂委员会编：《北京志·人民团体卷·工人组织志》，北京：北京出版社，2005年1月，第274—250页；王宗华、李福海、王汝贤：《"东升平"不平静，解放前浴池业工人斗争的一个侧面》，北京市文史资料委员会编：《北京文史资料（第5辑）》，北京：北京出版社，1979年，第142—152页。

6 何书休、张秋生：《解放战争时期北平浴池业工会成立前后的斗争》，中共上海市委党史研究室编：《解放战争时期第二条战线：工人运动和市民斗争卷（上册）》，北京：中共党史出版社，1999年，第294—305页。

立，成立后半个月即向浴堂业公会提出四项基本要求：其一，茶役工友澡牌钱提成由一成增加至二成；其二，搓澡、理发、洗衣工人应于本柜四六分成（劳四资六）；其三，零钱应由本柜之铺掌司账及工人平均分配，其他非从事工作者，如股东、车夫、厨役、老妈等不在范围内；其四，本柜伙食、铺掌、司账、职工应享平等待遇。这些要求送达浴堂公会后，资方以生意不振为借口，拒绝接受。

工会的要求被资方拒绝后，引起了全市浴堂业大规模的劳资纠纷。西单万聚园浴堂伙计向资方提出增加消费分成的要求，遭到资方拒绝，该浴堂伙计决定报复店家，客人来此洗澡，仅收小费，洗澡钱分文不取，浴客于是闻风纷纷前往该堂沐浴，致使资方损失极大。[1] 东升平浴堂因小费收入一向不公开，伙计纷纷要求店家改善积规，向资方提出按工会制定的分配标准分账，不在柜上的人小费不分份。但浴堂柜上始终不接受，对于小费分配依然任意取予。因长年遭受资方压迫和剥削，1947 年 6 月 17 日早晨，伙计将掌柜刘子华团团围住质问，气忿之下动手打了刘子华。后者恼羞成怒，触动匪警电铃，外二分局警员赶来后，将掌柜、伙计共约 60 人带回局查办。在外二分局的调解下，两天后多数伙计回店复工，留 3 人与资方对簿公堂，这 3 人皆为地下共产党员。为了实现国家和政府通过工会将权力渗透至基层民众的目的，市法院判决浴堂工人伙计胜诉，浴堂伙计提出增加工资提成及小费由柜上劳动者分取的条件得到满足。东升平浴堂同资方斗争取得的胜利鼓舞了其他浴堂伙计，浴堂业中希望通过劳资斗争改善自身待遇的伙计愈发增多。[2]

1《洗浴工要求合法，老板竟无意接受》，《新民报》，1947 年 6 月 16 日，第 4 版。

2《浴堂业劳资冲突，公会提四项要求》，《新民报》，1947 年 6 月 18 日，第 4 版；王宗华、李福海、王汝贤：《"东升平"不平静，解放前浴池业工人斗争的一个侧面》，北京市文史资料委员会编：《北京文史资料（第 5 辑）》，北京：北京出版社，1979 年，第 142—152 页。

劳资纠纷的结果并非总是如浴堂中的劳动者所愿，发生在义新园浴堂的劳资纠纷最终演变为武斗，工会工人与浴堂资方的矛盾由此被推向高潮。1947年7月4日凌晨，内四区第五派出所接到管界宣内大街123号义新园浴堂报告，称该园伙友贾恩、刘清被经理董岐山用刀扎伤，铺掌董祥用枪向众伙计喊吓。该所警员驰往现场查视，见贾恩、刘清二人前胸有伤，卧于地上，速送二人前往医院救治，后将董祥等十名带案，将检出的马牌勃朗宁手枪，外子弹六粒，连铁棍等作为证物一并解往分局。彻夜讯问后，董岐山坚决不承认用刀扎伤贾恩、刘清之事，而是称用枪威吓系出于自卫，手枪由客人代存在此，客人多年未取，对于枪支来源并不知情。警察局一再研讯，董岐山、董祥二人仍坚供如前。警察局只好以缺乏义新园资方违法行为的实证为由，将二人释放。

这一事件引起了浴堂业伙计的公愤，曾有多人写举报信、请愿书给警察局和地检处，要求严惩董岐山。署名为李怀敏之人在写给北平市公安局的举报信中举报董岐山在日伪时期勾结日本人发国难财的行为。

举报信：

局长钧鉴，敬禀者现在生活三高，民不聊生，而西单义新园澡堂掌柜董岐山兄弟狼狈为奸趁火打劫，籍口煤贵，蒙蔽当局，再呈加价每一月一涨二月一涨，现在澡堂已涨至数万亿之多，贼心不死，现在计划又欲涨价，何市长到任伊始即为其所欺，准其涨价，后来识破其奸无力挽回。自经历次加价具剥削民脂民膏大发其财已成巨富，闻其现有财产和现金有数十亿之多，以其西京畿道之七号房，而董岐山以一千数万元置买，花修理费一千四百万元，以六万元新搭凉棚一个，家用男女仆人及汽车大门应有尽有……

小小澡堂掌柜与教育局长为毗邻，以堂堂现任局长远不如董岐山局面之大，董岐山在日伪时期勾结日本人使其势力专营不法事案，贩卖烟土贩卖枪支无财不取，其对于北平各机关衙门署及各号皆有联络，对于金融界尤为活动，所以每逢呈请加价无不邀准，可证明对腥赌牌九麻将为所擅长，目前用枪拏其工友，即可知其蛮横，董其手枪为其贩卖时剩余之物，此等毛贼若不严惩将来北平不知作何祸端。

平民李怀敏谨呈[1]

还有人举报董岐山所用之手枪乃日伪时期特务匿藏之物，以董敌伪之心性未除，利用敌人遗留凶器对国人毫无忌惮、横加威赫、目无法纪、携带武器、扰乱社会秩序为由，恳请当局予以严惩以儆效尤。

除伙计的请愿外，浴堂工会也积极调查此次纠纷，并向市党部、社会局和总工会三方呈报，道出事情原委。西单义新园浴堂伙计贾恩属工会会员，1947年6月13日因家中有事请假半月，假满之日因交通阻碍未按时回柜，旋于7月4日才赴该堂复工。不料经理董岐山当即辞退贾某，当时双方发生口舌争论，该堂工会代表刘清出面排解，却被经理董岐山招其子弟工人六七人持刀将刘清

1《北平市警察局关于义新园澡堂伙计被经理用刀扎伤的报告》，北平市警察局档案，北京市档案馆馆藏，档案号：J181-024-04421；《北平市政府社会局关于义新园澡堂工友贾恩控董岐山伤害并用枪威吓一案的公函》，北平市警察局档案，北京市档案馆馆藏，档案号：J181-025-03014。

痛加殴打，并将二人逐出浴堂。工会派人前往义新园浴堂调查，也被董岐山以武力拒之门外。被解雇的刘清、贾恩二人回柜取被褥以便在外歇宿，不料被拒绝入堂，二人据理交涉但资方蛮不讲理，用铁管、刀具伤及二人，还用手枪威赫欲上前帮忙的其他店内伙计。后因二人长时间倒地不起，其他伙计方才报警。浴堂工会推代表赴社会局请愿，借此事向当局施压，称近日浴堂业劳资双方屡起争端，若不予以彻底解决，则会渐成风气并愈演愈烈，非但劳资双方受损失，社会秩序亦将蒙受影响，要求当局合理处置，并普遍提高职工待遇。1

1947年8月9日，在浴堂工会的坚持要求下，北平市社会局、市党部、总工会、浴堂同业公会、浴堂职业工会各派代表举行调解会议，以平息劳资纠纷。会上，浴堂业同业公会与职业工会双方协商各让一步，前者答应后者要求，相应后者也降低提出的提成比例。茶役工友澡牌钱提成，之前工会要求在原有基础上增加一成，现降低为增加半成。搓澡、修脚、洗衣工人虽未达到工会要求的劳四资六提成，但也有不同程度的增多。在小费零钱分配方面，规定浴堂实际服务之经理、司账、茶役等依旧享受分账，但经理或铺掌分份时，每人不得超过二分五厘，司账不得超过二分。同时所有小费一律公开，隐匿者以舞弊论。此外柜上伙计饭食以平等为原则，取消因职位不同而在伙食上的区别对待。2

尽管浴堂同业公会与浴堂职业工会达成和解，并制订了利益分配协议，然而各浴堂资方并未积极贯彻，有些浴堂故意拖延拒不执行，工人的要求因此未得到满足，劳

1《北平市警察局关于义新园澡堂伙计被经理用刀扎伤的报告》，北平市警察局档案，北京市档案馆馆藏，档案号：J181-024-04421；《北平市政府社会局关于义新园澡堂工友贾恩控董岐山伤害并用枪威吓一案的公函》，北平市警察局档案，北京市档案馆馆藏，档案号：J181-025-03014。

2《浴堂劳资纠纷，昨日调解会议，改订待遇办法》，《新民报》，1947年8月9日，第4版。

资纠纷依然存在。1947年9月27日，在北平市党部西花厅召开劳资争议解决办法讨论会。出席者有市党部书记长金克和，社会局局长温崇信，浴堂公会代表祖鸿逵、穆少甫、董慕唐，浴堂业职业工会代表李祥亭、李哲辉等人。讨论会上首先描述了浴堂业的现状：浴堂业劳资双方纠纷不断，经党政双方多次协调效果并不显著，之前劳资双方议定的条例不出数日便已作古，现全市浴堂各家皆有自己的规则，此前义新园、东升平等浴堂闹出纠纷，虽党政出面调解，但劳资双方皆无诚意，相关约定无人遵循，结果工人失业，柜方亦受金钱损失。市党部和社会局皆强调浴堂业的劳资纠纷是因劳资双方不了解组织工会之意义，商人组织的公会与工人组织的工会应精诚团结在党政领导之下，互助合作而非对立，协调始有力量。此次会议决定的十项规定平衡了劳资双方的利益，在改善工人生活水平的同时，规范了工人的行为。十条规则如下：

1. 对各浴堂之茶叶香烟原由柜上经售者，仍由柜上售卖，工人不得争售。

2. 各工友对于零钱，不应以多报少，如有隐匿即以舞弊论。

3. 澡牌提成及小账均按每人应得之份分之。

4. 所有失业工人应分别由浴堂业同业公会负责安置，或介绍于重新开幕之大华园做工。

5. 各家发生争执必须经工会呈报，如自由行动即按违犯总动员令制裁之。

6. 各浴堂工人遇有变动时，得事先与职工会代表人取得联系，以免纠纷。

7. 各浴堂经批准歇业，对于工人饭食仍应照常维持。

8. 浴堂重新开幕仍应用原有工人。

9. 凡加入工会之工人对其本身担任浴堂内之工作仍应照常服务，应以余暇办理工会业务。

10. 所有未履行协约或有争议之浴堂，应由同业公会或职工会共同随时调解之。1

然而，通过协调浴堂职业工会与同业公会间的关系来解决劳资纠纷的做法成效不大。双方因与生产资料的关系不同，有着不同的利益和要求。具体而言，浴堂业劳资纠纷的主要矛盾是资方营利目的与工人实际生活要求间的矛盾。即便劳资双方在政府的协调下商议出种种规定，在实践层面上双方皆会因实际的利益而拒不执行。

图 3-2 忠福园浴堂旧址

图片来源：

赵梦文著：《城市记忆：1980' s，镜头中的老北京》，北京：中国广播电视出版社，2009年，第42页。

1《中国国民党北平市党部宣传汇报第七次会议及北平市工农运动委员会召集讨论浴堂机织两业劳资争议等记录》，北平市警察局档案，北京市档案馆馆藏，档案号：J181-014-00426。

新中国成立后，工会的职能逐渐由国家与工人间的中介转变为国家行政机构的一部分。这个时期工会主要的任务是帮助政府顺利接管和建立民主政权，维护行业内部秩序，领导资方与工人恢复生产。既要保障劳动工人的适当生活水平与福利，保持工人劳动生产的积极性，又要做到发展生产，引导工人顺利执行政策。这一时期，北京市人民政府试图通过制定集体合同的方式来调解劳资间的关系。工会是代表工人利益的机构，同时也是确保合同有效性的行政机构，因此签订集体合同要由同业公会与职业工会分别选出资方代表与职工代表。拟定集体合同方案后，北京市人民政府召集劳资代表出席联席会议进行讨论，在市总工会代表的帮助下，达成共同协议，根据双方的一致意见起草集体合同，再经劳动局批准公布实行。[1] 浴堂业是最早签订集体合同的行业之一。[2]

建国后社会结构发生转变，工人的政治地位提升，使得其拥有更多的社会资源。当他们的社会资源高于资方通过掌握生产资料而获得的社会资源时，会从另一个方向激化劳资间的矛盾。以往资方总是为了实现利润的最大化而无视工人的生存要求。但在这一时期，工人对生活的要求往往影响到资方的正常盈利。资方由于惧怕斗争，宁愿牺牲一部分利益来“减少麻烦”。[3] 如华宾园经理祖鸿逵由于曾任一贯道“点传师”，加上其资本家身份，凡事迁就工人，对工人提出要求“有求必应”，总是答复“好好好，你们瞧着办吧”。上活工人要求由“四六提成”改为“五五提成”得到了应允（实际资方是赔账的），工人要求举办的各种活动也均由柜上出钱，钱数甚至一次足够该号半

1《萧明关于北京市总工会筹委会过去一年来的工作总结报告摘要》，《人民日报》，1950年2月4日，第2版；《平市浴堂业资方座谈　萧明同志提议妥订合同》，《人民日报》，1949年6月7日，第2版。

2《有效解决劳资争议必须签订集体合同，平市劳动局三个月重要经验》，《人民日报》，1949年9月26日，第5版。

3《北平市总工会筹委会关于调整劳资关系和解决劳资纠纷工作的检查与总结》，华北解放区财政经济史资料选编编辑组：《华北解放区财政经济史资料选编（第一辑）》，北京：中国财政经济出版社，1996年，第1295—1300页。

年烧煤费，华宾园浴堂因此营业日衰，收入显著降低，出现两次断煤、一次断粮，几乎歇业。[1]同时，在其社会地位提高的同时，工人的劳动纪律则呈下降趋势，营私舞弊现象时有发生。除随意破坏店规、怠慢洗澡客人外，对于劳资协商的各项规定也不愿执行。如及时添备肥皂便利顾客沐浴、取消克扣茶叶的恶习等规定，因过去浴堂的肥皂、茶叶是由伙计代售，该规定触及到他们的本身利益，因此遭到抵制。[2]同国民政府执政时期一样，签订集体合同也并未解决劳资间的矛盾，行业内部资方盈利目的与工人实际生活要求间的矛盾依然存在，这一矛盾一直持续到浴堂业社会主义改造完毕才得以彻底解决。

第五节
浴堂中的地下活动

浴堂作为近代北京重要的公共空间，其中鱼龙混杂、泥沙俱下，是社会舆论的传播中心，也是各种信息的集散地。这里的热闹气氛有利于开展秘密活动，地下组织的接头活动在此不会引人注意，因此成了不同政治派别的争夺之地。本节主要讨论共产党华北局城工部以及北平市平委、工委对浴堂从业者的群众工作，以及浴堂从业者在北平和平解放过程中所做贡献。

抗战胜利后，活跃在北平的中共地下组织有三股重要力量，分别为中共中央社会部系统、解放军敌工部系统以及晋察冀中央局城工部系统。其中，城工部的前身为

1《北京市军事管制委员会军法处布告》，《人民日报》，1951年8月25日，第5版；《工人主动克服缺点团结资方改进业务，华宾园澡堂营业好转》，《人民日报》，1950年8月7日，第3版。

2《浴堂业劳资协商会议后，代表未向职工解释，执行决议遇到困难》，《人民日报》，1950年7月24日，第3版。

中共北平市委员会，下设学委（学生工作委员会）、铁委（铁路工作委员会）、工委（工人工作委员会）、平委（平民工作委员会），基本涵盖了全市的各个行业和领域，也使得党组织和人员遍布社会的各个阶层。[1]1945年9月，在日本宣布投降后不久，苏一夫调任平委书记，委员有万一、许平、王占恒等人。[2]平委的职责范围覆盖地毯业、织布业、建筑业、油盐酱醋业、浴堂理发业等多个重要行业，其工作内容主要是联合这些行业的手工业者和店员伙计，在处于社会底层的劳动人民中开展群众工作，发展秘密党员。

由于浴堂业属于当时城市重要服务业之一，浴堂又是当时为数不多的公共娱乐场所，平委对在浴堂业中开展工作的重视程度很高。前门地区为当时交通枢纽，商业发达，娱乐场所分布密集，是地下党活动频繁的地区之一。东升平浴堂位于杨梅竹斜街东口，邻近八大胡同，又靠近京汉铁路火车站，该浴堂设备完善，规模宏大，有职工百余人，是中共地下党建立据点的首选。[3]1946年，平委决定将东升平浴堂作为其在浴堂业的活动据点，并建立了两个地下党支部，该浴堂职工108人中有共产党员18人，支部负责人为卢连贵、王宗华。

除东升平外，前门地区其他浴堂如一品香、宝泉堂、清华池也先后设立了地下党支部，宝泉堂有党员16人，一品香有党员9人，党支部负责人为王汝贤。还有一些如新华园、清香园、忠福堂等浴堂，虽没有成立党支部，但均有地下党员布设。[4]这些地下党员团结广大工人、伙友，积极增强组织力量。从1946年初开始到同年年底一

1 1946年10月，原市委下属的各委员会直接由中共晋察冀中央局城工部领导。

2 北京市宣武区委组织部党史办公室编：《中共宣武地区地下组织和革命活动》，北京：北京市宣武区委出版，2001年，第29页。

3 前门街道地方志编纂办公室：《前门街道简志》，前门街道地方志编纂办公室出版，1997年，第192页；中共北京市委党史研究室：《北京革命史简明词典》，北京：北京出版社，1992年，第440页。

4 北京市宣武区大栅栏街道志编审委员会编：《大栅栏街道志》，北京：宣武区大栅栏街道志编审委员会出版，1996年，第103页。

年时间内，平委在浴堂业发展了众多党员，在浴堂行业里形成一支较强的地下党队伍。1 平委干部刘瑞祺曾回忆他在浴堂中开展工作，发展党员的经历：

当时平委交给我的任务有三条：一是宣传党的政策；二是建立发展组织；三是了解敌人动态和群众情绪。按照平委的指示，我积极开展工作，在城里又发展了一些党员。

…………

东晓市路北有个西园子浴池，门面不大，有个叫王庆明的，河北定兴人，二十多岁，人比较老实，不爱说话，是别人介绍我才认识的。因我常到这里洗澡就联系上了，联系了十来次，我认为他比较可靠就发展他入了党。以后，我每隔一个月或半个月就到他那里去一趟，跟他聊聊天，布置一下工作。2

在发展党员的同时，平委也会抽调部分浴堂业地下党支部干部到解放区参加训练，加强学习。训练班结束，这批干部回到工作岗位后，革命意志会更加坚定，执行工作会更有效率。3 到北平解放前夕，浴堂业的地下党员已有六七十人之多。4

一、浴堂中开展地下工作的优势

晚近以来北京一直是一座典型的消费城市，这里缺乏规模化的工业，城市资本主要集中在商业与服务业。服务业工人是当时北平市不可忽视的一股工人力量。浴堂业

1 平委浴堂业工作负责人冯新曾回忆，在1946年冬季，他被派往负责外二区（前门大街以西到菜市口一带）的工作，当时外二区已经有多个党支部，如清华池浴堂、东升平浴堂部、一品香浴堂等党支部，其中东升平人数最多，是他的工作重点。中共北京市宣武区委组织部党史办公室编：《中共宣武地区地下组织和革命活动》，北京：北京宣武区委出版，2001年，第206页。

2 中共崇文区委党史资料研究室：《中共崇文区地下党斗争史料（1921—1949）》，北京：崇文区委党史资料研究室出版，1995年，第255页。

3 何书休、张秋生：《解放战争时期北平浴池业工会成立前后的斗争》，中共上海市委党史研究室编：《解放战争时期第二条战线：工人运动和市民斗争卷（上册）》，北京：中共党史出版社，1999年，第294—305。

4 王宗华、李福海、王汝贤：《“东升平”不平静，解放前浴池业工人斗争的一个侧面》，北京市文史资料委员会编：《北京文史资料（第5辑）》，北京：北京出版社，1979年，第142—152页。

在北京服务行业中颇具代表性。1947 年上半年，全市共有 90 多家浴堂，行业内工人数量众多，与社会各界人士均有广泛接触。但他们社会地位低下，生活没有可靠保障，反抗情绪十分强烈，这为中共地下党工作的开展提供了群众基础。浴堂的特质非常贴合中共“隐蔽精干、长期埋伏、积蓄力量、以待时机”的地下工作方针。虽然是公共场所，但浴堂里热闹的气氛、蒸腾的雾气极易掩人耳目，有利于从事地下活动。人们在浴堂中赤身裸体，无论是拥挤地泡在同一个池堂中，还是在封闭性较高的单间“洗官堂”，均不易被人发现，安全性较高。如有人暴露身份被当局察觉缉拿，浴堂的环境也容易掩护其他地下工作者，避免遭到牵连。

在 20 世纪上半叶的任何时期，浴堂都是开展地下工作的重要场所。1927 年末，大革命失败后，为重建中共北京市委，恢复北京市各级党组织，以马骏为代表的共产党员在地下秘密活动。市委秘密开会时，地点不固定，每次都选择一个不容易被敌人发现的地方。公共场所是首选，会议有时在北京各公园内举行，有时马骏以商人身份开单间雅座，在西四的华宾园浴堂中进行集会。[1]1930 年代北平特务股在市内各处缉捕共产党员，在宣武门大街义兴园浴堂内捕获有接头嫌疑的民国学院学生李伯元与史勋博，经审讯后确认二人曾参与共产党的地下活动。[2]日伪统治时期，在燕京大学任教的张东荪为了在沦陷区开展抗日救国工作，接触多方面势力，一方面张同中共地下工作人员往来，另一方面也和国民党地下人员保持联系，同时为了工作还要和汉奸王克敏等来往。为了避开当局的监

1 张友渔：《纪念马骏同志》，刘述礼主编：《日照京华：纪念中国共产党成立七十周年》，北京：北京出版社，1991年，第24—25页。

2《宣武门澡堂中捕获共党嫌疑之民院二生李伯元史勋博二名，西单商场内亦捕获一人》，《京报》，1934年2月2日，第6版。

视，张东荪同国民党地下工作者联系时，通常选择在浴堂中约见。[1]

抗战胜利后，中共的地下工作在北平浴堂业的开展非常顺利，平委中的负责人赵凡、苏一夫及负责浴堂业工作的万一等人都常到东升平接头。东升平三楼的官堂都是单间，可以住宿，非常隐秘。地下工作者在此活动较为方便，他们常伪装成来洗澡的有钱人，以洗澡作掩护，利用官堂这一特殊又安全的空间听取地下党支部的汇报，并布置任务。[2]平委利用党员在浴堂中担任管理职务，可以利用调配工人的便利，开会时给官堂配备地下党和积极分子的伙计，保证进行活动时安全方便。[3]当时北平市警察局得知浴堂业中渗透进大量的地下党，多次要求各分局驻所彻查管辖范围内的浴堂，但由于警察局缺乏长期布控的能力，只能够开展短期排查，因此中共在浴堂中的地下活动仍然非常活跃。[4]

新中国成立后，浴堂又成为新政府敌对势力活动的据点。1951年2月，两名在一品香浴堂中从事秘密活动的特务被当局抓获。[5]《人民日报》在这一时期曾三令五申地强调戏院、饭馆、浴堂等地人员成分复杂，尤其是浴堂，其中不乏因身体舒适而头脑发热，夸夸其谈泄露国家机密的干部。因此要求常出入这里的党员干部应时刻警惕，在这里的一举一动、一言一语都应该注意，要有分寸，要自觉地遵守保密制度，养成保密习惯。[6]

浴堂作为公共场所，是社会信息传播的集散地。人们来浴堂不只是为了沐浴，还会在这里饮茶、聊天、商谈事情。浴堂中聚集了不同阶级的人们，社会中各方面的信

1 叶笃义：《虽九死其犹未悔》，北京：十月文艺出版社，1999年，第16页。

2 赵凡：《忆征程》，北京：中国农业出版社，2003年，第25—28页。

3 何书休、张秋生：《解放战争时期北平浴池业工会成立前后的斗争》，中共上海市委党史研究室编：《解放战争时期第二条战线：工人运动和市民斗争卷（上册）》，北京：中共党史出版社，1999年，第294—305页。

4《北平市警察局关于澡堂潜入奸匪、留学路无韩魁根其人、优待自新人员实施办法的密令、呈》，北平市警察局档案，北京市档案馆馆藏，档案号：J184-002-32891。

5《镇压反革命活动、巩固首都治安，处决杨守德等反革命罪犯，人民热烈拥护政府措施决心防特防奸》，《人民日报》，1951年2月20日，第1版。

6 革龙、苏奋：《注意保守国家机密！》，《人民日报》，1951年7月13日，第2版。

1 刘白羽:《北平的春天》,《刘白羽文集(第6册)》,北京:华艺出版社,1995年,第65页。

息在这里交汇。刘白羽在其散文《北平的春天》中曾写下北平浴堂中所蕴含的大量信息资源:

> 长期以来,北平是政治中心,政治风云几多变幻,老百姓关心时局变化是很自然的……北平各阶层的民众见多识广,有其他地区人无法比拟的政治阅历。民国年间,就连不识字的老太太也能说出“还不是张作霖打吴佩孚,蒋介石又打冯玉祥,没个完”。不少店堂的伙计能够谈出一大套对时局的看法。1946年春天,北平军事调处执行部挂出了牌子,人们对此议论纷纷。一个澡堂擦背的工人不但能说出军调部的全称,还会告诉你,它是为了“和平恢复交通的!”[1]

除在浴堂中发展组织力量外,将浴堂中的信息资源收集起来加以利用,也是地下党在浴堂业的重要工作之一。中共地下党所选择开设党支部的据点多为特等或甲等浴堂,光顾这类浴堂的客人大多有钱有势,包括资本家、政府要员等,地下党员以服务伙计的身份作掩护,对那些经常来洗澡的特殊顾客注意观察,利用一切机会从来此洗澡的国民党官员的言谈中获取信息,并将情报收集起来,通过地下交通员及时向党组织报告。如1948年,国民党的一个师长来兴华园浴堂洗澡,脱掉衣服,胳臂上露出一块愈合不久的轻微伤痕。同他熟识的地下党员伙计向他询问情况,师长告诉该伙计,中共军队在围攻新保安,自己刚从前线回来,受了点小伤,不碍事。他还透露,因战事吃紧,国民党要从南口调部队驰援新保安,他自己即将重返前线。地下党伙计了解到该信息后，立刻向上级汇报。1

浴堂的客人除国民党政要外也包括特务。这些人将浴堂当成办公室外“联络”“密谋”的最佳选择，给中共地下情报工作提供了突破口，取得国民党特务信任的浴堂伙计，能从他们口中套出很多重要消息。在浴堂里有这样一种情况时常出现，到这里来洗澡的军警、特务有时会带枪来，洗澡时枪只无处放，又怕不安全，只得交给信任的伙计保管。如一安姓国民党特务常来东升平洗澡，一次，他把枪交到地下党员李福海手里时说：“到了别处我不放心，在你们这儿安全，这枪交给你保存。”2 当时国民党当局正在北平全城各处搜捕共产党员，而在浴堂里，国民党的特务却把枪交到共产党员手里保存。正是由于浴堂环境的特殊性，中共地下党选择浴堂业作为自己工作据点之一，这里方便和国民党官员、特务打交道并取得他们的信任，有利于组织工作，也能够随时获得情报。

地下党员选择在浴堂开展工作，是经过对浴堂业的行业规律及从业者的社会来源缜密考量的。1941 年，中共晋察冀分局城工委在阜平成立后，平西交通线压力陡增，从京西到阜平行程长，且有日军封锁，因此开辟新的秘密城市工作交通线十分必要。由于定兴、易县、涞水这三县位于平津保三角地带，是北平往返阜平、保定，保定到天津的必经之地。1943 年初，晋察冀分局城工委抽调干部开辟定易涞秘密交通线。6 月间，定易涞交通站正式成立。由于定兴、易县、涞水三县人士多从事煤铺、浴堂生意，定易涞交通站因此派出人员，在新街口煤铺、清华池浴堂设立了秘密交通点。3 抗战时期建立的地下组织使

1 何书休、张秋生:《解放战争时期北平浴池业工会成立前后的斗争》，中共上海市委党史研究室编:《解放战争时期第二条战线: 工人运动和市民斗争卷（上册）》，北京: 中共党史出版社，1999年，第294—305页。

2 王宗华、李福海、王汝贤:《“东升平”不平静，解放前浴池业工人斗争的一个侧面》，北京市文史资料委员会编:《北京文史资料（第5辑）》，北京: 北京出版社，1979年，第142—152页。

3 中共北京市委党史研究室:《中国共产党北京历史（第1卷）》，北京: 北京出版社，2019年，第363—365页。

图片来源：

冯克力编：《老照片（第一百辑）》，济南：山东画报出版社，2015年，第20页。

1 中共崇文区委党史资料研究室：《中共崇文区地下党斗争史料（1921—1949）》，北京：崇文区委党史资料研究室出版，1995年，第113—114页；刘岳：《解放战争时期北平工人运动概述》，《北京党史研究》，1995年第3期，第29—32页。

得北平浴堂业中群众基础较好，因此在抗战结束后，浴堂业党组织得以快速发展。

图 3-3 正在游行的的浴室联合会成员

解放战争时期，定、易、涞已属老解放区，伙计来北平浴堂业务工前，部分已经接受到共产党的影响和教育。同时，按照浴堂业的传统，每年农忙时节正值浴堂业的营业淡季，各浴堂工人、伙计每逢此时都会轮流回家务农，等秋后生意好转再回来干活。在这种情况下，中共定、易、涞县委把从北平回乡务农的工人集中起来办训练班，进行教育，讲形势，交代政策，给以任务，并从中发展积极分子和党员。这些人回到北平后，在各自岗位上宣传党的政策，做教育群众的工作。如此反复，浴堂业从业者的思想觉悟往往较其他行业为高，在政治和思想上受共产党影响较大。[1] 有解放区为依托，当浴堂地下工作中有人出现了思想上的问题，地下党会很快反映给定、易、涞解放区的党组织，问题分子回家时，由家乡的党组织负责开展思想工作。如浴堂工会理事长李祥亭，为了使工会顺利成立而加入了国民党，不敢回涞水老家探亲，国民党对他的控制与利诱让他思想压力很大。平委反复与李祥亭谈话，做思想工作，消除他回乡探亲的顾虑，同时地下党支部也早已向涞水解放区反映了李祥亭的情况。他回到家乡后并未受到乡亲们的指责，同时解放区的同志也找他谈话，给他讲共产党的政策，告诉他作为工会理事长应该站在工人的立场上，为工人谋福利，在思想上不要有任何动摇。[1]

二、北平市和平解放之际浴堂业的地下工作

1948年年底，北平临近解放，在这一时期，各个浴堂的地下党支部和党员根据上级的布置，主要负责进行搜集情报、散发传单、张贴标语等活动。浴堂业地下党通过这些活动，扩大了党的影响，为北平和平解放做准备。在平委浴堂业负责人万一的布置下，各个支部皆组织地下党员散发传单。传单用六开白报纸印成，内容大都是宣传保护工商业和对待俘虏的政策等。[2]传单由万一统一印制后转交给各地下党员，通常要在印制当晚散发出去，每家浴堂的地下工作者会以各自店铺地理位置为中心向周围发放。如东升平浴堂负责杨梅竹斜街往西到琉璃厂的沿途，一品香浴堂负责王广福斜街（棕树斜街）及韩家胡同。当东升平与一品香负责发送传单的地下工作者在五道庙一带会和，就表明传单已经发散完了。东升平浴堂的李福海和杨森、一品香浴堂的王汝贤和王宗亨、清华池浴堂的商

1 中共崇文区委党史资料研究室：《中共崇文区地下党斗争史料(1921—1949)》，北京：崇文区委党史资料研究室出版，1995年，第113—114页。

2 何书休、张秋生：《解放战争时期北平浴池业工会成立前后的斗争》，中共上海市委党史研究室编：《解放战争时期第二条战线：工人运动和市民斗争卷（上册）》，北京：中共党史出版社，1999年，第294—305页。

春、兴华园浴堂的延安和刘凤奎以及清香园浴堂的卢志刚、宝泉堂浴堂的和礼等地下党员和积极分子都参加了这一工作，并很好地完成了任务。[1]

除了党内人员，还有进步分子参与发送传单的工作，甚至不惜顶着被店家解雇的风险。在小说《郑师傅的遭迁》中，浴堂修脚工郑师傅受中共地下工作者所托，每天给来洗澡的顾客们偷偷塞几份传单，连续数日都没有被发觉，传单也发出去不少。有一次因郑师傅疏忽，发传单时，被浴堂二掌柜发现，二掌柜以当局严查怕生是非而影响生意为由，将郑师傅解雇，尽管这样，郑师傅还是将剩下的传单陆续发完。[2]

1949 年 1 月，当解放军准备进驻北平城时，浴堂业地下党员们根据组织的布置，给解放军当向导，在新旧政权交替时维持社会秩序，防止敌人破坏。宝泉堂浴堂党支部，积极分子合礼在浴堂工会任监事，在平委的指示下，他联系了各个浴堂的工会干部和工会积极分子，组织了 1000 多人的工人纠察队，准备配合解放军进城和接管城市，还为此专门购置红士林布 10 匹，曲别针 1500 个，为制做纠察队袖套臂章用。买布用款系合礼自己垫付的，解放后由华北军区归还于他。[3]

1949 年 1 月 21 日，在《关于和平解决北平问题的协议》达成当天，浴堂业地下党组织牵头，集合 10 位老工人发出《为迎接解放筹组新工会告浴堂业全体工友书》，号召工人热烈欢迎解放大军入城。1 月 31 日平津战役结束，解放军和平入城。在举行欢迎解放军入城式的那天，上千名浴堂工人排着整齐的队伍走上街头，热烈欢呼。[4]

1 何书休、张秋生:《解放战争时期北平浴池业工会成立前后的斗争》，中共上海市委党史研究室编:《解放战争时期第二条战线：工人运动和市民斗争卷（上册）》，北京：中共党史出版社，1999年，第294—305页；王宗华、李福海、王汝贤:《“东升平”不平静，解放前浴池业工人斗争的一个侧面》，北京市文史资料委员会编:《北京文史资料（第5辑）》，北京：北京出版社，1979年，第142—152页。

2 崔雁荡:《郑师傅的遭迁》，北京：中国少年儿童出版社，1963年12月，第127页。

3 中共北京市委党史研究室编:《在迎接解放的日子里》，北京：中央文献出版社，2004年，第5页。

4 北京市宣武区大栅栏街道志编审委员会编:《大栅栏街道志》，北京：宣武区大栅栏街道志编审委员会出版，1996年，第103页。

有人曾记录下此时的欢庆场面：

> 我当时就一件事儿记得倍儿清楚，就是进城的一队解放军到我家旁边儿的宏福寺大院大香园浴池洗澡。你想想，一大堆穿着土里土气军装的战士，一下子涌进了一家澡堂子，够多热闹呀！那看热闹的孩子们当中就有我。我记得澡堂子的工人们为了欢迎解放军来此洗澡，敲起了锣鼓，踩起了高跷。开浴池的大部分是河北省定兴人，说话老是“咋儿，咋儿”的。定兴地区，包括大部分河北农村过年过节都时兴踩高跷、跑旱船之类的民俗活动。
>
> 我觉得最有意思的是男扮女装的演员，他们在胸部扣两个茶碗儿以撑作胸脯儿！那茶碗就是澡堂子喝茶用的那种淡绿色的、没有任何图案的、最简单的、不带把儿的小茶碗儿。有时候他们跳着跳着那茶碗儿在衣服里边就往下出溜儿，一直出溜儿到腰间，这时便引来大家的一片笑声，那“演员”就忙往上托，结果有时托上去又滑下来，滑下来又托上去，好不滑稽。[1]

驻留在北平的法国记者曾抓拍到了这一时刻，照片定格在北平浴堂伙计们怀着万分兴奋激动的心情欢庆共产党人胜利的场景。画面中，伙计们排成一队，身着戏装，脚踩 1 米多的高跷，神采飞扬。观众云集，夹道欢迎观看表演，均面露喜色。[2]浴堂业伙计在这历史性的隆重活动中，既是参与者也是缔造者，从日伪时期开始到北平解放，他们利用自己身份之便，侍候国民党官员、特务，用

1 张帆：《哈德门外：一个戏剧界老北京的叙说》，北京：中国环境出版社，2015年，第51页。

2 冯克力编：《老照片(第一百辑)》，济南：山东画报出版社，2015年，第20页。

殷勤周到的服务来掩护自己，沉着应战，发展党员，将党支部的力量不断发展壮大，同时窃取敌对势力的多方面情报。他们参加了北平工人反抗压迫、争取合理待遇的斗争，为了保障自身权益，成立了职业工会，在改善自己生活待遇的同时，也在一定程度上配合党组织的地下工作。最后，在北平和平解放的过程中，浴堂业工人全力配合平委的工作部署，稳定了行业情绪，为解放军顺利接管城市提供了帮助。

小 结

本章将浴堂业的从业者与其所组成的团体一并考量，目的在于讨论什么是近代浴堂业的生产体系，以及在生产体系中劳动者实践的能动性。二者相互矛盾、适应、改造对方，在彼此间的张力下，形成了近代北京浴堂业特有的文化。

浴堂业的生产体系与近代社会结构的变化、工资制度、社会舆论均关系密切，三者间逻辑联系的基点在于浴堂业的服务模式上。由于近代社会分层的重新调整，浴堂的盈利方式也因此而有所变化。浴堂的目标客户由普罗大众逐渐转向社会中的有产阶级，以恭顺、殷勤甚至卑贱的服务方式衬托顾客的身份，是浴堂常用的营销手段。这种营销手段的根基是浴堂中的薪资制度，浴堂伙计基本工资微薄而小费较高，使得浴堂伙计不得不提高服务质量，以赚取更多小费维持生活。这种生产体系必然会导致劳动者的不满与反抗，因此社会舆论经常借用社会有机论、职业化等理论让劳动阶级安于现状，稳定新的社会结构。可以说，浴堂并不是一个孤立的经济实体，在受时代摆布的同时，其中亦充斥着政治话语和意识形态的渗透。

浴堂伙计的生存实践因近代浴堂的生产体系而起，同时与该体系持续对抗，虽然不得不在社会和浴堂业合力维持的生产体系之下讨生活，但浴堂伙计也有自身的生存实践。这样的实践是除社会规训外理解他们行为逻辑的另一途径。浴堂伙计为了使自己的工作劳有所得，让自己的精力用在能够得到金钱回报的地方，更多时候是以自身利益为导向，利用各种手段从顾客手中讨取钱财。这与顾客的消费预期、浴堂的营销手段、社会价值观念皆背道而驰，伙计通过长期的工作方式潜移默化地改变了浴堂的文化图式，但无论是经营者、顾客，还是社会舆论都对浴堂伙计的生存实践持反对态度。

伙计的生存实践还能够改变浴堂业的生产体系，浴堂同业公会与职业工会的产生与发展便是其具体体现。浴堂公会是生产体系的一部分。不同于传统行会，北京浴堂公会是在行业的资本化趋势之下，以各店家共同的经济利益为基础设立的，经济利益从而逐渐取代了行业中的道德秩序，浴堂经营者与伙计的矛盾正来源于此。经营者尽可能地降低伙计人数，延长工作时间。公会是为浴堂的经济利益服务的团体，其主体是各店铺的经营者，同业公会的存在使得浴堂内部劳资双方的矛盾更加尖锐。在此情形下，同资方因经济目的结合为同业公会一样，伙计为了保障自身的生存，合力抵抗资方压迫，开始组建职业工会。

职业工会的出现增强了工人团体在浴堂业生产体系中的实力，以往国家与同业公会间的关系转变为国家、工会、同业公会三者的关系。在这一过程中，共产党人的作用不容忽视。

最后，工会的出现虽然使得浴堂业伙计在一定程度上改善了自己的生活待遇，但在当时的历史背景下，只是在原体系上进行改良，并未打破浴堂业原有的生产体系，或者说，工会并不能完全解决资方的营利考量与工人对实际生活的要求间的矛盾。即使在新中国成立后，这种矛盾依然存在，直到公私合营的社会主义改造使得浴堂业完全脱离这种资本主义体制下的生产体系。

第四章

公共卫生、卫生行政与北京浴堂业

结论

公共卫生与近代科学技术的革新、执政群体的政治理念、民众社会意识的变化息息相关。在20世纪上半叶中国的大多数城市中，卫生事业的开展总是呈由上及下之形态。即由负责卫生事业的相关机构颁布法规，依此指导人们的行为，规范各住铺户的活动，惩戒违反章程的行径。卫生事业在民众中普及的广度与深度往往取决于当时的政治基础，换句话说，取决于国家政治权力能够在多大程度上渗透进当地的社会生活。因此，如茶馆、酒楼、饭店、浴堂、旅栈等与民众日常生活联系密切的行业是城市卫生改良的首要目标。浴堂在卫生改良的过程中担负重要角色。首先，城市卫生事业的开展需要浴堂的协助，若浴堂能够让更多的顾客来此沐浴，则市民卫生习惯的普及将会顺利许多。其次，浴堂是政府改良卫生的试验良田，因浴堂既是公共空间，又是疾病传播的介质，对其中卫生的强调贯穿于整个20世纪上半叶。在此背景下，政府多次颁布、修改浴堂业规章，定期检查浴堂卫生、监管浴堂营业登记及公共秩序，强制开设平民及女性浴堂。本章试图将北京浴堂置于现代化进程之下进行考量，以考查公共卫生与市政体系是如何逐步形成并对浴堂施加影响的，以及探寻政府如何通过建立卫生管理体系，将自己的权力扩张到市民的日常生活层面。

第一节 公共卫生与城市改良

一、北京的卫生环境与市民沐浴观念

帝制时代末期的北京城，由于气候环境问题及缺乏有效的卫生管理手段，黄沙漫天，垃圾遍地，污水乱流。加之北京气候全年雨量较少，土质松软，多数街道没有铺设路面，一遇刮风天气则“黄沙如粉满街飞，城北城南任是非”。[1] 在北京生活的居民对此早习以为常，但初来北京的人则极不适应。当一位外地旅客春天来到北京，从前门东车站或西车站下了火车，出了站门，首先看到的是北京灰黄色的土地，一阵大风刮来，卷起一团黄沙的同时，也带给旅客十二分的不愉快。黄沙漫目，该旅客一不小心便

1 [清] 李虹若:《朝市丛载》,甘肃省古籍文献整理编译中心:《华北稀见丛书文献(第53册)》,北京:学苑出版社,2012年,第378页。

被眯了双眼，他的嘴里、耳朵中、眼缝边、黑马褂或西服外套上，立刻便都积了一层黄灰色的沙垢。同这位旅客一样，几乎所有来北京的差旅访学人士落脚后的第一件事就是将自己从衣物到身体，由外到里仔细地洗涤一顿。1

来北京的外国人更是不能适应这里的卫生环境。北京的风沙令内藤湖南印象深刻，内藤对北京的最初印象便是北京城中灰色的尘土，“城中之土呈灰色，轻亦如灰，措足则飞扬，蒙蒙晦冥。步行数分时，衣服皆变灰白，如乘马车或驴、马等，则更甚，没蹄尘沙，于其行迹之处升起，人马之影皆消失于沙尘之中”。2 日本僧人小栗栖香顶对北京城中因风沙造成的恶劣卫生环境极为反感，称一出门，衣服和脸上就会沾上黑色的灰尘，需要用随身携带的手巾不停地拍打、擦脸，不出一会，白手巾就会变为黑色。3 美国旅行家哈里·弗兰克（Harry A. Franck）戏称每天在北京遭受的灰尘好比在内华达沙漠中徘徊一个星期，大量的灰尘如遇燥热的天气时，更是令人难捱，恨不得将从头发到床套的所有东西都清洗一遍。4

每逢下雨，垃圾及污水问题便凸显出来，北京的环境卫生情况会变得更为糟糕。雨水落在土路上，与灰尘结合，和成了稀泥，其中混杂着垃圾与街道上的排泄物，堵塞了沟渠，污水浸漫过阻塞的沟渠涌上街道，整个城市的状况惨不忍睹。雨后的狼狈通常会持续数个星期，街面上会形成多个深浅不一的泥塘，有时积水会没过人的膝盖，大一些的泥塘甚至还淹死过人。5 肮脏的卫生环境使得街上的每个人都污浊不堪。抬轿子的轿夫陷在没膝深的泥水里，坐轿子的人不得不从轿子里出来，去趟那黑水和

1 郑振铎：《北平》，于润琦编：《文人笔下的旧京风情》，北京：中国文联出版社，2003年，第7—8页。

2［日］内藤湖南：《燕山楚水》，《两个日本汉学家的中国纪行》，王青译，北京：光明日报出版社，1999，第14—15页。

3 小栗栖香顶：《北京纪事：近代日本人中国游记》，陈继东、陈力卫整理，北京：中华书局，2008年，第52—53页。

4 Harry A. Franck, *Wandering in Northern China*, New York: The Century Co, 1923, p.203.

5 梁实秋：《梁秋实精选集》，北京：北京燕山出版社，2015年，第104页。

泥浆。1 骡马拉载沉重的重担在烂泥中无法前行，无法忍受赶车人的鞭打而倒毙在污泥中。2 夏仁虎在《旧京琐记》中的描写将清末时期北京的卫生环境形容尽致："京城街道除正阳门外绝不砌石，故天晴时则沙深埋足，尘细扑面，阴雨则污泥满道，臭气熏天，如游没底之堑，如行积秽之沟，偶一翻车，即三熏三沐，莫蠲其臭。"3

这样的城市环境极易滋生疾病，卫生问题始终困扰着居民的生活，妨害居民的健康。进入到20世纪之后，政府和社会进步人士逐渐意识到解决城市恶劣的环境状况是保证民族健康及社会稳定的基础，对作为国家首都而疮痍弥目的北京城的市容卫生状况进行整治，象征意义与实际效用并重。建立完整的市政体系、铺设道路，清除秽水秽土，疏浚沟渠，设立医疗机构是这一时期城市改良的主题。

在政府改良市容市貌、改善公共卫生环境的同时，塑造良好的个人卫生习惯，定期清洁身体也是十分必要的。在普及卫生观念之前，人们的观念中个人清洁与身体健康并没有必然联系。晚清一位公使夫人在评价北京的城市卫生时，说道："要想描绘北京的真实画面，就要给这个城市加以点睛——脏。一位在中国生活的欧洲女士告诉我，有一次她生了病，她丈夫的中国商业伙伴的太太来看望。这位中国太太很关心地问她感受如何，她说病情总也不见好转，中国太太友好地建议道，'你应该连续六个月不洗澡，那样你就能恢复健康！'看来中国城市的卫生问题与个人卫生一样，也是出于这一观念。"4 在许多人的观念中，沐浴非但不会消除疾病，甚至被认为是一种对身体

1 [德]巴兰德等著：《德语文献中晚清的北京》，王维江、吕澍译，福州：福建教育出版社，2012年，第284页。

2 张子明：《北京市清洁问题之症结》，《卫生月报》，1941年第25期卷，10—13页。

3 [清]夏仁虎：《旧京琐记》，北京：北京古籍出版社，1986年，第94页。

4 [德]巴兰德等著：《德语文献中晚清的北京》，王维江、吕澍译，福州：福建教育出版社，2012年，第284页。

有害的行为。当时北京居民在教育不听话的小孩时，会用沐浴来吓唬他们，如会说“你要是不乖，就用肥皂洗你”此类言语，让他们乖乖就范。1 除了卫生观念的影响，人们的生活方式也使得沐浴在日常生活中几乎没有生存空间。清末时城市平民住地狭小，没有洗浴设备，洗澡只有到街上的浴堂去洗，但旧式的浴堂数量极少，且并非面向社会中各个阶层。士大夫为保持尊严更无出外沐浴之例，中产阶级以上之人即便家中没有洗浴设备，也极少到浴堂沐浴。2 女性因社会风俗甚至很少走出社区，更不必说去浴堂这种公共场所了。

浴堂的数量、规模、清洁与否，与人们的卫生观念有着莫大联系，可以说浴堂是公共卫生的一面镜子，在映照出人们卫生观念的同时，也投射出社会的生态系统，包蕴着丰富的时代意涵。从帝制时代末期开始，政府与社会进步人士开始合力在全国范围介绍卫生学知识，普及卫生观念，建立卫生行政体系。这些活动成效不一，若通过浴堂为滤镜透视，可以分为两个方面：一方面，自进入 20 世纪起，浴堂的数量成倍增加，并在 20 世纪 20 年代达到高峰。这一现象不仅得益于社会消费意识的改变，能够吸引更多顾客进入浴堂，也得益于人们对卫生观念的受容。政府与社会进步人士通过宣传教育等形式，将民族、爱国、文明等一些新的政治词汇赋予卫生层面的含义，让顾客自愿地进入浴堂。去浴堂沐浴的顾客数量越多，政府在卫生习惯的改良上的成效便越显著。另一方面，浴堂被纳入到城市的卫生行政管理体系之中，在政府眼中，浴堂是城市卫生改良的实践场所，对浴堂的卫生进行严格的监

1 [德]巴兰德等著:《德语文献中晚清的北京》，王维江、吕澍译，福州：福建教育出版社，2012年，第274页。

2 北京市地方志编纂委员会编：《北京志·商业卷·饮食服务志》，北京：北京出版社，2008年，第258—260页。

督与管理，是城市市政计划的重要内容，浴堂中的卫生状况决定着政府的卫生政策在基层的贯彻程度。

二、浴堂卫生规章的历史沿革

1900年7月八国联军攻占北京后，按照在城中驻扎的区位分界而治。为了维护城市的社会稳定，不少官绅在外国驻军的支持下，在界区内设立安民公所及协巡公所。这些机构除维持社会治安外，在卫生事务方面也起到了积极作用。八国联军撤走后，清政府沿袭安民公所建制，设置协巡总局，以后发展为工巡总局，北京的城市卫生管理体系初见规模。[1]1905年9月，清政府设立了巡警部取代工巡局的职能，巡警部下设警政、警法、警保、警学和警务五司，其中在警保司下设立了卫生科，作为城市卫生的主管机关。[2]1906年年底，巡警部改为民政部，城市的卫生由民政部的下属机关京师内外城巡警总厅统筹管理。北京的市政规划和城市卫生事务，在20世纪的第一个十年逐步成型，从安民公所开始，发展为以巡警制度为基本模式的管理体系。

对公共场所的卫生管理，最初主要集中在街市的卫生管理上，街市的清洁与扫除、尘芥污物等容置场所之设备管理、清道夫役的佣雇分配是这一时期的业务焦点，京师内外城巡警总厅卫生处专门设有清道科负责街市的卫生。[3]随着北京卫生体制的不断完善，卫生机构的职能不断细化，社会中越来越多的事务被纳入到卫生管理的范畴中，除街道清洁外，如理发馆、旅店、浴堂等各商铺的卫

1 北京市地方志编纂委员会编:《北京志·商业卷·人民生活志》，北京：北京出版社，2007年，第529—532页。

2 吴廷燮:《北京市志稿·民政志》，北京：北京燕山出版社，1989年，第420页。

3《京师内外城巡警总厅办事规则》，北京档案史料编辑部:《北京档案史料(1988—1989年合订本)》，北京：北京市档案馆出版，1989年第1期，第5页。

生也被城市卫生行政体系所覆盖。巡警总厅曾颁布关于公共场所卫生的大量法规，如《管理剃发营业规则》《管理旅店规则》和《管理浴堂营业规则》等。

管理浴堂营业规则

第一条 凡一浴堂营业者不问官堂盆堂池堂本规则均适用之；

第二条 欲为浴堂营业者须将住所、姓名、铺户地址及雇工人数之姓名呈报于所辖巡警区所，若有变更或歇业时须于五日内照前项呈报；

第三条 浴室内雇工人等应各着中衣以蔽下体；

第四条 官堂盆堂每一客浴必须更换清水，浴池之水每日至少更换二次，若人数过多应勤加更换，不得以二次为限，每次换水时须先用净水将浴池内外刷洗干净；

第五条 浴室内所有应用物件均宜时常整理干净，手巾擦布应常用胰碱煮洗不得稍有秽气；

第六条 秽水不得存积院内或任其流溢，道路泄水沟每年须掏修二次以上，每次掏修时应报告浴所辖巡警区所；

第七条 浴堂临街窗户可由外窥见浴池浴盆者，应以物遮蔽或锁闭之；

第八条 浴室之门窗应按天时冷暖酌定启闭时刻，务使空气流通；

第九条 浴堂客室内应多设痰盂每日倾洗一次；

第十条 浴堂各处每日应泼洒稀石炭酸水或生石灰水一次；

第十一条 浴堂营业时间以午后十二时为限；

第十二条 浴堂营业者遇有左列人等应阻其沐浴；

一、身有疮疾易于传染者

二、身有重病力难支持者

三、饮酒过量者

四、患疯癫之病者

第十三条 浴堂营业者遇到沐浴之人为左列之行为时应阻止之；

一、高声歌唱

二、任意涕唾

三、在浴池浴盆内外便溺

四、以擦面之手巾揩抹下体

五、于官定时间外任意留滞

第十四条 浴堂营业者见到堂内沐浴之人身有殴伤及有可疑之衣物，应及时告知守望巡警或巡警区所；

第十五条 违第二条者，照违警律第二十三条第一款违背章程营商工之业，处五日以下一日以上之拘留或五元以下一角以上罚金，处罚完结后勒令补报；

第十六条 违第四条以至第十五条者，照违警律第三十八条第二款违背一切官定卫生章程，处十日以下五日以上之拘留或十元以下五元以

上之罚金;

第十七条 现在浴堂营业者由本规则施行之日起须于一月以内照第二条呈报。[1]

《管理浴堂营业规则》(以下简称《营业规则》)内容详尽，几乎覆盖浴堂营业中的各个方面。在卫生管理上，规定了每日需要换水至少两次，换水时须先用净水将浴池内外刷洗干净，毛巾等应用物件应时常清洁消毒，排水沟渠须每年掏修两次以上等条例。此外，还对浴堂经营者、伙计、浴客等群体的诸多行为进行规范，通过身体规训的方式实现对浴堂的全面管控。如规定客人不能高声唱歌、任意涕唾以及在浴池浴盆内外随意便溺等，将浴堂改造成一个可以“批量生产”干净整洁、遵纪守法公民的场所。《营业规则》的最后，将违反该条例的行为等同于违背警察章程，为自身提供法理上强制力的同时，也可以看出政府试图通过卫生管理将自身的权力渗透到人们日常生活中的决心。《营业规则》颁布于1908年，虽然是第一次针对浴堂制定的管理规章，其详尽程度及完整性却非常高，足以为日后数十年全国各地的浴堂管理提供借鉴。不论《营业规则》在颁布之后是否能够顺利执行，颁布法令的行为本身就足以说明浴堂已经被政府作为重要的公共场所纳入到城市的卫生管理体系之中这一事实。

民国成立后，设立内务部并取代清末时的民政部。新成立的内务部承接了民政部大部分职能，并在此基础上有所调整和拓展。内务部改革警制，整合内、外城巡警总厅，成立了直属机构京师警察厅。警察厅设立初期分置有总务、行政、司法、卫生4个处室。与帝制时代的卫

1《管理浴堂营业规则》，田涛，郭成伟整理：《清末北京城市管理法规》，北京：北京燕山出版社，1996年，第189—194页。

生机构不同，民国时期的卫生处明确将公共场所的卫生作为自身负责内容之一。卫生处下设三个科室，第一科负责环境卫生相关事宜，如公共沟渠及水井浚渫修缮管理等事项，第三科主要工作为对公务人员的体检，卫生机构的监督以及化验饮食物品、化学药剂等。管理公共场所卫生的工作交由第二科完成。第二科除负责医疗、防疫事务之外，还负责如娼寮、剧场、茶社、浴堂等公共营业处所的卫生。[1] 京师警察厅关于浴堂营业的管理规则，一字不差地完全沿用了清末时期颁布的《营业规则》。[2]

1921 年，由洛克菲勒基金会出资建造的协和医学院新校建筑落成并正式招生，学校公共卫生系主任为加拿大人兰安生（J. B Grant）。兰安生出生在中国，毕业于美国约翰·霍普金斯大学，因其教育经历，深受费边主义影响。[3] 兰安生认为，公共卫生是一种预防疾病的科学手段，其目的在于延长人生之寿命，增进身体之健康。只有当各级医事单位对疾病的诊断和预防与建立个人卫生常识，培养民众适宜的生活习惯几方面相互协调配合，才能达成真正意义上的公共卫生。[4] 因此，公共卫生的教学应当与临床医学一样，是需要实践经验的。1925 年 9 月，在兰安生的倡导下，京师警察厅试办的公共卫生事务所正式成立，所址在内务部街，其管辖范围以朝阳门大街为北界，崇文门城墙为南界，东皇城根及崇内大街分别为东、西界，这个范围几乎与内一区界相叠合。设立公共卫生事务所的意图，是让更多学生在这个特定的区域内进行公共卫生的临床学习，并通过临床实践加强学生们对公共卫生的理解，只有这样，学生们才可以将公共卫生与其所属区域

1 京师警察厅编:《京师警察法令汇纂》，北京:京师警察厅出版，1915年，第1—12页；余协中:《北平的公共卫生》，《社会学界》，1929年第3期卷，第66—68页。

2 京师警察厅编:《京师警察法令汇纂》，北京:京师警察厅出版，1915年，第137页。

3 费边主义(Fabianism)又称渐进社会主义，流行于19世纪后期的英国。费边主义者主张采取点滴的改良方式逐步改变社会，循序渐进地实现资本主义到社会主义的转变。

4 兰安生:《公共卫生学》，余滨译述，南京:卫生部中华卫生教育研究会，1930年，第20页。

的自然环境及人文生态相关联，从区域中的社会群体角度来根本解决公共卫生问题。

浴堂、理发馆、饮食店铺等公共场所与人们日常生活联系紧密，既是预防疾病传播的重点管控对象，也是构建人们标准生活方式的场域。试办公共卫生事务所自然将监督、改良这些场所的卫生情况作为其工作重点之一。事务所成立时设有卫生、保健、统计兼防疫三个科室，工作内容包括防疫、统计、环境卫生、保健、公共卫生劝导几个主要模块。其中，环境卫生模块包括饮水检查及消毒、粪便及秽水沟管理、街道清洁、检查饮食摊店铺及浴堂理发馆的卫生情况等。[1] 事务所可以要求饭店、浴堂等商铺遵守相关卫生规则，也可以对这些店铺中不卫生的情况提出整改意见。对违规店铺的取缔管治工作则交由平级机构卫生处核办。可以说，事务所的环境卫生工作是对京师警察厅卫生处工作的有效补充，在弥补了卫生处警员专业素养不足的同时，保证了公共卫生对民众日常生活的渗透。国民政府执政时，将试办的公共卫生事务所改称为第一卫生区事务所，七七事变之前，北平市共设立四所公共卫生事务所，扩大了卫生监管的空间范围。

民国成立伊始，北京的卫生管理体系由市政公所与京师警察厅两个机构共同组成（市政公所主要负责卫生宣传、医疗机构的工作）。在现代化的进程下，社会形态日趋复杂，由非专职机构承担全部市政管理职责显然已不合时宜。北京市急需成立一个新的机构，从警察系统中独立出来并接管整合之前分属于市政公所与警察厅的工作。1928 年国民政府迁都后，北京改名北平，设立北平特别市政府，

1《本所第三股之工作》，《卫生月刊》，1928年第1期卷，第10—21页；北京卫生志编纂委员会编：《北京卫生志》，北京：北京科学技术出版社，2001年，第58页。

总理全市行政事务。之前隶属警察厅的卫生处成为直辖于北平市政府的一个机关——卫生局。[1] 卫生局获得了北京卫生行政体系设立以来前所未有的权力，但市政府的预算却不足以支撑独立的卫生行政机构。卫生局的人员皆枵腹从公，局内的业务经费更是拮据万分。1930 年，卫生局又复并入公安局，称卫生科，1931 年改为卫生股，1933 年始筹设专处。卫生处共有四科，其中第三科掌握浴堂、理发馆、戏院等地的公共卫生检查事项。[2] 1934 年，卫生处重新升为卫生局，卫生机构的动荡局面终于稳定下来。

因主管机关的频繁变化，这一时期关于浴堂的卫生管理制度也有多个版本。1931 年 5 月，为了彻底改善市内浴堂营业表面看似清洁实则多不合格的现象，北平市公安局公布《取缔澡堂暂行规则》(以下简称《暂行规则》)，令各浴堂将条例悬挂于店内明显之处，严格遵守。[3]《暂行规则》于同年年底正式施行。[4]

取缔澡堂暂行规则

第一条 在本市区域内开设澡堂营业者，其不合卫生原则事项，须从本规则取缔之；

第二条 浴池之水每日早晚应更换新水，不准留存陈水并须将浴池内外刷洗二次；

第三条 浴盆须用磁质或洋灰质，不得用木盆或铁盆；

第四条 浴盆于每次用过后以沸水碱皂擦洗洁净；

第五条 浴中丝瓜瓤等用器，每次用毕须用沸水煮洗，雨鞋每日须用沸水洗净，并曝阳

1 余协中:《北平的公共卫生》,《社会学界》, 1929年第3期, 第66—68页。

2 许端庆:《北平之公共卫生一瞥》,《同济医学季刊》, 1934年第4卷第1期, 72—84页。

3《取缔本市理发馆澡堂营业规则仰即一体遵照由》,《北平市市政公报》, 1931年第125期, 第1页。

4《北平市公安局取缔澡堂营业规则》,《北平市市政公报》, 1931年第126期, 第1—2页。

使干；

第六条 浴室须安设通气管，或通气天窗，其墙壁需抹白，或嵌瓷砖；

第七条 尿池需用磁质或洋灰质，中设自来水管，随时冲刷，应设于浴池较远之处所；

第八条 宜泄秽水之暗沟，应修至距浴室较远之适当处所；

第九条 浴室温度应按照时令气候以适宜为度，各季节以华氏寒暑表自八十至九十五度为准，不得过高；

第十条 浴池内禁止病人入浴，有皮肤病，花柳病者尤其注意禁止，应由该澡堂严重负责；刮脚者应适可而止，不得见血，致碍卫生；

第十一条 违犯本规则各规定者，以妨害卫生论，依违警罚法第八章之规定处以五日以上十五日以下之拘留，或五元以上十五元以下之罚金；

第十二条 本规则如有未尽事宜，得随时呈请修正；

本规则自呈奉市政府核准之日施行。[1]

因三年前发布的浴堂管理规则多有“不尽适用之处”，1934年，再次从警务系统独立出来的北平市卫生局决定“依照原定规则，分别补充酌为修改”，着手重新制定浴堂卫生条例。[2]同年7月，卫生局拟定的《修正北平市取缔澡堂规则》（以下简称《修正规则》）经市政会议通过后，正式发布施行。[3]内容如下：

1《取缔澡堂暂行规则》，《华北日报》，1931年5月31日，第6版。

2 北平市政府编：《北平市政府二十三年上半年行政纪要》，北平：北平市政府出版，1934年，第130页；《卫生局关于饮水井、澡堂、理发馆取缔规则的请示及内政部和市政府的批复》，北平市政府档案，北京市档案馆馆藏，档案号：J001-003-00045。

3《取缔澡堂规则》，《华北日报》，1934年7月16日，第8版。

《修正北平市取缔澡堂规则》

第一条 凡在本市区域内开设澡堂营业者依本规则取缔之。

第二条 澡堂房屋设备应遵守左列规则：

一、浴室需安设通气管或通气天窗其墙壁需抹白灰或镶砌瓷砖；

二、浴室内尿池须用磁质或洋灰质并安装适宜水冲设备及宣泄水管；

三、浴池之水每日至少更换一次，不得留存陈水；

四、浴室温度应按照时令气候以适宜为度，各季以华氏寒暑表七十至九十度为限。

第三条 澡堂所用器具械应遵守左列规定：

一、浴室内外每天需用沸水碱皂刷洗一次；

二、浴盆面盆每次用毕须用沸水碱皂刷洗洁净；

三、面巾浴巾及其他搓洗用物每次用毕须用水煮消毒或蒸汽消毒，消毒后方得使用；

四、公用茶杯每次用毕须用沸水冲洗一次方得再用，泡茶之水要完全煮开；

五、刮脸修脚等器具每次用毕须用酒精泡过或其他有效消毒方法。

第四条 澡堂雇佣伙役应遵守左列规定：

一、患有秃疮疥疮沙眼花柳病及肺痨者禁止雇佣；

二、男女澡堂均不得用异性伙役在休息室

及浴室内工作；

第五条 浴池禁止病人入内。

第六条 患有秃疮疥疮沙眼外伤花柳病及肺痨者禁止在浴盆沐浴所用器物用毕应特别消毒。

第七条 澡堂应将本规定照录若干分与各室价目表并列悬挂。

第八条 违反本规定处以一元以上十元以下之罚金，累犯者加倍处罚。

第九条 本规则未尽事宜随时修改之。

第十条 本规则自公布之日施行。[1]

相比较之前的版本，《修正规则》更偏重于卫生管理，细化为房屋设备、应用器具、预防传染性疾病等几个方面，并新增了关于浴堂中雇佣伙计在卫生方面的规定，禁止雇佣患有秃疮、疥疮、沙眼、花柳病及肺痨的员工。针对之前取缔规则中一些不合理的规定，《修正规则》也做出了相应调整。如此前规定要求浴池之水应每日早晚各更换一次，并将浴池内外刷洗干净，多数浴堂在实际营业中是无法完成的，这会增加浴堂运营的额外成本，缩短浴堂店家有效营业时间。因此在新规则中，规定换水次数缩减为一次。再如 1931 年版本的取缔规则中，将违反规定者以妨害卫生论，处以 5 日以上 15 日以下之拘留，或 5 元以上 15 元以下之罚金。《修正规则》对此前矫枉过正条例进行修改，取消初犯即拘留的处罚，并将初犯时的罚金下调为 1 元以上 10 元以下，同时加重对累犯者的处罚。从 1931 年《取缔澡堂暂行规则》的出台，到 1934 年其修正版本的公布，期间经历了多个未公布的拟定草

1《北平市公安局关于修正北平市取缔澡堂规则的训令》，北平市公安局档案，北京市档案馆馆藏，档案号：J181-020-13071。

案，《修正规则》与之前的规则相比早已面目全非。从消极的方面看，不到三年的时间就出现两个差别如此之大的浴堂卫生规则条例，足见卫生行政系统的不成熟，制定规章时的草率、朝令夕改的方式必然无法使浴堂内的卫生问题得到彻底解决；从积极的方面看，国民政府执政后北平市卫生机构变动较大，卫生机构的权力亦有所扩张，对浴堂等公共场所的管理制度一直延续并不断完善，虽然浴堂卫生管理制度与其落实情况存在差异，但至少做到了在稽查浴堂卫生时能够做到有法可依。

此后，北京各届政府颁布的浴堂管理章程均以《修正规则》为模版，在此基础上进行微调，卫生层面的规定几乎没有做任何改动。如 1945 年颁布的《北平市卫生局管理浴堂规则》(以下简称《浴堂规则》）与《修正规则》内容基本一致。需要注意的是，《浴堂规则》将浴堂的卫生状况与其营业执照相关联，各浴堂店铺需要经过卫生检查后才能获得营业登记证明。按照以往惯例，营业者须先向社会局申请营业登记证方能开张，《浴堂规则》颁布后，社会局收到浴堂营业者的开业呈请会先通知卫生局前去实地核查卫生情况，在得到卫生局的营业许可之后才会继续受理。《浴堂规则》颁布前已经取得营业登记证的浴堂，须在该规则办法公布后的一个月内前往卫生局补办营业许可手续。营业者如有转让或歇业情况，亦应呈报卫生局并另向社会局呈报。此外，在浴堂店家卫生状况长期不达标时，卫生局可勒令其停业或函由社会局撤销其营业登记证。[1]《浴堂规则》为卫生部门监督、约束浴堂卫生状况提供了法理上的依据。

1《北平市卫生局浴堂旅店饮食品等管理规则》，北平市政府档案，北京市档案馆馆藏，档案号：J001-003-00121。

这一规则一直延续使用到新中国成立。在1950年的北京，一家浴堂如要正常营业，需至本市工商局申请，工商局会以联单方式通知公共卫生局派人员调查，内容包括浴室的卫生是否清洁，浴堂伙计身体是否健康，是否能做到定期消毒器具、保证水质、安置淋浴设备等。经公共卫生局批准及工商局复核通过后，浴堂经营者才可获得营业执照。如要正式开业，经营者还需持营业执照至公共卫生局加盖“卫生检查许可”戳记。[1] 此后，卫生局还会定期检查各浴堂的卫生情况，不合格者随时有被取消营业资格的可能。这种偏向不同政府机关间的协调联动的方式，在加强浴堂卫生条例执行力度的同时，也强化了政府对浴堂等社会基层单位的控制力度。

除卫生层面的规定外，政府在浴堂的卫生管理章程中也常加入含有政治目的内容。从帝制时代末期到新中国成立，政府并非把浴堂的卫生改良单纯地看作是一个公共健康问题，还将其作为一种政治策略，整合进国家权力介入城市基层社会的进程中。从浴堂管理条例成立伊始就有规定，浴堂经营者在营业前须将铺户姓名、住所地址及雇工人数与姓名告知所辖巡警区所，在变更或歇业时也须提前五日呈报。[2]

日伪政府统治时期，为巩固和加强统治力度，对市内各公共场所进行严格管控，浴堂的规章中也加入了相关条例，要求各浴堂不得容留顾客及闲杂人等住宿，不能拒绝卫生稽查人员之卫生检查及警察人员合法之密诘，对于有共产党嫌疑的顾客应立即密报该管警察分局。[3] 1942年，为配合治安强化运动，伪北京卫生局要求各饭馆、酒

1 Rules on Bath House, *Barber Shop Control. North-China Daily News*, 1950, 9.22；《北京市浴堂业卫生运动实施办法草案》，北京市同业公会档案，北京市档案馆馆藏，档案号：087-044-00015。

2《管理浴堂营业规则》，田涛，郭成伟整理：《清末北京城市管理法规》，北京：北京燕山出版社，1996年，第189—194页。

3《卫生局注重公共卫生，昨公布取缔理发馆及澡堂规则》，《晨报》，1938年2月23日，第4版；《管理澡堂规则》，《警察三日刊》，1940年7月29日，第3版。

铺、浴堂等公共场所的全部从业人员前往附属各院所检查身体，体检时要求携带本人二寸半身相片二张，一张贴于检查证上，另一张贴在存根上，体检后会给健康的伙计发证明一张。遇店铺更换人员时，同样须持检查证方能从业。发现有疾病却继续从业者，予以该店铺停业处分。按照规定，各公共场所的从业者每年春节时受检一次，同时卫生局若查见可疑之事情，可以不按规定期限，随时责令检查。1 可见日伪政府对公共场所从业者进行身体检查背后的目的，是对从业者进行排查，防止敌对势力渗透。

图 4–1 洗澡堂理发馆要清洁

国民政府执政期间，在规定登记铺户信息的同时，开始重视行政检查职能，卫生检查人员可以随时进入店铺稽查，对不符合卫生标准的店铺可随时取缔处罚。2 浴堂伙计的服装衣着也被政府作为浴堂用具的一部分统一管理。抗战胜利后，浴堂从业者被要求一律穿着白色背心式号衣，悉于左胸前以红线绣明该堂名称及号数。3 政府通过整齐划一的白色服装来显示浴堂的干净卫生一尘不染，

图片来源：

《洗澡堂理发馆要清洁》，《新生活周刊》，1934年第1卷第24期，第3页。

1 北京特别市公署宣传处编：《北京市四次治运新闻集》，北京：北京特别市公署宣传处出版，1942年，第123页。

2《北平市卫生局第一卫生区事务所第十年年报》，《北平市卫生局第一卫生区事务所年报》，1935年第10期，第35页。

3《北平市警察局关于刘长安为日本军、海军制手榴弹壳、调查租约一案及硝磺连售暂行办法、旅店澡堂服饰办法、收售电话机件办法、取缔汽油泵等的训令》，北平市警察局档案，北京市档案馆馆藏，档案号：J183-002-21827。

同时试图证明其通过卫生制度的落实对浴堂伙计“规训”的成效。由此可见，卫生不仅是对民众身体健康的强调，其背后还蕴藏着复杂的政治内容。北京的卫生行政体系从无到有并逐渐完善的过程，同样是国家权力向基层渗透的过程。

第二节 国民政府对北平浴堂业的管理

国家权力试图改变人们日常生活时，建立一个完善、适宜的制度必然是要迈出的第一步，然而，让其内化为一种社会秩序则需要时间的积累。从微观层面上看，一种社会秩序或生活习惯的形成，来源于国家与基层单位之间的长期互动。政府对浴堂卫生的改良并非径情直遂且一蹴而就的，让浴堂经营者遵守卫生规则，让浴客举止文明，不让卫生规章成为一纸空文，都需要通过一系列管理手段，让制度反复深入浴堂的经营实践及顾客的沐浴经验之中，再加之以时间的发酵方能完成。因此，在对制度的发展演变过程进行分析之后，考查卫生制度是如何在浴堂这一社会基层单位运作是十分必要的。

一、北平市政府对浴堂卫生的监督与稽查

近代社会，随着城市人口的不断增多以及劳动社会化的趋势，人们对城市中公共场所的需求也逐渐增大，于

是新出现了诸多具有不同社会功能的公共场所，如公园、电影院、游艺场、百货公司等，这些场所构建了城市居民的现代日常生活。浴堂的存在虽历史久远，但与人们日常生活紧密相关的新式浴堂是在20世纪前后才逐渐推广开来的。人们对新式公共空间的需求以及卫生意识的普及，使去浴堂沐浴有成为公众主要日常休闲活动之一的趋势。浴堂与公园、影院一样，逐渐成为人们社会生活的一部分。对急于将权力范围扩展至人们日常生活的近代政府而言，规范浴堂等公共场所的措施要比其他地方更多一些。从清末起，政府便开始致力于改良浴堂内的卫生，以期为更多市民提供清洁的沐浴服务，确保他们身体健康，并依此在一定程度上改善城市形象。

然而到了1930年代初期，城市卫生情况的改观仍不明显。市内垃圾堆积如山，城墙周围有许多大型粪场，食品摊贩、公共场所的卫生情况都很差。据1931年第一卫生区事务所的检查报告可知，在该辖区的公共场所中，150家饭馆中厨房清洁者仅占0.7%，食堂清洁者占12.9%，职工清洁者占0.7%，桌子清洁者占8.7%，食具清洁占10%；理发馆清洁者占19%；浴堂共18家，其中清洁者仅有11%，被评定为不洁的浴堂占到了69%。[1]虽然1931年当局颁布了新的浴堂取缔规则，但到了1932年，浴堂的卫生状况并未有所好转。除工役清洁程度尚可外，其他各项仍非常不堪，18家浴堂中只有3家浴堂环境达到清洁标准，用具卫生方面甚至没有一家浴堂的消毒用具是完备的。该调查的浴堂卫生情况如下表所示：

1《北平市公安局第一卫生区事务所第六年年报》,《北平市卫生局第一卫生区事务所年报》,19321年第6期,第29-30页。曹子西主编:《北京通史(第9卷)》,北京:北京燕山出版社,2012年,第372页。

表 4–1 1932 年第一卫生区事务所辖区内各浴堂清洁情况比较表

卫生情况		数目	百分率（%）
环境清洁	清洁	3	17
	尚洁	7	39
	不洁	8	44
用具清洁	清洁	6	33
	尚洁	7	39
	不洁	5	28
工人清洁	清洁	10	55
	尚洁	5	28
	不洁	3	17
用水清洁	清洁	4	22
	尚洁	9	50
	不洁	5	28
浴室通气	充足	2	11
	中等	4	22
	不足	12	67
浴室温度	适宜	2	11
	中等	6	33
	不良	10	56
消毒用器	完全	0	0
	不全	9	50
	无	9	50
浴室总数		18	100

资料来源：《北平市公安局第一卫生区事务所第七年年报》，《北平市公安局第一卫生区事务所年报》，1932 年第 7 期，第 38—43 页。

针对浴堂营业多不合卫生标准的情况，北平市当局加大管理力度，对盆池设备的清洁、工作用具之消毒、产生垃圾的处理、室内空气及光线适宜的通畅，匠役清洁与健康之检查，以及浴池换水次数均明确规范了改良标准，并提供了可供参考的改良建议。

以浴堂用水的卫生改良为例，当时绝大多数浴堂为了节省成本，每日只在早晨烧热池水，一天内不再更换，更有恶劣者数日不换水，只捞去池中漂浮的污垢便算尽了清洁的义务。在这种浴堂中，浴客集聚池内，满身泥垢者、遍体脏疮者均在池内搓洗肥皂，无分别隔离之法。每至午后，浴池之水虽名为“汤”，但其情形实可称为“汤”变成“粥”。[1]盆堂也并未较池堂卫生好多少，如广澄园浴堂因地处沙滩东口，近邻北京大学而不愁客源，但该浴堂对卫生并不重视，以至堂内秽浊，空气闭塞，面巾、澡帕和浴衣都黑臭不堪。由于广澄园只设盆堂，按照盆堂的惯例，顾客洗沐之后，全身污浊已溶在水中，需换水再洗方能洁净。但该浴堂规定，沐浴只能用水半盆，不能多用，否则需要另加钱一吊，在无视卫生规定的同时，变相将澡价提高了一倍。[2]可见，在缺乏物质补偿的条件下，以盈利为目的的浴堂并不愿意按照规定每日多次换水。针对浴堂的顾虑，北平市当局建议浴堂效仿日本的沐浴方式，规定浴客在进入浴池之前，先在池外擦抹肥皂，并冲涤干净，以免池内浮起泥垢。[3]浴堂中因浴客不先冲洗身体便径行下池洗濯而造成的池水污浊，臭气熏蒸，疾病横生等不良现象，可由这种方法避免，同时还能大大减少浴堂因多次换水而造成的额外开销。

在浴堂的设备用具卫生方面，规定浴堂中如木制、铁质等澡盆皆属于旧式设备，不便清洁，容易滋生细菌且有安全隐患，应用磁质或洋灰质浴盆代替。[4]浴池内外每日均应清洁一次，每次客人使用浴盆后应立即清洁，清

1《本市工商业调查(五十)：浴堂商概况》，《新中华报》，1929年10月3日，第6版。

2《洗澡堂不讲清洁还要限制客人用水，这不是乱敲竹杠吗》，《晨报》，1922年，1月15日，第6版。

3《澡堂清洁》，《华北日报》，1932年12月27日，第6版；《北平的澡堂》，《大公报》，1933年10月23日，第6版。

4《鲍毓麟谈话，将谋改良澡堂理发馆公共卫生》，《京报》，1930年12月24日，第6版。

洁时须用沸水、胰皂刷洗洁净。同时，还规定浴堂中饮茶用具及公用毛巾、理发、刮脚、搓澡的器具须按照卫生部门要求之消毒方法处理，不准敷衍了事。对于秃疮、疥疮、沙眼及花柳病患者使用过的器物，应特别注意（按照规定，这些患者不准入公共浴池泡澡，但可以进入官堂沐浴）。[1]

垃圾处理方面，北平的垃圾以炉灰为大宗，炉灰产出则以浴堂为最多。无论客人多寡，浴堂始终要保持池水中的温度，因此每日的烧煤量与产生的炉灰量均颇为惊人。在《平市垃圾调查》中，北平市内二区第十一警察段所辖地界有浴堂 3 家，日均产垃圾量是所有住铺户中最多的，平均每日产生垃圾共 1935 斤，每户每日平均产垃圾 645 斤，约合 850 磅。[2] 由于浴堂中垃圾产量巨大且不便处理，有些店铺干脆直接将煤灰倾倒在路上，这对市容影响极大，因此监督整治浴堂垃圾的处理也是浴堂卫生管理的重点之一。

针对浴堂经营者普遍不愿接受和遵守相关规章制度的现象，卫生局会不定期召集全市各浴堂负责人开展卫生教育。如 1936 年，时任北平市卫生局局长谢振平向 138 家浴堂负责人训话，晓之以理，详解浴堂管理规章。谢训话道："管理浴堂本局原定有规章，惟近迭据市民方面函请，及本局检查员警报告，各浴堂对管理规章则似见疏忽，须知公共清洁，端赖群策群力，而直接负有巨大责任之各堂主，尤应不惜辛勤，力守规章，多事指导堂伙，本局此次召集诸位前来，除厘定规章，着由主管科详为解释，以促诸位深切注意，此后倘再有不守规则之情事发

1《谢振平昨日召集，宣布浴室卫生规则，浴堂负责人训话》，《华北日报》，1936 年 12 月 2 日，第 6 版。

2 张子明：《平市垃圾调查》，《市政评论》，1934 年第 3 卷第 5 期，第 19—24 页。

生，本局当照章罚办，决不姑宽。”1 每逢夏季疫情多发时节，卫生局还会通知各浴堂经营者来局，向他们讲释、强调夏季疫病应注意的卫生事项。2

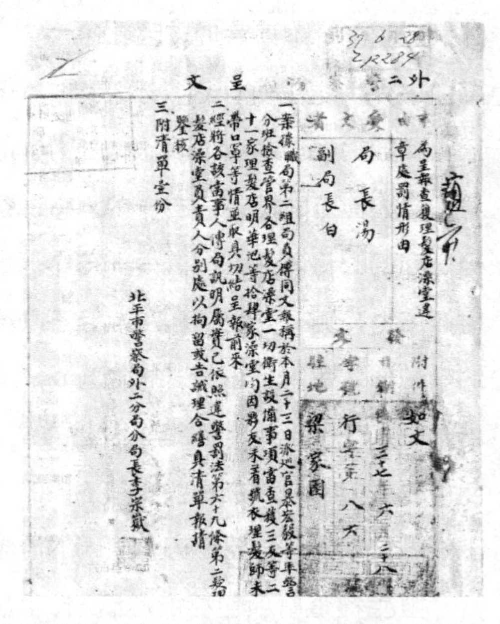
外二[illegible]呈文
事由：為呈報查獲理髮店澡堂違章處罰情形由
受文者：局長湯　副局長白
一、案據職局第二組局員傅同文報稱於本月二十三日[illegible]等率警分班檢查管界各理髮店澡堂一切衛生設備事項當查獲三友等二十一家理髮店明華池等拾肆家澡堂均因夥友未著號衣理髮師未帶口罩等情並取具切結呈報前來
二、經將各該當事人傳局訊明屬實已依照違警罰法第六十九條第二款[illegible]將各該理髮店澡堂負責人分別處以拘留或告誡理合繕具清單報請鑒核
三、附清單壹份
北平市警察局外二分局分局長[illegible]
附件：如文
發文日期：三十七年六月二十八日
字號：行字第八[illegible]
駐地：梁家園

图 4–2 北平市警察局关于查获理发店、澡堂违章处罚情形的批答

卫生监督稽查工作自 1930 年代开始被当局逐渐重视起来。以北平市卫生局第一卫生区事务所为例，1933 年，该所办理环境卫生的稽查人员只有二人，司职区内所有卫生视察及取缔事项。3 考虑到负责环境卫生稽查人员的数量与卫生事务的施行效率关系密切，第一卫生区事务所逐渐增员。1934 年，北平市卫生局发布《卫生稽查班暂行规则》，极大扩充了稽查班的人数，并将原先只有两人负责的稽查工作交由多人组成的稽查班接手。到了 1936 年，稽查班设有稽查长一人，稽查员二人，稽查警三人。第一区事务所辖区范围分 21 个区段，每名稽查警负责 7 段，负责地段内一切视察取缔工作，如遇必要或收到命令

图片来源：

《北平市警察局关于查获理发店、澡堂违章处罚情形的批答》，北平市警察局档案，北京市档案馆馆藏，档案号：J181-016-01189。

1《谢振平昨日召集，宣布浴室卫生规则，浴堂负责人训话》，《华北日报》，1936 年 12 月 2 日，第 6 版。

2 侯毓汶：《通知澡堂经理人，兹定本月二十日在本局讲释卫生事项仰各前来听候指示由》，《市政公报》，1939 年第 58 期，第 2 页。

3《北平市公安局第一卫生区事务所第八年年报》，《北平市公安局第一卫生区事务所年报》，1933 年第 8 期，第 39 页。

时，可将违反卫生规则者带回卫生局内处罚或送公安局所属各区段代为执行。稽查员1人协同负责10段，1人负责11段，负责监督一切卫生稽查事项。因稽查人员常在外执行职务，不易管理，因此各稽查员警会按要求在出外勤前事先拟定工作计划，于计划中填明何时在何地工作，稽查长随时抽查各稽查员警的工作情况。[1]同时卫生稽查员还会在检查时预备日志一本，将视察记录书于其中，于当日回局时将该日工作誊写于工作报告中，工作报告根据对饭店、公厕、浴堂、理发馆等不同场所的卫生检查内容造具总册，每周呈稽查长核阅一次。[2]核阅后根据工作报告中记录下的卫生问题指导改善方法，并派员复查。[3]这两种方法皆能让稽查长获知其下属的工作状况，让他们在工作中警惕自守，杜绝舞弊偷闲的流弊发生。

卫生稽查事项包括街道清洁、沟渠保持、垃圾处理、公共娱乐场所卫生及浴室、理发馆卫生等。商铺是稽查工作的重点。其中，浴堂直接关乎人们的身体健康，更是稽查工作的核心。第一卫生区有浴堂18家，1934年共计卫生稽查1288次，1935年1619次，平均每家浴堂每月6至7次。对浴堂的检查内容包括公用面巾、茶杯与剔脚用具是否消毒，水质是否清洁，通气与防火设备是否齐备，伙计是否有疥疮、秃疮等皮肤传染病，卫生公告是否悬挂在墙壁明显之处等。[4]除卫生检查外，稽查员还会向浴堂店家解释卫生公告，以促进经营者的卫生意识。[5]

1934年新的浴堂取缔规则办法出台后，在卫生稽查工作之下，北平市浴堂的公共卫生情况略有好转。该年浴堂卫生检查情况如下表所示：

1《北平市政府卫生局卫生稽查班暂行规则》，北平市政府参事室编：《北平市市政法规汇编》，北平：北平市社会局救济院印刷组出版，1934年，第1—5页；《北平市卫生局第一卫生区事务所第十一年年报》，《北平市卫生局第一卫生区事务所年报》，1936年第11期，第31页。

2《北平市卫生局第一卫生区事务所第十一年年报》，《北平市卫生局第一卫生区事务所年报》，1936年第11期，第31页。

3《北平市公安局第一卫生区事务所第八年年报》，《北平市公安局第一卫生区事务所年报》，1933年第8期，第39页。

4《北平市政府卫生局卫生稽查班暂行规则》，北平市政府参事室编：《北平市市政法规汇编》，北平：北平市社会局救济院印刷组出版，1934年，第1—5页。

5《北平市公安局第一卫生区事务所第六年年报》，《北平市公安局第一卫生区事务所年报》，1931年第6期，第32页。

1《平市灭蝇运动,各户抽查之结果公布》,《京报》,1936年6月4日,第4版。

表 4-2 1934 年北平市卫生局第一卫生区事务所浴堂卫生调查报表

	室内有温度表设备者	用具消毒者	有淋浴设备者	浴室通气充足者	工人清洁者	环境清洁者	每日换水在二次以上者
数目	19	12	17	16	14	12	7
百分率(%)	100%	63.6	89.5	84.2	73.7	63.2	36.6

资料来源:《北平市卫生局第一卫生区事务所第十年年报》,《北平市卫生局第一卫生区事务所年报》,1935 年第 10 期,第 34 页。

根据该报告,第一卫生事务所辖区内几乎所有浴堂均设置有温度装置,有淋浴设备的浴堂占比近九成,多数浴堂可以实现通风通气。超过六成的浴堂能够做到环境清洁与用具消毒。比起温度计即淋浴装置等设备的添设,该区各浴堂环境及用具卫生尚有提高的余地。每日换水两次以上的浴堂仍然不多,但随着淋浴设备的普及,浴客会在用淋浴洗涤身体后入池泡澡,因此就算每日只换水一次,池水也会较之前相对洁净许多。1936 年,在北平市卫生局对全市浴堂卫生的抽查中,情况比几年之前要好转很多。此次抽查的浴堂总计 16 家,涉及内城一、五区,外城一、三、四、五区,以及关厢地区等 10 个区域,其中洁净的浴堂 8 家,尚为洁净的 8 家,没有不洁的浴堂。1 需要说明的是,尽管卫生稽查工作使浴堂的卫生状况在短时期内有所好转,但纵观 20 世纪上半叶的整体情况仍旧不容乐观。1930 年代末至 1940 年代末,由于政府数次更迭,全市浴堂的卫生状况起伏较大,30 年代浴堂渐佳的卫生状况在之后的 10 年中又有所回寒。

二、北平市政府对违章浴堂的惩处

与加强浴堂卫生稽查相呼应，国民政府对违章浴堂的处罚从 1930 年代起同步加强，一直持续到 1948 年末北平解放。在近 20 年的时间里，政府对违章浴堂的处罚始终较为严厉，甚至有些矫枉过正。

1934 年的《卫生月刊》中称，在外国的都市里，城市的清洁是不成问题的，但是在中国的城市，尤其是北平，卫生问题却极难解决。尽管北平市政府对城市卫生相当重视，但具体实施时却困难重重，不能得到一个满意的收获。文章作者认为这是政府对卫生规章不能贯彻到底的缘故，因为处罚不够严厉，市民对于违反清洁的举动常视为无足轻重而蹈犯如常。作者建议若要彻底改良北平的卫生，需要做到五点：第一，加重所有取缔违反清洁的罚则，晓喻市民，使其有所警惕，不敢轻犯；第二，不论卫生警察抑或公安警察皆负有稽查取缔之责，不准互相推诿，二者须严定责成，以防疏从，违者处罚；第三，对于违反清洁规定之人，一律从严惩办，以杜效尤；第四，办理违反清洁案件人员，如处理过轻、意存玩忽或徇私疏从者，除按事处罚外，并以渎职论惩；最后，卫生机关及公安机关须密切联络合作，每日派员巡查，由市政府随时督查巡查人员工作是否尽职。[1] 正如此文章所说，为了整改久治不力的浴堂卫生，北平市当局加强了对违反卫生规则浴堂店家的处罚力度。

如设备未消毒、营业环境不良，甚至浴堂的理发工没有佩戴口罩，均会受到处罚。当违规情节不严重时，通

1 刘凤祐:《清洁与取缔》,《卫生月刊》, 1934 年 第1卷 第3期, 22—23页。

常会对浴堂相应违规人员处以罚金。如新华园浴堂伙计王启瑞在浴堂负责卫生工作，卫生局稽查警巡查时发现该浴堂没有消毒设备，将王启瑞带回局内处以1元罚金。1 再如畅怡园浴堂理发工龚玉润因未戴口罩被警察传讯，判处罚金5角。2 由于惩罚须追责到个人，收入本来就不算多的浴堂伙计自然战战兢兢，小心维护店内卫生。若有违规情况且屡经告诫，迄未遵行，则会追究店家责任。福海阳浴堂附设的理发室因多次违反取缔理发馆规则，浴堂经理被传唤到公安局，处以2元罚金的同时还追缴罚款。3

当一个新的卫生规定开始颁布施行时，对违反规定行为的处罚会变得更加严格。抗战胜利后，北平市重启新生活运动，浴堂、茶楼、旅社、娱乐场所等公共场所是该运动开展的主要对象。为了对违反公共卫生的行为严肃纠正，当局决定从严罚办那些妨害卫生的店铺，以示惩儆。4 西四砖塔胡同西润浴堂店内设备污秽，所用面巾、浴巾尤为肮脏，该堂铺掌李香远以无财力为由搪塞，拒不缴纳罚金，最终被判处拘留五日处罚。5

即便在浴堂业营业艰难时期，政府相关机构对不洁浴堂的处罚力度仍然不低。1948年，由于物价飞涨，各浴堂维持营业已精尽力竭，连东升平等特级浴堂都无余力保持堂内清洁，但政府仍要求各浴堂十分注意店铺卫生。对不合卫生要求者，初犯情节较轻者予以告诫，初犯较重者拟予以拘留一日，再犯较轻者拘留一日，再犯较重者升级为拘留二日。6 外二区浴堂清洁报告及处罚报告如下表所示：

1《北平市警察局内三区关于马瑞春等售卖食品未盖纱罩、理发馆、洗澡堂未设消毒水的呈》，北平市警察局档案，北京市档案馆馆藏，档案号：J183-002-05054。

2《北平市警察局外三分局关于查获郭春山等放爆竹不听制止抓伤警士、售鱼不覆盖、浴堂工作未戴口罩、刑迹可疑、增人减人未报户口等案表》，北平市警察局档案，北京市档案馆馆藏，档案号：J184-002-09135。

3《北平政府卫生局关于福海阳澡堂违章将王国栋追缴罚款一案的函》，北平市警察局档案，北京市档案馆馆藏，档案号：J181-021-27106。

4《北平市警察局关于调整理发价格、旅店违章罚款、庆盛轩等解雇女招待、各澡堂茶社均应注意卫生、调整旅店的租价格、各公寓、旅店等有招揽私娼情形的训令》，北平市警察局档案，北京市档案馆馆藏，档案号：J184-002-00178。

5《北平市警察局开设旧货铺、杂货店、处罚理发馆、澡堂、起运义和祥机器物资的呈文》，北平市警察局档案，北京市档案馆馆藏，档案号：J183-002-32663。

6《北平市警察局外二分局关于判罚徐宗智等铺前倒西瓜皮、澡堂不卫生、理发馆、肉铺、住户、饭馆不合卫生规定等案的呈》，北平市警察局档案，北京市档案馆馆藏，档案号：J184-002-00705；《北平市警察局关于查获理发店、澡堂违章处罚情形的批答》，北平市警察局档案，北京市档案馆馆藏，档案号：J181-016-01189。

表 4-3 1948 年 6 月北平市外二区浴堂清洁报告

	明华池	东升平	南柳园	一品香	汇泉池	清香园	忠福堂	润身女浴所	沂园	卫生池	清华池	瑞滨园	忠兴园	恒庆
痰盂无盖或不齐		√		√	√	√		√	√	√	√	√		
号衣未穿无字或不齐		√	√		√	√	√	√		√	√		√	√
口罩未戴或不齐	√						√	√						
室内不洁		√	√			√	√							
价目表未悬挂								√						
业经纠正再犯者			√		√	√	√			√	√	√	√	√
拟予处罚办法	告诫	拘留一日	拘留二日	告诫	拘留二日	拘留二日	拘留二日	拘留一日	告诫	拘留一日	拘留二日	拘留一日	拘留一日	拘留一日

资料来源：《北平市警察局外二分局关于判罚徐宗智等铺前倒西瓜皮、浴堂不卫生、理发馆、肉铺、住户、饭馆不合卫生规定等案的呈》，北平市警察局档案，北京市档案馆馆藏，档案号：J184-002-00705。

外二区在 1948 年时浴堂数量不过 15—16 家，其中超过九成的浴堂均存在卫生问题，14 家浴堂中有 11 家的经理或铺掌因此被拘留。国民政府对浴堂的处罚不可谓不严厉，甚至到了有些苛刻的程度，但直至 1950 年代初期，仍有诸多浴堂违反卫生规定。

三、政府对浴堂卫生管理不力的原因分析

清末以来的卫生体制建构虽然在质与量的方面均有相当之进展，但还是较成熟完善的卫生体系相差甚远。正如《第一卫生事务所年报》中所言："办理环境卫生诚非

易事，盖环境卫生之目的在以科学之方法促成卫生之环境，但自市行政整个立场言，仍须建设整洁美观之市容，其进行之速度要视政府及市民整个之经济力量及市民之卫生习惯如何而为衡。”[1] 北京乃至全国范围内的卫生建设是一个需要在经济、政治、文化等多种合力下生成的复杂问题，并非一朝一夕能够成功的，浴堂的卫生管理也不例外。北京浴堂中的卫生管理没有达到预期的根本原因，主要由专业基础、物质基础、社会基础的因素影响，缺乏这三个方面的基础，使得浴堂卫生管理“一管就死，一放就乱”。

专业基础方面，由于浴堂卫生法规刚刚起步，在当时的历史条件下，其内容稍显幼稚和片面，仅囿于环境卫生、设备卫生、人员卫生等几个方面，无法将制度与当时的社会环境结合，而总是在“一纸空文”或“用力过猛”之间徘徊。此外，卫生相关工作者经常为了彰显自己的工作业绩而谎报真实的卫生情况，负责卫生工作的人员专业素质不强，也会使得卫生改良成效大打折扣。以下两表统计了 1932 年至 1933 年全市商铺卫生情况：

表 4–4 1932 年北平市公安局夏季调查铺商清洁统计表

区域	清洁商铺	不清洁商铺	清洁浴堂	不清洁浴堂
内一区	255	4	18	0
内二区	325	7	9	0
内三区	505	23	12	1
内四区	268	4	14	0
内五区	163	17	5	0
内六区	90	9	3	0
外一区	519	36	12	3
外二区	582	17	20	2

1《北平市卫生局第一卫生区事务所第十一年年报》，《北平市卫生局第一卫生区事务所年报》，1936 年第 11 期，第 31—34 页。

续表

区域	清洁商铺	不清洁商铺	清洁浴堂	不清洁浴堂
外三区	219	11	4	0
外四区	248	6	7	0
外五区	135	5	9	0
东郊区	133	3	5	0
西郊区	274	3	7	0
南郊区	134	2	9	0
北郊区	111	2	3	0

资料来源：《北平市公安局二十一年夏季调查铺商清洁统计表》，《北平市市政公报》，1933年第197期，第1页。

表4-5 1933年北平市公安局调查本市各铺商清洁比较表

	旅店	娱乐场所	乐户	浴堂	理发馆	饮食店
清洁	402	63	179	131	526	2678
总数	409	65	186	137	535	2800

资料来源：《北平市公安局二十一年夏季调查铺商清洁统计表》，《北平市市政公报》，1933年第197期，第2页。

上表的调查统计由北平市公安局完成，在这两年的卫生统计中，看似所有浴堂均卫生情况良好，但事实上，将上表的数据与同时期其他关于浴堂卫生统计相比，便可知调查结果与实际状况相差甚远。在第一卫生事务所的统计中（见表3—1），1932年内一区浴堂环境卫生清洁者只有17%，但上表中1932年的数据显示内一区18家浴堂没有卫生不清洁的店家。在1933年统计的137家浴堂中，共计131家卫生合格，这一数字同样有待商榷。根据第一卫生事务所1934年的数据可知，浴堂环境清洁与用具清洁者只占总数的6成。调查机构的不同使得调查结果千差万别，数据上的不确定性使得对浴堂的卫生管理不能做到有的放矢。

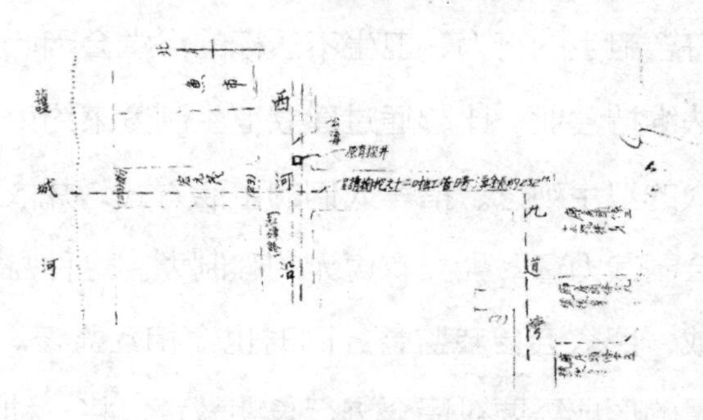

图 4-3 德源澡堂请淘挖三府菜园暗沟查勘草图

物质基础的问题首先体现在卫生机构缺乏相应的运行经费上。近代北京政治局势不稳定，导致卫生机构时常三饥两饱，总是因缺乏经费导致工作无法有效进行，同样，由于经费问题导致建立独立的卫生行政机构颇费周折，卫生局与警察系统分分合合。在 1930 年代中期，卫生系统趋于稳定，经费也逐渐宽裕，以第一卫生事务所为例，这一时期该所环境卫生股与清华大学合作，后者每年派卫生工程师一人主管环境卫生事宜，研究及改善各困难问题，卫生改良取得一定进展。[1] 但好景不长，七七事变后，清华大学南迁，该所环境工作人员以及经费均未能按原定计划施行，卫生业务改进工作障碍重重，如公共场所卫生视察次数比上一年大大减少。[2] 其次，近代北京经济环境不稳定，维护卫生成本较高，导致浴堂过分看中自身的经济效益。政府的卫生政策在浴堂执行时，浴堂往往“下有对策”。只有在卫生机关的例行检查时，浴堂才会严

图片来源：

《市民郑宽佑和德源澡堂等请修沟池的呈及北京特别市工务局的批呈》，伪北京特别市工务局档案，北京市档案馆馆藏，档案号：J017-001-01848。

1《北平市公安局第一卫生区事务所第八年年报》，《北平市公安局第一卫生区事务所年报》，1933年第8期，第 39页；《北平市公安局第一卫生区事务所第十一年年报》，《北平市卫生局第一卫生区事务所年报》，1936年第11期，第 31—34页。

2《北平市卫生局第一卫生区事务所第十三年年报》，《北平市卫生局第一卫生区事务所年报》，1938年第13期，第 32页。

格执行卫生规则，监管一旦放松，便立马反弹。

社会基础有赖于民众的生活习惯及其所行使的社会制裁力量。[1] 社会制裁力量通过民众卫生观念的普及而产生，民众的卫生意识又会以生活习惯的方式纠正浴堂中不符合卫生的行为，卫生不达标的浴堂会因此失去客源而无法维持营业。比起通过建立卫生制度来约束浴堂，培养民众的卫生观念、指导人们的生活方式，并依此建立一种社会制裁力量，会具有更大的强制力。这种监督机制一旦形成，民众会自我监督，同时也会相互监督。[2] 社会制裁力量的形成需要对民众进行长期教育。将一种新的价值观念内化在人们的行动中，成为一种自发的无意识的行为，是需要时间沉淀的。在 20 世纪上半叶，卫生的社会基础显然并未完全成形。

第三节
市政体系中的浴堂

在北京构建现代市政体制的进程中，建立疾病预防机制与体系，修建下水道疏浚沟渠，以及对设立女性浴所、平民化公共设施的强调，是浴堂业涉及的几个重要工作。

一、浴堂与城市沟渠排水系统

下水道沟渠是现代城市的必要设备之一。在现代化

1《北平市卫生局第二卫生区事务所第三年年报》,《北平市卫生局第二卫生区事务所年报》,1936年第3期,第91页。

2［英］安东尼·吉登斯(Anthony Giddens),《社会的构成：结构化理论纲要》,李康、李猛译,北京：中国人民大学出版社,2016年5月,第5页。

语境下，一个城市排水系统的完善程度，往往代表着该城市的文明与健康程度。19世纪末的北京市沟渠系统大部分于明朝修建，经乾隆时期再次修筑，沟渠系统总长达429公里。内城区分五大干渠，由北向南汇入前三门护城河中。外城之渠水从虎坊桥起向东汇于龙须沟，经天桥、金鱼池折向南，注入城南永定门外护城河。1 由于明清时期修建的沟渠坡度太小，多数直如水平之槽沟，非雨水注满，水不流动，既或流动，不足以携泥沙以同流，易致沉淀，故沟常淤塞。清末时期，由于政府经费困难，城市的排水系统长期缺乏维护，多处渠道已坍塌淤填。龙须沟因金鱼池、崇文三里河一带沟渠淤塞，至其西段成了死水，一到春夏季节，污水四溢，恶臭冲天。内城的情况同样恶劣，西四南北大街与东四南北大街各有暗沟二道，均因出口壅塞，沟中常存积污水，一到雨季，污水便倒灌街巷胡同，污秽之状不堪入目。2 相较于沟渠系统干路有定期的例行维护，诸支路只能由居民、铺户自行疏掏。由于缺乏有效组织，民众常忽视渠道疏浚工作，反而任意倾倒污水于街心，阻碍交通的同时将疾病传播。大量污水渗入街道会浸泡侵蚀沿街房屋的地基，导致地基受力不均匀，承载力下降，出现安全隐患，附近井水也会被渗下的污水所浊，滋生病菌，侵害民众健康。3

浴堂是用水大户，有人曾统计，每人在浴堂中一次盆浴的用水量为350升，每次池浴平均用水500升。4 20世纪新式浴堂繁荣并开始日渐增多，浴堂每天都会排放大量污水，若这些污水流淌到街道上，于城市卫生极为不利。虽然政府屡次强调浴堂须定期修整沟渠，如要求浴堂

1《北平市沟渠建设计划》，北京档案馆编：《北京档案史料》，北京：新华出版社，1999年第3期，第105—114页。

2 北京市地方志编纂委员会编：《北京志·商业卷·人民生活志》，北京：北京出版社，2007年，第529页。

3 朱有骞：《城市秽水排泄法》，上海：商务印书馆，1933年，第8页。

4 王寿宝编：《给水工程学》，徐昌权、王荞吾校，上海：商务印书馆，1949年第10页。

泄水沟每年须掏修二次以上，秽水不得存积院内或任其流溢，但效果并不理想，能够照做的浴堂极少。1 1919年，因沟渠无法通泄，浴堂用过的洗澡水没有出路，有人建议将洗澡水泼洒于街道，代替清道夫洒街用的黑泥水。2 这一情况到了1920年代仍未好转，《顺天时报》曾发文说明北京污水遍地的现象与浴堂关系密切："近年则湿气蒸蒸，妨害卫生之处甚多，揆厥原因，实有四种：第一，自来水公司水管监视不严，时有破漏之事；第二，各住户对秽水仍随便倾泼；第三，收拾排泄物欠妥；第四，浴堂秽水泄法不良。"3

国民政府统治时期，北平市当局对排水系统管理混乱的现象进行了集中整治，浴堂是重点治理对象。按照规定，各家浴堂均需自行修筑下水设备，下水管道口径不能过小，竖管口径不应低于50公厘（毫米），横管口径下限为65公厘。浴堂在动工前，需要将建造物轮廓、地基形势、建筑物附近水道方向，及公共水路之位置详细绘制，与店内下水管道位置、种类及方向图式一并交予工务局，方便工务局将浴堂的下水管道接通至公共沟渠，产生的费用由浴堂负担。4 若渠道堵塞，清淤的费用亦由店家承担。

然而，治理秽水方案在执行层面却不如预期般顺利，各方矛盾重重。由于当时市民毫无限制地加盖住房，导致沟渠常压置于房屋之下，难于寻觅，对沟渠的清理也会因上方铺户的反对而作罢。5 德源浴堂清修沟池一案是个典型事例。该浴堂位于前门外二区九道湾附近，院内修筑沟渠接通三府菜园公沟。这条公沟于20年前由九道湾联合

1《管理浴堂营业规则》，田涛，郭成伟整理：《清末北京城市管理法规》，北京：北京燕山出版社，1996年，第189—194页。

2《洗澡水能洒街道么》，《通俗医事月刊》，1919年第2期，第39—40页。

3《都市之卫生》，《顺天时报》，1925年12月12日，第7版。

4 朱有骞：《城市秽水排泄法》，上海：商务印书馆，1933年，第15页。

5《北平市沟渠建设计划》，北京档案馆编：《北京档案史料》，北京：新华出版社，1999年第3期，第105—114页。

商号数十户合资修筑，起点在九道湾7号南墙外，经西河沿23号院内并入护城河。由于公沟年久失修，加之沟底崎岖至秽水难以流出，严重影响浴堂排水。当德源浴堂与工务局沟通，欲清理阻塞的沟渠时，发现西河沿23号处为宏元茂米庄，公沟经过该号铺房的长度有40公尺。因担心施工会影响自家生意，宏元茂米庄对于排水的需求又不大，该店铺一意反对工务局施工动土，工务局被迫停工，只得待德源浴堂与米庄沟通妥当后再行复工。[1]疏通沟渠一事，政府只负责施工，其他如协调解决纠纷等事宜均交由提出申请的住铺户自行完成。可以猜想，在政府如此放任且毫无强制力的态度之下，宏元茂米庄若非收到德源浴堂实质性的利益补偿，绝无放行之可能。

吊诡的是，若浴堂任意排放污水，政府并不会考虑他们的难处，对其的处罚绝不姑息。[2]1946年以后，浴堂与工厂、作坊一道，因有排泄大量污水之需求，被列为公共卫生的重点照看对象。若有私自排泄倾倒污水的现象，处5日以下拘留或法币30元以下罚款，情节严重者，予以停业或歇业处分。[3]这样的处罚不可谓不严厉，但不在解决沟渠堵塞问题上加大力度，反而一味地处罚因沟渠淤塞排水无方的店家，这种做法无异于扬汤止沸。浴堂店家在此政策下自然患得患失，既畏惧当局的诘责与苛罚，清洁渠道的多重开销又令他们百般踯躅。政府方面自然知悉此政策并非治本之策，但由于矛盾、困难重重，非一朝一夕之功可以解决，只得出此下策。[4]

1《市民郑宽佑和德源澡堂等请修沟池的呈及北京特别市工务局的批呈》，伪北京特别市工务局档案，北京市档案馆馆藏，档案号：J017-001-01848。

2 如华严路复兴池澡堂泄水暗沟堵塞，致使秽水流溢街道，经警局催促延不竣治，被处以罚款并要求即速处理。《北京特别市警察局外五分局关于葛汝温等妨害卫生门前不洁并不愿打扫澡堂暗沟堵塞迁不治理的案卷》，伪北京特别市警察局档案，北京市档案馆馆藏，档案号：J184-002-28169。

3 林振镛：《新违警罚法释义》，上海：商务印书馆，1946年，第106页。

4 张子明：《北京市清洁问题之症结》，《卫生月报》，1941年第25期，第10—13页。

二、防疫、公共卫生与浴堂

(一)微生物学与浴堂卫生

19 世纪下半叶，西方微生物学与细菌学研究取得较大突破，后者传入中国后，部分先觉国人开始关注公共场所的卫生问题。进入 20 世纪，更多的中国有识之士察觉到浴堂卫生环境与微生物之间的关联。有人曾借英国利物浦公共浴堂关于微生物的调查数据，意图说明多人同浴的危害之处，文中称：每一人入浴 10 分钟后，浴池中有微生物 400 亿株，每多一人增加微生物 60 亿株，一日之后，每 1 立方厘米所含微生物高达 4676 株之多，因此经他人濯身浣体后留有污秽的池水，不宜于再浴。[1] 也有人援引日本对浴堂中细菌数量的统计，在 1 立方米的水中，刚从井水汲出的水含有细菌 31359 株，入浴池中加温度后 1512479 株，一人入浴后 5330861 株，10 人入浴后 124109444 株，30 人入浴后 2086612500 株。作者借这一数据是想强调，浴池内细菌的数量与入浴人数是成正比的，而且细菌越多，里面含致病病菌的几率就会增加。[2]

在全国范围内对浴堂卫生的一片声讨中，北京自不能例外。北京浴堂业于 20 世纪 20 年代达到高峰，作为商业场所，浴堂的地理分布、经营方式无不以盈利为目的，当浴堂经营者过分关注收入时，往往自觉地将卫生成本从总开支中核减。于是，在北京浴堂业一片繁荣的同时，糟糕的卫生条件成了浴堂的标签。下文描述了这一时期北京浴堂的卫生情况：

京人有个惯性，仿佛是像不甚乐于沐浴，

1 翻公:《公共浴池中之微生物》,《青年进步》,1918 年第 15 期，第 42 页。

2 卓弗灵:《有趣的科学谈：浴堂中的细菌》,《新上海》,1925 第 1 期，第 195-196 页。

我们但凡看到九城之中，这浴池不处处都有，所以也觉得是个缺憾，繁华地所在如前门香厂，东西四牌楼等地不多远还有座澡堂，那且按着另说，东北城西北城偏僻地点要找一个干干净净的浴池，就真难上加难，因为这一行不发达，所以北京人的疾病不差什么也跟着多生了许多。那繁华所在的澡堂呢，更自有两件缺点，不是价钱太贵，让人望而却步，就是布置不合理，清洁不讲，往往有令浴客晕呕，传染患疮等事，改良之重是不能不望大家考虑了。1

为了改良浴堂卫生，呼吁市民不到浴堂的公共浴池中沐浴，《益世报》曾刊载对北平四家浴堂水质的抽样调查测试报告。该报告对四家浴堂三种不同温度的浴池进行了早晚各一次的水质检测。结果显示，因水源为井水，各浴池之水于早晨客人入浴开始前就已有相当程度之污染，且三个池子污染程度相差不大；同一温度的浴池中，早晨的水质较夜间歇业前洁净许多；不同温度的水池中，温度低者污染程度高。根据上述现象，实验者推断沐浴人数与池水污染程度成正比，晨间三种浴池水质情况大致相同，水温低的浴池入浴人数较多，因此到夜间污染程度较高，高温浴池在晨间不适于一般人入浴，但因时间的经过渐次变成低温，人人皆可入池，于是夜间污染程度也会上升。对于水质成分的检测，四家浴堂夜间每立方厘米细菌聚落数最高者达 10880 株，最低也有 2020 株。此外，甚至在池水中发现氨的成分（原文称亚莫尼亚），该成分是因为缺乏公德心的浴客在浴池内便溺所致。虽然四家浴堂的地

1 红叶:《浴池与卫生》,《京报》,1921年5月24日,第5版。

理分布、面向的顾客群体均不一致，有在繁华中心的，有的位于偏僻市街，有面向学生、商人的，也有面向劳动者的，但无一例外均被发现有排泄物，可见浴堂浴池之肮脏混乱。1

（二）浴堂中的传染媒介与主要疫病

浴堂的脏乱卫生环境使得疾病横生，但大多数顾客对传染这一概念一无所知。浴堂中的主要传染病有淋病、梅毒、肺结核、沙眼、疥疮、脚气等。池水、毛巾、从业者是传染疾病的三种主要介质。

作为浴堂中疾病传播的重要媒介之一的池水，多人聚于一池，池内不乏皮肤病、性病患者，加之池水温度极易繁殖微生物，喜泡池堂的顾客患病率可想而知。2 浴堂门口常悬有对联曰："脏疮恶疥休来洗，酒醉年高莫入堂。"3 除拒绝醉酒者及年纪大的人来浴堂洗澡外，提醒身患皮肤病、性病等传染疾病的客人不与他人共浴同样是浴堂的义务。但实际上，来浴者多患疮疥、梅毒等疾病，浴堂为了营业，来客不拒，给病菌蔓延创造了条件。梁实秋曾这样回忆："所谓高级一些的如西升平，但是很多人都不敢问津，倒不定是如米芾之好洁成癖至不与人同巾器，也不是怕进去被人偷走了裤子，实在是因为医药费用太大。'早晨皮包水，晚上水包皮'，怕的是水不仅包皮，还可能有点什么东西进入皮里面去。"4

有浴客曾记录下在浴堂的亲历。作者在浴池泡澡时，从门外走进一位30多岁的顾客，浑身长满癞疮，有的在淌黄水，有的在冒花脓，这位客人却悠然自得，旁若无人地先从凉池挨次向热池洗着，未到5分钟，所有池子的

1 禹三：《北平澡堂之卫生学的调查》，《益世报（北平）》，1931年7月2日，第11版。

2 黎离尘：《混浴之危险》，《益世报（天津版）》，1926年6月24日，第14版。

3 北京市地方志编纂委员会编：《北京志·商业卷·饮食服务志》，北京：北京出版社，2008年，第260页。

4 梁实秋：《雅舍小品》，沈阳：万卷出版社，2016年，第98页。

水都被他沾过。作者不敢再洗，只得跳出池子，草草离开浴堂。出门口，看见类如“与患皮肤病的人同浴，有被传染的危险！”的标语，觉得写这标语的人有些多事，自己还不如眼不见为净。[1]

就患者而言，来浴堂泡澡也未必对身体有益。疥疮患者因瘙痒难忍，常来浴堂擦背，虽止痒一时，但皮肤会因此充血而抵抗力薄弱，滚烫的浴水并不能将病菌消除，第二天疥疮必然会快速蔓延。[2] 一些民间的陋习还会让浴水变得更加危险重重，如有传闻称满布毒菌的浴水有治病之功效，如甲患梅毒，乙患有疥疮，二人同时在一个浴池中泡澡，两人的毒气相遇便皆能消除于无形。[3] 再如淋病患者中流传着一种治病偏方，即在浴池内小便，该偏方仿效在路上倒药渣的习俗，认为将尿液排泄在池中后，会让陌生人替自己害病，因此自己的病就会自行消除。[4] 在对浴堂的水质检测中发现不同程度排泄物的成分，可知用此方法治疗淋病以求灵验者是真实存在的。

浴堂中的毛巾是传播病菌的另一重要媒介。为了节约成本，浴堂对毛巾的消毒并不积极，患者使用过的毛巾被他人再次使用，极易感染疾病。沙眼、脚气、各种性病、传染性皮肤病皆可通过毛巾传播。每条毛巾每日会被使用多次，在上一个顾客从头到脚擦遍全身后，浴堂伙计只会将该毛巾在热水内浸热，就拿给别的顾客使用了，几乎无法起到消毒作用。毛巾尚且如此，浴衣更不知几日才能清洗一次。[5] 在这样的卫生条件下，使用浴堂毛巾的顾客极易致病。

沙眼是近代北京高发的传染病之一，患病者眼中分

1 奚白:《洗澡有感》,《论语》,1935年第74期,第21页。

2 蒋绍宋:《关于公共浴室》,《申报》,1939年3月28日,第13版。

3《为浴池卫生问题,致卫生局方颐积先生的公开信》,《华北日报》,1934年11月13日,第6版。

4《医病奇术:温水浴池里小解,可以医好淋病?》,《新天津画报》,1941年第1卷第24期,第1页。

5 公素:《请平市当局注意理发店及澡堂卫生》,《北平医刊》,1934年第2卷第2期,第26页。

泌物较多，畏光、有灼热感，严重者会影响视力甚至造成失明。1930年和1932年有医者调查北平市学生患沙眼情况，在1930年的调查样本中，有22%的学生患有沙眼，到了1932年，学校虽然拒收重症沙眼患者，但在被调查的2528人中，仍有18%的沙眼患者。其中，男性占54%，女性占46%。调查者认为，共用盥具为沙眼传染的主要原因，男生多赴浴堂沐浴，浴堂中公用毛巾为传染之主要媒介，因此男生相比女生被传染机会较多，发病率也会相应升高。[1]除沙眼外，脓漏眼也是易在浴堂中沾染的疾病，当淋病患者用毛巾擦拭私处后，其分泌物残留在毛巾上，其他客人用同一毛巾擦脸，淋球菌会间接染入眼内，引发眼疾。[2]

不洁的毛巾还会使顾客感染脚气。在北京的浴堂中，患脚气的客人因脚趾痒得钻心，会先刮脚再让伙计捏脚。给客人服务时，伙计先用刮脚刀把客人脚趾上的皮刮一刮，再用手指垫着，用拧干的毛巾在每个脚趾缝中来回捏挤，捏得脚趾流出黏液后，再用软纸把脚趾缝包起来方算完成。[3]捏完脚后，毛巾上沾满捏破的大块皮肤碎屑，上面血脓缠绵，仅做简单处理便继续给下一位客人使用，因此喜爱在浴堂中捏脚的客人几乎都患有脚癣。[4]

下文用极为生动的文笔描写了浴堂中毛巾不做消毒、交叉混用的乱象：

> 先前有一人坐在我上首气昂昂的刚从浴池出来，过身现着一点点豌豆大的血斑，看来是患疥疮的，浴池里的侍役用毛巾替他很小心的揩擦，他只是哎呀呀嗳气，又拿浴衣披在他身

1 张式溥：《北平各校学生沙眼症之人数》，《中华医学杂志（上海）》，1930年第16卷第5期，451—453页；张式溥：《北平学生沙眼之统计》，《中华医学杂志（上海）》，1932年第18卷第5期，第803—805。

2 余光中：《茶馆浴堂中之手巾》，1920年7月27日，第16版。

3 王隐菊、田光远：《旧都三百六十行》，北京：北京旅游出版社，1986年，第34—35页。

4 蒋绍宋：《关于公共浴室》，《申报》，1939年3月28日，第13版。

上安然躺下好像假死的样子。我跑进浴池，里面挤得满满的，池水涸粘，腾出一种莫名的腥臭，靠近池锅，蹲着一位客人，不住用热水暖着下体，说是烫风湿的。角落里有个患大麻风的，脸上紫青负重眼睑外翻，眼珠不住颤动好像一个红眼大头鬼，他正用手挤擦足上溃烂的地方，浓汁血水一点点向池水里滴，还有几个患皮肤病的，也都使水擦洗。我正在看的呆了惊得一个擦背的，轻轻在我肩上一拍，要替我干擦，我看他手上灰黑色毛巾油腻腻肮脏不堪，便极力拒绝连忙跑出浴池，忽又在浴池门外看见一条小便槽，满地洒着尿和痰水，一阵尿味冲入鼻孔。先前在我上首的倒已经走了，继又来了一位，侍役很客气的把先前那位披着的浴衣披在那人身上，又拿件浴衣加在我身上，我说不要了，我好容易扭好衣服溜出那所鼎鼎大名的卫生浴池——像厕所一样的浴池出来。[1]

浴堂中患病的伙计亦能传播疾病。由于卫生条件差，在此服务的伙计被感染的几率很高，患病的伙计在浴堂中继续服务又会产生交叉感染。因此，有人称浴堂为“危险症宣传的机关”以及“杀人不用刀的魔窟”毫不夸张。[2]《吾友》杂志曾在其四周年纪念刊上刊登一篇微型小说，描述了一个梅毒患者令浴堂伙计为其配药的过程，由此可知梅毒在浴堂中的集中传播方式。摘录如下：

天空落着雪，像大块的棉花套子，飘呀飘的。

1 尹家骐:《从浴池饭馆的营业实况说到它的管理卫生实际问题的研讨》,《医事公论》, 1935年第2卷第8期, 第27—29页。

2 尹家骐:《从浴池饭馆的营业实况说到它的管理卫生实际问题的研讨》,《医事公论》, 1935年第2卷第8期, 第27—29页。

热气沸腾着，在每个浴客的身上，每个浴客赤裸裸的，都用一条大毛巾盖着肚子和下部。

散座里一个年轻的小伙子，是刚从浴室里出来。

“擦脸”

马上一个中年的柜伙，闪着熟识的眼睛，递过一条滚热的毛巾。

年轻的小伙子一手接过毛巾，脸上微露着笑容，向着那柜伙一呲牙。

…………

年轻的小伙子一下就站起来，在那挂在墙板上的军人外套里，掏出一个大纸包，随手递与那个叫二哥的柜伙。

此时中年男子顺手从对面一张桌子上抄过一个挂花的洋瓷盆来，放在年轻小伙子的跟前，将那包药倒在里面，用手搅着，一股硫磺气息直蘸入了人的鼻孔。

“那有煞？你看……这边……”

年轻的小伙子哈巴着腿，伸出一个手指在大腿的红颗粒上，这显然是梅毒的发酵。

中年汉子摆布着那个年轻人，放到一个适当的位置，于是两手蘸着盆中带硫磺气息的黄药面，在那个年轻人大的红颗粒上，反复的擦着，那个年轻人疼的咬着牙狠狠的。[1]

文中坐在散座身患梅毒的小伙子刚从浴池中出来，显然洗的是与他人合浴的池堂，这是传播病菌的第一个方

1 胡华:《浴池拾记》,《吾友》, 1944年第4卷第49期, 第18—19页。

式；年轻人接过伙计的热毛巾，擦拭身上，病菌会通过毛巾传播给其他客人，此为第二途径；伙计为年轻人擦药，在患处用手反复摩擦，存在感染的风险，这是传播的第三途径。

因身处服务行业，经常接触客人，浴堂伙计比常人更容易感染疾病。一个患病的浴堂伙计又会将自己的疾病传染给更多浴客。在包天笑的小说《人间地狱》中，医生彭蒿洲曾为一位患梅毒的浴堂擦背伙计提供治疗。该伙计来就诊时已患病三个月之久，右臂上全是一点一点“似疥非疥，似疮非疮，似癣非癣，似红非红，似紫非紫，似烂非烂的颗粒”，那颗粒上面又包含着“似脓非脓，似水非水的东西，寻不出一块雪白干净的肉”。医生助手程藕看见此种触目惊心的病症，心想这伙计在三个月内不知为多少人擦过背，不禁恶心胆寒，吓得不敢再光临浴堂了。[1]

浴堂伙计也是肺结核的主要患病群体与传播群体。该病是伴随城市工业化而产生的“现代化产物”。[2]20世纪上半叶，肺结核在北京猖獗流行，患者咳嗽、打喷嚏，说话时会将结核杆菌播散在空气中，并停留数小时。由于近代浴堂通风较差，更利于结核杆菌的传播。在浴堂这种封闭的空间中，可能会停留更久且更易被他人吸入引起感染。

肺结核作为一种慢性病，病菌会在患者体内长期存活，浴堂又是当时重要的公共场所，因此可以想象，来浴堂洗澡的肺结核患者并非个例。据《华北日报》报道：“西单北大街一百一十号聚宝泉洋井铺，有铺伙刘金玉年四十岁，山东人，素有痨疾，经久未愈，昨晚八时许随其

1 娑婆生、包天笑：《人间地狱（下册）》，陈正书、方尔同，上海：上海古籍出版社，1991年，第562—563页。

2 饭岛涉：《作为历史指标的传染病》，余新忠编：《清以来的疾病、医疗和卫生：以社会文化史为视角的探索》，上海：三联书店，2009年，第32页。

同伙赴西单北大街裕华浴堂沐浴，当刘金玉将衣服脱去尚未入浴时，面上突发惨白色，低声道头晕，少顷口吐鲜血一口，其同伴见状，恐生意外，急将刘之鞋袜穿好，命浴堂伙计备妥洋车，将刘扶上车去，送其回柜，行至半途，刘已气绝死于车上。”[1] 浴堂伙计中患该病者亦不少，在1939年伪北京第一卫生事务所防痨科对市内重点行业肺结核病患病情况的调查显示，被抽查的理发业604人中患病率为19.2%；饭馆业1733人，患病率为5.8%；浴堂558人，其中包括理发人员66名，患病率为27.3%，非理发伙计492人，患病率为8.3%。[2] 在这种卫生环境下，浴堂成了肺结核蔓延的场所。

除上述的疾病外，浴堂中还会滋生痢疾、霍乱、白喉、红眼病等传染性疾病，这里不再赘述。

（三）浴堂的防疫管理手段

浴堂是为人们提供涤垢去污、洁净身体的服务场所，亦是一种有益于健康的设施，若管理不当，卫生状况不佳，会导致为了身体清洁、健康去浴堂沐浴者归来却沾染一身恶疾的后果。为此，从清末起，政府与社会进步人士便有意识地培养民众身体清洁意识与沐浴观念，与此同时也开始意识到浴堂的卫生密切关乎民众身体健康，因此逐渐加强对浴堂内各种传染疾病的控制与管理。

浴堂中传染疾病的管控主要有消毒与隔离两种方式。消毒即定期对毛巾、茶杯、浴池等器具设施进行杀菌处理。如毛巾或浴巾在每次使用之后，须煮沸或用蒸汽消毒，每条毛巾最好每日只用一回；茶杯每次使用完须用沸水冲洗；修脚用器具每次用毕，必须用酒精泡过方得再次

1《澡堂内口吐鲜血》，《华北日报》，1933年10月3日，第6版。

2 中国防痨协会：《中国防痨史料（第一辑）》，北京：中国防痨协会出版，1983年，第95页。

使用；浴池浴盆在每天换水的时候，应用热水碱皂细细的刷洗一过，再换储新水。[1]隔离的方法最开始是禁止一切患传染性疾病的顾客进入浴堂。[2]但由于这种方法触及了营业者的利益，无法顺利进行。于是政府放宽管理条例，将规定改为秃疮、疥疮、沙眼、外伤及花柳病者只准在盆堂或官堂沐浴，所用器物用毕应特别消毒。[3]有市民曾向卫生局长献策，建议浴堂单独开设专为性病及皮肤病患者使用的浴池，池中内贮消毒药水，让患者在洗澡的同时还能接受治疗，该市民还建议对擅自进入他池的病患予以重罚，严厉的规定才能让这些人自觉遵守，避免健康顾客受到传染。[4]除隔离患病顾客外，浴堂还被明令禁止雇佣患有传染病的伙计。[5]

在加强对浴堂防疫管理的同时，培养民众防疫意识，使民众能够自觉做到远离疫病高发场所，不做有感染风险的行为也是十分必要的。从20世纪20年代起，北京市政府就提醒告知民众在浴堂中应该注意的卫生事项，教育他们如何在其中降低被传染的风险。教育的内容主要包括三点：第一，告诫民众去浴堂沐浴时，尽量自带毛巾及石炭酸肥皂，若不得已使用公共毛巾时，不用毛巾擦拭眼睛及下体，不去搓澡，因为在洗澡的时候，皮肤的毛细孔都已张开，用不清洁的毛巾搓挲皮肤，很容易感染皮肤病。[6]第二，洗澡时不去洗池堂，尽量去洗盆堂，洗盆堂时，也须检查盆内浴水是否洁净，是否为多次使用过的污水。[7]第三，在浴堂洗公共浴池的时候，不要和传染性、皮肤病及性病患者同浴，入池时，须先观察池内其他浴客，若发现皮肤有异样、口角破烂或两眼周围有黑圈的顾客，是有

1 黎离尘：《混浴之危险》，《益世报（天津版）》，1926年6月24日，第14版；黄万杰：《浴堂环境卫生的管理》，《北平医刊》，1935年第3卷第9期，第55—56页。

2《卫生局注重浴室卫生》，《顺天时报》，1929年10月23日，第7页。

3 黄万杰：《浴堂环境卫生的管理》，《北平医刊》，1935年第3卷第9期，第55—56页。

4《为浴池卫生问题，致卫生局方颐积先生的公开信》，《华北日报》，1934年11月13日，第6版。

5 黄万杰：《浴堂环境卫生的管理》，《北平医刊》，1935年第3卷第9期，第55—56页。

6 北平市临时参议会秘书处：《平市临时参议会第一届第二次大会会刊》，北平：北平市临时参议会秘书处出版，1947年，第33—34页；《洗澡须知》，《蒙疆新报》，1944年7月12日，第4版；张恩书编：《警察实务纲要》，上海：中华书局，第66页。

7 芋园：《沐浴应当留意的两件事》，《申报》，1924年7月15日，第17版；心：《浴室卫生须知》，《大常识》，1929年第120期，第2页；中国卫生社编：《国民卫生须知》，中国卫生社出版，1935年，第287—289页。

梅毒的明证，切勿与其接近，若不下池也应远离玩弄池水的客人，不洁的池水也有致病的可能。1 政府还要求浴堂将各种规则以标语形式悬挂、张贴在店内明显之处。标语包括“消毒能杀一切传染病菌”，“公用面巾用后必须要用沸水煮过再用，以免沙眼及皮肤病的传染”，“与患皮肤病的人同浴，有被传染的危险”，“取耳打眼能叫你耳聋眼瞎”等。这些标语使用精美纸张，用艺术字体印刷，在提醒店铺伙计遵守卫生规则时，也教育来此沐浴的顾客重视自己的人身安全。2

随着城市管理体制的现代化，政府逐渐认识到建立卫生防疫体系的必要性，对于浴堂的监管也被纳入到城市的疾病预防体系之中。但针对浴堂施行的一些防疫手段，大多数情况下无法顺利落实。如禁止传染性疾病患者入浴堂沐浴的规定，多数浴堂并未遵循，浴堂经营者希望营业发达，于是来者不拒，仍然继续允许患病者进入池堂与其他顾客一同沐浴。该规定一改再改，但始终无法令浴堂有效行之，以至浴堂中良莠齐集，灾病相难，疾病蔓生。后政府采取办法，规定患病顾客单独使用盆浴，但经营者还是不满意，盆浴价格较池浴要贵许多，并不是所有顾客都愿意支付盆浴的费用，无形中还是影响了浴堂生意。3

对于浴堂中的毛巾等器具按时消毒的规定，也没有几家浴堂能够照做。按照要求，毛巾需要在沸水或蒸汽中蒸煮消毒后才能使用，但实际上，几乎没有浴堂使用蒸汽消毒这一方法，沸水消毒法往往也只流于形式。4 政府卫生机关会对浴堂进行定期卫生检查，但由于卫生稽查员本身不多，浴堂又分布在全城，在管理上耳目难及。卫生检

1 朱翊新编：《生活常识集成》，上海：世界书局，1948年，第130页；《蒙疆新报》，1944年7月12日，第4版。

2《二月份卫生行政实况》，《卫生月刊》，1935年第7期，第27页；北平市政府卫生局编印：《北平市政府卫生局业务报告》，北京：北平市政府卫生局出版，1935年，第77页。

3 青浦郁道庵：《实用家庭宝库》，《改良建造浴池法》，上海，上海易堂书局，1937年，第150—151页。

4 伪北京特别市公署卫生局编：《民国二十九年北京特别市霍乱预防工作简报》，北平：伪北京特别市公署卫生局，1940年，第71页。

查时，有些浴堂也只做表面文章，秉承“告示烂、公事散”的作风，在检查之后立刻恢复原状，无视卫生规定。[1]事实上，浴堂中这些不合规范的顽疾与民众的卫生意识也有相当关系，当民众能够做到“病者生悔，未病者生戒”，患者不去公共浴堂传染他人，也不会有顾客愿意与他人共浴公共浴池了。[2]

政府虽然欲通过培养民众的防疫意识、发布相关防疫规定的措施，在一定程度上保障民众的身体健康，但由于社会的动荡不安以及浴堂商家的逐利特性，加之卫生防疫体系起步较晚，不能完全发挥监督指导作用，浴堂中依旧脏乱不堪，存在诸多卫生问题。从政府对浴堂卫生改良的工作可以小见大，对于近代历届北京政府而言，卫生防疫医疗体系的构建非在旦夕，其任重而道远。

第四节 女性及平民浴堂

一、女性浴所的设立

北京女性浴堂的创立并不顺利。虽早在帝制时代末期有商人曾欲集资开设女浴所，上报给外城巡警总厅，但因当时社会风气保守，并不能接受商业性质的公共女性浴堂，该呈请并未获准，巡警总厅以“显有情弊”为由将其驳回。[3]1914年，北京第一家女性浴堂润身女浴所正式开

1 黄万杰:《浴堂环境卫生的管理》,《北平医刊》,1935年第3卷第9期,第55—56页。

2 青浦郁道庵:《实用家庭宝库》,《改良建造浴池法》,上海,上海易堂书局,1937年,第150—151页。

3《批驳开办女浴所》,《顺天时报》,1908年11月2日,第7版。

业，该浴所位于前门外李铁拐胡同斜街，属新式楼房，规模并不算大，由金秀卿出资开办。金为辽宁海城牛庄人，光绪十五年（1889年）生人，本是天津名妓，因口才绝佳而出名，喜欢新生事物，尤喜道新名词。民初时，有人评价金秀卿“可执北姬牛耳”。[1] 金秀卿嫁给乐师张泽新后，即告从良，改名金慧君，并来北京开设润身女浴所。[2]

润身女浴所的开设受到了社会保守人士的强烈批评，因涉及社会风纪问题，警察机构对其也设置了重重障碍。1915年，京师警察厅颁布《女浴所营业规则》，当时全市只有润身一家女浴所，这一规则事实上正是为润身量身定做的。[3] 规则如下：

管理女浴所营业规则

第一条 凡欲为女浴所营业者应遵照本规则管理；

第二条 开设女浴所营业者须将股东及经理人姓名、籍贯、住址、雇工人数之姓名籍贯、住址、浴所地址、建筑方法取据妥实，三家铺保呈报本厅，俟查核批准发给执照方准营业；

第三条 女浴所之建造必先绘图呈报本厅，查系建筑合法方准给照修盖，其原有房屋改修者亦需将如何改修方法绘图呈报本厅，派员勘定；

第四条 女浴所门首以内须用妇女两人指导女客应接一切，凡女客之车夫跟役及男家属等一概不准入内；

第五条 浴所附近应设停车场及跟役休息室

1《十年之眼中梨影》，《新华日报》，1920年10月7日，第5版；金秀卿喜欢社会新生事物、喜言新名词，有记载云：“一日偶与友人禄玉士谈，禄谓秀卿见彼即不道新名词，余不信，因相偕往其处，甫入舍，秀卿开口即谓禄曰，胡久弗来，近日又作何运动耶。余不觉大笑禄为愕然。”《陌尘粉印录》，《新华日报》，1921年2月1日，第5版。

2《北京人民政府工商局私营企业设立登记申请书（润身女浴所）》，北京市工商管理局档案，北京市档案馆馆藏，档案号：022-009-00016。

3 京师警察厅编：《京师警察法令汇纂》，北京：京师警察厅出版，1915年，第363—365页。

以备车夫跟役坐候；

第六条 浴所内掌柜雇工人均用妇女，不得男女并用；

第七条 无论官盆客盆每人须备单房一间，分内外室，内室安置水盆、挂衣钩，外室预备梳洗等物，不得一室内安置两盆，亦不得两人同在一室；

第八条 女浴所不准有池塘，其官盆客盆均须安设自来水管，两个凉热任客自便，不得用提水桶由外面提水出入；

第九条 浴室内雇工应各着小衣，不准袒背露体；

第十条 官盆客盆每个浴客浴毕，即用净水将浴缸内外洗涮洁净；

第十一条 浴室内所有应用物件须时常整理洁净，手巾擦布应用胰碱煮洗，不得稍有秽气；

第十二条 秽水不得存积院内或任其流溢道路，泄水沟须常掏修，掏修时应报告于所辖巡警区所；

第十三条 浴室之门窗应按天时冷暖酌定启闭时间，务使空气流通，其临外窗户须用洋式百叶隔扇或用风斗遮蔽，不得使外面窥见；

第十四条 浴室内应多设痰盂每日倾倒一次；

第十五条 浴室各处每日应泼洒稀石炭酸水或石灰水一次；

第十六条 浴所营业时间以早八钟起至午后

十钟止；

第十七条 浴所营业者遇有下列妇女等应阻止其沐浴；

一、身体有疮疾易于传染者

二、身有重疾力难支持者

三、饮酒过量者

四、患疯癫之病者

第十八条 浴所营业者遇有沐浴之妇女有下列之行为应阻止之；

一、高声唱歌

二、任意涕唾

三、沐浴前后不着小衣露体坐卧

四、在浴盆外便溺

五、擦面之手巾擦抹下体

六、于法令所定时间外任意留滞

第十九条 浴所营业者见到所沐浴之妇女身上有殴伤及有可疑之衣物，应即时告知守望巡警区所，以便派女检查前往查看；

第二十条 浴所内应由本厅随时派女检查前往调查以杜流弊；

第二十一条 凡违背本规则者均按违警律分别处罚。

对于上述21条要求，润身女浴所几乎照单全收。按要求设置浴盆20余个，各占房一间。开业之初，该浴所招待皆为女性，售票及洗涮地板等粗活则雇佣男性伙计，后来应警厅要求，一并改为女性。[1] 本来润身女浴所铺主

1《北平的澡堂》，《大公报》，1933年10月23日，第8版；《饬改女浴所章程》，《顺天时报》，1914年2月9日，第7版。

是金秀卿，为避免质疑和丑闻，最终定为以金夫张泽新名义开设。[1] 对于设置停车场及顾客仆役休息室等要求，尽管并不情愿，但还是照做。虽然增加了开店成本，但也为不少有钱人家的阔太太提供了便利，她们经常乘坐人力车，相约在浴所的停车场集合，一同来此沐浴。[2] 这一过程是极为私密的，阔太太们在路上无须担忧因出现在公共场所而受千夫所指，在享受浴所优质服务的同时，也省去了担心自己名誉受损的困扰。停车场与夫役休息室的设置无形中吸引她们来此消费。

润身女浴所的设立，在近代北京浴堂业发展历程中有着里程碑式的意义。不仅标志着浴堂营业范围的拓展，也象征着女性获得了使用公共空间的权利。女性浴所是在社会传统道德规范的打破，女性劳动力逐渐受到社会重视，性别平等的呼吁愈发强烈的环境下产生的，但这一社会环境也为女性浴所的生存带来诸多困难。诞生于社会风气开放之初的女性浴所，必然是社会进步人士与老派卫道士发生争议的主要场域。社会进步人士眼中，女性浴所是开启卫生事业、社会进步的体现，同时也是市政运动的内容之一，卫道士则依旧小心翼翼的维护着传统道德的藩篱。《医学世界》杂志曾以《女浴堂》为题撰文，作者称在报刊中见到有提倡女界中人投资女浴所以利女性卫生的文章，读完后不禁叫绝，遂与友人姚君讨论。姚君听后连声直呼使不得，认为建设穹庐宏苑的女浴所劳民伤财的同时，还令礼教失范得不偿失，良家女性最佳的沐浴方式应当是在家中打水净身，若执意要开设女浴所，则应当“在女字前加一妓字”。[3]

1《北京人民政府工商局私营企业设立登记申请书（润身女浴所）》，北京市工商管理局档案，北京市档案馆馆藏，档案号：022-009-00016。

2 张恨水：《春明外史（第五集）》，上海：世界书局，1931年，第875页。

3《女浴堂》，《医学世界》，1913年第25期，第44页。

无论是社会进步人士还是传统卫道士，他们的根本目的均是将女性纳入到自己认同的社会价值之中，按照自己理想中的形象来“生产”女性。由于女浴所的特殊性，在女警出现之前，执法机构不能随时入内检查，此种信息不对称的情况为润身女浴所增添了神秘感与令人遐想的空间。卫道士担心女浴所发生有伤风化之事，进步人士亦担心女浴所中毒品、暗娼等社会问题的滋生，二者殊途同归地将润身女浴所“污名化”。从1916年开始，多人频繁通过各大报刊举报金秀卿素有烟瘾，因警察无法进入女浴所而有恃无恐，在后楼公然置设鸦片烟具供客，常有娼妓等人以沐浴为名前去吸食鸦片。[1]金秀卿见报后多次要求各报馆更正，但均被搪塞过去。警察厅闻讯后，曾提讯金秀卿、张泽新夫妇及金母金何氏，三人皆声明未有提供场地贩售毒品之事，所谓“毒品”只不过是金秀卿戒烟时候掺和前所剩烟灰服用的六味地黄丸，以及浴所由外贩运被误认为“毒品”的洋货化妆品。警察厅调查后也未在润身女浴所发现藏匿的毒品，最终以证据不足结案。[2]

尽管如此，对润身女浴所的举报仍未停止，久未被警厅取缔的该浴所让攻击者的关注点转向金秀卿的社会关系上。1922年，《晨报》称收到知情人检举，润身女浴所之所以能开灯供客，组织卖淫、贩售鸦片还能稳坐泰山，无人敢觊觎，是因金秀卿与警察厅总监吴炳湘关系甚好。为了垄断女性浴所市场，金秀卿通过与警厅的关系，获准独行买卖若干年，年限未满时，不准其他女浴所开业。这一举报在抨击女浴所中进行龌龊勾当的同时，也将北京市长期未再有女性浴所出现的缘由归罪于润身女浴所的阻

1《浴所兼售鸦片》，《顺天时报》，1916年11月20日，第7版。

2《京师警察厅外右二区分区表送交查润身女浴所金慧尚有烟瘾一案卷》，京师警察厅档案，北京市档案馆，档案号：J181-019-56978。

挠。1 事实上，这些举报的证据同样并不充分，所谓“证据”，不过是“有人送来的稿子”，或“燕都小报查知”以及“今日所闻略志”，这些报道皆称润身女浴所营业获利甚丰，但就实际情况而言，其营业只能用惨淡形容。2

润身女浴所开业后，尽管市面只此一家女浴所，看似抓住了女性这一庞大的消费群体，但其生意并不算兴隆。由于当局规定女浴所不能有浴池，每间浴室只能设置一个浴盆，该浴所全部房间客满时也不过20余人同时沐浴，使得浴堂顾客周转率低下，一人一室还导致用水复多。这说明若想要盈利，其浴资必然不菲。3 不菲的价格让大多数女性顾客望而却步，其浴客以附近娼寮中当红妓女居多，亦有阔太太来此消费。4 据《顺天时报》报道，由于女浴堂是北京前所未有之营业，又是妓女开设，虽然斥资甚巨，但从开始营业起，顾客寥寥，每日收入甚至不敷开支，若生意再不见起色，金秀卿之积蓄将消耗殆尽。5 金秀卿想尽一切办法开源节流，如降低澡价以吸引更多顾客群体，在浴所兼售化妆品，允许多人使用同一房间平摊浴费，此外还窃水窃电、偷税漏税，生意这才略有好转，但也只是尚能勉强度日。冬日较佳，夏日常入不敷出。6 润身女浴所的效益不佳，使得诸商人将女浴堂生意视为畏途，在润身女浴所开业后近20年间，始终孑然一身，后无来者。

对普及女性浴堂的呼吁集中在国民政府成立后。这一时期，社会进步人士对于改变现状的愿望愈发强烈，急于寻求改良社会、富国强民的良方。因此国民的身体素质、生活习惯、个人卫生情况成了国家治理与改造的目

1《润身女浴所之黑幕，秘密卖淫，开灯供客》，《晨报》，1922年2月15日，第7版。

2《秽声四溢之女浴所，抄办已数次而仍有暧昧》，《京报》，1922年4月5日，第5版；《京师警察厅外右二区分区表送交查润身女浴所金慧尚有烟瘾一案卷》，京师警察厅档案，北京市档案馆，档案号：J181-019-56978。

3《北平特别市卫生事业涉及（续）：市营浴堂》，《华北日报》，1929年9月4日，第6版。

4 妓女顾客多也使得其他女性顾客不愿前往，林传甲在京师地理志写道：“润身女浴所在李铁拐斜街，京师浴堂数百，女所惟一，近于女闾，良家不便往也。”林传甲：《大中华京师地理志》，天津：中国地学会，1919年，第244页。

5《女澡堂之悲观》，《顺天时报》，1914年3月9日，第7版。

6《北平的澡堂》，《大公报》，1933年10月23日，第6版。

标。健康、卫生、清洁等概念在原有意义之上，凝练出新的价值。在社会进步人士眼里，沐浴习惯关乎国民的身体素质、体魄的强健与否，甚至决定着国运的兴衰。培养女性沐浴习惯被时人认为是改良社会的重要方式。理由很简单，中国女性自古有相夫教子之责任，只有当女性浴堂普及化，女性养成勤加沐浴的卫生习惯后才会推己及人，她们的孩子与丈夫便更加容易接受清洁观念，进而加速全民卫生意识的普及。因此，以普通女性同胞的生理为着眼点，才能一步步地改良社会，间接为中华民族建设一个完美的社会。[1]《中国妇女》杂志增刊载《女子浴室普及运动刍议》一文，说明在社会改良中，城市的现代化进程与女性个人卫生之间的关联，该文认为，人是都市中的主体，如果人不爱洗澡，不讲求卫生，无论衣服怎样摩登，房屋怎样壮观，都市都无法现代化。妇女也是城市中的一员，若不常洗澡，仅靠涂粉点胭喷洒香水，同样有碍观瞻、大煞风景。因此推动女性浴堂的建设，使各阶层的妇女无论春夏秋冬都有洗澡的机会，是城市现代化中不可忽视的工作之一。[2]

女浴所的普及和沐浴习惯的养成同样被赋予了民族的使命。北平市公安局曾撰文讨论筹办妇女公共浴所的必要性，并将其上升至民族及提高国民生产力的高度。文中称沐浴可以清除皮肤附着的菌虫，能使血流旺盛而助身体之发育，可使毛孔通畅而利汗液之排泄，既可预防疾病又能治疗疾病，是提升女性身体素质的必要条件。“妇女体质日趋强健，既可造就身体足壮之良好国民，强我民族，又可与男子同耐工作而达到男女平等之真精神。”除此之

1 刘凤鸣:《社会极应为妇女建设的几件事》,《妇女共鸣》,1930年第35期,第21—25页。

2 亦可:《女子浴室普及运动刍议：二万万女性清洁问题》,《中国妇女》,1939年第1卷第12期,12—13、15页。

外，该文章还认为沐浴可以改善女性的精神面貌，造就健全的精神状态，祛除往日中国女子的柔弱之病。在强调沐浴洗涤女同胞身心的基础上，该文进一步阐明，一个国家、民族之文化进步与否，全视卫生设施是否完备，女性占全中国人口的一半，若没有专门的女性浴堂，国家与民族的文化则会止步不前。1

有论者将设立女浴堂升华到能够赋予国民政府政权合法性的高度。该论者认为，女浴堂的设立既是政府为女性谋幸福、求自由的标志，也是男女平等的象征。当女性浴堂普及后，她们在享受卫生带来的身体愉悦的同时，也自然获得了与男子一样自由出入公共场所的权力。紧接着，该论者话锋一转，称争取女性的自由平等是国民政府的义务与责任，中国现在正值建设时期，女性还无法与男子平权，相较男性浴堂，女性浴堂少且浴资昂贵正是其具体体现。但只要在“青天白日旗”的领导下，将来到了训政时期，我国女同胞便能获得真正的权利。这一时期的女浴堂，一定是遍布全市的公共设施，且定价一定是合乎普通妇女经济能力的。2 在此论调下，妇女解放、设立女性浴堂与政府的执政能力被联系在一起，设立更多的女性浴堂意味着性别平等，对未来性别平等的承诺赋予了执政政府的历史必然性与合法性。

然而，此蓝图背后的社会现状却并不乐观。由于中国女性自古以来甚为欠缺沐浴习惯，一生沐浴不过数回，甚至一辈子不沐浴者也大有人在。她们大多数时仅在家中使用温水擦拭身体，有些家庭因居住条件的限制，女性连在家擦拭身体都成奢望。3 虽然北京有女性浴堂，但十几

1《论自治区与卫生区有筹办妇女公共浴所之必要》，《北平特别市公安局政治训练部旬刊》，1930年第18期，第43—44页。

2 刘凤鸣：《社会极应为妇女建设的几件事》，《妇女共鸣》，1930年第35期，第21—25页。

3 禹三：《北平澡堂之卫生学的调查》，《益世报（北平）》，1931年7月2日，第11版。

年来也只独有一家，仅仅是都市里的点缀。其目标受众也并非广大女性，而是仅集中于几个固定群体，完全称不上普及。于是，为女性提供一个能够洁身净体的公共场所和一个便利又价廉的沐浴环境势在必行。在社会进步人士看来，一个模范女性浴堂最应具备的要素，便是环境卫生、设备简洁、价格低廉，浴堂内只需要堂间与浴间，人们在堂间更衣，在浴间沐浴，浴间最好只装设淋浴装置。人们来此的唯一目的便是清洁，因此泡茶、擦背、捶腿、修脚、理发等服务一切从简，甚至毛巾肥皂最好也由客人自备。在这种浴堂中，洗澡应该和洗脸、洗脚一样简单迅速，男子浴堂中高谈阔论、鼾声如雷的积习应当坚决取缔。[1]

1928 年后，北平市女浴堂数量开始增多，到 1935 年时增至 8 家。[2] 除润身女浴所外，清华园、华宾园、儒芳园、裕华园、卫生池、浴清园、德丰园共 7 家浴堂先后在男部的基础上设立了女部。[3] 虽然数量有所增加，但女浴所并非如社会进步人士预想的那样卫生、简洁又价格低廉，且受女性欢迎。由于社会风气一时不能改变，多数女性还是不愿意去浴堂沐浴，去沐浴的女浴客也不愿在同性面前暴露自己的身体。因此，女浴堂仍然以官堂为主，且价格依然不菲。[4] 如清华园浴堂于 1929 年扩建了女浴堂，其中以官堂为主，盆堂为辅，共房间 25 间，可同时容纳 21 位客人沐浴，茶役、理发师等工役伙计皆有配备，且澡价并未缩减，与其男部浴资相比也不遑多让。[5]

七七事变后，在日伪政府的统治下，北平的日籍人士逐渐增多，其中不乏女性居民。由于日人素爱洁净，有

1 亦可：《女子浴室普及运动刍议：二万万女性清洁问题》，《中国妇女》，1939 年第 1 卷第 12 期，12—13、15 页。

2 马芷庠著：《老北京旅行指南》，北京：北京燕山出版社，1997 年，第 274 页。

3 池泽汇等编：《北平市工商业概况》，北平：北平市社会局出版，1932 年，第 618 页。

4 崔普权：《老北京的玩乐》，北京：北京燕山出版社，1999 年，第 163 页。

5 北京市政协文史资料委员会选编：《商海沉浮》，北京：北京出版社，2000 年 1 月，第 302 页。马芷庠著：《老北京旅行指南》，北京：北京燕山出版社，第 274 页。

沐浴之风俗，而市内女浴堂稀少，日本妇女经常出入于男性浴堂，虽然只在官堂单间中沐浴，但也颇为不便。《北平日记》曾记录下作者洗澡碰见日本妇女的情景：

> 下课了，顺路去西单沐浴，不意随我进去的是三个日本妇人。在日本男女同浴是司空见惯的事，毫不足奇，但是在中国礼教之邦、男女嫌疑分明极重的社会中，是引为奇怪之极的事。可是日本人以其本国的习惯，毫不惭愧，毫不觉羞耻或不好意思，大大方方的，见了浴堂就进去。起初报上登着这种新闻，我还不信，不料这次却被我遇到，一时却真令我惊讶呢！可是还好，日本三妇人，被引到雅座单间去，否则我只好让位，到别的澡堂去洗了。[1]

1942年11月中旬，为了给居住在北平的日本妇女提供沐浴上的便利，伪北京市警察局会同社会局与工务局，决定在现有的8家女浴所基础上，于内一至外五的11个行政区界内再添设18家女浴所。[2]为了过程顺利，三局特意在全市浴堂中选择生意较为兴隆者令其执行，却争议颇多。浴堂店家皆以近时生意萧条，赔累不堪，若开设女浴所则生意更难维持为由，要求给予营业上的便利。在反复协商后，当局准予豁免女浴所的捐税及建筑执照费，以示体恤，但若有工程方面的变动，仍须按手续呈报。[3]18家浴堂添设女部情况如下表所示：

1 董毅著：《北平日记（第一册）》，王金昌整理，北京：人民出版社，2016年，第212—213页。

2 实为添设17家澡堂，裕华园澡堂属于原有8家女澡堂之一，本次应当局要求在原有女部基础上进行扩建。《北京特别市工务、社会、警察三局关于令浴堂分会转饬各澡堂增加附设女浴所办理情形的会呈及警察局的来函等》，伪北京特别市工务局档案，北京市档案馆，档案号：J017-001-02532。

3《北平市警察局关于浴堂业会长申请设立女部、各地赴满劳工随伴家族需限制、球业会员需加球费、住宅内安收音机需缴纳收听费、任职免职局长等的训令》，北平市警察局档案，北京市档案馆，档案号：J183-002-24405。

表 4-6 北平市内外城各浴室附设女浴所工程一览表

辖区	商号	浴堂内部调整	工程情况
内一区	桐园	原有楼上男部官堂五间改为五间女浴池	无照章呈报工程
	怡和园	原有男官盆六个改为女官盆六个	无照章呈报工程
	宝泉堂	原有男官盆四个改为女客盆四个	无照章呈报工程
内二区	万聚园	原有男部官堂三间拨作女浴所	无照章呈报工程
	裕华园	原有男部官堂三间改为女部现正修理	无照章呈报工程
内三区	松竹园	改建灰平房四间作为女浴所	照章呈报工程
内五区	德颐园	男浴所拨用二间作为女浴所	无照章呈报工程
	鑫园	男浴所拨用四间作为女浴所	无照章呈报工程
内六区	福海阳	该号生成房间不足，未添设女部	
外一区	兴华池	楼下男浴室二间拨作女浴室	无照章呈报工程
外二区	东升平	西面二楼上原有男部四间拨作女浴室，另开西门供女部使用	无照章呈报工程
	清华池	原有临街楼下男部官堂二间隔开拨作女浴室	无照章呈报工程
	清香池	由原有楼上南面男部官堂四间，隔开拨作女浴室	无照章呈报工程
	春庆堂	原有楼上南面男部官堂四间拨作女浴室	无照章呈报工程
	一品香	原有楼上南面男部官堂四间，隔开拨作女浴室	无照章呈报工程
外三区	汇生池	原有男部二间拨作女浴室	临街开窗未报
外四区	同华园	将原有已堵后门拆开，安装玻璃门，院内原有西平台三间，前檐楼盖两间半作为女浴所	照章呈报工程
	海滨园	地势狭小，不敷应用，未添设女部	
外五区	新华池	由西面男部官堂三间改为女部另走西头	无照章呈报工程
备注	因海滨园浴堂未添设女部，浴堂同业公会择定广安门内大街同华园浴堂代为执行。同华园浴堂原有西平房 2 间作为女部，因该西房进深较浅，故在房前檐接盖灰平房半间，进深约 5 市尺，面宽约 8 市尺，柱高约 8 市尺。		

资料来源：《北京特别市工务、社会、警察三局关于令浴堂分会转饬各澡堂增加附设女浴所办理情形的会呈及警察局的来函等》，伪北京特别市工务局档案，北京市档案馆，档案号：J017-001-02532。

到了 1943 年 3 月，除福海阳浴堂尚未添设女部外，其余各户均已开业。在开业的各家浴堂中，几乎每家都将施工量降至最低以求节省经费，除同华园及松竹园有添盖房屋外，其他设置女部的浴堂均是从现有男部直接划拨过去，划拨的区域极为有限，最多不过五六间房，仅有的工程也只是添加隔断或开辟女部入口而已。分拨给女部的浴室大多是男部的官堂，在极力压缩工程量的情况下，所设置的女部也皆为官堂，同时入浴人数极为有限，浴资自然居高不下。如此情况下，早年间提倡普及的简洁、廉价之女性浴堂绝难兑现。在此次增加18家女浴堂之后，一直到1950年代初期，全市范围内再无新的女性浴所出现。

事实上，在这26家女浴所中，出于自发创办的仅润身女浴所一家。受社会风气影响，女性浴所绝非暴利，反而利润很小，经营者只能惨淡经营，勉强糊口。此外，由于当时多数女性的活动范围仅局限在自家住宅周边，对于浴堂的选择通常采用就近原则。举例而言，北京城内最负盛名的两所浴堂分别是王府井北大街的清华园以及西四牌楼附近的华宾园，尽管二者的男部享誉全城，但其女部则默默无闻。东城住的太太、小姐们几乎完全不晓得华宾园，而西城住的人也很少跑到清华园去。[1] 由此可知，女性的生活方式也决定了女浴所之前景并不明朗。

因此，大多数商人并不愿从事女浴所的营生，开设男性浴堂的店家也不愿增设女部从而增加负担。可见，若非社会进步人士的提倡、政府的勒令，女浴所数量绝达不到26家之多。润身女浴所受制于社会风气而只能开设官堂，官堂为里外套间，浴资定价低则无力维持生计，定价高又会招致社会进步人士的不满，他们认为现在女浴所的营业模式不利于妇女卫生事业的普及，昂贵的澡价也滋

1 练离:《北平女浴室风景线》,《大众生活(南京)》,1942年,第1卷第2期,第15—16页。

生了民众崇奢的心理，因此极力提倡简洁、廉价的女性浴所。相比润身女浴所遭受的非议，在其后创设的女浴所虽然没有遇到阻碍，甚至还享受了政策上的优待，但它们仍然没能如愿跳脱出润身女浴所的营业模式。当社会进步人士无视社会现状，其改良社会的努力往往只能停留在空谈之上，一旦涉及到实际操作层面，便又回到原点，还原于社会现状。

二、平民浴堂的创办

在北京市第一家女性浴所建立之际，北京市公所同时提出建立平民浴堂的构想，以期在更大程度上向市民普及卫生观念及习惯。其认为，卫生不论古今中外，为人类一日不可忽视之事，都市公共卫生设备的有无与卫生条件优良，关乎于全体市民的个人卫生，国民素质以及国家的文明程度。浴堂作为重要的公共设施，应当普及开来以供广大市民所利用，亦应清洁整齐以利公共卫生事业。[1] 20世纪上半叶，浴堂经历了商业转型，劳动阶级已不再是其主要面向的顾客群体，浴堂虽为公共设施，但实际上皆由私人开设，私立浴堂重在盈利，定价颇高，一般下层劳动阶级根本不敢问津。劳动者整天在赤日下满头大汗地工作，到了晚上浑身黏腻不堪，他们的居住环境几乎不可能有沐浴的设备和空间，公共浴堂却又消费不起，长期不洗澡导致遍体油腻，恶臭不堪，若染上皮肤疾病则脓血淋漓。[2] 劳动阶级无法享受沐浴之乐，中产阶级也对出入浴堂有所顾虑。由于浴堂人均消费过高，每逢年节又排队

1《论公共浴场》，北京市公所编：《市政通告》，北京：北京市公所出版，1914年，第14页。

2 叶伯初：《建造平民公共浴室》，《申报》，1943年5月19日，第5版。

人数众多，中产阶级之人也有嫌麻烦而选择减少沐浴者。1 时人多认为，这种贫者望而裹足，富者不欲常往的私立浴堂有碍于卫生观念的普及，限制了卫生事业的发展，因此公共卫生不能完全委诸私人经营，应当由市政府组织，筹设平民浴堂，设备从简、取费低廉，以兹让所有民众获得沐浴的机会。2

对于平民浴堂的建设，全国范围内的社会舆论皆为一片福利主义论调，对西方古典时代沐浴文化极力推崇。3 常有社会改良者借古喻今，称赞古希腊和罗马沐浴文化的同时，希望现政府能如古典时代一样支出大笔资金，建筑伟大壮丽的浴池，免费让人们来沐浴。4 这些社会改良者还强调，公共平民浴堂应由城市自办，为了便利民众，收取费用应尽可能低廉，一切需用开支应由全市纳税人负担。5 1914 年，市政公所开始强调以福利主义为基调创办平民浴堂，并结合国情市况对福利主义做出相应修正。市政公所承认，公共浴堂不只与个人之卫生有密切关系，且亦系一种娱乐，但由于市政经费有限，市民卫生认知程度尚低，出于保护民众健康之施政理念，由政府出资创办的平民浴堂应当暂时舍去公共浴堂的娱乐功能，不让其喧宾夺主，只保留最基本的沐浴功能。6

同女性浴所一样，环境卫生、设备清洁等因素也被用来要求平民浴堂。在社会改良者们看来，一个平民浴堂需具备如下四个要素。首先，应有适当的地理位置，平民浴堂主要目的在于使下级社会人民身体清洁，若地点与彼等住所相距甚远，则劳动者在终日劳作倍感疲倦之后懒于成行，或惮于往返路程而不去就浴。因此，平民浴堂应力

1《市民沐浴的困难》，《市政评论》，1941年第6卷第2卷，第2页；《都市卫生论》，蔡日秋：《公用利用合作经营》，南京：正中书局，1948年，第26页；《北平日记》中，作者为辅仁大学学生，虽遭遇丧父分家，但家境仍算殷实，作者大致半月至一月各沐浴一次，每次沐浴都要感慨浴资昂贵。参见董毅著：《北平日记》，王金昌整理，北京：人民出版社，2016年。

2《都市中应筹建平民洒水浴室》，《政治评论》，1935年 第154期，第823页。

3 福利主义主要是指，强调政府应当通过提高税收来增加社会福利，这些福利包括教育、卫生、救济、助贫等。

4《市民沐浴的困难》，《市政评论》，1941年第6卷第2期，第2页。

5 宋介编：《中国大学讲义》，北平：北平中国大学，1935年，第75页；凌鸿勋编：《市政工程学》，上海：商务印书馆，1926年，第55页。

6《论公共浴场》，北京市公所编：《市政通告》，北京：北京市公所出版，1914年，第14页。

求在空间上更接近平民及劳动者，最好每个分区都有设立。1 其次，浴堂设备应宜简洁，以淋浴为主要沐浴方式，尽量少用或不用浴池与浴盆。有浴池的平民浴堂，浴池大小不应小于 6 米 ×12 米，池底池壁须用三合土或瓷砖铺砌，池水每日更换一次且不宜过热。2 淋浴设备应安置铜制喷水头，用冷热水管连接，各有开关，以节制水量，喷水处离地约 2 公尺，其方向应与垂直线成 20 度之角，由于沐浴者有时不知节省用水，每小时所耗之水量每只喷头约 80 加仑 3 至 200 加仑，若费水甚多，还需在喷水头之上加装一冲水箱，供浴者冲洗，每次仅 5 加仑为限。4 再次，平民浴堂定价须低廉，于贫苦区域内设置的浴堂可免费为浴客提供服务。平民浴堂不分等级，茶水、擦背、修脚等服务也应一并废除。5 最后，平民浴堂还具有对浴客行为进行规训的功能，客人来浴堂时，以购票之先后为序，对号入浴。客人用水应有一定限度，不能肆意浪费。洗澡应以洁身为目的，因此在浴堂停留时间也应有所规定。身患传染病的客人应自觉地不进入浴池，平民浴堂同样应拒绝患有传染性疾病的顾客来此沐浴。6

北京市的平民浴堂始建于 1918 年，该年年末，市政公所计划将南城天桥西侧永胜巷的斗母宫改建为平民浴堂，修建费用来自于斗母宫拆卸房屋的原有旧料变卖所得。7 斗母宫平民浴堂在 6 年之后才准备动工，计划专备平民沐浴使用，对来者不取分文，同时还设有灭虱锅炉，以热气将衣服之中微小寄生虫烤死。8 除筹备在南城这一北京市平民聚集区域开设浴堂，其他区域的平民浴堂也相继设立。1917 年，北京基督教救世军在八面槽建造中央

1《论公共浴场》，北京市公所编：《市政通告》，北京：北京市公所出版，1914年，第14页；《需要平民浴室》，《中国红十字会月刊》，1937年第26期，第117—119页。

2 凌鸿勋编：《市政工程学》，上海：商务印书馆，1926年，第55页。

3 1 加仑（美）约合 3.785升。

4《平民公共浴室应有之高备》，《公共卫生月刊》，1937年第2卷第11期，第889—895页。

5 董修甲：《市政问题讨论大纲》，上海：青年协会书局，1929年，第206页。

6《论公共浴场》，北京市公所编：《市政通告》，北京：北京市公所出版，1914年，第14页。

7《督办京都市政公所第三处致第二处函为斗母宫改建市立澡堂原估图册业经核讫复请查照由》，《市政通告》，1918年第11期，第14页。

8《平民浴池将建筑》，《晨报》，1924年4月19日，第6版；《筹办公共浴所》，《京报》，1924年4月23日，第5版。

堂，于1922年在中央堂北侧小鹁鸽胡同西口设立平民卫生浴堂，该浴堂专为平民沐浴所设，其经费多来自教徒的捐助。虽收取浴资，但只铜元三枚，较市面上其他浴堂少之又少。[1]中央防疫处也开始重视平民浴堂的建设工作，在其牵头下，拟在内外城20区中增建平民公共浴所数处，并派警员在界内查勘寻觅相宜空旷地点。[2]

平民浴堂的运行费用主要来自政府的补助。当政治局势多变，经费来源不稳定时，平民浴堂的建设也会变得困难。从大量关于建设平民浴堂的新闻报道中可以看出，大多数平民浴堂只停留在筹办、拟设立的阶段，仅到现场勘察选址之后便再无下文，浓墨重彩于对平民浴堂的畅想，以及因经费支绌而带来的含糊其辞。如1929年北平市卫生局因平民沐浴无所，拟在前门外一带建立大规模之平民公共浴所，以迎合社会趋向，符合现代文明景象。[3]尽管卫生局表明"择定地点当即兴修"，但从该年同期《华北日报》刊登的一则新闻可以看出相关卫生机构设立平民浴堂的窘迫状态。该新闻先是赞美了英国、美国、日本等国家发达而普及的平民浴堂，报道了北平市社会局、卫生局对平民浴堂的关注与支持，最后却婉转表达了经费困难的现状。[4]此类新闻常见于报端，1937年6月，北平市卫生局决定在天桥一带设立平民浴堂，在经过一系列的筹划、计算成本，以及对平民浴堂的陈词滥誉，向市政府请求兴建经费后便石沉大海，再无消息。[5]事实上，除了基督教、青年会、救世军等宗教团体设立的少数平民浴堂外，其他市立平民浴堂并未能得到良好的普及。

1《贫民卫生澡堂之设立》,《晨报》,1922年4月29日,第7版。

2《中央防疫处筹设,贫民公共浴所》,《益世报(北京)》,1926年12月1日,第7版。

3《卫生局为贫民洗澡规划建立公共浴所》,《顺天时报》,第1929年5月15日,第4版。

4《筹设公共浴堂,贫民亦得卫生,以保公共健康》,《华北日报》,1929年5月13日,第6版。

5《筹办公共浴池,请市政府拨经费即行开始兴建》,《京报》,1937年6月11日,第6版;《平民浴室拟在天桥一带,正积极筹划》,《京报》,1937年6月16日,第4版;《筹建公共浴池,地址已觅定,拟在内三区四二区界内》,《京报》,1937年6月22日,第6版。

小结

20世纪上半叶，北京市历届政府对卫生事业逐渐关注，在政府与社会进步人士的携手提倡下，市民卫生意识有所提高，沐浴习惯的变化让浴堂生意兴隆，并成为北京市重要的公共场所。与此同时，国家试图凭借对城市的卫生改良和对民众身体健康的改善，将权力渗透到基层，浴堂即政府的施政对象及施政场所之一。在针对浴堂制定一系列管理规定时，政府将浴堂纳入自己的卫生防疫体系之中，同时着力建设平民及女性浴所，但效果均不尽如人意。浴堂的卫生改良并不单纯为公共健康问题，浴堂也并非如政府与社会改良者想象那般，能够成为既卫生廉价又能批量生产干净整洁、遵纪守法市民的公共场所，因其中包含浴堂经营状况、民众消费观念、行政机关经费等诸多变量。

浴堂如要达到政府要求的卫生标准，势必会增加营业成本，限制身患传染病或醉酒、年高者进入，这是多数浴堂所不愿见到的。民众消费观念同样影响着公共卫生在浴堂的普及，近代浴堂业生存、发展的前提是在获取利润的基础上继续开发顾客新的需求，大多数顾客去浴堂只是为了追求其娱乐功能，若一味地强调清洁功能、公共卫生，不但影响浴堂，与民众的消费需求也会相悖。在此情况下，市政府开始强调女性浴所及平民浴堂的重要性，平民浴堂由市政府出资承办，不向顾客收取费用，没有私营浴堂对于盈利的要求，能够排除私营浴堂因经济利益产生的对政策实施的干扰，因此被政府及社会进步人士寄希望于能够在全市平民及劳动阶级中普及卫生意识及沐浴习惯。每次新政府成立或卫生局负责人履新，皆要对平民浴堂的重要性强调一番，以示其建设卫生事业的决心，但卫生机构的经费并不足以支持平民浴堂的建设和普及，这样的提议也就往往虎头蛇尾。

从政府对浴堂的卫生改良可以看出，公共卫生体系的建立是一个长期过程。近代北京市历届政府在致力于普及公共卫生时，往往采用规章制度先行的方式，这种被塑造出来的社会标准多少有些强制规划的意味，试图通过强制手段立即改善市民的精神面貌及行为习惯，改变经营者逐利的本性，而人们长期以来在生活中形成的思维惯性必然会给政府的行政措施造成极大阻力，因此尽管政府屡次制定修改浴堂规章，鼓励开设女性浴所，拟定平民浴堂建设计划，但其效果并未如愿。在实际操作层面，政府的规划对浴堂的影响是有限的，其对浴堂的各种卫生改良常浮于文字。

不过，政府与浴堂的对抗状态并非总是起着消极作用，从另一个维度上讲，政府所制定的每一个政策，浴堂对该政策的每一次回应，社会进步人士与政府对这些回应的反思与治理，都是在市政卫生体系建立过程中的必经环节。换句话说，由于 20 世纪上半叶北京市卫生事业刚刚起步，政府对卫生体系如何构建以及如何通过卫生介入到人们日常生活中这一过程的认知是有限的，因此产生政府意图之外的后果是必然现象，浴堂经营者、顾客施加的阻力也能以某种反馈的方式，成为构建卫生体系进程中未被认识到的条件，公共卫生的设立正是在这一次次的纠葛中发展、确立的。

第五章

浴堂中的社会问题

近代中国，人们在浴堂中不只享受沐浴一种服务，还会在这里饮茶、聊天、商谈事情。浴堂中聚集了不同的群体，有劳动阶级亦有资产阶级，其中不止国人亦不乏日人，女性浴所的开办也扩充了浴堂业面向的顾客人群。浴堂里蕴含了大量的社会资源，同时也出现了众多的社会问题，如建筑安全、娼妓、聚赌、毒品与偷窃等问题皆在此发生。本章主要探究浴堂中社会问题的内部缘由与外部环境，以及讨论政府是如何应对这些问题的，意图在对这些问题的归纳中寻找主体动机与社会结构的互动，发现个人行为与社会环境之间的关系。

第一节 浴堂的公共安全

近代以降，城市中的公共场所逐渐增多，成为人们生活、娱乐、交往的重要空间。公共场所的安全状况是人们选择到此的重要根据，因此稳定的内部环境成为公共空间得以自洽的必要条件。[1] 力图借浴堂普及沐浴观念、改良传统习惯、增强国民体质，国家与政府自然将浴堂中的

1 郑也夫:《城市社会学》，上海：上海交通大学出版社，2009年9月，第227页。

建筑安全、客人及伙计的人身安全重视起来，对浴堂中常见的如晕堂、触电、火灾、建筑设施老化等安全隐患均制定了明确规范，也提出诸多具体的解决方案。但针对不同的安全问题，政府治理的成效不一，甚至大相径庭。

一、晕堂

晕堂是浴堂中最为常见的安全问题。1 晕堂时患者初觉头旋作呕，面部苍白或泛黄，进而脉搏跳动剧烈，全身发汗，口渴且四肢疲软，呼吸微弱，甚者耳部失聪、眼不见物、口不能言，终至倒地不省人事，如救治不及，会有生命危险。2 如宣武门大街义新园浴堂，有一顾客在浴毕后，坐在堂外休息间整备，忽然汗出如注，面色不正，掌柜董岐山及店内伙计等看见此状况，赶紧搀扶询问，该顾客已不能言语，当医生赶至浴堂救治时，此客人已然气绝。3 晕堂的原因常见于脑部缺氧，浴堂中热水或蒸气可以使皮肤的毛细血管急剧扩张，血液流动加快且集中到皮肤，全身血液循环的平衡因之受到影响，从而造成大脑的供血不足。《益世报》中曾提到，在池门常年紧闭的浴堂中，池内储满热水，水蒸气充塞其间，入其池者，几颜面莫能辨，其呼吸亦会受此影响，肺腔会因热气而缩小，而在短时间内停止呼吸，因此身体无力致昏厥，池内受热气的刺激，也有危害脑部供血之危险。4 前门外鲜鱼口东聚丰浴堂便因新换之水过热，有顾客晕倒在池中，经人抬出时身体已大面积烫伤，旋即身亡。5 燕家胡同某浴堂掌柜在早晨例行检查试水时，亦因水温过热，入水后即气闭昏

1 晕堂在近代浴堂中极为常见，甚至关于晕堂身亡的档案材料也屡见不鲜，这些材料中，因脑部缺氧而造成气闭身亡的现象占多数。参见：《警察局外五区关于办理刘子寿等人因洗澡闭气，触电口角气闭、死亡案的案卷》，北平市警察局档案，北京市档案馆馆藏，档案号：J184-002-11650；《京师警察厅外右二区关于李德奎在洪庆澡堂沐浴昏倒气闭身亡一案的呈报》，京师警察厅档案，北京市档案馆馆藏，档案号：J181-018-00622；《京师警察厅内右四分区关于赵忠信在裕升澡堂身故验无别情的呈报》，京师警察厅档案，北京市档案馆馆藏，档案号：J181-018-00516；《京师警察厅外右五区署关于李强在福兴澡堂身死情形的呈报》，京师警察厅档案，北京市档案馆馆藏，档案号：J181-018-02392；《京师警察厅外右二区分区关于德润澡堂客座董致章气闭身死的呈报》，京师警察厅档案，北京市档案馆馆藏，档案号：J181-018-00630；《京师警察厅内左四区区署关于兴源澡堂洗澡人全德气闭身亡检验的详报》，京师警察厅档案，北京市档案馆馆藏，档案号：J181-018-04539；《北平市警察局内五区关于煤气中毒、触电、服药、沐浴死亡等呈报》，北平市警察局档案，北京市档案馆馆藏，档案号：J183-002-42790；《澡堂中浴客暴卒》，《晨报》，1928年5月5日，第6版。

2《浴客晕塘救治方法，卫生局令各澡堂遵照实行》，《华北日报》，1936年1月10日，第6版。

3《义新澡堂浴客暴卒》，《晨报》，1927年8月14日，第6版。

4《混浴之危险》，《益世报（天津）》，1926年6月24日，第13版。

5《澡堂中烫死一人》，《社会日报（北平）》，1923年6月27日，第4版。

厥，经人发现时已然亡故。1

低血糖同样会造成脑部缺氧，以至四肢无力，眩晕或休克。当浴客长时间处于浴堂高温湿热的环境中，会损耗很多能量，血糖是身体能量的重要指征，当血液中含糖量过低时，身体器官与组织的功能将会受到影响。按照20世纪上半叶北京浴堂中的沐浴习惯，浴客会充分享受浴堂中提供的服务，而浴堂也会尽力延长浴客逗留时间以求利益的最大化。有糖耐量偏低或长期未进食的顾客泡澡时间过长，极易发生危险。正阳门外后河沿住户樊海泉，年三十余岁，在早八时许与友人同往浴清浴堂沐浴，二人在雅座内品茶畅谈，樊某沐浴两次仍不足兴，复进池堂中畅洗，不料许久未出，其友人甚是诧异，前往查看，见樊某在池塘内漂浮，经伙计奔往将其搭出，扶凳上施救，并以冷水浇头，樊某已脖软头垂，涎流满胸，还未送到医院，便不治身亡。2

一氧化碳中毒也会引起窒息。北京浴堂烧水与供暖方式主要是烧煤，所用煤料，须混合黄土使其结块，结块后的煤中间有空隙，易于燃烧。当供氧条件差或混入黄土的煤块燃烧不充分时，便会产生一氧化碳。一氧化碳经呼吸道吸入后，由于其与血红蛋白的结合力较氧气为高，因此血红蛋白会失去携氧的能力和作用，造成身体组织缺氧引发窒息。一氧化碳中毒者皮肤、指甲因缺氧呈樱桃红色，甚至出现肺部水肿，以及消化道内出血，中毒严重者会出现意识障碍，处于深度昏迷状态，最终因心肺功能衰竭而死亡。

浴堂要常年保持室内温度，每逢冬季时，火炉是浴

1《京师近事》，《申报》，1890年11月13日。

2《浴客死于澡堂》，《京报》1933年4月19日，第6版。

堂中唯一消寒之法，由于室外天气寒冷，浴堂终日紧闭窗户，室内空气流通不畅，空气中一氧化碳含量会逐渐增高，直至威胁人身安全。[1]中国第一历史档案馆馆藏宗人府档案中，曾记录旗人保清在浴堂中身亡的案件。保清系镶红旗觉罗，年四十六岁，在崇文罗家井居住，于10月19日（宣统二年）下午二时，去前外大栅栏西街燕家胡同春庆浴堂洗澡，到下午六时洗毕后即告晕倒，浴堂伙计将其抬至院中时，已经死亡。保清死亡后，面色微赤，两眼半闭，涎水从鼻腔中流出，胸膛红赤，肚腹微胀，十指微曲抱前，指甲呈红色。[2]虽然宗人府与外城巡警厅皆认为保清死因为虚弱气闭，但若从其尸体状态来看，更像是一氧化碳中毒后的症状。春庆浴堂在当时属于旧式浴堂，在这种闭塞、狭窄、简陋的环境中洗澡，客人一氧化碳中毒概率比新式浴堂更高。不只是浴堂，每年冬季很多市民都会被一氧化碳夺去生命。

值得一提的是，烟筒的发明可以有效地预防煤气中毒。民国时期北京市居民开始使用烟筒替代以往居室中的“风斗”天窗。20世纪上半叶，“美孚”“壳牌”等筒装煤油大量涌入国内，煤油用尽后会产生许多废弃的“洋铁筒”，“洋铁筒”是用薄铁皮制成的，最适宜制作烟筒。洋铁筒一节一节地连接起来，一头安在煤炉子上，另一头则从窗户伸出室外，组成了烟筒。为了防止倒灌风，在室外一侧还会安装九十度的转角，这样室内温度便可以保持。[3]由此烟筒开始在北京普遍使用。烟筒的发明虽然并不能解决浴堂中晕堂的现象，但能在一定程度上降低浴堂中一氧化碳中毒的情形。

1《冬令消寒法之比较》，《申报》，1921年1月10日，第16版。

2《镶红旗觉罗保清在春庆澡堂气闭身死一案保保氏供单》，宗人府档案，中国第一历史档案馆馆藏，档案号：06-01-001-00657-0262、06-01-001-00675-0263、06-01-001-00675-0264；《镶红旗觉罗保清在春庆澡堂气闭身死一案任佩芝供单》，宗人府档案，中国第一历史档案馆馆藏，档案号：06-01-001-00675-0265；《总检察厅片送镶红旗觉罗保清在澡堂气闭身死一案由文封》，宗人府档案，中国第一历史档案馆馆藏，档案号：06-01-001-00657-0259。

3 袁树森：《老北京的煤业》，北京：学苑出版社，2005年，第142—143页。

除了浴堂环境外，晕堂亦有客人自身的原因。浴堂是一个低氧的环境，因年老、疾病而身体虚弱的客人，对此环境较为敏感，若长时间浸泡在热水中，会出现人身安全事故。在浴堂中晕堂身死者多为年纪长者。家住前海北河沿的韩俊周老人，年六十九岁，独自前往地安门外大街兴隆池浴堂，因年迈体弱以致在浴堂昏迷不醒，该浴堂铺掌张献珠请医生前来救治，注射强心针后老人稍见苏醒，但不久又即昏迷，二次注射后才有所好转，终于逃过一劫。1 身患重病而身体虚弱的客人，来浴堂沐浴也是有危险的，如长期患病的商店铺伙段振海与杨世俊以及患有遗精症的隗秉祺，三人未有超过五十岁者，但皆因身体虚弱而晕堂身亡。2 长期吸食毒品的顾客，来浴堂后同样会出现吐血昏死的情形，这里不再赘述。3

20 世纪伊始，清政府便有针对晕堂制定的相关规定。如浴室之门窗应按天时冷暖酌定启闭时刻务使空气流通，禁止身有重病和饮酒过量者出入浴堂洗澡。4 之后的历届政府均针对浴堂中晕堂现象制定相关预防管理规则，如 1931 年《取缔澡堂暂行规则》中明确浴堂须安设通气管或通气天窗。5 在此之后，通风透气方面的要求被政府反复强调、逐步细化，并推及至所有娱乐场所及各住铺户，如 1936 年颁布的《管理公共场所卫生规则》中规定市内公共娱乐场所必须有人工换气装置，门窗应按时开启，放入新鲜空气，若现有门窗无法达到这一要求，应当设法改造。6 同铺户一样，住户也应注意通风，用火炉御寒时，须时刻注意预防煤毒，屋内必保证空气流通，同时不能持续长时间地烧煤。7

1《北平市警察局内五分局关于南锣鼓巷、澡堂等处发现车夫佟铺等人因受暑、年老气弱昏迷、马坑地方被伐柳树派人运去等材料》，北平市警察局档案，北京市档案馆馆藏，档案号：J183-002-40109。

2《京师警察厅外左一区区署关于江泉澡堂顾客隗秉祺洗澡时死亡情形的呈》，京师警察厅档案，北京市档案馆馆藏，档案号：J181-018-07948；《病夫死在澡堂》，《顺天时报》，1922 年 12 月 17 日，第 7 版；《死得干净，福澄园澡堂，杨世俊寿终》，《新中华报》，1929 年 9 月 22 日，第 6 版。

3《北平市公安局外二区区署关于李清田在澡堂门前晕死讯埋等三案的呈》，北平市公安局档案，北京市档案馆馆藏，档案号：J181-020-15747。

4《管理浴堂营业规则》，田涛，郭成伟整理：《清末北京城市管理法规》，北京：北京燕山出版社，1996 年，第 189—194 页。

5《取缔澡堂暂行规则》，《华北日报》，1931 年 5 月 31 日，第 6 版。

6《本局通告实行管理公共场所卫生规则：公共面巾限日取消》，《卫生月刊》，1936 年第 2 卷第 1 期，第 31—33 页。

7 伪北京特别市公署警察局秘书室编：《北京特别市公署警察局业务报告》，北平：伪北京特别市公署警察局秘书室出版，1939 年，第 107 页。

除通风外，政府还限制浴堂内的温度和湿度，规定室内的温湿度必须调剂适宜，使顾客不会因过热感到气闷或过冷而造成身体不适。[1]浴堂温度规定为华氏80至95度（摄氏26至35度），后来政府又将此规定温度降低，改为以华氏70至90度为限（摄氏21至32度）[2]。1930年代初期时任北平市公安局局长鲍毓麟，曾严令市内各浴堂安设湿度表及温度表，如有违逆不设或超出规定温度的店家，即于罚办。[3]

规章条例之外，浴堂伙计也被要求应对店内顾客的身体情况随时观察，掌握晕堂客人施救的方法，这样能够大幅降低浴客在浴堂发生昏厥的概率及晕堂者的死亡率。但多数浴堂伙计根本不知晕堂为何物，对其产生原因，易犯人群亦皆不知晓，因浴堂照看不及、施救不当而延误治疗以致顾客死亡的现象并不少见。浴堂业“年高酒醉莫入堂”的标语虽存在时间久远，但几乎没有浴堂会自断客源，对于年长的浴客通常睁一只眼闭一只眼，放任不管。浴堂虽默许年长者入浴，却未能保证他们的生命安全，无人照看的年长浴客发生晕堂被浴堂伙计发现时，常濒临死亡。东直门内振亚园浴堂有一老翁年八十二岁，赴该园沐浴，进入盆塘后，浴堂伙计便不再照料。伙计经时甚久再看时，老人倒于水盆中，业已奄奄一息。老人因未能及时施救，虽后经多方治疗但仍无效果，不幸去世。[4]女浴所也有类似情况发生，有女客来润身女浴所，由于临近农历新年，浴客较多，无室空闲，该女客脱衣等候多时，见第六号浴盆闲出，并未唤人便自行入盆放水，当店内女招待发现时，该女客已倒于地上，口吐白沫，浴所急忙请对门

1《本局通告实行管理公共场所卫生规则：公共面巾限日取消》，《卫生月刊》，1936年第2卷第1期，第31—33页。

2《北平市公安局关于修正北平市取缔澡堂规则的训令》，北平市警察局档案，北京市档案馆馆藏，档案号：J181-020-13071。

3《取缔澡堂暂行规则》，《华北日报》，1931年5月31日，第6版。

4《振亚园澡堂盆中八二老翁暴死》，《京报》，1934年12月10日，第6版。

同济医院医生张润之赶至医治，因女浴所向例不准男子出入，遂又将该女客抬出门外，此时已不能治。1 救治不当与疏于照看同样致命。对于晕堂的客人，多数浴堂采用喂灌凉水，用凉水泼洒患者头部的方式救治，尽管报纸曾刊载相关晕堂救治科普文章，告诫浴堂伙计用凉水救治晕堂顾客的方法殊属失当，应立即改正，但仍有不少浴堂采用这一方式自行救治，延误最佳治疗时机。2

若浴堂伙计了解施救方法，知晓维护患者人身安全的重要性，则大多数晕堂身亡现象皆可以人为性的避免，因此普及浴堂伙计晕堂施救常识逐渐被政府重视起来。1936 年时，北平市卫生局鉴于各浴堂常有晕堂情事发生，决定在浴堂伙计中普及晕堂知识，让他们掌握如何辨识晕堂形状，防止错误的施治方法。卫生局特印就通知，将晕堂原因、病状及救治方法列明，分发交给各浴堂，让其遵照办理。该通知原文写道："北平市政府卫生局通知，查各浴堂浴者常发生晕堂情事，而堂中执事人等，多无急救常识，随意加以处置，不惟失当，且易致危险，兹为防止施治错误，保护患者安全起见，特将晕堂之原因，病状及救治方法，详为说明，俾各浴堂营业人等明了奉行。"

市卫生局强调此前浴堂一直沿用的浇灌凉水的救治方法，若只单独使用而不与其他措施配合，对于治愈患者收效甚微。在顾客发生晕堂时，正确的救治方法是用大毛巾或浴衣盖在患者身上，将其移入一个温度适合的房间内，开启窗户，使空气流通，令患者仰卧，下肢垫高，用冷水频频洗其头部，嗅以液化香精油，直至患者苏醒，醒后须向顾客喂服大量之白开水或浓茶等饮料，适恢复原状

1《润身女浴所验尸案》,《晨报》, 1927年2月8日, 第6版。

2《澡堂救治不良》,《顺天时报》, 1917年10月15日, 第7版;《汇泉澡堂内浴室毙命》,《顺天时报》, 1927年12月24日, 第7版。

后，方可令其回家休息。告之施救方法后，卫生局也制定惩办措施加强各浴堂店家对相关规定的落实，卫生局规定，此次所普及的救治常识以及施救方法，各浴堂营业人等在七日内如对通知文义有不甚了解之处，当予详切解释，于七日之后会分派警员随时到浴堂抽查，如有发现违逆事情，定即罚办。1

政府还会在经济方面向浴堂施压，要求浴堂经营者重视起堂内顾客的人身安全问题。如有浴客在浴堂身亡，其家属通常会要求浴堂给予一定的物质补偿，若浴堂方拒不赔偿，则会形成诉讼官司，影响生意。死者家属与浴堂之间的官司，就政府的角度而言是偏向死者的，只有这样，实质利益受损的浴堂才会更有效率地执行公共安全的相关规定。2 当浴堂中有人在沐浴时身亡，浴堂的损失远不止对死者家属的物质补偿。仍以前文提及的义新园浴堂一案为例，由于死者没有家属，职业担保人亦失联，浴堂除了支付请医院医生出诊费用之余，还应按照政府要求，支付死者验尸、拍照、备棺、收殓、掩埋等工作所产生的开销。除这些支出外，事故当天围观者踊跃，浴堂营业因之停止，至第二日，警察厅派检查人员到场检验尸体，营业仍无法恢复，这几日暂停经营所造成的亏损，对于义新园浴堂绝不是小数。3 民间的社会风俗也使浴堂店家对顾客人身安全有所重视，鲜鱼口井儿胡同某浴堂，因有客人在此虚弱身亡，有谣言称该浴堂闹鬼，于是顾客心照不宣地相诫勿去，营业顿形冷落，该浴堂经营者遭此晦气终日愁叹不已，只得借资大兴土木工程将该堂翻新以释顾客。4 虽然缺乏直接的材料证据例证北京市各浴堂对于政府这一

1《浴客晕塘救治方法，卫生局令各澡堂遵照实行》，《华北日报》，1936年1月10日，第6版。

2《澡堂内之新鬼》，《顺天时报》，1922年6月5日，第3版。

3《京师警察厅内右二区属地宣武门大街义新园澡堂人气闭身亡的呈》，京师警察厅档案，北京市档案馆馆藏，档案号：J181-018-20349；《义新澡堂浴客暴卒》，《晨报》，1927年8月14日，第6版。

4《澡堂之大晦气》，《顺天时报》1917年11月4日，第7版。

系列针对公共安全措施的反馈，但自1940年代起，晕堂身亡的新闻报道与档案记录几乎绝迹，因此可以粗略推断，通过行政与经济两个方面向浴堂施压之后，浴堂较以往对店铺公共安全问题有所重视。

二、火灾与触电

近代北京浴堂建筑除部分为西式改良风格外，其余多为砖木结构。为了扩充营业空间，浴堂多搭建顶棚，将院内数间房屋连成一个整体，使原先的室外空间变成室内空间，形成串通的营业厅，以此作为人流集散的场所。[1]搭建顶棚多用木架支撑，外糊石灰，为了防雨有时还会铺以草席油毡。[2]浴堂是用煤大户，为了保持屋内及池水的温度需要长时间烧火，烧火使用明火，当火势旺盛或火星四溅时，飞散的火星落在顶棚及木质材料上，很容易引起火灾。[3]浴堂在打烊后，为了不使第二天开业时再次点火，不会完全熄灭炉灶，而是通过停止鼓风，缩小进风口等手段，使炉内煤料燃烧速率减慢，俗称"封火"。"封火"大大增加了火灾发生的概率，由于炉灶内留有余火，进风口也非完全封闭，火苗会由炉内气眼滋出，引燃顶棚或者屋内其他可燃物。[4]浴堂中的环境特质决定其易发生火情，因此需要从业者多加留意。

若灾情发生在营业时间，因浴堂取水便利，火势尚能够控制。[5]北京市规模最大、最奢华之清华园浴堂曾在营业中遭遇火情，1932年2月5日晚7时许，该园锅炉因火力过强，将灶上方之灰棚引燃，顾客虚惊不已，相率

1 郭海萍、罗能、吉志伟主编:《中国建筑概论》,北京:中国水利水电出版社,2014年,第161页。

2《西兴隆澡堂火警》,《晨报》,1924年10月22日,第6版。

3《浴塘失火,客有裸而出者》,《京报》,1923年5月27日, 第5版;《北京特别市警察局内三区区署关于儒方园澡堂不戒于火传讯赵德山一案的呈》,伪北京特别市警察局档案,档案号:J181-023-07218。

4《京师警察厅内左三区区署关于久乐天澡堂不戒于火一案的呈文》,京师警察厅档案,北京特别市警察局档案,档案号:J181-019-29835。

5 甚至澡堂邻近其他商铺发生火情时也从澡堂取水救火。1897年前门外打磨厂某油纸局陡然火发,火势蔓延至周边其他店铺。南城水会驰往扑救,但因火势正旺,井水不济,因此派水夫去附近长巷三条某浴堂担水,浴堂起初并不情愿,后水夫破门而入,浴堂自觉理亏并未阻拦,水夫担水四池方扑灭火情。《京师火警》,《申报》,1897年6月29日。

披衣赤足奔至街头，该园相邻之女浴所各顾客亦于慌忙中披衣散发夺门而出，大煞风景，成为一时笑谈。清华园浴堂设有自来水装置，火势经该园60余伙计使用自备之水龙头极力扑救，当即熄灭，幸未成灾。[1]与清华园浴堂相似，崇文门外平乐园润泉浴堂，也是烧火时引着隔扇，浓烟四起，浴客人声嘈杂，乱成一阵，多有赤身逃避者，因浴堂人多水便，火情立即扑灭，未延他处。[2]

如浴堂铺房在夜间起火，则极容易酿成灾难。1936年5月21日夜间，北郊德胜门外通子房11号中兴浴堂发生火灾，当时该浴堂伙计均已就寝，火势由前院雅座起，蔓延至整个铺房。因发生在夜半时分，无人知晓，火势乘风发威，转瞬窦破屋顶，金光四溢，众伙友均从梦中惊醒，不顾一切向外奔跑逃命，但各处门户均被火封闭，柜上雇有伙计10余人，有4人未能脱身。闻讯后北郊警署警察赶往营救，至半夜二时许火方熄尽。查得司账迪维新、王增坤、富荣久、方栋等伙友四人失踪，这四人最大者40岁，年轻者26岁。事后在瓦砾中掘出焦头烂额之尸体四具，面目模糊不清，经取证比对系迪维新等四人无疑。经调查，此次火灾共计焚毁北房5间，南房3间，东厢房3间，西房2间以及全部家具，损失大约洋5000余元。[3]东珠市口玉尘轩浴堂也曾在夜间发生火灾，大火烧毁北面灰楼上下6间，楼房上下6间，东西过道灰房1间，共13间房，火势虽未延及别户，亦未烧伤人口，但该浴堂仍损失惨重，是因该铺并未保火险，同时又被邻铺萃芬茶庄起诉，称与该浴堂毗连屋内存放的茶叶，经浓烟熏串后，无法出售，要求玉尘轩赔偿损失。[4]可见，火灾

1《清华园澡堂》，《华北日报》，1932年2月5日，第6版。

2《澡堂失火》，《晨报》，1923年6月16日，第6版。

3《德胜门外火警，澡堂内烧毙四人焦头烂额面目模糊难辨，铺掌在逃起火原因不明》，《益世报（北平）》，1936年5月23日，第4版。

4《北平市警察局外一区区署关于玉尘轩澡堂铺掌栾鸿树不戒放火一案请讯办的呈》，北平市警察局档案，北京市档案馆馆藏，档案号：J181-021-28917。

能让浴堂遭受到巨大的损失，堂内雇工的生命安全遭受危险的同时，自身的经营也有歇业之风险。[1]玉尘轩成立于嘉庆年间，长期的资本积累在遭遇火灾时尚有辗转余地，而那些偏僻地区的小本浴堂，在铺房烧毁、伙计身亡时，其继续经营的难度可想而知。

随着电气设施在浴堂中的普及，电力给店家与顾客带来诸多便利的同时，也会在公共安全上带来不少麻烦。浴堂湿度大，当空气中的水气侵入电器内后，若恰逢有人刚出浴身体未干或在水中以湿手触碰电灯开关等物时，电流会立即贯通湿润的人体，每年浴堂中必有若干由此身亡的伙计或浴客。[2]电线质量问题也是造成触电事故的另一大因素，浴堂内电灯线折断而引起的触电或火灾不在少数。[3]1933年永定门外广兴园浴堂打水伙计王焕文，早晨五点在井台上汲水，为开业做准备，不料电灯线折断，正搭在王的脊背上，王登时触电倒地，浑身抽动，一旁伙计察觉，急用黄土泥解救，但电光已将王某皮肤烧焦，其状极可怖，终不治毙命。[4]此外，20世纪初电气在北京尚为新鲜事物，人们对用电的常识及使用规范缺乏相应认知。浴堂通常经营到很晚，电力照明的使用率较高，因此不当用电造成的触电身亡之事故在浴堂时有发生。乐顺浴堂安设有电灯设备，每日晚间营业给客人修脚时，皆系用单支小电灯照明，电灯插座机关设置在柱子下边。堂中修脚工人张玉海，在晚间工作时，欲借桌灯照明，右手拿着修脚刀，左手将电灯线插入柱子下方的电灯机关，不留神手往下捏，捏在铜丝上以致触电，当即栽倒在地，经其他伙计抬至院中、呼唤医生时已无呼吸。[5]

1 1942年时，玉尘轩澡堂仍为甲等澡堂。《北京浴堂同业公会各号设备调查》，伪北京特别市社会局档案，北京市档案馆馆藏，档案号：J002-007-00362。

2《科学识小：浴室触电之宜防》，《进步》，1916年第10卷第3期，第98页。

3《澡堂火警》，《晨报》，1924年10月22日，第6版。

4《澡堂伙计触电惨亡，烧得焦头烂额》，《华北日报》，1933年9月16日，第6版。

5 京师警察厅外左二区区署关于乐顺澡堂铺伙张玉海触电身死殓埋情形的呈报，京师警察厅档案，北京市档案馆馆藏，档案号：J181-018-09501。

针对浴堂中频发的火灾及触电事故，政府曾制定出相应的整改意见及预防措施。在防范火灾上，采用的是整改建筑物的方式，如规定各店家对锅炉棚及房屋罩棚进行翻修，用铅铁替代原有的木质材料，要求各家浴堂添加消防设备，由浴堂公会及工务局负责监督。鉴于难于改变浴堂中潮湿易导电的环境，规避浴堂中触电事故主要采取的方法是普及电气知识，让人们意识到用电不当可以致命，使其获得用电的安全及防范意识，通过人们对丧失生命的畏惧来指导规范用电行为。[1]

三、建筑安全

1933年11月底，邹锦昌因微积分代课教师请假，于停课期间赴校内第一院男浴堂沐浴，同一起沐浴的还有叶祖涵、陈仰韩两位学生，这二人亦因无课一同来此。该浴堂位于北京大学第一院后门内南房，原系北大第二宿舍，宣统二年（1910年）修建，1920年代改作浴堂。该浴堂房屋的四面墙中，有一面使用土砖堆砌，在建造时并未用洋灰浇缝，房屋顶棚虽有木柱支承，外糊石灰，但历年承蒸汽侵蚀，加久未修理，柱中木料多致朽坏变形。在两年前，该浴堂便因修理顶棚曾暂停营业十五天。[2]但由于顶棚外有石灰遮盖，不易看出其要坍塌情形，此次整改并未实质性地解决房屋结构上的问题。

该日上午9时50分，浴堂内西首两间栋梁忽然塌落，正在沐浴的叶祖涵、陈仰韩、邹锦昌三人见此情况，急忙向外奔跑，意欲夺门而逃，但未及脱险，房梁已落

1《科学识小：浴室触电之宜防》，《进步》，1916年第10卷第3期，第98页。

2《第一院浴室年久失修棚顶脱落兹定于本月十一日至二十五日止暂停沐浴十五天以便修理此布》，《北大日刊》，1931年第2583期，第1页。

下，邹、陈、叶三人同罹于难。校役闻听巨响，寻声急往查知，见状后召集夫役四十余人前往营救，因怕误伤埋在废墟中的学生，工役未敢动用铁锹，只用手刨，费时颇久才将三人救出，叶、陈两人先被发现，均赤裸裸伏卧于地，邹因奔逃数步之故致最后发现，已然气息奄奄，人事不知。校方急将三人裹以衣服棉被，雇妥汽车两辆，遣人送往协和医院医治，邹锦昌因受伤过重，气窒时间过久，到医院即行殒命，叶祖涵右腿两处骨折，陈仰韩背部受伤，但伤势不重。1

图 5-1 北大学生邹锦昌追悼会

自北大浴室塌陷惨剧发生后，学校将第一院浴堂查封，暂停沐浴服务。校庶务课课长沈肃文及庶务课全体职员因疏忽值守向学校自请处分。2 校长蒋梦麟亦极为自责，致电教育部报告肇事经过并自请处分。原电如下。

南京教育部钧鉴：

本日上午九时半，本校第一院男浴室西首两开，梁倾陷，学生三人负伤，当即移送协和医院，其中邹锦昌一名伤重致死，查男浴室，系就本校第二宿舍房屋装设，该宿舍遂建自前清

图片来源：

《北大浴室梁塌学生邹锦昌惨死之悼追大会》，《摄影画报》1934年第10卷第1期，第11页。

1《北大南浴室塌陷案，教部昨电妥为抚恤，叶陈伤况报告昨公布》，《益世报（北平）》，1933年12月2日，第6版。

2《北大浴室坍塌之祸事，陈仰韩折脊骨伤势甚重，庶务课职员亦引咎请处分，蒋梦麟往协和慰问两伤者》，《京报》，1933年11月30日，第6版。

末季，尚称完整，不意竟遭巨祸，除通知该生家属，并从优棺殓外，梦麟事前疏于防查，事后疗救无术，应将均不严予处分，以重职责。[1]

国立北平大学校长蒋梦麟

此次事件受到了学校内外的广泛关注，北大学生责言四起，建议为死者设立纪念碑，并打出了反蒋标语。学校之外，各媒体也纷纷报道，甚至引起了如路透社等西方媒体的注意。[2] 在各方的多重压力下，北京大学特地聘请工程师来校勘察，对于所有房舍均行查验，检查有无拆毁重修的必要。北大教授也纷纷认捐，此款项专用于对图书馆及老旧学生宿舍的改建整修上。[3]

不只是北大的学生浴堂，北京城市各公共浴堂多数建于清末时期，到了1930年代，这些浴堂面临房梁立柱断裂、墙壁塌陷等结构老化问题，这一时期浴堂房屋坍塌事故间有发生。如后兴池浴堂天井罩棚玻璃掉落摔碎，造成沐浴者3人受伤，其中一人左足碴伤一处，一人左臂及右腿碴伤多处，另一右肩重伤一处。[4]1937年6月，前外王广福斜街卫生池浴堂房梁忽然折断，屋顶塌落下来，事发时浴客惊骇异常，纷纷逃避，共计5人受伤，其中浴客4人、伙计1人，5位伤者当即送去香厂路市立医院治疗，除两人伤重需住院医治外，其余三人回家调养。屋顶塌落原因是由于该浴堂房屋年久失修，净面搓澡之房屋两间久经潮湿，房柁糟亏早已腐朽不堪所致。由于卫生池浴堂铺房没有铺底权，施工改造等活动皆需要与房东商议，但因房东远在山东，联系不便，虽然铺掌孔繁会对房屋隐患早就知晓，也曾告知房东，但房东尚未回复时房屋

1《北大南浴室塌陷案，教部昨电妥为抚恤，叶陈伤况报告昨公布》，《益世报（北平）》，1933年12月2日，第6版。

2 *Bath House Falls Co-eds In Peiping Are Caught Nude*. China Press. 1933.11.29; PEKING VARSITY TRAGEDY Bath-room Roof Collapses : Student Fatally Hurt. North-China Daily news, 1933.11.30.

3《北大坍浴室惨剧尾声，陈仰韩伤愈，叶祖灏亦将出院，教授慷慨捐薪已得一万余元》，《京报》，1934年2月17日，第7版。

4《北平市警察局外五区关于陈蒋氏控苏李氏搅扰家庭、澡堂玻璃被风吹落伤及沐浴人、王孙氏等控郭氏等伤害殴伤案呈》，北平市警察局档案，北京市档案馆馆藏，档案号：J184-002-18191。

便告塌方。此次事故卫生池浴堂担负受伤人员的全部医药费用，好在伤者伤势不严重终免于究责。[1]浴堂房顶塌落一事问题严重，一旦发生则伤亡重大，但这种事故在此时并不稀见，常有因此遭难的浴客。[2]

事实上，在此一系列的浴堂塌方事故之前，已经有土木专业人士未雨绸缪，关注建筑安全问题。1926年《市政工程学》一书称浴堂内水气与蒸汽纷腾且人群聚集，为了避免大规模伤亡事故发生，在建筑用料方面应尽量选用无吸水性的材料，以石料、砖料、三和土、烧泥、洋灰等材料为最佳，木料绝对不宜采用。室内其他部分亦应少用木料。[3]政府方面也有相关规定出台，对市场、游艺场、剧院、浴堂、理发店等具有营业性质的场所随时派员勘察，如发现危险情形须照章办理，将有建筑安全隐患的店家向工务局呈报。[4]

到了1940年代末，当时北京浴堂建筑老化现象已极为严重，多数浴堂建筑已然陈旧不堪，需要经常零修碎补，有的还属于危险建筑。为此从1946年起，北平市工务局陆续对城区内多家公共场所的建筑设备进行完善详尽的检查。当时浴堂建筑老化现象已极为严重，因此浴堂正是其重点检查对象之一。工务局对市内近百家浴堂进行盘查后，发现绝大多数浴堂建筑或多或少存在问题，这些问题主要集中在采用木质结构的浴堂中。问题浴堂的木质立柱多存在弯曲情状，以至楼板下垂，同时立柱之间的木质房柁也存在此类问题，墙体下垂、屋顶及罩棚塌陷成为浴堂中的常见情况。建筑安全问题严重者有新华园浴堂，该浴堂由16间灰平房经拆盖而成，因年久失修，木料多半

1《平卫生池澡堂房梁突折》，《益世报（天津）》，1937年6月7日，第5版；《北平市警察局外二区区署关于澡堂房顶塌落砸伤五人将铺掌孔繁会解请讯办的呈》，北平市警察局档案，北京市档案馆馆藏，档案号：J181-021-52111。

2 洪庆堂澡堂长久欠加修理，以致房顶坍塌，轻伤二人，警察责令该澡堂立刻整修，并赔伤者付医药费用。《关于张玉荣王泽民等人高抬肉价、报姓不符、互撞车辆、澡堂池塘塌落灰块等的案》，伪北京特别市警察局档案，北京市档案馆馆藏，档案号：J183-002-11824。

3 凌鸿勋编：《市政工程学》，上海：商务印书馆，1926年，第55页。

4《公司建筑取缔规则》，北平民社编：《北平指南》，北平：北平民社，1929年，第36页。

腐朽，柁曲顶垂，墙壁多处挠曲鼓闪，木架灰顶已有塌陷迹象。1 再如大华园浴堂，该浴堂于民国前建造，为“凵”形旧式楼房，房屋一层房梁有明显弯曲，楼上置澡盆之处多向下渗漏，二层房顶之大柁，多为二柁拼成，木料已经相当之腐朽，楼上地板的洋灰砖也多处塌陷，天井处添盖的灰顶罩棚一座，其木柁现已折断。2 北平市工务局针对这些建筑朽坏妨碍安全的问题浴堂，根据每家的具体情况分别制定出相应整改办法。3 办法大致包括如下几项，首先，在经济条件允许的情况下，应将房顶、柁架、墙壁用钢筋混凝土重建，若无法重建，则应拆换弯曲立柱或在旁附加支柱；其次，在木柱弯曲下陷的地方，加以支柱加固；再次，拆换翻盖塌陷的顶棚并择换腐朽木料，罩棚用铅铁材料替换，已用铅铁材料的罩棚，处理其锈迹；最后，对于有严重安全问题的浴堂，责令其立即全部翻修，否则将勒令停业。4

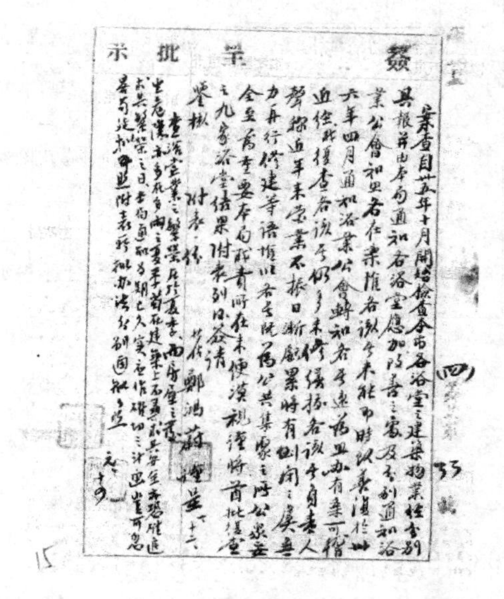
示 批 呈

图 5–2 北平市工务局关于玉兴池、天新源、兴华池等澡堂房屋建筑应加修妥的通知和市政府的呈文

图片来源：

《北平市工务局关于玉兴池、天新源、兴华池等澡堂房屋建筑应加修妥的通知和市政府的呈文》，北平市工务局档案，北京市档案馆馆藏，档案号：J017-001-0321。

1《北平市工务局关于长乐园、新华园等澡堂和北平市立剧院等建筑设备应行改善的通知及对紫竹林游艺厅呈报改装设备的批》，北平市工务局档案，北京市档案馆馆藏，档案号：J017-001-03215。

2《北平市工务局关于经检查发现大华园、义新园等澡堂和明星电影院等公共场所建筑不良应速改善设备的通知等》，北平市工务局档案，北京市档案馆馆藏，档案号：J017-001-02994。

3 北平市临时参议会秘书处编：《北平市临时参议会第一届第二次大会会刊》，北平：北平市临时参议会秘书处出版，1947年，第113页。

4《北京市工务局关于中和电影院、长安戏院、上海游艺场、新中国茶社、德华园澡堂等二十八家公共场所建筑设备应行完善的通知及部分院场的呈》，北平市工务局档案，北京市档案馆馆藏，档案号：J017-001-03134；《北平市工务局关于德颐园、兴隆池澡堂等公共场所建筑设备应行改善各点的通知及关于北洋电影院应速添砌砖垛与社会局的来往函等》，北平市工务局档案，北京市档案馆馆藏，档案号：J017-001-03214；《北平市工务局关于长乐园、新华园等澡堂和北平市立剧院等建筑设备应行改善的通知及对紫竹林游艺厅呈报改装设备的批》，北平市工务局档案，北京市档案馆馆藏，档案号：J017-001-03215；《北平市工务局关于上海游艺场、兴华园澡堂及蟾宫电影院等公共场所经检查应行改善及修复工程合格准予复业的通知等》，北平市工务局档案，北京市档案馆馆藏，档案号：J017-001-03227；《北平市工务局关于经检查发现大华园、义新园等澡堂和明星电影院等公共场所建筑不良应速改善设备的通知等》，北平市工务局档案，北京市档案馆馆藏，档案号：J017-001-02994。

政府对各浴堂建筑安全事宜并未得到良好执行，在1947年年中进行抽样复查时，多数浴堂未能按照要求修筑铺房。首批复查之九家浴堂结果如下：

表5-1 浴堂建筑复查结果表

名称	应加修理各项	是否遵办	拟定办法
玉兴池	拆砌北面后檐墙	已修	通知报检
天新园	年久失修应速翻修	未修	通知该号于一月内速将翻修
			速呈送来局否则予以停止使用
新华池	从北部宿舍翻修	未修	第二项应即照做
	罩棚南部应加添直达地面之立柱		第一项应于一月内将翻修计划书呈送来局
富兴池	赤字西墙拆砌加添砖砾	已修	通知该号先行来局呈报修理工程不得延误
	西南平房择换		春暖动工不得延误
永新园		已修	已于卅六年一月来局，修理业已完工
新华园	应行翻修	未修	通知该号于一月内将翻修计划呈送来局，不得延误
儒芳园	全部灰顶拆换，西北角外墙拆砌，西部中曲之柁拆换或加支柱，女部中曲之柁拆换或加支柱	第四项业经修理余未修	该号女部业已停业，通知该号先行来局呈报修理工程，春暖即行动工不得延误
兴华池	拆砌浴池北墙	未修	通知该号先行来局呈报修理工程
	翻修罩棚		春暖准时动工不得延误
兴华园	楼房北部添安楼梯一座	未修	通知该号速聘建筑师详细检查
	官堂东侧灰房翻修		
	官堂弯曲之明柱更换		第一、二项应照做，第三项春暖动工不得延误
	浴池楼板之构造应聘建筑师仔细检查		

资料来源：《北平市工务局关于玉兴池、天新源兴华池等澡堂房屋建筑应加修妥的通知和市政府的呈文》，北平市工务局档案，北京市档案馆馆藏，档案号：J017-001-03218。

1947年前后，正值浴堂业经营最为困难的时期，各号浴堂的经营者皆声称近年来营业不振，渐亏累将有倒闭之虞，无力再行修建，尽管工务局依旧声明浴堂为公共集中之所，店铺的建筑安全为该局职责所在，不能疏忽漠视，但还是根据浴堂现状给予一定程度的宽限。如此前工务局对新华池浴堂的整改意见有两点，一为对浴堂北部宿舍进行翻修，二为加添罩棚内部直达地面之立柱，对于这两点要求新华池以经营不善为由并未遵办。考虑到浴堂营业上的困难，工务局决令新华池只须执行修缮罩棚事项，延期宿舍翻新的整改方案，于一个月内将改造计划书呈送局内即可。兴华园浴堂亦然，如上表所示，其被指定应当整修之处有修理楼梯、加固楼板、翻修官堂瓦房等四项，得到宽限后，按照要求只需照做修缮楼梯与楼板两项，官堂翻修则推迟至“春暖后再行动工”。[1]

浴堂建筑之修缮工程耗资不菲，若有锅炉、水管等设备发生故障，其所用工料更是昂贵，生意稍好之店家尚感不敷所出，平日仅能维持之户，更是无力修建。[2]尽管当局一再放宽整修浴堂建筑的要求与期限，但仍有浴堂因经济原因拒不执行。天新园浴堂因建筑损坏严重，被工务局通知在案，要求即速翻修，否则予以停业处罚。但该浴堂称自己本拟遵照修缮要求，但无奈自1946年夏季起受环境与时事之影响便经营不振、顾客减少、收入不敷、月有亏损，加之浴堂工会成立后又不能裁工减费，因此翻修房屋现阶段实不可能完成。天新园浴堂将其呈请由浴堂同业公会转呈给市工务局，要求延缓修理期限，等经营情况好转并有盈余时，再行翻修。收到天新园的呈请后，工务局亦道出自己的苦衷：“据此查该号所称各节实属实，惟

1《北平市工务局关于玉兴池、天新源兴华池等澡堂房屋建筑应加修妥的通知和市政府的呈文》，北平市工务局档案，北京市档案馆馆藏，档案号：J017-001-03218。

2《北平警察关于重新调整浴室、理发、影业价格的训令》，北京市档案馆馆藏，档案号：J181-016-03239。

以该园目前建筑物损坏之情形，以本局职责而言，为公众安全计自不容忽视，虽应顾及商艰，亦应顾及民命。”但最后工务局还是顺从社会事实，在浴堂公会的反复请求之下，做出让步，责令浴堂公会转知天新园，先聘建筑师制定加固办法，修缮事宜从长计议。[1]

政府对浴堂业建筑安全问题积重难返，整顿不力使得浴堂建筑渐趋破损。新中国成立后，长期积存下来的问题使得修理浴堂的费用比1940年代更加高昂，多数浴堂甚至出现无法修整而停止营业的局面。[2]浴堂店家不愿意为其安全问题投入相应整顿资金，但安全问题会给浴堂带来更大的经济损失，甚至影响到整个行业的利益。

第二节 浴堂中的盗窃犯罪

一、盗窃案件频发的社会背景

随着传统社会的逐步瓦解并转向于现代社会，经济模式更动、现代城市设施的出现为城市增添活力的同时，也带来了诸多社会问题。政府及社会进步人士在通过革新社会风气、群体意识，改良道德观念、人们生活习俗来改造社会个体的同时，也将对犯罪问题的治理列为城市管理的重要对象，作为社会发展的必要事宜对待。城市犯罪率在这一时期有所上升，其中经济犯罪增加最为迅速，以

1《北平市工务局关于玉兴池、天新源兴华池等澡堂房屋建筑应加修妥的通知和市政府的呈文》，北平市工务局档案，北京市档案馆馆藏，档案号：J017-001-03218。

2 北京市档案馆编：《北京档案史料》，2010年第2期，新华出版社，2010年，第52页。

1920 年至 1926 年期间男性经济犯罪为例，7 年间共发生 4065 起经济犯罪案件，占全部犯罪案件总数的 84.55%，其中窃盗类罪行 2138 起，占总犯罪案件的 44% 之多。且盗窃犯通常为多次作案者，因此这 2138 起窃盗类案件中，被侵害的人数远非这个数字。[1] 经济犯罪增多的原因，主要来自严峻的社会贫困问题及执政者社会治理观念的变化。

近代北京城中贫困问题极为严重，乡村的衰败导致大量流动人口涌入城市务工，这些人的工作只要出现一丝变故，便无力维持自身及家人的生存。当时主要的犯罪人群为城市贫民，他们常为了生存铤而走险。在《北京司法部犯罪统计的分析》中，将在押犯人按生计状况分为奢侈、普通、朴质、贫困四类，其中四成的贫困生活者是偷盗及强盗犯。[2] 这些无法达到正常生存标准、处于社会底层的人们，偷窃犯罪对于他们成了糊口的唯一出路。

社会学者严景耀在京师第一监狱进行社会调查时，见到监狱中的教诲师用全副精神，讲仁义道德、礼义廉耻给一个窃盗惯犯听，末了那犯人说："老爷你讲的实在有理，我现在都已明白了，以后长牢记在心，可是我出监以后，肚子要饿，又找不到事情，不知道老爷有什么法子可以救我。"可见，盗窃并非是单纯的犯罪行为，而是当时社会整体贫困现状的一个缩影，"小民生计之路日迫，怎么叫他们能枵腹忍寒而安分呢？"[3]

偷窃类犯罪逐渐增多，与政府对此类事件的重视加强而勤于稽查也有着莫大联系。近代社会中，工业生产的规模化使得劳动成为社会经济体系中的最主要元素，市场

1 严景耀：《北京犯罪之社会分析》，《社会学界》，1928 年第 2 期，第 33—77 页。

2 张镜予：《北京司法部犯罪统计的分析》，《社会学界》，1928 年第 2 期，第 79—144 页。

3 严景耀：《北京犯罪之社会分析》，《社会学界》，1928 年第 2 期，第 33—77 页。

经济的发展让劳动成为一种可以交易的商品。因此，国家与政府所关注焦点从人身伤害行为转向为因违背劳动机制而造成的犯罪。正如福柯所言，就生产机制而论，近代社会认定犯罪的基本逻辑之一是“懒惰是所有罪恶之母，也就是一切犯罪之母。”[1]《新青年》曾刊登“不劳动者口中之道德神圣皆伪也”及“不劳动者之衣食住等均属盗窃赃物”等标语，将拒绝劳动与经济犯罪直接关联。[2]

这一时期，盗窃、诈骗、抢劫等行为与劳动的矛盾也愈发显露出来，这些行为因不劳而获的性质，受到了政府的重点照顾。《三六九画报》所刊载的《偷的剖视》一文，描写了在西单商场门前发生的一幕：“吾人对于日前在西单商场门前，偶见一五十许之车夫痛嚎，流涕不止，经询，此乃一日所拉之车资被窃。呜呼痛哉，万金世风不古，人心奸诈若此，真乃不忍目睹之社会怪现象也。”[3]该文将劳动与偷窃的矛盾彻底展示出来，人力车夫一日辛苦劳动所得尽数被窃，其哀嚎痛苦之模样与不劳而获的窃贼之冷漠形成鲜明对比，控诉窃贼的同时，也表达了对劳动这一道德标准的肯定。

当劳动成为一种道德标准时，偷窃犯罪不仅成为一种造成他人财物损失的过错行为，还会危害社会风气。曾有人撰文评述这一现象称：“近年来社会风俗浅薄，一般人都想发意外之财，而不讲求守分务本之道。一味心存侥幸，希望不劳而获，于是诈取豪夺之徒。到处皆是，抢劫案件，层出不穷……溯其原因，这不能不归罪于世风的陵替，人心的堕落。”[4]在此背景下，小偷常被视为人群中的败类，取缔偷窃之政策相应被视为改良社会、加速社会进

1［法］米歇尔·福柯（Michel Foucault）：《惩罚的社会（法兰西学院课程系列：1972—1973）》，陈雪杰译，上海：上海人民出版社，2018年，第59页。

2 刘光典：《不劳动者之衣食住等均属盗窃赃物》，《新青年》，1920年第7卷第6期，第365页。

3 东安野人：《偷的剖视》，《三六九画报》，1941年第11卷第12期，第15页。

4 何鸿一：《饥寒起盗心，北京最近大抢案披露，匪首原来是一个成衣匠》，《新民报半月刊》，1940年第2卷第9期，第35—36页。

步的举措。国家与政府对偷窃犯罪的管治措施愈发强硬，虽然小偷小摸从其所犯过错程度或是对受害者造成的损失上来看，皆不严重，但若以对社会的损益来衡量，则被视为十分要紧之事。

二、浴堂中偷窃案件的地缘因素

整个社会的风气尚如此，浴堂自不能免俗。本文搜寻到20世纪上半叶北京城及关厢地区浴堂中偷窃类犯罪案件材料共计75起，并将案件中的事发地点、丢失物品、窃贼身份以及案件处理结果等内容进行梳理，并制成表格。[1] 需要说明的是，尽管在50年间浴堂中的盗窃案件远超75起，但本节试图将这些笔者能力所及的材料作为样本，去考察由北京浴堂业中的盗窃犯罪所透视出来的社会现状。制表后可直观发现这些被窃浴堂主要集中在前门、天桥、珠市口、新街口、西单一带。如下表所示：

表5-2 1900年—1950年间北京浴堂盗窃案件地区统计

案发区域	案件次数	涉及浴堂数量
安定门外	1	1
白塔寺及阜成门	3	2
菜市口及虎坊桥	6	4
朝阳门	2	2
花市大街	2	1
德胜门外	1	1
地安门及鼓楼	4	4
东四牌楼	3	2
前门外及琉璃厂	17	12
天桥及珠市口	12	9

1 见附录十七，资料来源：参见报刊，《京师浴堂受骗》，《顺天时报》，1903年1月11日，第4版；《澡堂偷手巾的何多》，《益世报（北京）》，1922年3月16日，第7版；《春庆澡堂之皮夹案》，《益世报（北京）》，1923年8月1日，第7版；《一品香之自盗案》，《晨报》，1923年8月23日，第6版；《澡堂里也行骗术》，《民国日报》，1925年2月17日，第6版；《德升澡堂一再被窃》，《京报》，1925年12月14日，第6版；《澡堂被窃》，《晨报》，1923年6月18日，第6版等。档案，《禁卫军留守司令部关于涌泉澡堂昧良窃财等情的函》，京师警察厅档案，北京市档案馆馆藏，档案号：J181-019-03685；《京师警察厅外右四区区署关于王连携有德丰澡堂手巾并请讯办一案的详》，京师警察厅档案，北京市档案馆馆藏，档案号：J181-019-11152；《京师警察厅侦缉队关于钱广章偷窃澡堂衣物一案的呈》，京师警察厅档案，北京市档案馆馆藏，档案号：J181-019-30549；《北平市警察局内二区区署关于查获张则印偷窃澡堂线毯、毛巾等物一案的呈》，北平市警察局档案，北京市档案馆馆藏，档案号：J181-021-16500；《北京特别市警察局外五区分局关于丁喜顺偷澡堂大毛巾等物一案的呈》，伪北京特别市警察局档案，北京市档案馆，档案号：J181-026-16901等。图书，大理院书记厅编：《大理院判决录》，北京：大理院书记厅出版，1913年，第1页。

续表

案发区域	案件次数	涉及浴堂数量
王府井	2	2
西单	6	5
西交民巷	1	1
西四牌楼	4	4
新街口及西直门内	10	5
永定门关厢	1	1

资料来源：根据附录十七整理。

图 5-3 荣盛园澡堂失盗

图片来源：

《荣盛园澡堂失盗》，《北京画报》1911年第1期，第66页。

从上表可以看出，盗窃犯罪与城市空间布局关系密切。浴堂多开设于城市的商业区，这里自然是浴堂中盗窃案件的高发地区，如前门外、天桥、珠市口、王府井、东单、西单、东四、西四，崇文门外、鼓楼等主要商业区在上表皆有涉及。除城市的区域功能外，社区环境、治安情况、交通条件、居民成分以及浴堂的防盗意识也影响着不同地区盗窃案件的数量。如王府井一带，虽为主要商业街区之一，但在此开设的浴堂几乎很少被盗。在 75 份材料中，只有 1 起案件发生在王府井一带。位于此处的当时规模最大、最奢华的清华园浴堂竟然没有盗窃案件发生。溯其原因，王府井一带的浴堂主要开设在主干道两侧的胡同中，这些胡同长且宽阔，为数不多的岔路也多为死胡同，窃贼一旦被发现，几乎很难有逃脱的可能。此外，这一带高档商铺林立，店铺的防盗意识强，窃贼在此作案风险极高。

与王府井地区截然相反的是前门外，特别是观音寺及八大胡同一带，这一地区同样为城市的主要商业街区，如蛛网一般错节的胡同阡陌纵横、四通八达，道路节点极多，且胡同中道路并不笔直，视野盲点多，为浴堂盗窃者提供了犯罪后脱离追捕的条件。因此，前门外一带对窃贼的吸引力自然要比其他地方高。1914 年，在大李纱帽胡同（现大力胡同）路北庆容浴堂，两名法国士兵进入浴堂手持刺刀实施抢劫，抢去客座客人钱财、褡裢、手表等物后潜逃。当时有警察见二贼进入小李纱帽胡同南口往北逃窜，当即追赶。法国人穿过一户烧饼铺，进入相邻胡同。巡警根据烧饼铺货物被碰翻的情况，也进入该巷路西胡同内。谁知该胡同有三门，不知法兵进入何门，加之因夜色已深，警察只得借路边人力车灯照看，经反复搜查后，见法兵在一住户门内避匿。窃贼见巡警赶至，遂拔出刺刀，从该户内复往外逃离，随逃随砍继续往北逃跑。逃至外观音寺街后，遇到外右一区巡警，两股警察会同围捕，才将法兵赶至杨梅竹斜街东口，并将其截获。[1] 由于前门外地区交通复杂，抓捕犯人的难度极大。如在上文所述，动用了两股不同界区的巡警一起围堵，耗时颇久才将犯人抓获，但这种警力的配置并不是时刻皆有之。

从表中还可看出的是，盗窃案件次数与被窃浴堂的数量并不一致，即是说有浴堂不止被盗窃一次，因此通过比较在同一个地区二者数量之差，便可大致获知该地区盗窃案件的频繁程度。发生盗窃案件最多的区域分别为前门外至琉璃厂、珠市口至天桥、新街口至西直门内，这三个区域也是各类案件发生最为频繁的区域。前门、琉璃厂为城市主要闹市区，其中浴堂众多，盗窃事件自不会少。天桥一带旧货及二手市场发达，易于窃贼的就近销赃。新街口一带与前门、天桥等传统商业区在商铺规模、销售形式、消费群体上皆有区别，该区域的浴堂同样盗窃案件频发。虽分处三地，但这三个地区的浴堂不约而同地频繁被窃，究其原因在于三者在地缘上的共通性。

前门外地区被盗窃次数最多的浴堂为春庆浴堂，该浴堂位于观音寺街燕家胡同，1920 年至 1928 年间发生盗窃案件三起。天桥地区的盗窃案件高发浴堂为天桥以西留学路玉兴池浴堂，此外西直门内南草厂德升园浴堂也饱受偷窃犯罪的滋扰，店内顾客财物常受损失。[2] 燕家胡同、留学路及南草厂三地有着相似的地理环境，这三个区域均处于商业区域的边缘地带，或是商业中心与居民区的交界处。

燕家胡同为南北走向，其东侧为主要商业街道观音寺街，西侧铁树斜街多为居民住宅。该胡同中有一些商

1《京师警察厅外右二区区署关于沙春圃控告法国人在庆荣澡堂抢去客座钱褡裢等物一案的呈》，京师警察厅档案，北京市档案馆馆藏，档案号：J181-019-03302。

2《两澡堂被窃，做贼也有幸与不幸》，《益世报（北京）》，1923年4月30日，第7版；《文明扒手吃澡堂》，《益世报（北京）》，1923年7月15日，第7版；《德升园澡堂失盗》，《益世报（北京）》，1925年12月7日，第7版；《德升澡堂一再被窃》，《京报》，1925年12月14日，第6版；《京师警察厅外右四区区署关于王连携有德丰澡堂手巾并请讯办一案的详》，京师警察厅档案，北京市档案馆馆藏，档案号：J181-019-11152。

铺，其中亦有妓院，处于商业区与居民区的过渡地带。此类地区人员流动性强，商铺住户皆具，人多事繁，容易发生犯罪活动，加之被八大胡同的妓院包围，窃贼在浴堂偷取钱财立马可以在附近消费，想要买春而囊中羞涩之客常“光顾”于此，诈取或偷窃钱财。1923 年，燕家胡同春庆浴堂有两名浴客来此洗澡，一个叫李春林，一个叫张子琛，二人在客盆冲洗，大谈特谈。李离开时，假借张的朋友将其存在柜上的皮夹取走，内有现金 8 元、铜元票 17 吊，是日晚间该浴堂伙计在附近娼寮冶游，至陕顺下处小妓红宝屋内，发现贼人李春林，该伙计当即闯进屋内将李揪获，送至警察署。李春林对其诈骗皮夹一事供认不讳。1

与之相似的还有西直门内南草厂一带。新街口地区被新街口南大街分隔成两个区域，东侧积水潭一带为城市极贫户的居住区，西侧的主要干道西直门内大街为出城去往西郊的必经之道。自明清时起，马路两侧就有众多商业店铺，出城者和西北郊的居民常来此购物。这些店铺规模不大，所售物品以日常生活用品为主，临街店铺后方以居民区为主。处于商业与住宅区的边界，同时又靠近城门以及极贫户居住区，这一地区的犯罪率自然相较他处为高。位于这一带的德升园浴堂曾在一个月内连续发生两起盗窃案件。1925 年 12 月 7 日，浴堂柜房存放的店内伙计棉袄、毛线毯、布褂等衣物悉数被人窃取，当物主发觉时，窃贼早已不见踪影。2 同月 14 日，虽因一周前曾丢失衣物，该浴堂格外注意行窃之人，但不料再次被盗，这次不只是衣物，伙计的皮包、戒指、现洋等财物也一并被盗，直到

1《春庆澡堂之皮夹案》，《益世报(北京)》，1923年8月1日，第7版。

2《德升园澡堂失盗》，《益世报(北京)》，1925年12月7日，第7版。

晚上12时，一众伙计营业结束歇息时，始才查知。[1]

留学路亦如此，此处因靠近屠宰场得名，旧称牛血路，后改名留学路。为南北走向，左邻香厂右接天桥地区。1928年迁都后，香厂一带逐渐衰落，1937年之后更是愈发萧条，而天桥地区热闹依旧。留学路由此从两个商业区的交界处转变为商业区和居民区的过渡地带，该街道的犯罪行为多发生于1940年代。[2]这一时期，玉兴池浴堂曾多次被盗，盗窃犯通常将偷出的毛巾、衣物、钱包、戒指等赃物带往天桥，寻找打鼓人、估衣铺、当铺销赃，因此发现偷窃行为后不久，浴堂伙计若到去往天桥的必经之路如赵锥子胡同、鹞儿胡同搜寻，偶尔能截获窃贼。[3]但若窃贼向西逃窜藏匿于居民区内，或北上出胡同取道西珠市口大街，销赃于前外大栅栏区域，则几乎很难被人发现。

浴堂中的偷窃犯罪案件可以作为城市犯罪问题的一个缩影，城市经济与社会观念是造成犯罪的主因，而城市布局、区域功能、街区场景、空间利用方式与内部交通条件等因素的作用也不能忽视。虽然偷窃犯罪案件的主要分布地区多为商业区，但并不是所有商业区均为犯罪热点区域。街区内部的具体情况，如商业与居民区域地带的划分、商业密集化程度、店铺周围外来人员的流动性高低，以及商铺的防盗意识，使得各区域的盗窃犯罪案发数量与频率有所不同。

1《德升澡堂一再被窃》，《京报》，1925年12月14日，第6版。

2《京师警察厅侦缉队关于钱广章偷窃澡堂衣物一案的呈》，京师警察厅档案，北京市档案馆馆藏，档案号：J181-019-30549；《北京特别市警察局外五区分局关于丁喜顺偷澡堂大毛巾等物一案的呈》，伪北京特别市警察局档案，北京市档案馆馆藏，档案号：J181-026-16901。

3《北京特别市警察局外五分局关于张林生等偷窃怀表、褥单、浴室毛巾、铁筒、黄米面等形迹不检案卷》，伪北京特别市警察局档案，北京市档案馆馆藏，档案号：J184-002-26938。

三、浴堂中偷窃案件的犯罪方式与窃贼身份

（一）浴堂中的行窃方式

近代北京浴堂的盗窃犯罪案件可以分为店家财产失窃与客人丢失财物两类。在统计的75起有关浴堂偷窃犯罪案件材料中，浴堂失窃类案件有49起，为主要的犯罪方式。

毛巾为浴堂中使用最多也是最易被窃的物品，盗窃毛巾成了浴堂中最常见的案件。起贪念的浴客，在穿衣时会将浴堂的毛巾缠在身上，或者窝藏在裤内，尤其是冬季，所穿衣物较多，窝藏毛巾不易被浴堂伙计发现。天桥天裕浴堂浴客许庆祥在出浴穿衣时，乘隙将毛巾数条窝藏裤内，这一举动被铺伙李志春查见，跟随许走出堂外，直到在街道上看到巡警时，李赶上将许扭住。巡警搜查后，发现许的棉裤内藏有毛巾3条，人赃并获，警察将许连同铺伙李及证物毛巾一并带回外右五区究辩。[1] 又如煤市街清园浴堂，某甲在此洗完澡付清澡钱要走时，该浴堂伙计石某见其神色慌张，且身上鼓鼓昂昂，好像有什么物件，遂上前盘问，某甲言语支吾，伙计遂从他身上搜出手巾数条，后经多人解劝终行放走，未送至警局罚办。[2]

除毛巾外，香皂、镜子、茶具等零碎物件，甚至店铺门口的铁锅、地垫皆是窃贼的偏爱之物。[3] 东珠市口玉尘轩浴堂与北孝顺胡同文华园浴堂皆在堂门前摆有大铁锅，虽重达上百斤，却先后在夜中被人盗取。经过警署按迹寻找，发现木厂胡同志和铁厂嫌疑最大，经过盘查，该铁厂铺掌称早晨有人用排子车推来铁锅，以银8元标价

1《天裕澡堂窃案，洗澡的偷毛巾》，《益世报（北京）》，1926年12月3日，第7版。

2《澡堂偷手巾贼被获》，《益世报（北京）》，1922年3月4日，第7版。

3《澡堂追获窃贼》，《顺天时报》，1917年2月27日；第7版；《贼子惯偷澡堂，现已被获》，《晨报》，1922年5月22日，第6版。

售予铺内，买物人并非熟悉主顾，其住址亦不详，盗锅之人长期未查出，该案成了悬案，只得将铁厂铺掌送至地方法院予以处罚。1 地安门外烟袋斜街的鑫园浴堂为保持室内地面整洁，特在店门前置备钢丝地垫一块以刮除客人鞋底泥污，该地垫不日被盗，后经警察查获窃犯为金某，失物由警察找回并由失主认领。2 电力设施的普及使一些浴堂开始使用霓虹灯广告板，广告板在招揽顾客的同时也引来了窃贼。1947 年，从通县来京的商人于某生意失败，本钱花尽又有吸毒嗜好，不得已靠偷窃为生。在路过珠市口清华池浴堂门前时，将该浴堂标灯灯泡 14 个偷窃到手，携至香厂地方，卖给一徐姓打鼓人，得钱法币 1900 元，被警察盘获带局后，于某对偷窃行为供认不讳。警察找到徐姓打鼓人后，14 个灯泡尚未卖出，遂收缴交还给失主清华园浴堂。3

如果将白天趁浴堂伙计疏于照看而被窃取的毛巾、肥皂等物品称为“白潜”，那么于夜间溜门、撬锁、翻墙，盗取店内值钱财物的行为则是“黑潜”。夜间盗窃者通常会在白天来店内打探，观察建筑格局及财物所在地，盘算如何翻墙、进院、上房、入室，等一切准备就绪后才会在夜间动手行窃。41921 年 9 月，警察在珠市口访获贼犯钱广章并将其带回讯问，钱广章供称自己为河南信阳人，当兵被革，现居住于养蜂夹道，一周前赴牛血胡同路东浴堂洗澡，因贪起意决定偷窃，夜里 11 点钟由浴堂出来溜至浴堂后院，使用之前发现的梯子经北墙上至房顶，等至凌晨 3 点钟浴堂人皆睡熟后，从房上绕至前院顺墙跳下，由北屋串入东屋，偷窃棉被一床，裤褂若干件，还有毡

1《外一区两澡堂两个大铁锅先后被盗昨已破获》,《京报》,1930年8月21日,第6版。

2《北平市警察局内五分局关于地检处送朱林氏等控张贾氏等有偷窃手表皮领嫌疑及王德海偷窃棉被澡堂门前脚垫等案》,北平市警察局档案,北京市档案馆,档案号:J183-002-34915。

3《北京特别市警察局侦缉队关于送于冷偷澡堂标灯泡14个并吸毒一案的呈》,伪北京特别市警察局档案,北京市档案馆,档案号:J181-024-00839。

4 余钊:《北京旧事》,北京:学苑出版社,2002年,第127页。

帽、腿带、眼镜等物品。钱某将这些赃物分别卖给过路打鼓人，又于王广福斜街及西柳树井的两家当铺中进行了典当，共得银1两5钱9分及铜元60枚。[1]

当窃贼对浴堂中的建筑布局及伙计作息了如指掌后，甚至可以不着急销赃，将赃物藏于浴堂不易发现之处，每日趁伙计歇息后一点点带出，以求最大限度降低被缉拿的风险。1928年年终时，燕家胡同的春庆浴堂有梁上君子光顾，窃去衣物数件、面粉一袋、铜元若干吊。浴堂铺掌报案后，外二区警署对该区域展开严密布控。夜内4时，有该区警察巡逻时经过该巷，见浴堂房上有一黑影，料系窃贼，遂召集巡官20余人赶来将浴堂包围，上房搜查，见房上有大皮箱一件，箱内具是浴堂此前的失物。该贼在房上正由箱内取衣物，当场被捉获，皮箱内赃物共约值洋200元。因携带皮箱过于明显，该窃贼本计划分数次将赃物消化，不料第一次从浴堂内“取货”即被警察查获。[2]

“黑潜”以偷窃为业，为了掩护自己的身份，常伪装成常来浴堂的闲人，在行窃后第二天还要上被盗浴堂泡上一会儿，以示清白。[3]宣武门外半截子胡同内的西三顺浴堂被人窃去柜上铜元100余吊、现洋4元，此外还有伙计衣物、钱财，约值五六十元。甚至有一伙计丢的连一条裤子都没剩下，一早起来就赤身裸体，幸亏别的伙友借给他一条破裤子穿上，才避免尴尬。报案后当日，浴堂仍然营业，上午时分，两个巡警带着一人来到浴堂，这人忽然指着一个浴堂中的客人某甲，向警察道：“就是他！”某甲已然洗完澡正准备剃头，见状立刻脸色大变，透出惊慌的样子，该案虽未结案，但《晨报》记者根据众人议论，

1《京师警察厅侦缉队关于钱广章偷窃澡堂衣物一案的呈》，京师警察厅档案，北京市档案馆馆藏，档案号：J181-019-30549。

2《警察拿贼，春庆澡堂被窃》，《益世报(北京)》，1928年12月14日，第7版。

3 余钊：《北京旧事》，北京：学苑出版社，2002年，第127页。

认为该人正是夜间绺窃的犯人。[1]

浴堂之毛巾等物因易于销赃，以至于偷窃浴堂渐成风气，甚至出现成组织、具规模的专门盗窃浴堂毛巾的团伙。[2]本地团伙之外，来自天津等地的异地盗窃团伙也在觊觎北京的浴堂。1947年，北平市浴堂同业公会向市警察局报告，称收到来自天津同行的密报，在天津有盗窃毛巾团伙专偷浴堂大小毛巾，当地已不止一家浴堂被盗，该团伙近期已由天津来到北平正伺机行窃，北平已有两家浴堂遭殃。北平市警察局收到呈报后，通知各浴堂负责人严加防范，遇有发现嫌疑者立即扭送报案，并转知各治安机关严缉防范该团伙，以维护市内治安及商民利益。[3]

偷窃客人财物是窃贼在浴堂内实施犯罪的另一方式，窃贼一般在脱衣时会观察周围客人的动向，遇有衣着华贵或携带财物者，会牢牢记住这些客人衣箱的位置及箱号，下池后窃贼会盯梢盗窃目标顾客，观察其动向，以留出作案时间。顾客沐浴完穿衣时发现衣物丢失，或衣物内钱财丢失等现象时有发生。西城新街口某浴堂内一客人田某，在洗澡前将衣服脱在普通箱中，之后径往池堂洗澡，洗毕后出堂，不料箱内所放之青色库缎马褂、青布棉袄、棉裤及新鞋等皆不翼而飞，箱内仅见破灰色棉袄、棉裤一身。田某脸红颜粗地向柜上人理论，柜上人竟以田某诬赖为由拒不赔偿，双方遂大起冲突。[4]

除窃贼外，还有骗子利用浴堂人物分离、难于照看的条件骗取他人衣物。齐化门外韩家客店内有孙姓、张姓同居客人，一日二人同时出门，张某未留神，掉进了臭泥塘，满身是泥，便拉孙某去玉泉浴堂洗澡。洗到一半时称

1《好热闹的三顺澡堂，夜间几乎被人偷窃一空》，《晨报》，1922年5月17日。

2《澡堂注意》，《益世报（北京）》，1922年6月21日，第7版。

3《北平市警察局关于抄发九月份盗匪案件情形比较表、逃兵窃犯黄聚卿脱逃严缉务获、保定绥靖公署代电嘱协缉窃犯、严加查缉电话外线被窃、查防各浴堂毛巾被窃的训令》，北平市警察局档案，北京市档案馆，档案号：J185-002-01211。

4《澡堂中偷梁换柱》，《京报》，1924年4月2日，第6版。

自己有要事在身，向孙某借穿衣服。不料张某一去未返，孙某在浴堂苦等一天，张某最终仍未返回，孙某始知被骗，只得将张某留下的破衣服烤干，穿上返回客店。[1] 相似的案件并不少见，再如乡人李某来京觅友谋事，当日在天桥市场与素识之王某相遇，王某称自己在某军充当马弁，并应允代李某觅职。王某约李某去浴堂谈事，交谈时嫌李身穿之大布棉袄过于简陋，不甚美观，云自己朋友尚多，可以代为向朋友借换一件华美棉袄，穿毕再行归还即可。故此，王某洗澡毕，乃将李某所穿之大棉袄携走。李某等候至浴堂关门，仍不见王某归来，才知自己被骗。[2] 浴堂中的客人需要脱衣及长时间与衣物、钱财分离的情况，为不法分子提供了先天的作案条件。针对于此，部分浴堂改良衣箱为挂杆，提醒客人钱财交柜才使偷窃案件稍有缓解，但并非所有浴堂都有改良存衣方式的条件。钱财交柜并不意味着浴堂能够做到妥善保管客人之钱物。关于这些问题将在后文展开论述。

（二）浴堂中窃贼的社会身份

近代北京城中的贫困问题，使大部分盗窃行为缘于窃者为了生存而出此下策。浴堂中客人较多，各伙计常忙碌至无暇顾及所有客人的一举一动，同时店内毛巾、肥皂，以及客人的衣物、戒指、眼镜易于窃贼藏匿，销赃方便，使得没有收入来源且心存侥幸之人多选择来此孤注一掷。如前门外观音寺街的沂园浴堂，有一年约三旬的某甲到该堂洗澡理发，洗完后还消费纸烟、点心共合洋 1 元 4 角。某甲不经结账穿衣就走，被铺伙阻拦向其要钱却装哑不语，双方僵持不下遂喊来警察。向其询问，仍不言语。

1《澡堂里也行骗术》，《民国日报》，1925年2月17日，第6版。

2《澡堂中一桩骗衣案，乡人谋事投入圈套》，《顺天时报》，1925年11月22日，第7版。

警察当即将某甲带往外二区警署，经审讯后获知该客名叫鲁常山，年30岁，河南人，来平寻友却遇人不淑，因此被困北平。无法谋生亦身无分文，浑身燥痒难当，肚子又饿，故到浴堂沐浴。警察怀疑此人以骗食为生，因前日区内发生过一次骗食案件，当事人同样姓鲁，可谓无独有偶。1 再如军人祁佩林，曾在直隶第五混编旅当兵，因不愿退伍回籍，又无正当工作，只得靠偷窃为生。在偷窃内右四区的乐顺浴堂时被铺伙抓获，当场搜出毛巾3条盘于腰间，祁佩林乘间逃逸被巡警截获，送案到区后又在其身上检出手巾2条。2

贫穷使得偷窃和诈骗等行为长期存在并屡禁不止，有些人甚至成为惯犯。定兴人丁喜顺在虎坊桥的瑞滨园洗澡时起了贪意，将大毛巾2条掖在长衣内带出浴堂，偷窃过程毫无阻拦。丁某觉得浴堂偷窃如此容易，得钱如此之快，于是将窃出毛巾放回住处，又去留学路的玉兴池以洗澡为名实施盗窃，趁隙窃取手巾4条、毛巾2条，在带回住所时被警察追获。3 甚至有人专门靠偷窃浴堂为生，南横街米市胡同的富有浴堂一个月前曾经被盗，物品包括客人的衣服、皮夹以及浴堂的毛巾、毯子、茶壶、茶碗等。此事之后，铺掌派众伙计每日轮流值班，可巧在一日夜内，有伙计听见拨门声音，开门查看，正与窃贼撞见，贼人见状转身就跑，最终被伙计擒获交予警署。警察从其身上搜出当票2张，盘问后得知是前两天偷窃三顺浴堂的客人夹袄时顺手典当所得，继续盘问后，发现此人谋生的方法正是偷窃浴堂，不只三顺及富有这两家，崇文门外到骡马市大街多家浴堂的失窃案件都与他有直接关系。4

1《前有鲁干然骗饭馆今有鲁常山骗澡堂》,《益世报(北平)》, 1929年4月12日, 第7版。

2《京师警察厅内右四区分区表送祁佩林偷窃澡堂内手巾一案卷》, 京师警察厅档案, 北京市档案馆馆藏, 档案号: J181-019-36067。

3《北京特别市警察局外五区分局关于丁喜顺偷澡堂大毛巾等物一案的呈》, 伪北京特别市警察局档案, 北京市档案馆, 档案号: J181-026-16901。

4《贼子惯偷澡堂, 现已被获》,《晨报》, 1922年5月22日, 第6版。

社会上的不劳而获者是浴堂行窃的另一主要群体。在旧时代，城内旗民有消耗而无生产，多以不劳作为荣，官员、士大夫亦以劳动为耻。加之中国的传统家庭中往往共同理财，在一个锅灶吃饭，这种体制鼓励了懒惰，助长了人们厌于劳动的习惯。[1]现代社会生产机制的变化，使得劳动成为人民获得财富的基本途径。虽然生产制度改变了，但民众的生存观念与生活习惯还停留在前工业时代，即生活习惯的变化滞后于生产制度的变化。当财富需要靠劳动积累，而人们的劳动观念与社会现实相悖时，在一面受贫困所困，一面又排斥劳动的人群中选择偷窃者便不在少数。安定门外的义园浴堂伙计王玉全正是不劳而获者的典型，王某年22岁，自当浴堂伙计以来，非常不守铺规，每日非嫖即赌。浴堂掌柜见王某如此浮荡，于正月间即将其辞退。后王某仍不务正业，每日游手好闲，以致不能维生。虽贫而又不愿劳作，王某遂生邪念。因其平素与各浴堂伙计有所联络，便每日以访友为名，去各浴堂闲坐，趁机偷窃毛巾，并以此为生。尽管王某曾以偷窃犯案之罪名被拘留10日，被释放后因无法生存仍重理旧业，于宝泉、洪泉等多家浴堂中连续作案数起，在一次盗窃之后携带赃物去天桥地区变卖时，才被便衣侦探抓获。[2]

贫穷而又不愿付出劳动使得社会中趁火打劫、见财起意之事常有发生。阜成门内大街澡堂子胡同隆泉浴堂铺伙夜内查看池堂时，听见邻居一妇人喊嚷着火的声音，遂出屋查看，只见北屋灰棚已经着火，火因是由电表滋火着屋内存放旧席及窗户等物所致。适有巡警赶至，帮同将火扑灭并未燃烧他物。回房时，发现有人正在北屋行窃，将

1［美］西德尼·甘博(Sidney D·Gamble)：《北京社会调查》，北京：中国书店出版社，2010年，第284页。

2《专偷澡堂的窃贼因他是澡堂出身》，《晨报》，1923年5月22日，第6版。

其扭获后，发现已被盗去青布大棉袄一件及腰带、手巾等物。送去警署提讯，窃贼名叫康凤山，生活穷困潦倒，见浴堂起火心生贪念，不料火势被迅速扑灭，以至被浴堂伙计撞见。[1] 与此案相似的还有菜市口的汇泉浴堂，有满某请客招待其朋友王某来此洗澡，王某乘满某不备之际，偷去满某 5 元，满洗毕后查点衣兜，发现丢失钱财，向王追问，王反故作不知，喊来警察，帮同搜查，警察终由王之袜内取出丢失钱财，王某因此被判拘留 22 日。[2] 王某受请来浴堂洗澡，却偷窃朋友钱财，与上例康某趁火盗窃实如出一辙。

贫穷并非是偷窃犯罪的唯一因素，盗窃不只是城市贫民的行为，一些生活富裕、衣着体面之人也对其趋之若鹜。《益世报》曾刊登一则新闻，记者称起先只是对北京浴堂偷窃犯罪猖獗有所耳闻，认为这类案件的起因只是如看起来那样因贫所致，但当陈述完洪善浴堂偷窃毛巾一案后，因作案者"衣服甚是文明，不似下流之辈"，记者改口称浴堂盗窃频发，各家浴堂应制定出一个防范方法，而不仅只着眼于穷人身上。[3] 崇文门外八角胡同有住户周保廷，年 20 许，家道小康，素好冶游，常去前门外草市聚泉浴堂洗澡，系该浴堂熟客。一次沐浴时，周某乘隙窃取客盆之大毛巾 3 条，围在身上，临出门时，伙计见其腰极粗厚，若似孕妇，情知有异，检查毛巾短少，追出捉回，从其腰间搜出毛巾，周某羞怒动武，被巡警发现带回区署。[4] 由此可见当时的社会风气。

在浴堂中，举止阔绰洗官堂的顾客也常有偷窃行为。官堂因消费高、环境优，顾名思义是为社会上的达官贵人

1《京师警察厅内右四区分区表送康凤山乘火绺窃隆泉澡堂内衣服一案的呈》，京师警察厅档案，北京市档案馆馆藏，档案号：J181-019-39892。

2《朋友见财忘义，请洗澡趁机偷窃》，《顺天时报》，1924 年 11 月 27 日，第7版。

3《澡堂偷手巾的何多》，《益世报（北京）》，1922年3月16日，第7版。

4《盗毛巾于洗澡堂内》，《益世报（北平）》，1929年12月7日，第7版。

服务的。来官堂沐浴的客人非富即贵，但洗官堂的顾客亦会实施偷窃，甚至手法更为娴熟。西直门内南草厂德升园浴堂，1923年开业后顾客异常踊跃，一日晚间，有一顾客年30余岁，身着纺绸大褂，手持文明杖，鼻架金丝镜，口内镶有金牙，头戴平顶草帽，足穿黄色皮鞋，在官堂沐浴。浴罢令伙计由该堂邻近饭铺要酒要菜，吃得酒足饭饱，适有店内客盆顾客二人争吵至大打出手，此风波过去后，铺掌见该官堂顾客已不辞而别，检查物件，发现被盗取毛巾一条、茶壶一把，计损失约银2元，遂派伙计四处追找，但并未追获，该堂只有自认晦气。[1] 同样是新街口附近，德丰园浴堂内设有官堂5座，均系单间，下午6时，有一身穿花缎阔人某甲赴该浴堂，在第二号官堂屋内洗澡，10时余仍未洗完，铺伙因闻该屋内久未叫唤，甚为清静，疑系洗澡人在屋内睡着，遂隔窗窥视，见屋内渺无人迹，客人不知何时早已溜走。复查各官堂屋内，黄铜痰盂5个、瓷帽筒3个和大手巾2条已不翼而飞，共值洋13元。该窃贼一人盗窃物品如此之多，而不惊动店铺，其手段之娴熟，令人称奇。[2] 官堂中密闭的环境为窃贼盗窃提供了条件，而衣着举止彰显出的身份也成了这些人的掩护，让浴堂店家以为他们并不缺钱，更不会偷窃，借此心理来官堂偷窃者常有之。这些人中有人是穷人乍富，不想付出又贪图便宜的有钱人亦有之。

1《文明扒手吃澡堂》，《益世报（北京）》，1923年7月15日，第7版。

2《两澡堂被窃，做贼也有幸与不幸》，《益世报（北京）》，1923年4月30日，第7版。

四、浴堂中偷窃犯罪的治理

（一）警察机构对浴堂犯罪的稽查与整治

北京浴堂中偷窃犯罪问题的频发且屡禁不止令各店家头疼不已。由于丢失物品如毛巾等皆属细碎物件，不便报告警察，甚至有浴堂一个月内屡屡被窃。全市浴堂平均每月每家失物约合 4 至 5 元，这笔钱已经成为浴堂每月之必要支出。[1] 浴堂中的盗窃犯罪同样影响着顾客的沐浴体验，从如下小品文中可见一斑：

> 和水的热度渐渐地增加一样，我们彼此也很快地谈的很融洽，大家赤裸着身体的站着，毫不拘束地，随意说着我们所能够想出的话，仿佛是相熟朋友似的。
>
> 他告诉我许多浴堂里的事情。似乎把整个城里面的浴堂都走遍了。他的话里面有时带着些可笑的故事，有时却有点像冒险的侦探小说似的。当他诉说着曾经有一个浴室里的茶房把一个客人的钱袋怎样巧妙地藏了起来，结果却终于给那客人发觉了的故事之后，他用一种非常温柔的声调感叹说："这真是多么可怕的事情，一个人甚至在洗浴的时候也得刻刻留心着保护自己的钱袋。"[2]

尽管作者并未说明该浴堂是否位于北平，但这并不妨碍依此说明浴堂中频发的盗窃事件给顾客带来的困扰。

为此，北平市各浴堂店家联合请求北平市公安局，要求严查浴堂中的偷窃犯罪，并要求对失物的销赃渠道进

1《毛巾之贼颇多，洗澡系为做贼》，《顺天时报》，1925 年 7 月 12 日，第 7 版。

2《浴室内外》，马国亮：《偷闲小品》，上海：良友图书印刷公司，1935 年，第 86 页。

1《北平市商民协会关于北平各浴堂经常丢失毛巾请严查的函》，北平市警察局档案，北京市档案馆馆藏，档案号：J181-020-02366。

行布控，切断窃贼的变现途径。呈文如下：

> 查北平各浴堂所用堂布、手巾、大围巾，原为预备顾客应用，不意竟有无耻之徒终日以洗澡为名乘隙绺窃，即行销售各晓市及天桥小贩之手，绺窃者已有就地销赃习惯为业，而小贩以销赃之货得利甚多肆无忌惮，是以各浴堂丢失手巾之事无日无之难。经多方防范毫无善法，今经行众开会决议，恳请贵会函请商民协会转呈北平公安局备案，嗣后凡在各晓市及天桥小贩摊上见有浴堂行所用各种手巾，上有椭圆形戳记编号码者，即是由各堂认明自己号码，即可派去叫警察讯办，根究来路，或有自行搜出绺窃之徒当如何办理，是否交区究办，务使绺窃者无销赃之地，销赃者畏于法律绝其利心，解除各浴堂之痛苦以维民生，相应据请呈请贵会转呈公安局通饬各区严防，以维商业等情。[1]

北平市公安局收到此函后，承诺绝对严查各晓市及天桥小贩，并通告给各区署照办。浴堂提议试图通过寻溯销赃途径以找回失物，同时希望严控销赃各环节来制止偷窃行为的发生。这种方法不无道理，因近代北京有着成熟的二手货交易体系，发达的二手市场正是盗窃犯罪的依仗。

民国时期，北京城内充斥着大量的二手市场与二手商人，从古玩到旧书、破布条，甚至连女性用过的月经带都可以成为二手商品。莫理循（George Ernest Morrison）曾见识到北京二手商人对旧货的执念，意大利公使史弗查伯爵（Carlo Sforza）在离开北京时，卖掉了他们的所有家产，其中还包括伯爵夫人的袜子和内衣裤，以及伯爵的背心等物品，莫理循对此的评论是“一个滑稽的场面”。1 对于二手商人收来的货品，居民们若有需要可在二手市场购买，或直接与商人私下交易。商人通常被称为“打鼓儿的”，他们每天走街串巷，手持一火柴盒大小的小鼓，挑着一对小竹筬筐，边走边敲，声音十分干脆，传得很远，很深的院子有时也能听到外面的打鼓声。当“打鼓儿的”探听到谁家有东西要卖的时候，就到那家门口或胡同的附近“咽！帼！”的敲起鼓来。长居在北京的人一听便懂了，这是专门收买旧货的来了。2“打小鼓儿的”分两种，“打硬鼓儿的”和“打软鼓儿的”。3 二者本钱不同，回收窃贼从浴堂中偷出的赃物者一般为打小鼓的。“打鼓儿的”通常将浴堂毛巾、戒指等物交予旧货铺转手出售，将回收的衣物等赃物售予估衣铺。4 如有假货或非法获得的赃物，他们会选择拿到晓市上出售，因为晓市上的交易是在摸黑下进行，为非法物品的流通提供了方便。5

北京通金受申曾作诗讲述北京警察善于利用眼线破获案件，诗云：“案子满街走，锁链满天飞，没有眼和线，案子难周全。”6 浴堂盗窃案中，警察所用的眼线有两种，其一是浴堂毛巾上的印记，各浴堂在订毛巾时，会要求毛巾厂家在毛巾上定制印记，用醒目的颜色印上浴堂名称，目的是为了顺利找回失物，同时带有印记的毛巾不好销赃，容易被警察查获，也能让窃贼有所忌惮。其二是“打鼓儿的”，警察对常在区内活动之打鼓人较为熟悉，通

1［澳］西里尔·珀尔（Cyril Pearl）：《北京的莫理循》，檀东鍟译，福州：福建教育出版社，2003年，第480页。

2 邓云乡：《增补燕京乡土记（下）》，北京：中华书局，1998年，第528—531页。

3 刘小蕙：《打小鼓的》，梁国健编：《故都北京社会相》，重庆：重庆出版社，1989年，第90—91页。

4《卖估衣》，王静：《中国民间商贸习俗》，成都：四川人民出版社，2009年，第177页。

5 邓云乡：《增补燕京乡土记（下）》，北京：中华书局，1998年，第528—531页。

6 金受申：《北京的绺窃》，《立言画刊》，1943年第258期，第13页。

过监视来晓市及铺陈市销货之人，或者寻踪打鼓人货物来路，常能蔓引株求，抓获窃贼。

西单牌楼义兴园浴堂被盗毛巾一案，警察便是通过对铺陈市一带的监控，从而将窃犯抓获。1942 年 5 月 2 日下午，外五区警察在管界内铺陈市地方巡查时，发现有一老人正向打鼓人售卖手巾 3 条、毛巾 1 条，形迹可疑，当即上前盘诘，老人言语支吾闪烁，警察遂将人证一并带案讯办。得知该贼犯名贾茂廷，通县人，年 66 岁，在铺陈市兴隆店居住，现在赋闲。此人于该日早晨在西单牌楼义兴园浴堂洗澡，乘间偷窃浴堂毛巾带至铺陈市，意欲售卖之际被警察盘获。[1]

浴堂毛巾上的印记同样利于案件的快速侦破。在德丰浴堂被盗毛巾失而复得一案中，外右四区巡警巡至门楼胡同时，查见一理发馆中理发匠持有带德丰浴堂印记手巾一条。询问该理发人，称所持手巾系从宣武门大街打鼓人手中所购，警察将德丰浴堂铺掌韩作林传至警局，查问后该浴堂果然前几日丢失毛巾，警察寻来的带有德丰浴堂黄色印记的毛巾正是该浴堂所失之物。[2] 失窃的毛巾无论被转卖几道，只要发现有印记，便能物归原主，同时通过追查销赃的轨迹，可轻松抓获犯人。外五区警察在某当铺门前发现有人正典当毛巾两条，上印有中华园浴堂字样。带署盘问后，发现该人名叫刘兴，毛巾系其熟识妓女高某转交，遂传讯高某，高某称该毛巾由其熟客王恒赠予，至于王如何获得则并不知晓。在将王某带署后，王某全盘交待了自己的罪状。原来，王某为中华园浴堂伙计，趁浴堂其他伙计不注意，私自拿去毛巾 3 条，自用 1 条，两条在

1《北京特别市警察局外五区分局关于贾茂廷偷澡堂毛巾1条等物一案的呈》，伪北京特别市警察局档案，北京市档案馆，档案号：J181-026-16934。

2《京师警察厅外右四区区署关于王连携有德丰澡堂手巾并请讯办一案的详》，京师警察厅档案，北京市档案馆馆藏，档案号：J181-019-11152。

狎妓时送给了妓女高某。1 在警察的追寻下，浴堂的失物终失而复得，窃贼也在抽丝剥茧般的调查下被缉拿归案。

在浴堂店家与警察的协力配合下，浴堂中的偷窃问题在一定程度上得以缓解，但其中也存在“幸存者偏差”的情况，即我们能看到的只是被记录在案的材料，这些材料中记录的案件多为已经破获的，因此我们看到的信息多是被“筛选”过的，对于那些店家自认倒霉或报案后石沉大海、再无音讯的偷窃案，多未被记录，而此类案件极有可能占绝大多数。也就是说，当把记录在案的材料集中起来讨论时，往往会产生某种错觉，误以为大多数盗窃案件是可以被侦破的。

从当时社会的实际情景来看，也可以得出相同结论。从清末起，旧货行当生意时来运转，《清稗类钞》中写道：“京师语云：怕甚苦，且打鼓；怕甚饿，且捡货。盖相传操是业者，岁必有一暴富者也。”2 清末时北京的旧货行业便如此，到了民国时，因为社会动荡经济起伏不定，行业中之人发财者更多，可以说，旧货行业的发展是时代赋予的红利。社会的变革使得旗人失去俸银，这些人又无谋生的本领，只得不断变卖家当作财源，充分的货源使旧货行业快速壮大。3 当社会经济不景气之时，人们贪求便宜，多购用旧物，《北平风俗类征》中描写过这一情境：“为贪小利苦奔驰，打鼓营生贱可知，不道书生同阔老，也从小市觅便宜。”4 由于客源不断，“打鼓儿人”会通过各种手段收取货物甚至不问其来路，他们并非不知收来的货是赃物，甚至对他们来说赃物比正常渠道收来的旧货更受欢迎。窃贼一般会急于出手持有的赃物，因此不会在价钱上

1《北京特别市警察局外五分局关于王恒私拿澡堂大毛巾等物品行迹不检的案卷》，伪北京特别市警察局档案，北京市档案馆馆藏，档案号：J184-002-31595。

2 天嘏：《新燕语（下）》，上海：上海广益书局，1914年，第17页。

3 爱新觉罗瀛生：《老北京与满族》，北京：学苑出版社，2005年，第196—198页。

4 李家瑞编：《北平风俗类征（上）》，北京：北京出版社，2010年，第241页。

1 张双林:《老北京的商市》,北京:北京燕山出版社,1999年,第181—186页。

2 伪北京特别市公署警察局秘书室编:《北京特别市公署警察局业务报告》北平:伪北京特别市公署警察局秘书室出版,1939年,第107页。

多做计较。"打鼓儿的"利用这一心理,便可尽量压低收购价,以求最大化利益。[1]二手市场的繁荣是社会环境的具体体现,这种环境成为盗窃犯罪滋生的温床。人们抱怨二手市场的兴盛催生了的盗窃犯罪,事实上他们正是二手市场繁荣的塑造者与受益者。

当浴堂店家联合要求政府从切断窃贼与二手商贩间的来源着手治理偷窃问题,而不去分析问题产生的真正原因,这种办法势必是无法治本的,对偷窃问题的治理,也只是浮于表面。增强警力对铺陈市等旧货市场进行巡视和监控,对可疑商贩进行盘问,可以抓获几个窃贼,为浴堂追获几件失物,但对于解决整个社会中猖獗的偷窃问题却无补于事。不论社会现状而只关注社会中的犯罪事实,只能得到一系列的受社会环境影响产生的结果,这些结果又会被当作犯罪产生的原因。当局治理浴堂中偷窃犯罪的效果并不尽如人意,切断贼犯销赃的途径固然可以降低犯罪率,但却改变不了产生偷窃犯罪的社会基础,当局不会将全部警力每时每刻都投入在打击偷窃犯罪上。可以预想,一有管理上的松弛,必会"一松就乱"。

(二)浴堂店家应对盗窃的方略及店客纠纷

由于警力有限,在缉拿窃犯、追寻失物、治理盗窃犯罪的同时,警察还令各家浴堂铺户自行防治盗窃现象。对于失窃的案件,警察要求浴堂店家注意看护门户,尤其是黄昏前夜及拂晓启门等贼匪蠢动之时,铺商须于此等时间轮流派铺伙一二人,携带警笛在铺门外瞭望,如发现形迹可疑或有意外举动之人,须立即报告警段,每日结账需在闭门以后,以免"启匪觊觎之心"。[2]

针对顾客丢物类案件，警察局曾发布通告，告知饭馆、浴堂等商业处所不要将客人脱下的衣物随意掷放，以免引来趁机绺盗之徒，财物失窃不但会给客人造成经济上的损失，甚至会引起店铺与失主之间的诉讼。该通告同时说明，警察局虽有保卫商民之责，“但若各商号未能周知，疏虞防范，则损失匪浅”，因此各商号应自行设法预防，须要求客人将随身财物交柜存放，“伙计对客人衣物、钱财应特加注意，随时注意检点，若店家有漫不经心至客人失窃之事，应负担相应责任，不能假词推诿”。[1]

浴堂业对警局提出的要求进行了回应。在旧时的北京浴堂，客人的衣物通常存放在店家设置的衣箱中，衣箱专为客人存放衣裤鞋袜之用。[2]这种存放衣物的方式极易给窃犯提供顺手牵羊的便利。为了杜绝此种行为，有条件的浴堂会在厢座上方安装衣杆，客人脱下的衣服如华贵怕失窃，或内有贵重物品，可以让伙计会用一根长长的棍子把衣服高挂起来。没有棍子，无论何人也够不着这衣服，这样客人就不用担心衣物和兜内钱物被盗。没有安设衣架条件的店家则在衣箱旁明显处悬挂有提示牌，写有“脱衣认号，临行看箱，公文财物，交明柜上，尚有不交，失物莫怪”字样，告诫客人如有文件、财物等贵重物品，须寄存在店铺，否则丢失的话概不负责。[3]这样做的目的有三个，一是为了减少浴堂中的偷窃犯罪，店家负责集中保管客人财物，比存放在衣箱中安全许多。二则可以减少赔偿客人失物给浴堂带来的纠纷及经济损失，在没有此通告前，客人在浴堂中丢失财物无法抓获犯人时，损失通常由店家负责，当偷窃事件屡屡发生，浴堂的损失不只是客

1《京师警察厅外右二区分区关于布告饭馆澡堂预防主客被绺衣物的呈报》，京师警察厅档案，北京市档案馆馆藏，档案号：J181-018-00457。

2 建人：《北京四十年前澡堂业》，《立言画刊》，1943年，第253期，第16页。

3 柯政和著：《中国人の生活风景》，东京：皇国青年教育协会出版，1941年，第235—245页。

1《京师浴堂受骗》,《顺天时报》,1903年1月11日,第4版。

2 上海法学编译社编:《中华民国民法债》,上海:会文堂新记书局,1937年,第95—96页。

3 北平中国大学编:《民法债编各论》北平:北平中国大学出版,1935年,第175页。

4《瑞宾园澡堂内如不交柜丢失不管》,《益世报(北平)》,1931年12月13日,第7版。

5《华兴园浴堂也闹贼》,《晨报》,1924年12月8日,第6版。

源,还有客人不菲的索赔。1 三则有些客人会借口在浴堂丢物以敲诈浴堂,令其赔偿,交柜时清点登记财物可以有效地减少因此带来的纠纷与诉讼。

法律也为浴堂中财物交柜的规定提供了法理上的依据。1929 年颁布的《中华民国民法》第 606 及 607 条明确了旅店、饭店、浴堂等场所多为客人混集之处,客人之物品,易于纷失,若要维持其营业上的信用,需要负担法定之保管义务。2 对于客人非贵重物品的保管,法律规定,若非客人故意为之,浴堂店家对于客人所携带之通常物品如有毁损丧失,"不问其交付于浴堂柜上与否,亦不问浴堂是否故意损坏丢失,皆应负赔偿责任";对于保管客人贵重物品,如金钱,有价证券,珠宝首饰等,"此类物品若客人未经其物之性质及数量,发生丢失损坏事故浴堂不负保管责任。"3 虎坊桥瑞宾园浴堂一案例可作为此规定的典型。有客人常某浴后着衣时,发现丢失来时所穿青缎棉袄一件,衣兜内置有钞洋 70 余元,及借条一张。常某向伙计询问,伙计当谓未见,常某乃命店家赔偿,因此发生口角。掌柜张某称按照规定,只能赔偿棉衣,因失款没有交柜上保管,丢失概不负责。双方争执不下,由警局转送地方法院。4 虽没有再跟进报道法院处理结果,但若法院根据《民法法典》判决,该案中浴堂无需赔偿客人未交柜之财务,若双方经调解私了,浴堂同样无须全数赔偿。

客人财物交由浴堂保管后,也并非万无一失。若交柜后发生失窃事件,先由浴堂负责查找,若寻找无招,再由该浴堂赔偿。5 浴堂因此练就了一身探查寻人的本领,对于窃贼的逃跑路线、在何处销赃、得钱后在何地冶游皆了如指掌，时能擒获贼犯。1 从下述案例可知，财物交柜后仍失窃，为浴堂伙计自盗的情况也不在少数。如城南永定门外关厢路东永庆浴堂，日有一军人吴兴发来此沐浴，将随身携带之手表、金戒指交明柜上，待出浴后，该铺交出所存之物，唯欠金戒指一枚，向该铺追问，铺掌声称未见此物，双方言语多有冲突，后升级为斗殴，浴堂一众伙计将该军人揪打一番。后经南郊区警署调查，由该堂内柜下发现金戒指，显然是店铺伙计有意侵占，警察署承诺绝对严办此案，以儆效尤。2 当客人失窃钱财数额较大时，浴堂为了避免赔偿，会辞掉当值伙计，作为对客人的赔偿。珠市口清华池浴堂有顾客何某在楼上洗澡，临脱衣时将衣兜之皮夹子及现钞 130 元，交与伙计存柜，不意行时，取回一看少了 3 张 5 元钞票，浴堂铺掌于某深恐开罪于主顾，又不愿赔偿，只得将为该顾客服务过的伙计三人一并辞退，当天即令出号。不料有洗澡之熟主顾，见此三人被辞退，多不满意，有即时而走者，也有为此说情人，情愿拿出洋 15 元，赎该伙友等回柜，该堂一众伙计见铺掌如此，亦均全体辞职，以保三人回柜，铺掌见状，只得收回辞令。3

若客人丢失财物后，就算此前未将物品交柜，也会要求浴堂店家赔偿，顾客与店家常为此争执不休，双方各执一词的场面成为浴堂中独特的场景。《吾友》杂志刊载过一篇关于北京浴堂的随笔，将浴堂中几个典型现象以情景小品的方式刻画出来，其中包括店客之间因丢失财物引起争执的场面：

今天是星期日，澡堂的买卖显的特别的兴

1《春庆澡堂之皮夹案》,《益世报(北京)》,1923年8月1日,第7版。

2《北平市公安局南郊区区署关于永庆澡堂铺掌张岐山等侵占军人吴兴发金戒指一案的呈》,北平市警察局档案,北京市档案馆馆藏,档案号:J181-021-02547。

3《清华池辞人之风波》,《晨报》,1923年8月1日,第6版。

隆，不时的就听到一两声尖嗓子的长鸣“请啊，单间！”或者还夹杂着“谢啊！”的送客声。

突然有一个人大声地喊了起来，浴室人们的目光都向那个地方扫了去。

屋中静静地，靠着柜台的左面，挨着门站着一个穿绿制服的军人，手中持着一根皮带，正在向着澡堂的掌柜威胁着。

“你们算是什么买卖？表没人偷会飞上天吗？”

“不是那样说的，您的东西也没有交柜，况且我们也没有人看见。”掌柜一面应付着走的顾客，递干手巾，一面向着那军人说。

“这像人话吗？喂！你看见了没有？”穿绿制服的把脸扭向后面那个圆脸柜伙，声音有些严厉。

“看倒是看见了，不过，我们的章程是……”那个柜伙用手向对面墙上的红贴一指，红贴上写着“银钱重要物件交柜，否则遗失不赔。”

“混蛋！你们这屋竟养贼么？”

“如若知道，谁拿去，你可以告诉我，我是明白你们怕得罪人的。”穿绿制服的接续着说，口气软了下去，“或者要多少钱才拿出来。那也行。”

“我们实在是不知道……”掌柜的皱起眉头解释着。

“那么你跟我到队上去吧。”

“我们都是吃劳筋的……明天您再辛苦一趟我们大家商量一个妥当的办法，怎么样？”掌柜哀告着的语声有些颤。

“那么……也行。”

穿绿制服的军人说完，狠命的把门摔了一下，连头也不回的走了出去。1

在顾客的要求下，就算客人的财物没有按规定交柜，浴堂店家若遇到一些得罪不得的客人或怕失主闹事影响生意，常会选择赔偿了事。绥远平地泉征收局官员姚尧仙来京出差，下车后到东打磨厂兴华池浴堂洗澡，其衣服脱下后放在床座上，交予店伙整理，洗澡刮脸之后，发现坎肩兜内钱票 130 元、乘车证一张皆丢失不见。浴堂内张贴有店内章程，客人重要财务应按规矩持号位牌，用纸条裹上交柜上查验后签字保存，浴堂以伙计未见衣物兜内钱物，该客人对兜内财物未声明也未交柜为由拒绝赔偿。姚尧仙当即报警，并以诉讼为威胁要求浴堂赔偿，兴华池浴堂不愿惹上官司影响生意，只得在警察的调解下与姚私了，赔偿姚损失洋 100 元。2

若浴堂资方有权有势，对于顾客的因丢物闹事则会不屑一顾。华宾园浴堂是浴堂公会会长祖鸿逵的产业，祖在浴堂业家大业大，若有顾客在此丢东西向浴堂申诉时，浴堂态度常十分强硬。如有顾客路某独自一人在此洗澡，坐第一号官堂。浴毕从皮夹子取烟时，夹内存放有 1 张 5 元之钞票已被该座之茶役盗去，当即质问该掌柜，浴堂掌柜不仅讳护不认，并用温和之语反行讥戏失主道，“不该只说 5 元，可说失去 5000 元”，还声称失主无论是报警、

1 胡华：《浴池拾记》，《吾友》1944年第4卷第49期，第18—19页。

2《北平市警察局外一区区署关于姚尧仙控告兴华池澡堂内丢失衣服钞票请向铺掌张云惠追究赔偿的呈》，北平市警察局档案，北京市档案馆馆藏，档案号：J181-021-45819。

诉讼，这笔钱都不会赔偿。[1] 在浴堂内发生盗窃事件后，无论是浴堂店家选择据理力争抑或赔钱了事，顾客与浴堂二者必然有一方之利益会遭受损失，这也是浴堂中出现店客纠纷的原因，但纠纷的结果并不会对盗窃行为有任何抑制作用。偷窃问题尚未解决，而又增加了浴堂店家与顾客间无休止的争执、推诿，治理浴堂中偷窃犯罪时由此产生了更多非预期之问题。

可见，同政府治理效果不佳如出一辙的是，浴堂自行治理店内盗窃问题同样困难重重。如浴堂制定的“财物交柜”等堂规并未能完全阻止犯罪，其中冒充顶替代取存物或浴堂伙计监守自盗现象颇多，但浴堂却有足够的理由不予赔偿顾客损失，使顾客大为不满。此外，不予赔偿未交柜之贵重财物的规定也近于一纸空文，浴堂方面担心因顾客闹事或摊上官司而影响营业，常会妥协赔偿，使得浴堂中讹诈事件频发。[2]

第三节 浴堂中的风化问题

20 世纪初期，随着现代化进程的逐步推进及社会卫生意识的日渐普及，北京浴堂应时发达起来，最初的浴堂专指男性浴室。辛亥革命后，社会风气日开，性别隔离的意识逐步瓦解，女性在社会中的活动也逐渐多了起来，并开始要求拥有使用公共场所的权利，于是产生了女性浴所。在 1914 年至 1927 年很长一段时间内，北京只有一

1《澡堂中顾客失物》，《社会日报(北平)》，1925年9月25，第4版。

2 宣武门外南柳巷四义澡堂，一日有洗澡人杨润治称其衣兜内有钞票60元，被该堂窃去，要求全额赔偿。警察赶至后，问及失主所失之钞票，是否为整张，杨某云是五元的一张，一元的三张。警察见其所说实为8元，与其所报60元相差甚多，将杨某一并带区审讯，经署员讯出杨润治并无遗失钞票，实系有意讹诈。《匪徒讹诈四义澡堂》，《晨报》，1924年4月11日，第6版。

家女性浴所，且浴资不菲，但昂贵的浴资并未阻拦女性使用公共空间的决心，为了满足她们的需要，某些男性浴堂一度默许女性可以在男性的带领下来此处官堂沐浴。1 由于中国男女授受不亲之习俗，女性出入男性浴堂必然会被其他顾客过分体会，因此浴堂店家为了迎合一部分人之特殊心理，依此来吸引顾客，甚至对女性来男性浴堂沐浴呈欢迎态度。这些浴堂成了男女间幽会之所，有男女特意来此行鸳鸯戏水之乐。2 有些浴堂专门雇佣女性侍者，借理发、剃面、搓澡、修脚之际与异性客人摩挲依偎，肌肤相亲，浴客往往乐此不疲，赏赍有加。3 浴堂之设置，原本只是为人们之洁身提供便利，在女性要求进入浴堂之后，又加入了道德方面的内容，北京市当局多次以有伤风化为名，对问题浴堂进行管制，严禁男女混浴之现象。

一、浴堂中的混浴现象

官堂是北京浴堂中的重要服务之一，一般分里外两室，外间是休息的地方，内间是洗澡的地方，来此的顾客先在外间等待，待伙计将水打好，便脱衣到内间去洗，洗完出来后，按铃唤伙计进来擦背、捏脚、搓澡，伙计绝不会贸然闯入，打扰客人洗澡的兴味。4 有些浴堂在官堂设置两个浴盆，中间可以随客人的喜好挡上一架屏风。官堂的服务方式与堂内条件为男女同浴提供了便利，有些男女来此并非为了沐浴，而是利用密闭的房间行幽会之事。5

北京浴堂中的男女混浴现象产生于 1920 年代后期，其时，社会中男女交往开始频繁，但又苦于没有私会独处

1 柯政和著:《中国人の生活风景》，东京：皇国青年教育协会出版，1941年，第235—245页。

2 练离:《北平女浴室风景线》，《大众生活(南京)》，1942年，第1卷第2期，第15—16页。

3 张舍我:《浴堂之花》，《北洋画报》，1928年第5卷 第236期，第1页。

4 洗澡 :《人间味》1943年第1卷第2期，第13—14页。

5 练离:《北平女浴室风景线》，《大众生活(南京)》，1942年，第1卷第2期，第15—16页。

空间，城中的新派青年男女常会赴浴堂中的官堂雅座同室洗浴。起初各浴堂尚不肯招待，后来有女子剪发乔装男子混入官堂洗浴，当浴堂伙计发现时，已皆浴罢，此类男女会给伙计一二元之小费，令其不要声张，浴堂伙计得此便宜后自然皆相率默许。又因伙计所得小费会每日上交到店家，久而久之浴堂也欲拒不能，只能认作当然之营业，对同浴之男女来者不拒。来浴堂同浴男女在夜色中易于混入，因此来浴时间多选黄昏时候。[1]1927 年 9 月 10 日，有巡警在巡至西单万聚园浴堂时，查获一起容留女客有伤风化案件。经调查，该男女为吉林来京旅居夫妻。晚饭后由京畿道向东行至西单一带，走到万聚园浴堂门前，妻子拟进去洗澡，与铺伙商议后，被带至官堂一号屋内，由妻子先洗，丈夫在外屋等候未洗，此时巡警前来巡视，随即一并带案。[2]

若非警察巡视，同浴男女趁夜色堂内灯光昏暗，在打点伙计后，可以轻易潜入浴堂。但若在白天同浴，则危险重重。依旧是万聚园浴堂，在上例案件发生后三日，又有一对男女来此沐浴，虽前几日刚收到处罚，但店内伙计经受不住重金小费的诱惑，仍旧允许二人入堂。不料正值白昼，被其他浴客查见后，即告知巡警，由于在短时间内接连发生此类事情，故警厅方面拟予严重惩罚，以为其他违章浴堂警戒。[3]因忌惮处罚，浴堂在白天一般不会接待男女同浴者。西直门内新街口德丰园浴堂某日下午四时许，有三男进入官堂，意欲洗澡，该堂伙计进屋服务时看见三人实为两女一男，由于进堂时三人皆着皮帽、穿大氅，未能查见。伙计告之店内不准异性同浴，该男女笑而

1《各澡堂恒有男女同浴，来时多在黄昏上灯时分，且女子剪发有扑朔迷离，万聚园不幸独被破案》，《顺天时报》1927年 9月13，第7版。

2《京师警察厅内右二区分区表送万聚园澡堂容留女客张贵芳沐浴一案卷》，京师警察厅档案，北京市档案馆馆藏，档案号，J181-019-55455。

3《各澡堂恒有男女同浴，来时多在黄昏上灯时分，且女子剪发又扑朔迷离，万聚园不幸独被破案》，《顺天时报》1927年 9月13，第7版。

不语并未起身，复经铺掌张德云哀言相劝后，旋即离去。据云该男子系旧时王爷，住在附近某王府，二女系其两个侧室。1

图 5-4 澡堂春色

日伪时期，大量日本侨民涌入北平，随丈夫定居于此的日本妇女不在少数。日本妇女偏好沐浴，但大多数住屋内缺乏沐浴条件，加之女性浴所的数量寥寥。虽然政府当局在市内各区 10 余家男浴堂中添加女部，但根本无法消纳激增的客流，多数日本妇女进入男浴堂，在其中的官堂单间沐浴。这些日本妇女破坏了中国社会两性间的秩序，但法律确又无法对她们进行相应的约束，国人见状也纷纷效仿。1920 至 1930 年代，浴堂中男女同浴还遮遮掩掩，属于浴堂的秘密生意，此种行为曝光登报后，市民常以罕见罕闻之怪事，当作戏谑谈料对待。进入 1940 年代，男女同浴之事急剧增多，男浴堂中的女侍者和娼妓开始出现，并逐渐公开化。1942 年，伪北京特别市公署警

图片来源：

《澡堂春色》，《警声》1941年第2卷第6期，第42页。

1《德丰澡堂不敢破例》，《益世报（北平版）》，1935年1月7日，第8版。

察局外勤科曾抽查市内各浴堂有无男女同浴情事。检查打磨厂永新园浴堂时，发现堂内的七间官堂中，[1]在三间屋内有女客在此沐浴，在楼下一间官堂中查出两位妇人在内沐浴。楼上两间官堂中，一间有女子一人正在此沐浴，另一间有男女二人同浴现象。该浴堂并无女部，但在同一时段有将近一半的单间有女客光顾，足见其中乱象。[2]永新园并非个例，浴堂内管理混乱、男女混浴是当时浴堂中的普遍现象。甚至有市民称浴堂内男女混浴“洗对盆儿”，请女招待已经有点要过时了，因为此类营业早已成为浴堂生意的一部分，来浴堂的客人对此情形早已见怪不怪，成为习见了。[3]

在这种环境下，狎妓、诱奸等犯罪行为在浴堂中开始滋生。老舍小说《浴奴》以沦陷时期的北平浴堂为背景，讲述了两个皮条客在浴堂拉客时的遭遇。皮条客小孙见浴堂中常有日本男女一同沐浴，浴堂方面并未阻拦，心生赚钱办法，拉小陈入伙。小孙负责找嫖客，小陈负责找中国女性陪浴，二人共同租下浴堂单间，单间一般4毛钱一位，再算上给陪浴女及浴堂茶房的钱，若与嫖客谈好价格为10元，二人一次“生意”可赚得5元。在二人开展第一次“生意”时，请来的陪浴女见有日本人在其他房间中沐浴，因其丈夫在南口战役中身亡，心怀怨恨，遂发疯将日本人掐死，后自尽身亡。孙陈二人的“生意”还未开始即告破产。老舍笔下浴堂掌柜的内心独白饶有深意：

> 清明池的杜掌柜有点发慌，日本鬼子带着娘们儿——不管是老婆还是野鸡——来洗澡已经够丧气的了，现在又添上中国娘们儿了！东

1 1943年浴堂设备统计调查中记录，永新园澡堂共浴堂7间。参见《北京浴堂同业公会各号设备调查》，伪北京特别市社会局档案，北京市档案馆馆藏，档案号：J002-007-00362。

2《北京特别市警察局关于永新园澡堂有男女同浴严办及平乐园庆盛轩女招待未登记先服务传罚等训令呈稿》，伪北京特别市警察局档案，北京市档案馆馆藏，档案号：J184-002-00109。

3《本堂附设女浴室》，《戏剧报》，1940年7月12日，第3版。

> 洋娘们儿到底是洋玩艺，或者不至于把财神爷冲跑，他妈的中国娘们儿……怎么办呢？
>
> 要打算拦住中国娘们儿，就得先拦住东洋娘们儿。没法拦住日本，人家有枪！那也就没法拦住别人，在这天下大乱的时候。小陈小孙都不是什么好惹的；哼，得罪了他们，他们也许夜里来偷偷地放一把火。不行，别得罪他们；有好多事还得仗着他们给办呢。天下大乱，无理可讲；要吃饭，就得对坏蛋作揖，没法儿！[1]

浴堂掌柜一方面觉得堂中男女同浴有失体面，另一方面又担心开罪于日本人或者流氓无赖，只得以自己的生存及店铺的营业为借口，选择逃避。当时社会的实际情况与老舍笔下的描写一般无二，伪北京特别市警察局听闻西安门大街同心浴堂，每日晚间闭门前后有兼营暗娼一事，派督察员前往巡视，经探查后该浴堂确系在夜十一时关门后有男女多人出入该浴堂，只要有人按下墙上电铃，即有人开门迎入，此营业已非一日。警察前往该处密侦抄办时，竟搜查出暗娼及嫖客共12人，其中还包括两位日籍嫖客。[2]

浴堂中秩序失控，对同浴现象的放任使得诱拐妇女在浴堂中迷奸等更为恶劣事件也在浴堂中发生。耿小的所著的社会小说，也部分反映了这一时期浴堂中的罪恶。《烟雨芙蓉》中有关于社会上刺花党在浴堂中之恶劣行为的如下谈话。

> 那人说（烟馆烟客）："这年头，堂客还出得来门吗？拿个针一扎，药水进去了，当时就

1 老舍:《浴奴》《老舍小说全集(第11卷)》,武汉: 长江文艺出版社,1993年,第130页。

2《北京特别市警察局关于同心澡堂容留张齐氏等卖淫一案的批示》,伪北京特别市警察局档案,北京市档案馆馆藏,档案号: J181-023-09552。

迷惑，可是又不会倒，要命就要命这儿。心里迷惑外面看不出来，你说这药水是怎么弄的？中国人没这么聪明。怪！”

花观鱼道：“想着这个碴儿也真够瘆人的，大姑娘小媳妇，看着哪个漂亮，一扎，跟着走啦，到澡堂子里，什么事儿全办啦。你一说现在的澡堂子也缺了德了，当局全部禁止，也真叫人纳闷，这要不是那什么池的事儿露出来。还不知毁了多少女人呢？以前我想也不少了……”

伙计道：“这种人非枪毙不可！”

花观鱼道：“你这是吃醋的话，要是给你一个针，你也是满世间扎去。”

大家全笑了。1

浴堂中允许男女同浴、容纳暗娼等事公开化后，逐渐形成了供销“产业”，这一链条由妓女、老鸨、皮条客、车夫、嫖客、浴堂店家共同组成。城中妓院为赚取外快，允许嫖客携妓到浴堂洗澡，以从中抽取外出条子钱。妓院方面通常事先与浴堂商量妥当，给予浴堂一定好处，在嫖客与妓女洗浴时，允许妓院派人入堂跟随监视，避免押账之妓女借机溜掉。2

不属于妓院的暗娼常有多个熟识的皮条客，为其介绍“生意”，有些人力车夫也会充当这一角色。1939 年 3 月，有日人井上爱向警署报称，有车夫及暗娼王连氏将其引至永源池浴堂，并欲提供卖淫服务。闻讯后警察将永源池浴堂铺掌及车夫三人、暗娼四人一并带署讯问。浴堂铺

1 耿小的：《烟雨芙蓉》，北京：强群印刷局，1939年，第39页。

2 文芳编：《民国青楼秘史》，北京：中国文史出版社，2012年，第218页。

掌张炳全供称，从去年旧历八月节后，便常有友邦人带来中国暗娼在堂内洗澡，其心生贪念，于是谋合暗娼车夫数名，借地暗操窑业。四位卖淫女中，三人为大兴县人，皆因贫困所迫以卖淫维生。出于安全考虑，这些暗娼专做日人生意，由车夫先与日人交涉，谈妥费用后，将日人与暗娼先后拉到浴堂。一次“生意”可以获得 1 元至 2 元，拉车人得钱 3 角至 1 元不等。最终警察以妨碍风化为名，分别对铺掌、暗娼、车夫处罚金 15 元、3 元，拘留 15 日的处罚，以示儆诫。1

不止是暗娼，浴堂中的鸡奸行为也时有发生，一些浴堂中的伙计为了赚取额外收入，不惜出卖自己的身体。1925 年，《顺天时报》曾披露此种龌龊交易：

> 曾闻京内澡堂擦澡之人，间有藏污纳垢之举，初未之信，兹于本年寓京时，在东城两繁盛之澡堂内，接连发见此事二次。至其下手方法，系于代人搓澡之时，擦得极细，及擦至腿边与生殖器旁，使人觉触受用，当此之时，即随即以手抚摸人之阳具，作欲代出津之状。余于上月初，在东城某澡堂内初洗客盆，遇见一次，当即止之，初意欲代举发，继念此事重大，其人歇业，必绝谋生之路，乃含默而止，兼拟再往下观其究竟如何，乃其人劝余修脚，余仍谩允，姑看如何，乃其人于修脚之时，低声劝余下次洗官堂，余谩应而止，从此遂不再入该堂之门。大约一人官堂单间房内，则污秽之事，定至不可言状。余年近五旬，发鬓已苍，尚遇

1《北京特别市警察局内一区区署关于澡堂长柜张柄全容留暗娼王迟氏卖淫一案的呈》，伪北京特别市警察局档案，北京市档案馆馆藏，档案号：J181-023-06212。

1《澡堂擦澡之危险，地方官厅注意》，《顺天时报》，1925年1月9日，第7版。

这勾淫骗财等事，彼一般青年子弟，知识初开，受其诱惑，因此败坏身体，流入狭邪，荒其志业。

作者连续遭遇此事之后，于当月内又去往东城另一家浴堂沐浴，发现同样情景，足见这一暗中勾当已成为浴堂中的常态。作者因此愤慨，向《顺天时报》举报揭发，劝各浴客多加注意，并呼吁相关部门设法整顿。1

二、女浴堂中的男性工役

近代社会男女之间的界限变得逐渐模糊，两性的交往机会也越来越多，风气日开之际，在公共场所出现的女性常引来男士的侧目。这一时期，女性浴堂开始出现，更多的男浴堂也增加女部，浴堂中的女性更是让男人想入非非，一想到女性也会到自己洗澡的地方脱衣沐浴，或是一墙之隔外有女性正在沐浴，这些男子的心理极其复杂，道德的羞愧与本能的兴奋交织在一起。如下文所述：

我今天去洗澡的那个澡堂，是一个由女浴室而才改变不久的男浴室，在过去几年里，我只有在门口走过的福分。如果我不是疯子，我想我是绝不敢英勇的去推动那扇门的，但是每当看见一两个娇滴滴的小姑娘跑出来的时候，我觉得这是一个好地方，不想现在一变而为男浴室。于是焉，禁宫大开，今天开得无聊，我跑到那浴室里去洗澡，但是，一进门以后心里就觉得有些异样，好像并不是单纯的进去洗澡的样子，等到我坐定一想，总不外因为在以前这是个女子洗澡的地方。

后来我卧在皓白的磁浴缸里给温热的水一浸，更懒洋洋地躺着遐想的不肯起来，脑子不时浮起一个个白嫩的少女肉体。当我想到此刻在洗着的浴缸，是曾经给千百个少女洗过不少的剩脂残粉的时候，似乎觉得水也特别的温暖了……鼻中也似乎有些兰麝之香起来，这虽然是一件想入非非的事，也许有人要骂我色情狂，然而我不是道学先生，说实话，我当时的确曾想到这些无谓的胡思乱想。

其实这种想入非非的设想，也是有理由的，我之所以如此的胡思乱想，就因为知道这浴室的历史，如果要是一个陌生人，偶然地到这浴室取洗一次澡，他的感觉，一定和普通的浴室一样，但是要是我能告诉了他这浴室的历史，他也许会和我同样地引起一种非非的想念。1

作者将自己在由女浴室改建的男浴堂中那种细腻的心思，淋漓尽致地表达出来，坦露了这样的浴堂可以提供给自己关于男女关系充分的想象空间，自己正是出于这一目的才专程来此消费。

利用这一心理，一些设置女部的浴堂店家找到了商机。前门外掌扇胡同一品香浴堂，以开通风气、并重男女卫生起见为由，仿照日本式样，将原有男部用木板隔断添设女浴所。2 警厅检查后，称使用木板墙壁将来恐怕会出现钻孔隙偷窥等事发生。为了维持风化，防微杜渐，警厅

1《女浴室及其他》，九其：《留春集》，上海：人间出版社，1944年，第56—59页。

2《前外出现日本式浴室》，《顺天时报》，1927年2月10日，第7版。

批令，要求一品香浴堂改筑土墙。[1] 一家浴堂在同一屋檐下设置男女两部，在当时确为新鲜事物。墙壁作为男女部之间的分界线，颇有象征含义，象征着两性之间的边界，其薄厚在顾客眼中正是两性之间社会距离的体现，打破社会禁忌的愉悦感正来源于此。因此，墙壁越薄越容易使顾客产生满足感，这成了浴堂吸引顾客的新手段。有浴堂甚至使用玻璃隔开男女两个部分。华宾园浴堂设有男女两部，或有心或无意为之，男部官堂后墙有玻璃窗一面并无布帘遮蔽，窗外即为女部罩棚。北平警察局对该浴堂巡视后，认为此种布置实有欠妥当，饬令整改。华宾园经理人祖鸿钧后在官堂后窗设妥青色布帘以资遮挡。[2] 尽管华宾园用布帘遮挡住玻璃，但布帘相比于土墙及木板，更会让来此的顾客浮想联翩。

随着近代女性社会地位的提升，女性的主体意识逐步发展，受其驱使，女性开始要求拥有与男性同等的社会权利及义务。在这女权萌芽之时，女性尚未意识到何为女性的社会权利，以及如何对其加以运用，她们常会误认为自身的欲望能够和男性一样得到满足即为男女平等。消费是当时能够满足女性欲望和诉求最快捷的方式，借助自身经济力量，便可以在表面上实现与男性的平等。作为男女平等的交换物，女性浴堂自然奢华昂贵。在当时女权主义的逻辑中，拥有与男性一样的权利远远不够，还需要用男权的逻辑还之彼身，像男人支配女人一样去支配男性，这才是女性的胜利。秉承这一逻辑，女性浴堂出现后，其中的男性工役也随之出现。[3]

女浴堂出现男性工役的同时，有人建议将紫禁城中

1 瘦厂:《男浴室里的模特儿》,《北京画报》, 1927年第1卷第5期, 第41页。

2《北平市警察局内四区关于取缔旅店公寓澡堂及娱乐场所、男浴池后迎邻女部调查旅店公寓阳查填等训令》, 北京特别市警察局档案, 北京市档案馆馆藏, 档案号: J183-002-26819。

3 程瞻庐:《被遣太监之安插法》,《红杂志》, 1923年第2卷第9期, 第1页。

被遣散的太监用来为女性提供服务，如任女学校之校役，嫁女者之陪房，任产科收生之职的“稳公”，尼庵中奔走之“佛公”。将太监安插在女性浴堂也是其建议之一，这样做可以为流离失所的宫中太监找到糊口机会，让太监为女性提供擦背、捏脚等服务，可以避免男女授受不亲之嫌。而且比起女性伙计，太监在气力上更胜一筹，可以博得顾客欢心。这一建议虽为笑谈，但与当时女权主义的话术实为一脉相承。女性在将男权他者化之后，其目标进而转向为父权的社会体制，将太监移为己用的建议正是为了改变自身在父权社会中的附属地位，是对父系君权社会的战书。当阉人这一在旧时可作为父系与男性对立面的社会符号区别于女性，甚至可以被女性所支使时，正是妇女社会地位提升的明证。

北京女浴堂中的男役者声名远扬，其开放程度甚至超过早期的开埠城市，如以风气开明著称的天津。当有天津人来北京，听闻见识到女浴堂中的怪象，均纷纷乍舌不已。有天津人士曾撰文记录，一日来京会友，在前门聚餐，饭后来到廊坊头条清香园浴堂洗澡。听到隔壁有男子说话及女子的笑声，很是诧异惊奇，便问茶房，茶房告知该浴堂分男女二部，隔壁为女部，笑声是女客传来，正在由伙计搓澡呢。该人听后甚觉匪夷所思。[1]还有风言相传女浴堂为了吸引顾客，还会雇佣男子刮胸，刮胸时女客与男役共处一室，内置卧椅由男役为之刮揉。[2]此中香艳传闻极多，甚至有记者闻讯专程从天津赶来，暗访华宾园女浴堂。其报道如下：

澡堂子的特别买卖，越来越多了，除了男

1 萧强：《上京记》，《新天津》，1939年12月17日，第7版。

2《北平女浴室雇男刮胸》，《摄影画报》，1934年第10卷第9期，第3—4页。

浴所又上了女浴所。女浴所渐渐多了，不稀奇了，于是上海就特别出了男浴所而雇佣女子做按摩。家家的浴所门口都大写其广告，什么诸君惠临，有高妙招待，甚至竟写出销魂夺魄，其高超等言辞，总是用女色来诱惑主顾，一般人士亦趋之若鹜，花钱多时才能享受特别的利益，实也不实不致武断，总之与饭馆雇佣女招待的意思是差不多的，总是女性被玩弄。谁知近来北平又发现更特别的法子了，并不以女色而招诱男子，乃是以男子而吸引女子，猛听似乎很特别，怎么吸引女子呢，是有特别的。

这个浴所位于平市西四，是个很大的（浴所），分为男女两部，在女子部特别增加了刮脚一门，而用男子去刮脚，不用说是守旧的平民绝无仅有的，就是在繁华的天津也恐怕少见的很，怎不令人稀奇，人要是知道了也是当作茶余饭后的谈料，报馆知道了都拿着当特别新闻来登。老夫也欲明其真相，乃登门到华宾园澡堂询问一切，蒙该问不拒，慨然告以以往的事实。据云，该堂内原有男女两部，男女伙友皆授受不亲，焉有侮辱顾客之道理，女顾客刮脚系在外账房，并且另外备有躺椅，且有司账人监视，规规矩矩，并无越礼的举动，至于外传，肌肤毕露短榻横陈，完全是无稽之谈，并无其事，云云。老夫闻之恍然而悟，然刮脚之小子也足能饱享艳福了。[1]

1《关于"刮脚"的真像：北平华宾园澡堂访问记》，《新天津》，1934年3月15日，第13版。

也有女性记者探访华宾园浴堂，观光体验后，发现果然有男匠为女人修脚等事情。[1] 虽然不像外界传闻那样，有搓背、刮胸一事，女顾客刮脚也非与伙计独处一室，是在账房内有司账监视下进行，但由于此业务先行于社会风气，借新鲜奇巧谋利，时任北平市市长袁良听闻此事后震怒，以提倡礼仪整饬风纪为由，通令本市公安局、社会局、卫生处，对此事详细调查、严予取缔，即行停止女部营业，予以严惩，以维风化。经调查，浴堂店家皆供称雇佣男性修脚匠确是出于女浴客自己的意愿，因西风东渐，市内女性由电影中得知巴黎刮脚风气甚盛，常有仿效西俗修指甲之习者，因国内缺乏此项人才，更无精通此业的女性，因此只得以男性修脚者代替。[2] 由于事出有因，且政府本也不愿将市内为数不多的女性浴堂停业，再加各女浴所资方铺掌纷纷认错，承诺绝不再犯，并托同业公会苦苦求情。市内女浴所在社会局厉行告诫后，无一因此停业。[3]

三、政府对浴堂社会风化问题的治理

从帝制时期到民国，对社会风化的治理与管控皆是北京历届政府施政的重要内容。虽同为治理社会风化问题，但从治理对象及目的而论，民国时期与帝制时代二者截然相异，前者更偏重于控制与教化，后者则多关注对人们意识及观念层面的疏导。

在20世纪现代化的进程之下，勤劳、团结、卫生成为社会提倡之新的社会标准。传统礼教中，两性规范也逐渐服从于现代观念的社会图式。随着传统礼教的影响力开

1《女浴室用男子修脚》，《工商新闻》，1934年第2期，第13页。

2《京报》1934年3月10日，《女浴堂雇佣男人刮脚，当局决严加取缔》，《京报》，1934年3月10日，第6版；《女浴室用男子修脚》，《工商新闻》，1934年第2期，第13页。

3《有伤风化！华宾园女澡堂，男役为女客刮脚，社会局已函公安局取缔》，《华北日报》，1934年3月16日，第6版；《男子在女澡堂为女客刮脚，华宾园确有此事，公安局饬区取缔》，《京报》，1934年3月16日，第6版。

始减弱，对女性的控制力也逐渐式微，越来越多的城市女性打破礼教束缚，欣然接受现代化的社会观念，对个人卫生的需求开始在女性群体中出现，而北京市内女浴所聊胜于无的状态显然不能适应时代之趋势。对于是否应当普遍成立女浴所的争论，在当时可作为社会中新观念与旧体制，新文化精英与道学家产生冲突的具体体现。

1922 年，《晨报副刊》以女浴堂为题发表社论，文中肯定了女浴所在社会中的作用，认为沐浴是日常卫生必要的事，妇女该和男人一样讲求卫生，当然有沐浴的权利。该文随即话锋一转，将女浴所数量与妇女人口极不匹配的原因归结于道学家的阻挠。作者抨击反对女浴所的道学家，称他们一提男女社交公开、男女同校，乃至娱乐场所男女同座便要批评一番，女浴所中一旦出现负面新闻，便极力要求停业，但自己却养窑姐、娶姨太太、强占玩弄妇女。作者由此引出自己的论点，女浴堂的普及不能因其中出现的风化问题因噎废食，应当在提倡设立女浴所的同时，治理、取缔有损风化行为，两个方向并重。[1]

社会进步人士一方面提倡普及女浴所，因其不仅能为广大妇女提供沐浴之所，培养女性良好的生活习惯，还可为女性提供工作岗位。另一方面也将浴堂中的风化问题视为败坏社会风气、威胁社会稳定的隐患。这看似与旧时代的礼教是一样的，但当社会观念及公认的道德规范发生变化后，民国时期治理社会风化问题自然与旧制度时期不可同日而语。之所以要对浴堂中男女同浴、暗娼滋生等风化问题进行治理，最根本原因是这些行为破坏了现代社会的基础，即由劳动与薪酬制度建立起来的生产机制。

1《星期讲坛：女浴所底问题》，《晨报副刊》，1922年2月19日，第1页。

有人曾专门撰文讨论浴堂中的妇女职业问题。称不合法的女子职业收入往往比正常的职业收入为高，而浴堂中的女子职业正是如此，陪浴女即暗娼收入不菲，一次收入即为普通职业妇女数日收入。在浴堂中工作的妇女不仅未能提高女权，反而自我贬低，甚至被玩弄、蔑视、唾骂，但其收入高，反而有更多妇女自甘堕落。[1]近代社会抵制浴堂中娼妓问题的原因主要有三：首先，浴堂中虽有正当职业的女招待，但其中的娼妓可以只凭借简单的劳动，便可获得比正当职业妇女更高的收入，长期以往，女性通过劳动获得报酬的动力便会削弱；其次，浴堂在近代社会中被构建为提高国民身体素质、保证民众身体健康、培养积极生活习惯的场所，在其中出现的娼妓显然是不符合设立浴堂之目的及浴堂功能的；最后，就娼妓问题本质而言，浴堂中的嫖客无需花费与妓院中一样的开支，便能拥有与"逛窑子"同样的快感，用相对低廉的价格购买到强烈的快感体验，这亦不符合社会消费体系的构建。[2]因此在民国时期，治理浴堂中的风化问题是现代化进程中的必要步骤。

政府对北京浴堂中男女同浴、暗娼滋生等现象的治理，从1934年新生活运动开始后变得集中起来。1934年12月，北平市政府发布《整顿北平市风化暂行办法》，该《办法》旨在彻底改进北平市民的生活状态。其中包括对市民着装、行为举止的规范，向女浴室分派女警察、定期监察其中有无有损风化情况也是该《办法》的重要内容。[3]事实上，早在一年之前，北平市公安局就已经开始筹备设施女性警员，主要目的是为了利用女性之所长，承

1《浴室中的妇女职业》，《妇女世界》，1945年第54期，第13—14页。

2 需要解释的是，快感的代价是维持社会稳定，保持社会持续生产的方式之一，人们有追求本能与感觉上快感的欲望，利用这种欲望，引导人们勤奋工作，将其变为保持社会生产力发展的技术手段，正是现代消费制度的一部分，澡堂中出现的娼妓打破了这一规则。

3 吴廷燮：《北京市志稿·民政志》，北京：北京燕山出版社，1989年，第526页。

担相宜的警务，如协助管理女性浴所等一些男警不能及的地方，这样可以减轻男警的负担，也能更有效地加强对妇女的控制与防范。[1]

北平市公安局对《整顿北平市风化暂行办法》进行细化，针对向女浴所分派女警一项，又制定出《女警稽查临时办法》五条。

女警稽查临时办法：

一、稽查各娱乐场所，东安市场、中原公司、西单商场、各公园、各电影院、各剧场会所、各茶楼、各球房。注意男女挽臂前行或行为异常、举止轻浮、男对女女对男故作浪漫形态及语言淫秽等事项；

二、监察各女浴所，润身女浴所、清华园女浴所、华宾园女浴所、西四牌楼浴清池女浴所，对于女浴堂应明密两查，有无男役流入工作，前西四牌楼华宾园女浴所，曾发生顾客叫男修脚者，尤为严重，男女浴室须隔离不准通行，有无男扮女装混入浴室，及有伤风化之陈列品，裸体画片；

三、发生前列以上事项，不动声色告知该管段长警，立予纠正，不得擅自处理；

四、报告每日出勤。无论有无事项，详细报告本局第二科，以凭转呈核办，由二科发稽查证一份，交班长保存，出勤时由班长携证率同女警慎重办理，平时不得随便携带稽查证；

五、出勤时如不遵照上定办法办理，迳自

1 穆玉敏：《北京警察百年》，北京：中国人民公安大学出版社，2004年，第264页。

干涉伙友其他不合理行为，被人指摘或告发，

经查属实者，并照章分别处罚。[1]

《女警稽查临时办法》将女警的业务范围在《整顿北平市风化暂行办法》的规定上有所扩大，把在各娱乐场所、公园等的男女行为也一并纳入为稽查对象。1935 年 1 月 6 日，市公安局女警依法出动，组查取缔公共茶所中男女风化问题。[2]

日伪时期，浴堂内风化问题严重，伪政府当局从 1939 年起多次出台多项政策法规，希冀彻底治理这一社会顽疾。[3]1941 年，鉴于社会风化问题治理依然不见起色，为加强治理力度，伪北京市警察局制定了《保安股外勤抽查办法》，抽查各浴堂内男女妨碍风化问题是重要内容之一。抽查工作由市局保安股外勤科负责，对市内各娱乐公共场所进行定期密查。就浴堂而言，各抽查员每周限定抽查一次，日期不固定，抽查时应注意着用便服，持稽查执照，下午出勤，对所负责区域中的浴堂随机挑选若干家抽查，并作记录，如有违规情况，对肇事浴堂予以处罚，涉案人等交区署罚办。[4] 设置专员乔装顾客不定期抽查的目的，在于利用随机性的抽查，让各浴堂每时每刻都感觉正在受到监督，以提高浴室店家的自觉性，从根源上改进社会风化管理的工作效率。

在治理暗娼、游娼方面，伪北京市警察局以维持文化古都的良善风化与市民健康为目标，令各区署分局分别拟定《取缔游娼方案》作为治理的具体实施办法。以第五区分局拟具方案为例，其内容大致分为三类，首先，派员密查暗娼、游娼常寄迹之场所，如饭店、旅馆、公寓、浴

1《女警即日出警稽查女澡堂及娱乐场所维持男女风化》，《益世报》，1935年1月7日，第8版。

2《维持平市风化，将由女警察出动》，《华北日报》，1935年1月7日，第6版。

3 1939年4月，为了维护社会道德，消除市民不良习惯，经市行政部门批准，社会福利局曾发布了禁止在浴堂混洗的命令。*Peiping Bans Mixed Bathing In Bath-Houses* .the North-China Daily News.1939.4.3.

4《北京特别市警察局关于对各种书摊有碍邦交、宣传赤化、伤风化书刊抄发及查获王廷忠售卖裸照查禁的训令》，伪北京特别市警察局档案，北京市档案馆馆藏，档案号：J184-002-29785。

堂、私寓等卖淫之所，及公园、市场、戏园、影院等游行之处。其次，将查获之游娼、暗娼带回区署告诫，劝其改图正业，若自愿为娼者准其申请娼妓执照。当发现屡教不改、诫示不悛之再犯暗娼，转送救济院上收容感化之。最后，令各旅馆、饭店、公寓、浴堂等负责人出具不得招引容留游娼、暗娼之甘结，得到明文保证之后，警察局对违规店家便可做到有理可循有据可依。1

为了能够快速高效地落实、取缔妨害社会风俗的各项规定，加强对社会风化的管控，1941 年起，以教导市民敦尚风化为宗旨，伪北京市公安局设置了风俗警察。2 一年后，伪北京特别市公署见此举成效不够显著，以风俗警察关乎地方治安为由，要求警察局设法强化该警种的功能。3 1942 年 12 月 17 日，《强化风俗警察办法大纲》出台，在第三条关于风俗警察应行取缔事项中，明确说明男女同浴、旅店野合及理发店客伙猥亵之行为者，为风俗警察的重点照看对象。该《大纲》还规定，警察机关应与联保主任及保甲长相互协调配合，落实关于风俗取缔的相关政令规章。警察查处的违规浴堂店家及堂内暗娼，由保内负责告诫教育。4 根据《强化风俗警察办法大纲》，各区警察分局又分别制定相应的、更为细致的具体实行方案。5

针对违规浴堂，警察通常对涉事人员按情节严重程度处以罚款或拘留。如上文提到的永新园浴堂男女同浴之现象，外一区警察分局对违规商家以妨碍风化、违章营业论，处以伪联币 33 元罚款，对男性同浴者处以拘留 5 日科罚，其余众同浴女皆以罚款伪联币 5 元结案。6 再如同样出现于上文的同心浴堂，因公然兼营娼妓，情节较为

1《北平市警察局关于禁止卖裸体照、限制市民夜场时间、取缔暗娼野妓训令》，北京特别市警察局档案，北京市档案馆馆藏，档案号：J184-002-29986。到1942年9月19日，有平安园、西润堂、茂华园、澄华园、隆泉堂、新明浴堂、德升园、德义声、华宾园、德诚园等十家浴堂向警察局出具甘结，保证禁止妇女及男客携带妇女进入男浴堂内混浴，并声明如再查有违禁情事，甘愿依法受惩。《北平市警察局关于禁止男客带妇女进入浴室混浴等问题的训令及四分局的呈报》，伪北京特别市警察局档案，北京市档案馆馆藏，档案号：J183-002-23996。

2《北平市警察局关于规定各分局注意风俗警察案事项的训令》，伪北京特别市警察局档案，北京市档案馆馆藏，档案号：J183-002-34998。

3《北平市警察局内四分局关于风俗警察执务情况调查表的呈报》，伪北京特别市警察局档案，北京市档案馆馆藏，档案号：J183-002-34990。

4《北京市警察局关于抄发强化风俗警察办法大纲等材料》，伪北京特别市警察局档案，北京市档案馆馆藏，档案号：J183-002-28985。

5《北京市警察局关于强化风俗警察办法及强化治安外勤组织拟具实施方案的训令》，伪北京特别市警察局档案，北京市档案馆馆藏，档案号：J183-002-24417。

6《北京特别市警察局关于永新园澡堂有男女同浴严办及平乐园庆盛轩女招待未登记先服务传罚等训令呈稿》，伪北京特别市警察局档案，北京市档案馆馆藏，档案号：J184-002-00109。

严重，对其处罚也较为严厉。同心浴堂被勒令停业 1 周，并处罚金伪联币 20 元，买春者或拘留 15 日或发往感化所两个月，提供卖淫服务女子 4 人各拘留 10 日以示惩戒。除对涉案人等处罚外，该路段巡警二人因渎职而分别遭到处分，巡官孟某降一级并调区查看，代理巡官彭某被革去巡官职务。1

政府当局在治理社会风化时为了快速见到成效，往往会有矫枉过正的情况，刻意加重对违规浴堂的处罚。而就浴堂店家而言，最不愿看到的是停业处罚，当有误判停业时，浴堂会据理力争，维护自身利益。兴华池浴堂曾有此遭遇，1941 年 9 月，保安股外勤职员查出该浴堂有男女同浴行为，同浴男女为青风巷同春楼下处的司账和女工，二人在打磨厂兴华池浴堂官堂籍洗澡之名幽会，不料被警察查知。最终，同浴男女方各处以罚金伪联币 15 元及 5 元，茶房因疏忽漏查被拘留五日同时科罚伪联币 15 元。针对浴堂店家的处罚极重，除 50 元罚金外，还附加停业 8 日，并登报通报，以惩一儆百。兴华园见状，急忙向伪北京特别市警察局呈请宽免停业，从轻处罚。呈中称，见到报刊上登载停业数日之记载不胜惊骇，虽然本案法有专条、罪无可追，但是按照违警罚法，在六个月内再犯者才应处以停业处分，但此次违警行为是为初犯，应按照章程中第十三条，处以拘留或罚金之处分。在兴华园浴堂的恳请下，最终停业处分予以取消。2

日伪当局为了整饬社会风化问题，几乎每年都有新政策出台，但浴堂中混浴问题依然存在，迟迟未见好转，甚至愈发猖獗。究其原因，异国殖民者与殖民地社会之间

1《北京特别市警察局关于同心澡堂容留张齐氏等卖淫一案的批示》，伪北京特别市警察局档案，北京市档案馆馆藏，档案号：J181-023-09552。

2《北京特别市警察局关于兴华池澡堂男女同浴等情的公函》，伪北京特别市警察局档案，北京市档案馆馆藏，档案号：J181-023-12199。

的道德规范、风俗习惯等一系列社会因素的差异与冲突是不可忽视的。具体而言，日本殖民者在沐浴方面的风俗、道德观念与北平市民相异，当日籍夫妻或全家同时前往浴堂官堂时，市民也纷纷效仿，日人的沐浴习惯赋予了国人打破社会规范、触犯法律的借口。当时，有日人撰文评论这一现象："女性进入男性浴堂的情况，是由日人家庭沐浴习俗开始的，但没过多久，雇佣临时家人便流行起来，借雇佣家人，中国市民可以借口将女性带入浴堂中。警察当局对此十分苦恼，因此禁止中国人带着女性进入男浴堂，但日本人的这一行为是被默许的。"[1]

在1941年颁布的《保安股外勤抽查办法》中，第七条即为抽查各浴堂中国男女妨碍风化的注意事项。具体内容共4项，分列如下：

保安股外勤抽查办法

1、各澡堂除友邦男女入浴外，关于中国人男女同浴严行禁止，以维风化（现前门外各澡堂男女开房间同浴者极多，维持风化似有查禁必要）。

2、各澡堂中国人男女同浴者应注意于前门外各澡堂。

3、责成各澡堂铺掌负责拒绝中国人入内男女同浴。

4、查出此案时应将违犯人及铺掌交区罚办。[2]

该《办法》要求各浴堂拒绝中国男女同浴，尤其是开设在前门地区的浴堂，同时明确说明此条例不适用于日

1 柯政和著:《中国人の生活风景》，东京：皇国青年教育协会出版，1941年，第235—245页。

2《北京特别市警察局关于对各种书摊有碍邦交、宣传赤化、伤风化书刊抄发及查获王廷忠售卖裸照查禁的训令》，伪北京特别市警察局档案，北京市档案馆馆藏，档案号：J184-002-29785。

本人。将中国人与日本人区别开来，试图通过浴堂伙计判断同浴者身份，如是日人，则允许入内。但此方法在实施起来问题重重，浴堂伙计根本无法判断来者是否为日籍顾客。如东四北大街儒芳园浴堂，有男女同浴情况被巡警抓获，男浴客高某在原田商会做事，同浴女子为其妻子。浴堂铺掌称晚间时候，该男子带一女人前来洗澡，进入浴堂时堂内伙计及铺掌皆与其理论，告知不准男女同浴，不料该男子以日语说话态度蛮横，因怕招惹是非，只得放行。[1]浴堂工作者不识日语无力排查，但按照上述规定，当警员抽查浴堂发现问题时，浴堂店家还需承担责任，这几乎成为笑谈。有人曾戏言这一现象，称除非在浴堂中随时配备户籍警察，否则治理男女同浴之办法无法彻底贯彻。[2]

因浴堂中的风化问题依旧严重，当局不得不取消中日顾客分浴的规定。1942 年 6 月，伪北京特别市公署警察局向各分局发布通令，要求督查及指导市内各浴堂，无论任何人，绝对禁止男客携带妇女混浴，若有日本同浴男女，须告知警局，由警察方面负责处理。并规定在此后，若还有违禁情事，即行严惩不贷。[3]同年 9 月，该通令以布告的形式告知各浴堂。内容如下：

北京特别市公署布告

为布告事案查关于澡堂男女同浴妨碍风化，曾经饬令查获依法处罚有案，乃近查本市各男澡堂仍时有男客携带妇女入内混浴情事实属有违禁令，亟应随时注意查察严予取缔，以正风化。除饬由警察局与友邦关系方面联络，协助派员抽查并通饬各区分局督饬所属认真取缔外，

1《关于高尚礼、刘芳贞控王新光等人携女人赴澡堂、调戏、腥赌等案》，伪北京特别市警察局档案，北京市档案馆馆藏，档案号：J183-002-08408。

2 柯政和著：《中国人の生活风景》，东京：皇国青年教育协会出版，1941年，第235—245页。

3《北京市警察局外一分局关于各澡堂浴池绝对禁止男女同浴、男女携手揽腕同行、取缔乞丐、无赖骑车追函妇女的训令》，伪北京特别市警察局档案，北京市档案馆馆藏，档案号：J184-002-00663。

为此布告各澡堂及市民人等一体知悉，嗣后无论何人绝对禁止妇女及男客携带妇女进入男澡堂内混浴，如附设有女浴部，亦应男浴部严行各段另开门户，女浴部内亦不准雇佣男伙，以示性别，自报告后如再查有违禁情事，定于严惩不贷切切此布。1

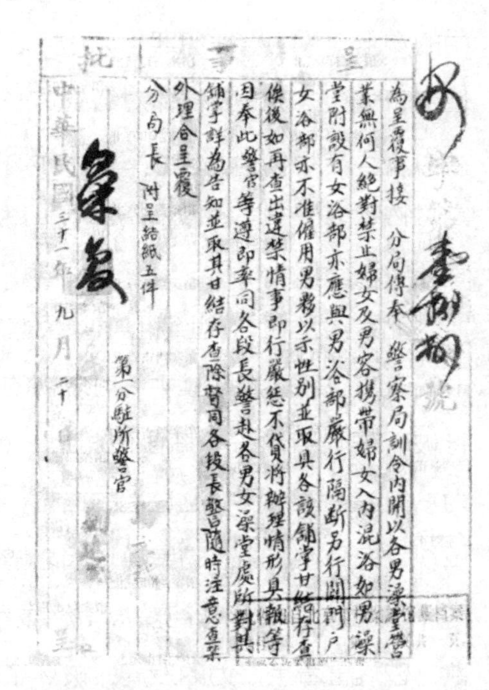

為呈覆事按 分局傳奉 警察局訓令內開以各男澡堂營
業無何人絕對禁止婦女及男客携帶婦女入內混浴如男澡
堂附設有女浴部亦應與男浴部嚴行隔斷另行開門戶
女浴部亦不准僱用男夥以示性別並取具各該舖掌甘結存查
俟後如再查出違禁情事即行嚴懲不貸將辦理情形具報等
因奉此警官等遵即率同各段長警赴各男女澡堂處所對其
舖掌詳為告知並取具甘結存查除督同各段長警隨時注意查察
外理合呈覆
分局長 附呈結紙五件
第一分駐所警官
中華民國三十一年九月二十日

图 5-5 北京市警察局关于禁止男客带妇女进入浴室混浴等问题的训令及四分局的呈报

图片来源：

《北京市警察局关于禁止男客带妇女进入浴室混浴等问题的训令及四分局的呈报》，伪北京特别市警察局档案，北京市档案馆馆藏，档案号：J183-002-23996。

1《北京市警察局关于禁止男客带妇女进入浴室混浴等问题的训令及四分局的呈报》，伪北京特别市警察局档案，北京市档案馆馆藏，档案号：J183-002-23996。

虽然缺少能够证明混浴减少与一系列规章制度颁布有关联的直接证据，不过在 1942 年之后，报刊及档案材料中男女混浴案件大幅减少。若对中日浴客一视同仁，禁止男女同浴者入浴堂，是混浴案件减少的原因之一，那么即可以粗略地说明，日本移民文化介入当地的社会结构中，是日伪时期浴堂中风化问题滋生及屡禁不止的重要原因。

小　结

社会问题产生的原因是无法脱离于当时社会环境的，因此浴堂中的社会问题为本文提供了一个视角，以观察20世纪上半叶北京城市的社会环境，以及国家权力在浴堂这一公共空间的微观作用。本章分为三节，试图从浴堂中的安全事故、盗窃犯罪、风化问题三个方面，揭橥不同性别、国籍、阶级、群体对浴堂这一公共空间的利用，其利用方式并非仅限于在浴堂中的沐浴行为，还包括盗窃浴堂财物以维持生计，借用浴堂满足自身生理欲望，利用浴堂环境进行暗地交易。

北京浴堂在20世纪上半叶快速发展的同时，如影随形的盗窃犯罪成为了其中不可忽视的问题。由于盗窃行为打破了现代劳动——薪酬的机制，盗窃虽非重大犯罪行为，但随着国家现代化进程的推行，盗窃受到政府的足够重视，记录在案的盗窃案件也因之增多。与盗窃雷同，赌博和毒品或助长不劳而获风气，或削弱人们劳动的积极性，皆危害着生产力的发展，破坏了现代社会依赖的劳动制度。新式浴堂中的官堂雅座与烟馆有相似之处。鸦片随着新式浴堂的普及进入到浴堂中，一些浴堂为盈利而专门添设了烟枪、烟灯等用具，并兼售烟膏，为供有食烟癖好的浴客卧吸享用。[1] 甚至有些贩卖鸦片烟土之人常年占用浴堂官堂，在内研究输运及销售等事，并将该处作为代销毒品的招待所。浴堂明知其所为但因收受好处，非但不过问，还帮助严守秘密。[2] 浴堂中聚赌现象也是常见社会问题，如阜成门外大街某浴堂因生意不佳，遂伙同地痞在该

1《澡堂侥幸逃法网》，《顺天时报》，1923年1月9日，第7版。

2《瑞滨澡堂黑幕》，《顺天时报》，1920年7月6日，第7版。

堂后院组织一处赌窟，每日可以从中抽水 10 余元。[1] 政府对浴堂聚赌现象曾予以严查，1917 年，京师警察厅右翼侦缉队在西域浴堂内抄获聚赌案件，查获聚赌人员 6 名，骨牌 32 张，以及赌资若干。[2]

如果说浴堂中的盗窃、聚赌、吸毒贩毒等现象反映出人们在其中的非正常、违反社会规则的行为，那么相对而言被认为正常、合理的社会规则便是以劳动为基础的社会经济体制。同样违背这一生产机制的还有暗娼问题。具体而言，浴堂中的娼妓相较于前门外一带要廉价许多，嫖客可以用低廉的价格体验到强烈的快感，这大大降低了人们依靠劳动获取报酬的动力，不利于社会生产力的延续及发展。

对浴堂中安全问题的重视源于 20 世纪城市公共场所的增加，一个能够有效普及国家、政府所推崇的意识形态，将其权力传递至基层的公共空间，良好的安全状况是其得以存在的重要前提。以浴堂而言，政府逐渐开始对其中发生的安全事故及存在的安全隐患重视起来，颁布诸多管理规定，定期对市内所有浴堂进行巡检，严格督促问题店家进行整改。这些整改措施虽有一定成效，但效果仍差强人意。究其原因，浴堂中的环境安全治理在实践中常受到浴堂内部的经济条件及外部社会环境的制约，其中与浴堂的运营机制以及社会经济环境的变迁多有涉及，绝非“头痛医头，脚痛医脚”的直线逻辑可以解决的。

在治理盗窃案件方面，国家权力同样并未缺席，治理力度不可谓不大。尽管如此，北京浴堂盗窃案件依旧屡屡发生，根本原因在于社会环境。马静在其书作《民国北

1《澡堂内明列赌窟》，《京报》，1922年7月5日，第6版。

2《京师警察厅内右四区区署关于右翼侦缉队在西域浴堂内抄获赌案的报告》，京师警察厅档案，北京市档案馆馆藏，档案号：J181-018-07912。

京犯罪问题研究》中论及，在北京城市转型的过程中，大量外来人员的涌入造成城市过剩的劳动力，但政府无力解决众多人口的就业问题，这些人无以为业、生计艰难，因此经济犯罪的频发原因是下层群体对当时社会环境的回应。[1]当民生问题成为经济类犯罪的主要缘由，偷窃也承担了财富分配层面的意义，尽管是非法的，偷窃仍可以被视为一种购得行为，贫民为了生存借此将生活中的必需品作变相的降价。于是，市政府与浴堂店家配合，将治理力度不断加大，不过仍无法完全消灭浴堂中的盗窃行为。

对浴堂中风化问题的治理也并不是“出现问题—发现问题—解决问题”这一线性过程可以解决的。正如前文提到，浴堂中的暗娼与现代劳动机制相互抵牾，因此这一问题不仅是单纯的治安问题，其中亦涉及如卫生等现代社会意识与传统礼教杂糅而成的公共道德、现代劳动与薪酬制度、消费体系、殖民者文化介入等因素。在 20 世纪上半叶这一社会变革的转型阶段，这些问题很难一并改造，政府的治理也难以兼顾所有方面，于是浴堂中的社会风化问题成为顽疾，直到新中国成立后才得以彻底解决。

1 参见马静：《民国北京犯罪问题研究》，北京：北京师范大学出版社，2016。

第六章

浴堂与日常生活

日常生活[1]中的个体，从出生起就会受到家庭、社会、地缘等因素的左右，个体在日常生活中也会根据不同的传统、风俗、经验、规则重复实践，经长期积累形成自己的价值取向、生活方式与行为习惯。[2]可以说，在日常生活中，人们往往会获得某种“集体无意识”，这种习而不察的特点使得社会中的价值观念与行为规范能够牢固地根植在人们的意识之中。于是，日常生活逐渐受到国家组织及社会进步人士的重视。20世纪初，梁启超曾指明即使是最微不足道的生活形态，都是社会文化秩序的表征，其言之“一社会一时代之共同心理，共同习惯……匹夫匹妇日用饮食之活动皆与有力焉”。[3]在将日常生活与意识形态进行逻辑关联后，国家权力引导、支配民众生活的路径即告成立。

沿着这一路径，国家及社会精英也试图将沐浴观念介入人们的日常生活。19世纪后半叶起，人们开始重新认识沐浴行为，评估沐浴在社会生活中的功能。[4]这一过

1 本章论及的日常生活(everyday life)包含以下两种概念，首先，日常生活是由个体或群体的具体生活内容的集合而成，但其内容并非对每个个体都是同一的；其次，日常生活的基本单位是个体再生产，因此其必然区别于内涵丰富的每日生活(daily life)，而具有单调、重复、常规、机械等特征。

2 衣俊卿：《现代化与日常生活批判》，北京：人民出版社，2005年，第1—9页。

3 梁启超：《中国历史研究法》，福州：中国华侨出版社，2013年4月，第8页。

4 张瑞在《沐浴与卫生——清人对沐浴认识的发展和转变》一文中认为，晚清时，国人开始接纳西方生理学、公共和个人卫生概念，人们对沐浴的认识越来越接近现代意义上的个人卫生。余新忠编：《清以来的疾病、医疗和卫生》，上海：三联书店，2009年，第281—299页。

程与卫生观念在中国的普及，社会对身体的持续关注、个体解放的情绪日渐增强，以及国家、民族概念的逐步形成是交织且并行的。但事实上，直到20世纪20年代，因天寒水缺，北方地区居民仍多“视暖如命，畏风如虎”，以至多“习于垢腻，尤懒于浴”，有谑者甚至称北人终生不过汤饼、结缡、就殓三浴。[1] 由此可知，沐浴行为成为一种习惯，普及到人们的日常生活之中非在须臾之间，而需要一个长期的过程。

因此，本章着力于考察沐浴在不同时期承担的社会功能，辨析沐浴文化象征的流变之鹄，寻找社会变革中体现出的国家权力与日常生活间的关联，直至1949年后，沐浴与浴堂被重新赋予了另一种社会表达。需要注意的是，国家主导的社会意识形态并非是剪裁日常生活的唯一尺度，在基层社会，人们背离国家预期的种种实践也在形塑着日常生活。关于沐浴的群体性实践也是本文探讨的另一重点。

1 汤饼即汤饼会，指婴儿出生三日后的洗三仪式。康白情：《论中国之民族气质》，《新潮》，1919年第1卷第2期，第52—99页。

第一节
沐浴社会价值的重塑

一、沐浴内涵的转释

中国人自古把洗澡当作一件要事，但有别于现代卫生观念，古时的沐浴比起肉体的清洁更偏重道德的修养，如有“与其澡于水，宁澡于德”之说。民间习俗的斋戒沐浴是祭祀神明的必要步骤。欲往妙峰山求子的妇女，需要洁身、戒荤腥房事五日，内外“净身”后，方能朝拜。[1]商业习惯亦有沐浴参与，到年根时，无论生意再忙，铺方也会为伙计学徒安排好沐浴的时间，且一定要在年三十晚上吃祭神酒之前完成，以资使新一年的生意有个好兆头。[2]按照有些行业的习俗，入行之前也需要沐浴洁身，《北平风俗类征》中提到，在梨园戏行中新伶入行前要“静闭密室，令恒饥，旋以粗粝和草头相饷，不设油盐”，待半个月之后，肤色由“黝黑渐退，转而黄，旋用鹅油香胰，勤加洗擦”，反复沐浴至一个月后肤质彻底改善后方能入行。[3]在传统认知中，由于人们过分关注沐浴的仪式性，沐浴行为未能被视为日常生活的一部分。[4]

“洗三”是北京地区重要的沐浴仪式，在婴儿出生后，其家人便开始备置槐树枝及干艾蒿等物件，并告知大部分亲属，邀请他们参加三日后的诞生仪式。仪式开始时，槐树枝和艾蒿叶熬成的灰绿色浴汤已经沸腾，用这种液体为婴儿洗身，可以濯净生产时的血污，除去身上的异

1 邱雪峨：《1935年一个村落社区产育礼俗的研究》，燕京大学法学院社会学系学士毕业论文，1935年。

2 邓云乡：《增补燕京乡土记》，北京：中华书局，1998年，第177页。

3 李家瑞编：《北平风俗类征（下）》，北京：北京出版社，2010年9月，第252页。

4 梁实秋：《洗澡》，《雅舍小品》，武汉：长江文艺出版社，2016，第97页。

味。为了表达新生命对家族的重要意义，仪式上每个宾客，还有每位家庭成员，即便是女佣都被要求舀一勺冷水，搁少量铜钱放入盆中，意味着对新家庭成员的接纳。1 接生婆在“洗三”仪式中担任了主导性的作用，她们一面给婴儿洗澡，一面说着顺口溜似的吉庆话，这些祝词囊括了婴儿从出生到成长的，包括健康、仕途、财运等多个方面。杨念群认为，接生婆赋予了新生儿“生存的合法性”，并为其“打上社会的标记”，洗三虽是一种沐浴行为，但其“社会功能大于医疗功能”。2

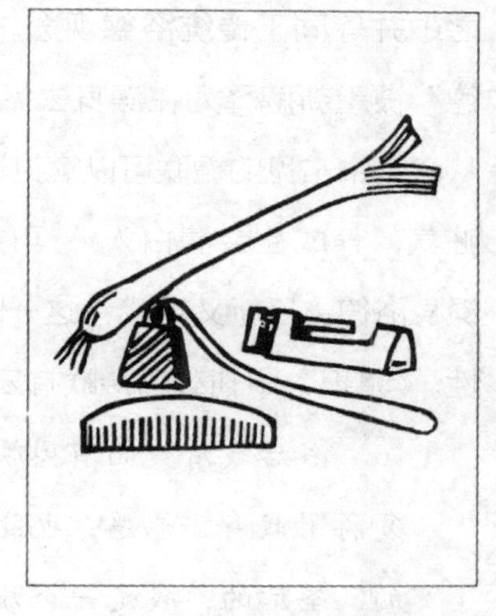

图 6-1 “洗三”仪式的用具

图片来源：罗信耀《北京の市民》，[日]式场隆三郎译，东京：文艺春秋社，昭和十八年（1943年），第39页。

左派史学家霍布斯鲍姆（Eric Hobsbawm）称：“当不再受实际用途束缚时，物体或实践就具备了充分的象征和仪式用途。”3 这句话也可以反过来论述，能够作为象征用于仪式上的事物，其实际用途也就不再重要。从表面上看，如何对沐浴行为进行“祛魅”（Disenchantment），还原其本身的清洁功能并沉淀于日常生活中，成为普及卫生观念，培养现代沐浴习惯的关

1 罗信耀：《北京の市民》，[日]式场隆三郎译，文艺春秋社，昭和十八年（1943年），第273页。

2 杨念群：《“兰安生模式”与民国初年北京生死控制空间的转换》，《社会学研究》，1999年第4期，第98—111页。

3 [英]埃里克·霍布斯鲍姆（Eric Hobsbawm）：《传统的发明》，顾杭、庞冠群译，上海：译林出版社，2020年，第4页。

键。但事实上，还原沐浴的实际用途的过程也存在着价值体系的更迭。追求现代性的国家及社会进步人士，会在普及卫生知识的同时向民众推行现代性中的其他价值观念，并通过重新措置沐浴的意指活动，将传统价值体系中的神祇、家庭、道德置换为现代性符号系统中的健美、平等、文明等概念。若沐浴成为人们日常生活中的一部分，现代性的诸多观念便会随着沐浴延展、重复，化为人们的既定认知。

20 世纪上半叶，卫生清洁被纳入到沐浴的符号系统之中并等同于传统浴德观念。如“与其澡于水，宁澡于德”被重新解释为在澡身去垢的同时，还需洗心去恶。[1]从浴堂中常见的楹联可以窥见这一趋势，如“洗涤自身肮脏气，养成社会清白人。”再如“濯足振衣，众浊不浊，澡身浴德，日新又新。”[2]这一时期出现的诗歌也颇具代表性。《京报》中刊载的诗歌有云：

> 浴后我清爽而有慰快，洒脱着，污垢将不复再附我身，罪恶，也随着那水而清洁，圣洁的，圣洁的，我是一个质白松酥的人，我踏在道上前走，我重新看见了那一切我所惯见的，我又坚决自负了，我应该是一个，是一个苦难而庞大的人。[3]

另一首诗歌这样写道：

> 长衣卸掉，
> 短衣解开，
> 露出我真实形骸。
> 走向澡盆来，

1 沦清：《从洗澡说到洗心》，《机联会刊》第45期，1931年，第28—30页。

2 萧黄编：《民俗实用对联（下册）》，郑州：河南大学出版社，2005年，第380—381页。

3 学易：《沐浴后》，《京报》，1931年12月27日，第4版。

搓，擦，

抹，揩，

费却了多上胰子，

好容易从头到脚，

洗去那沾染的尘埃！

青天映着面孔，

清风荡着胸怀，

毛发皮肤没有一丝遮盖，

又成了才入世的婴孩。[1]

诗歌两则皆将清洁身体提高到与修养道德同样高度，保留了沐浴传统价值观浴德的同时，也强调了浴身的必要性。

同清洁一样，平等的价值观念亦被塑造为沐浴的象征。在“见其服而知贵贱，望其章而知其势”的社会中，服饰不再只是御寒、保暖、遮体的物品，而是人们彰显经济能力、身份地位及所处阶层的象征。[2] 对这种现象有时人抨击道：

父母生出来的人类原型，丝毫没有装饰，富的不见得身上发出万道金光，贫的未必会身上放出穷气来，吾人用眼睛去望别人家富贵贫贱，无非看了衣服终有几分把握。若是叫他将赤裸裸的许多人要辨别，谁富谁穷那真不容易了，自从有了这万恶的衣服，将人类真相一遮掩，于是人人忘却人类本来面目，都把衣服来品评人区别人。[3]

梁实秋借莎士比亚的名言“衣裳常常显示人品”及

1 佩之：《洗澡》，《生命（北京）》，1922年第2卷，第6期，9—10页。

2［法］让·波德里亚（Jean Baudrillard）：《消费社会》，刘成富、全志钢译，南京：南京大学出版社，2006年，第58页。

3 徐半梅：《浴堂里的哲学家》，《半月》，1922年第1卷，第18期，第1—6页。

“如果我们沉默不语，我们的衣裳与体态也会泄露我们过去的经历”，来说明人们的身份往往附着于其穿着的服饰之上或径直等同于其穿着，因此即使是如华盛顿和拿破仑等奕奕赫赫的“英雄豪杰之士”，在浴堂中脱去衣服一丝不挂之后，也会泯然众人。1 在浴堂的池堂或散座中，不同身份的人齐聚一堂，人们在脱去衣饰沐浴时会因失去身份的依据而获得短暂的平等。2

随着20世纪上半叶公共浴堂的兴起，将平等与沐浴结合的文字愈发增多。北平《新民报》曾刊登杂文《澡堂子里的相对论》，称在浴堂里，当人为定义的衣冠服饰脱去后，阶级尊卑是无法划分的，高级官长与挑担小贩，秀才先生与妓院毛伙别无二致。因模糊掉阶级，浴堂提供给民众一个平等且友好的交往空间。3 另有作者写道，当一个人来到浴堂，摘下顶上的帽子，卸去有品格的衣服，解放脚上的束缚，脱去最后的亵衣，“所谓身份所谓等级已在无形中撕毁了”，浴堂里没有做作遮蔽，亦无讳言之虞，为顾客带来了暂时的满足感。4 亦有顾客曾坦言自己闲暇之余留恋浴堂的原因，是因为浴堂消除了顾客之间的身份差异。5 小说中也不乏此类文字，王度庐的小说《燕市侠伶》中，描写北京浴堂里无论顾客还是伙计，全都是一丝不挂，因为都不穿衣裳，若非有官盆及普通池塘之分，绝对看不出贫富。这种氛围也让顾客怡然自适，边“水淋淋地作着人体展览”，边在唱着“二黄”。6 在诸多相似言论的疏导下，浴堂中需要赤身裸体的沐浴方式与平等观念在逻辑层面建立起关联。

由平等引申出的坦诚相待、脱离纠纷、向往和平的

1 梁实秋：《衣裳》，《雅舍小品》，武汉：长江文艺出版社，2016年，第85—90页。

2 虽此平等是因脱去衣饰得到，无关于沐浴本身，澡堂也并非完全平等，其中亦有官堂、盆堂、池堂之分，但为了铺陈平等观念，池堂中脱衣混浴的沐浴方式常被社会进步人士有意识地提及、放大，并趋同于平等。

3《澡堂子里的相对论》，《新民报》，1947年6月2日，第5版。

4 任苍厂：《浴室》，《随笔小品散文》，新加坡：南光出版社，1933年，第27页。

5《澡堂》，《大公报》，1947年2月8日，第4版。

6 该小说写于20世纪40年代后期，虽以清中期为背景，但关于浴堂的描写是以20世纪后的新式浴堂为原型。王度庐：《燕市侠伶》，叶洪生批校：《近代中国武侠名著大系》，中国台北：台湾联经出版社，1984年，第119页。

美好意愿也通过浴堂中的沐浴行为表达出来。诗歌《澡堂里的悲哀》可管窥此举：

我怅然走进幽暗的澡堂，
寂寂地脱下我肮脏的衣裳，
凄凄地凝视于长蔽的裸体，
啊，怆然地我感觉到人生的悲伤。

人类啊原本是自然的宠儿，
原本是自然的无垢的天使，
可是，不久啊，人类中产生了少数的叛徒，
他们有意地要违反自然的意旨。

衣服哟衣服，你可诅咒的衣服，
你是人类虚伪的魔窟，
你把人类的真相稳住，
你把人类的真情瞒漏。

你是一切罪恶的根由，
你是一切罪恶的魔窟，
你不但藏下猜忌，嫉妒，
你并且藏下自私，冷酷。

假使人类呵没有讨厌的衣服，
大家呦大家都赤裸裸地相遇，
或者我们污秽的堕落的灵魂可以获救，
或者许多无谓的可耻的纠纷可以解除。

....

我怆然地感觉了人生的悲伤,

我怆然地穿上我肮脏的衣裳,

我长蔽的裸体呵依旧蔽上,

我怅然地走出幽暗的澡堂! 1

上文中,作者将在浴堂沐浴更衣前后的所思所感记录下来,以衣服代指人类社会中不平等现象的同时,将不平等视为人们猜忌、嫉妒、自私、冷酷的根源,而浴堂则被喻为是蜕去"肮脏的衣裳",净化"堕落的灵魂",解救"可耻的纠纷"的绝佳场所。在老舍笔下,浴堂同样作为一种特殊的场景被赋予寓意,小说《离婚》中,小赵约请老李去浴堂私谈,一进浴堂大门,小赵即刻脱光衣裳,点上香烟,拍着屁股,仿佛只有这样才与浴堂内的一切调和。小赵想借浴堂中开诚布公的氛围与老李推心置腹,他圆滑阴险的行事作风又愈发将浴堂这一特质凸显出来,老舍为了增强这种反差感,特意写道:"小赵在澡堂里什么也想着,除了洗澡!" 2

小品文《浴室内外》亦表达了相似的内容。作者在浴堂中遇见一陌生浴客,二人相谈甚欢,推诚相见,相约浴罢后去茶馆喝茶。作者在更衣时发现"知己"穿着一身灰色短衣,看到这身装束作者心里害怕起来,认为此人绝非善类,甚至觉得在衣服的映衬下,这人面相也愈发凶恶,"眉梢流露着凶狠的光芒,下面的一撮短鬓,显然是隐藏一个奸猾的笑,一对细的眼睛,好像是不怀好意似的"。作者愈发端详心里愈发后悔,悔恨结识了这样一个朋友,暗中盘算如何摆脱此人。3 由此可见,浴堂中平和

1 张学武:《澡堂里的悲哀》,《洪水》,1926年,第2卷第21期,第433—435页。

2 老舍:《离婚》,《老舍文集(第二卷)》,北京:人民文学出版社,1981年,第223—225页。

3 马国亮:《浴室内外》,《偷闲小品》,上海:良友图书印刷公司,1935年,第86—91页。

的氛围和人们在其中雍雍穆穆的放松态度，使得人与人之间的猜忌、隔膜、争斗、欺诈皆被消解掉了。因此，有人称浴堂能够使人脱离纠纷，若全世界变成一个大浴堂，和平能够立即出现，战事也会立时消失的。1 更有论者认为，浴堂是令人回归自然生活的场所，所有人均没有服饰的束缚而以真相见，不但是避免奢侈的办法，亦是促进社会开放之捷径，当男女间坦然面对赤裸的彼此，所谓攸关风化的一类事也绝不会发生了。2

沐浴行为在给人们带来平等之感之余，还消除了人们在物质上的欲求与奢望。吴宓于清华读书时，在听完名为《节欲》的讲座后颇有感触，将国人怠惰萎靡、奄无生气归为纵欲之结果。因此，节欲是为国民增强心力和体力的关键，而注意卫生、清洁身体即为节欲之重要方法。3 欲求与奢望的节制被认为能够令人获得精神层面的自由。林语堂在散文《予所欲》中这样写道：

> 现代人的理想仿佛是以一个人的欲求与奢望来衡量其进步的：为了这个缘故，事情便往往引起了一些可笑与许多彼此妒忌等等的事情。
>
> 我要在夏天洗淋水浴，在冬天有一炉融融暖火。我要一个可以自由自在的家。我要当我在楼下做事的时候，听见楼上有我妻儿的欢笑，我在楼上做事的时候则听见楼下有他们的欢笑。我想要孩子能同我一起在雨中游戏，他们全同我一样的喜欢淋水浴。我要一小块空地，在那里我的孩子们可以用砖块玩造屋子，喂鸡，浇花。我要在早晨听见雄鸡“喔喔喔”的啼声，

1 岂凡：《随笔：洗澡》，《小说月报》，1929年，第20卷，第10期，第119—121。

2 明朗：《社会百态：在澡堂中》，《山海经》，1938年，第1卷，第4期，第74—75页。

3 吴宓：《吴宓日记（第一册）》，上海：三联书店，1998年，第505页。

我要邻家有高大的古树。

…………

我要本来面目的自由。[1]

当沐浴获得了自由的涵义，浴堂中超脱于物质束缚的怡然悠闲也被认为是自由的体验。北平时政类刊物《新进》杂志发表过名为《杂拌儿：谈洗澡》的文章，作者金隶称自己年过 30 岁，逛公园、看电影、滑冰、听戏都不再能够唤起自己的兴致，唯独洗澡是自己唯一的娱乐。金某不喜欢便捷的淋浴喷头，不愿听取如冷水浴等卫生延寿理论，更是厌恶去洗那单间官堂，当身上有钱时就去洗雅座池堂，没钱时去洗那普通池堂。金某独爱池堂的理由很简单，进入池堂后可在短时间内忘却一切郁闷，可以无拘束地大声呼喊，或是皮黄调子或为本能声音，在城市中只有浴堂池堂这一地方才能获得如此自由。而且池堂中大伙皆为同好，都可放下拘泥，轻松自在，城市中像池堂这样可以自由谈论的地方并不多见。因此，作者称浴堂让自己感觉到作为“一个自由平民是多么的幸福”。[2]

将平等自由的价值观念赋予沐浴的同时，沐浴也被描述为促进身体的强健与美观所必要进行的程序。对健美身体的追求主要来自进化论，相比身体的强壮端雄，肩削胸平、体质文弱则意味着退化。[3] 当个人强健的身体被视为国族的有机单元，社会进步的基本动力时，那么羸弱的身体则是国族层面上的衰退，于是身体泛化为国族的命运。20 世纪起，一种有中国近代社会特色的弗里内主义开始兴起，不断有社会进步人士致力找寻、宣传沐浴与红润的血色、健美的身体之间的联系，关于沐浴有利身体健

[1] 林语堂：《林语堂散文》，西安：太白文艺出版社，2012年，第121—123页。

[2] 金隶：《杂拌儿：谈洗澡》，《新进》，1942年，第1卷，第4期，第90页。

[3] 聂绍经：《体育的社会观》，《学生杂志》，1923年，第4期，第2页。

美的言论逐渐增多并几成显学。1 田汉诗作《浴场的舞踏》通过对浴场中异国女孩的胴体曲线的描写，将身体的美感与沐浴结合。诗文如下：

朦朦胧胧的蒸气中间，
跳进来一个活活泼泼的小姑娘！
通身不着一根纱线，
等着她爸爸一块儿进浴场。

浴场里许多浴客，
个个对着她微笑；
她并不害半点儿羞，
只嬉嬉地在蒸气中间舞蹈。

一头溜青青的秀发，
掩着她那娇柔的半面。
在蒸气里颤巍巍的瓦斯灯，
照着她那蜿蜒的曲线。

啊，异国的少女啊，
来浴这热温温的水！
让我——异国的诗人——
写您那赤条条的美！2

还有读者曾向《青年杂志》提问，问常见有人气色鲜艳可爱，应如何效法？陈独秀答曰，“颜色鲜艳，不外多浴使皮肤润洁，多吸新鲜空气使血液清洁。”3 当时人们主要的沐浴场所为公共浴堂，有人建议在公共浴堂的更衣

1 弗里内为古希腊名妓，因渎神被判处死刑。在终审当日，弗里内的辩护者希佩里德斯当众扯下弗里内的衣袍，她露出的秀美胴体使法官和民众折服，认为这是神的恩赐。最终弗里内被无罪释放。区别于中国以姿式文弱，肩削胸平为雅，弗里内主义强调对身体姿式端雄，胸挺臂阔的赞扬与追求。聂绍经：《体育的社会观》，《学生杂志》，1923年第4期，第2页。

2 田汉：《浴场的舞踏》，《少年中国》，1923年，第4卷，第1期，第3页。

3 陈独秀：《吾人最后之觉悟》，《青年杂志》，1916年，第1卷，第6期，第6—9页。

室墙壁上挂上人体解剖图说，陈列健美的裸体雕像，依此让浴客将肉体的美感等同于沐浴的结果。1 有些浴堂还备置有镜子、体重秤等设备，在官堂单间多设有两面镜子，瓷洗面器及浴盆对面各悬一面，客人边泡澡边照镜子欣赏自己的肉体，也能于洗濯之后审视自己的身体。2 浴堂中的镜子被设计成为一种自我监督的机制，通过这些设备，客人得以时刻关注自己的身体。

如果说官堂是靠镜子来提高对自己的身体的关注度，在公共池堂中则是依靠他者的目光。与他人共浴一池的客人，不仅公开展示自己的身体，也在检视别人的身体，甚至“期望他人也如此监督着自身”。3 人们相互之间施加的压力为身体监督提供了强制力，时人对这种方式赞叹不已，称所有浴堂应当取费低廉，这样就有更多展露肉体的机会。这种氛围里，人们会逐渐视体格羸弱者为一种耻辱，因此可以激发国民锻炼身体的意愿，从而奋发向民众健康、国家光荣的道路上迈进。4 身体强健的标准甚至能根据社会的需求来厘定，如近代社会对生产力的追求使得人们常赞扬辛劳勤恳的劳动者，将健康的身体视为劳动的必然结果。因此，有钱人多被视为大腹便便或骨瘦如柴，富家子弟不是背弯如弓就是身薄如板、皮包骨头，只有劳动者才拥有完满又健壮的身体。可以说，利用人们在浴堂中的沐浴方式，或赋予沐浴以现实的社会意义，健美的身体作为一种概念内化于人们的沐浴行为，现代性倡导的洁净、体面、强壮、自律等价值亦被整合进沐浴中。

沐浴行为亦常等同于文明，被人认为是文明生活的重要内容。通过沐浴来证明自己思想观念的进步，将自己

1 宗典:《风吕屋与澡堂子杂话》,《宇宙风》,1936年，第26期，第142—144页；宗典:《建议建议澡堂子》,《宇宙风》,1937年，第41期，第202页。

2 练离:《北平女浴室风景线》,《大众生活》,1942年,第1卷,第2期,第15—16页。

3 [英]安东尼·吉登斯(Anthony Giddens):《社会的构成:结构化理论纲要》,李康、李猛译,北京:中国人民大学出版社,2016年5月,第5页。

4 宗典:《建议建议澡堂子》,《宇宙风》,1937年,第41期,第202页。

区别于落后、不洁国人的做法。在留学海外的归国人士群体中体现的尤为明显，因长期受到西方生活方式的浸染，这些人会将国人不喜沐浴、不爱清洁、不使用浴堂浴室的生活习惯视为野蛮行为。徐凌霄的纪实小说《古城返照记》中，小说人物陆贾等一众人为了接待老黄留学归来的朋友"密斯脱李"，预订了西河沿金台旅馆的头等客房，此客房一元二毛一日，房间内"安着架铁床，床上有个自来白白罗帐，也有些薄薄儿的被褥，左边有一架小而长的穿衣镜儿，靠窗间陈设着一张方桌，两把椅子，门后有个脸盆架儿，上面架着洋磁脸盆，搭着手巾，又有一座衣帽架儿，屋里安着电灯……"房间设施及价目在当时的北平已算数一数二，不料"密斯脱李"并不买账，因房间内并无浴室，连呼"太不方便""只可将就"等语，令众人尴尬异常。事实上，用沐浴来彰显自身经历与身份的做法往往是一厢情愿，留学生用沐浴等现代生活方式作为区别于国人的标签，但在洋人看来，黄种人的肤色即是野蛮落后的符号。作者徐凌霄随即在下文讽刺了这一含有崇洋意味的沐浴动机。"密斯脱李"问城中是否有洋式饭店时，众人皆推东交民巷六国饭店，称该饭店里面五光十色，如同皇宫，不但有浴室，连球房、花园、音乐室、游戏场，无美不备。"密斯脱李"听闻后连连拍掌，要求即刻搬去。其友老黄却劝阻称六国饭店是"红鼻头、眼睛蓝、头发黄、胡须雪白"的洋人所开，若想受到洋人或茶房的尊重，先"要把这黄色的本相，换上白色的脸谱"，否则必然"乘兴而往，败兴而归"，"惹上一肚的恶气"。"密斯脱李"听后只得作罢。[1]

1 徐凌霄:《古城返照记(上册)》，北京：同心出版社，2002年，第117—122页。

虽然中国也有公共浴堂，但归国人士为了彰显自己的进步文明，亦觉此地不够“文明”而绝少涉足。老舍小说《牺牲》中描写道，毛博士从哈佛毕业归国，在北京一所大学谋得一份差事。毛博士始终坚持自己西式的生活方式并颇引以为傲，在一次友人间的聊天中，他滔滔不绝地说起美国人有多么文明，多么喜爱洁净，“美国家家有澡盆，美国的旅馆间间房子有澡盆，要洗，哗，一放水，凉的热的，随意兑，要换一盆，哗，把陈水放了，重新换一盆”。因嫌弃中国人肮脏龌龊，毛博士从未踏足公共浴堂一步。1 文博士也是如此，由于洗不惯公共浴堂，只得用壶烧水对付着擦擦身子。想到工友老楚“一爬起来便能做事，用不着梳洗沐浴，也根本没一点迟累”，文博士觉得这样的生活如鸡或狗等牲畜一般，野蛮至极。2

二、沐浴的日常生活化过程

沐浴同现代价值观念结合，与将其普世化、合法化的过程是并行的。清末起，社会有机论引进中国并逐渐发展为人们对社会构成发展的主要认知。该理论将国家比作有机体组织，而国民如组织中的机能。3 如没有机能，机体不能存在；缺失机体，机能也不能独存。4 因此，清洁、健壮、勤劳、节俭的现代国民被认为是国家进步、民族复兴的基本动力，当沐浴成为现代国民的生产要素时，其必然会泛化为决定国族命运的条件。

1934 年，国民政府发动新生活运动，试图建立一种“国家叙事”，将沐浴即个人卫生习惯赋予国家层面的意

1 老舍：《牺牲》，《老舍文集 中短篇小说》，哈尔滨：黑龙江科学技术出版社，2017年，第157页。

2 老舍：《文博士》，舒乙编：《老舍作品经典（下卷）》，北京：中国广播电视出版社，2007年，第141页。

3 梁启超曰：“国也者，积民而成，国之有民，犹身之有四肢、五脏，经脉、血轮也。”梁启超：《新民说》，北京：商务印书馆，2016年10月，第3页。

4 胡适著，欧阳哲生编：《不朽》，《胡适文集（卷2）》，北京：北京大学出版社，1998年11月，第525—533页。

义，并确立卫生习惯存养的介质——日常生活的合法性。新生活运动视生活为人生一切活动的总和，并将生活的内容归为尽生存、重保障，尽生计、重发展，尽生命、重繁衍这三个方面。因时代与社会环境的变迁，政治上的各种制度不断推陈出新，此过程中，社会风俗与习惯需要与新制度相互协调，人们的生活也需要补伤救弊，根据环境的变化而相应改变。1 将生活作为社会改良、政治制度构建的推行之助，其手段是将国家所推崇的价值观念通过反复、庸常又不可或缺的日常生活内化于人们的行动中。新生活运动的主要策划者杨永泰曾言明，日常生活在社会发展中的重要作用："一个社会要想改良日常生活，都是由勉强而成习惯，由习惯而成自然，等到这个人成自然了，这就是好的道德，等到这个社会自然了，这就是好的习俗。"2 文中提到的"自然"是习惯或道德在日常生活中的存在方式。

因此，新生活运动常以如沐浴等生活习惯为切入点，将其延展为推动国家进步、改良民族精神、革新社会道德的支点。正如《新生活运动指导纲要》中指明的那样："授人以易，百废可以俱举。强人所难，一事亦且无成。故新生活运动应从小处、近处、易处发端，不可由大处、远处、难处入手。"31934 年 3 月，新生活运动从南昌开展至北平，北平市新生活促进会在中山公园宣告成立。同年 10 月，北平市当局将与人们日常生活有密切关联的场所，如火车站、旅馆栈房、公寓、饭庄菜馆、浴堂等场所，及这些场所中的店员、服务人员，皆列为厉行新生活办法的重点对象。4 北平浴堂业为落实新生活运动，同时为了将

1《新生活运动纲要》，《社会周刊》，1935年第101期，第6—18页。

2 杨永泰：《新生活运动与礼义廉耻》，《新生活运动周报》，1934年，第14期，第12页。

3 上海促进会筹备会：《新生活运动指导纲要》，《新生活专刊》，1934年，二周年纪念特辑，第78—79页。

4《北平新生活运动会工作计划大纲》，《社会周刊》，1935年，101期，第20—28页。

卫生囊括在日常生活化的进程中，曾出台相应规章办法。该办法分为对浴堂设备的要求、茶房杂役须知及顾客行为规范三个类别，涉及到人们在浴堂中方方面面的不同行为。如规定浴堂店家定期打扫临街外墙、大门、招牌、停车场及屋内各处，浴巾、浴盆、毛巾、茶壶、痰盂、桌椅、电风扇等物品也需定期消毒或更换；要求茶房及杂役随时注意个人清洁，审视自己的行为是否符合卫生规定，这些卫生规定事无巨细，甚至包括“端茶端水端饭给客人时须用双手，捧着不要把手指放入碗内”，“大小便以后必须将两手洗干净”等至极具体的内容；告知顾客应行为检点、轻声细语，出门更衣要整齐仪容。1 从北平浴堂响应新生活运动的施行办法中可以看出，国家至北平市政府正逐步将人们沐浴与清洁的行为与日常生活中应遵循的规矩结合起来，当日常生活中最细微之处被国家统筹起来，个人生活亦被打上国家权力的标记。

清洁并非新生活运动的唯一内容，“简单、朴素、迅速、确定”同整齐清洁一道皆为这一运动的实施方针，目标是使国民普遍具备现代性的知识与道德，达成国民生活的军事化、生产化及艺术化。2 因此，国民“勤以致事、俭以持己、崇尚节约，忌奢戒惰被国民政府视为与清洁整齐，卫生规矩同样重要，皆为民族复兴，国家图存的基本素质”。3 新生活运动的开展在一定程度上改变了民众的卫生观念，让民众对沐浴有了全新的解读，并逐渐将其与勤劳、节俭、朴素联系在一起。张兆和于北平写给沈从文的家书提到：“我很奇怪，为什么我们一分开，你就完全变了，由你信上看来，你是个爱清洁，讲卫生，耐劳苦，能

1 参见附录十八:《北平市澡堂厉行新生活办法》,《社会周刊》,1935年,101期,第53—56页。

2《新运的意义与推行之方法》,《蒋委员长新生活运动讲演集》,南昌:新生活运动促进总会出版,1934年,第161—168页。

3 邓雪冰:《新生活运动之发动及其进行:二月廿三日在新生活运动宣传员大会讲话》,《中国革命》,1934年,第3卷,第9期,第13—16页;蒋中正:《新生活须知》,《新生活运动纲要》,南昌:国民政府军事委员会委员长南昌行营编,1934年,第19—20页。

节俭的人，可是一到与我一起便全不同了，脸也不洗了，澡也不洗了，衣服上全是油污墨迹，但吃东西买东西越讲究越贵越好，就你这些习惯说来，完全不是我所喜爱的。我不喜欢打肿了脸装胖子外面光辉。”[1]

人们将沐浴日常生活化，并加以现代性改造以及重新阐释始于清末，在新生活运动时达到高潮。后者是国家权力延伸至日常生活层面的重要指征，亦标志着符号与意义的再生产。新生活运动中，沐浴的日常生活化正式成为国家对个体支配的方略。区别于传统习俗中将沐浴作为“非日常仪式”的一部分，利用日常生活的重复性与惯性，经改造后的沐浴知识最终会“沉淀到民俗文化心理的最深处，成为群体无意识和自发意识”。[2] 作为沐浴知识的生产工具，现代性也随即成为人们的普遍认知。因此“现代性的建构不是一个制度建设的过程，而是一个塑造意识形态的过程”。[3]

第二节 沐浴的日常生活化建构

塑造闲暇与构建消费，是将沐浴与现代性观念并入日常生活的重要方式。资本主义的发展与扩张，使得近代国人对时间的认知发生本质变化。传统社会中劳动与闲暇融为一体的日常生活，以及非现代性的休闲方式常遭人诟病。清末来中国旅行的日人德富苏峰，曾臧否中国人的时间观念：中国人并不把时间当作有价值的东西来对待，且

1 沈从文:《从文家书》,南京:江苏人民出版社,2015年12月,第98页。

2 刘志琴:《从社会史领域考察中国文化的历史个性》,《传统文化与现代化》,1993年第5期。

3 [英]安东尼·吉登斯(Anthony Giddens):《社会的构成:结构化理论纲要》,李康、李猛译,上海:三联书店,1998年5月,王铭铭代序第23页。

劳作和闲暇不分，因此完成一件事全靠时间的消耗，导致工作效率低下。1 近代汉学家阿林敦（Lewis Charles Arlington）则从另一方面讨论中国人工作常事倍功半的原因，认为因长期“习惯于不适当的休闲”，虽中国工人技艺高超，但其工作效率只有外国工人的六成。2 针对于此，有社会进步人士建言，国人需要改良日常生活中的两种普遍情形，一种是许多人几乎完全没有闲暇时间，另一种是人们缺乏合理的休闲内容。3

清末以降，塑造闲暇时间并将其合理化成了社会改良的主要内容。因休闲活动能使劳动者的精神在工作疲惫之时得到调整恢复，为了提高工作效率，闲暇被从劳动中分离出来。4 合理化的休闲亦被视为提高生产力的条件，若民众对于休闲生活没有正当的觉解，则必然精神颓废、体魄残陷、工作能力低弱，进一步还会造成国家的衰退。5 因此，在当时作为强国强种良方的卫生便顺理成章地被纳入休闲范畴。经社会进步人士不断呼吁，沐浴被当作劳作之余恢复精力的良益休闲。当休闲时的活动积久成习，成为日常生活中的惯例时，闲暇成为劳动的延伸，卫生及沐浴观念也顺利普及于民。休闲成为调剂劳动、提高社会生产力的必要条件后，浴室、住宿设备、运动设备、娱乐设备即开始作为工厂、企业、机关等必要的惠工设施出现。6 有了这些设施，劳动者才能将休闲时间消耗在有益身心的事情上，而非将精力浪费于嫖赌浪荡中。7

1［日］德富苏峰：《中国漫游记》，张颖，徐明旭译，南京：江苏文艺出版社，2014年1月，第442—444页。

2［美］阿林敦（Lewis Charles Arlington）：《青龙过眼》，叶凤美译，北京：中华书局，2011年9月，第229、292—294页。

3 傅葆琛：《怎样解决我国民众的休闲生活》，《社会教育季刊》，1943年创刊号，第65—69页。

4 羽生：《从休闲教育谈到新民茶社的重要及其实际经营法》，《北京教育月刊》，1938年，第1卷，第3期，第17—26页。

5 傅葆琛：《怎样解决我国民众的休闲生活》，《社会教育季刊》，1943年创刊号，第65—69页。

6 吴至信：《中国惠工事业》，载李文海主编：《民国时期社会调查丛编（社会保障卷）》，福州：福建教育出版社，2004年，第117页。

7 渭水川：《休闲教育之出发点》，《民众教育月刊》第3卷，第4期，第1—8页。

一、作为惠工设施的职工浴堂

20 世纪 30 年代起，北平的公司、工厂及机关单位开始注重工人及员工的闲暇生活。利用经设计的公共时间，有选择地规划他们的休闲方式，以期提高劳动者工作效率，这一做法逐渐成为社会中的普遍趋势。这一时期，北平电车公司与崇文门外瑞品香浴堂签定职工沐浴合同，规定公司员工可持沐浴券入该浴堂洗澡，一切待遇均与普通客人相同。沐浴券印有月份，每张只限一人一次在该月使用，使用后将券交予浴堂，浴堂每月所获沐浴券于下月初函汇至公司，核付收款。1 券面详细内容如下：

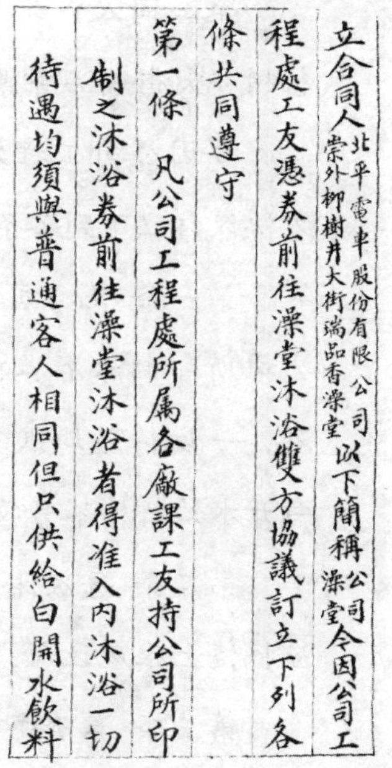

立合同人北平電車股份有限公司 崇外柳樹井大街瑞品香澡堂以下簡稱公司 澡堂今因公司工
程處工友憑券前往澡堂沐浴雙方協議訂立下列各
條共同遵守
第一條　凡公司工程處所屬各廠課工友持公司所印
制之沐浴券前往澡堂沐浴者得准入内沐浴一切
待遇均須與普通客人相同但只供給白開水飲料

图 6-2 北平电车股份有限公司与瑞品香澡堂签定职工沐浴合同

图片来源：

《北平电车股份有限公司与瑞品香澡堂签定职工沐浴合同》，北平电车股份有限公司档案，北京市档案馆馆藏，档案号：J011-001-01333。

1《北平电车股份有限公司与瑞品香澡堂签定职工沐浴合同》，北平电车股份有限公司档案，北京市档案馆馆藏，档案号：J011-001-01333。

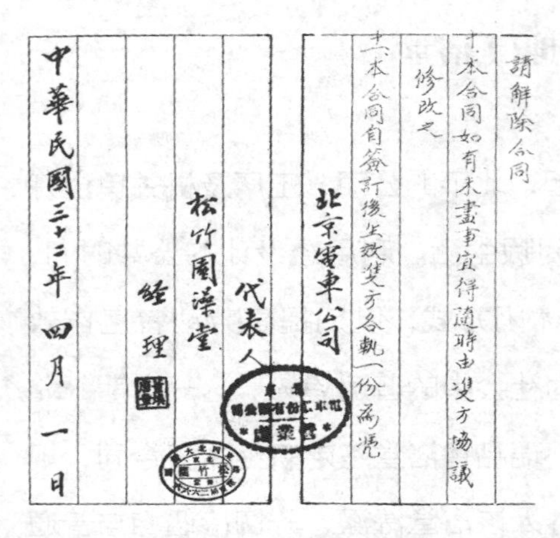
請解除合同
十、本合同如有未盡事宜得隨時由雙方協議
修改之
十一、本合同自簽訂後生效雙方各執一份為憑
北京電車公司
代表人
松竹園澡堂
經理
中華民國三十二年四月一日

图 6-3 北京电车股份有限公司营业处关于便利路员沐浴与澡塘的合同

图片来源：

《北京电车股份有限公司营业处关于便利路员沐浴与澡塘的合同》，北京电车股份有限公司档案，北京市档案馆馆藏，档案号：J011-001-00533。

北平电车股份有限公司与瑞品香澡堂签定职工沐浴合同

主合同人：北平电车股份有限公司、崇外柳树井大街瑞品香澡堂

今因公司工程处工友凭券前往澡堂沐浴双方协议订立下列各条共同遵守。

第一条 凡公司工程处所属各厂课工友，持公司所印制沐浴券前往澡堂沐浴者将准入内沐浴，一切待遇均需与普通客人相同，但只供给白开水饮料，不另收费；

第二条 每次沐浴均以雅座及池塘为限，并应将楼上雅座让人；

第三条 券价每张定为北平通用银元四分五厘，双方均不得借故要求增减待遇，本市各澡堂普通增减价目时双方中之一方得商请对方斟酌改定；

第四条 沐浴券印有月份，每张只限一人一

次在该月使用；

第五条 沐浴券只以沐浴为限，如理发修脚擦背等费应由澡堂向该个人收费公司不负担，公司工友无沐浴券前往沐浴者亦此办理；

第六条 澡堂每月所获沐浴券于下月初函汇送公司，以便核付现款；

第七条 本公司除公司自建浴所或澡堂歇业外不得中途停止违者罚洋三百元；

第八条 公司为工程处工友沐浴得加订其他澡堂不受任何限制；

第九条 本合同各条非经同意不得更改；

第十条 本合同共缮两份双方各执一份为凭。

几年后，该电车公司的合约浴堂增至3家，为了让更多车路人员在闲暇时享受沐浴，该公司又与松竹园、清华池等浴堂签订沐浴合同。[1]

冀北电力公司北平分部则将公司办公楼大礼堂的一部分改造为淋浴室。改造内容大致如下：

冀北电力公司北平分公司沐浴室设计计划

一、拟用大礼堂后原福利课楼下东侧北房及东房改修沐浴室及更衣室；

二、沐浴室内部铺洋灰地或瓷砖；

三、室内装设喷水龙头十二个，各按冷热水管直通锅炉，于每条水管上按水门各一个；

四、室外设置渗坑与室内排水管相通以便泄水并直通至官沟，以免日久壅塞；

五、浴室内购置木屐鞋二十个；

1《北京电车股份有限公司营业处关于便利路员沐浴与澡塘的合同》，北京电车股份有限公司档案，北京市档案馆馆藏，档案号：J011-001-00533。

六、浴室后院设锅炉房一间锅炉一个；

七、锅炉工人一名；

八、工役一名看守更衣室及刷洗浴室。

冀北电力公司计划在浴室改造完成后，全体员工可凭股份登记证免费入浴，浴室每周二、四、六向男职员开放，周三接待女员工，工役每周一、五可使用，周日及节假日则分早、中、晚三个时段，分别向不同工种开放。1

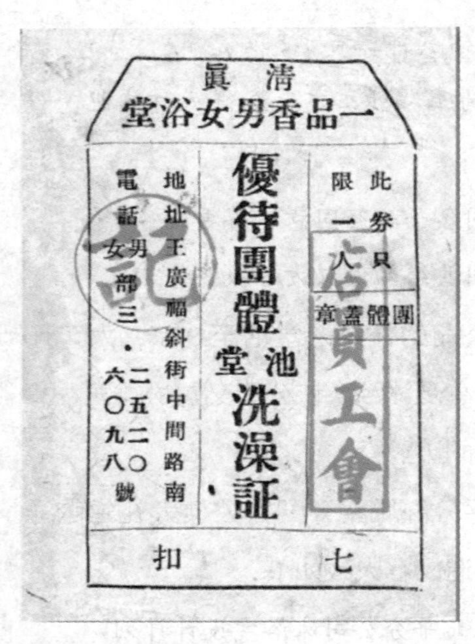

图 6-4 一品香优待团体洗澡证

政府机关单位也会与浴堂合作，如河北高等法院的员工消费合作社，为了给员工沐浴提供便利，曾与北平市浴堂同业公会商定，法院中参加合作社的员工会配给该社印制的洗澡证，持证者可在义新园、清华园、清香园、裕兴园等八家浴堂享受八折优惠待遇。2 在场地条件允许的情况下，政府机关单位也会在办公地添置浴室。1915 年，北京警察厅即以署员公务繁忙，无暇出外洗浴为由，在署

图片来源：

刘鹏：《老北京的浴池》，《北京档案》，2013年第5期，第52页。

1《冀北电力公司北平分公司等关于员工和眷属医药费、子女教育费补助办法、沐浴室、理发室规则等的呈》，冀北电力公司档案，北京市档案馆馆藏，档案号：J084-001-00172。

2《高院员工消费合作社关于携款来社购煤在指定浴室沐浴厄一折、上报实有在监职员名册的通知、公函》，北平第一监狱档案，北京市档案馆馆藏，档案号：J191-002-18809。

内建筑浴室，并购置上等洋式浴盆等物以注重闲暇之余的卫生活动。[1]从1918年起，警察厅为了保持厅内浴室的良性运转，开始对来此沐浴的职员收取浴费，以资有足够的资金整顿、修缮、维护浴室。[2]1940年代末期，由于物价上涨，尽管警察局的浴室无法维持正常运行，但为了保持众警员沐浴的习惯，依旧只是酌情收取低廉费用。1947年，商业性质的浴堂乙等池堂收费法币2500元，警察的浴室对职员收法币800元，警长更低只有法币600元。[3]该年冬季，因煤火费用超支，该浴室不敷开支，从12月起不得不长期暂停使用。[4]除次年2月春节期间短暂开放4日，直到4月才又复开放。[5]重新运行的浴堂为了收支平衡，将沐浴价格较之前大幅提高，与市面上的浴堂相差无几，因而来此沐浴的职工警员极少，浴室只得从每周全日开放改为仅开放三日。[6]

在工厂中，浴室既是构建工人闲暇生活的设施，亦是在资本主义制度体系之下维持生产关系的主要途径。民国时期，社会学学者郭真认为，提高劳动者的生活状况是雇主防止工人罢工、怠工，处理劳动界之纠纷的最好方法，而工厂内外配套设施的添置与提高工人的工资、津贴、分红一样，皆为改善他们生活水平的重要方式，浴室正是这种配套设施之一。[7]

北京城内工业基础薄弱，工厂数量较少，设有浴室的工厂则更为稀缺。1934年，实业部对北平市城区内工厂的清洁设备进行调查，发现工厂多备有洗手处，但浴室仅双合盛啤酒厂有之。[8]大多数工厂与公司、政府机构只能让工人去街市公共浴堂沐浴。1928年，北平特别市地

1《警厅添设浴室》，《顺天时报》，1915年8月8日，第7版。

2《警察厅浴所亦收现》，《顺天时报》，1918年9月18日，第7版。

3《北平市警察局消费总社关于调整理发沐浴时间、处理结存零售品、配余品及配售白糖的通报》，北平市警察局档案，北京市档案馆馆藏，档案号：J181-024-04884。

4《北平市警察局消费总社关于调整理发室价格、冬季停止使用浴室、经济食堂营业时间及范围的通报》，北平市警察局档案，北京市档案馆馆藏，档案号：J181-024-04883。

5《北平市警察局关于内部购物、撤火日期、沐浴室问题的通报》，北平市警察局档案，北京市档案馆馆藏，档案号：J181-024-05585。

6《北平市警察局关于规定开放浴室时间、价格及调整理发馆价目、捐书补充经费、征求汇办蒋百里先生文选等训令》，北平市警察局档案，北京市档案馆馆藏，档案号：J183-002-37902。

7 郭真：《社会问题大纲》，上海：平凡书局，1930年，第7—8页。

8 实业部中国经济年鉴编纂委员会编：《中国经济年鉴》，南京：实业部中国经济年鉴编纂委员会出版，1934年，第339页。

毯产业工会曾组织工厂管理委员会管理工人伙食，开办业余文化补习班给工人上课，委托协和医院半价给工人看病，发给工人洗澡票和理发票，厂方原规定工人每人每月洗澡三次，后经过工会协调改为每月四次。1

北京城区之外的工厂常设有浴室，如位于清河一带的军政部北平制呢厂就设有浴室设备，为工人提供沐浴服务。从该厂的浴室规则可以看出，厂内有浴室两所，分池浴和盆浴两种方式，为了便利所有工人沐浴，浴室内以简单快捷为主旨，入浴时禁止一切与沐浴无关之活动。2门头沟的中英煤矿也有浴室设备，当矿工从矿井出来，除眼睛、嘴唇外，身上其他地方皆会蒙上黑煤，在这种情形下，沐浴是十分必要的事情。但一切以经济利益为重的煤矿资本家并不愿意承担浴室运行的费用，这笔经费便转移到工人身上。矿上规定，每位工人每日无论是否洗澡都要从工资中扣除银一分（每月三角）钱充作浴资。尽管资本家对工人声称洗澡费充作煤费使用，可实际情况并不然。收得浴资后，资本家对于水热不热便不再过问，甚至有时一连数日没有热水。这激起工人反抗，经过持续一年的激烈斗争，最终资本家同意工人洗热水澡的要求，但仍需每月缴纳三角浴资。3

二、作为规训手段的学生浴间

清末教育改革使得学校不再只是传授知识的场所，同时成为塑造国民现代思想、培养民众现代意识的场域。新式学校处处体现着现代社会之意图，从学校对教授课程

1 北京市总工会工人运动史研究组编:《北京工运史料(2)》，北京:工人出版社，1982年，第112页。

2《本厂浴室规则》，《军政部北平制呢厂厂务季刊》，1933年第9期，第72—73页。

3《门头沟矿工生活的斗争(白158号)》中央档案馆编:《中共中央北方局文件汇集(1934—1934)》，北京:中共中央党校出版社，1992年，第24—47页。

的安排，到学生课余时间的规划，再至对运动设施、卫生设备的添置，都可以看出国家正有意识地通过学校来改造人们的日常生活，并努力将他们塑造为讲卫生、守纪律、知效率的现代国民。这一过程中，对学生闲暇生活的规训被视为实现此目标的重要途径。学生浴室由此成为校内的必要设施。1902年，清政府对学制进行改革，颁布中国近代具里程碑意义的“壬寅学制”。该学制为改善学生卫生情况，有内容“行澡身却病之效”，将宿舍、寝室、自修室、食堂、盥所、浴室、厕所等设施规定为各级学堂的必要建置。[1]1903年，京师大学堂浴室修建完成，内有差役30余人，学生可随意入内沐浴。[2]来浴学生甚为踊跃，浴室每日耗煤有800斤之多。[3]

在大学中，浴室通常与体育设施一同建设，以求鼓励学生利用闲暇时间锻炼身体，令他们也养成沐浴的习惯。1918年8月，北京大学在沙滩建成一栋红砖结构的建筑，即北大红楼又称北大一院。该建筑共五层，地上四层、地下一层，建筑精美、规模宏壮，楼之周围绕以高墙，前有网球场，后有篮球、足球场，足球场之西是风雨操场，有浴堂附之其中。[4]北大红楼新建校舍项目中，增筑围墙、浴室，共耗资2万元。[5]燕京大学同样注重学生们的体育锻炼与卫生习惯，1923年校长司徒雷登曾规定，无论男女学生，都必须修满体育课在内的83分才能毕业。为了让学生习惯在锻炼之余进行沐浴，学校体育馆内还专门设有热水淋浴室。[6]清华大学的学生浴室在1914年年底正式开放。[7]当校内体育馆建成后，在体育馆中亦添设学生浴室，并引入淋浴设施，学生在运动后可即刻到

1《京师中学堂章程》，《申报》，1902年10月19日；《京师管学大臣奏定小学堂章程》，《申报》，1902年10月29日；《京师大学堂章程》，《申报》，1902年10月15日。

2《京师新闻：有益卫生》，《顺天时报》，1903年，6月6日。

3《京师新闻：浴堂煤耗》，《顺天时报》，1903年，7月19日。

4 新晨报丛书处编：《北平各大学的状况》，北平：新晨报出版部出版，1930年，第8页。

5《新斋舍有浴室》，《北京大学日刊》，1918年，第81期，第2页。

6 阮振铭：《司徒雷登情系燕京大学》，沈阳：白山出版社，2014年，第211页。

7 1914年11月3日《清华周刊》刊登了校方关于“增设浴室”的决定。同年年底浴室正式开放，参见《清华周刊》，1914年，第19、23期。

馆内的淋浴间冲洗。曾有清华学子回忆道：

体育馆篮球场上，每天课余都有“斗牛”，这是一种没有篮球规则的球赛，任何人可以随时参加任何一方，运动后出一身大汗，达到锻炼身体的目的。我在参加这种运动时，有一次门牙碰伤，从此我改习游泳。清华当时的宿舍里没有洗浴设备，要洗浴就要到体育馆游泳池两旁的淋浴室，室外各有一间更衣室，每人一只一人高的更衣铁箱，存放运动器具、衣物及洗浴用品。更衣后，进入淋浴室淋浴，淋浴室和游泳池只有一门之隔，推门就可进入游泳池。[1]

在这种环境下，清华学生养成了爱运动、喜清洁的生活习惯，“运动的人因然天天洗澡，就是不很运动的人，也至少三天洗一次澡”。[2]1933年，由于学生数量增多，原有设备不敷应用，清华大学在体育设施上有所扩充，添设排球场3所、网球场6所，在体育馆西首还添建健身房1所，与之相匹配的卫生设施也有增加。如添设女生浴室1所，男生浴室2所，热水箱4座，锅炉2座等。[3]该校对体育及卫生的重视可谓全市高校的翘楚与榜样。有人如此评价道：

清华大学很有钱，听说单单厕所里的手纸一项，一年得花法币三千，浴室里，滚热的水你冲上两个钟头也不会有人来干涉，燕京从前由七个教会给钱，如今不知为什么美国也穷了，热水汀就温吞吞的，着实比清华差劲，整个冬

1 黄世洗:《风云变幻话当年》，廖名春:《老清华的故事》，南京：江苏文艺出版社，1998年，第150页。

2 姚薇元:《清华学生生活大纲》，《清华周刊》，1927年 第408期，第570—575页。

3《清华体育概况》，《清华副刊》，1933年，第39卷，第7期，第10—12页。

天，从十一月到翌年三月，在清华室内都像是夏天，睡起来盖一条薄被就行了，拿清华生水汀的煤费充作别用，我看尽够开办两所师范学校了。1

为了让学校的教职人员全心投入于工作，清华大学还免费为教员们提供西式住宅。该校西院、北院、新南院皆为洋房，如新南院内多为西式砖房，电灯、自来水、电话、浴室等设备一应俱全。曾在此居住的有闻一多、俞平伯、周培源、潘光旦、萧公权等人。2 萧公权评价其在清华五年的生活，称这里给他提供了便利、安适、接近理想状态的生活环境，让他能够安心专注于工作。3 王国维之子王东明曾回忆与其父在清华园西院生活的日子，对居室内的浴室印象深刻：

我家迁入清华园，是民国十四年四月间事……清华西院宿舍，每栋只有正房三间，右手边有下房一间，内一小间，通正房，可作卧室或储藏室。左边外为厨房，内为浴室及厕所，设备已稍具现代规模，有进口抽水马桶，只是浴盆是用白铁皮制成，天气稍凉，身体接触盆边，有一种冰凉透骨的感觉，因此后来将它拆下，改用木盆。厨房旁邻接隔壁房屋处，有一小厕所，是抽水蹲式便池，专备佣仆之用……如此共有两列连栋房屋，合计二十户。4

不只是大学，有些中学也备有浴室，且同大学浴室一样，为与体育设施一同建设。1934 年，北平高中学生祁佩璐称自己的校园生活是一种必要的、规律的、合理的

1 任浩：《西郊两大学》，陶亢德编：《北平一顾》，上海：宇宙风社，1936年，第184—187页。

2 孙玉蓉编：《俞平伯年谱 1900—1990》，天津：天津人民出版社，2001年，第171—172页。

3 萧公权：《问学谏往录：萧公权治学漫忆》，上海：学林出版社，1997年，第117—118页。

4 王东明：《清华琐忆》，廖名春：《老清华的故事》，南京：江苏文艺出版社，1998年，第73页。

行动，其中上课、运动、沐浴、访友、参加会社皆是这种生活方式的一部分：

素称文化中心的故都，是我久所仰慕的处所，我没有得到家庭的许可就跑了来，东借钱西借钱，终日奔跑去找自己旧日的老师，好容易才考入北平高中。

…………

入了校后，这点还能满足我的欲望，精神上为之兴奋不少，每天摇铃尚可按时作息，课外运动是强迫的，一下课，一换衣服就跑到操场里，无论是打球，是玩旁的，总得玩个尽兴，再到洗浴室里冲一下，整日的疲困一扫而清，身上痛快异常，吃了饭看报或杂志或是到图书馆里翻参考书，一天就这样过去，遇到星期日就更舒服了，出去访友或是到什刹海边遛一趟或是参加自己乐意加入的会社。

我认为这样的生活是规律的而不是机械的，是自由的而不是浪漫，是积极的而不是消极的，我们现代青年的生活应该紧张起来，看一看是什么时代，还容你苟安享乐吗？[1]

新式教育的普及使北京各级学校逐渐增多，为了让有教育背景的民众养成勤于沐浴的习惯，学校常通过颁布相关规章制度，强制学生执行卫生准则。在不同学校的浴室简章中，可看出明显的逻辑共性。学校皆会利用对沐浴时间、频次的规划和制定，来引导、规训学生。在北平民国学院的浴室规定中，规定入浴时间为星期一至星期六

1 祁佩瑢:《中学生活》，中学生杂志社编:《中学生文艺(上册)》，上海：开明书店，1934年，156—160页。

每日下午4时至8时，星期日则将起始时间提前到下午1时，每人每日限沐浴1次，每次以20分钟为限。[1]北平中国学院的浴室简章规定，每日下午3时至9时为沐浴时间，过时即行停止，浴室座位仅为更衣使用，不得籍以高眠。[2]四存中学则更多地注重规范学生的沐浴行为，如各班学生沐浴时须按规定次序入浴，不得紊乱，在浴室内不得喧哗、游戏，以及脱衣须在浴室内不得有室外解扣、出室露体等情事。[3]从北京师范学校的浴室规则可以看出，学校对时间、效率、规矩、卫生等诸多概念的注重，同时强调了沐浴是学生课余闲暇时间的必要活动。[4]

北京师范学校浴室规则

一、每日课毕后至晚饭前为入浴时间；

二、一周内每人入浴有一定时一定次序，由学监编订之不得乱次；

三、除定期外有不得已事故欲入浴者须向学监陈明理由，由学监给以凭据方可入浴；

四、浴毕宜将垢水倾尽；

五、患传染病及传染性皮肤病者，由校医指令另浴不得与众同浴；

六、浴室不得兼洗他物。

为了让规则生效，学校会对违反规定的学生予以处罚。梁实秋对学校的沐浴规定记忆深刻。在他的印象中，清华大学对沐浴有着严格规定，至少每三天必须洗澡一次，此规定是强迫性质的，而且还有惩罚的办法。洗澡室备有签到簿，浴者先签到报备，然后有工役来倒冷热水，三天不洗澡者要公布名单，仍不悛悔者则指定时间派员监

1　民国学院出版课：《北平民国学院一览》，北平：北辰印刷所，1933年，第66—67页。

2　中国学院：《北平中国学院概览》，北平：中国印刷局，1934年，第161页。

3　四存中学编：《四存校刊》，北平四存中学出版，1931年，第139—140页。

4　北京师范学校编：《北京师范学校一览》，北京：北京师范学校出版，1915年，第25页。

视强制执行，勒令就浴。1 对于不爱清洁、蓬头垢面、不修门面者，会受到不成文的规矩“拖尸”（Toss）之处罚以示惩戒。2

沐浴习惯的由无到有，需要民众长期反复的卫生实践，虽然学校试图构建课后的闲暇时间，将卫生、运动、闲暇统一组织起来，依此培养学生的清洁卫生习惯，塑造健康文明的国民。但由于时间沉淀的不充分，使得学生对沐浴的规定也常不能完全遵照并内化于心。如前文提及清华大学对沐浴有着严格规定，要求学生到浴室定期签到，并随时督查学生的沐浴情况，但实际情况是不洗澡而签名者大有人在，常有不喜沐浴的学生到浴室签到之后就开溜，或干脆请人代签，也从未见有名单公布，关于沐浴的法令徒成具文。3

由于经验的缺乏，学校的种种管理措施并不能面面俱到。如北京大学在一院体育场建成之后，附近的中法大学和孔德中学的学生常来使用。这些学生占用校内的体育设施时，也常使用场内附设的浴室。起初北大的学生并不赶他们走，因为赶他们走会被认为不符合学校民主精神。4 由于校外人员入浴极多，故浴室内颇为拥挤，本应便利学生而设之浴室，却被他校生“越权入浴，反令该校学生难于插足”。为此，北大多名学生联名呈请学校，对外校人员严加取缔。5 学校采取多种手段限制前来沐浴的外来人员，但收效甚微，为此不得不将浴室开放时间缩短，此举令学生极感不便，怨声不断。6 北平大学也遭遇同样问题，该校法学院浴室虽专为该学院设备，但管理无方，浴室规定无效力可言，校外之人入浴者日见增多，设备损耗日益

1 梁实秋：《清华七十》，《梁实秋散文集（第6卷）》，长春：时代文艺出版社，2015年，第421页。

2 龚家麟：《清华大学的学生生活》，谢泳编：《独立评论文选》，福州：福建教育出版社，2012年，第429页。

3 梁实秋：《清华七十》，《梁实秋散文集（第6卷）》，长春：时代文艺出版社，2015年，第421页。

4《北京大学六年》，陶钝：《陶钝文集（第3集）》，北京：中国文联出版公司，1998年，第133页。

5《北大斋舍浴室外人多》，《北平周报》，1933年，第30期，第3页。

6《北大浴室时间缩短》，《北平周报》，1933年，第34期，第5—6页。

严重，浴室中浴盆五破其四，“一时入浴者，恒不得沐，群起烦言”，以致有校内学生与外人冲突之事发生，该院三年级学生王某与一外来浴客因争浴盆大起口角，几至动武，复经工友劝解始告平息。[1]

浴室的添置需要经费支持，当学校经费紧张时，其通过沐浴来培养学生卫生习惯的意图在实施过程中常出现阻碍。1933 年，清华大学新式浴室修建完成，其落成使得校方无更多精力财力维护旧浴室，因此旧浴室的洒水管几乎十分之八九缺乏修理，成为虚设之装饰品，由于浴室故障，水管只通冷水而无热水洒出，因此在每日下午 5 时至 6 时洗澡的高峰期间，热水总不够用。入浴的学生原本只需洗五分钟即可完毕者，常延长至十分钟有余。[2] 这种情况极大地延长了沐浴时间，在单位时间内能够沐浴的学生数量也大幅度降低，违背了学校提倡效率、普及卫生的本意。为了避免类似状况发生，有些学校为了筹集浴室的维护资金，会酌量收取学生浴资，中国大学和北京大学皆如此。但这又会使部分贫困学生无力承担，而拒绝沐浴。根据曾在北京大学读书的夏志清回忆，常有洗不起澡的男生，浑身散发着陈年积垢的臭味，下课后红楼的楼梯上挤满了学生，简直是奇臭难闻。[3]

三、作为现代日常生活基本单元的家庭浴室

如果说学校为人们提供了一种步入社会之前的系统化教育模式，家庭则承担了人们学前训育及构建日常生活的功能。在人们幼年社会化的过程中，家庭的作用不容忽

1《庶务处布告：本院浴室之设原为便利学生》，《北大日刊》，1929年，第2220期，第1页；《北平版法学院浴室》，《益世报（北平版）》，1934年8月13日，第8版。

2《浴室的不景气，洒水管形同虚设，热水急需来不匀》，《清华副刊》，1934年，第42卷，第9期，第24页。

3《红楼生活志》，夏志清：《谈文艺 忆师友》，上海：上海书店出版社，2007年，第10—12页。

视，儿童对家庭成员耳濡目染的模仿及家长计划性的规训，使得社会的诸多规则在人的幼儿时期便得以习惯化。此外，人们的大部分时间是在家庭中度过，家庭也是人们日常生活的主要载体，利用家庭来对人们的日常生活施加影响，以达到移风易俗之效果，同样是国家组织及社会进步人士的愿望。兰安生认为，改革学校与家庭，潜移默化影响人们的生活方式，是培养清洁卫生生活习惯最快速有效的两种手段。1 当建设浴室成为学校中卫生改良的重要内容，对家庭浴室的宣传亦成为国家与社会进步人士塑造人们日常生活的主要手段。

北京家庭中的现代浴室起源于清末，是在与西方人接触的过程中产生。1861 年起，各国公使馆先后在东交民巷一带建设使馆，在使馆区的西式建筑内，多配有现代化的设备及装饰，浴室是其中的必要设施。当义和团围困使馆时，不能洗澡是许多西方人认为遭受到的重大困难，甚至等同于生命遭受的威胁。英国在华商人立德（Archibald Little）之妻立德夫人曾亲历义和团运动，她回忆英国使馆被围攻时说道："想像一下吧，炮弹越过自家花园的墙头飞来！在中国的炎夏中熬过八周，没法洗澡，难得换次衣服，吃着变质的食物令人肠胃不适，这能让人相信吗！"庚子事变后，诸多无处居住、精疲力竭、满怀愤怒的外国人在清廷分配给他们的空房子里暂时安顿下来，立德夫人一行在城内一处宫殿楼阁里安家。尽管每天用康熙年制的瓷盘吃饭，但还是想念以"调羹、床架、浴室"为象征的西式生活。2

未居住在使馆区的外国人，为了维持西式的生活，

1 转引自雷祥麟：《习惯成四维：新生活运动与肺结核防治中的伦理、家庭与身体》，台北中央研究院近代史研究所集刊》第74期，2011年。

2［英］立德夫人（Mrs. Archibald Little）：《我的北京花园》，北京：北京图书馆出版社，2004年，第20页。

会优先考虑租赁备有浴室、抽水马桶等卫生设施的房屋。美国记者阿班（Hallett Abend）曾在北京多处定居，在他受英文导报主编柯乐文（Clark Grover）邀请初到北京时，柯乐文将自家房间的一部分分给阿班居住，其中包括客厅、餐厅、浴室、储藏室和一间大卧室。之后阿班独自向中国人租住了一套四合院，有“房间”逾百，合抱着5个院子，院中有六角亭、砖砌的小径，樱树和李树夹道，浴室也是其主要设备。到了深秋，因中式房屋阴冷潮湿，阿班又搬入东交民巷的邮政公馆（Postal House），其公馆住所包括一个“L”形的门厅，一个大客厅，一个大餐厅，一间用作办公室的小书房，两间卧室，两个浴室，一个厨房，一个食品储藏室，好几间佣人房。[1]

以浴室为择屋标准的西方人不只有阿班，英国记者贝特兰（James Bertram）在北京时，暂居在时任协和医学院社会服务系主任艾达·普鲁伊特（Ida Pruitt）家中。据贝特兰回忆，艾达虽然能讲一口流利的中国官话，但其生活方式仍是西式的。她在住所的庭院四周用独立木柱撑起中国式的灰瓦屋顶，四面的屋子由回廊连接起来，在铺了砖石的院子里有个别致的小型花园，类似于灌木一样的植物种在大瓦盆里开着花朵，房子东屋是艾达和两个女儿的卧室及一间浴室。[2]

七七事变后，为安置日籍移民，日伪政府在西郊永定路一带建设“新市区”。从公主坟以西到古城一带建盖了许多日式房屋。房屋跨度为7.5米，一排房住带家眷日人两户。一户有两个卧室、两个取暖壁炉，客厅、储藏室、厕所、小厨房各一个。日人好浴，浴室自然是房屋中

1［美］阿班（Hallett Abend）：《民国采访战：〈纽约时报〉驻华首席记者阿班回忆录》，杨植峰译，桂林：广西师范大学出版社，2008年，第37、75—76、82页。

2［新西兰］詹姆斯·贝特兰（James Bertram）：《在中国的岁月：贝特兰回忆录》，何大基译，北京：中国对外翻译出版公司，1993年，第25—29页。

的重要环节，浴室一般无窗，里面设有一个小型浴池，在隔墙厨房中有专门烧洗澡水的灶台，用水管将热水输入浴室池子里，非常方便。[1]

受西方及日人影响，20 世纪起的北京开始有中国人家改造中式房屋并制备浴室，或修建配备浴室的西式住宅。1933 年，埃德加·斯诺（Edgar Snow）夫妇来到北平，在煤渣胡同 21 号租了一个院落。在给埃德加·斯诺的姐姐写信时，海伦·斯诺（Helen Snow）这样写道："我们有 3 间雇工住的带浴室的房子，有 5 间带浴室及厨房的房子供我们自用。房子都盖在庭院的四周，像西班牙别墅那样，四周有高高的围墙，庭院砖铺的通道之间有一个小花园……"这样一座带有诸多浴室的院落，此前"从来没有住过外国人，只住过中国人"。[2] 可见浴室不再只是西方人士的专属设施，越来越多的中国家庭开始使用浴室。

从海外留学归国的学人及一些经济条件阔绰之人家也开始学习西方的习惯，在屋内安装浴室。1925 年，吴宓从哈佛回国后在清华大学任教。吴有晨起沐浴的习惯，如"晨早起，浴身。八时至十时，赴主任室，督视卫君等布置切"。再如"晨起，归室中。浴。八时，访陈寅恪、赵元任。谈毕，即乘人力车、电车入城"。从吴宓日记中可以看出，时任清华校长的曹云祥亦有晨起沐浴的习惯，"宓乃于十时径谒校长。校长方浴，且早餐，并将入城宴会，及闻宓言，大惊，遂亦不复入城。"[3] 有留法经历的翻译家鲍文蔚在 1935 年来到北平，在中法大学和孔德学校任教。鲍宅位于西黄城根 22 号陈家大院，同住一院的还

1 门学文:《石景山的日本房》，何卓新、倪国锋主编:《北京文史资料精选(石景山卷)》，北京：北京出版社，2006年，第50—53页。

2 [美]海伦·斯诺(Helen Foster Snow):《我在中国的岁月》，北京：北京出版社，2015年，第84—85页。

3 吴宓:《吴宓日记(第三册)》，上海：三联书店，1998年，第6、47、69页。

有民俗学者邓云乡。据邓云乡回忆，鲍家共四口人，住在一处静谧的小院中，在大院中成为独立单元。小院内共五间北房，两东两西，另外还有两间小北房作厨房、下房（佣人住），还有浴室厕所。1

1930年代，胡适居住在北平米粮库胡同4号的宅邸中，该居所为一阔绰的西式洋楼，其中车库、浴室、卫生间等现代家庭设施无一不备。据罗尔纲回忆，胡公馆共有房屋三层，二楼有两间浴室、卫生间。胡适和妻子江冬秀用一间，罗与胡祖望、胡思杜用一间。2 有留日经历的周作人极爱沐浴，家中还雇有专职烧热水的仆役，该仆役甚至其余的家务可以一概置之不理。3 周平时三日一浴，夏日一日一浴，一般是在下午进行，当因感冒或下水道维修而无法入浴时，还会在日记中特意记下。4

"闲"字在古时解释为阑，以木歫门，蕴有家庭与外界的界限之意。20世纪上半叶的北京城中街道狭窄，尘土飞扬，街道胡同两边是高耸的青灰色砖墙，这砖墙不但能挡住街道的嘈杂声音，还能挡尘土、防盗贼，在灰墙之后围合而成的四合院成了悠闲清净的"世外桃源"。近代民俗学者罗信耀对此有着精确的认识："在中国的灰色院墙之内，家庭生活有着过年般的氛围。"5 家庭为脱离劳动的休闲之所，从而成为国家及社会进步人士构建闲暇、改造日常生活的首要对象。因此，当时的社会舆论极力描绘一种理想状态的家庭生活，试图将家庭中客厅、浴室、卫生间、花园等设备改造为人们对于居所的具体要求。

有论者称，因沐浴是实现卫生的必要条件，浴室是建筑住宅内的必要设备，无论何种家庭皆须备有浴室。经

1 邓云乡：《文化古城旧事》，石家庄：河北教育出版社，2004年，第430页。

2 罗尔纲：《师门五年记：胡适琐记》，上海：三联书店，2012年，第120页。

3 伯上：《我家的仆人》，《论语》，1936年第103期，第24—26页。

4 参见周吉宜整理：《1939年周作人日记》，《中国现代文学研究丛刊》，2016年，第11期，第1—45页。

5 罗信耀：《北京の市民(续)》，[日]式场隆三郎译，文艺春秋社，昭和十八年(1943年)，第273页。

济充裕之家庭，浴室应靠近卧室，以求最大程度的利用浴室的卫生功能；小规模住宅则以邻近厨房为宜，这样可以缩短水管，减省工料费用。1 由于浴室在当时属于新鲜事物，为了增进民众对家庭浴室的认识，一些社会进步人士还会阐释何为家庭浴室，以及描绘一个标准的家庭浴室所应具备的条件，以帮助人们对浴室有着更加具像化的印象。如浴室应"二面有窗，使空气可以流通，光线可以充足，方向能够朝北，使之不受日光的强烈晒射"。2 浴室中，地面及水门汀的材料应选择"白松、红松、美松等木料"，窗户亦须"一改过去的糊高丽纸的办法，改为镶嵌玻璃"，且玻璃宜选用国产上等无水泡裂痕者，地面则应铺设油毡，或改为水泥地面，以防湿气侵蚀。3 浴室中的浴缸不应使用木材等易于损坏且难保持清洁的材料，瓷泥或陶土的浴缸虽清洁美观，然其价昂贵，且不易传热，也不宜采用，"惟铁质搪瓷者，即洋瓷浴缸，最为合用，最为经济"。4 浴室的墙壁宜用白瓷砖，壁上可嵌以玻璃镜和小座，放置肥皂盒、漱口杯、牙刷等，还可以装设壁杆，放置面巾、浴巾、浴衣等物。5

对家庭浴室的宣传，为民众提供了对现代家庭美好想象的同时，也将民众对浴室这一现代化产物的需求置换为对现代价值观念的追求。这一做法并非北京独有，而是一种遍及全国范围的潮流。

浴室首先作为现代化进程中的产物而被提倡，上海《建筑月刊》称居室中之浴室，"不必将浴室极尽奢华，务求现代化之能事"，因此其中需要有如淋浴器、龙头、便所、药柜、无影灯等新式设备。6

1 唐英编：《房屋建筑学(住宅篇)》，上海：商务印书馆，1945年，第39页。

2《家庭应怎样设计，设备和装饰使它清洁》，《大公报》，1936年8月20日，第6版。

3 北平市政府技术室为请采用市民住宅图说的签注(1936年10月)》，梅佳选编：《三十年代北平改良四合院三合院民居史料》，《北京档案史料》，1997年，第5期，第33页。

4 唐英编：《房屋建筑学(住宅篇)》，上海：商务印书馆，1945年，第39页。

5《简洁的浴室》，《玲珑》，1932年，第1卷第42期，第1666页。

6《现代之浴室》，《建筑月刊》，1937年，第4卷，第12期，第39页。

其次，家庭浴室也被视为生产现代国民的重要设施。上海《妇女时报》曾撰文讨论何为理想的模范家庭，该文认为“个人者造就于家庭而发现与社会者也，是故个人与家庭有直接之关系，即家庭与国家有间接关系，吾人生长于斯养育于斯，受教育于斯，家庭实居重要之地位”。家庭中的浴室可以使个人“自得整齐之观念，扫清其萎靡不振之气象”。[1]燕京大学社会学系学生张折桂在讨论住屋与社会发展的关系时，充分肯定了家庭浴室的重要性。他认为一个有浴室的居所，可以为家庭成员提供必要的休闲活动，使家庭日常生活变得有规律，从而避免酗酒、赌博及到不正当的地方去寻快乐，因此设置浴室的居所是培养人们成为高尚公民的重要因素。[2]

最后，家庭浴室也是对国民身体改造的场域。《益世报》曾刊载鼓励家庭设置浴室的文章，该文称：“卫生之道最重清洁，清洁之要入浴为先。食物在胃中消化后发生新陈代谢之作用，其无用废物悉由大小便及皮肤上之毛管排出之，故皮肤亦为排泄之要道。其排除之废物若不急性洗去，则久之毛管不通，皮肤排泄之功用尽失，此种无用排泄物，留存在体内，最易致疾，沐浴习惯可尽新陈代谢之功用，与健康极为有利。”因此，家庭中设备浴室之益“不惟清洁皮肤而已，并能使身体强健，身心愉快，是入浴亦锻炼之要道也”。[3]《三六九画报》亦有同样观点：“在一个标准家庭中，一个浴室是必须具备的，为的是使家中的男女老幼都能得以时常沐浴，我们知道洗澡有几种好处，恢复体力、助消化、可免疾病，有以上三种好处，那么洗澡不仅是为身体的清洁而已。”[4]

1 汪杰梁：《理想的家庭模范》，《妇女时报》，1911年，第5期，第1—6页。

2 张折桂：《劳动阶级底住屋问题》，《社会问题》，1930年，第1卷，第1期，第29—44页。

3 《家庭宜设备浴室》，《益世报（天津）》，1925年5月20日，第8版。

4 《关于家庭的沐浴》，《三六九画报》，1941年，第10卷，第2期，第18页。

尽管国家与社会进步人士对浴室的宣传不遗余力，但北京当时的实际情况却远远偏离于构建现代家庭的设想，占城市居民人口绝大多数的平民阶层根本无法做到在屋内安设浴室。这一阶层基本是十几家老少男女紧挤在一个小院落里，平均每户家庭的居住面积寥寥，没有多余供沐浴使用的空间。郑振铎曾对北京平民的居住空间有如下感触：

> 你如果有一个机会，走进一个“杂合院”里，你便可见到十几家老少男女紧挤在一小院落里住着的情形：孩子们在泥地上爬，妇女们脸多菜色，终日含怒抱怨着，不时的，有咳嗽的声音从屋里透出。空气是恶劣极了；你如不是此中人，你将不能作半日留。这些“杂合院”便是劳工、车夫们的居宅。有人说，北平生活舒服，第一件是房屋宽敞，院落深沉，多得阳光和空气。但那是中产以上的人物的话。百分之八九十以上的人口，是住在龌龊的“杂合院”里的。[1]

除北京的居住环境外，北京家庭住屋的硬件条件也并不适合供人沐浴。缺乏排水途径使得搭建浴室前必须先改建房屋，加之购置卫生间设备的费用，这绝非普通平民可以承担的。另外，由于家庭取水不易，在家洗澡需耗费大量生活用水，同样使得几乎很少有人在家中洗澡。如西四羊皮市胡同在1950年代后期才接通公用自来水，在此之前很长一段时间，胡同内各户用水极为节约，一户共用一盆水洗脸洗手是常有的事，洗澡更加困难，整个胡同的

1 郑振铎：《北平》，《郑振铎精品文集》，北京：团结出版社，2018年，第156—163页。

人几乎都只能去西四的公共浴堂中沐浴。1 由于缺水，即便是富贵人家也不常在家中沐浴。1934 年，李香兰在北平翊教女中念书，寄居位于辟才胡同潘毓桂的家中。潘家有讲究的盥洗间，但缺水让华丽的洋式澡盆成了摆设，全家只得每两星期集体到附近公共浴堂沐浴。李香兰回日后仍对此记忆犹新：

> 起床后先洗脸，盥洗间虽很讲究，但没有水。为我们三人只准备一脸盆热水。三个人轮流用这点热水洗脸。我无论如何也不习惯用别人用过的洗脸水洗脸，因此便养成了最早起床洗脸的习惯。
>
> 不仅是每天早晨洗脸，洗澡的机会也很难得。潘家很有钱，澡堂里安装了漂亮的洋式澡盆，可就是没有最主要的——水。
>
> 两星期洗一次澡，全家都上繁华街上的大浴池去洗。大家都像盼望郊游一样等待着这一天。2

四、以消费构建现代生活的公共浴堂

伴随着对闲暇的塑造，沐浴虽被宣传为家庭中的必要活动，但国家及社会进步人士所构建的日常生活是领先于社会现实的，有能力添置浴室的家庭屈指可数，缺乏规模化的给排水市政设施也并不支持家庭浴室的普及。因此，财力充裕的家庭在家中添置浴室成为一种象征性行为，象征家庭的财力及思想进步，至于浴室能否行使清洁

1 董晓萍：《北京历史街区的市民水治》，《清华大学学报（哲学社会科学版）》，2009年，第5期，第94—105页。

2 ［日］山口淑子、藤原作弥：《李香兰自述》，天津编译中心译，北京：中国文史出版社，1988年10月，第50页。

功能则无关轻重。对于绝大多数没有条件的民众，自然被疏导至公共浴堂消费。

同城市中的影院、舞厅、公园、百货公司等公共场所一样，现代意义上的浴堂于20世纪前后在北京出现。浴堂借助人们的消费意图来吸引顾客，如改善卫生环境、更新现代设备。为了推销服务，使投资有所回报，店家通常会利用广告的方式吸引更多顾客，同时让没有即刻需求的人们成为潜在的消费者。与此同时，浴堂广告中大量使用的如“科学”“卫生”等通过人们的沐浴频次的增多，也会使得更多来浴堂的消费者理解什么是现代。

明清时期的店铺的经商理念并不会将大笔资金投入到门面的修饰中，店铺的华丽铺设会招人眼目而有被盗之患，人们的消费习惯也使得装潢门面对店铺经营并无增进。如《商贾便览》所言：“若趋时迈众。弄巧使心，勉强门面，即一时好看，不久必致顷败也。”[1]因此，招幌成为北京商铺从明清时期一直沿用的广告形式。所谓招幌，是把自家所卖商品的具体象征物挂在显眼之高处，使顾客一望而知。[2]浴堂的招幌分为两种，白天时为一个提水的篮子，晚上则是由白纸糊成的铁丝灯笼。[3]若有夜晚初到北京，欲寻浴堂洗去旅途风尘之旅客，只要看见高处长圆形的纸灯笼，可直奔而去，不会有错。[4]

1 ［清］吴中孚：《商贾便览》，杨正点校，南京：南京出版社，第11页。

2 ［日］青木正儿：《两个日本汉学家的中国纪行》，王青译，北京：光明日报出版社，1999年9月，第124页。

3 H.K.Fung, *The Shop signs of Peking*, Chinese Painting Association of Peking, 1931, pp.3; JulietBredon, Peking: a Historical and Intimate Description of Its Chief Places of Interest. Kelly &Walsh, Limited, 1922, pp.440

4 陈鸿年：《北平风物》，北京：九州出版社，2016年，第324—326页。

图片来源:

1 H.K.Fung, *The Shop signs of Peking*, Chinese Painting Association of Peking, 1931, pp.3

图片来源:

法国虚拟北京数据库收藏照片Shop sign for a public bath house 网址 http ://beijing.virtualcities.fr)。

图 6-5 北京公共浴堂招幌

6458

图 6-6 北京公共浴堂招幌

有些浴堂会使用招牌标语的广告形式。如菜市口的三顺浴堂，位于北半截胡同，由于胡同内住户不多，为了吸引更多客人，该浴堂在胡同北口和东口的墙上写有一人高的黑色“堂”及“温热三池”字样。1 还有浴堂沿街设立广告牌，如西单浴德堂，曾呈请在武功卫胡同东口以一年为期，设置铅铁过街广告一组。虽北平市当局认为其与修正广告规则第十五条不符，但仍批准了该浴堂的请求。2 清末以来，店铺开始注重门面及铺内装饰以吸引顾客，玻璃这一通透明亮的新型材料被各店铺接纳并采用，除橱窗外，商家也会引用玻璃这一现代技术来改良招幌及商标以诱人消费。前门一带的浴堂通常将纸灯笼替换为玻璃质地，灯架内搁一盏煤油灯，以使灯光加倍明亮。3 珠市口的清华池浴堂将门前标语电气化，用由数十只灯泡组成的标灯来代替传统的标语。4

近代报刊等媒体中广告的兴起使浴堂消费者的范围得到更大程度上的拓展。清末浴堂刊登的广告中，对顾客的称谓还是“官商”“贵客”。5 到了民国，这一称呼改为“诸君”“各界”，表示欢迎所有阶层的消费者。6 近代中国卫生被国家及社会进步人士广为提倡，并逐渐成为人们判断事物优劣的价值准则，有人称“不整洁的学校校风必恶，不整洁的工厂出品必劣，不整洁的城市人人怕住，不整洁的舟车人人怕乘，不整洁的旅馆、饭店、浴堂、店铺、戏园人人裹足”。7 因此，浴堂极为注重自身的卫生情况，将其作为自己的生存之本。在广告语的“诸君”之前，还常附加定语“卫生”一词，几乎所有浴堂开业登报声明时都会用“素请卫生诸君请驾临本堂一验”作为浴堂

1 孙兴亚、陈湘生：《菜市口迤东沿街店铺》，北京市宣武区委员会文史委员会：《宣武文史集萃》，北京：中国文史出版社，2000年，第441页。

2《批浴德澡堂为呈拟在武功卫东口设钉铅铁过街广告一组以一年为期请核准由》，《市政公报》第93期，1935年，第3页。

3《澡堂灯幌》，《顺天时报》，1909年8月8日，第4版。

4《北京特別市警察局侦缉队关于送于泠倫澡堂标灯泡14个并吸毒一案的呈》，伪北京特别市警察局档案，北京市档案馆馆藏，档案号J181-024-00839，1945年。

5《升平园新式澡堂开张广告》，《顺天时报》，1908年2月20日，第3版。

6 北京润身女浴所初成立时刊登广告云：“招待全国二十一行省各地家眷们等，凡有太太、姨太太、奶奶、少奶奶、大小姐、小小姊以及苏扬名妓、津沪艳姬，本京清吟小班、二三四等茶室、下处光顾本所，无不格外欢迎招呼周到。”该广告词将顾客范围扩至全国的所有女性。诸君等称谓在下文所引广告中皆有出现，不再赘注。《北京润身女浴所新广告》，《余兴》第7期，1915年，第86—89页。

7 戴济：《北京是世界观瞻所系的地方》，《油漆季刊》，1926年，第1期，第91页。

清洁之凭证。1 有些浴堂还将卫生作为店铺的特色，澄华园曾多次在《顺天时报》刊登广告，称坚持卫生科学的法则是店铺的营业策略：

澄华园西式澡堂讲究沐浴卫生请注意本园之特色，洋式楼房空气清鲜无污秽气味，卫生药水洗澡能除皮肤小疾及传染病，玉泉山水泡茶选用上好茶叶入口香滑与自来水大不相同，浴后用西洋香粉扑身使人体爽快，用西洋生发香水理发能护发不落香气袭人，消毒毛巾洗脸每位换用清洁异常。2

万聚园浴堂在《社会日报》上刊登广告，以记者亲历经验为视角宣传浴堂内的卫生条件，依此招徕顾客：

记者昨日车过西单牌楼，见路东有一座屋宇，门前悬旗结彩，倒也热闹的很，不觉中却引起注意，举目一望，始知乃一座新开张的澡堂，牌显万聚园字号，料想这座澡堂是新开张，这几天的生意，定比别家克己，一切招待加倍周到，贪便宜的心理，油然而生，当令停车，步入该澡堂，果见穿白单褂的三四个伙计们，蜂拥而前，口中喊道，请里面坐，内中有干净屋子，遂引到一所小屋里，四面一瞧，粉墙白壁，格外夺目，内中设有一短榻，榻上有几，几上花瓶镜子以及茶壶烟筒等等，应有尽有，两旁分列四张椅子，汤盆则另设在里间屋子里，盆系磁质，旁安暖炉及自来水管二个，一热一冷，随意开用，所放出之水，异常清洁，记者

1《头品香澡堂新建三层洋楼广告》，《顺天时报》，1916年，9月24日，第1版。

2《顺天时报澄华园新张广告》，《顺天时报》，1917年1月24日，第1版；《澄华园西式澡堂》，《顺天时报》，1928年9月12日，第1版。

洗毕，愉快万状，窃以现在人人讲究卫生，浴室尤宜清洁，以京中之澡堂林立，求其如今日之万聚园之清洁，设备之完全，招待之周到者，诚不易得，用特介绍好洁诸君，知所问津焉。1

为了抓住女性这一庞大的消费群体，女性浴堂开始出现，其内设备考究、配套服务齐全，并于各种媒体上刊登广告。1915 年，北京润身女浴所成立不久便开始在媒体上发布广告。将其顾客群体定为“全国二十一行省各地家眷们等，凡有太太、姨太太、奶奶、少奶奶、大小姐、小小姊以及苏扬名妓、津沪艳姬、本京清吟小班、二三四等茶室下处等女性”，这一群体范围几乎囊括了所有有经济条件来此洗澡的女性顾客，该浴所甚至还声称备有飞艇数十具，无论全国何地，与其联络后均会派飞艇接送到店，无不如约，从未失信。

润身女浴所深知女性心理，广告中皆是投其所好的文字。如“房中备有参须汤、莲子汤，雨前乌龙香茗，各种水果点心，以及满汉全席、中西大菜、零拆碗菜，无不具备，宰庖烹饪，聘请中外上等厨娘”，再如“所中特设弹子房、阅报社、蹋球场、鞮�架（秋千）、种种游戏以资消遣，如有喜奏风琴、好弄丝竹，围棋一局、麻雀四圈均有接待之室安乐之窝，聊佐清兴，已达雅意”。其广告中还充斥着如丝巾、梳妆台、衣镜及香皂、胭脂、蔻丹、花露水、爽身粉等女性偏爱的梳沐用品，这些文字无不勾起女性消费的欲望，在一定程度上扩充了客源。其广告所言：

润身女浴所房间铺设之注意

一、头等房另设浴室一间洋瓷大浴盆，一具

1《万聚园澡堂新开张，屋舍宽敞，盆汤清洁》，《社会日报（北平）》，1924年12月16日，第4版。

洋瓷面盆，面架，毛巾，丝巾，冷热水管龙头俱全。

二、头等房有炕榻一具，沙发一具，大着衣镜一面，梳妆台一具，一切梳沐用品以及花露水，香肥皂各色俱全。

三、二等房另设浴室一间，洋瓷中浴盆两具，洋瓷面盆，面架，毛巾，丝巾，冷热水管龙头俱全。

四、二等房有炕榻一具，中着衣镜一面，梳妆台一具，一切梳沐用品以及花露水，香肥皂各色俱全。

五、三等房房外设有白石浴池一所，池边四周俱装冷热水管，毛巾，擦布各色俱全。

六、三等房有炕榻五具，梳妆台五具，一切梳沐用品以及花露水，香肥皂各色俱全。[1]

每逢开业周年，润身女浴所还会发布促销广告。如1919年为纪念开业五周年，该浴所决定在8月25日至9月5日期间，对凡购浴票至一元以上者放送赠品券一张，共3000张先到先得。经抽选可得价值银100元之金镶翡翠镯一只的头等奖品，二等奖品为银20元之金坤腕表一只，三到五等分别为宝石耳坠、金镶宝石戒指、银首饰盒等奖品，这些奖品皆为当时女性喜爱之细软物件。[2]因社会风气初开，沐浴被构建为女性生活中为数不多的娱乐之一，润身女浴所借此扩大经营规模，极力构造女性对沐浴的需求。这种方式虽以盈利为目的，但在无形中向女性输入了卫生观念。

1《北京润身女浴所新广告》,《余兴》,1915年,第7期,第86—89页。

2《润身女浴所五周纪念大赠品广告》,《顺天时报》,1919年9月29日,第1版。

可以说商品广告与现代观念的普及在某种程度上是彼此相通的，在广告的鼓动和诱导下，人们对新生事物会无意识地由排斥、畏惧转为尝试、接纳。清末穆斯林商人穆紫光以负贩起家，逐渐壮大足逼津沪，后在杨梅竹斜街建筑楼房，开设东升平园浴堂。开市之时人人咋舌称奇，起先皆以为新奇事物而不敢入内，之后东升平在各种渠道的宣传下渐渐发达起来，附近西升平、清华池、一品香等浴堂也群起效尤，相继而起。[1] 浴堂的生意因广告而拓展，现代性的观念也因此推广。

浴堂会在广告中特意提及店内的现代化设施。20 世纪初期，搪瓷技术取得突破性进展，不同功能用途的搪瓷制品开始在北京出现并普及开来。此前浴缸生产铸造、抛光困难，搪瓷技术的使用让原本易腐蚀不耐用等技术上的缺陷及问题被彻底解决。浴缸变得美观耐用的同时，制造成本也相应提高。1910 年前后，一个浴缸在美国可以卖到 200 美元。[2] 在中国的浴缸价格会更为昂贵，但这并未阻止各家浴堂添置西式浴缸的意愿。搪瓷浴缸出现后不久，北京便有浴堂开始购置此种设备并广泛宣传。1916 年，头品香浴堂发布广告，其文案中称浴堂屋内装饰仿造外洋所造，由巴黎购置浴缸及“八达里喷子”，顾客可以随便使用。[3] 香厂的澄华园也在广告中特意声明现代式的浴缸是店内特色：“洋式楼房，空气新洁，临马路交通便利，洗脸洗澡均用洋瓷盆，安设冷热水管现已开设暖气管。”[4] 浴缸价格如此高昂，各家浴堂仍纷纷购置，这说明在浴堂中广泛使用以浴缸为代表的现代技术产物之营销策略是奏效的，这成为吸引顾客的主要手段。

1《本市工商业调查(五一十：浴堂商概况)》，《新中华报》，1929年10月3日，第6版。

2［美］比尔·布莱森(Bill Bryson)：《趣味生活简史》，北京：接力出版社，2011年，第366页。

3《头品香澡堂新建三层洋楼广告》，《顺天时报》，1916年11月16日，第1版。

4《香厂澄华园西式澡堂》，《顺天时报》，1917年11月4日，第5版。

除浴缸外，其他电力、机械设备也在浴堂中大量应用。1920年，一品香浴堂使用银1万余元扩充营业，装修完成后，该店登报启示："单间官盆最新制度，各有电话便利非常，冬用暖气夏备电扇，普通客室池盆两种，池塘较前别开生面，玻璃房顶瓷砖墙壁，光线空气别有洞天。"[1]1924年7月，北京著名的清华园浴堂开幕，试图使浴堂兼具休闲娱乐等多种功能，因此在创建之初便格外注重店内的装饰布置及设备选用。为实现其在浴堂业独树一帜的品位，清华池浴堂在广告中特意强调店铺建筑为西式风格楼房，澡盆、脸盆、恭桶、便池皆为外洋购运，热水管、锅炉、水箱、暖气、电扇等项应有尽有，精益求精。[2]来此消费的顾客大多冲着其提供的现代设备、西式装潢以及优质服务而来，自开业后从不缺客源，经营状况良好，获利颇丰。因此，该浴堂开业五年即对其原址进行改造、扩建，扩大营业规模。

尽管缺乏直接的证据证明广告与浴堂店家营业额之间的关系，但从当时北京的期刊、报刊中可以看到大多数浴堂非常愿意在媒体上刊登广告。以《顺天时报》为例，该报的广告栏目中常见有各浴堂的广告信息，各浴堂的刊登广告时长大致为一至两个月。由此可见，浴堂的营业在一定程度是依存于媒体广告的。广告中对现代化设备的强调及肯定，不仅出于满足顾客的需要，同时广泛传播了现代的消费信息，传递了现代的日常生活观念。当更多的读者看到浴堂的广告，被其极具鼓动性的言辞所吸引，现代的生活观念便会扩散至这些读者的意识之中。浴堂通过广告将现代生活知识化、概念化，这一过程会引导更多人们

1《一品香澡堂重张广告》,《顺天时报》,1920年11月1日,第1版。

2《清华园澡塘开幕广告》,《顺天时报》,1924年7月25日,第4版。

来此消费，从而促进了现代生活知识化的进程。在此过程中，店家与顾客之间的距离拉近了，其生意也随之愈发兴盛。

广告作为一种大众媒介，当它在宣传某种产品时，也会潜在地触及在同一时期社会语境下的其他事物。如同波德里亚（Jean Baudrillard）所言："它（广告）总是通过某一物品和某一商标的形式出现，但实际上谈的是那些物品的总体，和一个由物品和商标相加而构成的宇宙，这样它便构造出一种消费总体性。"1 也就是说，广告中的物品除了自身所包含的实用价值外，还包括作为符号的象征价值，这种象征价值更多体现的是某种社会逻辑。在此逻辑中，浴堂从来不只是一个单纯的洁身净体的场所，同时也在制造着文化与经验。通过对不同时期张贴在浴堂门前的楹联进行分析，可以看出浴堂所承载的社会逻辑，以及在此逻辑下社会文化与沐浴经验的流变。

帝制时代浴堂的楹联常为建立沐浴与入仕之间的联系，来此沐浴意味着客人在谋取功名上能有个好彩头。比如这一时期北京某浴堂的楹联为"入门兵部体，出户翰林身"。兵部谐音为"冰部"，翰林则音同"汗淋"。2 也有浴堂的楹联写有"文沐身状元及第，武浴体挂印封侯"，以做顾客之慰藉。3 卫生观念普及后，浴堂中涉及卫生的楹联逐渐增多，如"浴德洗身真适宜，泉温水热合卫生"，"重卫生必须洗去身上垢，要强健也应该到这里来"，再如"洗时肥皂揩就得皮肤清洁，浴后干布擦自然血脉调匀"皆为此中范例。通过楹联教育民众，告知其卫生常识及正确的沐浴方法。4 同男性浴堂一样，民国时期的女性浴堂

1 ［法］让·波德里亚（Jean Baudrillard）：《消费社会》，刘成富、全志钢译，南京：南京大学出版社，2006年，第116页。

2 顾平旦主编：《中国对联大辞典》，北京：中国友谊出版社，1991年，第938页。

3 ［日］渡边秀方：《中国国民性论》，高明译，北平：北新书局，1929年，第114页。

4 许金英：《最新楹联大全》，吉安：现实教育研究社，1941年，第83页；张智良：《圣教楹联类》，上海：上海共和书局，1922年，第181页。

1 顾平旦主编:《中国对联大辞典》,北京:中国友谊出版社,1991年,第938页。

2 许金英:《最新楹联大全》,吉安:现实教育研究社,1941年,第83页。

也设有楹联。如下所示:

皮毛经洗伐;渣滓尽消融。

共沐一池水;分享四季春。

华清妃子浴;绰约美人妆。

晓日芙蓉新出水;春风豆蔻暖生香。

玉洁冰清温泉试浴;渭流涨腻脂水生香。

松柏洗心,堂堂正正,举步雄姿出;

芙蓉浴水,盈盈亭亭,启口妩媚生。1

用"出水芙蓉""脂水生香""盈盈亭亭"等迎合女性审美情绪的词语吸引顾客的同时,也潜在着构建了清洁与女性美感之间的因果关系,表达了社会对女性享有卫生权利的肯定。抗日战争时期,为了强调国人抗击侵略者、同仇敌忾的社会责任,这一时期国统区浴堂的对联常将时局与消费行为联系起来:

不逐倭奴终身含垢,杀敌矢众心热汤沸沸;

未雪国耻满身蒙羞,驱倭坚此念朝气蓬蓬。

洗中华二百年含垢蒙污还我自由真面,

涤汉族四亿民奇羞深耻都为解放献身。2

浴堂的字号也有相似作用。清末时期开设的浴堂店名多以期望政通人和、国泰民安、风调雨顺、至善至美为主要内容。如四顺堂、升平园寓意为施政有道、万民乐业、四海升平;天佑堂则有承天之佑,吉无不利之意;洪善堂寄意于世间浩汤之事物皆能完满有利。民国时期，随着商品经济的发展与消费观念的普及，蕴含经济寓意的浴堂字号开始增多，如瑞滨园、荣滨园、海滨园、华宾园，既有对顾客的抬爱，亦包含对宾客盈门的希冀。由于浴堂运营成本较高，维护费用更是不菲，有些浴堂为了节省设备维修开支，取名为永新园、永顺园、永顺堂等店名，以求营业上的吉利。

伴随着近代社会进步人士对国家、民族观念的建构，将宏大的民族、国家叙事渗入到浴堂之中，浴堂字号中最常见的属“华”一字，如新华园、华盛池、中华园、澄华池、明华池、华丰园、华兴池、英华园、荣华园、裕华园、新华池、兴华园、兴华池等。“华”字多与“兴”“盛”“新”“荣”等字组合成为浴堂店名，意味国家兴盛、革新与繁荣。当强国、强种等概念与顾客的沐浴意愿相结合，政治的隐喻便与消费观念联系起来。政治创造出浴堂的商业价值，而浴堂以其商业行为为国家的政治目的提供支持。日伪时期开设的浴堂店号可以明显地体现出政治与商业的互相渗透。1939 年 10 月，振亚园浴堂在东直门一带开业，店名取意为振兴亚洲，呼应了当时日本政府提出的建立亚洲政治、经济、文化相互协助，共存共荣之新秩序的政策。

近代对国民性的改造同样体现在浴堂字号中，“新”字是民国时期浴堂店名的常用字。由于社会处于变革的时代，人们在思想与心理层面的认识需要不断革新，浴堂顺应时代的要求，取名为天新园、日新园、义新园等，这些浴堂借用《大学》中“苟日新，日日新，又日新”一句来表明人们应当具有弃旧革新的姿态，而洗澡不仅可以洗净身体的污垢，也可以洗礼精神及改造思想。

综上，从浴堂中的媒体广告、招幌商标、字号楹联等多种形式的广告中均能观测到，店家欲借此传达出的信息并非囿于其物质性表述，还包括默认的社会价值与意识形态。招幌商标的演进以兜揽顾客为目标的同时，也在宣扬浴堂对现代技术的使用；字号楹联则更多体现为对社会价值观念的重申；在媒体广告的文本中常出现卫生、科学、现代等当时社会的流行词汇，当这些抽象名词与浴堂中的装潢、陈设、设备、服务联系在一起时，再使用令顾客若身临其境消费的行文加以阐述，其内涵也变得易于理解。[1]浴堂中的广告不但能够让人知晓浴堂的地理位置、设备情况、服务方式，也使人理会到现代社会的价值观念及生活方式。概言之，广告或将现代性的知识体系通过消费的方式默转潜移至人们的生活实践中。[2]

广告是浴堂招徕顾客的重要手段，在增加店家收入的同时，传达了现代性特质的内容，并在一定程度上构建了现代知识体系与意识形态。虽然没有足够的样本证明浴堂发布广告的范围及影响力，但从北京市内浴堂数量上的变化，可以探知人们对沐浴的需求正不断提高。19 世纪与 20 世纪之交时，北京约有浴堂七八十家，1920 年代浴堂营业逐渐发达，这一数字增长了近六成。[3]当广告使人们产生光顾浴堂意愿，并将赴浴堂消费当作生活中之必要需求时，沐浴或说现代性的意识形态便成了日常生活的一部分。

1 华宾园浴堂广告为此类文案之典范，其内容如下："盘沐古训，躬求日新，濯缨斯歌，意惟涤旧，足征洁身汤足依古如斯。况自维新以来，诸求卫生沐浴一道，尤贵洁净。本园主人为迎合社会心理注重卫生起见，将华宾园旧有南式浴堂改建洋式房舍，并备有新奇式样之躺床，及一切附属洁净零品。屋内统用洋白瓷砖异常洁白，均系仿照汤山活水，温度适宜。更有专备烫脚气之水池，可称便利。且茶役伺候殷勤周到，理发师均系专聘高手，一切设备与他园大不相同。"《华宾园南式澡堂重张广告》，《顺天时报》，1923年 9月12日，第1版。

2 参见连玲玲：《打造消费天堂：百货公司与近代上海城市文化》，北京：社会科学文献出版社，2018年。

3 这一数字主要以北京浴堂加入同业公会的数字为参考，北京城区浴堂真实数量可能较这一统计数字更多。文彬：《北平的浴堂业》，《益世报（北平版）》，1934年7月21日，第8版；《澡堂组织商会》，《顺天时报》，1923年3月15日，第7版；《澡堂组设商会尚有疑问》，《京报》，1923年4月15日，第5版。

第三节
公共浴堂与沐浴之现代释义的争论

上文讨论了在20世纪上半叶中国社会对沐浴的符号、象征、意识活动的塑造与运用，以及将其介入到日常生活的具体方式。沐浴不仅是清洁身体的活动，还创造了丰富的文化意义。这些文化意义一方面会受到政治力量的影响，另一方面不同群体会根据自身的文化秩序，生产、诠释沐浴文化，为日常生活添加不同的意义。

一、浴堂消费模式与平等观念的矛盾

近代中国随着工商业的发展，社会等级的壁垒被打破，传统社会中以身份等级为基准的社会分层逐渐向以经济为要素的阶级分层演化。这一过程中，身份等级的影响日益衰弱，消费成为社会分层的主导因素，新兴的资产阶级开始通过消费行为来展示、彰显其社会地位。由消费行为带来的生活品位及生活习惯因此成为区分不同社会群体的依据。有时人将当时北京的社会阶层分为8个等级：第一、二级处于城市社会的最上层，他们政治地位高、经济实力雄厚，生活水准远超于常人，其生活方式“莫不以攫取金钱为首策，腰缠富则目的达，取精既多，用物斯宏，溺情于声色赌博”。第三、四级属于中间阶层，他们虽不像上层社会成员那样拥有巨额的社会财富和显赫的社会地位，但一般拥有一定的资金和较高的收入，生活条件较为优越。在衣食住行、休闲娱乐等方面，明显优越于一

般市民和社会底层成员。第五、六级属于一般市民阶层，占城市人口比重相对较大，他们有相对固定的收入，生活有一定的保障，如工厂工人、商店职店员、技术人员、工头、警察等。第七、八级属于贫民阶层，此类人群收入微薄且多不固定，生活毫无保障，无法维持一家人的正常生计。其中以低收入的劳工群体为最多，还有职业繁杂的社会群体，如苦力、娼妓、乞丐、无业游民、艺人等。[1]

不同阶层的生活习惯及品位会体现在浴堂之中。上述四个阶层的顾客在浴堂中的沐浴体现不尽相同，最上层者通常洗头等官堂，这些人除沐浴外，在官堂中还有吃、喝、抽（鸦片）、玩（牌）等活动；普通官堂的浴客多为做买卖的生意人，即社会的中间阶层；职员、教师、公务员等一般市民阶层多用盆堂或池堂，这取决于他们的卫生意识及来浴堂的目的；专洗池堂的一般为劳动人民，这些人收入不高，在浴堂中能够选择的服务只有池堂与散座寥寥几种。[2]可以说浴堂中产生的不同服务是为了满足不同阶级的消费需求，在另一个层面不同阶层的消费实践也改变了浴堂的经营及服务模式。

比如社会上层阶级会利用自身的消费实践改变沐浴的社会意义。旧时北京浴堂大多简陋不堪，池内恶臭不亚于粪场。此旧式浴堂多为劳动阶层使用，社会中上阶层人士几乎从不在此驻足。[3]为了迎合后者的消费观念，浴堂营业条件有了较大程度的改善，高档浴堂开始在行业中涌现。20世纪前后，仿效沪上浴堂形式的“南堂”传入北京并逐渐发展，“南堂”注重卫生、建筑豪华、装饰典雅，并装配有现代化设备。[4]此外，在浴堂的环境中，所有顾

1 树桑：《北平人的等级》，《劳动季报》，1935年，第5期，第64页。

2 孔令仁、李德征、苏位智主编：《中国老字号（捌）饮食服务卷（下册）》，北京：高等教育出版社，1998年，第530页。

3 燕尘社编辑部：《现代支那之记录》，北京：燕尘社，1928年，第125页。

4 孙健主编，刘娟等选编：《北京经济史资料（近代北京商业部分）》，北京：北京燕山出版社，1990年，第315页；《北京澡堂今昔观》，《电影报》，1940年1月21日，第2版。

客皆赤身裸体，社会上层阶级通过服饰构建身份认同，彰显身份地位的愿望无法得到满足，向顾客提供单间官堂便应运而生。官堂房间由内外套间组成，内间安置两对洋瓷浴盆，用蒸汽供暖，茶房随唤随到。[1]“南堂”出现后，不同规模浴堂之间的资本差距逐渐增大。根据1930年代初的统计，北平浴堂“资本最大者，约万余元，中等约七八千元，小者，约千元上下”。[2]

当沐浴通过生活实践融合进阶级的框架中后，浴堂中的消费行为成为衡量社会分层的重要指征，社会层级甚至体现于消费的最细枝末节之处。如在第二章中提及的，浴堂取价银元与铜元之分，上等浴堂之价格皆以银洋为本位，茶资小费亦必为大洋，而小型浴堂多通过接收铜元吸引平民顾客。诚然，不同顾客群体使用银元或铜元支付的方式与其收入来源相关，而当支付方式成为一种明文规定时即变成一种象征性消费符号，成为顾客身份的象征以及群体区隔的证明。为了吸引更多的顾客，浴堂也会根据顾客群体阶层的不同而采取不同的取资方式。

人们的习惯产生于所处的社会阶层，阶层的习惯在日常生活中会体现为生活品位，生活品位又会决定如浴堂等服务行业的营业模式。浴堂行业的发展、店家的营业模式很大程度上是迎合社会上流阶级的需求，但这一需求常与国家意图宣传的社会价值相冲突。如前文曾提及，国家组织及社会进步人士尝试将平等的价值观念与浴堂中的沐浴行为相结合，以求在最大程度上普及现代价值观念。从实际情况看来，这种做法收效甚微，社会上层阶级希图借消费区别于其他顾客，因此更多繁侈的营业项目相继出

1［美］西德尼·甘博（Sidney David Gamble）：《北京社会调查（上）》，北京：中国书店出版社，2010年1月，第241—242页；北京市政协文史资料委员会选编：《商海沉浮》，北京：北京出版社，2000年，第304页。

2 池泽汇等编：《北平市工商业概况》，北平：平市社会局出版，1932年，第620页。

现。浴堂并未成为一个平等的公共场所，不同阶层顾客身份之间的差异也未能消除，反而这一差异被扩大化了。

二、日常生活构建过程中的分歧

阶级之间的差异必然会作用于下层阶级。清末以降，城市中的公共空间增多，不同阶级间接触的机会也大大提高，每个人会被越来越多的人关注。当消费观念、生活方式变得具有展示性与流通性时，下层阶级会因跃出所属阶级的欲望而模仿上层阶级的起居、服饰及生活品位。在微型小说《洗澡》中，张大哥是大学校长家的浴室工役，在闷闷发呆之时，总是幻想自己身处校长的浴缸中享受沐浴之乐：

> （张大哥）身体埋在浴水里，口中哼着四平调，有时还含着一根雪茄，片段的香雾，升腾在空间，与水蒸汽混成一团，遇冷凝固，一滴滴的由天花板上垂下来，冰冷的落在脖子上，在闷热空气的浴室内精神又可为之一振。张大哥幻想着这人生的享受，的确是甜蜜的，是别有风味，越想越妙，自己的身子恍然是在浴室里，那温热的浴水，埋盖在瘦干的肌肉上，感到享受的滋味，接着听见有人唱，大老爷打罢了退堂鼓，但是又觉得是自己在浴室里唱出来的，张大嫂看见张大哥自己坐着打盹，她走过去用手去拍，张大哥一手把她食指抓住往口里含，并且幻想着雪茄的香味，张大嫂赶紧把手

抽回，接着那混蛋两字，接着一口唾液落到张大哥脸上，张大哥知道是蒸汽水由天花板落下来，心里还想着这个不错，借此冰一下，也好振振精神。张大嫂真急了，怒掌其颊，连珠炮似的混蛋，不断打在张大哥的头上，张大哥这才醒明白。1

作为重要公共娱乐场所之一的浴堂也存在此类现象。1931 年，作家马识途由四川赴北平读书时，随其舅第一次到北平浴堂消遣。其这样写道：

我们来到西单一间澡堂，一进门就感到热烘烘的。茶房热情地接待我们到里间的躺床上躺下，问我们沏什么茶，舅舅说："香片。"我们不知道香片是什么，又不知道该沏什么茶，只得跟着说："香片。"茶房同时还端来了瓜子花生，我们都不敢吃。舅舅说："吃吧，待会儿多给点小费就行。"我们安然躺着，剥着花生，喝着香茶，说着闲话，怡然自得，多么安逸，这是我们在乡下想都想不到的。休息了一会儿，我们脱了衣服，茶房给我们一人围上一条毛巾，带我们到热水大池边，舅舅说："让你们泡个够罢。"我们下到蒸气腾腾的热水里，只觉得浑身舒服，软绵绵的不想动弹。搓背的叫我们躺在池边水磨石坎上，用毛巾在我们的全身用劲地搓，搓出一条一条的垢条来，太舒服了。泡了好一阵子，我们才起来，茶房马上追着来用干毛巾在我们身上擦水滴。回到躺床上，泡茶的

1 启具瞻：《洗澡》，《立言画刊》，1938年，第9期，第23页。

来掺了水，正喝着呢，舒筋捶背的来了，修脚挖鸡眼的也来了，一看要花那么多钱，我们都不敢问津了。舅舅却是全要了，他享受这种服务的乐不可支样，令我们羡慕不已。舅舅说，要不是我们要去理发，是可以在这里多躺一会儿的。他说有的人泡澡堂子，可以泡到天明。我们穿好衣服，舅舅开了账，给了不少的小费，茶房不住点头："谢谢，您走好。"把我们送出门来。这种京味，真有意思。

文中可以看出，马识途进入浴堂落座后极为局促，不知道应沏什么茶，伙计端来的瓜子、花生也不敢吃，只得模仿其舅的言行来缓解尴尬。模仿的过程中，马逐渐适应了浴堂的安逸，并对这里富人怡然自得、乐不可支之样产生了发自内心的向往。[1]

财产与收入并不能阻拦下层阶级在沐浴上的消费意愿。1926 年，社会学家陶孟和曾调查北京 48 个家庭半年内的生活开支，这些家庭皆属于赤贫阶层，其食品方面的支出占到总支出的 7 成左右，但沐浴并非他们日常生活中可以省略的开支，被调查的家庭平均沐浴支出仅占总支出的 1‰。[2] 在李景汉关于北平居民生活程度的调查报告中，将生活程度分为"看似舒服的生活程度"、"知足的生活程度"及"对付着过的生活程度"三种，属于这三种生活程度的人群，卫生支出费用占到总费用的百分比分别为 2.9%、2.0%、1.8%，其中，沐浴费用大致占总卫生支出的 2 成左右。也就是说，北平居民家庭中的沐浴开支约在总支出的 6‰上下。[3]

1 马识途：《马识途文集(第九卷上册)》，成都：四川文艺出版社，2005年，第39—40页。

2 陶孟和：《北平生活费之分析》，北京：商务印书馆，2010年，第158页。

3 李景汉：《北平最低限度的生活程度的讨论》，《社会学界》，1929年，第3期，第1—16页。

下层阶级的消费意愿成为一定时期内社会中合乎情理的感情与反应时，同时期的文学作品也会存在相似的表达。1 小说《爆羊肉》中，负债累累的主人公在得到一笔30元的收入后，本计划去肉铺买半斤羊肉回家与妻儿一同庆祝，但钱到手后，第一个念头竟是打算去浴堂洗澡，因为自己已经半年多没有洗澡了。一想到浴堂的伙计恭谦尊敬的态度，主人公就暗自欣喜不已，在去浴堂的路上时刻提醒自己应该装作有钱人的样子，千万不能忘记支付小费。2 针对下层阶级的消费心理，多数浴堂店家会特意在门前匾额写上"楼上池汤"四字，但事实上，因楼层承重等建筑结构上的问题，浴堂内部楼上实皆为盆浴，洗池汤仍需在楼下。3 为了满足下层阶级超越其生活水平的追求，浴堂创造出一种生活方式，这种生活方式用沐浴作为人们超脱于现实生活的条件。

下层阶级在模仿上层阶级，用超过自身经济水平的方式进行消费的同时，此行为也暗含有超脱、逃避现实日常生活之意味。日常生活被时人默认为单调重复、陈腐困厄但又不得不面对的现实，在这种苦闷规矩的日常生活中，人们渴望寻找一种替代物，借其完全摆脱日常生活的桎梏。娱乐消遣因此成为此种替代物，即日常生活中的"非日常生活"。上茶楼饮茶，到浴堂沐浴被认为是抗争、抵制日常生活的最好娱乐方式。4 要言之，脱离日常生活的愿望形成下层阶级的消费选择，也构成其生活意义的来源。5

王笛在《茶馆：成都的公共生活与微观世界》一书中这样写道："茶馆创造了一个环境，人们可以在那里想

1 [美]娜塔莉·泽蒙·戴维斯(Natalie.Zemon.Davis)：《马丁·盖尔归来》，刘永华译，北京：北京大学出版社，2009年，第11页。

2 钱志英：《爆羊肉》，野蕻：《落花》，上海：三通书局，1941年，第50—71页。

3《北平之澡堂业》，《益世报(北平版)》，1929年3月10日，第8版。

4 陈果夫言："中国人的娱乐委实是太少了，单说一般男人吧，上茶楼吃茶，到浴堂睡觉，这是两件最好的消遣了，然而这未免太单调了，单调是苦闷的。"陈果夫著，王夫凡辑：《果夫小说集》，上海：现代书局，1928年，第1—2页。

5 [法]亨利·列斐伏尔(Henri Lefebvre)：《日常生活批判(第1卷)》，叶齐茂，倪晓晖译，北京：社会科学文献出版社，2017年，第36—37页。

待多久便待多久，不用担心自己的外表是否寒酸，或腰包是否充实，或行为是否怪异。从一定程度上讲，茶馆是真正的‘自由世界’。”1 同成都的茶馆一样，北京的浴堂也是20世纪上半叶市民脱离生活现实苦难的首选场所。浴堂常被负债者视为躲避债务的遁世良乡，按北京的旧时买卖的习惯，各商铺要在年三十作出决算，开出结账清单。因此当晚街上所有商铺都会彻夜传出“噼噼啪啪”算盘声和报账声。2 有些小商小贩从货栈或批发商进货时，常会赊账半年或一年结清欠款，我国自古就有“欠债不过年”之说，这些小本经营者的“赊账”因此要在年前清算交还。3 到了除夕，债主会敦促欠债者偿还其所欠债务，在一整天的时间里，讨债者会打着写有自家铺名的灯笼，去往各欠债者家里追讨债务，讨债活动的最后期限被定在午夜时分，有时也会延续到黎明之前。4 直到20世纪，这种旧时商业习俗依然在北京城中存在。

为了自己的商业名誉，收到账单的商人会立即着手对结算单进行评估核查，在确认无误后履行自己欠债还钱的义务。少数无力还钱的欠债者会找个地方躲起直到新的一年到来，债主不再纠缠。浴堂是这些人们常去躲债的“避难所”，因此有人认为浴堂除了沐浴与娱乐外还有其他两种用途，一为睡觉，二为躲债，“除夕之夜，送穷无计，躲债无门，浴堂之中尚可以上宾相待，三十饺子，四两白干吃罢于爆竹声中悠然睡去，再醒则年关已过，再见讨债人尽可长揖拜年不谈前事了。”5

由于浴堂能避风寒，又有茶喝有饭吃，所以远近躲债的人到了年三十下午就在浴堂中找个铺位一榻横陈，在

1 王笛：《茶馆：成都的公共生活与微观世界（1900—1950）》，北京：社会科学文献出版社，2010年，第62页。

2 邓云乡：《增补燕京乡土记》，北京：中华书局，1998年，第2—4页。

3 张双林：《老北京的商市》，北京：北京燕山出版社，1999年，第34—36页。

4 罗信耀：《北京の市民（续）》，［日］式场隆三郎译，文艺春秋社，昭和十八年（1943年），第285页。

5 万象：《沦洗澡》，《三六九画报》，1942年，第17卷，第2期，第17页。

那里挨磨熬混地盼着时间快些过去。1 盼到第二天天空发白就算躲过债了，可以三三两两跑回家，只要能闯过这个“关口”便可以安心过年，至于所欠债务等过年后再说。2 这种习惯提供给北京浴堂以商机，城内浴堂为了在辞旧迎新之际赚取最后一单生意，几乎约定俗成地一宵不关门，营业至天亮。浴堂中聚集了数量众多的欠债者，以至一些债主明明知道欠债者躲在浴堂，但却很少有人去那里讨债，不只是避免过年时伤了和气，更重要的是浴堂中的躲债人会“抱团儿”对抗上门讨债的人。3

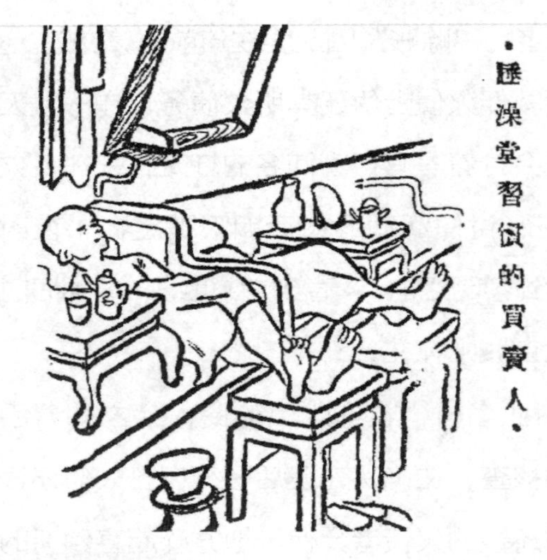

图 6-7 故都浴堂中的闲人

除年终躲债外，劳动者们于终日工作疲乏之后，也会以洗浴为目的，到浴堂去休息、谈天、申诉一天的积愤。人们前去浴堂的意愿主要来自休闲的需求，这里提供给人们的休闲松弛甚至在某种程度上超越了家庭。人们在家庭中有要尽义务，需做很多家务，还有很多郁闷的事情，很多时候精神上是有压力且处于紧张状态的。由此，除了坐茶馆就是泡堂子的闲人大有人在。熟客每日必到浴

图片来源：

王专：《故都备忘录：睡澡堂习惯的买卖人》，《新秩序》1939年第11期，第35页。

1 梁金生主编：《城南老字号》，北京：奥林匹克出版社，2000年，第210页。

2《洗澡的哲学》，《中央日报》，1932 年5月26日，第8版。

3 张双林：《老北京的商市》，北京：北京燕山出版社，1999年，第34—36页。

堂风雨无阻的原因，很大一部分在于嫌家里地方狭窄，躲避哭闹的孩子及嚎啕的妻子而到浴堂去寻找清静。1

可以说，浴堂是家庭与工作压力之外的缓冲带，为人们提供了二者之外的另一种生活场景。此场景中的人们暂时脱离了家庭与工作的束缚，并借这一短暂的松弛放松调节自身。久而久之，出入浴堂成为人们的生活习惯。老舍对这一时期北京市民为了脱离家庭与工作而选择去浴堂消遣的行为动机及生活方式有着十分精确的把握。在《骆驼祥子》中，祥子将浴堂作为人们逃离家庭的消费选择之一。为了逃离妻子的控制，祥子不愿待在家中，在街上漫无目的地闲逛，顺着西四牌楼一直往南，出了宣武门看见一家浴堂子，不暇思索地便决定进去洗个澡。2 在其另一篇小说《离婚》中，老李总梦想有诗意般的生活，他常感叹“这个社会只有无聊的规禁，没有半点快乐与自由”。认为工作是无聊无意义的事情，家中的妻子毫无情调，只识做饭、哄孩子、洗衣裳。老李多次试图改造如机械一般的妻子。老舍的描写饶有趣味：

> 给她念两段小说？已经想了好几天，始终没敢开口，怕她那个不了解没热力，只为表示服从的“好吧”。
>
> “我念点小说，听不听？”他终于要试验一下。
>
> “好吧。”
>
> …………
>
> 一本新小说，开首是形容一个城，老李念了五六页，她很用心的听着，可是老李知道她

1 孙兴亚、陈湘生：《菜市口迤东沿街店铺》，北京市宣武区委员会文史委员会：《宣武文史集萃》，北京：中国文史出版社，2000年，第441—443页；《北平的澡堂》，《大公报》，1933年10月23日，第6版。

2 老舍：《骆驼祥子》，《老舍精选集》，北京：北京燕山出版社，2010年，第133—135页。

并没能了解。可笑的地方她没笑。老李口腔用力读的地方，她没任何表示。她手放在膝上，呆呆的看着灯，好象灯上有个什么幻象。老李忽然的不念了，她没问为什么，也没请求往下念。愣了一会儿，“哟，小英的裤子还得补呢！”走了，去找英的裤子。老李也楞起来。

西屋里马老太太和儿媳妇咯罗咯罗的说话。老李心里说，我还不如她呢，一个弃妇，到底还有个知心的婆婆一块儿说会子话儿。到西屋去？那怎好意思！这个社会只有无聊的规禁，没有半点快乐与自由！只好去睡觉，或是到四牌楼洗澡去？出去也好。

“我洗澡去。”披上大衣。

她并没抬头，“带点蓝线来，细的。”

老李的气大了：“买线，买线，买线，男人是买线机器！一天到晚，没说没笑，只管买线，哪道夫妻呢！”

洗澡回来，眉头还拧着，到了院中，西屋已灭了灯，东屋的马少奶奶在屋门口立着呢。看见他进来，好象如梦方醒，吓了一跳的样子，退到屋里去。[1]

小说中，老李对其妻子的改造在屡次失败后只得作罢。对这种琐碎繁复而无力改变的日常生活，老李的选择是逃避——去四牌楼附近的浴堂洗澡。

1 老舍：《离婚》，《老舍文集（第二卷）》，北京：人民文学出版社，1981年，第223—225页。

三、闲暇与国家权力之间的抵牾

前文论及，制造闲暇、改造劳动是国家权力介入日常生活的主要途径，但从结果而论，民众自身的实践与国家的预期并不吻合。就民众的休闲实践而论，其目的在于制造与日常生活脱节的感觉，比起冗长反复琐碎的日常生活给人带来的焦虑与烦闷，休闲是提供给人们愉悦快乐体验的行为。在民众眼中，闲暇时间的沐浴行为并不是劳动的延伸，也不是受到休闲教育的启发，而是分离于家庭和工作具“洒脱”性质的活动。国家权力意图渗透至日常生活，通过重复、无意识的日常生活输出意识形态，但在微观层面，民众却有超脱于日常生活的期待。

需说明的是，在20世纪上半叶的中国社会，消费是被规定为排斥享受的。尽管这多少显得有些矛盾，但事实正是如此。除制造闲暇外，国家与政府亦通过消费以使现代社会的意识形态变得易于理解，并倚之引导人们自觉自愿地接纳现代知识及价值体系，因此消费的本质并非享受功能，而是一种生产功能。国家及政府认为，消费行为是高度功能化及组织化的，作为一种社会价值的生产系统，个人的意愿在其中并未有容身之处。但是人们的生活实践却并非如此，或因模仿他者，或欲超越现实生活而乐于前往休闲场所，人们参与娱乐活动的消费动力源于个人的享受，当人们贪恋物质的享受，也就意味着将消费作为自为、自主、自娱自乐的孤立行为。因此，个人在消费上的认知与国家的预期间存在偏差。为了校正这一差异，国家与社会进步人士将改造的目标对准传统生活习俗这一产生享乐文化的源头。

在社会转型期间，除不同阶级的实践之外，人们的传统习惯也在日常生活的变迁中占有一席之地。北京几百年来一直是一座消费性城市，以1908年的人口统计来看，北京城市居民有70万人，其中有近乎四成的人是具有一定消费能力的。[1]庞大的消费阶层以及独特的人口比例，决定了北京的消费城市性质。庚子之后，内城官员、旗人出入娱乐场所的禁令解除，极大地刺激了城市的消费水平，相应西单、王府井、前门等地区益发繁华，公共休闲娱乐场所也一日千里般地兴旺起来。因此，北京的商业、餐饮业、服务业、娱乐业的发展速度相比其工业要快很多。

在这样的环境中，北京市民逐渐养成了闲散、缓慢、善于吟味享受的生活方式。郑振铎将骆驼比作北京生活的象征，驼队中的每一匹骆驼都“安稳、和平……不匆忙、不停顿，那些大动物的眼里，表现的是那么和平而宽容，负重而忍辱的情绪”。[2]安闲自在于北京人看来是生活中最重要的一部分，甚至与吃饭睡觉同等重要，是北京之所以成为北京的主要原因。正如徐訏在《北平的风度》一文中所写的那样：

> 如果在资本主义社会过惯了，或者你有了正确意识，明显的立场，那对于北平的悠闲缓慢就会觉得可憎。你看，大学教授上课要迟十来分钟，有时候迟二十分钟，即使在落课时候再拖长时候的！那般小市民，整天整晚可以在饭馆里，耗着的，喝着茶，谈些天，打一个瞌

1 余钊：《北京旧事》，北京：学苑出版社，2002年，第28—29页。

2 郑振铎：《北平》，《郑振铎精品文集》，北京：团结出版社，2018年，第156—163页。

1 徐訏:《北平的风度》,《徐訏文集(第11卷)散文》,上海:三联书店,2012年,第256—265页。

> 睡,茶馆里更不必说,一坐大半天是常事,里面有说书的人,讲些"彭公案","七剑十三侠"一类的故事,一讲就是好几个钟头……借此以消悠闲的岁月罢了。[1]

北京人生活中自在怠缓的传统在浴堂中体现得漓淋尽致。徐訏在下文将人们对浴堂的使用作为支持其文章论点的重要论据,试图通过人们来浴堂的沐浴体验证明从容不迫即是北京人的生活风度:

> 我说了实话,那不知道北平的人以为我是在故意装腔作态,迎合幽默的趣味来作自己稿费的收入;但是你尽可以那么想,不过一方面不妨请一个北平人招呼你去洗一次澡,请你不要预先给他暗示,那他会在早晨八点钟叫你起来预备,洗脸,吃点心,把你该换的衣服包好,于是出钱,到胡同口该买一听香烟,四包好的茶叶,二包龙井,二包香片。到浴堂大概是九点半左右,于是你们叫伙计把茶泡来,把衣服脱光,用大毛巾披上。这样,你们可以谈了,谈些风风雅雅的事情,抽抽烟,伙计会一次次给你手巾揩脏;一直到十一点钟。这才洗盆的叫他们放水,洗池到楼下,一个半钟头以后,方才出浴,于是揩干了身体,漱漱口,围上干的毛巾,这样,该修脚的修脚,理发的理发,刮脸的刮脸,这一来大概三点钟左右了,于是你们叫伙计去叫,吃大馆子可以打电话,小馆子在附近,他可以为你跑一趟,你爱吃什么有

什么。当然，叫四两白干或玫瑰助助兴，这是雅人的雅事；酒醉饭饱以后你可以睡一觉，一小时或者二小时。醒转来以后，茶与手巾当然不可省，嘴内无味，于是你的朋友会拿钱叫伙计去买“几串冰糖葫芦”来的，或者顺便买些花生、柿子、罗蔔。于是笑笑说说，天已大黑，再打电话给你别的朋友，到东来顺涮一次羊肉。今夜梅兰芳的《洛神》是雅人们不得不去的雅集！而某某茶室的姑娘，朋友，这才有劲儿啦！1

在当时的北京人眼中，洗澡不是生活中的每日必行活动，而是一种消遣的娱乐项目，在此中缓步当车，慢慢享受是浴客消受浴堂的习惯方式，浴堂也成为茶馆等休闲场所之外的公共空间。在这里，现代的时间观念是被忽视掉的，有人甚至将在浴堂中的消费体验比作工业社会中人们所向往的田园牧歌似的生活，这里是人们消磨时间的最好去处，当所有人赤身裸体怡然自适在浴堂中享受之时，才知道对时间这东西如此重视是极不值当的一件事。2

随着现代化进程的推进，社会的运转节奏逐渐增快。丁文江、傅斯年、翁文灏等人主办的刊物《独立评论》发表过社论，文章称快节奏是机械文明的产物，“一个国家要生存，他的人民动作必须加快”，若非如此便会被时代所淘汰。3 教育家杨振声认为，在当时的社会环境下，城市虽然已经进入到现代社会，但是道德观念与风俗习惯还是趋于农业社会，如传统社会中过分消耗时间的习俗还有保留，这些不良风气造成了社会停滞及瘫痪。杨进一步说

1 徐訏:《北平的风度》,《徐訏文集(第11卷)散文》,上海:三联书店,2012年,第256—265页。

2 觉夫:《故都杂写:澡堂》,《申报》,1935年3月2日,第2版。

3 明生:《双周闲谈(三)》,《独立评论》,1934年第126期,第28—30页。

道："我们已经比人家落后一百年，若至今还用农业社会的时间观念与人家工业社会的时间观念相比赛，那就真有牛车与飞机之别了。反之，若以我国人口之众，人人节约时间去增加工作效率及生产，不独不患人满，反可变入超为出超，变贫弱为富强。"[1] 当对时间的合理利用成为社会进步的动力时，不做生产，只识消磨时间的传统生活方式逐渐成为社会发展的阻碍，是社会改良不能彻底贯彻的主要原因。[2]

此外，铺张奢侈的社会风气也被当作是社会进步的绊脚石。至于何为奢侈生活，时人曾这样定义：奢侈生活是不适当、不必要，是以享乐为目的的消费生活，而这种消费生活是在其时其地一般社会生活水准之上的。[3] 这种说法与同时期美国经济学家凡勃伦（Thorstein Veblen）提出的有闲阶级论极为类似。按照凡勃伦的说法，在财产私有制度下，由于金钱财富成为取得荣誉和博得尊敬的基础，它也就成为评价一切事物的标准，因此"有闲阶级"总是争取提高消费水准，在消费上力求超过一般物质生活所必需的程度。另根据传统的身份观念，劳动与金钱是相互对立的两个概念，劳动被认为是身份卑贱的标志，相反不参加劳动就成为金钱上优越的证明。在此种传统观念的引导下，现代化强调的种种勤劳与俭约的习惯并没有获得普遍推进，反而对生产劳动起到了消极的作用。[4] 因此，奢侈同浪费时间一样，成为众矢之的。

社会进步人士认为奢侈的生活对社会之影响主要有三点：首先，奢侈是一种浪费生产力的行为，当劳动被认为是一种可耻的事情，社会的生产力无法有效地提高；其

1 杨振声：《杨振声文献史料汇编》，李宗刚、谢慧聪辑校，济南：山东人民出版社，2016年，第380页。

2 安之：《谈谈北平之有闲阶级》，《申报月刊》，1934年第3卷第9期，第85—88页。

3 李剑华：《奢侈生活之社会学的观察》，《社会学刊》，1931年第2卷第4期，1—11页。

4 [美]凡勃伦(Thorstein Veblen)：《有闲阶级论》，蔡受百译，北京：商务印书馆，2019年，第30—32页。

次，奢侈行为提高了社会整体的生活水准，当富人的奢侈引起穷人羡慕的念头，穷人争相模仿富人的奢侈生活时，人们的生活质量便普遍降低了；最后，奢侈歪曲了社会的道德标准，在现代社会，一个人的社会评价是以其对于社会的服务能力的大小为标准，奢侈是一种利己行为，若人人皆以此为本，服务于社会的义务则荡然无存。1

在这种思潮之下，北京人闲散安逸的生活方式广为人所诟病。民国作家倪锡英称旧都居民多属于有闲阶级，在家里除了讲求吃喝以外，便是打牌、吸烟，每日不事劳作，不是上市场就是到公园喝茶、兜圈子，一天的生活便是吃喝玩乐，北平人这种贪图享乐的生活方式可以称为是“一种奢靡的堕落生活”。2 沈从文曾谈到自己看过一本杂志，其中有一篇以北京为题的文章中说：“北平是中国一个特别区，是一个住下了百万人口，不问国事，不知天日，只把生活全部耗费到游乐、饮食、逛公园、听京戏、上浴堂、泡女招待等等的一个‘特别区’。”3 由此可见，去浴堂消遣与饕餮、喝茶、听戏一道被人们当作一种奢侈享乐的行为。近代以来，时间已成为现代社会的重要资源，当时间的价值愈发宝贵，北京悠闲的传统便愈加可憎，因为这是浪费时间的陋习。4

人们在浴堂中任意消磨时间被看作是阻碍社会进步的主要原因，史学家贺昌群曾以北平的浴堂为例，说明浴堂对于社会发展的消极意义：

> 譬如在澡堂里浴洗完了，照例要困一觉或躺个四五十分钟，这并不算什么，因为较有时间观念的上海人也是这样；可是，这中间绝不

1 李剑华：《奢侈生活之社会学的观察》，《社会学刊》，1931年，第2卷，第4期，1—11页。

2 倪锡英：《民国史料工程都市地理小丛书：北平》，南京：南京出版社，2011年，第158页。

3 沈从文：《大家快来救济水灾》，《沈从文全集（14）杂文》，太原：北岳文艺出版社，2009年，第93—94页。

4 徐訏：《北平的风度》，《徐訏文集（第11卷）散文》，上海：三联书店，2012年，第256—265页。

同的是这里还得叫一两盘菜，一瓶白干儿，一个人自斟自酌的就在这小几上喝起来，待到耳烧面烧的时候，才躺一觉，早已是一两个钟头了。

他借浴堂将北平舒适的生活喻为一种逸乐的陷阱，在这个由“暮气笼罩着”的陷阱中，时间观念被隐去了，“社会国家的思想算是多事”，社会发展的动力也荡然无存。[1]

贺昌群绝非唯一有此认知的人，亦有不少论者有相似看法。1934年1月16日的《益世报》上有作者曾发表关于在浴堂中沐浴经验的文章，作者在体验浴堂一系列的服务之后，发自内心地感慨道：“在这澡塘子里边，就可以认清了中国人的劣根性！照这样子中国是非亡不可！”作者接着将中国浴堂与日本浴堂进行比较，称日本浴堂中没有搓背和修脚的，也没有睡觉的躺椅，各人洗完，自己把衣服穿好出去，省钱省时间，在这种浴堂沐浴能够使人精神焕发，身力兴奋，想做事，相比中国浴堂则只令人昏昏欲睡。[2]还有人就国人的日常生活而言，称在社会节奏逐渐加快的状态下，若理发要花一个小时，到浴堂洗澡耗时三个钟头去休息聊天，西方人则会利用这些时间进行生产，不识时间珍贵的人民是无法在现代化的世界中生存，由此人民组成的国家也难以在现代世界立足。[3]社会进步人士常将中国与西方的差距归结于此，称外国人是“花钱买时光”，而中国人是“花钱卖时间”。因此，若要缩小中西方之间的差距，传统的时间观念需要给现代的时间意识让步。[4]

1 贺昌群：《旧京速写》，《贺昌群文集（第3卷）文论及其它》，北京：商务印书馆，2003年，第560页。

2《澡塘子里的一页记录，搓背修脚还想睡觉》，《益世报（天津版）》，1934年1月16日，第14版。

3 明生：《双周闲谈（三）》，《独立评论》，1934年，第126期，第28—30页。

4 束世澄：《新生活与旧社会》，南京：正中书局，1935出版，第43页。

尽管社会进步人士们在不同媒体、不同场合不厌其烦地宣扬现代时间观念，但仍旧未能改变北京居民闲散安逸的传统生活习惯。从20世纪30年代起，"泡"开始成为人们的口头禅流行起来，言必称"泡"更是当时北京的社会习风。1 "泡"原意为较长时间地浸在液体中，如"泡菜""泡茶""泡澡"，后经转义，指故意消磨时间的行为，如"泡蘑菇""泡茶馆""泡澡堂"。可见"泡"蕴含的意义与北京的传统生活习惯如出一辙。

人们在浴堂中的消遣行为自然包含在"泡"之蕴意中，泡浴堂也因之成为一种潮流。"泡"为洗澡之要领早已成为社会的共识。常光顾浴堂的顾客，在去泡澡前需备好换穿的干净衣服、小包的茶叶、报纸、剪刀，有的还带上两块蛋糕，尚未出发就已为"泡"准备了条件。到了浴堂先不急洗澡，找个合适的地界儿落座宽衣，叫伙计沏茶，喝热茶至出透了满身大汗，然后再去泡澡。池堂分温热三池或五池，先在最凉的池子里洗一洗，然后循序渐进，最后到较热的池子里去。只泡得气喘吁吁、肌肉松弛、皮肤变得赤红色，才得如愿以偿，和随行友人或一同泡澡的陌生人一起闲聊，足足泡上两三个小时，这才算是泡"透了"。泡完后，回座位上喝茶、修脚、看报、聊天，一切完毕后重回池堂再泡二回。二回毕，回座位喝茶、吃点心、睡觉，一觉醒或泡三回，或更衣起身，出得门早已是华灯初上。2

人们在浴堂中要下池泡澡多次，加上睡觉、吃饭、闲聊，一天的时间便耗费于此。泡澡堂仅仅是社会中"泡"的一个缩影，"泡"的范围极广，凡是闲来无事以消

1《学生的"哭""泡""怕"》,《三六九画报》,1940年,第2卷,第17期,第18页。对于"泡"之含义,学生虽不能详细解注但能够充分理解,如看见同学换了身打扮可以称他为"泡",上课不听讲不完成作业也叫作"泡",每日"泡"声不断。"泡"可视为一种对现实社会的逃避,也能称为贪图享乐得过且过的心境。《谈"泡":学校里的风气最特别,泡泡泡整天喊个不住(上篇)》,《三六九画报》,1939年,第1卷,第10期,第17页;《此时不泡何时泡:泡泡泡!》,《三六九画报》1940年,第2卷,第7期,第14页。

2《澡堂子里的相对论》,《新民报》,1947年6月2日,第5版。

遣为由打发时间，皆可算作“泡”的定律。[1] 北京的这种风气甚至影响到周边的其他城市。《天津商报每日画刊》发文称，天津越来越多的有闲阶级及游荡之徒以“泡”为生活准则，他们泡茶馆、泡澡堂、泡舞场、泡影院、泡球房、泡女招待，这种无“泡”不欢的风气来自于北京。[2] 在社会舆论对浪费时间、浪费生产力的一片声讨中，“泡”却悄然成为了人们的口头禅，人们无视社会进步和认识改良社会的建议，仍以“无往而非泡”为行事准则，恰恰说明了社会传统习惯的生命力。

为了取缔杜绝闲散、奢侈、享乐的传统生活方式，北京市当局也曾构想在商业浴堂之外，建设一种以提供快速便捷的沐浴服务为目的，设备从简、取费低廉、脱离享乐、讲求卫生且面向所有阶层的平民浴堂。正如前面章节所提到的，平民浴堂并未有效的落实，1914 年，北京市公所提出建立平民浴堂的构想。[3] 四年后这一想法才被正式提上日程，直到 1924 年，该平民浴堂仍停留在筹备阶段，此时距提出建设平民浴堂已有十年之久。[4] 国民政府执政期间，北平市当局先后拟定增建平民浴堂数处，想借设立平民浴堂来普及卫生意识，提倡时间效率，培养文明市民，通过改变人们沐浴习惯的方式改变社会风气，但未有一处得以落成，大多数平民浴堂在拟定阶段便不了了之。

散漫、悠闲、享乐的传统习惯并未被卫生、节俭、效率等现代社会价值取代，甚至贯穿整个 20 世纪上半叶。在 1940 年代末期，有文章回顾北平浴堂数十年发展历程时这样写道：“北平浴堂兴起已三十年，初只供劳动

1《泡冷摊的趣味：一条木凳子消磨半日光阴，几本破书好比十样杂耍》，《立言画刊》，1939 年，第 33 期，第 25 页。

2《释“泡”》，《天津商报每日画刊》，1936 年，第 21 卷，第 43 期，第 1 页。

3 北京市公所：《论公共浴场》，《市政通告（自一号至九十号）》，北京市公所出版，1914 年，第 1 页。

4《平民浴池将建筑》，《晨报》，1924 年 4 月 19 日，第 6 版；《筹办公共浴所》，《京报》，1924 年 4 月 23 日，第 5 版。

阶级沐浴，此后方发展以至各级俱全，最高级者已达数十家，北平人士，尤其遗老遗少，文士骚客多以浴堂为享受及消磨时光场所。”1 新中国成立后的一段时间内，浴堂中消遣性质的服务依然存在。根据 1950 年北京市浴堂业的收入统计，全市所有浴堂澡价收入约占总收入的 65%，其他如上活、下活、洗衣等服务项目亦占有 35%。2 在改良风俗与维持传统的拉锯战中，可以看出人们传统生活习惯内在的生命力。这种生命力来自于日常生活，也维护着日常生活。在日常生活绵延之时，人们的一些行为规则及思维定势必然在其中有所保留，并作为传统延续下来，传统带来的巨大惯性也反过来影响日常生活的方向。因此人们的生活方式虽时移俗易但并非沧海桑田，改良风俗绝非一蹴而就的易事。

小 结

近代中国，社会中的政治、经济体制发生了急遽的变动，当上层建筑发生剧烈变动时，必然会在跃进的社会制度与传统价值观念之间留下真空地带，这恰好需要这种日常生活中无孔不入、无处不在的弥散之物来填补。3 在某种程度上，日常生活受于社会变革的影响，又成为社会变革的基底。因此日常生活成为国家权力渗透、组织、支配的对象，沐浴等生活经验也随之发生质变。

沐浴可以清洁人们的毛发与皮肤，使人获得清爽舒适的快感，但从 20 世纪之前沐浴习惯来看，传统社会的

1 联合征信所平津分所北平办事处编：《北平市经济金融交通概况》，北平：联合征信所平津分所北平办事处出版，1947年，第15页。

2《浴池会员情况调查和等级调整表》，北京档案馆馆藏，北京市同业公会档案，档案号：087-044-00019。

3 刘怀玉：《现代性的平庸与神奇》，北京师范大学出版社，2018年8月，第121页。

价值观念弱化了个人感觉与生理需要，在形式与内容上赋予了沐浴清洁以外的社会功能。因传统的价值观念早已存在于人们的意识中，成为日常生活的一部分，若要普及现代性的社会观念，还原沐浴的卫生功能，则必须先改造日常生活，其具体方法是向人们反复灌输沐浴的价值，使人们发自内心的接受，并将其作为全新的生活习惯。改造日常生活中的沐浴行为并非孤立的活动，其他现代性意识形态也一并包罗其中，如文明、健康、卫生、平等等概念。国家与社会进步人士不断宣传、强调这些概念在沐浴中的体现，试图建立与沐浴的联系，其目的在于将这些概念随着沐浴的“惯习化”内化于人们的认知体系。从这个角度出发，基于现代性沐浴同旧时代的“洗三”等仪式一样，仍是一种象征性活动。

就沐浴而言，将其介入到日常生活的具体途径有塑造闲暇与构建消费两种。塑造闲暇并不意味脱离劳动，而是以劳动为前提，沐浴在当时是被人们认为能够提高劳动者工作效率的活动，因此被当作是闲暇的内容之一。定期规律的休闲是缩短沐浴在日常生活中“惯习化”实践的重要条件。而消费则是通过构建、引导人们对沐浴的需求，让根植于沐浴的现代价值观得以存养至日常生活。这一过程也伴随着浴堂业的繁荣。

尽管日常生活的绵延随着现代社会的意图而流动，但社会是一个复杂的体系。人们在日常生活中的位置，在其中的感受及面临的问题各不相同。在现代化作用于传统中国社会以及人们日常生活的过程中，会产生很多非政府、社会进步人士本意的情形，如与沐浴相关的审美品位成为阶级区隔的符号，社会传统生活方式及其投射在浴堂中的享乐行为，也常与国家通过消费传达意识形态的目的相抵牾。个体或群体的实践会根据在日常生活中产生的对文化秩序的理解及惯用图式，形塑自身对于沐浴或现代性的体验和认知，并赋予其意义。

结　论

人类学家萨林斯（Marshall Sahlins）在对太平洋地区波利尼西亚人进行田野调查时发现，欧洲入侵者进入夏威夷诸岛后，西方资本主义从外部强加给当地居民的“世界体系”并非是一以贯之的。波利尼西亚人会根据本土社会的宗教信仰、生活方式、行为逻辑，实践展演由西方带来的现代性观念与体制，在此过程中对现代性的意义进行一定程度上的重新估量，并将其“在地化”为本土的社会需求。1

1 马歇尔·萨林斯（Marshall Sahlins）：《历史之岛》，蓝达居译，上海人民出版社，2003年，第3—16页。

将萨林斯这一人类学理论应用到具体的历史研究中，亦包含一定的价值与意义。如本文关于20世纪上半叶北京市浴堂业的研究，重点从以下两个方面进行考察，首先是现代化过程在北京浴堂业的影响及其程度的问题，此问题包含传统到现代的社会结构的变化，国家权力在公共空间以及小商业的渗透，文明、卫生、清洁观念的植入等若干子问题。通过以浴堂为基点的观测不难发现，浴堂虽然是现代文明展示的舞台，但其中也充满争议。现代化进程在浴堂中的体现并非始终如一，国家权力对其渗透常会遭遇抵抗，文明、卫生观念也常被利用、曲解并赋予更多维度的意义。这一系列事件背后透露出来的个人、群体、组织与国家间的互动、协调、龃龉和抵牾，正是本文考察的另一项内容。

北京城市现代化的标志是1900年的庚子事变，该年6月16日，义和团拳民在大栅栏老德记大药坊纵火，由于民众被义和团阻止救火，不消一会，火势大发难以挽救，大火由大栅栏蔓延至煤市街、观音寺、西河沿，甚至前门箭楼也燃烧起来。与19世纪50年代奥斯曼男爵对巴黎的拆建和1871年芝加哥大火相似，冲天的大火将延续数百年的京城列肆精华燃烧殆尽，但对于城市的现代化进程则起到了积极作用。

世纪之交的动荡成为衰朽帝都重建的催化剂，城市的改良由此正式开始。进入20世纪，社会进步人士及北京市历届政府皆将卫生视为衡量城市现代化程度的标尺，清洁卫生也逐渐成为市政管理的主要内容。在一系列的卫生整改措施之后，城市街面污水遍地，臭气四达的现象逐渐消失。并行于城市的卫生改良，人们身体表面的积垢也成为整改的对象，清洁身体、整洁仪容的现代生活习惯由此形成。北京浴堂的发展历程正是北京城市现代化的缩影，浴堂借助电灯、电话、自来水等现代设施给顾客提供更为优质周到的服务，同时也利用人们现代卫生观念的普及而发展壮大。此外，浴堂亦被认为是“批量生产”文明公民的公共场所。

一、浴堂与文明公民的生产

19世纪末开始，西方的社会理论对中国的知识分子有着极大的吸引力，进化论在中国的盛行便是中国对西方现代化必然性的最直观反应。西方进化论者认为社会就像一个从简单到复杂不断进化的有机体，该机体由简单的无差别的细胞到专门又有相互作用的器官组成。在整个社会中，有应对外部环境的调节系统——国家，以及为调节系统提供支持的维持系统——经济、政治。这种将社会比作身体的思想传入中国之后，近代以来国力的式微便被归结为社会机能出现的问题，改造社会中每一个有机个体便成为自尊心屡受打击的国人欲求增进国力的灵丹妙药。无数个经过改造后，驯顺、勤恳、循序渐进又不汲汲于利益，符合现代文明生活标准的个体，是富国强民、社会进步的必要条件。

在此认知下，个体由此开始作为一种生产力而受到时人的重视，并被当作社会进步的基本动力。个人的卫生情况、身体的健康程度、生活是否规律均成为需要改造的对象，甚至连人们生物学范畴的感知、需求和愿望也一并纳入到社会治理的目标中。人们的感觉器官、实际需要、直觉和感受便成为了历史和社会层面活动的产物。[1] 以沐浴习惯为例，西方科学与医学传入中国之前，人们的沐浴行为并非如同现在这样普遍，沐浴甚至被认为是能够消散元气的负面活动，对长时间不洗澡而浑身散发的污浊气味，人们常佩大黄、苍术驱之。明恩溥在《中国人的气质》一书中提到，若有日本侨民来中国租房子，合同里会特别注明，每天必须为他提供多少加仑的热水，以便他能按照习惯泡个热水澡。中国人虽然也有浴堂，但大多数中国人从不去浴堂。[2] 与传统沐浴观念相比，沐浴带给现代人们身体上不同与以往的感觉，并非是生物学意义上的突变，沐浴清爽畅彻的感觉在某种程度上是社会需求的形式及内容变更的结果。

在用国族观念、科学原理、卫生知识生产文明公民的过程中，国家承担了重要的角色。从 20 世纪起，国家逐渐强化对社会个体的控制，个人的生活被逐渐地纳入到国家制度体系之中。国家从社会功能的角度积极地规训、

1［法］亨利·列斐伏尔(Henri Lefebvre)著:《日常生活批判(第一册)》，北京：社会科学文献出版社，2017年，第148页。

2［美］明恩溥(Smith A.H.)著:《中国人的气质》，刘文飞、刘晓旸译，北京：译林出版社，2016年，第8页。

惩诫、强化、管理个体，推崇主导的意识形态，描绘具有国家话语色彩的个人记忆，以至在社会中各个领域，皆有国家的在场。

为了扩大文明公民的再生产，国家的权力也延伸至浴堂中，同时在社会的各个领域浴堂逐渐常态化。无论是在学校、工厂、救济院还是监狱中皆配有浴堂浴室，无论有教育经历的学生，工厂务工的工人，接受救济的贫民还是监狱中改过自新的犯人，只要是经常出入浴堂的人，都获得了意识形态上的合法性，因为他们的生活是被规训过的，身体是健康清洁的，是接受过文明洗礼的。公共浴堂亦如此，作为卫生文明观念植入中国的前哨战，同时又作为社会交往、社会信息转播的聚焦点和集散地，受到了国家、地方政府的严密管理和控制。政府曾多次颁布、修改浴堂业规章，定期检查卫生、监管营业登记及公共秩序，强制开设女性浴所，同时用“爱国”“文明”来调动民众的民族意识，除此之外，还辅以医学知识以及健康观念，这些措施无不是以构建新的生活方式，实现文明公民的再生产为目的。可以说浴堂即是生产文明公民的场所，又是国家权力实施的空间。

沐浴习惯形成的过程也是国家权力渗透至个体的体现。一旦习惯形成，人们的潜意识会将沐浴作为一种默认的生活方式，在这种生活方式下，人们不会记得国家对沐浴习惯的提倡、沐浴习惯形成的时代思潮。养成沐浴习惯的人们也会将这种习惯以模仿、教育、继承的方式向其后代传递，从而实现国家权力对不同代际的覆盖。此外养成的习惯还存在监督机制，个体自身的行为会被习惯持续不断地监控校正，并从个体自身的行为扩展为对他人的监督。[1] 沐浴的权力谱系只是整个社会权力形式和权力关系的缩影，在此机制下，文明公民实现了“批量生产”。

生产文明公民的主要途径有消费和日常生活两种，这两种途径在浴堂中皆有体现。匈牙利新马克思主义学者阿格妮丝·赫勒（Agnes Heller）指出：“如果个体要再生产出社会，他们就必须再生产出作为个体的自身。我们可以把‘日常生活’界定为那些同时使社会再生产成为可能的个体再生产要素的集合。”[2] 换句话说，日常生活是以重复性思维和实践为基础的活动领域，当现代性以日常生活的方式为人所经历着，那么人们对于现代观念则会无条件无意识地全面接纳。因此日常生活是现代社会体制、意识形态得以发展的滥觞，当人们能够在日常生活中自觉地接纳社会体制、实践国家推崇的意识形态之时，国家移风易俗、构建人们卫生清洁意识，重塑人们健康生活习惯的目的才能顺利实现，生产文明公民的任务亦会水到渠成。

19 世纪末，从科学的角度提倡沐浴的文章便开始出现，进入 20 世纪后的数十年时间里，大量的报刊期刊等媒体不厌其烦地反复宣传沐浴的好处。沐浴有利于皮肤代谢，可以舒缓身体振奋精神，能够使得儿童健康发育正常的论著比比皆是。还有文章通过宣传家庭浴室，展示家庭浴室中的热水器、淋浴喷头、镜子、药箱以及梳子、毛刷、肥皂、香波等沐浴用品，来告知民众西方家庭的日常生活，文章常配图片，以图像的形式带给读者更加直观的感染力，其根本目的在于将沐浴塑造成随着科学发展而理所应当的事情。按照改造社会的意图构建沐浴知识，并将

1 安东尼·吉登斯（Anthony Giddens），《社会的构成：结构化理论纲要》，李康、李猛译，中国人民大学出版社，2016年，第5页。

2 [匈]阿格妮丝·赫勒（Agnes Heller）：《日常生活》，衣俊卿译，重庆出版社，2010年，第3页。

其反复输出于民众后，民众会自然而然地将沐浴视为一种进步的行为，及日常生活中必要的活动，文明进步的观念以及卫生清洁习惯才会有效地落实于普罗大众。然而，并非所有家庭都有条件添设浴室，公共浴堂因此便成为国家、政府及社会进步人士推行现代价值观念的理想场所。改造日常生活的目的由消费承担。

从消费的途径来看，消费风气的演变是随着近代社会经济发展而开始的。消费会用商品创造人们的需求以及流行体系支配人们的欲望，消费中的广告等媒体宣传也会将社会推崇标榜的象征符号赋予商品，这些象征符号会随着商品的不断消费而流动，商品的消费和流通促成了象征符号的弥散。如在20世纪上半叶的中国社会中，各种商品均被“国家”“民族”“理性”“文明”等社会主流思想包装，在人们消费商品的时候，这些意识形态也顺利地为人接受。同时消费也可以提供给每个人相同的购买机会，较低的阶级也常会竞逐与模仿比自己高一等的阶层，因此意识形态也会在不同的阶级之中流动。在社会剧变之时，消费更是在改变人们的意识观念、精神面貌、文化风俗以及生活方式等方面起到了关键作用，消费在这里对生产进行了逻辑性的替代，并成为生产的一种有组织的延伸。[1]

消费是浴堂生产文明公民的重要方式，浴堂内部的自来水、电话、电灯、肥皂、毛巾、浴缸，外部的新式锅炉、电动抽水设备，甚至连门口负责招徕顾客的霓虹灯箱，这些事物无不体现着现代技术的发展与改进。观念进步的顾客会因浴堂具备此类设备而光顾于此，来此消费的顾客又会被这些设备吸引，将其视为进步的象征。浴堂中

1 [法]让·波德里亚(Jean Baudrillard):《消费社会》，刘成富、全志钢译，南京：南京大学出版社，2006年，第53页。

澡价分不同等级，以致无论贵族官商还是劳动苦力，都有能力来此消费，浴堂的经营策略使得市井阶层与资产阶级能够在一室中共存，文明、卫生的观念意识也能够在二者间相互影响渗透，成为二者共同关注的焦点，直至普及至全体民众。

二、沐浴实践对现代性的重构

现代化是中国近现代社会发展不可规避的历史过程，在沐浴观念的普及以及北京公共浴堂业的发展历程之中，现代化的议题也贯穿始终。卫生概念的西学东渐使其获得了理论依据，清末新政为其提供了制度上的依托，工业化的进程促使浴堂改良设备、优化服务，女性解放令妇女获得出入、使用公共浴所的权力，新生活运动则将卫生、清洁置为人们生存于世应具的良好品德。可以说北京浴堂业的发展历程既是现代性在公共场所的具体体现，也是城市现代化的缩影。

现代化进程始于洋务运动时，甲午战争之后，政治、经济、社会、文化的现代化亦被提上日程，西方的科学技术以及政治、经济体制被奉为圭臬，现代化也被当时的社会进步人士视为国家、民族、社会改变颓势，趋向文明目标发展的必然过程。值得注意的是，现代化在中国的开展并不能用低级到高级这一线性思维一言以蔽之，中国的现代化并非单纯的挪用西方的技术与体制，而是西方经验与东方逻辑交互融合的产物。在布迪厄对阿尔及利亚的社会调查中，布氏用实践的概念来说明个体是如何参与在社会结构并体现出其能动性的。实践一方面包括个体对外部的社会环境及生存条件的顺从与感知，另一方面还包含个体为其在社会环境中的活动添加意义，做二次阐释的过程。[1]在中国的现代化进程中，人们的实践性活动也会根据自身的需求对现代性进行重新创造。

基于西方的经验而产生的生产文明公民的概念，多少有些强制规划的成分在其中。因此致力于改善人民精神面貌、风俗习惯、日常生活而制定种种治理方略及颁布的一系列规章制度，但效果并非如政府及社会进步人士所愿。其原因有二，首先当意图通过培养新的惯习来改造国民性，将国民置于预设的制度组织之下时，基层社会和大众文化会体现出强大的生命力，这种生命力常以阻力的形式表现出来，基层民众会根据自己的文化规则、行为惯性和思维定势来抵制政府的改造，使得政府的努力事倍功半。其次在生产文明公民的过程中，改良者的意图并非能够得到人们的全盘接受，宏观政策在微观层面的落实总存在着这样那样的变量，会出现超出政府及社会进步人士意图之外新的社会问题，这些非预期的状况又在实践中反复刺激制度结构的不断改善，从而使社会结构保持活力和生机。因此文明公民的再生产并不等于“文明人”的不断复制，否则社会就不存在变迁，只有历史的复制。

浴堂作为生产文明公民的重要场所，现代化进程中的诸多歧义也会出现在其中。浴堂不只是体现文明卫生的进步场所，同时也是具有对抗、矛盾、辩论、协调的文化场域。尽管浴堂兴起于现代化的进程中，但现代化进程在浴堂中并非总是一以贯之，浴堂经营者为了使自己的利益

1 [法]皮埃尔·布迪厄(Pierre Bourdieu):《实践感》，蒋梓骅译，南京：译林出版社，2012年。

最大化，竭力控制成本，甚至偷税漏税、窃水窃电，不惜违反政府制定的相关规章制度。相较政府执着于普及文明观念及卫生习惯，偏重于浴堂中的沐浴功能，浴堂经营者更关注自身的经济利润。这种矛盾在社会经济环境下行时会格外凸显。通胀时期洗澡价格随着成本的提高而相应增加，为了不影响人们的正常的沐浴活动，政府会对澡价实行管控，然而，因影响到浴堂的切身利益，限价措施随即引起了浴堂行业的剧烈震荡以及强烈抗议，政府又会根据浴堂的提议结合实际情况改进限价措施，只不过每次政府限制价格的努力不过许久便无疾而终。

由于国家制定的政策与条例常遭到浴堂经营者及伙计的抵制，国家权力无法渗透到社会的基层，因此常会借助同业公会作为其与社会底层之间的中介。同业公会组织在浴堂的运营中扮演了重要的角色，也架起了个人、群体与国家互动的桥梁。从浴堂公会成立的波折也可看出，国家与政府并不是真的允许民间利益团体存在，当国民政府执政之时，国家只是试图将同业公会作为自己的补充和附庸，并借此实现权力延伸至基层的目的，这也是训政时期的典型特质。在此之下，国家的种种政策才能更加有效率的执行，政府治理国家的权力才能完全得以落实，以现代化为指征的治理方略，基于现代性的改良措施才能真正实现。浴堂经营者则在与国家、地方政府的互动、博弈中，一定程度上根据自己的利益改变了政府的意图。不同于传统的行会，北京浴堂同业公会是在行业的资本化趋势之下，按照各店家共同经济利益为基础设立的，虽然同业公会的一些活动可以被认为是政府权力在基层的延伸，但是一旦涉及到自己的行业利益，同业公会归根结底是为浴堂的经济利益服务的团体，其中的主体是各店铺的经营者而非国家，当行业利益与国家政策相冲突时，国家的权力是须排除在外的。因此在经济不景气之时，或者政府颁布的规章制度影响到生计之时，浴堂店家常通过同业公会表达自身的意见，合力与国家对抗，为自身的利益发言。

政府在生产文明公民的过程中颁布了多种市政卫生规章制度、管理条例。从 20 世纪初期开始，多次制定关于浴堂的卫生准则、行为规范，并定期对浴堂进行巡检。此外，为了在更大程度上推广沐浴知识、普及清洁观念，北京市政府还拟定建设平民浴堂及鼓励各浴堂商户添设女性浴所。这些规章有些得到了实施、为人接受，有些效果则并不明显。其原因一部分是因为政局的变动使得规章的落实没有持续性，对于浴堂经营者的违规行为缺乏有效的监督；另一部分是因为在传统与社会结构的转型中，人们的行为习惯方式变化并不会一蹴而就，大多数人更乐于接受他们所熟悉的生活方式，即由传统的社会生活日复一日形成的固定认知。

此外，政府及社会进步人士还通过多种媒介传播了一系列关于个人清洁、强健体魄的知识，但同样由于外部环境的限制及人们传统生活逻辑带来的惯性，其效果并不明显。其中对于儿童、学生、妇女的卫生宣传是 20 世纪上半叶卫生普及的重点。以对儿童的规训为例，在儿童时期培养良好的习惯常被认为是极为必要的，年幼的儿童最富模仿性与可塑性，养成习惯开始愈早，则习惯就愈坚固，若习惯非从小养成，或在年幼时沾染不良习惯，再去设法改正或重新培养则千难万难。《儿童对于各科好恶的调查》中，调查者让儿童对于学校中开设的数学、英语、自然、社会、手工、卫生等科目进行打分，相比于高分的英语、社会、自然科目，儿童对于卫生持可有可无的态度，不厌烦也不喜爱，作者认为这种现象应引起人们的注意。[1] 在另一篇调查《小学儿童应养成的卫生习惯及其养成法的研究》一文中，作者曾对 368 名 7 至 11 岁儿童的卫生习惯进行调查，该调查列出 13 种儿童养成卫生习惯最为基本行为，其中包括早晚刷牙、勤换衣服、饭前便后要洗手、每星期沐浴一次等内容。在所有接受调查的儿童中，只有 33% 的儿童能做到每周沐浴一次，由此可见对儿童卫生的重视并不代表卫生习惯能够顺利普及。[2] 儿童因缺乏沐浴习惯患皮肤病的概率极高，据 1927 年北平协和医院对儿童疾病的统计，受检的七千余名儿童有三成患有皮肤病，这一数字令人震惊。[3] 儿童沐浴不能普及的原因一是因为长期受家中长辈不良卫生习惯的影响，二是因北京居民家中设有浴室者极少，缺乏沐浴设备的小学比比皆是，适合儿童沐浴的公共浴堂几乎没有，在此环境下，培养儿童的卫生习惯的工作阻力重重，很难大范围开展。[4]

对学生卫生观念的培养也有相似问题。教育家庄泽宣曾对清华 1924 至 1926 三级的学生进行学科偏爱程度的调查，让学生对代数、几何、化学、英文、经济、生物、政治、社会、卫生等学科进行打分并按分值排名，生理卫生在 1924 级学生的喜爱程度排名中游，在后两年中则分列倒数一二名。综合三级学生的打分比较之，英

1 俞子夷：《儿童对于各科好恶的调查》，《教育杂志》，1926 年第18卷第6期，第1—8页。

2 孙礼成：《小学儿童应养成的卫生习惯及其养成法的研究》，《教育杂志》，1936 年第26卷第10期，第63—74页。

3 李迁安：《学校卫生概要》，上海：商务印书馆，1931年，第14页。

4 孙礼成：《小学儿童应养成的卫生习惯及其养成法的研究》，《教育杂志》，1936 年第26卷第10期，第63—74页。

1 庄泽宣、侯厚培:《清华学生对于各学科个职业兴趣的统计》,李文海主编:《民国时期社会调查丛编(二编):文教事业卷》,福州:福建教育出版社,2014年,第709—719页。

文、物理、化学、欧洲史位列前四名,而生理卫生为最后一名。[1]可见现代性并不是全盘被学生所接纳,现代性在中国的"在地化"过程常根据社会的实际需要而相应调整,并重新对现代知识进行选择、诠释,相比较学习西方科技、借鉴欧洲现代化经验,同为现代性内容之一的卫生却遭到了冷遇。因此尽管从19世纪末期卫生观念传入中国,各种卫生常识的科普宣传逐渐增多,但至少在20世纪20年代中后期,卫生并不被时人认为是现代化的着力点。

现代性的争议在浴堂的活跃群体中同样有所体现。作为公共空间,浴堂聚集了诸多不同社会身份的顾客,他们社会地位有别,占有的社会资源亦不相同,基于社会资源形成了不同的群体。除顾客外,浴堂中还有铺掌、经理、司账、茶役、工师等从业者,这些从业者根据职责的不同,也结成了不同的社会群体。各种群体在浴堂中彼此之间的互涉,在构建出浴堂丰富而独特的文化图式的同时,重新诠释了现代性的意义。

与国家、政府、社会进步人士将公共浴堂设想为一个单纯的卫生设施相左,浴堂中的顾客常把这里作为娱乐场所,这也改变了经营者对浴堂的经营与规划策略,沐浴、搓背、修脚、理发、洗衣等多种服务被集合在这一并不算大的空间中,浴堂经营者还为不同阶层的顾客提供不同服务,不同阶层的群体在这里聊天、饮茶、饮食、休息、放空,集聚一堂。随着浴堂的发展,顾客数量的增加,其中顾客成分愈发复杂,肮脏、拥挤、暗娼、偷窃、聚赌、毒品、暴力等社会问题也在此出现。这致使浴堂不像统治者与社会改良者想象的那样，能够批量生产干净整洁、遵纪守法的公民，反而藏污纳垢，滋生了诸多社会问题。

浴堂中的顾客与经营者根据自身需求，改变了国家对浴堂的预设，在清洁功能之外加入了休闲娱乐的功能，形成了独有的沐浴文化，这便是诸多社会问题产生的根源。因此尽管政府与社会进步人士对这些现象进行反思与治理，制定了诸多条例取缔此类现象，但在付诸实践之时却效果不尽如人意。浴堂中的顾客多认为这里是提供娱乐的场所，他们或出于休闲娱乐的目的，或为彰显自己身份来此消费，浴堂的经营者则更多出于其经济利益考虑默许浴堂中的不良行为。当人们根据所处的社会环境结合自身的需求建构起一种习惯性的认知逻辑，而此种逻辑成为一种既定规则加入到浴堂业的体制中时，政府在生产文明公民方面所做的努力便受到了极大的挑战。因此在这一时期，北京浴堂兼具两极化的特质，一种是政府所强调的文明与卫生，一种是附属于浴堂的混乱。

20 世纪初在浴堂经营者及顾客群体的主导下，新式浴堂的运营规范及制度体系逐渐形成，在这一体系中新式浴堂会根据顾客的彰显身份需要，用特定的服务方式来表现出顾客与服务人员在身份与阶级上的差异，并依此获利。这使得浴堂经营者对服务质量的要求不断提高，并将其标准化、制度化。其中工资制度成为维持浴堂业生产体系的主要手段，该制度使得浴堂伙计的服务与收入直接挂钩，只有服务到位才有经济来源，一旦表现出偷懒、顶撞顾客等行为，无论是被克扣工资抑或被解雇，均会给自己的生活造成极大影响。在生存的压力之下，浴堂伙计不得不低声下气地伺候客人，以满足顾客通过金钱去购得身份证明的要求。

浴堂伙计的生存实践产生于此生产体系，凭借其能动性又在一定程度上改造了这一体系。在这过程中，伙计们练就了勤奋耐劳、机敏圆滑、献媚殷切、攀附权贵的服务方式，这也成为人们眼中北京浴堂业的特质之一。同时伙计的行为招致了经营者、顾客以及社会舆论的非议。以浴堂伙计这一群体为观测点，可以看到国家、政府通过社会舆论向浴堂伙计施压，规范他们的行为，让他们不要给现代化的推进制造不必要的障碍。

浴堂伙计的生存实践与浴堂行业体制、顾客的消费体验及社会舆论发生抵牾的原因在于整个社会的现行体制。浴堂伙计的生存实践是资本主义社会体制的一个缩影。资本主义社会中，资方凭借金钱与资本的力量控制其雇工，浴堂店家通过工资制度的管理体制，用仅能满足温饱的薪水使其伙计在最大程度上保证服务质量。浴堂资方利用伙计的生存压力为自己牟利，但伙计的生存实践却被视为大逆不道的事情，他们为生存所做的任何努力，在浴堂店家眼里都是对现行体制的僭越。在社会舆论大肆抨击浴堂伙计的生存实践之时，恰恰忘了伙计在生存中的挣扎，正是由资本主义社会体制造成的。建立在宏观尺度上的社会体制一味地忽视微观层次上的生存实践会产生这种悖论，浴堂伙计生活越艰苦，越会卖力工作，工作越是卖力，越会遭致社会舆论的负面评价；但若按照社会舆论的论调来工作，自己的生存就难以保障，浴堂店家的生意也会大受影响。在这种悖论之下，纵观整个民国时期，无论政府怎样协调与调解，浴堂行业与其伙计二者间的矛盾始终不可调和。

现代性的分歧也体现在人们的消费行为之中，具体表现为国家对消费的构建与民众消费行为之间的抵牾。从国家的角度来看，消费并非一种享受功能，而是一种生产功能。当通过制定人们消费的选择，在社会价值体系中赋予消费意义，用消费激励个体清洁身体的欲望，改变人们的知觉体验，对人们的规训与控制才能够完全实现。可见，消费在国家和政府眼中是一种权力机制下的技术手段，以及塑造人们行为逻辑的现实工具，而非简单的概念或单纯的社会活动。换言之，商品和服务的使用价值在消费中愈发弱化，而文化中的符号象征价值在消费中则逐渐凸显。随着消费的扩张，卫生观念及沐浴意识逐渐深入人心，人们对沐浴的好奇心便会随之降低，当此“边际效用递减”效应推演到终点，消费知识改变人们的沐浴行为，沐浴成为人们每日必行的习惯时，消费在国家层面便失去了意义，因为国家借此改造个人行为的目标已经完成。

在消费生产价值的实践中，沐浴被贴上了文明、体面、健美、平等、自由等一系列标签。但这些符号所指涉的内容并非按照国家的建构而一成不变，浴堂经营者和顾客都会按照自己的意图将其重构。应顾客的需求，浴堂经营者将浴堂改造为兼具娱乐和社交功能的公共场所，令顾客体会多种娱乐项目，以最大化他们来此的消费体验。有人曾称：“浴堂之设四之一为洗，其三则与澡无关，若斤斤于洗的计较，则非真了解浴堂。”[1] 因此沐浴并不是人们

1 万象:《论洗澡》,《三六九画报》,1942年第17卷第2期,第17页。

前往浴堂的唯一目的，重点是如何在此度过舒适安逸的一天。

此外人们还会根据自身的阶级属性创造符合身份与生活品位的消费方式。在某种方面消费行为不只是满足人们的占有欲，也成为高层阶级彰显自己社会地位、区隔其他阶级的手段。要言之，阶级特质在消费中展现为品位，而品位反过来使得阶级间的区分更加坚固。浴堂是消费实践的重要场所之一，近代中国，随着工商业的发展，人们的消费欲望被极大刺激，同时传统等级的壁垒被打破，商人社会地位的提高，他们急于通过消费行为展示自己的身份地位。浴堂为了获得最大利润，竭力吸引有消费能力的客人来此。因此在浴堂中出现了装修豪华的头等官堂，遗老遗少、豪门贵胄、军阀富贾在奢华的房间中泡澡、喝茶、谈天、吃饭，打牌、抽鸦片。这些人在消费的同时也带起崇尚奢靡的风气，使得更多人的社会观念及生活方式因此改变，阶级的习惯也由此变得固化。由此所见，在近代的北京浴堂中，人们的消费取向并非由国家完全主导，而是在社会、物质和象征意义合力下，由集体的选择与国家的意识形态构建相互协商的结果。

本文对浴堂的考察主要集中在现代化进程如何在浴堂这一微观社会中得以实现，以及在现代化推进至浴堂的过程中国家权力与民众实践之间的抵牾、龃龉与协调、合作。现代性并非同一化的普世价值，而会因在地社会的需求进行不同程度的调整，并拥有不同面向。对个体文明化的再生产并不会带来千篇一律、大同小异的相似个体，现代的生活方式也不会径直实现，其中必然会出现抵抗与反复。西方文明对中国社会的影响严格而言并不应称之为“洗礼”，而应精炼为大浪淘沙。西方文明与中国传统社会进行持续激烈的对抗，经过考验、筛选、协调、改造之后，才能在中国社会的语境中得以自洽。从这个角度来看，北京浴堂不仅是现代性的实践场所，更是现代性在北京这一地方社会在地化的典型例证，在这里现代性的展演与对现代性的重新规范并存互通，构成了独特的北京浴堂文化图式。

附 录

附录一
《1943 年北平市浴堂资本调查表》

1943 年北平市浴堂资本调查表

字号	开业年月	1943 年等级	开业登记资本	1943 年资本
玉庆轩	1801 年 1 月	甲等	500 元	20000 元
浴兴堂	1862 年 3 月	丙等	500 元	1500 元
春庆堂	1882 年 1 月	特等	300 元	40000 元
东升平园	1906 年 10 月	特等	7000 元	150000 元
洪善堂	1907 年 1 月	甲等	2000 元	77200 元
四顺堂	1907 年 5 月	甲等	150 元	20000 元
宝泉浴堂	1908 年 6 月		2100 元	46500 元
洪生堂	1911 年 3 月	甲等	2210 元	57790 元
浴清园	1911 年 6 月	乙等	1500 元	21000 元
同华园	1912 年 1 月	甲等	300 元	7000 元
永顺园	1912 年 1 月	甲等		1200 元
隆泉堂	1912 年 7 月	乙等	300 元	5000 元
润身女浴所	1914 年 12 月	甲等	10000 元	20000 元
华宾园	1914 年 6 月	特等	6000 元	
忠福堂	1916 年 11 月	甲等	250 元	20000 元
澄华池	1918 年 11 月	乙等	800 元	
永顺堂	1918 年 4 月	甲等	600 元	15000 元
德义声	1918 年 5 月	特等	200 元	8000 元
西润堂	1918 年 7 月	乙等	600 元	15000 元
聚庆堂	1919 年 12 月	乙等	500 元	29500 元
西乐园	1920 年 1 月	乙等		10000 元
洪庆堂	1920 年 9 月	乙等	200 元	900 元
广澄园	1921 年 7 月	乙等	250 元	1000 元
一品香	1922 年 1 月	特等	1000 元	5100 元
瑞滨园	1922 年 1 月		300 元	5000 元
三益池	1922 年 8 月	乙等	500 元	4500 元
聚义丰	1922 年 12 月	乙等	500 元	39500 元
义丰堂	1922 年 5 月	乙等	400 元	29600 元

续表

字号	开业年月	1943 年等级	开业登记资本	1943 年资本
德丰园	1922 年 5 月	特等	1200 元	15000 元
兴华池	1922 年 7 月	甲等	26000 元	
义新园	1923 年 11 月	特等	200 元	40000 元
天有堂	1923 年 4 月	丙等	500 元	500 元
德华园	1923 年 6 月	乙等		4000 元
大东园	1924 年 11 月	乙等	400 元	20000 元
万聚园	1924 年 12 月	甲等	930 元	30000 元
三乐园	1924 年 2 月	乙等		15000 元
广清园	1924 年 3 月	甲等	1500 元	6000 元
清华园	1924 年 6 月	特等	800 元	262000 元
新华园	1924 年 7 月	丙等	400 元	1500 元
卫生池（王府井）	1925 年 5 月	甲等	1000 元	9000 元
永新园	1925 年 6 月	甲等	400 元	4000 元
玉兴池	1928 年 10 月	丁等	500 元	1000 元
清华池（文记）	1928 年 1 月		441 元	24500 元
沂园	1928 年 1 月	特等	10000 元	60000 元
华兴池	1928 年 4 月		700 元	15000 元
万华园	1928 年 9 月	乙等	800 元	10000 元
海滨园	1929 年 7 月	甲等	800 元	20000 元
华盛池	1930 年 7 月	丙等	150 元	6000 元
洗清池	1931 年 10 月	甲等	1500 元	
清华女浴所	1931 年 7 月	特等	300 元	80000 元
明华池	1932 年 12 月	乙等	500 元	10000 元
隆福泗	1932 年 4 月	乙等	500 元	30000 元
松竹园	1933 年 1 月	特等	1200 元	100000 元
四美堂	1933 年 5 月	乙等	200 元	2200 元
汇泉堂	1933 年 5 月	甲等	100 元	20000 元
荣滨园	1934 年 10 月	甲等		7000 元
德浴堂	1934 年 10 月	丙等		7000 元
北天佑	1934 年 11 月	乙等	400 元	19600 元
桐园	1934 年 11 月	特等	500 元	50000 元
瑞品香	1934 年 1 月	丙等	500 元	1000 元

续表

字号	开业年月	1943 年等级	开业登记资本	1943 年资本
日新园	1935 年 2 月	乙等	500 元	10000 元
汇泉池	1935 年 5 月	甲等	800 元	19500 元
兴华园	1935 年 5 月	特等	1500 元	60000 元
裕兴园	1936 年 10 月		200 元	20000 元
兴隆池	1936 年 10 月	乙等	350 元	10000 元
浴清池	1936 年 11 月	乙等	200 元	12000 元
天新园	1936 年 1 月		300 元	10000 元
福澄园	1936 年 1 月	乙等	500 元	2000 元
东明园	1936 年 9 月	乙等	120 元	2500 元
儒芳园	1937 年 1 月	乙等	500 元	2000 元
德诚园	1937 年 2 月	丙等	100 元	1500 元
平安园	1937 年 5 月	乙等	500 元	1500 元
涌泉堂	1937 年 9 月	丁等	600 元	1000 元
恒庆浴堂	1937 年 11 月	甲等	300 元	70000 元
同兴园	1938 年 1 月	甲等	250 元	850 元
怡和园	1938 年 3 月	特等	5000 元	9000 元
华宾园女部	1938 年 4 月		1200 元	50000 元
卫生池（王广福斜街）	1938 年 5 月	特等	1500 元	20000 元
浴清园女浴所	1938 年 7 月	乙等	1200 元	12000 元
浴德堂	1938 年 7 月	甲等	500 元	120000 元
天佑堂	1938 年 8 月		2000 元	18000 元
振亚园	1939 年 10 月	乙等	400 元	1500 元
华清池	1939 年 10 月	甲等	600 元	5000 元
新华池	1939 年 11 月	甲等	800 元	30000 元
永新园	1939 年 1 月	甲等		60000 元
中乐园	1939 年 1 月	乙等	500 元	2000 元
中华园	1939 年 2 月	甲等	1000 元	9000 元
鑫园浴堂	1939 年 5 月	特等	1500 元	5000 元
裕兴池	1939 年 6 月		700 元	15000 元
英华园	1939 年 6 月	乙等	600 元	29400 元
新明池	1939 年 8 月	丁等	350 元	550 元
北浴源堂	1939 年 9 月	乙等	350 元	5000 元

续表

字号	开业年月	1943年等级	开业登记资本	1943年资本
恒兴池	1939年9月	甲等	400元	35000元
义泉堂	1940年3月	丙等	700元	4700元
清香园	1940年5	特等	1500元	80000元
宝泉堂	1940年6月		600元	5000元
文庆园	1940年8月	丁等	1500元	
南柳园	1940年8月	丁等	2000元	3000元
华丰园	1940年9月	乙等	380元	680元
荣华园	1941年2月	甲等	2000元	15000元
长乐园	1941年5月	乙等	400元	1500元
德颐园	1941年10月	甲等	500元	50000元
福海阳	1942年3月	甲等	8000元	40000元
聚香园	1942年5月	乙等		32000元
汇生池	1942年6月	甲等	300元	49100元
浴德堂	1942年7月	甲等	60000元	60000元
裕华园		特等	850元	119150元

资料来源：《北京浴堂同业公会各号设备调查》，伪北京特别市社会局档案，北京市档案馆馆藏，档案号：J002-007-00362。

说明：

1. 日期只登记年份的均按该年一月排序。

2. 材料中，浴堂开业年份按照店铺产权变更时间记录，故与现实可能有所差别。

3. 需考虑月流水的数目所产生的偏差值，如1000余元与100余元产生的偏差。

附录二
《北京市浴堂业资产重估统计表 1950 年 12 月 31 日》

北京市浴堂业资产重估统计表 1950 年 12 月 31 日　　单位：元（第一套人民币）

字号	1950 年等级	财产重估前	财产重估后
四顺堂			7600000 元
洪生堂	乙等		30000000 元
同华园			82400000 元
隆泉堂	甲等		67505800 元
润身女浴所	乙等	689200 元	83245200 元
华宾园	甲等		1000000000 元
忠福堂			81600000 元
澄华池	丙等		13706600 元
德义声	甲等	1953736 元	241028180 元
西润堂	丙等		18370000 元
广澄园	乙等		12936200 元
一品香	甲等	120600 元	142264700 元
瑞滨园	乙等		9794600 元
三益池	甲等	9087010 元	41552810 元
畅怡园	丙等	1341086 元	17216526 元
兴华池			95188.23 元
义新园	甲等	5329520 元	214961130 元
万聚园	甲等	93351000 元	198745270 元
三乐园			100000000 元
聚兴园	甲等	91000 元	242930250 元
清华园			94605390 元
新华园		100000 元	63102400 元
永来堂	丙等		4000000 元
玉兴池	乙等		7200000 元
华兴池	丙等		21990000 元
万华园	丙等		6815800 元
海滨园	乙等		82400000 元
华盛池		1911000 元	149998280 元

续表

字号	1950年等级	财产重估前	财产重估后
隆福泗	乙等		206081200元
松竹园		1924145元	474004125元
四美堂	丙等		64600000元
荣滨园			45661840元
汇泉池	乙等	112822元	55374262元
兴华园	甲等	3129700元	1205000000元
天新园	乙等		21762760元
福澄园	乙等		75120000元
东明园	丙等	396990元	25001200元
德诚园	丙等	763950元	64800950元
涌泉堂	丙等		9367000元
德颐园	甲等	2699500元	176232100元
华宾园（北号）	甲等	2428470元	735165710元
文香园			24500000元
卫生池（王广福斜街）	乙等		52000000元
浴德堂		938391元	469977671元
天佑堂	乙等		114000000元
新华池	甲等		17975391元
鑫园浴堂		4399475元	33622195元
新明池	甲等		58625325元
北浴源堂	丙等		6516600元
恒兴池			160927200元
义泉堂			177296340元
清香园	甲等	2，787840元	153684340元
文庆园			2900000元
南柳园		157800元	11409800元
大香园	乙等		195400000元
长乐园	乙等		63231640元
福海阳	甲等	20819000元	52229900元
汇生池			330029980元
裕华园	甲等		30132000元
民乐园			75000000元

资料来源：北京市工商管理局档案，北京市档案馆馆藏，档案号：022-009-00001 至 022-009-00221。

附录三
《1943 年北平市浴堂业月收入与投资回报率统计表》

1943 年北平市浴堂业月收入与投资回报率统计表　　单位：元（伪联币）

字号	1943 年月收入	1943 年资本	投资回报率
清华园	10000 余元	262000 元	3.82%
东升平园	7000 余元	150000 元	4.67%
浴德堂	4000 余元	120000 元	3.33%
裕华园	5000 余元	119150 元	4.20%
松竹园	4500 余元	100000 元	4.50%
清华女浴所	4500 余元	80000 元	5.62%
清香园	6000 余元	80000 元	7.50%
洪善堂	2400 余元	77200 元	3.10%
恒庆浴堂	3000 余元	70000 元	4.29%
沂园	5000 余元	60000 元	8.33%
兴华园	6000 余元	60000 元	10.00%
永新园	4000 余元	60000 元	6.67%
浴德堂	4000 余元	60000 元	6.67%
洪生堂	1000 余元	57790 元	1.73%
桐园	3000 余元	50000 元	6.00%
德颐园	2000 余元	50000 元	4.00%
华宾园女部	3000 余元	50000 元	6.00%
汇生池	1000 余元	49100 元	2.04%
福海阳	1800 余元	40000 元	4.50%
义新园	2400-2500 元	40000 元	6.00%
春庆堂	2000 余元	40000 元	5.00%
聚义丰	1000 余元	39500 元	2.53%
恒兴池	2000 余元	35000 元	5.71%
聚香园	1000 余元	32000 元	3.13%
隆福泗	900 余元	30000 元	3.00%
万聚园	2000 余元	30000 元	6.67%
新华池	2000 余元	30000 元	6.67%
义丰堂	1700 余元	29600 元	5.74%

续表

字号	1943 年月收入	1943 年资本	投资回报率
聚庆堂	1000 余元	29500 元	3.39%
英华园	1000 余元	29400 元	3.40%
浴清园	800 余元	21000 元	3.81%
玉尘轩	800 余元	20000 元	4.00%
四顺堂	800 余元	20000 元	4.00%
大东园	800 余元	20000 元	4.00%
卫生池（王广福斜街）	2500 余元	20000 元	12.50%
润身女浴所	2600 余元	20000 元	13.00%
忠福堂	1000 余元	20000 元	5.00%
海滨园	1000 余元	20000 元	5.00%
汇泉堂	2000 余元	20000 元	10.00%
裕兴园	1000 余元	20000 元	5.00%
北天佑	900 余元	19600 元	5.32%
汇泉池	2000 余元	19500 元	10.26%
天佑堂	1500 余元	18000 元	8.33%
华兴池	150 余元	15000 元	1.00%
西润堂	700 余元	15000 元	4.67%
永顺堂	1200 余元	15000 元	8.00%
德丰园	2000 余元	15000 元	13.33%
三乐园	1000 余元	15000 元	6.67%
荣华园	2000 余元	15000 元	13.33%
浴清园女浴所	300 余元	12000 元	2.50%
浴清池	2000 余元	12000 元	16.67%
日新园	400 余元	10000 元	4.00%
万华园	500 余元	10000 元	5.00%
西乐园	1000 余元	10000 元	10.00%
明华池	1000 余元	10000 元	10.00%
兴隆池	1000 余元	10000 元	1.00%
天新园	1000 余元	10000 元	10.00%
中华园	2400 余元	9000 元	26.67%
卫生池（王府井）	2800 余元	9000 元	31.11%
怡和园	3000 余元	9000 元	33.33%

续表

字号	1943年月收入	1943年资本	投资回报率
德义声	200余元	8000元	2.50%
德浴堂	500余元	7000元	7.14%
荣滨园	700余元	7000元	10.00%
同华园	900余元	7000元	12.85%
华盛池	100余元	6000元	1.67%
广清园	3000余元	6000元	50.00%
一品香	2000余元	5100元	39.22%
宝泉浴堂	600余元	5000元	12.00%
宝泉堂	600余元	5000元	12.00%
隆泉堂	800余元	5000元	16.00%
北浴源堂	1100余元	5000元	22.00%
华清池	1200余元	5000元	24.00%
瑞滨园	1000余元	5000元	20.00%
鑫园浴堂	1000余元	5000元	20.00%
义泉堂	900余元	4700元	19.15%
三益池	2000余元	4500元	44.44%
永新园	700余元	4000元	17.50%
南柳园	1120余元	3000元	37.33%
四美堂	900余元	2200元	40.91%
儒芳园	1500余元	2000元	75.00%
福澄园	1000余元	2000元	50.00%
中乐园	1000余元	2000元	50.00%
振亚园	450余元	1500元	30.00%
浴兴堂	600-800元	1500元	46.67%
新华园	700余元	1500元	46.67%
德诚园	700余元	1500元	46.67%
平安园	1000余元	1500元	66.67%
长乐园	1000余元	1500元	66.67%
永顺园	700余元	1200元	58.33%
涌泉堂	600余元	1000元	60.00%
广澄园	900余元	1000元	90.00%
瑞品香	900余元	1000元	90.00%

续表

字号	1943年月收入	1943年资本	投资回报率
玉兴池	1000余元	1000元	100.00%
洪庆堂	700余元	900元	77.78%
同兴园	600余元	850元	70.59%
华丰园	500–600余元	680元	80.88%
新明池	300余元	550元	54.55%
天有堂	400余元	500元	80.00%

资料来源：《北京浴堂同业公会各号设备调查》，伪北京特别市社会局档案，北京档案馆馆藏，档案号：J002-007-00362。

附录四
《1948 年北平市部分行业资本额统计表》

1948 年北平市部分行业资本额统计表　　单位：元（法币）

行业类别	4 月份各业平均资本额	5 月份各业平均资本额	7 月份各业平均资本额	8 月份各业平均资本额
百货业	7500			
布庄	19150	17158	33714	127143
成衣铺	1214	1967		6650
茶馆	1338	1833		7700
电影院戏园		20000		
电机、电料工业	7167			
饭店	1483	4850	3550	28375
干果铺	3667	3167	9308	25000
广告业	2333	907.5	710	
估衣		8933		
化妆品	7667			
海货店		18667	15533	
酒铺	7400	5625	9750	40000
军装厂	31667	40750	58750	48333
旧货业	5000		4225	7250
酱油、咸菜	12500		15250	
旅、客店	4100	3633		63000
粮栈	20143	21785	77735	124800
毛业		7333	6333	
理发馆	1711	2070	2950	4900
麻刀、砖、瓦			4250	
贸易行	28750			
米、面、杂粮	14952	14394	20344	43750
煤铺	3287	4076	7976	8218
煤厂		2566		
煤栈		4270	8300	4900
馒首铺	1150	1733	4400	

续表

行业类别	4月份各业平均资本额	5月份各业平均资本额	7月份各业平均资本额	8月份各业平均资本额
木器商行	8333		9167	
木厂		15500		
皮货		4125		
切面铺	2550			
肉铺	2189		3700	12500
烧饼吃食	1417		2666	
绱鞋铺	575			
铁工厂、铺	6700	9000	15500	
文具纸张印刷	6400	7600	8519	
洗染织铺	3167	9833	8775	
西服店		1833	5166	
鞋店	7000	7820	11000	
颜料铺	9333		33000	
药房、药店	2575	3180	5600	19000
运输栈	10833	10357		26250
油、纸烟、盐、粮、酒杂货	10175	15768	6840	43760
制西药	16750			
制胰碱	7333	6562		
珠宝首饰	18750	19000	37750	185000
自行车修理	3000	1860	6667	2129
钟表修理	3333			43333

资料来源：《1948年北平各类商号一览》，载北京档案史料编辑部：《北京档案史料（1997年合订本）》、《北京档案史料（1998年合订本）》，北京市档案馆出版，1997年第3期、第5期、1998年第1期、第2期。

附录五
《1947 年三家浴堂营业收入、支出一览表》

1947 年三家浴堂营业收入、支出一览表　　单位：元（法币）

	清华园浴堂一星期收入数目（万元）	吉园浴堂一星期收入数目（万元）	东明园浴堂一星期收入数目（万元）
洗澡	1116.85		165.24
理发	199.20		36.25
洗衣	118.56		14.10
合计	1434.61	210.78	203 .59
	清华园浴堂一星期支出数目（万元）	吉园浴堂一星期支出数目（万元）	东明园浴堂一星期支出数目（万元）
房租	153.60	28.00	56.00
煤	819.00	98.00	105.00
毛巾	100.00	7.00	7.00
胰皂	80.00	15.00	7.00
电力	42.00	3.00	0.60
电话	1.40		0.80
自来水	25.00	1.00	0.70
伙食费	240.00	57.40	64.50
官衣费	7.00		0.50
捐税	10.00		20.00
工资	44.00	7.00	21.50
其他	110.00	10.00	20.00
合计	1632.00	226.40	303.60

资料来源：《浴堂等业会员名册入会调查表名单异动（1947）》，北京市同业公会档案，北京档案馆馆藏，档案号：087-044-00012。

附录六
《北京市浴堂1952年11月份营业情况调查表》

北京市浴堂1952年11月份营业情况调查表　　单位：元（第一套人民币）

等级	字号	上活收入 占比	下活收入 占比	洗衣收入 占比	澡价收入 占比	流水总额
特级	清华园	10327600 10.3%	16866600 16.8%	2242900 2.2%	70995100 70.7%	100432200
甲级	松竹园	3749500 6.1%	6276600 10.1%	781300 1.3%	51039100 82.5%	61846500
甲级	恒兴池	2623000 10.2%	3223400 12.5%	493500 1.9%	19365800 75.4%	25705700
乙级	天祐堂	1687500 7.7%	2697500 12.3%	960700 4.4%	16559500 75.6%	21905200
乙级	汇泉池	3107200 10.3%	3461540 11.5%	829300 2.7%	22846700 75.5%	30244740
丙级	涌泉堂	356900 4%	958300 10.6%		7719855 85.4%	9035055
丙级	明华池	950700 12.6%	1163000 15.4%		5425300 72%	7539000
丁级	新明池	1260700 16.3%	711200 9.2%		5771200 74.5%	7743100
备注						

资料来源：《处理人民来信要求取消澡堂饭店旅店等行业收小费问题本局于浴堂工会等有关单位的来往文书》，北京市工商行政管理局档案，北京档案馆馆藏，档案号：022-010-00435。

附录七

《1950年北京市浴堂收支统计表》

1950年北京市浴堂收支统计表　　　　单位：元（第一套人民币）

浴堂名称	收入（每日）					支出（每日）
	澡钱	理发	下活	洗衣	总计	
大香园	3543	795	1795	810	6943	9308
清华池	14733	3010	5596	960	24299	32975
一品香鸿记	7980	1330	3320	925	13555	19006
春庆堂	4310	640	1230	605	6785	11300
新华池	9730	1294	1465	1198	13687	15697
洪善堂	5715	710	1360	488	8273	10925
卫生池（信记）	3600	450	450	350	4850	7921
永新园	7360	1040	2266	328	10994	13644
润身女浴所	1700	470			2170	3535
汇生池	7892	1351	2935	844	13022	14902
鑫园	3780	890	1450	230	6350	7200
忠兴园	6290	1470	2320	800	10780	14432
儒芳园	7025	275	495	175	7970	7389.70
广澄园	1580	660	600		2740	4500
义泉堂	3860	300	568	300	5028	5671
荣滨园	3292	350	455		4097	5442
兴隆池	3520	365	891	324	5100	6490.5
兴华池	3564	514	752	897	5727	7257
天裕堂	3770	576	1773	415	6534	8866
畅怡园	2767.8	333.46	826.46	337.04	4264.76	5685
三乐园	5704	558	1244	522	8028	10516
忠福堂	4100	660	660	280	5700	6387
华宾园	4657	685	1238		6580	8646
汇泉池	8302	1776.8	2802	672.2	13553	17213.26
同华园	3600	500	500		4600	3677
新泉浴堂	2260	281	518	81	3140	5110
吉园	2300	360	626	160	3446	4000

续表

浴堂名称	收入（每日）					支出（每日）
	澡钱	理发	下活	洗衣	总计	
新华园（永记）	2486	370	298		3154	4515
英华园	2200	400	300	500	3400	5145
宝泉堂（源记）	2500	500	500		3500	6314
浴源堂	2170	310	470		2950	3368
德诚园					36252	28685
新华园（合记）	2378	253	578		3209	2469
北天佑	2862	278.8	360		3500.8	4903
南柳园	2045	440	830	207	3522	3422.5
聚兴园	1445	326.6	937.5	161.6	2870.7	5958
隆福泗	5600	1000	800	500	7900	9250
裕兴园	2450	750	850		4050	5465
涌泉堂	4710	130	300		5140	6025
隆泉堂	3220	300	240		3760	4265
新明池	2258	294	245		2797	2875
裕兴堂	2800	500	400		3700	5690
东明园	3733	536	440	355	5064	6140
瑞品香	3970	580	390	250	5190	5053
永来浴堂	3315	288	382		3985	4000
文庆园					2250	2570
澄华池	2992	252	448		3692	5000
怡和园	8550	1179	2477	642	12848	13870
松竹园	17310	2724	3500	1050	23584	25300
恒兴池	5550	908	1520	405	8383	11145
新园浴堂	7234.4	2423.9	3210	630	13498.3	9750
华宾园浴堂	17053	1152	4389	642	23236	27135
德丰园浴堂	7054	618	1880	381	9933	10640
德义声浴堂	5805	677.5	1717.6	314.6	8514.7	9237.7
万聚园	7335.4	1498.4	1606.3	754.4	11194.5	12580
洗清堂	4363	588	1350	368	6669	9700
汇泉浴堂	4646	937	1194	1019	7796	4581.3
卫生池	4280	1460	2333	650	8723	9644

续表

浴堂名称	收入（每日）					支出（每日）
	澡钱	理发	下活	洗衣	总计	
兴华园	14156	2810	3910	1260	22136	26570
长乐园	2265	321	附澡钱内	附澡钱内	2586	5530
清华园	11351.4	2248.8	5413.6	1923.7	20937.5	29027
店铺 9	13448	1176	3140	836	18600	22283
店铺 12	4974	1427.6	883	330.3	7614.9	11351
店铺 13	4900	480	1070	300	6750	9152
店铺 15	12986	2150	3729	1288	20153	24530
店铺 18	8100	948	1145	226	10419	12667
店铺 22	6144	1198	2241	277	9860	15885
店铺 26	13688	4363	8116	2604	28771	35639
店铺 27	12222	3850	6220	3000	25292	30380
店铺 28	6280	1040	3008	1195	11523	16623
店铺 38	5141	873	1116	1435	8565	10152
店铺 39	7200	1100	1980	1100	11380	8012
店铺 41	5997	845	1833	520	9195	13056
店铺 51	3560	454.8	1104.1	383.3	5502.2	8949.5
店铺 57	3670	358	700		4728	4770
店铺 62	2400	500	400		3300	4100
店铺 66	2604	290	620.61		3514.61	3005
店铺 70	4500	400	325	290	5515	6960
店铺 74	3600	500	1500	200	5800	2646
店铺 75	1084.5	382	834		2300.5	4972.5
店铺 83	2400	500	200		3100	3150
店铺 84	3952	524	330	802	5608	8250

资料来源：《浴池会员情况调查和等级调整表》，北京市同业公会档案，北京档案馆馆藏，档案号：087-044-00019。

附录八
《1952年5-7月浴堂收支情况表》

1952年5-7月浴堂收支情况表　　　　单位：元（第一套人民币）

福澄园浴堂					长乐园浴堂		
		五月	六月	七月	五月	六月	七月
收入	澡价	5942300	4923400	4890200	4228200	4565000	4096400
	上活	829100	839500	651400	612700	691000	603400
	下活	971000	975600	811000	588000	646000	484000
	洗衣	342000	308500	319500			
	总计	8084400	7047000	6672100	5428900	5902000	5183800
支出	燃料	1700000	1700000	1700000	1162200	1234800	1203800
	毛巾	206000	90000	100000	186000		
	肥皂	540000	540000	540000	266800	266500	204300
	伙食	2185500	1700000	1700000	1400300	1120200	1170000
	工资	2352090	1984090	1884000	1913400	1846100	1800000
	房租	273240	273240	273240			
	水电	310800	302700	272900	230700	202800	186400
	捐税	412400	296900	354200	174900	658700	366700
	文具	95000	95000	24900	28500	33500	89000
	杂费	511900	694600	383200	378400	15500	68000
	物品消耗	100000	100000	100000			
	其他		1533700	818700	198400	153600	169800
	总计	8686930	9410930	8151140	5939600	55317.00	5258000

新明池浴堂					宝泉浴堂		
		五月	六月	七月	五月	六月	七月
收入	澡价	3099000	2997800	2330000	48895260	37759430	36072200
	上活	879000	785700	782000	3838000	3139450	5126600
	下活	822800	715200	618000	4935400	4968800	3967800
	洗衣				965000	1124900	1026200
	总计	4800900	4488700	3730000	58633660	46992580	46192800

续表

新明池浴堂					宝泉浴堂		
		五月	六月	七月	五月	六月	七月
支出	燃料	810000	810000	810000	5349000	4729000	4497800
	毛巾	60000	60000	60000	380000	380000	380000
	肥皂				3616100	3539000	3011500
	伙食	1231930	1079470	942780	7098400	5726750	6009250
	工资	1603290	1509340	1378660	33088350	13766030	16777500
	房租				1745700	1794000	1794000
	水电	110110	111700	98600	1976200	2064200	1751300
	捐税	223220	296500	213400	2905000	2153100	2167500
	文具				425000	446000	405000
	杂费	769475	460085	268330	2100000	2100000	2000000
	物品消耗				1500000	1500000	1400000
	其他	198.40			2100000	2100000	2100000
	总计	4808995	4362995	3771760	62283750	40278080	42293850

忠兴园浴堂					华宾园浴堂		
		五月	六月	七月	五月	六月	七月
收入	澡价	8609800	5455700	4318800	29544000	31925400	30085800
	上活	1170100	872500	838600	2843000	2815500	2571000
	下活	1704200	1408000	1021000	5580600	6123600	5152000
	洗衣	138800	365400	262900	561200	858800	1166600
	总计	11622900	8101600	6441300	38528800	41723300	38975400

续表

忠兴园浴堂					华宾园浴堂		
		五月	六月	七月	五月	六月	七月
支出	燃料	2137500	1783000	1528000			
	毛巾	45000	320000				
	肥皂	725600	476300	404800			
	伙食	2953900	2736100	2526600			
	工资	3164000	2410000	2049600			
	房租	862500	862500	862500			
	水电	354000	302700	243200			
	捐税	519800	412300	362500			
	文具	45100	109300	29400			
	杂费						
	物品消耗						
	其他	1585300	478000	415500			
	总计	12392700	9890200	8422100	41648280	37956500	37716700

资料来源：《浴堂同业公会关于滥发澡票调整澡价等问题的呈文》，北京市工商管理局档案，北京市档案馆馆藏，档案号：022-012-00910。

说明：

1 物品消耗剔折旧不算入内

2 捐税包括（营业税、救济金、文教费、会费）

3 燃料根据每月实行需用数量

4 此表限八月七日填报到会

附录九
《1947年北平浴堂用水量统计表》

1947年北平浴堂用水量统计表

字号	经理	一月至六月耗水量（吨）	平均一个月水量（吨）	说明
松竹园	董焕唐	1512	252	
福海阳	崔锡钧	489	81	
怡和园	宗桂林	5278	880	
清华园	祖鸿逵	6109	1018	
桐园	祖鸿钧	4249	707	
宝泉堂	王智森	611	102	
恒兴池	许贵临			无此户
广清园	宋祝耀	3195	533	
德颐园	张献琛	416	69	
荣华园	刘玉卿	56	28	
义新园	董岐山	631	105	
裕华园	马守信	379	63	
华宾园	祖鸿钧	4100	683	
德丰园	谢玉衡	1017	170	
华宾园北号	祖鸿钧	760	127	
德义声	卢玉书	361	60	
福华园	李汉臣	149	25	
万聚园	谢宗信	1803	301	
洗清池	谢树森	863	144	
浴德堂	张绍文	362	60	
兴华园	张华堂	975	162	
汇泉堂	何少凌	57	9	
大香园	程之远	268	43	
东升平	穆少甫	712、1275	119、213	两个表
恒庆堂	娄国祥	1353	159	
沂园	孟君卓	7372	1229	
清华池（文记）	马镜如	1111	185	
一品香	刘世显	4002	667	

续表

字号	经理	一月至六月耗水量（吨）	平均一个月水量（吨）	说明
春庆堂	孙育才	339、805	56.134	两个表
新华池	刘汉笃	189	32	
洪善堂	马守信	170	28	
卫生池	张绍文	1154	192	
永新园	张瑞符	1449	241	
润身女浴所	张泽新	1038	173	
清香园	董玉魁	1206	201	
汇生池	杨明爽	272	46	
义丰堂	马守信	1608	268	
三益池	娄宗德	1636	272	
儒芳园	田世芳	95	16	
广澄园	张秀文	1063	177	
义泉堂	张湛如			无此户
长乐园	于济淮			无此户
荣滨园	张默婵	23	4	
兴隆池	张献琛	279	47	
东乐园	徐义文	1537	256	
兴华池	张云会	755	126	
天佑堂	王邵勤	129	22	
洪生堂	马守信	1058	176	
福澄园	孙芝坡	74	12	
玉尘轩	刘振泉	181	30	
畅怡园	李振海	125	21	
三乐园	徐义文	1382	230	
忠福堂	白文彬	370	62	
海滨园	申保祥			无此户
汇泉池	宋敬堂	451	75	
华清池	梁树林	155	26	
同华园	耿耀风	136	23	
浴清池	齐福贵	71	12	
新泉堂	刘本元	106	18	
四顺堂	刘连廷			无此户

续表

字号	经理	一月至六月耗水量（吨）	平均一个月水量（吨）	说明
吉园	张秉泉			无此户
新华园（永记）	祖香波			无自来水
明华园	孙弼臣			无此户
新华园（浴记）	任德禄			无自来水
英华园	马守信	177	20	
宝泉堂（义记）	郭义臣	80	13	
北浴源堂	刘捷平			无此户
德华园	金广华	45（6-10月）	13	
德诚园	张诚			无此户
北天佑	娄凯元			无此户
天新园	杨瑞林	143	24	
玉兴池	杨瑞林	177	30	
聚兴园	郑玉琢			无此户
南柳园	丁振梧	126	21	
隆福泗	娄国祥	563	94	
四美堂	张效陶			无此户
华盛池	祖顺立			无此户
浴清园	娄鹤亭			关张
西润堂	李香远			无此户
裕兴园	陈瑞平	183	31	
涌泉堂	周砚田			无此户
隆泉堂	秦振江			无此户
新明池	万林海			无此户
永新园	尚松山			歇业
富兴池	崔恒信	95	16	
裕兴池	娄三清			无此户
东明园	李富文			无此户
万华园	宋万友			无此户
瑞品香	陶文光	80	13	
瑞滨园	彭树章	72	12	
华兴池	张际晨	467	78	
永庆园	王敬宇			无此户

续表

字号	经理	一月至六月耗水量（吨）	平均一个月水量（吨）	说明
永来堂	梁树森			无此户
文庆园（合记）	时风亭	1168	195	
永顺园	王珍			无水管
澄华池	李怀义			无此户
鑫园	许 厂	1857	310	
忠兴园	马学忠			重

资料来源：《浴堂等业会员名册入会调查表名单异动（1947）》，北京市同业公会档案，北京档案馆馆藏，档案号：087-044-00012。

附录十
《1935 年北平市部分浴堂价目表》

1935 年北平市部分浴堂价目表　　单位：元（银元、铜元）

名称	类别	价目	地址
清华园	盆池两便	一角至六角 理发一角八	八面槽
怡和园	同上		东四南
华宾园	同上	一角至六角	西四牌楼
宝泉浴堂	同上	平民化每位五分 理发一角	米市大街
永新园	同上	池堂八分至一角 盆堂一角五至八角 理发一角五分	打磨厂路南
春庆浴堂	同上	池堂六分至九分	燕家胡同
裕华园	同上		甘石桥
新华池	同上	池堂四分至八分 盆堂一角至两角	兵部洼
德义声	同上		护国寺
清华池	同上		西珠市口
卫生池	同上	池堂七分至一角	王广福斜街
一品香	同上	池堂八分	王广福斜街
兴华园	同上	池堂七分至一角	鲜鱼口
文华园	同上	楼下五分 楼上七分	北孝顺胡同
万聚园	同上		宣内大街
洪善园	同上	池堂二十六枚（铜元） 盆堂三十枚（铜元）	花市大街
中华园	同上		东四十一条
沂园	同上	池堂七分至一角	观音寺
东升平	同上		杨梅竹斜街
西升平	专门盆堂	五角至一元	观音寺
女浴室			
润身女浴所	同上	二角三角四角	李铁拐斜街
清华园	同上	三角至六角 理发刮脸均二角	锡拉胡同

续表

名称	类别	价目	地址
华宾园	同上	四角六至六角	西四南
卫生池	同上	两角五	王广福斜街
德义声	同上		护国寺

资料来源：《1935年北京市部分澡堂价目表》，马芷庠编；张恨水审定：《北平旅行指南》，北平：经济新闻社，1937年，第255-256页。

附录十一

《第二次调价期间北平浴堂违规情况统计》

第二次调价期间北平浴堂违规情况统计

单位：元（法币）

店铺	违规日期	违规事项	处罚结果	浴堂等级	备注
荣滨园	1946年3月28	擅自抬高价格	罚款1000元	甲级	搓澡修脚捏脚各120元（超20元）理发刮脸160元超20元
恒兴池	1946年3月25	擅自抬高价格，未悬挂价目表	罚款1000元	特级	搓澡修脚捏脚各120元（超10元）分刮脸160元（超10元）
荣华园	1946年3月25	擅自抬高价格，未悬挂价目表	罚款1000元	特级	池堂120元（超10元）刮脚200元(超60元)刮脸200元(超100元)搓澡修脚捏脚各140元（超30元）
浴兴池	1946年3月26	擅自抬高价格	罚款400元	乙级	乙级浴堂修脚价格100元（超10元）理发价格120元（超20元）
天佑浴堂	1946年	未悬挂价目表	勒令整改		
洪善浴堂	1946年	未悬挂价目表	勒令整改	甲级	
清华池	1946年3月26	擅自抬高价格		甲级	池堂搓澡等五项违犯规定价目
天新园	1946年3月26	擅自抬高价格			六项违犯规定价目
玉兴池	1946年3月26	擅自抬高价格		丁级	三项违犯规定价目
富兴池	1946年3月26	擅自抬高价格			四项违犯规定价目
忠福堂	1946年3月27	擅自抬高价格	罚款1000元	甲级	忠福堂为甲级池堂价定110元（超10元)修脚捏脚均140元(超20原)
儒芳园	1946年3月27	擅自抬高价格		乙级	客池100元（超10元）其他各项均超规定价格
浴清园	1946年3月27	擅自抬高价格		乙级	池堂120元（超30元）搓澡140元（超50元）
长乐园	1946年3月27	擅自抬高价格		甲级	长乐园浴堂未按照规定标价搓澡修脚刮脸为120元（超20元）
华宾园（南号）	1946年3月27	价目表未悬挂于明处	挂于鲜明地方以自改过	特级	
华宾园（北号）	1946年3月27	价目表未悬挂于明处	挂于鲜明地方以自改过	特级	
西润堂	1946年3月27	擅自抬高价格	罚款500元	甲级	修脚120元（超20元）刮脸120元（超40元）

续表

店铺	违规日期	违规事项	处罚结果	浴堂等级	备注
涌泉堂	1946年3月27	擅自抬高价格	罚款500元	乙级	池堂100元（超10元）修脚120元（超30元），刮脚120元（超10元）理发180元（超60元）刮脸120元（超50元）推光160元（超50元）
澄华池	1946年3月27	擅自抬高价格	罚款500元	甲级	修脚120元（超30元）刮脸120元（超40元）
洗清池	1946年3月25	擅自抬高价格	罚款500元	特级	池堂120元（超10元）
大华园	1946年3月25	擅自抬高价格	罚款500元	特级	池堂120元（超10元）
万聚园	1946年3月25	擅自抬高价格	罚款500元	特级	池堂120元（超10元）
义新园	1946年3月25	擅自抬高价格	罚款500元	特级	池堂120元（超10元）
裕兴园	1946年3月25	擅自抬高价格	罚款500元	乙级	池堂120元（超30元）理发240元（超120元）
浴德堂	1946年3月27	擅自抬高价格		特级	池堂120元（超10元），搓澡修脚捏脚各120元（超10元）刮脚200（超60元）刮脸120（超20元）理发260（超10元）
华清池	1946年3月27	擅自抬高价格		特级	池堂120元（超10元）搓澡140元（超30元）
兴华池	1946年3月27	擅自抬高价格		甲级	理发200元（超出20元）刮脸100（超出20元）
澄华池	1946年4月16	擅自抬高价格	拘留四日	甲级	浴堂修脚定价100元卖120元，刮脸定价80元卖120元
涌泉堂	1946年4月16	擅自抬高价格	拘留四日	乙级	搓澡定价90元卖120元，刮脚定价110元卖140元，理发定价140元卖180元，刮脸定价80元卖120元
西润堂	1946年4月16	擅自抬高价格	拘留五日	甲级	搓澡定价100元卖120元，刮脸定价80元卖120元

资料来源：《北平市警察局关于装路灯、查舞场、传罚抬价浴池堂、密查广播电台的训令》，北京市档案馆馆藏，档案号：J183-002-32485；《北平市警察局关于浴室违反规定价格依法处罚的训令》，北京市档案馆馆藏，档案号：J181-016-03249。

附录十二
《文香园浴堂出资人登记表》

文香园浴堂出资人登记表 单位：元（第一套人民币）

出资人姓名	年龄	籍贯	出资种类数量	略历
谢俊德	34	易县	150万	9岁入学13岁退学15岁来京在东升平浴堂做事22岁在春庆浴堂至54岁开设天新园至今
魏金	36	涞水	150万	浴堂学徒二年以后当工人三年现在天新园浴堂服务
刘福	52	定兴	150万	在家种地扛长工二十五年35岁在北京永新园两年，在家至今
解璋	42	易县	150万	上学五年，天津龙海浴堂五年，在家种地至今
谢德璋	32	易县	150万	上学五年，在北京东升浴堂六年 天津吉园五年后在家种地
郭义	32	易县	150万	小学三年后在家种地
乔世洪	18	定兴	150万	12岁小学四年，种地二年，在北京永顺理发店学徒两年，在家种地至今
乔国生	35	定兴	150万	上学三年在义山理发馆学徒三年半在定兴理发馆至今
刘文波	21	定兴	150万	上学三年，在承德卫生池四年在家种地至今
谢振和	56	易县	150万	上学四年天津协和布工厂三年种地五年，摆布摊至今
康瑞林	28	定兴	150万	11岁小学三年,种地二年,在北京华腾池两年,华兴池三年,兴华池四年天津天庆堂四年
魏福元	28	定兴	150万	十一岁小学三年，种地一年在北京清洗池三个月，海滨园一个月种地十三年，在北京做小工二个月花市打线两个月
谢强	44	易县	150万	15岁小学二年在保定新华池五年北京永新园四年文雅园四年通州浴堂十年一品香三年种地一年福澄园三年
郭玉明	31	易县	150万	10岁上学二年在北京德成园一年东升平十年中兴园一年，民国三十四年做小工半年
郭振邦	20	易县	150万	上学五年种地四年做小工至今
刘庆云	26	定兴	150万	上学三年在家种地，17岁在北京做小工至今
梁亭	21	定兴	150万	上学三年在家种地，21岁在北京做小工至今

资料来源：《北京人民政府工商局私营企业设立登记申请书（文香园澡堂）》，北京市工商管理局档案，北京市档案馆馆藏，档案号：022-009-00157。

附录十三

《1943年北平市浴堂业经营者身份信息统计表》

1943年北平市浴堂业经营者身份信息统计表

	铺掌	年龄	籍贯	出身	经理	年龄	籍贯	出身
荣华园	刘玉卿	32	宝坻	中学	刘玉卿	32	宝坻	中学
华盛池	齐长寿	53	北京	商业	齐长寿	53	北京	商业
浴清园女浴所	苏孟候	35	北京	商业	苏孟候	35	北京	商业
浴清园	朱玉书	66	北京	商业	朱玉书	66	北京	商业
德华园	金少华	28	北京	大学	金少华	28	北京	大学
汇泉堂	何云楼	62	北京		何云楼	62	北京	
宝泉堂	王智森	39	北京	中国学院	王智森	39	北京	中国学院
东升丰园	穆少甫	54	北京	商业	穆少甫	54	北京	商业
兴华园	张华堂	70	北京	商业	张华堂	70	北京	商业
一品香	顾全堂	不详	不详	不详	杨憾尘	39	北京	商业
清华池（文记）	李辅文	60	甘肃	私塾	马镜如	51	北平	私塾
润身女浴所	张维度	59	沧州	商业	张维度	59	沧州	商业
玉兴池	程佐臣	51	大兴	商业	程佐臣	51	大兴	商业
浴清池	齐寿亭	53	河间	商业	王权	66	大兴	商业
新明池	友光堂		北京		白襄亭	40	定兴	小学
同华园	刘善亭	65	北京	商业	耿耀风	46	定兴	商业
福澄园	李华亭	49	北京		孙芝坡	46	定兴	
广澄园	祝耀宗	59	北京	商业	孙廉	46	定兴	私塾
洪善堂	都茂堂	55	北京	商业	马守信	36	定兴	大学
洪生堂	都茂堂	41	北京	商业	马守信	36	定兴	大学
天佑堂	王昭勤	40	北京	大学	田德建	37	定兴	小学
裕华园	阿裕长	41	北京	大学	马守信	36	定兴	大学
德丰园	郭久山	73	北京	商业	张诚	41	定兴	商业
兴华池	张华堂	70	大兴	商业	张云会	54	定兴	商业
洗清池	梁树森	40	定兴	小学	梁树森	40	定兴	
文庆园	孙凤林	41	定兴	务农	孙凤林	41	定兴	务农
南柳园	田广仁	31	定兴	商业	耿青山	52	定兴	商业
东明园	王良辅	51	定兴	商业	李富文	45	定兴	商业

续表

	铺掌	年龄	籍贯	出身	经理	年龄	籍贯	出身
新华园	任德禄	53	定兴	商业	任德禄	53	定兴	商业
德浴堂	王宪章	73	定兴	商业	王宪章	73	定兴	商业
永来堂	梁树森	40	定兴	小学	梁树森	40	定兴	小学
义泉堂	张湛如	29	定兴	商业	张湛如	29	定兴	商业
德诚园	张凤鸣	56	定兴	务农	张诚	41	定兴	商业
瑞品香	陶祥	56	定兴	商业	刘品臣	53	定兴	商业
万华园	宋万友	46	定兴	商业	宋万财	40	定兴	商业
中华园	马守信	36	定兴	大学	马守信	36	定兴	大学
三乐园	徐义文	57	定兴	商业	徐义文	57	定兴	商业
西乐园	徐友文	61	定兴	商业	徐友文	61	定兴	商业
大东园	付宗义	62	定兴	商业	付宗义	62	定兴	商业
西润堂	李香远	65	定兴	商业	李香远	65	定兴	商业
澄华池	张叔堂	56	定兴	商业	李怀义	46	定兴	商业
裕兴园	陈瑞年	45	定兴	私塾	娄荣久	52	定兴	私塾
隆福泗	娄恒元	52	定兴	商业	娄恒元	52	定兴	商业
中乐园	杨汉卿	52	定兴	学界	张禄昌	57	定兴	学界
聚庆堂	马守信	36	定兴	大学	马守信	36	定兴	大学
浴兴堂	娄玉清	50	定兴	小学	娄玉清	50	定兴	小学
聚香园	蔡文常	52	定兴	商业	祖锦堂	45	定兴	商业
明华池	张俊明	67	定兴	商业	张弼臣	47	定兴	商业
平安园	李香远	65	定兴	商业	李香远	65	定兴	商业
兴隆池	张献琛	48	定兴	商业	张献琛	48	定兴	商业
华丰园	牛学山	67	定兴	商业	赵玉山	34	定兴	商业
四美堂	张效陶	38	定兴	商业	张效陶	38	定兴	商业
儒芳园	田世芳	31	定兴	商业	田世芳	31	定兴	商业
振亚园	刘全诚	42	定兴	商业	刘全诚	42	定兴	商业
洪庆堂	刘庆丰	60	定兴	商业	刘庆丰	60	定兴	商业
聚义丰	马守信	36	定兴	大学	马守信	36	定兴	大学
浴德堂	张绍文	44	定兴	商业	张绍文	44	定兴	商业
华兴池	张际晨	54	定兴	商业	张际晨	54	定兴	商业
德颐园	张献琛	48	定兴	商业	张献琛	48	定兴	商业
裕兴池	许克斋	53	定兴	中学	许克斋	53	定兴	中学

续表

	铺掌	年龄	籍贯	出身	经理	年龄	籍贯	出身
义丰堂	马守信	36	定兴	大学	马守信	36	定兴	大学
英华园	马守信	36	定兴	大学	马守信	36	定兴	大学
永顺堂	李云香	60	定兴	私塾	李云香	60	定兴	私塾
华清池	梁树森	40	定兴	小学	梁树林	33	定兴	小学
东乐园	徐友文	61	定兴	定兴	徐义文	54	定兴	商业
汇生池	杨明爽	38	定兴	高小	杨明爽	38	定兴	高小
福海阳	崔锡钧	46	定兴	商业	崔锡钧	46	定兴	商业
恒兴池	许贵临	53	定兴	中学	许贵临	53	定兴	中学
卫生池	孔繁会	40	定兴	商业	孔繁会	40	定兴	商业
浴德堂	孔文生	40	定兴	商业	孔文生	40	定兴	商业
恒庆堂	娄荣久	52	定兴	私塾	娄荣久	52	定兴	私塾
鑫园浴堂	孙印弘	46	定兴	小学	赵炳文	35	定兴	小学
桐园	祖鸿钧	36	定兴	商业	祖鸿钧	36	定兴	商业
春庆堂	孙育才	35	定兴	小学	孙育才	35	定兴	小学
德义声	张雅峰	58	定兴	商业	卢仲麟	42	定兴	商业
松竹园	董焕唐	44	定兴	小学	董焕唐	44	定兴	小学
万聚园	张雅峰	58	定兴	商业	张雅峰	58	定兴	商业
清华女浴所	祖鸿逵	29	定兴	小学	祖鸿逵	29	定兴	小学
清华园	祖鸿逵	29	定兴	小学	祖鸿逵	29	定兴	小学
义新园	董岐山	47	定兴	商业	董岐山	47	定兴	商业
华宾园北号	祖鸿钧	36	定兴	商业	祖鸿钧	36	定兴	商业
华宾园女部	祖鸿钧	36	定兴	商业	祖鸿钧	36	定兴	商业
华宾园	祖鸿钧	36	定兴	商业	祖鸿钧	36	定兴	商业
清香园	董玉魁	47	定兴	商业	董玉魁	47	定兴	商业
卫生池	张绍文	45	定兴	小学	张绍文	45	定兴	小学
沂园	孟君卓	53	定兴	私塾	张梅岑	41	定兴	私塾
瑞滨园	张瑞亭	71	东霸	商业	耿耀风	46	定兴	商业
忠福堂	白国治	68	涞水	商业	王子文	50	定兴	商业
三益池	杨恩禄	42	天津	商业	李富文	45	定兴	商业
日新园	马守信	51	宛平	商业	宋万友	46	定兴	商业
隆泉堂	赵荣跋	53	宛平	商业	秦振江	47	定兴	商业
永新园	尚松山	67	北京	商业	国乃民	37	奉天	商业

续表

	铺掌	年龄	籍贯	出身	经理	年龄	籍贯	出身
新华池	刘汉笃	53	济南	小学	刘汉笃	53	济南	小学
汇泉池	宋敬堂	42	冀县	小学	宋敬堂	42	冀县	小学
永新园	张瑞符	49	静海	商业	张瑞符	49	静海	商业
北浴源堂	刘捷平	65	北京	商业	田作容	40	涞水	商业
北天佑	娄恒元	58	定兴	商业	蔡和海	40	涞水	商业
海滨园	祖鸿钧	36	定兴	商业	申保祥	55	涞水	商业
四顺堂	刘建廷	52	涞水	商业	刘建廷	52	涞水	商业
天新园	牛泽川	51	涞水	商业	杨瑞林	26	涞水	商业
宝泉堂	郭义臣	48	三河	商业	刘焕富	50	涞水	商业
玉尘轩	栾鸿树	35	山东	初中	栾鸿树	35	山东	初中
怡和园	倪默林	54	北京	商业	孟其昌	44	天津	商业
广清园	祝耀宗	59	北京	商业	赵锡卿	52	涂县	商业
永顺园	黄文照	52	河间	商业	王珍	28	宛平	商业
天有堂	武希仁	55	香河	商业	武希仁	55	香河	商业
同兴园	魏郁文	38	新城	商业	魏郁文	38	新城	商业
涌泉堂	黄俊亭	52	北京	小学	周砚田	39	易县	小学
荣滨园	张致祥	45	易县	商业	张致祥	45	易县	商业
长乐园	于济淮	37	易县	小学	于济淮	37	易县	小学

资料来源：《北京浴堂同业公会各号设备调查》，伪北京特别市社会局档案，北京档案馆馆藏，档案号：J002-007-00362。

附录十四
《北京市1950年代初期浴堂业经营者身份信息统计表》

北京市1950年代初期浴堂业经营者身份信息统计表

	铺掌	年龄	籍贯	经理	年龄	籍贯	业务负责人	年龄	籍贯	备注
洗清池	梁树森	48	定兴	梁树森	48	定兴	梁树森	48	定兴	私塾五年后以经营浴堂为业
涌泉堂	黄俊亭	60	北京	黄俊亭	60	北京	周砚田	47	易县	周砚田为大股东，周12岁在原籍上学二年14岁务农，到18岁来京花市恒茂绒线铺学徒四年，22岁回家种地23岁又来北京，到文雅浴堂学徒三年出师。以后去卫生池作下活三年，29岁去裕兴浴堂作下活三年又回家种地。33岁来西腾浴堂一年，又去华盛池一年34岁来涌泉堂给刘玉山一年，加入股东到现在。
文庆园	时兰亭	44	定兴							时兰亭14–24岁在家25岁在大同云华池十四年，由大同返京到文华园，敝号由民国二十九年六月为孙凤林此业至民国三十三年时兰亭加入资本五万元更换时兰亭为经理至今换照之期经理完全同意还换时兰亭为经理敝号内部并无有一切意见。
南柳园	傅强	28	河北饶阳							张敬夫出资人，傅强14岁参加工作解放来北京经营茶叶 有荣军证明书
玉兴池	耿明达	32	易县	耿明达	32	易县				耿明达13岁在西直门德生园浴堂二年学徒1937年在文华园浴堂学徒二年1939年在永新园浴堂学徒八年当经理二年1949年任玉兴池经理至今，玉兴池浴堂时程佐臣私产，前曾租与耿明达经营，现租期已过，收回自营。民国十七年开设玉兴池浴堂，彼时因从事黎园不能兼顾于民国三十一年租与杨瑞林租期五年期满由续租五年1949年该堂营业一度亏累不堪支持交回，我因年迈已无经营能力后于当年四月经刘寿畲介绍将该堂房屋连同家具租与耿鸣达经营四年后已期满，经一再声请交还原业自营，因能力有限又联合张静一出资协助共同营业，推耿明达为该堂经理
荣滨园	张致祥	53	易县	张致祥	53	易县	张致祥	53	易县	张致祥10–15岁在乡下念私学，16岁老北京前外西柳树井恒庆浴堂学徒三年后到骡马市中间三星浴堂当伙友三年后到荣宾园浴堂经营至今
东明园	赵冲宵	48	定兴	李富文	54	定兴	赵冲宵	48	定兴	李富文小学一年17岁来京经商至今

续表

	铺掌	年龄	籍贯	经理	年龄	籍贯	业务负责人	年龄	籍贯	备注
新明池	万林海	50	定兴	万林海	50	定兴	万林海	50	定兴	万林海17岁到西安门外春光浴堂一年18岁到德外泉合浴堂十年28岁到保定德润浴堂六年34岁到京东浴堂四年38岁到本号十三年
新华园	张国治	54	定兴	张国治	54	定兴	张国治	54	定兴	天津新华池、北京华宾园、松竹园经理，改号本由四股合资，后因经营不善，纷纷退股，由张国治经营
四顺堂	刘建廷	60	涞水	刘建廷	60	涞水				刘建廷10岁上学21岁开始经营浴堂
同华园	刘善亭	72	北京	耿耀风	54	定兴	耿耀风	54	定兴	耿耀风私学四年20岁来北京玉兴楼学徒十年以后自己经商浴堂业
天新园	张文玺	55	易县	孙廷辅	55	定兴	杨瑞林	34	涞水	孙廷辅9岁入学13岁退学15岁来京在东升平浴堂做事22岁在春庆浴堂至54岁开设天新园之今，杨瑞林浴堂学徒二年以后当工人三年现在天新园浴堂服务
义泉堂	张湛如	37	定兴	张湛如	37	定兴	张湛如	37	定兴	自幼在布业学徒1940年经营此业香园浴堂至今
华盛池	祖顺立	39	定兴							祖顺立8岁读书二年10—17岁务农，17岁天津兴华池工作后来北京组织华盛池至今，民国三十八年的旧照是齐长寿的经理1952年换照时改为祖顺立和陈耀腾二人，据了解如下：房产是齐长寿的室内家具一部分也是齐长寿的齐长寿本人是外行不善于经营浴堂事物，所以一开始就出租由祖顺立和陈耀腾二人各出资600万元来租，每三年换一次合同现已有十二年时间，先前齐长寿不肯放手经理的名字一定要写齐长寿，后政府号召实事求是，故他也写了悔过书申请换照更名根据目前实际情况仍是租赁每月月租69万元，房地产税或修缮费概由华盛池负担，不过有两个矛盾
德诚园	张诚	49	定兴	张诚	49	定兴	张诚	49	定兴	张诚私学三年由17岁来京在西苑义亚浴堂学徒三年以后在西城护国寺德义声浴堂工人，以后到德馨园浴堂副理，35岁到德诚园浴堂经理至今
瑞品香	陶文亮	38	北京	陶文亮	38	北京	陶文亮	38	北京	
万华园	宋万才	50	定兴	张玉芳	48	定兴	齐永泉	40	定兴	宋万才17岁来京浴堂业至今，原经理宋万有1938年病故由胞弟宋万才担任经理，这次更换宋万才为经理人。
三乐园	徐鸣和	29	定兴	李绍宗	45	定兴	徐文和	53	定兴	徐鸣和9岁上学25岁在东乐园浴堂30岁的三乐园经营
大东园										

续表

	铺掌	年龄	籍贯	经理	年龄	籍贯	业务负责人	年龄	籍贯	备注
西润堂	李香远	74	定兴	董祯	39	定兴	崔德旺	43	易县	1952年，董祯入股，9岁入学小学二年务农二年13岁到北京西单聚兴园学徒至1949年，到廊坊头条清香园担任经理一年1950年到该浴堂经理
澄华池	李怀义	54	定兴	李怀义	54	定兴	李怀义	54	定兴	李怀义，18岁在东华门大街天佑浴堂学徒五年23岁去天津锦园浴堂当工人34岁来北京开设澄华池浴堂
裕兴园	马学忠	43	定兴	马学忠	43	定兴	马学忠	43	定兴	
北浴源堂	田作容	48	涞水	田作容	48	涞水	田作容	48	涞水	田作荣11岁前在家务农30岁在浴清池，31岁在浴源堂至今
隆福泗	娄国祥	38	定兴	娄国祥	38	定兴	娄瑞符	36	定兴	娄国祥10岁入学24岁高中毕业，25岁在北京恒庆浴堂经营业务至今
福澄园	张细	45	定兴	孙芝坡	54	定兴	李文浩	38	定兴	孙芝坡曾在浴堂担任下活、司账、经理等现因患半身不遂在家养病，李西北师范学院毕业曾任中学教员汇生池浴堂经理
明华池	孙弼臣	55	定兴	和世清	38	定兴	张润斋	48	易县	
宝泉堂	马星才	49	北京	王智森	47	北京	刘振汉	47	定兴	
兴隆池	张献琛	56	定兴	张献琛	56	定兴	张献璞	36	定兴	
四美堂	张效陶	46	定兴	张效陶	46	定兴	张效陶	46	定兴	28岁经营此业至今
长乐园	于济淮	45	易县	于济淮	45	易县	于济淮	45	易县	于济淮16岁在春庆堂学徒继司账32岁在永新园经理，36岁开办本号任经理至今
儒芳园										
隆泉堂	秦振江	55	定兴	秦振江	55	定兴	秦振江	55	定兴	12-15岁私塾16岁务农21岁来京在浴堂学徒至现在
瑞滨园	张午樵		北京	彭树章						张午樵10岁上学九年，初中毕业以后在德胜门内德成瑞杂货铺至今，52年本号因张瑞亭去世今申请改换弟子张午樵，现因张午樵患病不能动，唯有委托该号经理彭树章大力出席执行业务
广澄园	孙廷辅	55	定兴	孙廷辅	55	定兴	张秀文	67	定兴	潘殿卿，定兴人，万庆浴堂职工、春庆浴堂职工，与孙廷辅同为股东，五十年代初期更换执行人

续表

	铺掌	年龄	籍贯	经理	年龄	籍贯	业务负责人	年龄	籍贯	备注
浴德堂	刘附青	65	定兴	张绍文	44	定兴				民国五年直隶政法专门学校毕业，曾充察哈尔教育事务所社会股主任十二年在北京执行律师职务直至解放后至今任经理，张绍文10岁入私塾五年，16岁在北京狄德仓纸店学徒及充伙友十年27岁保定复义生杂货店经理四年32岁充北京日升汽车行经理四年充天津温泉浴堂司账三年，38岁来北京卫生池及浴德堂经理及副理
华兴池	张际晨	63	定兴	方玉堃			周和绍	47	定兴	
德颐园	张献琛	56	定兴	张献琛	48	定兴	时俊超	50	定兴	张献琛自10岁小学五年务农十二年1921年来北京在东升平园浴堂搅水一年，后宅西直门外浴源堂学徒三年当工人三年1926年承租德颐园浴堂1949年买本号家具铺底
洪善堂	马守信	44	定兴	马守信	44	定兴	史竹亭	69	涞水	
北天佑	娄恒元	64	定兴	娄恒元	64	定兴	娄恒元	64	定兴	
义丰堂	李润波	70	定兴	马守信	44	定兴	杨作祥	35	定兴	
三益池	孙志远	49	易县	娄宗德	43	易县	田春博	33	定兴	1952年几家退股交田春博经营，16岁进入天津银行服务至26岁开汽车行两年29岁入浴堂业至今
英华园	马守信	44	定兴	马守信	44	定兴	李占魁	27	定兴	本号原经理系马守信名誉请更李占魁为该号经理，李占魁11岁在本村小学，半耕半读；18岁退学后在家种地25岁来京经营该号至现在，李占魁因租期已满 将该号出资人李占魁之出资转让与古文和。
海滨园	申保祥	63	涞水	刘吉祥	38	涞水	刘吉祥	38	涞水	申保祥16岁来京在华宾园学徒后在长安街浴清池当业务代表1926年来到海滨园，1952年因海滨园经理申保祥故去，今有其弟人海滨园经理申保义为海滨园经理，申保义8–17岁在家务农17–20岁在洪善堂学徒21–28岁在天津华园浴堂工作29岁在家务农
广清园	梁宾国	54	定兴	毕寄园	42	定兴	张凤鸣	45	定兴	毕寄园，八岁至14岁在乡私塾三年14岁来京前外三里河三河浴堂学徒三年17岁在华宾园浴堂至32岁，34岁来广清园至今
洪生堂	马守信	44	定兴	赵明	24	定兴	赵明	24	定兴	宋群英，延安抗大学习13岁参加中央人民政府秘书处公务员15岁转警务班班长17岁警务营指导员20岁二纵队任参谋23岁调二野六纵队司令部任指导员杨山战役负伤残疾退伍。

续表

	铺掌	年龄	籍贯	经理	年龄	籍贯	业务负责人	年龄	籍贯	备注
汇生池	王汇川	44	定兴	杨明爽	46	定兴				李文浩西北师范学院化学系毕业，曾任中学教员现任汇生池及福澄园经理，本号1951年系由王汇川杨明爽 张宝善三人合资经营51年三月一日租与李文浩王汇川二人合资经营租期五年，王汇川为经理应付领导责任及进行营业发展一切事宜，因病不能坚持操持事物故委副理担负营业事物，李文浩为副理 担负本柜一切人事及营业买卖事项。
忠福堂	白文彬	37	涞水	白文彬	37	涞水	高建增	49	涞水	白文彬曾任教员图书馆员
兴华池	张绍华	49	北京	张绍华	49	北京	张绍华	49	北京	
福海阳	崔锡钧	54	定兴	崔锡钧	54	定兴	崔锡钧	54	定兴	马信夫1937年前在石家庄开设照相馆1942年开设福海阳，崔锡钧从幼年在浴堂学徒 当过浴堂职工多年1942年开设福海阳
天佑堂	郭裕民	39	涞水	郭裕民	39	涞水				郭裕民私塾四年，17岁来京在平和浴堂学徒二年后在松竹园浴堂任工友八年 在汇生池司账四年 1949年任天佑浴堂经理至今
汇泉池	宋敬堂	49	冀县	宋敬堂	49	冀县	王克勤	39	献县	1952年我号汇泉池经理宋敬堂系本人堂号名称今因登记换照本实事求是之原则特申请将经理名称更换本人宋经森 年58岁河北冀县人，十七岁在崇外上三条学徒20岁经营锦匣铺38岁经营出口玉器至今
恒兴池	许贵临	61	定兴	许贵临	61	定兴	许子范	47	定兴	许贵临商人
润身女浴所	金慧君	60	沧州	张维度	67	沧州	王儒珍	59	北京	
恒庆浴堂	娄荣久	59	定兴	娄国祥	38	定兴	白富斋	45	易县	
鑫园浴堂	董祯	39	定兴	董祯	39	定兴	梁采臣	38	易县	1949年让与董，董父董岐山9岁入学务农二年13岁来北京在北京西单义新园浴堂看池子三年学徒三年工作下活五年后在本柜经营业务十二年，于民国三十七年充任清华园经理一年，清香园任经理二年49年12月担任鑫园浴堂经理
桐园	铁道部生计处			吴杰	26	辽东	许振邦	45	涞水	

续表

	铺掌	年龄	籍贯	经理	年龄	籍贯	业务负责人	年龄	籍贯	备注
裕华园	苏德光	34	北京	马守信	44	定兴	王福田	34	定兴	马新民为出资人高中毕业 24 岁参加铁道部材料科会计工作，马守信系我的父亲，于 1951 年 12 月病故所有裕华园执行业务人改为马新民继承，其经理一职改聘本铺业务经理王福田担任，王福田高小毕业 21 岁到北京浴堂业服务 1944 年到本铺担任经理至今
春庆堂	孙育才	44	定兴	张明三	50	定兴	张绍华	49	定兴	
德义声	张王氏等	65	定兴	卢仲麟	50	定兴	秦世昌	56	定兴	卢仲麟 8 岁上私塾是 12–18 岁在北京务农 19 岁到北京茂华园学徒 24 岁在涌泉浴堂看火七年 37 岁在德义声充职员十年 41 岁当德义声经理至今
松竹园	董焕唐	51								董焕唐 1899 年生人私塾 5 年 1913 年在县杨村镇义和当学徒 1924 年在北京清华园当司账 1933 年开设松竹园任经理
新华池	娄翰东	37	定兴	娄翰东	37	定兴	林志	32	定兴	
万聚园	解宗信	45	易县	解宗信	45	易县	李玉田	49	易县	解宗信 1938 年前在原籍务农 1938 年 3 月来本市虎坊路新华园司账 1941 年到本市新街口德义声浴堂职员，1943 年到万聚园浴堂至今
清华女浴所				王幼农			焦桂林			
清华园				鲁仁	35	丰润				任小学教师五年；任工程公司会计四年；任医师诊所会计一年；任汽车修配厂会计六年；任清华园经理一年
一品香	梁锄梅	52	北京	刘世显	61	北京				刘霞村高小毕业，16 岁入商界学徒三年在廊房二条同义斋古玩店服务十一年 1922 年任汇宾斋成记经理 1935 年改组怀宾斋任经理 1950 年任一品香经理至今刘霞村与前任经理刘世显系宝兄弟，现因刘世显在 1950 年病故，该一品香确无刘世显资本，现改为刘霞村为股东代表
义新园	董岐山	54	定兴	董祥	34	定兴	董岐山	54	定兴	董岐山在北京经营浴堂二十余年，1949 年前任义新园经理，解放后回原籍，董岐山去世后，董福接任，8 岁私塾七年 15 岁来义新园学徒 18 岁至涿县新华园当伙友一年后回本园 22 岁在天津兴华池合伙经营因亏累倒出，23 岁又回到本园至今，该浴堂刘家出资，董祥甚身体原因推出业务执行
华宾园北号	祖鸿钧	44	定兴	祖鸿钧	36	定兴	刘泽亭	46	定兴	祖鸿钧 8–16 岁念书，27 岁务农 27 岁来京接任本园经理至今

续表

	铺掌	年龄	籍贯	经理	年龄	籍贯	业务负责人	年龄	籍贯	备注
清华池文记	清管局代管			马镜如	59	北平	马镜如	51	北平	
华宾园	祖鸿钧	44	定兴	祖鸿钧	44	定兴	李建唐	46	冀县	祖鸿钧 8–16 岁念书，27 岁务农 27 岁来京接任本园经理至今
怡和园	宗桂林	45	易县	宗桂林	45	易县	宗桂林	45	易县	
清香园	董祯	39	定兴	郭乃和	58	定兴	谢玉衡	41	易县	郭 13 岁私塾两年 17 岁来北京玉兴浴堂学徒 22 岁到船板胡同万庆浴堂充伙友 25 岁到永新园一年，27 岁到春庆浴堂二年，29 岁到清香园充伙友一年 31 岁到天津龙泉充伙友七年 37 岁到裕华园浴堂出资服务十二年，49 岁来北京清香园浴堂任经理至今，谢 8 岁私塾七年 15 岁到天津新华池浴堂学徒 29 岁独资开设龙海浴堂。37 岁到德丰园任经理，41 岁来北京清香园浴堂任执行业务职责
卫生池	杨信臣	45	涞水	杨信臣	45	涞水	杨信臣	45	涞水	1951 年，出兑契约人卫生池信记代表人杨信臣（甲方）接兑入成世海（乙方）成世海 10–15 岁在私塾念书 11–19 岁在平原县文华鞋店学徒 20–30 岁开鞋店 31 岁来北京开设卫生池至今
沂园				夏培荣	39	定兴	王国华	44	定兴	
兴华园	张华堂	78	北京	张华堂	70	北京	张培炎	27	北京	张华堂 1952 去世后，兴华园浴堂未换照原因是经理死去遗嘱献给政府产权未确定故未换照 1954 年法院判决产权由原经理爱人张刘孝慈所有现在该号随由张刘孝慈呈请政府接受但救济会决定不接受，并介绍到福利公司申请公私合营现尚未批下来。
福华浴堂	张子荆	43	定兴	李汉臣	56	定兴	张子润	48	定兴	
聚兴园	郑玉琢	63	定兴	刘明远	23	定兴				刘明远 8 岁在原籍读书至 15 岁来京到东四十条顺河城煤铺任铺掌至今由 1949 年参加聚兴园浴堂合伙，郑玉琢八岁在原籍读书至 18 岁来京到刑部街德顺煤铺学徒四年后在景山东街自立营业 开设顺永顺成城煤铺至 1924 年，来鼓楼东大街开设聚兴园浴堂至今
大香园	张云峰	52	安平	程之远	44	安平	田春博	54	涞水	张云峰 17 岁在本市西郊海甸乾德盛学徒 19 岁到煤市街元丰五金行学徒到 27 岁，28 岁与人合伙开设大丰自行车行，后迁兴隆街，1943 年与人合伙开设大香园浴堂至今，程之远 17 岁到本市煤市街元丰五金行学徒 八年后在薛家湾大丰自行车行后迁兴隆街，1943 年与人合伙开设大香园浴堂至今

续表

	铺掌	年龄	籍贯	经理	年龄	籍贯	业务负责人	年龄	籍贯	备注
畅怡园	郭富	39	涞水	郭富	39	涞水				郭富私塾四年17岁来京在和平浴堂学员两年继在松竹园任工友八年又在汇生池司账四年1949年任畅怡园经理至今
永来堂	梁树森	48	定兴							私塾五年后以经营浴堂为业
富兴池	崔恒信	66	定兴	崔恒贵	49	定兴	崔恒贵	49	定兴	
永庆堂	孙鑫珍	38	唐山	孙鑫珍	38	唐山	孙鑫珍	38	唐山	

《北京浴堂同业公会筹备委员会登记表》，北京市同业公会档案，北京市档案馆馆藏，档案号：087-044-00018。

附录十五
《1949年北京市浴堂业伙计籍贯信息表》

1949年北京市浴堂业伙计籍贯信息表

商号	定兴	涞水	易县	北平	顺义	通州	其他
大香园	9	14	8		2		三河1昌平1涿县1
宝泉堂	34	2	7	7	5	3	衡水1束鹿1
天新园	7	11	2	1			寿光1德平1
忠福堂	3	6	7		1		大兴2
一品香	16	15	5	8	1	2	蓟县2三河4良乡1江苏1肥城1武清1大兴1沧县1
华宾园	39	13	11	2	2	1	香河1三河1冀县1宝城1镇江1沙河1
德义声	9	2	5				
义新园	12	4	8				昌平1冀州1平隆1
东升平	0	28	29	17	1	7	昌平2安?1湖东1交?1
清华池	16	10	14	6	1	4	宛平2衡水1山东2大兴2昌平3南宫3武清2香河1交河1枣庄1平谷1怀柔1宝城1新城1
怡和园	13	4	6	1			乐亭1大兴1
万聚园	6	14	7				
春庆园	20		3				
怡园	14	9	1				武清1昌平1山东1
畅怡园	2	6	1				山东1
天佑浴堂	5	1	6	1		3	
庆清园	16	4	5	3	3	1	昌平1河间1
松竹园	50	3	10		2	1	大兴1
恒庆堂	37	10	17		2	2	宝坻5定县1保定1平谷2
裕华园	41	3	7		4	4	昌平1
清香园	28	4	8				衡水1新城1
桐园	20	4		2	1	1	东河1乐亭1
英华园	9		5	1			
新华池	11	16	6		1	1	山西1衡水1天津1保定1三河1
玉兴池	11	5	5	1			
华宾园北号	24	4	9		2	2	宛平1

续表

商号	定兴	涞水	易县	北平	顺义	通州	其他
东乐园	12	1			1	1	山东1宝坻1涿县1肃宁1
玉清池	10	6	11		2		北郊2冀县1宝成1昌平1
兴华池	12	2	1		1	1	
荣华园	7	7	4		1		涿县1三河1
三乐园	11	2	10		2	1	平谷1山东1
大华园	10	4	13	2	1	2	
德顺园	14	4	1	3			大兴1香河1易县1
玉庆轩		10	1				
汇泉浴堂	6	8	9		4		东河2山东1
浴德堂	20	8	8		1		三河1山东1
福澄园	7	3	3				山东1大兴1
清华园	36	11	13	2	1	8	新城1三河1海甸1大兴1
兴华园	29	3	24	4	3		房山1
儒芳园	9		1				
兴隆池	5	1	3				北郊2大兴1
德华园			2		1		
洗清池	5	11	10		3	2	昌平1大兴1
总数	645	273	306	61	49	47	116

资料来源：《北平市纺织染业同业公会、浴堂职业工会登记会员名册》，北平市社会局档案，北京市档案馆馆藏，档案号：J002-004-00840。

附录十六
1952年前门地区浴堂工人收取小费情况调查表

1952年前门地区浴堂工人收取小费情况调查表　　单位：元（第一套人民币）

字号	赚钱利润平均数	赔钱利润平均数	提成平均数	小费平均数
南柳园	915212	920800（7、8月）	1701300	1819519
三乐园	2352800（9、10月）	47000	2808910	
大香园	484120（8、9月）	307600（10月）	3493410	2058110
华兴池	231962（7至9月）		1964250	1201872
忠福堂	1260575		2286550	1462950
瑞滨园	1736500		1584475	1749300
一品香	6489081（7至9月）		1398872	3063550
清香园	3979970（7至9月）		9539963	3465525
三益池	845075			2255800
兴华园	6660850		14321425	6723750
汇泉池	373400（8至10月）	1968045（7月）	5906954	2704900
浴德堂		1065507	5476165	1801320
恒庆堂		1866500	7250325	3780000
卫生池	575620（7月）	2040640（8至10月）	4440175	
润身女浴所	181100	873435（7、9、10月）	538897	122800
春庆堂		1723425		121800
明华池	100440（9月）	200650（7至10月）		650000
义丰堂	2084600（9月）	1144300（8、10月）	3447650	216885
瑞品香	230850（8至10月）	229500（7、9月）		683300
福澄园	157645（8、9月）	414075（7、10月）	2660650（10月）	1750770
洪生堂	315000（8月）	446100（7、9、10）	2724610	1161000
忠兴园		1074300	2403110	1280720

1952年11月前门地区浴室工人收支调查表　　单位：元（第一套人民币）

等级	字号	流水总额	工资提成	小费	伙食费
特级	清华园	100432200	25447315	11316000	7523206
甲级	松竹园	61846500	14684395	4373600	8595000
	恒兴池	25705700	5729800	2598906	2521400

续表

等级	字号	流水总额	工资提成	小费	伙食费
乙级	天佑堂	21905200	5208400	3453600	2288300
	汇泉池	30244746	8793094	3262800	3401600
丙级	涌泉堂	9435055	2157570	1417900	1144700
	明华池	7539000	2039980	973000	1623700
丁级	新明池	7743100	1886038	829550	1183426

资料来源：北京市工商管理局：《处理人民来信要求取消澡堂饭店旅店等行业收小费问题本局于浴堂工会等有关单位的来往文书》，北京市档案馆馆藏，档案号：022-010-00435。

附录十七
浴堂盗窃案件统计表

浴堂盗窃案件统计表

	时间	地点	丢失物品	分类	窃贼身份	结果
某浴堂	1903	地安门外（后门外）	衣物	客人丢物	未知	浴堂赔偿

资料来源：《京师浴堂受骗》，《顺天时报》，1903 年 1 月 11 日，第 4 版。

北泉浴堂	1913	西交民巷	钱包	客人丢物	浴堂伙计	无结果

资料来源：《澡堂之贼》，《顺天时报》，1913 年 8 月 15 日。

富庆浴堂	1913	前门外廊坊头条	表	客人丢物	浴客（惯犯）	警察查获

资料来源：大理院书记厅编：《大理院判决录》，北京：大理院书记厅出版，1913 年，第 1 页。

隆泉浴堂	1913	白塔寺	烟壶、钱财	客人丢物	未知	由浴堂查找

资料来源：《洗澡留神》，《京华新报》，1913 年 12 月 8 日，第 4 版。

涌泉浴堂	1914	西四	钱财	客人丢物	未知	交由警局处理

资料来源：《禁卫军留守司令部关于涌泉澡堂昧良窃财等情的函》，京师警察厅档案，北京市档案馆馆藏，档案号：J181-019-03685。

庆荣浴堂	1914	前门外大李纱帽胡同路北	钱财、褡裢	客人丢物	法国士兵	警察查获

资料来源：《京师警察厅外右二区区署关于沙春圃控告法国人在庆荣澡堂抢去客座钱褡裢等物一案的呈》，京师警察厅档案，北京市档案馆馆藏，档案号：J181-019-03302。

清泉浴堂	1915	王府井大街路西	毛巾	浴堂失窃	浴客	出堂时由浴堂发现

资料来源：《京师警察厅内左一区分区关于遵查收留偷窃清泉澡堂客人遗下铜元系京兆警备司令处护兵韩登奎现准该处将铜元送区世示招领的报告》，京师警察厅档案，北京市档案馆馆藏，档案号：J181-018-04345。

德丰园浴堂	1916	新街口	毛巾	客人丢物	未知	警察查获

资料来源：《京师警察厅外右四区区署关于王连携有德丰澡堂手巾并请讯办一案的详》，京师警察厅档案，北京市档案馆馆藏，档案号：J181-019-11152。

德丰园浴堂	1916	新街口	毛巾	浴堂失窃	未知	警察查获

资料来源：《京师警察厅外右四区区署关于王连携有德丰澡堂手巾并请讯办一案的详》，京师警察厅档案，北京市档案馆馆藏，档案号：J181-019-11152。

得庆浴堂	1917	地安门外（后门外）	表	浴堂失窃	未知	浴堂于客人因失物产生纠纷

资料来源：《京师警察厅内右三区区署关于得庆澡堂铺掌李国荣控告马学勤向其索勒前失之马表的呈》，京师警察厅档案，北京市档案馆馆藏，档案号：J181-019-15233。

文雅园浴堂	1917	西单	毛巾	浴堂失窃	浴客	浴堂自行追寻查获

资料来源：《澡堂追获窃贼》，《顺天时报》，1917 年 2 月 27 日；第 7 版。

续表

	时间	地点	丢失物品	分类	窃贼身份	结果
富有浴堂	1918	菜市口米市胡同大吉巷	未丢失物品	浴堂失窃	窃贼	出堂时由浴堂发现

资料来源:《京师警察厅外右四区区署关于沙来顺擅入富有澡堂后院的呈》,京师警察厅档案,北京市档案馆馆藏,档案号:J181-019-18565。

文雅园浴堂	1918	西单	皮夹	客人丢物	浴堂伙计	交由警局处理

资料来源:《京师警察厅内右一区区署关于冯玉成在文雅园澡堂遗失皮夹等物铺伙陈立昌涉嫌的呈》,京师警察厅档案,北京市档案馆馆藏,档案号:J181-019-18191。

中华园浴堂	1919	东四北大街	毛巾	浴堂失窃	浴客	出堂时由浴堂发现

资料来源:《京师警察厅内左四区分区表送中华国澡堂伙计张惠扭告玉山绺窃手巾一案卷》,京师警察厅档案,北京市档案馆馆藏,档案号:J181-019-57100。

春庆浴堂	1920	前门外观音寺街燕家胡同	钱包	客人丢物	浴客	浴堂自行追寻查获

资料来源:《春庆澡堂之皮夹案》,《益世报(北京)》,1923年8月1日,第7版。

浴德浴堂	1920	西单武功卫胡同	毛巾	浴堂失窃	浴客(常客)	出堂时由浴堂发现

资料来源:《洗澡兼带做贼》,《顺天时报》,1920年7月15日,第7版。

恒庆浴堂	1920	西珠市口西柳树井	铜壶	浴堂失窃	浴客	浴堂自行追寻查获

资料来源:《洗澡兼带做贼》,《顺天时报》,1920年2月2日,第7版。

天泉浴堂	1921	珠市口西留学路	棉被、衣物、眼镜	浴堂失窃	无业	警察查获(犯人送教养局管束一个月)

资料来源:《京师警察厅侦缉队关于钱广章偷窃澡堂衣物一案的呈》,京师警察厅档案,北京市档案馆馆藏,档案号:J181-019-30549。

春庆浴堂	1922	前门外观音寺街燕家胡同	洗澡不交费	浴堂失窃	学生	未果

资料来源:《澡堂里遇着骗子》,《东南日报》,1922年3月27日,第4版;春庆澡堂。

富有浴堂	1922	菜市口米市胡同	衣物茶碗	浴堂失窃	当铺伙计(惯偷)	浴堂自行追寻查获

资料来源:《贼子惯偷澡堂,现已被获》,《晨报》,1922年5月22日,第6版。

洪善浴堂	1922	崇文门外花市大街	毛巾	浴堂失窃	浴客(衣着体面)	出堂时由浴堂发现

资料来源:《澡堂偷手巾的何多》,《益世报(北京)》,1922年3月16日,第7版。

某浴堂	1922	地安门外太平湖	衣物	客人丢物	浴客	浴堂拒不赔偿,巡警赔偿

资料来源:《洗澡丢衣,这一穽非同小可》,《大公报》,1922年12月1日,第8版。

某浴堂	1922	新街口南路东	钱财	客人丢物	浴客	出堂时由浴堂发现

资料来源:《澡堂内发现窃贼》,《益世报(北京)》,1922年3月25日,第7版。

清园浴堂	1922	前门外煤市街	毛巾	浴堂失窃	浴客	出堂时由浴堂发现

续表

	时间	地点	丢失物品	分类	窃贼身份	结果
资料来源：《澡堂偷手巾贼被获》，《益世报（北京）》，1922年3月4日，第7版。						
日新浴堂	1922	前门外草市	毛巾	浴堂失窃	盗窃团伙	警察查获
资料来源：《澡堂注意》，《益世报（北京）》，1922年6月21日，第7版。						
三顺浴堂	1922	西四北大街红罗场路西	钱财、衣物	浴堂失窃	挑菜夫	警察查获
资料来源：《好热闹的三顺澡堂，夜间几乎被人偷窃一空》，《晨报》，1922年5月17日。						
德升园浴堂	1923	西直门内南草厂	毛巾、茶壶	浴堂失窃	浴客（衣着体面）	浴堂自行追寻未查获
资料来源：《文明扒手吃澡堂》，《益世报（北京）》，1923年7月15日，第7版。						
德裕浴堂	1923	东四北新桥以西路南	衣物	浴堂失窃	未知	交由警局处理
资料来源：《澡堂被窃》，《晨报》，1923年6月18日，第6版。						
德丰园浴堂	1923	新街口	痰盂、手巾、瓷筒	浴堂失窃	浴客	无结果
资料来源：《两澡堂被窃，做贼也有幸与不幸》，《益世报（北京）》，1923年4月30日，第7版。						
德升园浴堂	1923	西直门内南草厂	手巾	浴堂失窃	浴客	浴堂自行追寻查获
资料来源：《两澡堂被窃，做贼也有幸与不幸》，《益世报（北京）》，1923年4月30日，第7版。						
乐顺浴堂	1923	阜成门内大街	毛巾	浴堂失窃	无业（冒充军人）	警察查获
资料来源：《京师警察厅内右四区分区表送祁佩林偷窃澡堂内手巾一案卷》，京师警察厅档案，北京市档案馆馆藏，档案号：J181-019-36067。						
清华池浴堂	1923	珠市口西路北	钱包	客人丢物	未知	浴堂以开除伙计平息此事
资料来源：《清华池辞人之风波》，《晨报》，1923年8月1日，第6版。						
荣盛园浴堂	1923	菜市口南横街张相公庙	手巾及钱财	浴堂失窃	窃贼	交由警局处理
资料来源：《澡堂被窃》，《晨报》，1923年8月19日，第6版。						
一品香浴堂	1923	前门外马神庙	钱财及衣物	浴堂失窃	浴堂伙计自盗	警察查获
资料来源：《一品香之自盗案》，《晨报》，1923年8月23日，第6版。						
义园浴堂	1923	安定门外	手巾	浴堂失窃	无业（原浴堂伙计）	警察查获
资料来源：《专偷澡堂的窃贼因他是澡堂出身》，《晨报》，1923年5月22日，第6版。						
华兴园浴堂	1924	琉璃厂北口	金表	客人丢物	未知	由浴堂查找，找不到赔偿
资料来源：《华兴园浴堂也闹贼》，《晨报》，1924年12月8日，第6版。						
汇泉浴堂	1924	菜市口	钱财	客人丢物	失主朋友	出堂时由浴堂发现
资料来源：《朋友见财忘义，请洗澡趁机偷窃》，《顺天时报》，1924年11月27日，第7版。						

续表

<table>
<tr><td></td><td>时间</td><td>地点</td><td>丢失物品</td><td>分类</td><td>窃贼身份</td><td>结果</td></tr>
<tr><td>隆泉浴堂</td><td>1924</td><td>阜成门内大街澡堂子胡同</td><td>衣物</td><td>浴堂失窃</td><td>路人</td><td>出堂时由浴堂发现</td></tr>
<tr><td colspan="7">资料来源:《京师警察厅内右四区分区表送康凤山乘火绺窃隆泉澡堂内衣服一案的呈》, 京师警察厅档案, 北京市档案馆馆藏, 档案号: J181-019-39892。</td></tr>
<tr><td>某浴堂</td><td>1924</td><td>新街口</td><td>衣服, 鞋物</td><td>客人丢物</td><td>浴客</td><td>浴堂赔偿</td></tr>
<tr><td colspan="7">资料来源:《澡堂中偷梁换柱》,《京报》, 1924 年 4 月 2 日, 第 6 版。</td></tr>
<tr><td>西恒浴堂</td><td>1924</td><td>德胜门外什邡街路东</td><td>手巾</td><td>浴堂失窃</td><td>浴客(下处老板)</td><td>出堂时由浴堂发现</td></tr>
<tr><td colspan="7">资料来源:《入澡堂原为行窃》,《晨报》, 1924 11 月 23 日, 第 6 版。</td></tr>
<tr><td>德升园浴堂</td><td>1925</td><td>西直门内南草厂</td><td>衣物</td><td>浴堂失窃</td><td>窃贼</td><td>交由警局处理</td></tr>
<tr><td colspan="7">资料来源:《德升澡堂一再被窃》,《京报》, 1925 年 12 月 14 日, 第 6 版。</td></tr>
<tr><td>德升园浴堂</td><td>1925</td><td>西直门内南草厂</td><td>衣物</td><td>浴堂失窃</td><td>窃贼</td><td>交由警局处理</td></tr>
<tr><td colspan="7">资料来源:《德升园澡堂失盗》,《益世报(北京)》, 1925 年 12 月 7 日, 第 7 版。</td></tr>
<tr><td>洪善浴堂</td><td>1925</td><td>崇文门外花市大街</td><td>未丢失物品</td><td>浴堂失窃</td><td>无业</td><td>出堂时由浴堂发现</td></tr>
<tr><td colspan="7">资料来源:《京师警察厅外左二区分区表送追获李庆芳潜伏洪善澡堂内欲行偷窃一案卷》, 京师警察厅档案, 北京市档案馆馆藏, 档案号: J181-019-43423。</td></tr>
<tr><td>华宾园洗澡</td><td>1925</td><td>西四</td><td>钱财</td><td>客人丢物</td><td>浴堂伙计</td><td>与浴堂产生纠纷</td></tr>
<tr><td colspan="7">资料来源:《澡堂中顾客失物》,《社会日报(北平)》, 1925 年 9 月 25, 第 4 版。</td></tr>
<tr><td>某浴堂</td><td>1925</td><td>前门外鲜鱼口</td><td>衣物</td><td>客人丢物</td><td>失主友人</td><td>交由警局处理</td></tr>
<tr><td colspan="7">资料来源:《澡堂中一桩骗衣案, 乡人谋事投入圈套》,《顺天时报》, 1925 年 11 月 22 日, 第 7 版。</td></tr>
<tr><td>日新浴堂</td><td>1925</td><td>珠市口草市</td><td>钱财</td><td>客人丢物</td><td>未知</td><td>交由警局处理</td></tr>
<tr><td colspan="7">资料来源:《京师警察厅外左五区分区表送军人刘凤春控在衡焕章澡堂丢失银元陈伯华涉有嫌疑一案卷》, 京师警察厅档案, 北京市档案馆馆藏, 档案号: J181-019-44242。</td></tr>
<tr><td>一品香浴堂</td><td>1925</td><td>前门外马神庙</td><td>毛巾</td><td>浴堂失窃</td><td>浴客(衣着体面)</td><td>出堂时由浴堂发现</td></tr>
<tr><td colspan="7">资料来源:《一品香顾客作贼》,《晨报》, 1925 年 4 月 22 日, 第 6 版。</td></tr>
<tr><td>一品香浴堂</td><td>1925</td><td>前门外马神庙</td><td>毛巾</td><td>浴堂失窃</td><td>窃贼(惯犯)</td><td>出堂时由浴堂发现</td></tr>
<tr><td colspan="7">资料来源:《毛巾之贼颇多, 洗澡系为做贼》,《顺天时报》, 1925 年 7 月 12 日, 第 7 版。</td></tr>
<tr><td>永顺浴堂</td><td>1925</td><td>西单绒线胡同</td><td>钱财</td><td>客人丢物</td><td>未知</td><td>交由警局处理, 失主欲令浴堂赔偿</td></tr>
<tr><td colspan="7">资料来源:《京师警察厅内右一区分区表送军人刘雨亭在永顺澡堂丢失奉票喊告伙计王仲赔偿等情一案卷》, 京师警察厅档案, 北京市档案馆馆藏, 档案号: J181-019-48784。</td></tr>
<tr><td>玉泉浴堂</td><td>1925</td><td>朝阳门附近</td><td>衣物</td><td>客人丢物</td><td>失主客店同屋</td><td>无结果</td></tr>
<tr><td colspan="7">资料来源:《澡堂里也行骗术》,《民国日报》, 1925 年 2 月 17 日, 第 6 版。</td></tr>
<tr><td>华兴池浴堂</td><td>1926</td><td>前门外煤市街</td><td>手表、衣服</td><td>浴堂失窃</td><td>未知</td><td>交由警局处理</td></tr>
<tr><td colspan="7">资料来源:《两家铺商被窃》,《益世报(北京)》1926 年 9 月 20 日, 第 7 版。</td></tr>
</table>

续表

	时间	地点	丢失物品	分类	窃贼身份	结果
天裕浴堂	1926	天桥沿西路北	毛巾	浴堂失窃	浴客	由浴堂发现，交予警察

资料来源：《天裕浴堂窃案，洗澡的偷毛巾》，《益世报（北京）》，1926年12月3日，第7版。

春庆浴堂	1928	前门外观音寺街燕家胡同	钱财、衣物、粮食	浴堂失窃	窃贼	警察查获（二次行窃时）

资料来源：《警察拿贼，春庆澡堂被窃》，《益世报（北京）》，1928年12月14日。

永庆浴堂	1928	西单绒线胡同	戒指	客人丢物	浴堂伙计自盗	警察查获
玉尘轩浴堂	1928	珠市口东	钱财	浴堂失窃	未知（疑似军人）	交由警局处理

资料来源：《京师警察厅外左区分区表送玉尘轩澡堂伙计国富报称军人马朝忠被军人王姓偷窃财物逃逸等情》，京师警察厅档案，北京市档案馆馆藏，档案号：J181-021-52197。

聚泉浴堂	1929	前门外草市	毛巾	浴堂失窃	浴客（家道小康）	出堂时由浴堂发现

资料来源：《盗毛巾于洗澡堂内》，《益世报（北平）》，1929年12月7日，第7版。

沂园浴堂	1929	前门外观音寺街路北	洗澡不交费	浴堂失窃	无业	交由警局处理

资料来源：《前有鲁干然骗饭馆今有鲁常山骗澡堂》，《益世报（北平）》，1929年4月12日，第7版。

永兴浴堂	1929	珠市口东大街路南	衣服	客人丢物	浴客	由客人发现，后和解

资料来源：《澡堂里偷换衣裳》，《益世报（北平）》，1929年8月13日，第7版。

文华园浴堂	1930	前门外北孝顺胡同	浴堂门前大铁锅	浴堂失窃	铁厂	警察查获

资料来源：《外一区两浴堂两个大铁锅先后被盗昨已破获》，《京报》，1930年8月21日，第6版。

玉尘轩浴堂	1930	珠市口东	浴堂门前大铁锅	浴堂失窃	铁厂	警察查获

资料来源：《外一区两澡堂两个大铁锅先后被盗昨已破获》，《京报》，1930年8月21日，第6版。

瑞滨园浴堂	1931	虎坊桥	钱财、衣物	客人丢物	未知	与浴堂产生纠纷

资料来源：《瑞宾园澡堂内如不交柜丢失不管》，《益世报（北平）》，1931年12月13日，第7版。

西润浴堂	1933	西四砖塔胡同	线毯、毛巾	浴堂失窃	浴客	警察查获

资料来源：《北平市警察局内二区区署关于查获张则印偷窃澡堂线毯、毛巾等物一案的呈》，北平市警察局档案，北京市档案馆馆藏，档案号：J181-021-16500。

永庆园浴堂	1933	永定门关厢	钱财	客人丢物	浴客	交由警局处理

资料来源：《北平市公安局关于侦查佟宗义在永庆园澡堂被人掏去财物案的训令》，北平市警察局档案，北京市档案馆馆藏，档案号：J181-020-11221。

新华园浴堂	1936	西直门内南小街	毛巾	浴堂失窃	浴客	出堂时由浴堂发现

资料来源：《新华园澡堂顾客偷毛巾铺掌发觉扭获搜出赃物带区》，《京报》，1936年12月24日，第6版。

续表

	时间	地点	丢失物品	分类	窃贼身份	结果
兴华池浴堂	1936	前门外东打磨厂	钱、衣物	客人丢物	未知	浴堂赔偿（私了，赔偿部分损失）

资料来源：《北平市警察局外一区区署关于姚尧仙控告兴华池澡堂内丢失衣服钞票请向铺掌张云惠追究赔偿的呈》，北平市警察局档案，北京市档案馆馆藏，档案号：J181–021–45819。

永兴浴堂	1936	朝阳门内北小街	毛巾	浴堂失窃	浴客	出堂时由浴堂发现

资料来源：《永兴澡堂，浴客行窃，伙计发觉追处捕获》，《华北日报》，1936年12月26日，第6版。

东乐园	1942	珠市口东草市	毛巾	浴堂失窃	无业（原纺织工人）	警察查获

资料来源：《北京特别市警察局侦缉队关于左维志偷浴池内白围巾一案的呈》，伪北京特别市警察局档案，北京市档案馆，档案号：J181–026–18014。

瑞滨园浴堂	1942	虎坊桥	毛巾	浴堂失窃	无业	警察查获

资料来源：《北京特别市警察局外五区分局关于丁喜顺偷澡堂大毛巾等物一案的呈》，伪北京特别市警察局档案，北京市档案馆，档案号：J181–026–16901。

义兴园浴堂	1942	西单	毛巾	浴堂失窃	无业（六十六岁）	警察查获

资料来源：《北京特别市警察局外五区分局关于贾茂亭偷澡堂毛巾1条等物一案的呈》，伪北京特别市警察局档案，北京市档案馆，档案号：J181–026–16934。

玉兴池浴堂	1942	珠市口西留学路	毛巾	浴堂失窃	无业	警察查获

资料来源：《北京特别市警察局外五区分局关于丁喜顺偷澡堂大毛巾等物一案的呈》，伪北京特别市警察局档案，北京市档案馆，档案号：J181–026–16901。

中华园	1942	东四北大街	毛巾	浴堂失窃	浴堂伙计	警察查获

资料来源：《北京特别市警察局外五分局关于王恒私拿澡堂大毛巾等物品行迹不检的案卷》，伪北京特别市警察局档案，北京市档案馆，档案号：J184–002–31595。

新华池浴堂	1943	天桥市场大街	毛巾	浴堂失窃	无业	警察查获

资料来源：《北京特别市警察局外五区分局关于送张福祥在澡堂偷大毛巾一案的呈》，伪北京特别市警察局档案，北京市档案馆馆藏，档案号：J181–026–20157。

鑫园浴堂	1943	地安门外烟袋斜街	铁丝地垫	浴堂失窃	无业	警察查获

资料来源：《北平市警察局内五分局关于地检处送朱林氏等控张贾氏等有偷窃手表皮领嫌疑及王德海偷窃棉被澡堂门前脚垫等案》，伪北京特别市警察局档案，北京市档案馆，档案号：J183–002–34915。

玉兴池浴堂	1943	珠市口西留学路	毛巾	浴堂失窃	浴客	浴堂自行追寻查获

资料来源：《北京特别市警察局外五分局关于张林生等偷窃怀表、褥单、浴室毛巾、铁筒、黄米面等形迹不检案卷》，伪北京特别市警察局档案，北京市档案馆，档案号：J184–002–26938。

清华池浴堂	1945	珠市口西	灯泡	浴堂失窃	浴客（破产商人，有毒瘾）	警察查获

资料来源：《北京特别市警察局侦缉队关于送于冷偷澡堂标灯泡14个并吸毒一案的呈》，北京市档案馆，伪北京特别市警察局档案，档案号：J181–024–00839。

附录十八
北平市澡堂厉行新生活办法

甲、设备方面

（一）临街外墙须粉刷清洁不得张贴任何纸张或书写任何文字并须每周打扫一次，每六个月粉刷一次。

（二）大门及铁门须每周洗抹一次

（三）招牌须用正楷字书写并不得书写洋文每周须洗抹一次

（四）门前台阶及停车场所须修垫平坦每日打扫一次

（五）门前不得倾倒污水和垃圾

（六）屋内墙壁及天花板须粉刷清洁并须每周打扫一次每六个月粉刷一次。

（七）地面须铺水面汀或砖类或整齐切合之木板并须每日打扫拖擦一次

（八）走廊楼梯及栏杆须油漆清洁并须每日打扫拖擦一次

（九）门窗须油漆整洁并须装置铁纱或冷布门窗玻璃每日须洗抹一次

（十）门帘窗帘须用国巾布每周换洗一次

（十一）浴衣围巾于每客用后须用开水煮洗一次

（十二）茶壶茶杯须用本国瓷器每客用后须用开水盥洗一次

（十三）痰盂每日倒洗二次至四次于每次倒洗后须倒入卫生药水少许

（十四）茶桌靠椅及躺床沙发等用具须简朴整齐颜色样式须力求一律

（十五）椅垫沙发套等须用国巾布制成并须时常更换

（十六）每室须备置有益书籍及新闻纸若干份以备顾客阅览

（十七）每个茶桌须放置叫人铃一个，以备顾客呼唤茶房时使用

（十八）夏天室内须多备电风扇或手拉风扇并须时常打扫

（十九）浴室每日须换水两次并于每次换水时刷洗洁净

（二十）浴盆于每客用后须用开水冲洗一次

（二十一）阴沟须时常疏通修理

（二十二）洗澡毛巾与洗面毛巾须分蓝边红边或用字注明

（二十三）擦背用之丝瓜海绵等物及洗面毛巾洗澡毛巾于每客用后均须用开水煮洗一次

（二十四）厕所须与浴池浴室水灶隔开须每日清理一次冲洗二次至四次每次冲洗后须放卫生药水少许

（二十五）尿池或尿斗须通达阴沟并须每日冲洗二次至四次每次冲洗后须放卫生药水少许

（二十六）煤炭须倒于不易使人望见之处所每日清理一次。

（二十七）煮洗锅须预备两个一个为煮洗洗面毛巾之用一个为煮洗洗澡毛巾围巾浴衣之用并须每日换水两次至四次。

乙、人事方面

茶房及杂役须知

（一）每天清早起来都要漱口刷牙洗脸

（二）头发要常理常梳指甲要常剪身体要常洗脸要常刮

（三）茶房及杂役须本国白色短制服样式须采一律左襟上用红线绣明号码并须时常洗换

（四）衣服要整齐纽扣要扣好鞋跟要拔上天气无论多热都不要赤背

（五）客人进门的时候应该站起欢迎，客人入室后须即上前替客人接取衣帽打手巾把及倒茶招待

（六）茶房杂役无事时须在澡堂两廊或门外守候以备客人使唤

（七）客人如有贵重物品或钱财交给保存要妥慎送交柜房取回号牌或收条交给客人临走时候凭号牌或收条把原物交还客人

（八）客人如有询问要和气对答不要向客人咳嗽吐痰吃烟或打喷嚏

（九）端茶端水端饭给客人时须用双手，捧着不要把手指放入碗内

（十）客人洗过澡后必须将澡盆脸盆擦洗一次并须将浴室内地面拖洗

一次

（十一）替客人捏脚时候所用的手巾要用开水煮洗消毒并且消毒一次不能给两个客人使用。

（十二）修脚器具要擦拭干净用火酒或烧酒消毒然后使用

（十三）替客人理发时嘴上要戴口罩

（十四）替客人理发之前或理发之后及大小便以后必须将两手洗干净

（十五）剪剃下来头发须发要马上打扫干净

（十六）茶房及杂役如有传染病及皮肤病须即停止工作等病好后再行操作

（十七）客人给予小费无论多少不得争论不得怪声报数

（十八）客人走后如有东西遗留须交给账房妥为保管等客人来领

（十九）客人走后要把座椅茶几短凳茶壶及其他一切用具该用水煮洗该用抹布擦抹就擦抹

浴客须知

（一）浴客进门或上楼梯时候脚步须放轻

（二）浴客如携带重要物品或少数银钱，须于入浴前点交茶房转交柜房保存并向茶房要号牌或收条

（三）浴客在休息时候请勿高声谈笑并唱歌

（四）浴客痰液鼻涕应吐入痰盂

（五）浴客对内一切物件须加意爱护请勿故意损坏

（六）茶房杂役如有招待不周之处浴客须通知柜房转为处理不要开口骂人动手打人

（七）浴客出门时候帽子要戴好纽扣要扣好鞋跟要拔起

资料来源：《北平市澡堂厉行新生活办法》，《社会周刊》，1935 年 101 期卷，第 53—56 页。

参考资料

一、馆藏未刊档案

北京档案馆：北平市政府，北平市社会局，北平市卫生局，北平市公用局，北京特别市筹募劳工委员会，北平市工务局，北平市警察局、北平市警察局内城，外城、郊区各分局，工商税务档案（建国后），社会福利局（建国后），同业公会档案（建国后）等。

中国第一历史档案馆馆藏，宗人府档案。

二、报刊期刊

报刊类

《晨报》《晨钟报》《大公报》《华北日报》《京报》《民国日报》《人民日报》《社会日报（北平）》《申报》《顺天时报》《新华日报》《《新民报》《新中华报》《益世报》《中国日报（China Press）》《中央日报》《字林西报（*North-China Daily news*）》。

期刊类

《北平市政统计》《北平医刊》《东方杂志》《法律评论（北京）》《妇女共鸣》《国民杂志（北京）》《国医卫生半月刊》《京师税务月刊》《立言画刊》《青年杂志》《三六九画报》《少年中国》《社会科学杂志》《社会学界》《社会学刊》《实报半月刊》《通俗医事月刊》《吾友》《小说月报》《新潮》《新民报半月刊》《宇宙风》等。

三、政府公报、年鉴

《北平市市政公报》《北平特别市市政公报》《北平市政府公报》《北平市政府行政纪要》《华北政务委员会公报》。

《北京特别市公署卫生局业务报告》《北平市政府卫生处业务报告》《北平市政府卫生局业务报告》《卫生公报（北平）》《北平市卫生局第一卫生区事务所年报》《北平市公安局第一卫生区事务所年报》《北平市卫生局第二卫生区事务所年报》《北京市卫生局第一卫生区事务所年报》《北平市卫生处第一卫生区事务所年报》《北平市卫生处第二卫生区事务所年报》《民国二十九年北京特别市霍乱预防工作简报》。

《市政通告》《北京市政旬刊》《中国经济年鉴》《北平特别市公署警察局业务报告》《北平市社会局行政工作报告》《北京市生命统计年报》。

四、社会调查、资料汇编（按照作者姓名拼音字母顺序排列）

[1] 北京市档案馆 . 北京档案史料［M］. 北京：北京市档案馆，1986–2004.

[2] 北京市档案馆 . 北京市自来水公司档案［M］. 北京：北京燕山出版社，1986.

[3] 北京市档案馆 . 民国时期北平市工商税收［M］. 北京：档案出版社，1998.

[4] 北京市总工会工人运动史研究编 . 北京工运史料（第 2 期）［M］. 北京：工人出版社，1982.

[5] 北平市人民政府工商局 . 北平市工业调查［M］. 载 . 华北史地文献（第 11 卷）［M］. 北京：学苑出版社，2011.

[6] 北平市政府参事室编 . 北平市市政法规汇编［M］. 北平：北平市社会

局救济院印刷组出版，1934.

[7] 北平特别市社会局编 . 社会调查汇刊（第 1 集）[M]. 北平：北平特别市社会局出版，1930.

[8] 步济时 . 北京的行会 [M]. 赵晓阳译，北京：清华大学出版社，2011.

[9] 池泽汇 . 北平市工商业概况 [M]. 北平：北平市社会局出版，1932.

[10] 大东书局 . 经济紧急措施法令汇编 [M]. 上海：大东书局，1947.

[11] 冯克力 . 老照片（第一百辑）[M]. 济南：山东画报出版社，2015.

[12] 古物保管委员会 . 古物保管委员会工作汇报 [M]. 北平：大学出版社，1935.

[13] 国家工商行政管理小组 . 中华民国时期的工商行政管理 [M]. 北京：工商出版社，1987.

[14] 华北解放区财政经济史资料选编编辑组 . 华北解放区财政经济史资料选编（第一辑）[M]. 北京：中国财政经济出版社，1996.

[15] 京师警察厅 . 京师警察法令汇纂 [M]. 北京：京师警察厅出版，1915.

[16] 李家瑞 . 北平风俗类征 [M]. 北京：北京出版社，2010.

[17] 李文海 . 民国时期社会调查丛编（社会保障卷）[M]. 福州：福建教育出版社，2004.

[18] 瞿宣颖 . 中国社会史料丛钞（甲编）[M]. 长沙：湖南教育出版社，2009.

[19] 石毓符 . 私营企业重估财产调整资本办法的实践 [M]. 北京：十月出版社，1951.

[20] 孙健主，刘娟，李建平 . 北京经济史资料（近代北京商业部分）[M] 毕惠芳，选编 . 北京：北京燕山出版社，1990.

[21] 陶孟和 . 北平生活费之分析 [M]. 北京：商务印书馆，2010.

[22] 田涛，郭成伟整理．清末北京城市管理法规［M］．北京：北京燕山出版社，1996.
[23] 丸山昏迷．北京［M］．卢茂君，译．北京：北京方志馆，2016.
[24] 杨振声．杨振声文献史料汇编［M］．李宗刚，谢慧聪，辑校．济南：山东人民出版社，2016.
[25] 西德尼・甘博．北京社会调查［M］．北京：中国书店出版社，2010.
[26] 中国防痨协会．中国防痨史料（第一辑）［M］．北京：中国防痨协会，1983.
[27] 中国华北文献丛书编辑委员会．华北稀见丛书文献［M］．北京：学苑出版社，2012.
[28] 中央档案馆．中共中央北方局文件汇集（1934–1934）［M］．北京：中共中央党校出版社，1992.
[29] 中央民众训练部．人民团体法规释例汇编［M］．南京：中央民众训练部，1937.

五、地方志、文史资料

[1] 服部宇之吉．清末北京志资料［M］．张宗平，吕永和，译．吕永和，汤重南，校．北京：北京燕山出版社，1994.
[2] 爱新觉罗瀛生．老北京与满族［M］．北京：学苑出版社，2005.
[3] 白庚胜．中国民间故事全书・河北・定兴卷［M］．北京：知识产权出版社，2013.
[4] 北京市崇文区委党史资料研究室．中共崇文区地下党斗争史（1921–1949）［M］．北京：崇文区委党史资料研究室出版，1995.
[5] 北京市崇文区政协文史资料委员会．花市一条街［M］．北京：北京出版社，1990.

[6] 北京市地方志编纂委员会．北京志·工业卷·电力工业志［M］．北京：北京出版社，2003.

[7] 北京市地方志编纂委员会．北京志·商业卷·日用工业品商业志［M］．北京：北京出版社，2006.

[8] 北京市地方志编纂委员会．北京志·人民团体卷·工人组织志［M］．北京：北京出版社，2005.

[9] 北京市地方志编纂委员会．北京志·商业卷·人民生活志［M］．北京：北京出版社，2007.

[10] 北京市地方志编纂委员会．北京志·商业卷·饮食服务志［M］．北京：北京出版社，2008.

[11] 北京市地方志编纂委员会．北京志·综合管理卷·财政志［M］．北京：北京出版社，2000.

[12] 北京市地方志编纂委员会．北京志·综合经济管理卷·税务志［M］．北京：北京出版社，2001.

[13] 北京市东城区委员会文史委员会．北京市东城区文史资料选编（第5辑）［M］．北京：东城区文史资料委员会，1994.

[14] 北京市委党史研究室．在迎接解放的日子里［M］．北京：中央文献出版社，2004.

[15] 北京市文史资料委员会．北京文史资料（第5辑）［M］．北京：北京出版社，1979.

[16] 北京市西城区政协文史资料委员会．西城名店［M］．北京：西城区政协文史资料委员会，1995.

[17] 北京市宣武区大栅栏街道志编审委员会．大栅栏街道志［M］．北京：宣武区大栅栏街道志编审委员会，1996.

[18] 北京市宣武区委员会文史资料委员会．宣武文史集萃［M］．北京：中国文史出版社，2000.

[19] 北京市宣武区委组织部党史办公室. 中共宣武地区地下组织和革命活动［M］. 北京：北京市宣武区委，2001.
[20] 北京市政协文史资料委员会. 北京文史资料精选（朝阳卷）［M］. 北京：北京出版社，2006.
[21] 北京市政协文史资料委员会. 商海沉浮［M］. 北京：北京出版社，2000.
[22] 北京市总工会工人运动史研究组. 北京工运史料［M］. 北京：工人出版社，1982.
[23] 北京卫生志编纂委员会. 北京卫生志［M］. 北京：北京科学技术出版社，2001.
[24] 边建，李革. 茶余饭后话北京［M］. 北京：学苑出版社，2011.
[25] 常人春. 老北京的民俗行业［M］. 北京：学苑出版社，2002.
[26] 陈鸿年. 北平风物［M］. 北京：九州出版社，2016.
[27] 陈鸿年. 故都风物［M］. 北京：北京出版社，2017.
[28] 陈溥，陈晴. 崇宣旧迹［M］. 北京：中国社会出版社，2010.
[29] 崔普权. 老北京的玩乐［M］. 北京：北京燕山出版社，1999.
[30] 邓云乡. 文化古城旧事［M］. 石家庄：河北教育出版社，2004.
[31] 董宝光. 京华忆往［M］. 北京：北京出版社，2009 年.
[32] 何卓新，倪国锋. 北京文史资料精选（石景山卷）［M］. 北京：北京出版社，2006.
[33] 霍益民. 北京市丰台区商业志 1948-1990［M］. 北京：北京市丰台区商业志编纂委员，2000.
[34] 孔令仁，李德征，苏位智. 中国老字号（捌）饮食服务卷（下册）［M］. 北京：高等教育出版社，1998.
[35] 梁国健. 故都北京社会相［M］. 重庆：重庆出版社，1989.
[36] 梁金生. 城南老字号［M］. 北京：奥林匹克出版社，2000.

[37] 廖名春 . 老清华的故事 [M]. 南京：江苏文艺出版社，1998.
[38] 林传甲 . 大中华京师地理志 [M]. 天津：中国地学会，1919.
[39] 刘述礼 . 日照京华：纪念中国共产党成立七十周年 [M]. 北京：北京出版社，1991.
[40] 前门街道地方志编纂办公室 . 前门街道简志 [M]. 北京：前门街道地方志编纂办公室，1997.
[41] 阮振铭 . 司徒雷登情系燕京大学 [M]. 沈阳：白山出版社，2014.
[42] 上海市委党史研究室 . 解放战争时期第二条战线：工人运动和市民斗争卷 [M]. 北京：中共党史出版社，1999.
[43] 石毓符 . 私营企业重估财产调整资本办法的实践 [M]. 北京：十月出版社，1951.
[44] 王静 . 中国民间商贸习俗 [M]. 成都：四川人民出版社，2009.
[45] 王隐菊，田光远 . 旧都三百六十行 [M]. 北京：北京旅游出版社，1986.
[46] 王永斌 . 北京的关厢乡镇老字号 [M]. 北京：东方出版社，2003.
[47] 王永斌 . 商贾北京 [M]. 北京：旅游教育出版社，2005.
[48] 吴廷燮 . 北京市志稿・民政志 [M]. 北京：北京燕山出版社，1989.
[49] 徐凤文著 . 民国风物志 [M]. 石家庄：花山文艺出版社，2016.
[50] 余钊 . 北京旧事 [M]. 北京：学苑出版社，2002.
[51] 张金起著 . 百年大栅栏 [M]. 重庆：重庆出版社，2008.
[52] 张双林 . 老北京的商市 [M]. 北京：北京燕山出版社，1999.
[53] 中国人民大学工业经济系 . 北京工业史料 [M]. 北京：北京出版社，1960.

六、日记、笔记、札记、回忆录、传记、年谱

[1] 阿班．民国采访战：〈纽约时报〉驻华首席记者阿班回忆录 [M]. 杨植峰，译．南宁：广西师范大学出版社，2008.

[2] 阿林敦．青龙过眼 [M]. 叶凤美，译．北京：中华书局，2011.

[3] 巴兰德，等．德语文献中晚清的北京 [M]. 王维江，吕澍，译．福州：福建教育出版社，2012.

[4] 德富苏峰．中国漫游记 [M]. 张颖，徐明旭，译．南京：江苏文艺出版社，2014.

[5] 邓云乡．增补燕京乡土记（上）[M]. 北京：中华书局，1998.

[6] 董毅．北平日记 [M]. 王金昌，整理．北京：人民出版社，2016.

[7] 德龄．御香缥缈录：慈禧后私生活实录 [M] 秦瘦鸥，译述．上海：申报馆，1936.

[8] 费孝通．费孝通全集（第 6 卷）[M]. 呼和浩特：内蒙古人民出版社，2009.

[9] 海伦・斯诺．我在中国的岁月 [M]. 北京：北京出版社，2015.

[10] 胡适．胡适全集（第 29 册）[M]. 合肥：安徽教育出版社，2003.

[11] 胡适．胡适文集（卷 2）[M]. 欧阳哲生，编，北京：北京大学出版社，1998.

[12] 老舍．老舍讲北京 [M]. 北京：北京出版社，2005.

[13] 立德夫人．我的北京花园 [M]. 北京：北京图书馆出版社，2004.

[14] 罗尔纲．师门五年记：胡适琐记 [M]. 上海：三联书店，2012.

[15] 马识途．马识途文集（第九卷上册）[M]. 成都：四川文艺出版社，2005.

[16] 内藤湖南，青木正儿．燕山楚水，两个日本汉学家的中国纪行 [M]. 王青，译．北京：光明日报出版社，1999.

[17] 山口淑子，藤原作弥 . 李香兰自述 [M] . 天津编译中心，译 . 北京：中国文史出版社，1988.

[18] 沈从文 . 沈从文全集（14）杂文 [M] . 太原：北岳文艺出版社，2009.

[19] 沈从文 . 从文家书 [M] . 南京：江苏人民出版社，2015.

[20] 孙玉蓉 . 俞平伯年谱 1900–1990 [M] . 天津：天津人民出版社，2001.

[21] 吴宓 . 吴宓日记 [M] . 上海：三联书店，1998.

[22] 王学泰 . 王学泰自选集：岁月留声 [M] . 北京：中国华侨出版社，2012.

[23] 夏志清 . 谈文艺 忆师友 [M] . 上海：上海书店出版社，200 年 .

[24] 萧公权 . 问学谏往录：萧公权治学漫忆 [M] . 上海：学林出版社 .1997.

[25] 小栗栖香顶 . 北京纪事：近代日本人中国游记 [M] . 陈继东，陈力卫，整理 . 北京：中华书局，2008.

[26] 叶笃义 . 虽九死其犹未悔 [M] . 北京：十月文艺出版社，1999.

[27] 詹姆斯·贝特兰 . 在中国的岁月：贝特兰回忆录 [M] . 何大基，译 . 北京：中国对外翻译出版公司，1993.

[28] 张辛欣，桑晔 . 北京人：100 个普通人的自述 [M] . 上海：上海文艺出版社，1986.

[29] 张帆 . 哈德门外：一个戏剧界老北京的叙说 [M] . 北京：中国环境出版社，2015.

[30] 赵凡 . 忆征程 [M] . 北京 . 中国农业出版社，2003.

七、著作

(一)中文著作

[1] 阿格妮丝·赫勒.日常生活[M].衣俊卿,译.重庆:重庆出版社,2010.

[2] 埃里克·霍布斯鲍姆.传统的发明[M].顾杭,庞冠群,译.上海:译林出版社,2020.

[3] 安东尼·吉登斯.社会的构成:结构化理论纲要[M].李康,李猛,译.北京:中国人民大学出版社,2016.

[4] 北京师范学校.北京师范学校一览[M].北京:北京师范学校,1915.

[5] 北京特别市公署宣传处.北京市四次治运新闻集[M].北京:北京特别市公署宣传处,1942.

[6] 北平市临时参议会秘书处.北平市临时参议会第一届第二次大会会刊[M].北平:北平市临时参议会秘书处,1947.

[7] 北平市营业税征收处.北平市营业税特刊[M].北平:北平市营业税征收处,1931.

[8] 彼得·伯克.图像证史[M].杨豫,译.北京:北京大学出版社,2008.

[9] 比尔·布莱森.趣味生活简史[M].北京:接力出版社,2011.

[10] 布罗代尔.法兰西的特性(第二册)[M].顾良,张泽乾,译.北京:商务出版社,1995.

[11] 蔡日秋.公用利用合作经营[M].南京:正中书局,1948.

[12] 曹树基,李玉尚.鼠疫:战争与和平——中国环境与社会变迁(1230–1960)[M].济南:山东画报出版社,2006.

[13] 习五一,邓亦兵.北京通史(第9卷)[M].曹子西,编.北京:中

国书店，1994.
[14] 常人春 . 老北京的民俗行业 [M] . 北京：学苑出版社，2008.
[15] 陈达 . 中国劳工问题 [M] . 上海：商务印书馆，1929.
[16] 陈平原 . 北京：都市想像与文化记忆 [M] . 北京：北京大学出版社，2005.
[17] 丁芮 . 管理北京：北洋政府时期京师警察厅研究 [M] . 太原：山西人民出版社，2013.
[18] 董渭川，孙文振 . 欧游印象记 [M] . 济南：慈济印刷所，1936.
[19] 董修甲 . 市政问题讨论大纲 [M] . 上海：青年协会书局，1929.
[20] 董玥 . 民国北京城：历史与怀旧 [M] . 上海：三联书店，2014.
[21] 渡边秀方 . 中国国民性论 [M] . 高明，译 . 北平：北新书局，1929.
[22] 杜丽红 . 制度与日常生活：近代北京的公共卫生 [M] . 北京：中国社会科学出版社，2015.
[23] 凡勃伦 . 有闲阶级论 [M] . 蔡受百，译 . 北京：商务印书馆，2019.
[24] 饭岛涉 . 鼠疫与近代中国：卫生的制度化和社会变迁 [M] . 朴彦，余新忠，姜滨，译 . 北京：社会科学文献出版社，2019.
[25] 冯客（ Frank Dikotter ）. 近代中国的犯罪，惩罚与监狱 [M] . 南京：江苏人民出版社，2008.
[26] 顾德曼 . 家乡，城市和国家：上海的地缘网络与认可（ 1853–1937 ）[M] . 宋钻友，译 . 上海：上海古籍出版社，2004.
[27] 郭海萍，罗能，吉志伟主编 . 中国建筑概论 [M] . 北京：中国水利水电出版社，2014.
[28] 国民政府军事委员会委员长南昌行营编 . 新生活运动纲要 [M] . 南昌：国民政府军事委员会委员长南昌行营，1934.
[29] 海得兰著 . 儒门医学（ 3 卷 ）[M] . 傅兰雅，译，赵元益，笔述，沈善蒸，校字 . 上海：江南制造总局，1867.

[30] 韩书瑞.北京：公共空间和城市生活(1400–1900)[M].孔祥文，译.北京：中国人民大学出版社，2019.

[31] 何江丽.民国北京的公共卫生[M].北京：北京师范大学出版社，2016.

[32] 何一民.中国城市史纲[M].成都：四川大学出版社，1994.

[33] 亨利·列斐伏尔.日常生活批判(第1卷)[M].叶齐茂，倪晓晖，译.北京：社会科学文献出版社，2017.

[34] 胡悦晗.生活的逻辑：城市日常世界中的民国知识人(1927–1937)[M].北京：社会科学文献出版社，2018.

[35] 华梅，李劲松主编.服饰与阶层[M].北京：中国时代经济出版社，2010.

[36] 黄右昌.民法诠解—物权编(上册)[M].上海：商务印书馆，1947.

[37] 兰安生.公共卫生学[M].余滨，译述.南京：卫生部中华卫生教育研究会，1930.

[38] 克里斯塔勒(W. Christaller).德国南部中心地原理[M].常正文，王兴中，等，译.北京：商务印书馆，1998.

[39] 雷辑辉.北平税捐考略[M].北京：社会调查所，1932.

[40] 李宝臣编.北京风俗史[M].北京：人民出版社，2008.

[41] 李麟.国人性格文化常识[M].太原：北岳文艺出版社，2010.

[42] 李欧梵.上海摩登：一种都市文化在中国(1930–1945)[M].北京：北京大学出版社，2001.

[43] 李强.当代中国社会分层[M].上海：三联书店，2019.

[44] 连玲玲.打造消费天堂：百货公司与近代上海城市文化[M].北京：社会科学文献出版社，2018.

[45] 联合征信所平津分所北平办事处.北平市经济金融交通概况[M].

北平：联合征信所平津分所北平办事处，1947.
[46] 梁晨.民国大学教职员工生活水平与社会结构研究：以清华为中心的考察[M].北京：科学出版社，2020.
[47] 梁启超.中国历史研究法[M].福州：中国华侨出版社，2013.
[48] 林振镛.新违警罚法释义[M].上海：商务印书馆，1946.
[49] 凌鸿勋编.市政工程学[M].上海：商务印书馆，1926.
[50] 刘博.中国浴工：城市服务者的生活世界[M].上海：三联书店，2018.
[51] 刘怀玉.现代性的平庸与神奇[M].北京师范大学出版社，2018.
[52] 刘明逵，唐玉良.中国工人运动史（第6册）[M].广州：广东人民出版社，1998.
[53] 卢汉超.霓虹灯外：20世纪初日常生活中的上海[M].上海：上海古籍出版社，2004.
[54] 罗澍伟.近代天津城市史[M].北京：中国社会科学出版社，1993.
[55] 罗苏文.近代上海都市社会与生活[M].北京：中华书局，2006.
[56] 马静.民国北京犯罪问题研究[M].北京.北京师范大学出版社，2016.
[57] 马歇尔·萨林斯.历史之岛[M].蓝达居，译.上海：上海人民出版社，2003.
[58] 米歇尔·福柯.惩罚的社会（法兰西学院课程系列：1972–1973）[M].陈雪杰，译.上海：上海人民出版社，2018.
[59] 民国学院出版课.北平民国学院一览[M].北平：北辰印刷所，1933.
[60] 明恩溥.中国人的气质[M].刘文飞，刘晓旸，译.北京：译林出版社，2016.
[61] 穆玉敏.北京警察百年[M].北京：中国人民公安大学出版社，

2004.
[62] 娜塔莉·泽蒙·戴维斯.马丁·盖尔归来[M].刘永华，译.北京：北京大学出版社，2009.
[63] 倪宝森.铺底权要论[M].上海：倪宝森律师事务所，1942.
[64] 倪锡英.民国史料工程都市地理小丛书：北平[M].南京：南京出版社，2011.
[65] 欧文·戈夫曼.公共场所的行为[M].何道宽，译.北京：北京大学出版社，2017.
[66] 彭南生.行会制度的近代命运[M].北京：人民出版社，2003.
[67] 齐奥尔格·西美尔.时尚的哲学[M].费勇，译.北京文化艺术出版社，2001.
[68] 青浦郁道庵.实用家庭宝库[M].上海：上海易堂书局，1924.
[69] 让·波德里亚.消费社会[M].刘成富，全志钢，译.南京：南京大学出版社，2006，4.
[70] 沈启无.近代散文抄（下卷）[M].北平：北平人文书店，1932.
[71] 实业部中国经济年鉴编纂委员会.中国经济年鉴[M].上海：商务印书馆，1934.
[72] 史明正.走向近代的北京城——城市建设与社会变革[M].北京：北京大学出版社，1995.
[73] 束世澄.新生活与旧社会[M].南京：正中书局，1935.
[74] 四存中学编.四存校刊[M].北平：北平四存中学，1931.
[75] 宋介.市卫生论[M].上海：商务印书馆，1935.
[76] 宋介.中国大学讲义[M].北平：北平中国大学，1935.
[77] 孙机.汉代物质文化资料图说[M].北京：文物出版社，1991.
[78] 汤用彬.旧都文物略[M].北京：北京古籍出版社，2005.
[79] 唐英.房屋建筑学（住宅篇）[M].上海：商务印书馆，1945.

[80] 陶亢德 . 北平一顾 [M]. 上海：宇宙风社，1936.

[81] 天嘏 . 新燕语（下）[M]. 上海：上海广益书局，1914.

[82] 王笛 . 茶馆：成都的公共生活和微观世界，1900–1950 [M]. 北京：社会科学文献出版社，2010.

[83] 王笛 . 街头文化：成都公共空间，下层民众与地方政治（1870—1930）[M]. 李德英等，译 . 北京：中国人民大学出版社，2006.

[84] 王纪平 . 北京税收史 [M]. 北京：中国财政经济出版社，2007.

[85] 王敏等 . 近代上海城市公共空间研究 [M]. 上海：上海辞书出版社，2011.

[86] 王寿宝 . 给水工程学 [M]. 徐昌权，王养吾，校 . 上海：商务印书馆，1949.

[87] 王孝通 . 中国商业史 [M]. 上海：上海书店，1984.

[88] 魏树东 . 北平市之地价地租房租与税收 [M].[出版者不详]，1938.

[89] 文芳 . 民国青楼秘史 [M]. 北京：中国文史出版社，2012.

[90] 吴中孚 . 商贾便览 [M]. 杨正，点校 . 南京：南京出版社，2019.

[91] 夏仁虎 . 旧京琐记 [M]. 北京：北京古籍出版社，1986.

[92] 萧振鸣 . 鲁迅与他的北京 [M]. 北京：北京燕山出版社，2015.

[93] 西里尔・珀尔 . 北京的莫理循 [M]. 檀东鍟，译 . 福州：福建教育出版社，2003.

[94] 忻平 . 从上海发现历史—现代化进程中的上海人及其社会生活（1927–1937）[M]. 上海：上海人民出版社，1996.

[95] 新晨报丛书处 . 北平各大学的状况 [M]. 北平：新晨报出版，1930.

[96] 新生活运动促进总会 . 蒋委员长新生活运动讲演集 [M]. 南昌：新生活运动促进总会出版，1934.

[97] 严安生 . 灵台无计逃神矢：近代中国人留日精神史 [M]. 上海：生活・读书・新知三联书店，2018.

[98] 杨念群，黄兴涛，毛丹 . 新史学：多学科对话的图景 [M] . 北京：中国人民大学出版社，2003.
[99] 衣俊卿 . 现代化与日常生活批判 [M] . 北京：人民出版社，2005.
[100] 翊新编 . 生活常识集成 [M] . 上海：世界书局，1948.
[101] 印永清，万杰 . 三教九流探源 [M] . 上海：上海教育出版社，1996.
[102] 尤其 . 留春集 [M] . 上海：人间出版社，1944.
[103] 余新忠 . 清代江南的瘟疫与社会：一项医疗社会史的研究 [M] . 北京：中国人民大学出版社，2003.
[104] 余新忠 . 清以来的疾病，医疗和卫生：以社会文化史为视角的探索 [M] . 上海：三联书店，2009.
[105] 余新忠 . 瘟疫下的社会拯救：中国近世重大疫情与社会反应研究 [M] . 北京：中国书店出版社，2004.
[106] 袁熹 . 近代北京的市民生活 [M] . 北京：北京出版社，2000.
[107] 约翰 · 杜威 . 公众及其问题 [M] . 魏晓慧，译 . 北京：新华出版社，2018.
[108] 张大庆 . 中国近代疾病社会史（1912–1937）[M] . 济南：山东教育出版社，2006.
[109] 张恩书 . 警察实务纲要 [M] . 上海：中华书局，1937.
[110] 张泰山 . 民国时期的传染病与社会——以传染病防治与公共卫生建设为中心 [M] . 北京：社会科学文献出版社，2008.
[111] 张仲礼 . 近代上海城市研究 [M] . 上海：上海人民出版社，1990.
[112] 震钧 . 天咫偶闻 [M] . 北京古籍出版社，1982.
[113] 郑也夫 . 城市社会学 [M] . 上海：上海交通大学出版社，2009.
[114] 中共北京市委党史研究室 . 中国共产党北京历史 [M] . 北京：北京出版社，2019.

[115] 中共中央马克思恩格斯列宁斯大林著作编译局 . 马克思恩格斯选集（第一卷）[M]. 北京：人民出版社，1995.

[116] 中国卫生社编 . 国民卫生须知 [M]. 北京：中国卫生社出版，1935.

[117] 中国学院 . 北平中国学院概览 [M]. 北平：中国印刷局，1934.

[118] 中学生杂志社 . 中学生文艺（上册）[M]. 上海：开明书店，1934.

[119] 朱翊新编 . 生活常识集成 [M]. 上海：世界书局，1948.

[120] 朱有骞 . 城市秽水排泄法 [M]. 上海：商务印书馆，1933.

（二）外文著作

[1] Crane, Louise. *China in Sign and Symbol* [M]. Kelly & Walsh, 1926.

[2] Duncan, Robert Moore. *Peiping Municipality and the Diplomatic Quarter* [M]. 北洋印字馆, 1933.

[3] Gamble, Sidne. D: *How Chinese Families Live in Peiping* [M]. Funk& Wagnalls, Co., 1933.

[4] Harry A. *Franck, Wandering in Northern China* [M]. New York: The Century Co, 1923: p. 203.

[5] H. K. Fung. *The Shop signs of Peking* [M]. Chinese Painting Association of Peking, 1931.

[6] Juliet Bredon. *Peking: a Historical and Intimate Description of Its Chief Places of Interest* [M]. Kelly & Walsh, Limited, 1922.

[7] Mike Crang, *Cultural Geography* [M]. New York: Routledge, 1998.

[8] *Peking Utility Book* (1921-1922)[M]. The Peking Friday Study Club, 1921.

[9] Swallow, Robert William. *Sidelights on Peking Life* [M]. 北平

法文图书馆，1930.
[10] 安藤更生 . 北京案内记 [M] . 北京：新民印书馆，1941.
[11] 高木健夫 . 北京百景 [M] . 北京：新民印书馆，1943.
[12] 高木健夫 . 北京横丁 [M] . 东京：大阪屋号书店，1943.
[13] 柯政和著 . 中国人の生活风景 [M] . 东京：皇国青年教育协会出版，1941.
[14] 罗信耀著 . 北京の市民 [M] . 续北京の市民 [M] . 式场隆三郎译 . 东京：文艺春秋社出版，1941，1943.
[15] 塚本正巳 . 北京商工名鉴 [M] . 北京：日本商工会议所，1939.
[16] 清水安三 . 朝阳门外 [M] . 东京：朝日新闻社，1939.

八、论文

[1] 巴杰 . 民国时期的店员群体研究（1920-1945）[D] . 华中师范大学，2012.
[2] 陈娜娜 . 民国北京社会风化问题及其管控研究（1912-1949）[D] . 河北大学，2018.
[3] 陈平原 . 图像叙事与低调启蒙 - 晚清画报三十年 [D] . 文艺争鸣 [J] .2017，（4）.
[4] 陈新阳 . "光复五年"间的上海影刊研究 [D] . 吉林大学，2018.
[5] 董晓萍 . 北京历史街区的市民水治 [J] . 清华大学学报（哲学社会科学版），2009，（5）.
[6] 郭川 . 抗战大后方公教人员日常生活及心态嬗变研究 [D] . 西南大学，博士学位论文，2017.
[7] 行龙 . 从社会史到区域社会史——20 年学术经历之检讨 [J] . 山西大学学报（哲学社会科学版）.2008，31（4）.

[8] 何芳 . 清末学堂中的身体规训 [D]. 华东师范大学，2009.

[9] 何季民 .1952 年北京浴堂业取消”小费”的纷争 [J]. 当代北京研究 .2012，(2).

[10] 何楠 .《玲珑》杂志中的 30 年代都市女性生活 [D]. 吉林大学，2010.

[11] 姬朦朦 . 美以美会女布道会华北事工研究（1872–1939）[D]. 山东大学，2018.

[12] 李金铮 . 众生相：民国日常生活史研究 [J]. 安徽史学，2015，(3).

[13] 李玉梅 . 民国时期北京电车公司研究 [D]. 河北大学，2012.

[14] 李忠萍 . 民国时期安徽卫生防疫事业的萌生与困顿 [J]. 安徽史学，2014，(4).

[15] 连玲玲 . 典范抑或危机——“日常生活”在中国近代史研究的应用及其问题 [J]. 中国台北：新史学，2006.17（4）.

[16] 刘荣臻 . 国民政府时期的北京社会救助研究 [D]. 首都师范大学，博士学位论文，2011.

[17] 刘炜 . 国民政府对南京夫子庙地区的改造（1927–1937）——空间治理中的国家与社会 [J]. 近代中国，2010，(20).

[18] 刘盈慧 . 宋代沐浴研究 [D]. 河南大学历史系，2016.

[19] 刘媛 . 上海儿童日常生活中的历史（1927–1937）[D]. 华东师范大学，博士学位论文，2010.

[20] 刘志琴 . 从社会史领域考察中国文化的历史个性 [J]. 传统文化与现代化，1993，(5).

[21] 卢汉超，罗玲，任云兰 . 远离南京路：近代上海的小店铺和里弄生活 [J]. 城市史研究，2005.

[22] 欧阳哲生 . 胡适的北京情缘—— 一个新文化人在北京的生活史

[J].中国文化，2005，(45).
[23] 齐雪.新中国政府改造日本战犯研究[D].中共中央党校，2016.
[24] 邱雪峨.1935年一个村落社区产育礼俗的研究[D].燕京大学法学院社会学系，1935.
[25] 宋青红.新生活运动促进总会妇女指导委员会研究(1938–1946年)[D].复旦大学，2012.
[26] 孙高杰.1902–1937年北京的妇女救济：以官方善业为研究中心[J].厦门：厦门大学出版社，2014.
[27] 万飞.民国时期上海理发师群体研究(1911–1949)[D].上海师范大学，2013.
[28] 王文君.华商电灯公司研究(1905–1938)[D].河北大学，2016.
[29] 王云.社会性别视域中的近代中国女子体育(1843–1937)[D].南京大学，2011.
[30] 魏文享."讨价还价"：天津同业公会与日用商品之价格管制(1946–1949)[J].武汉大学学报(人文科学版)，2015，(6).
[31] 温波.南昌市新生活运动研究(1934–1935)[D].复旦大学，2003.
[32] 徐珊.战时大后方知识分子的日常生活[D].华东师范大学，2011.
[33] 杨念群."兰安生模式"与民国初年北京生死控制空间的转换[J].社会学研究，1999，(4).
[34] 姚帆.近代天津澡堂业研究[D].华中师范大学，2018.
[35] 余新忠主编.医疗社会与文化读本[J].北京：北京大学出版社，2013.
[36] 袁灿兴.国际人道法在华传播与实践研究(1874–1949)[D].苏州大学，2014.
[37] 张建锋.秦汉时期沐浴方式考[J].考古与文物，2015，(6).
[38] 张杰.南京国民政府时期高校学生管理研究[D].苏州大学，2017.

[39] 张瑾."新都"抑或"旧城":抗战时期重庆的城市形象[J].四川师范大学学报(社会科学版),2015,(6).

[40] 张瑞.疾病,治疗与疾痛叙事[D].南开大学,2014.

[41] 赵严骏.基督教青年会与上海体育研究(1900–1922)[D].上海师范大学,2018.

[42] 周作人.1939年周作人日记[J].周吉宜整理.中国现代文学研究丛刊,2016,(11).

九、文学作品、曲艺作品、辞典、名录、旅行手册等

[1] 北平电话局编.北平电话号簿[M].北平:北平电话局,1937.

[2] 北平民社编.北平指南[M].北平:北平民社,1929.

[3] 北平市商会秘书处调查科编.北平市商会会员录[M].北平:北平市商会秘书处,1934.

[4] 北平总商会编.北平总商会行名录[M].北平:北平总商会出版,1928.

[5] 陈果夫.果夫小说集[M].王夫凡,辑.上海:现代书局,1928.

[6] 崔雁荡.郑师傅的遭遇(迁)[M].北京:中国少年儿童出版社,1963.

[7] 耿小的.烟雨芙蓉[M].北京:强群印刷局,1939.

[8] 顾平旦主编.中国对联大辞典[M].北京:中国友谊出版社,1991.

[9] 贺昌群.旧京速写,贺昌群文集(第3卷)文论及其它[M].北京:商务印书馆,2003.

[10] 金文华.简明北平游览指南[M].上海:中华书局,1932.

[11] 兰陵忧患生.清代北京竹枝词[M].北京:北京古籍出版社,1982.

[12] 老舍.老舍文集(第二卷)[M].北京:人民文学出版社,1981.

[13] 老舍 . 老舍精选集 [M] . 北京：北京燕山出版社，2010.
[14] 老舍 . 老舍作品经典（下卷）[M] . 舒乙编 . 北京：中国广播电视出版社，2007.
[15] 老舍 . 老舍文集 · 中短篇小说 [M] . 哈尔滨：黑龙江科学技术出版社，2017.
[16] 老舍 . 老舍小说全集（第 11 卷）[M] . 武汉：长江文艺出版社，1993.
[17] 梁实秋 . 梁秋实精选集 [M] . 北京：北京燕山出版社，2015.
[18] 梁实秋 . 梁实秋散文集（第 6 卷）[M] . 长春：时代文艺出版社，2015.
[19] 梁实秋 . 雅舍小品 [M] . 武汉：长江文艺出版社，2016.
[20] 梁实秋 . 雅舍遗珠 [M] . 南京：江苏人民出版社，2015.
[21] 刘白羽 . 刘白羽文集（第 6 册）[M] . 北京：华艺出版社，1995.
[22] 刘熏宇 . 苦笑 [M] . 上海：开明书店，1929.
[23] 马国亮 . 偷闲小品 [M] . 上海：良友图书印刷公司，1935.
[24] 马芷庠 . 老北京旅行指南：《北平旅行指南》重排版 [M] . 北京：北京燕山出版社，1997.
[25] 暮鼓编 . 老北京人的陈年往事 [M] . 北京：文化艺术出版社，2012.
[26] 沈从文 . 沈从文全集（14）杂文 [M] . 太原：北岳文艺出版社，2009.
[27] 陶钝 . 陶钝文集（第 3 集）[M] . 北京：中国文联出版公司，1998：133.
[28] 田蕴瑾 . 最新北平指南 [M] . 北京：自强书局，1935.
[29] 王度庐 . 燕市侠伶 . 叶洪生批校 . 近代中国武侠名著大系 [M] . 中国台北：台湾联经出版社，1984.
[30] 萧黄编 . 民俗实用对联 [M] . 郑州：河南大学出版社，2005.

[31] 徐珂 . 实用北京指南（增订本）[M] . 上海：商务印书馆，1926.

[32] 徐凌霄 . 古城返照记（上册）[M] . 北京：同心出版社，2002.

[33] 徐訏 . 北平的风度，徐訏文集（第 11 卷）散文 [M] . 上海：三联书店，2012.

[34] 许金英 . 最新楹联大全 [M] . 吉安：现实教育研究社，1941.

[35] 燕尘社编辑部编 . 现代支那之记录 [M] . 北京：燕尘社，1928.

[36] 杨绛 . 洗澡 [M] . 北京：人民文学出版社，2004.

[37] 姚祝萱 . 北京便览 [M] . 上海：文明书局，1923.

[38] 野蕻 . 落花 [M] . 上海：三通书局，1941.

[39] 张恨水 . 春明外史（第五集）[M] . 上海：世界书局，1931.

[40] 张其泮主编 . 中国商业百科全书 [M] . 北京：经济管理出版社，1991.

[41] 张智良 . 圣教楹联类 [M] . 上海：上海共和书局，1922.

[42] 郑振铎 . 北平，郑振铎精品文集 [M] . 北京：团结出版社，2018.

图书在版编目（CIP）数据

塑造日常生活：近代北京的公共浴堂与市民沐浴实践：1900—1952 / 宋子昕著 . — 北京：北京燕山出版社，2023.7

（北京学术丛书）

ISBN 978-7-5402-6505-2

Ⅰ . ①塑… Ⅱ . ①宋… Ⅲ . ①沐浴 – 文化研究 – 北京 – 1900–1952 Ⅳ . ① TS974.3

中国版本图书馆 CIP 数据核字 (2022) 第 073888 号

塑造日常生活：

近代北京的公共浴堂与市民沐浴实践：1900—1952

宋子昕著

责任编辑 刘朝霞、王子凡
整体设计 芥子设计 · 黄晓飞
出版发行 北京燕山出版社有限公司
社　　址 北京市西城区椿树街道琉璃厂西街 20 号
邮　　编 100052
电话传真 86-10-65240430（总编室）
印　　刷 北京富诚彩色印刷有限公司
开　　本 884*1193 1/16
字　　数 441 千字
印　　张 40
版　　别 2023 年 7 月第 1 版
印　　次 2023 年 7 月第 1 次印刷
ISBN 978-7-5402- 6505-2
定　　价 118.00 元